叶维忠◎编著
U0262174
Python
编程
从入门到精通
人民邮电出版社
北京

图书在版编目（CIP）数据

Python编程从入门到精通 / 叶维忠编著. -- 北京 : 人民邮电出版社, 2018.11(2024.7重印)
ISBN 978-7-115-47880-1

Ⅰ. ①P… Ⅱ. ①叶… Ⅲ. ①软件工具－程序设计
Ⅳ. ①TP311.561

中国版本图书馆CIP数据核字(2018)第024768号

内 容 提 要

本书循序渐进、由浅入深地详细讲解了Python语言开发技术，并通过具体实例演练了各个知识点的具体使用流程。全书共23章，其中第1～2章是基础知识部分，讲解了Python语言开发的基础知识，包括搭建开发环境和基础语法介绍；第3～9章是核心技术部分，分别讲解了简单数据类型，运算符和表达式，条件语句，循环语句，使用列表，使用元组、字典和集合，使用函数等知识，这些内容都是Python语言中最重要的语法知识；第10～15章是知识进阶部分，分别讲解了面向对象（上）、面向对象（下）、文件操作处理、异常处理、正则表达式、多线程开发知识，这部分内容是Python语言开发技术的重点和核心；第16～22章是典型应用部分，分别讲解了Tkinter图形化界面开发、网络编程、数据库开发、Python动态Web开发基础、使用Pygame开发游戏、使用Pillow库处理图形、使用Matplotlib实现数据挖掘等知识，这部分内容是读者学习并实践Python开发技术的核心；第23章是综合实战部分，通过综合实例的实现过程，介绍了Python语言在综合项目中的使用流程。全书内容循序渐进，以“技术解惑”和“范例演练”贯穿全书，引领读者全面掌握Python语言。

本书不仅适用Python语言的初学者，也适合有一定Python语言基础的读者学习，还可以作为高等院校相关专业的教学用书和培训学校的教材。

◆ 编　　著　叶维忠
责任编辑　张　涛
责任印制　焦志炜

◆ 人民邮电出版社出版发行　　北京市丰台区成寿寺路11号
邮编　100164　　电子邮件　315@ptpress.com.cn
网址　http://www.ptpress.com.cn
北京虎彩文化传播有限公司印刷

◆ 开本：787×1092　1/16
印张：28　　2018年11月第1版
字数：745千字　　2024年 7月北京第21次印刷

定价：79.00元

读者服务热线：(010)81055410　印装质量热线：(010)81055316
反盗版热线：(010)81055315
广告经营许可证：京东市监广登字20170147号

前　言

从你开始学习编程的那一刻起，就注定了以后所要走的路——从编程学习者开始，依次经历实习生、程序员、软件工程师、架构师、CTO等职位的磨砺；当你站在职位顶峰的位置蓦然回首时，会发现自己的成功并不是偶然，在程序员的成长之路上会有不断修改代码、寻找并解决Bug、不停测试程序和修改项目的经历。不可否认的是，只要你在自己的开发生涯中稳扎稳打，并且善于总结和学习，最终将会得到可喜的收获。

选择一本合适的书

对于一名程序开发初学者来说，究竟如何学习才能提高自己的开发技术呢？答案之一就是买合适的书籍进行学习。但是，市面上许多面向初学者的编程书籍中的大多数篇幅都是基础知识讲解，多偏向于理论，读者读了以后面对实战项目时还是无从下手。如何实现从理论平滑过渡到项目实战，是初学者迫切需要解决的难题，为此，特意编写了本书。

本书用一本书的容量讲解了入门类、范例类和项目实战类3类图书的知识，并且对实战知识不是点到为止地讲解，而是深入地探讨。用“纸质书＋视频和源程序＋网络答疑”的方式，实现了“入门＋范例演练＋项目实战”的完美呈现，帮助读者从入门顺利过渡到适应项目实战的角色。

本书的特色

1．以“从入门到精通”的写作方法构建内容，让读者入门容易

为了使读者能够完全看懂本书的内容，本书遵循“从入门到精通”基础类图书的写法，循序渐进地讲解这门开发语言的基本知识。

2．破解语言难点，“技术解惑”贯穿全书，绕过学习中的陷阱

本书不采用编程语言知识点的罗列式讲解，为了帮助读者学懂基本知识点，书中有“技术解惑”板块，让读者知其然又知其所以然，也就是看得明白，学得通。

3．全书有950多个示例，几乎和“实例大全”类图书同数量级

书中一共有950多个示例，其中320多个正文实例，一个综合实例。每一个正文实例基本上都穿插加入了与知识点相关的范例，全书额外包含了630多个范例。通过对这些实例及范例的练习，实现了对知识点的横向切入和纵向比较，让读者有更多的实践演练机会，并且可以从不同的角度展现一个知识点的用法，真正达到举一反三的效果。

4．售后QQ群提供答疑服务，帮助读者快速解决学习问题

无论书中的疑惑，还是在学习中的问题，作者都将在第一时间为读者解答问题。

5．视频讲解，降低学习难度

书中每一章均提供声、图并茂的教学视频，这些视频能够引导初学者快速入门，增强学习的信心，从而快速理解所学知识。

6．贴心提示和注意事项提醒

本书根据需要在文中安排了很多“注意”小板块，让读者可以在学习过程中更轻松地理解相关知识点及概念，更快地掌握个别技术的应用技巧。

7．源程序＋视频＋PPT 丰富的学习资料，让学习更轻松

因为本书的内容非常多，不可能用一本书的篇幅囊括“基础+范例+项目案例”的内容，所以需要配备学习资源来辅助实现。在本书的学习资源中不但有全书的源代码，而且还精心制作了实例讲解视频、知识点讲解视频等。本书配套的 PPT 资料可以在网站下载（www.toppr.net）。读者可以扫描书中提供的二维码观看视频。

8．QQ 群+网站论坛实现教学互动，形成互帮互学的朋友圈

本书作者为了方便给读者答疑，特提供了网站论坛、QQ 群等技术支持，并且随时在线与读者互动。让大家在互学互帮中形成一个良好的学习编程的氛围。

本书的学习论坛网址是：www.toppr.net。

本书的 QQ 群是：292693408。

内容版式

本书的最大特色是实现了入门知识、实例演示、范例演练、技术解惑、综合实战 5 大部分内容的融合。内容由以下模块构成。

① 入门知识：循序渐进地讲解 Python 语言开发的基本知识点。

② 实例演示：遵循理论加实践的教学模式，用 320 多个实例演示了各个入门知识点的用法。

③ 范例演练：为了加深对知识点的融会贯通，每个实例基本上配备了拓展范例，全书共计 630 多个拓展范例，多角度演示了各个入门知识点的用法和技巧。

④ 技术解惑：把读者容易混淆的部分单独用一个板块进行讲解和剖析，对读者所学的知识实现了“拔高”处理。

下面以本书第 4 章为例，展示内容版式的具体结构。

①入门知识

4.4.1　基本赋值运算符和表达式

基本赋值运算符记为“=”，由“=”连接的式子称为赋值表达式。在 Python 语言程序中使用基本赋值运算符的基本格式如下所示。

变量=表达式

例如，下面代码列出的都是基本的赋值处理：

```
x=a+b                                   #将x的值赋值为a和b的和
w=sin(a)+sin(b)                         #将w的值赋值为：sin(a)+sin(b)
y=i+++--j                               #将y的值赋值为：i+++--j
```

Python 程序中的变量不需要声明，变量的赋值操作即是变量声明和定义的过程。每个变量在内存中创建，都包括变量的标识、名称和数据这些信息。每个变量在使用前都必须赋值，变量赋值以后该变量才会创建。等号（=）用来给变量赋值。等号（=）运算符左边是一个变量名，等号（=）运算符右边是存储在变量中的值。例如下面的实例代码演示了基本赋值运算符的用法。

②实例演示　③范例演练

实例 4-4　使用赋值运算符

源码路径　daima\4\4-4

实例文件 fuzhi.py 的具体实现代码如下所示。

```
a = 21                          #设置a的值是21
b = 10                          #设置b的值是10
c = 0                           #设置c的值是0
c = a + b                       #重新赋值c的值是
                                #a+b，也就是31
print ("1 - c 的值为：", c)     #输出c的值
c += a           #设置c=c+a，也就是31+21
print ("2 - c 的值为：", c)     #输出c的值
c *= a                          #设置c = c * a
print ("3 - c 的值为：", c)     #输出c的值
c /= a                          #设置c = c / a
print ("4 - c 的值为：", c)     #输出c的值
```

拓展范例及视频二维码

范例 **031**：计算面积和周长

源码路径：**范例**\031\

范例 **032**：多变量赋值并交换

源码路径：**范例**\032\

②实例演示 ③范例演练	
	``` c = 2 #重新赋c的值是2 c %= a #设置c = c % a print ("5 - c 的值为：", c) #输出c的值 c **= a #设置c = c ** a，即计算c的a次幂 print ("6 - c 的值为：", c) #输出c的值 c //= a #设置c = c // a，即计算c整除a的值 print ("7 - c 的值为：", c) #输出c的值 ``` 执行后的效果如图 4-5 所示。 1 - c 的值为： 31 2 - c 的值为： 52 3 - c 的值为： 1092 4 - c 的值为： 52.0 5 - c 的值为： 2 6 - c 的值为： 2097152 7 - c 的值为： 99864 >>> 图 4-5　执行效果
④技术解惑	4.10　技术解惑 4.10.1　“==”运算符的秘密 4.10.2　身份运算符的特质 4.10.3　总结 and 和 or 的用法 4.10.4　is 运算符和“==”运算符的区别

本书的读者对象

初学编程的自学者　　编程爱好者
大中专院校的教师和学生　　相关培训机构的教师和学员
做毕业设计的学生　　初、中级程序开发人员
软件测试人员　　参加实习的初级程序员
在职程序员

资源下载

本书全部源程序请在人民邮电出版社网站（www.ptpress.com.cn）下载，在网站中搜索本书名，在弹出的页面中单击“资源下载”链接即可下载。

致谢

本书在编写过程中，得到了人民邮电出版社编辑的大力支持，正是各位编辑的求实、耐心和效率，才使得本书能够在这么短的时间内出版。另外，也十分感谢我的家人给予的巨大支持。本人水平毕竟有限，书中纰漏之处在所难免，诚请读者提出意见或建议，以便修订并使之更臻完善。编辑和投稿联系邮箱：zhangtao@ptpress.com.cn。

最后感谢您购买本书，希望本书能成为您编程路上的领航者，祝您阅读快乐！

作者

资源与支持

本书由异步社区出品，社区（https://www.epubit.com/）为您提供相关资源和后续服务。

配套资源

本书提供如下资源：

- 本书源代码；
- 本书的视频文件。

要获得以上配套资源，请在异步社区本书页面中单击 配套资源 ，跳转到下载界面，按提示进行操作即可。注意：为保证购书读者的权益，该操作会给出相关提示，要求输入提取码进行验证。

如果您是教师，希望获得教学配套资源，请在社区本书页面中直接联系本书的责任编辑。

提交勘误

作者和编辑尽最大努力来确保书中内容的准确性，但难免会存在疏漏。欢迎您将发现的问题反馈给我们，帮助我们提升图书的质量。

当您发现错误时，请登录异步社区，按书名搜索，进入本书页面，单击“提交勘误”，输入勘误信息，单击“提交”按钮即可（见下图）。本书的作者和编辑会对您提交的勘误进行审核，确认并接受后，您将获赠异步社区的 100 积分。积分可用于在异步社区兑换优惠券、样书或奖品。

扫码关注本书

扫描下方二维码，您将会在异步社区微信服务号中看到本书信息及相关的服务提示。

与我们联系

我们的联系邮箱是 contact@epubit.com.cn。

如果您对本书有任何疑问或建议，请您发邮件给我们，并请在邮件标题中注明本书书名，以便我们更高效地做出反馈。

如果您有兴趣出版图书、录制教学视频，或者参与图书翻译、技术审校等工作，可以发邮件给我们；有意出版图书的作者也可以到异步社区在线提交投稿（直接访问 www.epubit.com/selfpublish/submission 即可）。

如果您所在学校、培训机构或企业，想批量购买本书或异步社区出版的其他图书，也可以发邮件给我们。

如果您在网上发现有针对异步社区出品图书的各种形式的盗版行为，包括对图书全部或部分内容的非授权传播，请您将怀疑有侵权行为的链接发邮件给我们。您的这一举动是对作者权益的保护，也是我们持续为您提供有价值的内容的动力之源。

关于异步社区和异步图书

"异步社区"是人民邮电出版社旗下 IT 专业图书社区，致力于出版精品 IT 技术图书和相关学习产品，为作译者提供优质出版服务。异步社区创办于 2015 年 8 月，提供大量精品 IT 技术图书和电子书，以及高品质技术文章和视频课程。更多详情请访问异步社区官网 https://www.epubit.com。

"异步图书"是由异步社区编辑团队策划出版的精品 IT 专业图书的品牌，依托于人民邮电出版社近 30 年的计算机图书出版积累和专业编辑团队，相关图书在封面上印有异步图书的 LOGO。异步图书的出版领域包括软件开发、大数据、AI、测试、前端、网络技术等。

异步社区

微信服务号

目 录

前言 …… I

第 1 章 Python 如日中天 …… 1
（视频总计 47min，实例 1 个，范例两个）
1.1 Python 语言基础 …… 2
1.1.1 编程世界的“琅琊榜” …… 2
1.1.2 Python 为什么这么火 …… 2
1.1.3 Python 语言的特点 …… 3
1.2 安装 Python …… 3
1.2.1 选择版本 …… 4
1.2.2 在 Windows 系统中下载并安装 Python …… 4
1.2.3 在 Mac 系统中下载并安装 Python …… 5
1.2.4 在 Linux 系统中下载并安装 Python …… 6
1.3 Python 开发工具介绍 …… 6
1.3.1 使用 IDLE …… 6
1.3.2 使用 Emacs …… 7
1.4 认识第一段 Python 程序 …… 10
1.4.1 编码并运行 …… 10
1.4.2 其他运行方式 …… 11
1.5 技术解惑 …… 12
1.5.1 提高开发效率——安装文本编辑器 …… 12
1.5.2 快速运行 Hello World 程序 …… 12
1.5.3 在终端会话中运行 Python 代码 …… 13
1.6 课后练习 …… 13

第 2 章 Python 基础语法 …… 14
（视频总计 85min，实例 6 个，范例 12 个）
2.1 缩进规则 …… 15
2.2 注释 …… 16
2.3 编码 …… 17
2.3.1 字符编码 …… 17
2.3.2 Unicode 编码和 UTF-8 编码 …… 17
2.3.3 Python 中的编码 …… 18
2.4 标识符和关键字 …… 19
2.5 变量 …… 20
2.6 输入和输出 …… 21
2.6.1 实现输入功能 …… 22
2.6.2 实现输出功能 …… 22
2.7 技术解惑 …… 23
2.7.1 使用注释时的注意事项 …… 23
2.7.2 注意变量的命名规则和建议 …… 23
2.7.3 注意 Python 语言的缩进规则 …… 24
2.7.4 变量赋值的真正意义 …… 24
2.7.5 解码字节流 …… 24
2.8 课后练习 …… 24

第 3 章 简单数据类型 …… 25
（视频总计 56min，实例 6 个，范例 12 个）
3.1 Python 中的数据类型 …… 26
3.2 字符串 …… 26
3.2.1 访问字符串中的值 …… 26
3.2.2 更新字符串 …… 27
3.2.3 转义字符 …… 27

3.2.4 格式化字符串 …………28
3.2.5 字符串处理函数 …………29
3.3 数字类型 …………30
3.3.1 整型 …………30
3.3.2 浮点型 …………31
3.3.3 布尔型 …………31
3.3.4 复数型 …………32
3.4 技术解惑 …………33
3.4.1 总结整数支持的运算符 …………33
3.4.2 总结 Python 中的数学函数 …………33
3.4.3 字符串的格式化技巧 …………34
3.5 课后练习 …………34
第 4 章 运算符和表达式 …………35
（视频总计 69min，实例 9 个，范例 16 个）
4.1 什么是运算符和表达式 …………36
4.2 算术运算符和算术表达式 …………36
4.3 比较运算符和比较表达式 …………37
4.4 赋值运算符和赋值表达式 …………38
4.4.1 基本赋值运算符和表达式 …………39
4.4.2 复合赋值运算符和表达式 …………39
4.5 位运算符和位表达式 …………40
4.6 逻辑运算符和逻辑表达式 …………41
4.7 成员运算符和成员表达式 …………42
4.8 身份运算符和身份表达式 …………43
4.9 运算符的优先级 …………44
4.10 技术解惑 …………45
4.10.1 “==”运算符的秘密 …………45
4.10.2 身份运算符的特质 …………46
4.10.3 总结 and 和 or 的用法 …………46
4.10.4 is 运算符和“==”运算符的区别 …………47
4.11 课后练习 …………47
第 5 章 条件语句 …………48
（视频总计 68min，实例 7 个，范例 14 个）
5.1 什么是条件语句 …………49
5.2 最简单的 if 语句 …………49
5.3 使用 if...else 语句 …………50
5.4 使用 if...elif...else 语句 …………51
5.5 if 语句的嵌套 …………52
5.6 实现 switch 语句的功能 …………53
5.6.1 使用 elif 实现 …………54
5.6.2 使用字典实现 …………54
5.6.3 自定义编写一个类实现 …………55
5.7 技术解惑 …………56
5.7.1 剖析 True 和 False 条件判断的用法 …………56
5.7.2 再次提醒不支持 switch 语句的问题 …………56
5.7.3 最简洁的条件判断语句写法 …………56
5.8 课后练习 …………57
第 6 章 循环语句 …………58
（视频总计 67min，实例 11 个，范例 22 个）
6.1 使用 for 循环语句 …………59
6.1.1 基本的 for 循环语句 …………59
6.1.2 通过序列索引迭代 …………60
6.1.3 使用 for... else 循环语句 …………60
6.1.4 嵌套 for 循环语句 …………61
6.2 使用 while 循环语句 …………62
6.2.1 基本的 while 循环语句 …………62
6.2.2 使用 while...else 循环语句 …………63
6.2.3 死循环问题 …………63
6.2.4 使用 while 循环嵌套语句 …………64
6.3 使用循环控制语句 …………65
6.3.1 使用 break 语句 …………65
6.3.2 使用 continue 语句 …………66
6.3.3 使用 pass 语句 …………67
6.4 技术解惑 …………67
6.4.1 总结 for 循环语句 …………67
6.4.2 总结 break 和 continue 语句 …………68
6.4.3 使用 while 循环的注意事项 …………68

6.5　课后练习 68

第 7 章　使用列表 69
（视频总计 105min，实例 22 个，范例 42 个）

7.1　列表类型基础 70
7.1.1　创建数字列表 70
7.1.2　访问列表中的值 71
7.1.3　使用列表中的值 72
7.2　列表的基本操作 73
7.2.1　更新列表元素 73
7.2.2　插入新的元素 73
7.2.3　在列表中删除元素 75
7.3　列表排列处理 77
7.3.1　使用方法 sort()对列表进行永久性排序 77
7.3.2　使用方法 sorted()对列表进行临时排序 78
7.3.3　倒序输出列表中的信息 78
7.3.4　获取列表的长度 79
7.4　列表的高级操作 79
7.4.1　列表中的运算符 79
7.4.2　列表截取与拼接 80
7.4.3　列表嵌套 80
7.4.4　获取列表元素中的最大值和最小值 81
7.4.5　追加其他列表中的值 81
7.4.6　在列表中统计某元素出现的次数 82
7.4.7　清空列表中的元素 82
7.4.8　复制列表中的元素 83
7.4.9　获取列表中某个元素的索引 83
7.5　技术解惑 84
7.5.1　注意排列顺序的多样性 84
7.5.2　尝试有意引发错误 84
7.6　课后练习 84

第 8 章　使用元组、字典和集合 85
（视频总计 137min，实例 30 个，范例 56 个）

8.1　使用元组类型 86
8.1.1　创建并访问元组 86
8.1.2　修改元组 87
8.1.3　删除元组 88
8.1.4　元组索引和截取 88
8.1.5　使用内置方法操作元组 89
8.2　使用字典 89
8.2.1　创建并访问字典 89
8.2.2　向字典中添加数据 90
8.2.3　修改字典 91
8.2.4　删除字典中的元素 91
8.2.5　创建空字典 92
8.2.6　和字典有关的内置函数 92
8.3　遍历字典 92
8.3.1　一次性遍历所有的“键值”对 93
8.3.2　遍历字典中的所有键 93
8.3.3　按序遍历字典中的所有键 94
8.3.4　遍历字典中的所有值 94
8.4　字典嵌套 95
8.4.1　字典列表 95
8.4.2　在字典中存储字典 96
8.4.3　在字典中存储列表 97
8.5　使用其他内置方法 97
8.5.1　使用方法 clear()清空字典 97
8.5.2　使用方法 copy()复制字典 98
8.5.3　使用方法 fromkeys()创建新字典 98
8.5.4　使用方法 get()获取指定的键值 99
8.5.5　使用方法 setdefault()获取指定的键值 99
8.5.6　使用方法 update()修改字典 100
8.6　使用集合 100
8.7　类型转换 101
8.7.1　内置类型转换函数 101
8.7.2　类型转换综合演练 102

8.8 技术解惑……103
8.8.1 for遍历方式并不是万能的……103
8.8.2 两种字典遍历方式的性能对比……104
8.9 课后练习……104
第9章 使用函数……105
（视频总计118min，实例21个，范例42个）
9.1 函数基础……106
9.1.1 定义函数……106
9.1.2 调用函数……107
9.2 函数的参数……107
9.2.1 形参和实参……108
9.2.2 必需参数……108
9.2.3 关键字参数……108
9.2.4 默认参数……109
9.2.5 不定长参数……109
9.2.6 按值传递参数和按引用传递参数……110
9.3 函数的返回值……111
9.3.1 返回一个简单值……111
9.3.2 可选实参……111
9.3.3 返回一个字典……112
9.4 变量的作用域……113
9.5 使用函数传递列表……114
9.5.1 访问列表中的元素……114
9.5.2 在函数中修改列表……115
9.6 使用匿名函数……115
9.7 函数和模块开发……116
9.7.1 导入整个模块文件……116
9.7.2 只导入指定的函数……117
9.7.3 使用as指定函数别名……118
9.7.4 使用as指定模块别名……118
9.7.5 导入所有函数……119
9.8 技术解惑……119
9.8.1 Python内置函数大全……119
9.8.2 一个项目引发的问题……120
9.8.3 使用递归方法展开多层列表……120
9.9 课后练习……121
第10章 面向对象（上）……122
（视频总计138min，实例22个，范例44个）
10.1 定义并使用类……123
10.1.1 定义类……123
10.1.2 类的基本用法……123
10.2 类对象……124
10.3 类方法……124
10.3.1 定义并使用类方法……124
10.3.2 构造方法……125
10.3.3 方法调用……126
10.3.4 创建多个实例……127
10.3.5 使用私有方法……128
10.3.6 析构方法……129
10.3.7 静态方法和类方法……129
10.3.8 类的专有方法……130
10.4 类属性……131
10.4.1 认识属性……131
10.4.2 类属性和实例属性……131
10.4.3 设置属性的默认值……132
10.4.4 修改属性的值……133
10.4.5 使用私有属性……135
10.5 继承……135
10.5.1 定义子类……135
10.5.2 在子类中定义方法和属性……137
10.5.3 子类可以继续派生新类……137
10.5.4 私有属性和私有方法……138
10.5.5 多重继承……139
10.6 方法重写……140
10.7 技术解惑……141
10.7.1 究竟什么是面向对象……141
10.7.2 Python语言的面向对象编程……142
10.7.3 必须掌握的统一建模语言……143
10.7.4 构造函数和析构函数的特殊说明……143

10.8　课后练习 143

第 11 章　面向对象（下） 144
（视频总计 129min，实例 32 个，范例 60 个）

11.1　模块架构 145
11.1.1　最基本的模块调用 145
11.1.2　目录“__pycache__” 146
11.1.3　使用“__name__”属性 147
11.2　使用包 148
11.2.1　表示包 148
11.2.2　创建并使用包 149
11.2.3　实战演练 150
11.3　导入类 151
11.3.1　只导入一个类 151
11.3.2　导入指定的类 152
11.3.3　从一个模块中导入多个类 152
11.3.4　导入整个模块 153
11.3.5　在一个模块中导入另一个模块 153
11.4　迭代器 154
11.4.1　什么是迭代器 154
11.4.2　创建并使用迭代器 155
11.4.3　使用内置迭代器方法 iter() 156
11.5　生成器 157
11.5.1　生成器的运行机制 157
11.5.2　创建生成器 158
11.5.3　注意生成器的第一次调用 159
11.5.4　使用协程重置生成器序列 160
11.6　装饰器 160
11.6.1　创建装饰器 160
11.6.2　使用装饰器装饰函数 161
11.6.3　使用装饰器装饰类 162
11.7　命名空间 163
11.7.1　命名空间的本质 163
11.7.2　查找命名空间 164
11.7.3　命名空间的生命周期 165
11.7.4　命名空间访问函数 locals() 与 globals() 165
11.8　闭包 167
11.8.1　什么是闭包 167
11.8.2　闭包和嵌套函数 168
11.8.3　使用闭包记录函数的调用次数 168
11.8.4　使用闭包实现延迟请求 169
11.8.5　闭包和装饰器 169
11.8.6　使用闭包定义泛型函数 170
11.9　技术解惑 171
11.9.1　导入包的秘诀 171
11.9.2　无限迭代器的秘密 172
11.10　课后练习 172

第 12 章　文件操作处理 173
（视频总计 125min，实例 29 个，范例 58 个）

12.1　使用 open()函数打开文件 174
12.2　使用 File 操作文件 175
12.2.1　File 对象介绍 175
12.2.2　使用 close()方法关闭操作 176
12.2.3　使用方法 flush() 176
12.2.4　使用方法 fileno() 177
12.2.5　使用方法 isatty() 177
12.2.6　使用方法 next() 178
12.2.7　使用方法 read() 178
12.2.8　使用方法 readline() 179
12.2.9　使用方法 readlines() 180
12.2.10　使用方法 seek() 180
12.2.11　使用方法 tell() 181
12.2.12　使用方法 truncate() 182
12.2.13　使用方法 writelines() 182
12.3　使用 OS 对象 183
12.3.1　OS 对象介绍 183
12.3.2　使用方法 access() 185
12.3.3　使用方法 chdir() 186

12.3.4　使用方法 chmod()……186
12.3.5　打开、写入和关闭……187
12.3.6　打开、读取和关闭……189
12.3.7　创建目录……189
12.3.8　获取目录下的信息……190
12.3.9　修改目录……192
12.3.10　删除目录……193
12.4　其他常见的文件操作……194
12.4.1　使用 fileinput 模块……194
12.4.2　批量获取文件名……195
12.5　技术解惑……196
12.5.1　注意包含文件的具体范围……196
12.5.2　4 点注意事项……196
12.6　课后练习……196
第 13 章　异常处理……197
（视频总计 53min，实例 13 个，范例 26 个）
13.1　语法错误……198
13.2　异常处理……199
13.2.1　异常的特殊之处……199
13.2.2　使用“try…except”处理异常……199
13.2.3　使用“try…except…else”处理异常……201
13.2.4　使用“try…except…finally”语句……202
13.3　抛出异常……202
13.3.1　使用 raise 抛出异常……203
13.3.2　使用 assert 语句……203
13.3.3　自定义异常……204
13.4　内置异常类……205
13.4.1　处理 ZeroDivisionError 异常……205
13.4.2　FileNotFoundError 异常……206
13.4.3　except 捕获方式……207
13.4.4　使用函数 testmod()……207
13.4.5　使用单元测试函数 testfile()……208
13.5　技术解惑……209
13.5.1　注意 assert 语句的妙用……209
13.5.2　定义清理行为……209
13.5.3　妙用预定义的清理行为……210
13.6　课后练习……210
第 14 章　正则表达式……211
（视频总计 53min，实例 6 个，范例 12 个）
14.1　基本语法……212
14.1.1　普通字符……212
14.1.2　非打印字符……212
14.1.3　特殊字符……213
14.1.4　限定符……216
14.1.5　定位符……217
14.1.6　限定范围和否定……218
14.1.7　运算符优先级……218
14.2　使用 re 模块……218
14.2.1　re 模块库函数介绍……219
14.2.2　使用函数 compile()……219
14.2.3　使用函数 match()……220
14.2.4　使用函数 search()……221
14.2.5　使用函数 findall()……222
14.2.6　sub()和 subn()函数……223
14.3　使用 Pattern 对象……224
14.4　正则表达式模式……224
14.5　技术解惑……228
14.5.1　生活中的正则表达式……228
14.5.2　为什么使用正则表达……228
14.5.3　分析函数 re.match()和函数 re.search()的区别……228
14.5.4　不能将限定符与定位点一起使用……228
14.6　课后练习……229
第 15 章　多线程开发……230
（视频总计 68min，实例 10 个，范例 20 个）
15.1　线程和进程基础……231
15.2　Python 线程处理……231
15.2.1　使用_thread 模块……231

15.2.2　使用 threading 模块：threading 模块介绍 ····· 232
15.2.3　使用 threading 模块：直接在线程中运行函数 ····· 233
15.2.4　使用 threading 模块：通过继承类 threading.Thread 创建 ····· 233
15.2.5　使用 threading 模块：线程等待 ····· 234
15.2.6　使用 threading 模块：线程同步 ····· 234
15.3　线程优先级队列模块 queue ····· 236
15.3.1　模块 queue 中的常用方法 ····· 236
15.3.2　基本 FIFO 队列 ····· 236
15.3.3　LIFO 队列 ····· 237
15.3.4　优先级队列 ····· 237
15.4　使用模块 subprocess 创建进程 ····· 238
15.4.1　模块 subprocess 介绍 ····· 238
15.4.2　使用类 Popen 创建进程 ····· 240
15.5　技术解惑 ····· 242
15.5.1　线程带来的意义你知道吗 ····· 242
15.5.2　线程和进程的区别 ····· 244
15.6　课后练习 ····· 244
第 16 章　Tkinter 图形化界面开发 ····· 245
（视频总计 88min，实例 14 个，范例 28 个）
16.1　Python 图形化界面开发基础 ····· 246
16.1.1　GUI 介绍 ····· 246
16.1.2　使用 Python 语言编写 GUI 程序 ····· 246
16.2　Tkinter 开发基础 ····· 247
16.2.1　第一个 Tkinter 程序 ····· 247
16.2.2　向窗体中添加组件 ····· 248
16.3　Tkinter 组件开发详解 ····· 248
16.3.1　Tkinter 组件概览 ····· 249
16.3.2　使用按钮控件 ····· 250
16.3.3　使用文本框控件 ····· 251
16.3.4　使用菜单控件 ····· 252
16.3.5　使用标签控件 ····· 253
16.3.6　使用单选按钮和复选按钮控件 ····· 254
16.3.7　使用绘图控件 ····· 256
16.4　Tkinter 库的事件 ····· 257
16.4.1　Tkinter 事件基础 ····· 258
16.4.2　动态绘图程序 ····· 259
16.5　实现对话框效果 ····· 261
16.5.1　创建消息框 ····· 261
16.5.2　创建输入对话框 ····· 263
16.5.3　创建打开/保存文件对话框 ····· 264
16.5.4　创建颜色选择对话框 ····· 265
16.5.5　创建自定义对话框 ····· 265
16.6　技术解惑 ····· 267
16.6.1　格外注意方法 pack()的参数 ····· 267
16.6.2　请务必注意方法 grid()的参数 ····· 267
16.6.3　请务必注意方法 place()的属性 ····· 267
16.7　课后练习 ····· 267
第 17 章　网络编程 ····· 268
（视频总计 96min，实例 12 个，范例 24 个）
17.1　网络开发基础 ····· 269
17.1.1　OSI 七层网络模型 ····· 269
17.1.2　TCP/IP 协议 ····· 270
17.2　套接字编程 ····· 270
17.2.1　socket()函数介绍 ····· 270
17.2.2　socket 对象的内置函数和属性 ····· 271
17.2.3　使用套接字建立 TCP“客户端/服务器”连接 ····· 272
17.2.4　使用套接字建立 UDP“客户端/服务器”连接 ····· 274
17.3　socketserver 编程 ····· 275
17.3.1　socketserver 模块

基础……275

17.3.2 使用 socketserver 创建 TCP “客户端/服务器”连接……276

17.4 HTTP 协议开发……277

17.4.1 使用 urllib 包……277

17.4.2 使用 HTTP 包……280

17.5 收发电子邮件……281

17.5.1 开发 POP3 邮件协议程序……281

17.5.2 开发 SMTP 邮件协议程序……283

17.6 开发 FTP 文件传输程序……285

17.6.1 Python 和 FTP……285

17.6.2 创建一个 FTP 文件传输客户端……287

17.7 解析 XML……289

17.7.1 SAX 解析方法……289

17.7.2 DOM 解析方法……291

17.8 解析 JSON 数据……292

17.8.1 类型转换……292

17.8.2 编码和解码……293

17.9 技术解惑……294

17.9.1 详细剖析客户端/服务器编程模型……294

17.9.2 详细剖析类 HTTPConnection 中的方法……295

17.10 课后练习……296

第 18 章　数据库开发……297

（视频总计 88min，实例 13 个，范例 26 个）

18.1 操作 SQLite3 数据库……298

18.2 操作 MySQL 数据库……299

18.2.1 搭建 PyMySQL 环境……300

18.2.2 实现数据库连接……300

18.2.3 创建数据库表……301

18.2.4 数据库插入操作……302

18.2.5 数据库查询操作……302

18.2.6 数据库更新操作……303

18.2.7 数据库删除操作……304

18.2.8 执行事务……304

18.3 使用 MariaDB 数据库……305

18.3.1 搭建 MariaDB 数据库环境……305

18.3.2 在 Python 程序中使用 MariaDB 数据库……308

18.4 使用 MongoDB 数据库……309

18.4.1 搭建 MongoDB 环境……309

18.4.2 在 Python 程序中使用 MongoDB 数据库……310

18.5 使用适配器……312

18.6 使用 ORM 操作数据库……316

18.6.1 Python 和 ORM……316

18.6.2 使用 SQLAlchemy……317

18.6.3 使用 mongoengine……319

18.7 技术解惑……321

18.7.1 灵活使用查询运算符……321

18.7.2 掌握 between 关键字的用法……322

18.7.3 了解关联表操作的秘密……322

18.7.4 请课外学习并掌握 SQL 语言的知识……322

18.8 课后练习……322

第 19 章　Python 动态 Web 开发基础……323

（视频总计 91min，实例 18 个，范例 36 个）

19.1 Python CGI 编程……324

19.1.1 CGI 介绍……324

19.1.2 搭建 CGI 服务器……324

19.1.3 第一个 CGI 程序……325

19.2 使用 Tornado 框架……325

19.2.1 Tornado 框架介绍……326

19.2.2 Python 和 Tornado 框架……326

19.2.3 获取请求参数……327

19.2.4 使用 cookie……329

19.2.5 URL 转向……330

19.2.6 使用静态资源文件……331

19.3 使用Django框架 …… 332
19.3.1 搭建Django环境 …… 332
19.3.2 常用的Django命令 …… 333
19.3.3 第一个Django工程 …… 334
19.3.4 在URL中传递参数 …… 335
19.3.5 使用模板 …… 337
19.3.6 使用表单 …… 341
19.3.7 实现基本的数据库操作 …… 342
19.3.8 使用Django后台系统开发博客系统 …… 343
19.4 使用Flask框架 …… 346
19.4.1 开始使用Flask框架 …… 346
19.4.2 传递URL参数 …… 347
19.4.3 使用session和cookie …… 349
19.4.4 文件上传 …… 350
19.5 技术解惑 …… 351
19.5.1 “客户端/服务器”开发模式 …… 351
19.5.2 Python Web客户端开发是大势所趋 …… 351
19.5.3 注意Python 3的变化 …… 352
19.6 课后练习 …… 352
第20章 使用Pygame开发游戏 …… 353
（视频总计59min，实例8个，范例16个）
20.1 安装Pygame …… 354
20.2 Pygame开发基础 …… 355
20.2.1 Pygame框架中的模块 …… 355
20.2.2 事件操作 …… 356
20.2.3 显示模式设置 …… 359
20.2.4 字体处理 …… 359
20.2.5 像素和颜色处理 …… 360
20.2.6 使用Surface绘制图像 …… 362
20.2.7 使用pygame.draw绘图函数 …… 362
20.3 开发一个俄罗斯方块游戏 …… 364
20.3.1 规划图形 …… 364
20.3.2 具体实现 …… 365
20.4 技术解惑 …… 371
20.4.1 电脑游戏开发的必备知识 …… 371
20.4.2 如何创建Surface对象 …… 372
20.5 课后练习 …… 372
第21章 使用Pillow库处理图形 …… 373
（视频总计74min，实例16个，范例32个）
21.1 安装Pillow库 …… 374
21.2 使用Image模块 …… 374
21.2.1 打开和新建 …… 374
21.2.2 混合 …… 376
21.2.3 复制和缩放 …… 377
21.2.4 粘贴和裁剪 …… 378
21.2.5 格式转换 …… 379
21.2.6 重设和旋转 …… 380
21.2.7 分离和合并 …… 381
21.2.8 滤镜 …… 382
21.2.9 其他内置函数 …… 382
21.3 使用ImageChops模块 …… 384
21.3.1 常用的内置函数 …… 384
21.3.2 实现图片合成 …… 385
21.4 使用ImageEnhance模块 …… 386
21.4.1 常用的内置函数 …… 386
21.4.2 实现图像增强处理 …… 386
21.5 使用ImageFilter模块 …… 387
21.5.1 常用的内置函数 …… 387
21.5.2 实现滤镜处理 …… 388
21.6 使用ImageDraw模块 …… 388
21.6.1 常用的内置函数 …… 388
21.6.2 绘制二维图像 …… 390
21.7 使用ImageFont模块 …… 390
21.8 技术解惑 …… 391
21.8.1 详细剖析ImageFont模块的内置函数 …… 391
21.8.2 必须掌握并深入理解的几个概念 …… 392

21.9 课后练习……392

第22章 使用Matplotlib实现数据挖掘……393
（视频总计70min，实例18个，范例36个）

22.1 数据可视化……394
22.2 搭建Matplotlib环境……394
22.3 初级绘图……396
22.3.1 绘制点……396
22.3.2 绘制折线……396
22.3.3 设置标签文字和线条粗细……398
22.4 高级绘图……399
22.4.1 自定义散点图样式……399
22.4.2 绘制柱状图……400
22.4.3 绘制多幅子图……404
22.4.4 绘制曲线……406
22.5 绘制随机漫步图……411
22.5.1 在Python程序中生成随机漫步数据……411
22.5.2 在Python程序中绘制随机漫步图……413
22.6 绘制其他样式的图……414
22.6.1 绘制三维图……414
22.6.2 绘制波浪图……415
22.6.3 绘制散点图……416
22.6.4 绘制等高线图……416
22.6.5 绘制饼状图……417
22.7 技术解惑……418
22.7.1 充分利用官方资源……418
22.7.2 如何实现子图……418
22.8 课后练习……419

第23章 大数据实战——抓取数据并分析……420
（视频总计36min）

23.1 爬虫抓取……421
23.1.1 检测“Redis”的状态……421
23.1.2 账号模拟登录……421
23.1.3 实现具体抓取功能……423
23.2 大数据分析……428

第1章

Python 如日中天

（视频讲解：47min）

在时间进入 2018 年后，身边越来越多的人说 Python 语言如日中天了，也有人说 Python 的发展速度像坐了火箭一般。究竟 Python 语言有什么神奇之处，让广大程序员们对它如痴如醉？本章将详细介绍 Python 语言的发展历程和特点，和读者一起找到上述问题的答案。

1.1　Python 语言基础

扫码看视频：Python 语言基础

曾经风靡一时的热播剧《琅琊榜》有云：遥映人间冰雪样，暗香幽浮曲临江，遍识天下英雄路，俯首江左有梅郎……琅琊榜就和武侠小说中的高手排行榜差不多。其实在编程语言中也有自己的“琅琊榜”，这就是 TIOBE 编程语言社区排行榜，榜单会每月更新一次，榜单的排名客观公正地展示了各门编程语言的地位。

1.1.1　编程世界的“琅琊榜”

TIOBE 编程语言社区排名使用著名的搜索引擎（诸如 Google、MSN、Yahoo!、Wikipedia、YouTube 以及 Baidu 等）进行计算，在 2017 年上半年，Java 语言和 C 语言依然是最大的赢家。其实在最近几年的榜单中，程序员们早已习惯了 C 语言和 Java 的“二人转”局面。表 1-1 是 2017 年 12 月榜单中的前几名排名信息。

表 1-1　2017 年 12 月编程语言使用率统计表

2017 年 12 月排名	语　言	2017 年占有率（%）
1	Java	20.973
2	C	16.460
3	C++	5.797
4	Python	3.775
5	JavaScript	2.751

注意：TIOBE 编程语言社区排行榜只是反映某个编程语言的热门程度，并不能说明一门编程语言好不好，或者一门语言所编写的代码数量多少。

1.1.2　Python 为什么这么火

相信 TIOBE 编程语言社区排行榜中的排名会出乎很多读者的意料，Python 语言竟然排在 PHP、JavaScript 等众多常用开发语言的前面。这似乎不合乎常理，因为在印象中很少有人提及 Python，反而经常听大家谈起 C、C++、Java、C#和 PHP，Python 语言为什么这么火呢？笔者认为 Python 语言之所以如此受大家欢迎，主要有如下两个原因。

（1）简单。

无论是对于广大学习者还是程序员，简单就拥有了最大的吸引力。既然都能实现同样的功能，人们有什么理由不去选择更加简单的开发语言呢？例如，在运行 Python 程序时，只需要简单地输入 Python 代码后即可运行，而不需要像其他语言（例如 C 或 C++）那样需要经过编译和链接等中间步骤。Python 可以立即执行程序，这样便形成了一种交互式编程体验和不同情况下快速调整的能力，往往在修改代码后能立即看到程序改变后的效果。

（2）功能强大。

Python 语言可以用来作为批处理语言，写一些简单工具，处理一些数据，作为其他软件的接口调试等。Python 语言可以用来作为函数语言，进行人工智能程序的开发，具有 Lisp 语言的大部分功能。Python 语言可以用来作为过程语言，进行常见的应用程序开发，可以和 VB 等语言一样应用。Python 语言可以用来作为面向对象语言，具有大部分面向对象语言的特性，经常作为大型应用软件的原型开发语言，然后再用 C++语言改写，而有些应用软件则直接使用 Python 来开发。

1.1.3 Python 语言的特点

除了上一小节介绍的简单和功能强大外，Python 语言还有如下特点。

（1）面向对象。

Python 是一门面向对象编程（面向对象编程缩写为“OOP”）的语言，它的类模块支持多态、操作符重载和多重继承等高级概念，并且以 Python 特有的简洁的语法和类型，面向对象十分易于使用。除了作为一种强大的代码构建和重用手段以外，Python 的面向对象特性使它成为面向对象语言（如 C++和 Java）的理想脚本工具。例如，通过适当地粘贴代码，Python 程序可以对 C++、Java 和 C#的类进行子类的定制。

（2）免费。

Python 的使用和分发是完全免费的，就像其他的开源软件一样，如 Perl、Linux 和 Apache。开发者可以从 Internet 上免费获得 Python 的源代码。复制 Python，将其嵌入你的系统或者随产品一起发布都没有任何限制。

（3）可移植。

Python 语言的标准实现是由可移植的 ANSI C 编写的，可以在目前所有的主流平台上编译和运行。现在从 PDA 到超级计算机，到处都可以见到 Python 程序的运行。Python 语言可以在下列平台上运行（注意，这并不是全部，而仅仅是笔者所知道的一部分）。

- Linux 和 UNIX 系统。
- 微软 Windows。
- Mac OS（包括 OS X 和 Classic）。
- BeOS、OS/2、VMS 和 QNX。
- 实时操作系统，例如 VxWorks。
- Cray 超级计算机和 IBM 大型机。
- 运行 Palm OS、PocketPC 和 Linux 的 PDA。
- 游戏终端。

（4）混合开发。

Python 程序可以以多种方式轻易地与其他语言编写的组件融合在一起。例如，通过使用 Python 的 C 语言 API 可以帮助 Python 程序灵活地调用 C 程序。这意味着可以根据需要给 Python 程序添加功能，或者在其他环境系统中使用 Python。例如，将 Python 与 C 或者 C++写成的库文件混合起来，使 Python 成为一个前端语言和定制工具，这使 Python 成为一个很好的快速原型工具。出于开发速度的考虑，系统可以先使用 Python 实现，之后转移至 C，这样可以根据不同时期性能的需要逐步实现系统。

1.2 安装 Python

古人云：工欲善其事，必先利其器。在使用 Python 语言进行项目开发时，需要先搭建其开发环境。本节将首先详细讲解安装 Python 的知识，为读者步入本书后面知识的学习打下基础。

扫码看视频：安装 Python

1.2.1　选择版本

因为 Python 语言是跨平台的，可以运行在 Windows、Mac OS、Linux、UNIX 和各种其他系统上，所以说 Python 可以安装在这些系统中。并且在 Windows 上写的 Python 程序，可以放到 Linux 系统上运行。

到目前为止，Python 最为常用的版本有两个：一个是 2.x 版，一个是 3.x 版。这两个版本是不兼容的，因为目前 Python 正在朝着 3.x 版本进化，在进化过程中，大量针对 2.x 版本的代码要修改后才能运行，所以，目前有许多第三方库还暂时无法在 3.x 版本上使用。读者可以根据自己的需要选择进行下载和安装，本书将以 Python 3.x 版本语法和标准库进行讲解。

1.2.2　在 Windows 系统中下载并安装 Python

因为 Python 可以在 Windows、Linux 和 Mac 这当今三大主流的计算机系统中运行，所以本书将详细讲解在这 3 种操作系统中安装 Python 的方法。接下来，将首先讲解在 Windows 系统中下载并安装 Python 的过程。

（1）登录 Python 官方网站，单击顶部导航中的 Downloads 链接，出现如图 1-1 所示的下载页面。

（2）因为当前计算机的系统是 Windows 系统，所以单击“Looking for Python with a different OS? Python for”后面的 Windows 链接，出现如图 1-2 所示的 Windows 版下载界面。

图 1-1　Python 下载页面

图 1-2　Windows 版下载界面

图 1-2 所示的都是 Windows 系统平台的安装包，其中 x86 适合 32 位操作系统，x86-64 适合 64 位操作系统。并且可以通过如下 3 种途径获取 Python。

- web-based installer：需要通过联网完成安装。
- executable installer：通过可执行文件(*.exe)方式安装。
- embeddable zip file：这是嵌入式版本，可以集成到其他应用程序中。

（3）因为笔者的计算机是 64 位操作系统，所以需要选择一个 64 位的安装包，当前（笔者写稿时）最新版本“Windows x86-64 executable installer”。在如图 1-3 所示的下载对话框中，单击“下载”按钮后开始下载。

（4）下载成功后得到一个“.exe”格式的可执行文件，双击此文件开始安装。在第一个安装界面中勾选下面两个复选框，然后单击 Install Now 按钮，如图 1-4 所示。

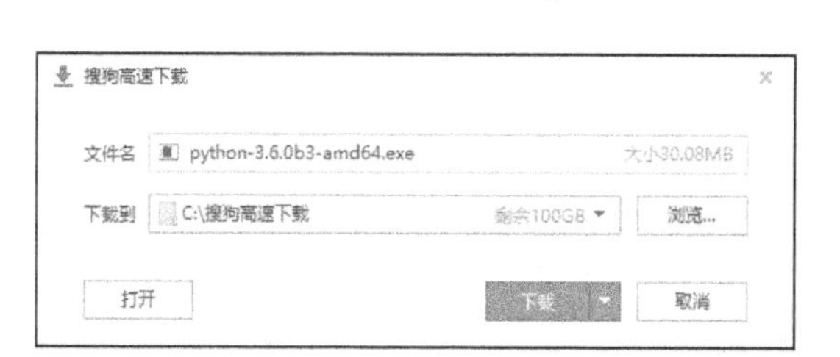

图 1-3　下载对话框界面

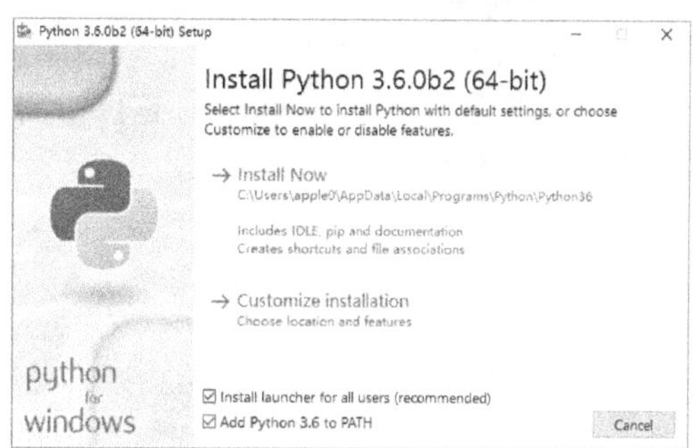

图 1-4　第一个安装界面

注意：勾选 Add Python 3.6 to PATH 复选框的目的是把 Python 的安装路径添加到系统路径下面，勾选这个选项后，以后在执行 cmd 命令时，输入 python 后就会调用 python.exe。如果不勾选这个选项，在 cmd 下输入 python 时会报错。

（5）弹出如图 1-5 所示的安装进度对话框进行安装。

（6）安装完成后的界面如图 1-6 所示，单击"Close"按钮完成安装。

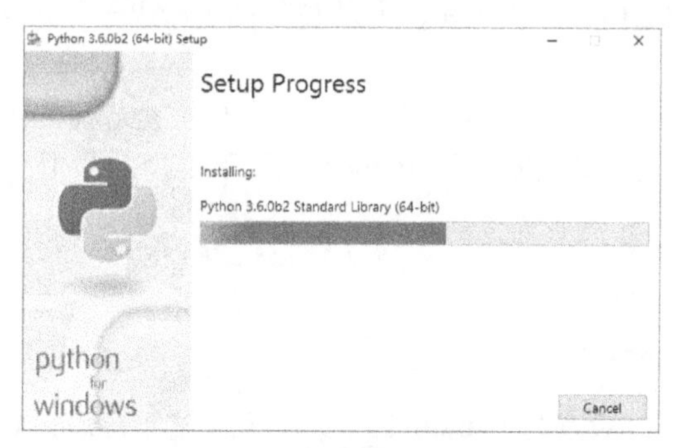

图 1-5　安装进度对话框

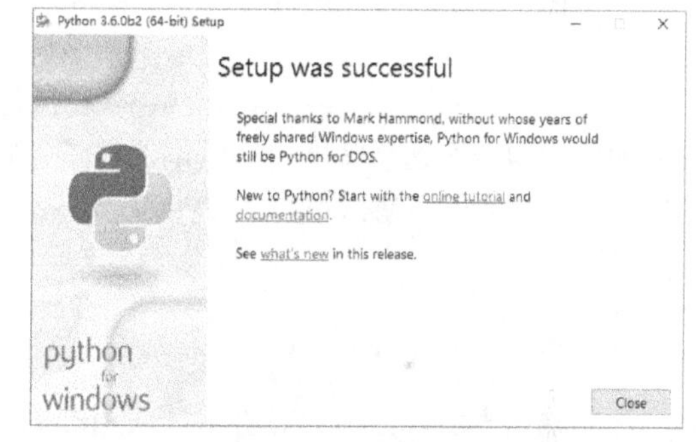

图 1-6　安装完成界面

（7）依次单击"开始""运行"，输入 cmd 后打开 DOS 命令界面，然后输入"python"验证是否安装成功。弹出如图 1-7 所示的界面表示安装成功。

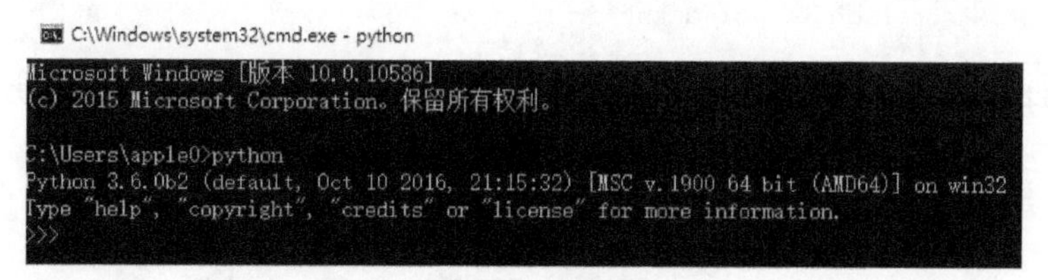

图 1-7　表示安装成功

1.2.3　在 Mac 系统中下载并安装 Python

在 Mac OS X 中都已经默认安装了 Python，开发者只需要安装一个文本编辑器来编写 Python 程序即可，并且需要确保其配置信息正确无误。要想检查当前使用的苹果系统是否安装了 Python，需要完成如下工作。

（1）打开终端窗口（和 Windows 系统中的 cmd 控制台类似）。

打开"Applications/Utilities"文件夹，选择打开里面的 Terminal，这样可以打开一个终端窗口。另外，也可以按下键盘中的"Command + 空格"组合键，再输入 terminal 并按回车键打开终端窗口。

（2）输入“python”命令。

为了确定是否安装了 Python，接下来，需要执行命令“python”（注意，其中的 p 是小写的）。如果输出了类似于下面的内容，指出了安装的 Python 版本，这表示 Python 已经安装成功。最后的“>>>”是一个提示符，让我们能够进一步输入 Python 命令。

```
$ python
Python 3.6.1 (default, Mar 9 2016, 22:15:05)
[GCC 4.2.1 Compatible Apple LLVM 5.0 (clang-500.0.68)] on darwin
Type "help", "copyright", "credits", or "license" for more information.
>>>
```

上述输出表明，当前计算机默认使用的 Python 版本为 Python 3.6.1。看到上述输出后，如果要退出 Python 并返回终端窗口，可按 Control + D 组合键或执行命令 exit()。

1.2.4　在 Linux 系统中下载并安装 Python

在众多开发者的眼中，Linux 系统是专门为开发者所设计的。在大多数的 Linux 计算机中，都已经默认安装了 Python。要在 Linux 系统中编写 Python 程序，开发者几乎不用安装什么软件，也几乎不用修改设置。要想检查当前使用的 Linux 系统是否安装了 Python，需要完成如下工作。

（1）在系统中运行应用程序 Terminal（如果使用的是 Ubuntu，可以按下 Ctrl + Alt + T 组合键），打开一个终端窗口。

（2）为了确定是否安装了 Python，需要执行“python”命令（请注意，其中的 p 是小写的）。如果输出类似下面这样输出安装版本的结果，则表示已经安装了 Python；最后的“>>>”是一个提示符，让我们能够继续输入 Python 命令。

```
$ python
Python 2.7.6 (default, Mar 22 2014, 22:59:38)
[GCC 4.8.2] on linux2
Type "help", "copyright", "credits" or "license" for more information.
>>>
```

上述输出表明，当前计算机默认使用的 Python 版本为 Python 2.7.6。看到上述输出后，如果要退出 Python 并返回终端窗口，可按 Ctrl + D 组合键或执行命令 exit()。要想检查系统是否安装了 Python 3，可能需要指定相应的版本，例如尝试执行命令 python3。

```
$ python3
Python 3.6.0 (default, Sep 17 2016, 13:05:18)
[GCC 4.8.4] on linux
Type "help", "copyright", "credits" or "license" for more information.
>>>
```

上述输出表明，在当前 Linux 系统中也安装了 Python 3，所以开发者可以使用这两个版本中的任何一个。在这种情况下，需要将本书中的命令 python 都替换为 python3。在大多数情况下，在 Linux 系统上都默认安装了 Python。

1.3　Python 开发工具介绍

在安装 Python 后，接下来需要选择一款开发工具来编写 Python 程序。市面中有很多种支持Python的开发工具，下面将简要介绍几种主流的开发工具。

扫码看视频：Python 开发工具介绍

1.3.1　使用 IDLE

IDLE 是 Python 自带的开发工具，它是应用 Python 第三方库的图形接口库 Tkinter 开发的一个图形界面的开发工具，其主要特点如下所示。

- 跨平台，包括 Windows、Linux、UNIX 和 Mac OS X。
- 智能缩进。
- 代码着色。
- 自动提示。
- 可以实现断点设置、单步执行等调试功能。
- 具有智能化菜单。

当在 Windows 系统下安装 Python 时，会自动安装 IDLE，在“开始”菜单的 Python 3.x 子菜单中就可以找到它，如图 1-8 所示。

在 Linux 系统下需要使用 yum 或 apt-get 命令进行单独安装。在 Windows 系统下，IDLE 的界面如图 1-9 所示，标题栏与普通的 Windows 应用程序相同，而其中所写的代码是自动着色的。

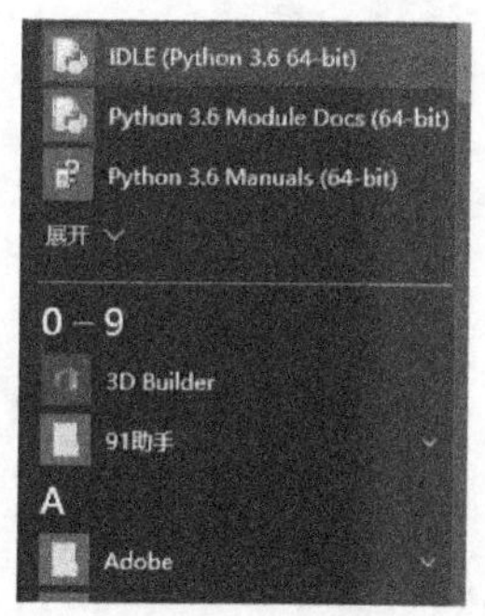

图 1-8 “开始”菜单中的 IDLE

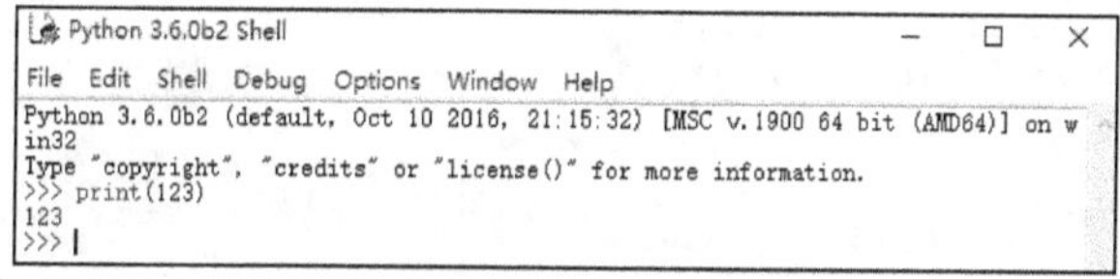

图 1-9 IDLE 的界面

IDLE 常用的快捷键如表 1-2 所示。

表 1-2 IDLE 常用快捷键

快 捷 键	功 能
Ctrl+]	缩进代码
Ctrl+[	取消缩进
Alt+3	注释代码
Alt+4	去除注释
F5	运行代码
Ctrl+Z	撤销一步

1.3.2 使用 Emacs

Emacs 堪称“无所不能”的开发工具，很多人称之为最强大的文本编辑器。与 Vim 不同，Emacs 没有模式编辑器，使用 Emacs 就像使用 Windows 的记事本一样，但 Emacs 比 Windows 的记事本的功能要强大得多。下载并安装 Emacs 工具的具体流程如下所示。

（1）登录 gnu 官方网站，在 Windows 栏目下单击 main GNU FTP server 链接，如图 1-10 所示。

（2）在弹出的新页面中选择一个版本进行下载，如图 1-11 所示。

（3）下载完成后将得到一个 ZIP 格式的压缩包，解压完成后，运行 Emacs 所在目录下 bin 目录中的 runemacs.exe 文件，即可启动 Emacs 工具，其界面如图 1-12 所示。

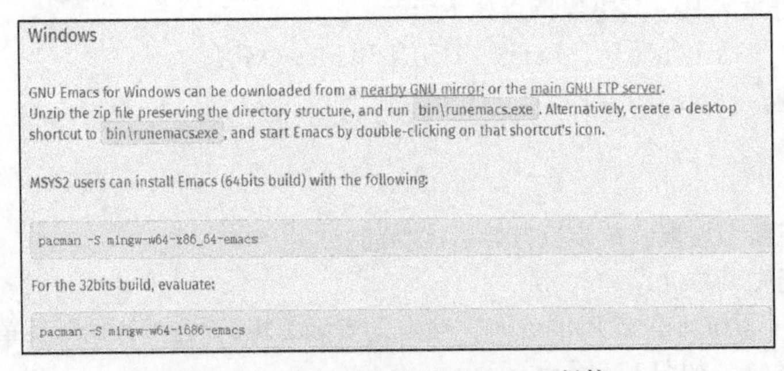

图 1-10　单击 main GNU FTP server 链接

Index of /gnu/emacs/windows

Name	Last modified	Size	Description
Parent Directory		-	
README	2016-11-04 17:11	9.6K	
README.sig	2016-11-04 17:11	173	
emacs-22.3-barebin-i386.zip	2008-09-06 22:32	4.6M	
emacs-22.3-barebin-i386.zip.sig	2008-09-06 22:35	280	
emacs-22.3-bin-i386.zip	2008-09-06 23:11	37M	
emacs-22.3-bin-i386.zip.sig	2008-09-06 23:25	280	
emacs-23.1-barebin-i386.zip	2009-07-30 01:13	3.3M	
emacs-23.1-barebin-i386.zip.sig	2009-07-30 01:13	287	
emacs-23.1-bin-i386.zip	2009-07-30 01:10	39M	
emacs-23.1-bin-i386.zip.sig	2009-07-30 01:13	287	

图 1-11　选择一个版本

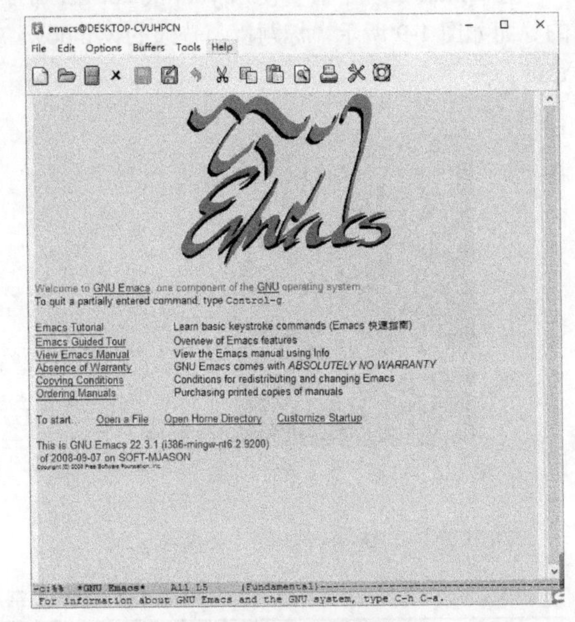

图 1-12　运行 Emacs 后的界面

Emacs 中的常用命令如表 1-3 所示。

表 1-3　**Emacs 中的常用命令**

命　令	功　能
C-v	向后翻一页
M-v	向前翻一页
C-l	将当前行居中
C-f	向前移动一个字符
M-f	向前移动一个单词
C-b	向后移动一个字符
M-b	向后移动一个单词
C-n	向下移动一行
C-p	向上移动一行
C-a	移至当前行的第一个字符
M-a	移至当前所在句子的第一个字符
C-e	移至当前行的最后一个字符

续表

命　令	功　能
M-e	移至当前所在句子的最后一个字符
M-<	移动到当前窗口的第一个字符
M->	移动到当前窗口的最后一个字符
C-x C-c	永久离开 Emacs
C-x C-f	读取文件到 Emacs
C-x r	以只读方式打开一个文件
C-x C-q	清除一个窗口的只读属性
C-x C-s	保存文件到磁盘中
C-x s	保存所有文件
C-x i	插入其他文件的内容到当前缓冲区中
C-x C-v	用将要读取的文件替换当前文件
C-x C-w	向当前缓冲区中写入指定的文件
C-s	向前查找
C-r	向后查找
C-M-s	正则表达式查找
C-M-r	反向正则表达式查找
M-p	选择前一个查找字符串
M-n	选择下一个查找字符串
C-d	向前删除字符
M-d	向前删除到字首
M-DEL	向后删除到字尾
M-O C-k	向前删除到行首
C-k	向后删除到行尾
C-x DEL	向前删除到句首
M-k	向后删除到句尾
M--C-M-k	向前删除到表达式首部
C-M-k	向后删除到表达式尾部
C-x r r	复制一个矩形到寄存器
C-x r k	删除矩形
C-x r V	插入刚刚删除的矩形
C-x r o	打开一个矩形，将文本移动至右边
C-x r c	清空矩形
C-x r t	为矩形中每一行加上一个字符串前缀
C~x r i r	在 r 缓冲区内插入一个矩形
C-x 1	删除所有其他窗口
C-x 2	上下分割当前窗口
C-x 3	左右分割当前窗口
C-x 0	删除当前窗口
C-M-v	滚动其他窗口
C-x O	切换光标到另一个窗口
C-x ^	增加窗口高度
C-x {	减小窗口宽度
C-x }	增加窗口宽度

1.4　认识第一段 Python 程序

经过本章前面内容的学习，已经了解了安装并搭建 Python 开发环境的知识。在下面的内容中，将通过一段具体代码初步了解Python程序的基本知识。

扫码看视频：认识第一段 Python 程序

实例 1-1　认识第一段 Python 程序

源码路径　daima\1\1-1

1.4.1　编码并运行

（1）打开 IDLE，依次单击 File→New File，在弹出的新建文件中输入如下所示的代码。

```
print('同学们好,我的名字是——Python!')
print('这就是我的代码，简单吗？')
```

在 Python 语言中，“print”是一个输出函数，功能是，在命令行界面输出指定的内容，和 C 语言中的“printf”函数、Java 语言中的“println”函数类似。本实例在 IDLE 编辑器中的效果如图 1-13 所示。

拓展范例及视频二维码

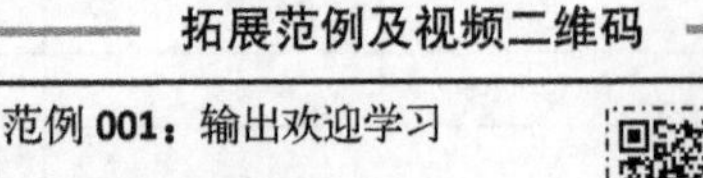

范例 **001**：输出欢迎学习 Python!

源码路径：**范例**\001\

范例 **002**：输出连接的文本

源码路径：**范例**\002\

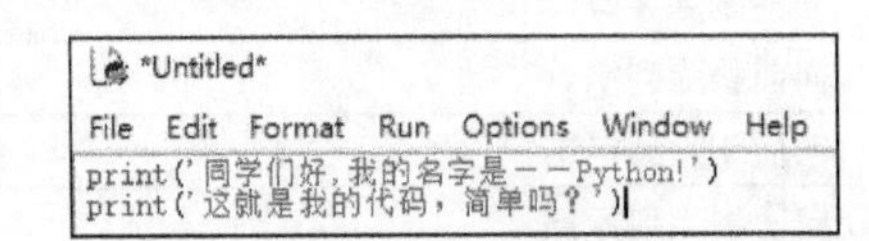

图 1-13　输入代码

（2）依次单击 File→Save 命令，将其另存为文件“first.py”，如图 1-14 所示。

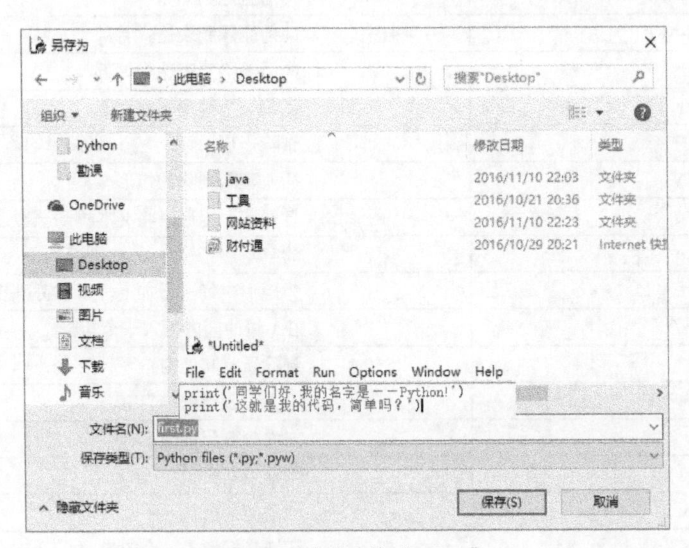

图 1-14　另存为文件“first.py”

（3）按下键盘中的 F5 键，或依次单击 Run→Run Module 命令运行当前代码，如图 1-15 所示。

（4）本实例执行后会使用函数 print()输出两行文本，执行后的效果如图 1-16 所示。

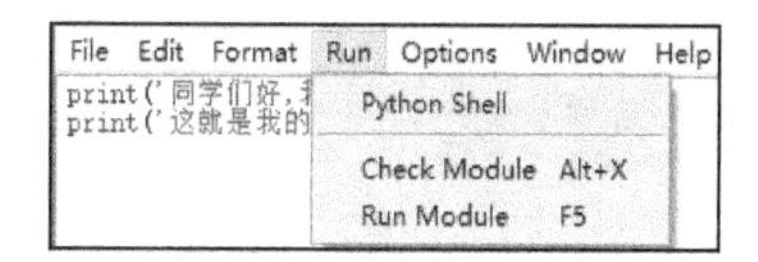

图 1-15　运行当前代码

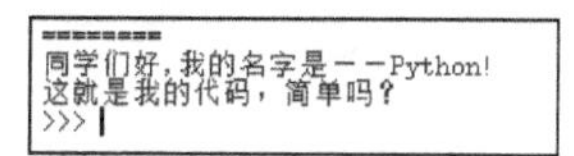

图 1-16　执行效果

1.4.2　其他运行方式

1．命令行运行方式

在 Windows 系统下还可以直接使用鼠标双击的方式来运行 Python 程序。如果通过双击运行上面编写的程序文件“first.py”，可以看到一个命令行窗口首先出现，然后又关闭，由于很快，因此看不到输出内容，这是因为程序运行结束后立即退出了。为了能看到程序的输出内容，可以按以下步骤进行操作。

（1）单击“开始”菜单，在“搜索程序和文件”文本框中输入“cmd”，并按 Enter 键，打开 Windows 的命令行窗口。

（2）输入文件 first.py 的绝对路径及文件名，再按 Enter 键运行程序。也可以使用 cd 命令，进入文件“first.py”所在的目录，如“D:\lx”，然后在命令行提示符下输入“first.py”或者“python first.py”，按 Enter 键即可运行。

注意：在 Linux 系统中，在 Terminal 终端的命令提示符下可以使用 python first.py 命令来运行 Python 程序。

2．交互式运行方式

Python 程序的交互式运行方式是指一边输入程序，一边运行程序。具体操作步骤如下所示。

（1）打开 IDLE，在命令行中输入如下所示的代码。

```
print('同学们好,我的名字是——Python!')
```

按 Enter 键后即可立即运行上述代码，执行效果如图 1-17 所示。

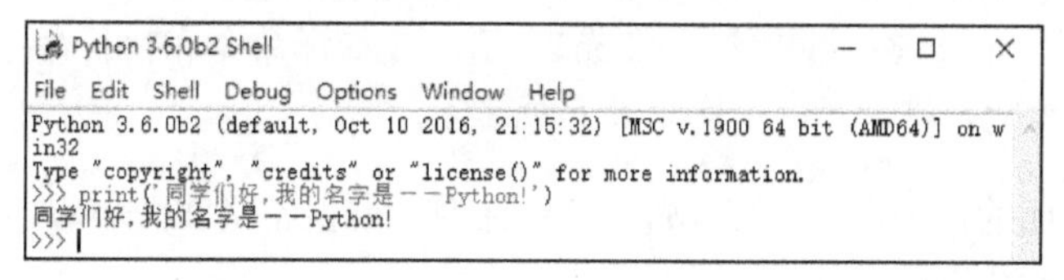

图 1-17　执行效果

（2）继续输入如下所示的代码。

```
print('这就是我的代码，简单吗？')
```

按 Enter 键后即可立即运行上述代码，执行效果如图 1-18 所示。

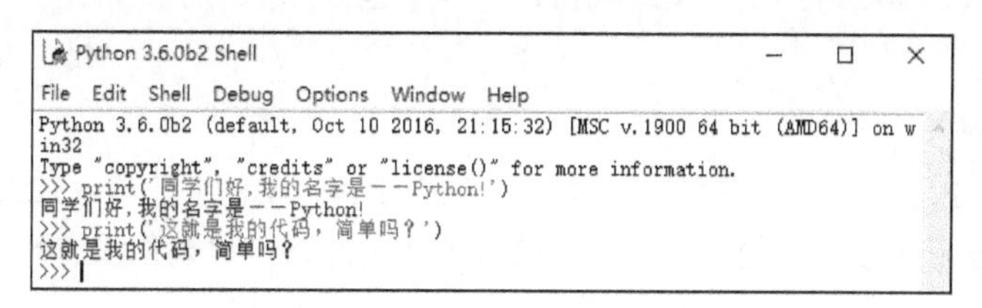

图 1-18　执行效果

注意：在 Linux 中，也可以通过在 Terminal 终端的命令提示符下运行命令 python，来启动 Python 的交互式运行环境，从而边输入程序边运行程序。

1.5　技术解惑

1.5.1　提高开发效率——安装文本编辑器

Geany 是一款简单的文本编辑器：它易于安装；让你能够直接运行几乎所有的程序（而无需通过终端来运行）；使用不同的颜色来显示代码，以突出代码语法；在终端窗口中运行代码，让你能够习惯使用终端。建议使用 Geany，除非你有充分的理由不这样做。

在大多数 Linux 系统中，都只须执行一条命令就可以安装 Geany。

```
$ sudo apt-get install geany
```

1.5.2　快速运行 Hello World 程序

为了编写第一个 Python 程序，需要启动 Geany。为此，可以按超级（Super）键（俗称 Windows 键），并在系统中搜索 Geany。找到 Geany 后，双击就可以启动它。再将其拖曳到任务栏或桌面上，以创建一个快捷方式。接下来，创建一个用于存储项目的文件夹，并将其命名为 python_work（在文件名和文件夹名中，最好使用小写字母，并使用下划线来表示空格，因为这是 Python 采用的命名约定）。返回 Geany，依次选择菜单“File”和“Save As”，将当前的空 Python 文件保存到文件夹“python_work”中，并将其命名为“hello_world.py”。扩展名“.py”告诉 Geany 文件包含的是 Python 程序。它还让 Geany 知道如何运行该程序，并以有益的方式突出其中的代码。

保存文件后，在其中输入如下所示的一行代码。

```
print("Hello Python world!")
```

如果在系统中安装了多个 Python 版本，就必须对 Geany 进行配置，使其使用正确的版本。为此，可以依次选择菜单 Build（生成）和 Set Build Commands（设置生成命令），此时将看到文字 Compile（编译）和 Execute（执行），它们旁边都有一个命令。在默认情况下，这两条命令都是 python，要让 Geany 使用命令 python3，必须做相应的修改。

如果在终端会话中能够执行命令 python3，请修改编译命令和执行命令，让 Geany 使用 Python 3 解释器。为此，将编译命令修改成下面这样。

```
python3 -m py_compile "%f"
```

必须完全按上面的代码显示的那样输入这条命令，确保空格和大小写都完全相同。

将执行命令修改成下面这样。

```
python3 "%f"
```

同样，务必确保空格和大小写都完全与显示的相同。图 1-19 显示了该如何在 Geany 中配置这些命令。

现在开始运行程序 hello_world.py，依次选择菜单 Build 和 Execute，并单击 Execute 图标（两个齿轮）或按 F5 键后将弹出一个终端窗口，其中包含如下所示的输出。

```
Hello Python world!
-------------------
(program exited with code: 0)
Press return to continue
```

如果没有看到这样的输出，请检查你输入的每个字符。你是不是将 print 的首字母大写了？是不是遗漏了引号或括号？编程语言对语法的要求非常严格，只要你没有严格遵守语法，就会出错。

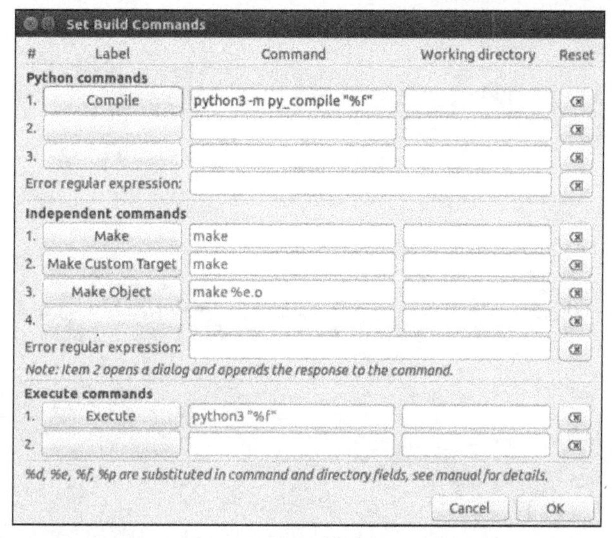

图 1-19 在 Linux 中配置 Geany，使其使用 Python 3

1.5.3 在终端会话中运行 Python 代码

开发者可以打开一个终端窗口并执行命令 python 或 python3，再尝试运行 Python 代码段。在检查 Python 版本时，你就这样做过。下面再次这样做，但是会在终端会话中输入如下代码行：

```
>>> print("Hello Python interpreter!")
Hello Python interpreter!
>>>
```

消息将直接转出到当前终端窗口中。请不要忘记，要关闭 Python 解释器，需要按 Ctrl + D 组合键或执行命令 exit()。

1.6 课后练习

（1）尝试在 Windows 系统下安装微软的 Visual Studio 2017。

（2）尝试安装并使用集成开发环境 PyCharm。

第 2 章

Python 基础语法

（视频讲解：85min）

语法知识是任何一门开发语言的核心内容，Python 语言也不例外。本章将详细介绍 Python 语言的基本语法知识，主要包括语法规则、注释、输入和输出等内容，为读者步入本书后面知识的学习打下基础。

2.1 缩进规则

扫码看视频：缩进规则

如果读者学习过其他的高级程序设计语言，就会知道缩进会使程序代码的结构变得清晰，即使写在同一行内也是正确无误的。例如，下面是一段缩进格式的C语言代码。

```
main(){
    int a,b;                          //分别定义两个int类型的变量a和b
    printf("please input A,B: ");     //提示输入两个值
    scanf("%d%d",&a,&b);              //获取用户输入的两个值
    if(a!=b)                          //if条件语句，如果输入的两个值不相等
        if(a>b)                       //if条件语句，如果输入值a大于b
            printf("A>B\n");          //在控制台中输出a大于b
        else                          //if条件语句，如果输入值a不是大于b
            printf("A<B\n");          //在控制台中输出a小于b
    else                              //如果输入的两个值相等
            printf("A=B\n");          //在控制台中输出a等于b
}
```

在上述代码中通过使用缩进格式后，虽然在代码中使用了多个if语句，并且实现了语句嵌套，但是整个代码的结构一目了然，例如，其中加粗的两行代码是并列的。如果不使用缩进格式，完全可以将上述代码写在同一行内，但是这样就难以理解这行代码的功能含义了。

Python语言要求编写的代码最好全部使用缩进来分层（块）。代码缩进一般用在函数定义、类的定义以及一些控制语句中。一般来说，行尾的“:”表示下一行代码缩进的开始。以下的一段复杂的代码中就在分支语句中使用缩进，即使没有使用括号、分号、大括号等进行语句（块）的分隔，通过缩进分层的结构也非常清晰。

Python语言规定，缩进只使用空白实现，必须使用4个空格来表示每级缩进。使用制表符和其他数目的空格虽然都可以编译通过，但不符合编码规范。支持制表和其他数目的空格仅仅是为了兼容很旧的Python程序和某些有问题的编辑器。确保使用一致数量的缩进空格，否则编写的程序将显示错误。

请看下面的实例代码，它演示了缩进Python代码的过程。

实例 2-1　认识第一段Python程序

源码路径　daima\2\2-1

实例文件suojin.py的具体实现代码如下所示。

```
# if True 是一个固定语句，后面的总是被执行
if True:
    print("Hello girl!")    #缩进4个空白的占位
else:                       #与if对齐
    print("Hello boy!")     #缩进4个空白的占位
```

在上述代码中，使用了4个空白的缩进格式，执行效果如图2-1所示。

```
=======
Hello girl!
>>>
```

图2-1　执行效果

拓展范例及视频二维码

范例**003**：不同的缩进的不同执行效果
源码路径：**范例**\003\

范例**004**：同时执行多行语句
源码路径：**范例**\004\

再看如下所示的代码，它使用了不同的缩进方式。

```
if True:
   print("Hello girl!")
else:
  print("Hello boy!")
 print("end")                      #改正时只需将这行代码前面的空格全部删除即可
```

在上述代码中，实现缩进的方式不一致，有的是通过 Tab 键实现的，有的是通过空格实现的，这是 Python 语法规则所不允许的，所以执行后会出错，如图 2-2 所示。

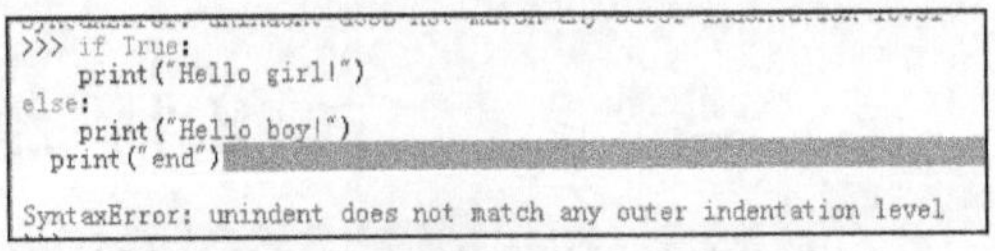

```
>>> if True:
    print("Hello girl!")
else:
    print("Hello boy!")
  print("end")

SyntaxError: unindent does not match any outer indentation level
```

图 2-2　出错

2.2　注　　释

注释可以帮助阅读程序，通常用于概括算法、确认变量的用途或者阐明难以理解的代码段。注释并不会增加可执行程序的大小，编译器会忽略所有注释。在 Python 程序中有两种类型的注释，分别是单行注释和多行注释。

扫码看视频：注释

（1）单行注释。

单行注释是指只在一行中显示注释内容，Python 中单行注释以#开头，具体语法格式如下。

```
# 这是一个注释
```

例如下面的代码。

```
# 下面代码的功能是输出：Hello, World!
print("Hello, World!")
```

（2）多行注释。

多行注释也称为成对注释，是从 C 语言继承过来的，这类注释的标记是成对出现的。在 Python 程序中，有两种实现多行注释的方法。

- 第一种：用 3 个单引号“'''”将注释括起来。
- 第二种：用 3 个双引号“"""”将注释括起来。

例如，下面是用 3 个单引号创建的多行注释。

```
'''
这是多行注释，用3个单引号
这是多行注释，用3个单引号
这是多行注释，用3个单引号
'''
print("Hello, World!")
```

下面是用 3 个双引号创建的多行注释。

```
"""
这是多行注释，用3个双引号
这是多行注释，用3个双引号
这是多行注释，用3个双引号
"""
print("Hello, World!")
```

当使用上述多行（成对）注释时，编译器把放入注释对（3 个双引号或 3 个单引号）之间的内容作为注释。任何允许有制表符、空格或换行符的地方都允许放注释对。注释对可以跨越程序的多行，但不是一定要如此。当注释跨越多行时，最好能直观地指明每一行都是注释的一部分。我们的风格是在注释的每一行以星号开始，指明整个范围是多行注释的一部分。

在 Python 程序中通常混用上述两种注释形式。太多的注释混入程序代码可能会使代码难以理解，通常最好将一个注释块放在所解释代码的上方。当改变代码时，注释应与代码保持一致。程序员即使知道系统其他形式的文档已经过期，也会信任注释，认为它会是正确的。错误的注释比没有注释更糟，因为它会误导后来者。

实例 2-2　**在 Python 程序中使用注释**

源码路径　daima\2\2-2

实例文件 zhushi.py 的具体实现代码如下所示。

```
'''
print("我在注释里")              #这部分是注释
print ("我还在注释里")           #这部分是注释
'''
print("我在注释的外面")
```

在上述代码中，虽然前两个 print 语句是 Python 格式的代码，但是因为在注释标记内，所以执行后不会显示任何效果。执行后的效果如图 2-3 所示。

```
=======
我在注释的外面
>>> |
```

图 2-3 执行效果

拓展范例及视频二维码

范例 005：第一种多行注释的形式

源码路径：**范例**\005\

范例 006：第二种多行注释的形式

源码路径：**范例**\006\

2.3 编　　码

编码是把信息从一种形式或格式转换为另一种形式或格式的过程，也称为计算机编程语言的代码，简称为编码。在编码时用预先规定的方法将文字、数字或其他对象编成数码，或将信息、数据转换成规定的电脉冲信号。编码在电子计算机、电视、遥控和通信等方面广泛使用。另外，解码是编码的逆过程。

扫码看视频：编码

2.3.1 字符编码

计算机只能处理数字，如果要处理文本，就必须先把文本转换为数字。因为最早的计算机在设计时采用 8 个比特（bit）作为一个字节（byte），所以一个字节能表示的最大的整数就是 255（二进制 11111111=十进制 255）。如果要表示更大的整数，就必须使用更多的字节。比如，两个字节可以表示的最大整数是 65 535，4 个字节可以表示的最大整数是 4 294 967 295。

又因为计算机是美国人发明的，所以最早只有 127 个字母被编码到计算机里，也就是大小写英文字母、数字和一些符号，这个编码表称为 ASCII 编码，比如，大写字母 A 的编码是 65，小写字母 z 的编码是 122。但是要处理中文显然一个字节是不够的，至少需要两个字节，而且还不能和 ASCII 编码冲突，所以中国制定了 GB2312 编码，用来把中文编进去。概括下来，在计算机系统中常用的编码格式如下所示。

- GB2312 编码：适用于汉字处理、汉字通信等系统之间的信息交换。
- GBK 编码：是汉字编码标准之一，是在 GB2312—80 标准基础上的内码扩展规范，使用了双字节编码。
- ASCII 编码：是对英语字符和二进制之间的关系做的统一规定。
- Unicode 编码：这是一种世界上所有字符的编码，当然，它没有规定的存储方式。
- UTF-8 编码：是 Unicode Transformation Format-8 bit 的缩写，UTF-8 是 Unicode 的一种实现方式。它是可变长的编码方式，可以使用 1～4 个字节表示一个字符，可以根据不同的符号而变化字节长度。

2.3.2 Unicode 编码和 UTF-8 编码

可以想象一下，全世界有上百种语言，如果日本人民把日文编到 Shift_JIS 里，韩国人民把韩文编到 Euc-kr 里，各国有各国的标准，就会不可避免地出现冲突。这样造成的结果就是，在多语言混合的文本中，显示出来会有乱码。此时 Unicode 编码格式便应运而生。Unicode 编码把所有语言都统一到一套编码里，这样就不会再有乱码问题了。

Unicode 标准也在不断发展，但最常用的是用两个字节表示一个字符（如果要用到非常偏僻的字符，就需要 4 个字节）。现代操作系统和大多数编程语言都直接支持 Unicode 编码格式。下面看一看 ASCII 编码和 Unicode 编码的区别，ASCII 编码是 1 个字节，而 Unicode 编码通常是两个字节。下面给出几个示例。

- 字母 A 用 ASCII 编码是十进制的 65，二进制的 01000001。
- 字符 0 用 ASCII 编码是十进制的 48，二进制的 00110000，注意，字符'0'和整数 0 是不同的。

如果把 ASCII 编码的 A 用 Unicode 编码表示，只需要在前面补 0 就可以，因此，A 的 Unicode 编码是 00000000 01000001。那么新的问题又出现了：如果统一成 Unicode 编码，乱码问题从此消失了。但是，如果你写的文本基本上全部是英文，用 Unicode 编码比 ASCII 编码需要多一倍的存储空间，在存储和传输上就十分不划算。所以，本着节约的精神，又出现了把 Unicode 编码转化为“可变长编码”的 UTF-8 编码。UTF-8 编码把一个 Unicode 字符根据不同的数字大小编码成 1～6 个字节，常用的英文字母被编码成 1 个字节，汉字通常是 3 个字节，只有很生僻的字符才会被编码成 4～6 个字节。如果你要传输的文本包含大量英文字符，使用 UTF-8 编码就能节省空间。例如，表 2-1 所示的对比。

表 **2-1　UTF-8** 编码与其他编码的示例对比

字　符	ASCII 编码	Unicode 编码	UTF-8 编码
A	01000001	00000000 01000001	01000001
中	x	01001110 00101101	11100100 10111000 10101101

从表 2-1 的对比还可以发现，UTF-8 编码有一个额外的好处，就是 ASCII 编码实际上可以被看成 UTF-8 编码的一部分，所以，大量只支持 ASCII 编码的历史遗留软件可以在 UTF-8 编码下继续工作。

在计算机内存中，统一使用 Unicode 编码，当需要保存到硬盘或者需要传输的时候，就转换为 UTF-8 编码。举个例子，当用记事本编辑的时候，从文件读取的 UTF-8 字符被转换为内存中的 Unicode 字符，编辑完成后，当保存的时候再把 Unicode 转换为 UTF-8 保存到文件中，具体过程如图 2-4 所示。

当浏览网页的时候，服务器会把动态生成的 Unicode 内容转换为 UTF-8 再传输到浏览器，具体过程如图 2-5 所示。

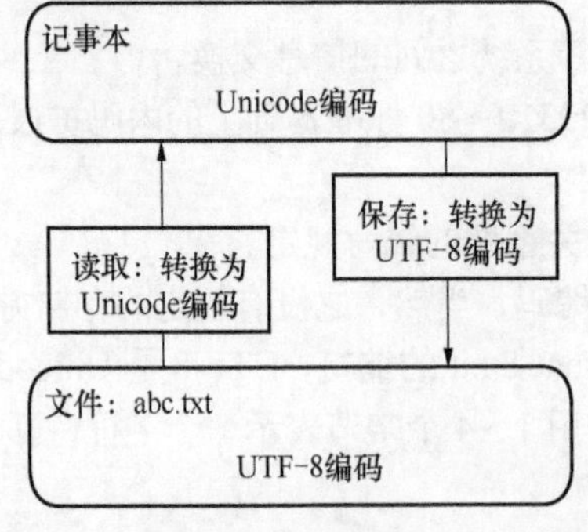

图 2-4　把 Unicode 编码转换为 UTF-8 编码

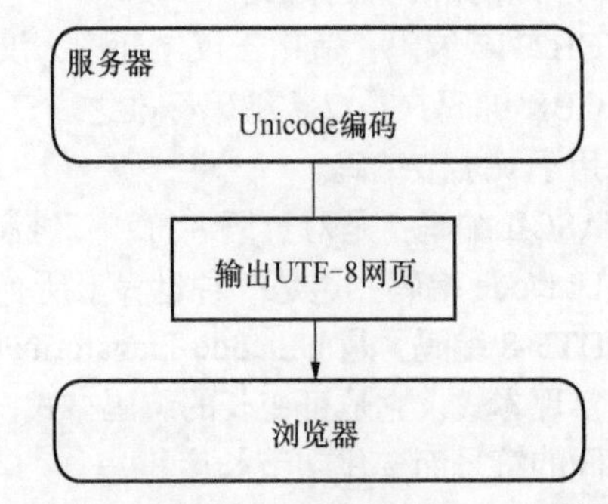

图 2-5　把 Unicode 编码转换为 UTF-8 编码

所以读者看到很多网页的源码上会有类似<meta charset="UTF-8" />的信息，表示该网页正是用的 UTF-8 编码格式。

2.3.3　Python 中的编码

在默认情况下，Python 源码文件以 UTF-8 格式进行编码，所有字符串都是 Unicode 字符串。当然，开发者也可以为源码文件指定不同的编码，具体格式如下所示。

```
# code: 编码格式
```

例如，下面的代码将当前源文件设置为“GB2312”编码格式。

```
# code: GB2312
```

因为 Python 只会检查#、coding 和编码字符串，所以读者可能会见到下面这样的声明方式，这是开发者出于美观等原因才这样写的。

```
#-*- coding: UTF-8 -*-
```

当在 Python 中使用字符编码时，经常会使用到 decode 函数和 encode 函数。特别是在抓取网页应用中，这两个函数用熟练非常有好处。其中 encode 的功能是把我们看到的直观的字符转换成计算机内的字节形式。而函数 decode 刚好相反，把字节形式的字符转换成我们看得懂的、直观的形式。例如，下面的代码演示了函数的用法。

```
>>> 'ABC'.encode('ascii')
b'ABC'
>>> '中文'.encode('utf-8')
b'\xe4\xb8\xad\xe6\x96\x87'
```

2.4 标识符和关键字

扫码看视频：标识符和关键字

标识符和关键字都是一种具有某种意义的标记和称谓，就像人的外号一样。在本书前面的演示代码中，已经使用了大量的标识符和关键字。例如，代码中的分号、单引号、双引号等就是标识符，而代码中的 if、for 等就是关键字。Python 语言的标识符使用规则和 C 语言类似，具体说明如下所示。

- 第一个字符必须是字母或下划线（_）。
- 剩下的字符可以是字母和数字或下划线。
- 区分大小写。
- 标识符不能以数字开头；除了下划线之外，其他的符号都不允许使用。处理下划线最简单的方法是把它们当成字母字符。区分大小写意味着标识符 foo 不同于 Foo，而这两者也不同于 FOO。
- 在 Python 3.x 中，非 ASCII 标识符也是合法的。

关键字是 Python 系统保留使用的标识符，也就是说，只有 Python 系统才能使用，程序员不能使用这样的标识符。关键字是 Python 中的特殊保留字，开发者不能把它们用作任何标识符名称。Python 的标准库提供了一个 keyword 模块。kwlist 可以输出当前版本的所有关键字，其运行结果如下所示。

```
>>> import keyword       #导入名为“keyword”的内置标准库
>>> keyword.kwlist       #kwlist能够列出所有内置的关键字
['False', 'None', 'True', 'and', 'as', 'assert', 'break', 'class', 'continue', 'def', 'del',
'elif', 'else', 'except', 'finally', 'for', 'from', 'global', 'if', 'import', 'in', 'is',
'lambda', 'nonlocal', 'not', 'or', 'pass', 'raise', 'return', 'try', 'while', 'with', 'yield']
```

在 Python 语言中，常用的关键字如下所示。

- and：用于表达式运算，表示逻辑与操作。
- as：用于类型转换。
- assert：断言，用于判断变量或条件表达式的值是否为真。
- break：中断循环语句的执行。
- class：用于定义类。
- continue：继续执行下一次循环。
- def：用于定义函数或方法。

- del：删除变量或者序列的值。
- elif：条件语句，与 if else 结合使用。
- else：条件语句，与 if 和 elif 结合使用。也可以用于异常和循环。
- except：包括捕获异常后的操作代码，与 try 和 finally 结合使用。
- for：循环语句。
- finally：用于异常语句，出现异常后，始终要执行 finally 包含的代码块。与 try、except 结合使用。
- from：用于导入模块，与 import 结合使用。
- global：定义全局变量。
- if：条件语句，与 else、elif 结合使用。
- import：用于导入模块，与 from 结合使用。
- in：判断变量是否存在序列中。
- is：判断变量是否为某个类的实例。
- lambda：定义匿名函数。
- nonlocal：用于标识外部作用域的变量。
- not：用于表达式运算，表示逻辑非操作。
- or：用于表达式运算，表示逻辑或操作。
- pass：空的类、函数、方法的占位符。
- print：输出语句。
- raise：异常抛出操作。
- return：用于从函数返回计算结果。
- try：包含可能会出现异常的语句，与 except、finally 结合使用。
- while：循环语句。
- with：简化 Python 的语句。
- yield：用于从函数依次返回值。

注意：以下划线开始或者结束的标识符通常有特殊的意义。例如，以一个下划线开始的标识符（如“_foo”）不能用 from module import 语句导入。前后均有两个下划线的标识符（如 __init__）被特殊方法保留。前边有两个下划线的标识符（如__bar）用来实现类私有属性，这将在本书后面类与面向对象的内容中讲到。通常情况下，应该避免使用相似的标识符。

2.5 变　　量

常量是和变量相对的，在计算机编程语言中，其值永远不会发生变化的量是常量，其值不能改变是指不会随着时间的变化而发生变化的量。因为种种原因，Python 并没有提供如 C/C++/Java 一样的 const 修饰符。也就是说，在 Python 语言中没有常量。

扫码看视频：变量

而变量则和常量恰恰相反，是指其值在程序的执行过程中可以发生变化的量。变量是计算机内存中的一块区域，变量可以存储规定范围内的值，而且值可以改变。基于变量的数据类型，解释器会分配指定内存，并决定什么数据可以存储在内存中。常量是一块只读的内存区域，常量一旦初始化就不能改变。

Python 语言中的变量不需要声明，变量的赋值操作即是声明和定义变量的过程。每个变量在内存中创建都包括变量的标识、名称和数据这些信息。

注意：要创建良好的变量名，需要经过一定的实践，在程序复杂而有趣时尤其如此。随着读者编写的程序越来越多，并开始阅读别人编写的代码，将越来越善于创建有意义的变量名。

实例 2-3 输出变量的值

源码路径 daima\2\2-3

实例文件 bianliang.py 的具体实现代码如下所示。

```
x = 1                       #定义一个变量x并为变量赋值
print(id(x))                #输出变量x的标识
print(x+5)                  #使用变量
print("=========华丽的分割线=========")
x = 2                       #定义一个变量x并为变量赋值
print(id(x))                #此时，变量x已经是一个新的变量
print(x+5)                  #名称相同，但是使用的是新的变量x
x = 'hello python          '#将变量的值定义为一个文本字符串
print(id(x))                #函数id()的功能是返回对象的“身
份证号”
print(x)                    #现在会输出文本字符串
```

拓展范例及视频二维码

范例 007：使用 id()函数
源码路径：**范例**\007\

范例 008：变量的作用域
源码路径：**范例**\008\

在上述代码中对变量 x 进行了 3 次赋值，首先给变量 x 赋值为 1，然后又重新给变量 x 赋值为 2，接着又赋值变量 x 的值为“hello python”。在 Python 程序中，一次新的赋值将创建一个新的变量。即使变量的名称相同，变量的标识也并不同。执行后的效果如图 2-6 所示。

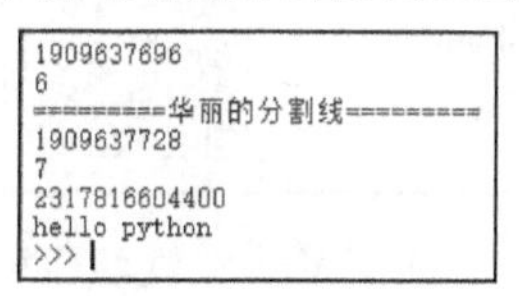

图 2-6 执行效果

值得读者注意的是，上述代码中的 id()是 Python 中的一个内置函数，功能返回的是对象的“身份证号（内存地址）”，唯一且不变，但在不重合的生命周期里，可能会出现相同的 id 值。print(id(x))的功能是返回变量 x 的内存地址。

另外值得读者注意的是，Python 语言支持对多个变量同时进行赋值。

实例 2-4 同时赋值多个变量

源码路径 daima\2\2-4

实例文件 tongshi.py 的具体实现代码如下所示。

```
a = (1,2,3)                  #定义一个元组
x,y,z = a                    #把序列的值分别赋x、y、z
print("x : %d, y: %d, z:%d"%(x,y,z))  #输出结果
```

拓展范例及视频二维码

范例 009：最基本的变量赋值
源码路径：**范例**\009\

范例 010：同时赋值多个变量
源码路径：**范例**\010\

在上述代码中，对变量 x、y、z 进行了同时赋值，最后分别输出了变量 x、y、z 的值。执行效果如图 2-7 所示。

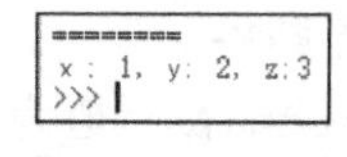

图 2-7 执行效果

注意：在上述实例代码中用到了元组的知识，这将在本书后面的章节中进行介绍。

2.6 输入和输出

扫码看视频：输入和输出

Python 程序必须通过输入和输出才能实现用户和计算机的交互，才能实现软件程序的具体功能。对于所有的软件程序来说，输入和输出是用户与程序进行交互的主要途径，通过输入程序能

够获取程序运行所需的原始数据，通过输出程序能够将数据的处理结果输出，让开发者了解程序的运行结果。

2.6.1　实现输入功能

要想在 Python 程序中实现输入功能，就必须调用其内置函数 input()实现，其语法格式如下所示。

```
input([prompt])
```

其中的参数“prompt”是可选的，意思是既可以使用，也可以不使用。参数“prompt”用来提供用户输入的提示信息字符串。当用户输入程序所需要的数据时，就会以字符串的形式返回。也就是说，函数 input 不管输入的是什么，最终返回的都是字符串。如果需要输入数值，则必须经过类型转换处理。

实例 2-5　使用函数 input()

源码路径　daima\2\2-5

实例文件 input.py 的具体实现代码如下所示。

```
name = input('亲，请输入你的名字：')
```

在上述代码中，函数 input()的可选参数是“亲，请输入你的名字：”，这个可选参数的作用是提示你输入名字，这样用户就会知道将要输入的是什么数据，否则用户看不到相关提示，可能认为程序正在运行，而一直在等待运行结果。执行后将在界面中显示“亲，请输入你的名字：”，之后等待用户的输入。当用户输入名字“西门吹雪”并按下 Enter 键时，程序就接收了用户的输入。之后，用户输入变量名“name”，就会显示变量所引用的对象——用户输入的姓名“西门吹雪”。在 Python 解释器的交互模式下的执行效果如图 2-8 所示。

拓展范例及视频二维码

范例 011：一个猜数游戏

源码路径：**范例**\011\

范例 012：Python 3 不再支持 raw_input

源码路径：**范例**\012\

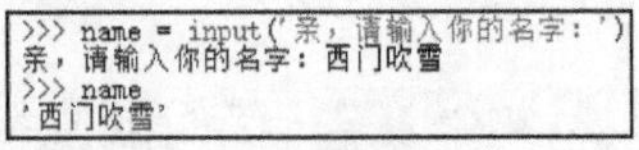

```
>>> name = input('亲，请输入你的名字：')
亲，请输入你的名字：西门吹雪
>>> name
'西门吹雪'
```

图 2-8　执行效果

2.6.2　实现输出功能

输出就是显示执行结果，这个功能是通过函数 print()实现的，在本书前面的实例中已经多次用到了这个函数。使用 print 加上字符串，就可以向屏幕上输出指定的文字。比如，要输出“hello, world”，用下面的代码即可实现。

```
>>> print ('hello, world')
```

在 Python 程序中，函数 print()的语法格式如下所示。

```
print (value,…,sep='', end='\n')      #此处只展示了部分参数
```

各个参数的具体说明如下所示。

- value：用户要输出的信息，后面的省略号表示可以有多个要输出的信息。
- sep：多个要输出信息之间的分隔符，其默认值为一个空格。
- end：一个 print()函数中所有要输出信息之后添加的符号，默认值为换行符。

在 Python 程序中，在 print 中也可以同时使用多个字符串，使用逗号“,”隔开，就可以连成一串输出，例如下面的代码。

```
>>> print ('The quick brown fox', 'jumps over', 'the lazy dog')
The quick brown fox jumps over the lazy dog
```

这样 print 会依次输出每个字符串，当遇到逗号“,”时就会输出一个空格，因此输出的字符串如图 2-9 所示进行拼接。

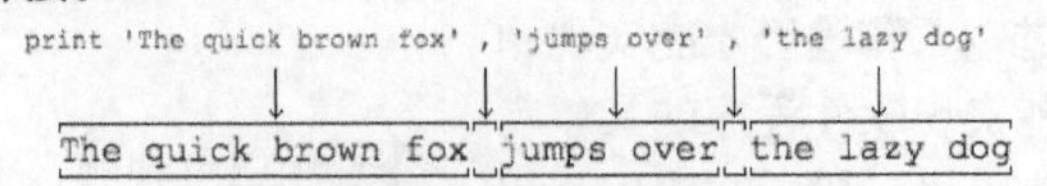

图 2-9　输出多个字符串

另外，print 也可以输出整数或计算结果，例如下面的演示代码。

```
>>> print (300)
300
>>> print (100 + 200)
300
```

由此可见，可以把 100 + 200 的计算结果输出得更漂亮一点，例如下面的演示代码。

```
>>> print ('100 + 200 =', 100 + 200)
100 + 200 = 300
```

读者需要注意的是，对于“100 + 200”来说，Python 解释器自动计算出结果 300，但是，“100 + 200 =”是字符串而非数学公式，Python 把它视为字符串，需要我们自行解释上述输出结果。

实例 2-6　使用函数 print()输出结果

源码路径　daima\2\2-6

实例文件 shuchu.py 的具体实现代码如下所示。

```
print('a','b','c')                #正常打印输出
print('a','b','c',sep=',')        #将分隔符改为“,”
print('a','b','c',end=';')        #将分隔符改为“;”
print('a','b','c')                #正常输出
print('peace',22)
```

拓展范例及视频二维码

范例 013：实现格式化输出
源码路径：范例\013\

范例 014：实现不换行输出
源码路径：范例\014\

在上述代码中使用了 5 条语句，调用了 5 次 print() 函数。其中第 2 条语句将分隔符改为“,”，第 3 条语句将分隔符改为“;”。第 5 条语句演示了逗号的作用，这说明在使用 print 时可以在语句中添加多个表达式，每个表达式用逗号分隔。当使用逗号分隔进行输出时，print 语句会在每个输出项后面自动添加一个空格。不管是字符串还是其他类型，最终都将转化为字符串进行输出。

所以执行后第 1 行为默认的输出，数据之间以空格分开，结束后添加了一个换行符；第 2 行输出的数据项之间以逗号分开；第 3 行输出结束后添加了分号，所以和第 4 条语句的输出放在了同一行中。执行效果如图 2-10 所示。

图 2-10　执行效果

2.7 技术解惑

2.7.1 使用注释时的注意事项

在使用注释时必须遵循如下所示的原则。

- 禁止乱用注释。
- 注释必须和被注释内容一致，不能描述和其无关的内容。
- 注释要放在被注释内容的上方或被注释语句的后面。
- 函数头部需要注释，主要包含文件名、作者信息、功能信息和版本信息。
- 注释不可嵌套，一个注释对不能出现在另一个注释对中。由注释对嵌套导致的编译器错误信息容易使人迷惑。
- 注意中文注释，尽管现在的编译器已经认可中文，但是还是建议在使用中文注释时，在文件开头声明是中文编码格式。如果开头不声明保存编码的格式是什么，那么它会默认使用 ASCII 码保存文件。这时如果你的代码中有中文就会出错了，即使你的中文是包含在注释里面的。声明中文编码格式的方法是在文件开头加上如下代码。

```
#coding=utf-8
```

或者：

```
#coding=gbk
```

2.7.2 注意变量的命名规则和建议

Python 变量名的命名规则和建议如下所示。

- 变量名可以包括字母、数字、下划线，但是不能用数字作为开头。例如 name1 是合法变量名，而 1name 则不可以。
- 变量名不能包含空格，但可使用下划线来分隔其中的单词。例如，变量名“greeting_message”是合法的，但是变量名“greeting message”则会引发错误。
- 关键字不能做变量名使用。
- 不能将内置函数名用作变量名，例如 print。
- 除了下划线之外，其他符号不能作为变量名使用。
- Python 的变量名是区分大小写的，例如 name 和 Name 就是两个变量名，并不是相同的变量。就目前而言，应使用小写的 Python 变量名。在变量名中使用大写字母虽然不会导致错误，但避免使用大写字母是个不错的主意。
- 变量名应既简短又具有描述性。例如，name 比 n 好，student_name 比 s_n 好，name_length 比 length_of_persons_name 好。
- 谨慎使用小写字母 l 和大写字母 O，因为它们可能被人错看成数字 1 和 0。

2.7.3　注意 Python 语言的缩进规则

笔者在使用 Python 3 语言的过程中，发现其缩进是语法的一部分，这和 C++、Java 等其他语言有很大的区别。Python 中的缩进要使用 4 个空格（这不是必需的，但最好这么做），缩进表示一个代码块的开始，非缩进表示一个代码的结束。没有明确的大括号、中括号或者关键字。这意味着空白很重要，而且必须要是一致的。第一个没有缩进的行标记了代码块（意思是指函数、if 语句、for 循环、while 循环等）的结束。

2.7.4　变量赋值的真正意义

Python 语言比较特殊，其中的变量赋值不需要类型声明。每个变量在内存中创建，都包括变量的标识、名称和数据这些信息。每个变量在使用前都必须赋值，变量赋值以后才会创建该变量。Python 使用等号“=”给变量赋值。等号（=）运算符左边是一个变量名，等号（=）运算符右边是存储在变量中的值。

2.7.5　解码字节流

在刚刚开始学习 Python Unicode 的时候，解码这个术语可能会让有些读者感到疑惑。其实我们可以把字节流解码成一个 Unicode 对象，把一个 Unicode 对象编码为字节流。Python 开发者需要知道如何将字节流解码为 Unicode 对象，当接收到一个字节流时，需要调用它的“解码”创建出一个 Unicode 对象，最好的解决方法是尽早将字节流解码为 Unicode。

2.8　课后练习

（1）有 4 个数字：1、2、3、4，它们能组成多少个互不相同且无重复数字的 3 位数？各是多少？

（2）企业发放的奖金根据利润来确定提成比例。当利润（I）低于或等于 10 万元时，奖金可提成 10%；当利润高于 10 万元但低于 20 万元时，低于 10 万元的部分按 10%提成，高于 10 万元的部分可提成 7.5%提成；当利润在 20 万元到 40 万元之间时，高于 20 万元的部分可提成 5%；当利润在 40 万元到 60 万元之间时，高于 40 万元的部分可提成 3%；当利润在 60 万元到 100 万元之间时，高于 60 万元的部分可提成 1.5%；当利润高于 100 万元时，超过 100 万元的部分可按 1%提成。从键盘输入当月利润 I，求应发放奖金总数。

（3）一个整数加上 100 后是一个完全平方数，再加上 168 又是一个完全平方数，请问该数是多少？

第 3 章

简单数据类型

（视频讲解：56min）

最初的计算机，顾名思义就是可以做数学计算的机器，因此，计算机程序理所当然地可以处理各种数值。但是，计算机能处理的远不止数值，还可以处理文本、图形、音频、视频、网页等各种各样的数据。不同的数据，需要定义不同的数据类型。本章将详细介绍 Python 简单数据类型的基本知识，为读者步入本书后面知识的学习打下基础。

3.1 Python 中的数据类型

在 Python 程序中，虽然变量不需要声明，但是在使用每个变量前都必须赋值，变量赋值以后才会创建该变量。在 Python 语言中，变量就是变量，它没有类型，我们所说的"类型"是变量所指的内存中对象的类型。Python 中最基本的数据类型如下所示。

扫码看视频：Python 中的数据类型

- Number（数字）。
- String（字符串）。
- List（列表）。
- Tuple（元组）。
- Dictionary（字典）。

本章将首先详细讲解字符串类型和数字类型的基本知识。

3.2 字 符 串

在 Python 程序中，字符串类型"str"是最常用的数据类型。可以使用引号(单引号或双引号)来创建字符串。创建 Python 字符串的方法非常简单，只要为变量分配一个值即可。例如在下面的代码中，"Hello World!"和"Python R"都属于字符串。

```
var1 = 'Hello World!'          #字符串类型变量
var2 = "Python R"              #字符串类型变量
```

在 Python 程序中，字符串通常由单引号"'"、双引号"""、3 个单引号或 3 个双引号包围的一串字符组成。当然，这里说的单引号和双引号都是英文字符符号。

（1）单引号字符串与双引号字符串本质上是相同的。但当字符串内含有单引号时，如果用单引号字符串，就会导致无法区分字符串内的单引号与字符串标志的单引号，因此要使用转义字符串。如果用双引号字符串，在字符串中直接书写单引号即可。例如：

```
'abc"dd"ef'
"'acc'd'12"
```

（2）3 引号字符串可以由多行组成，单引号或双引号字符串则不行，当需要使用大段多行的字符串时，就可以使用它。例如：

```
'''
这就是字符串
'''
```

在 Python 程序中，字符串中的字符可以包含数字、字母、中文字符、特殊符号，以及一些不可见的控制字符，如换行符、制表符等。例如，下面列出的都是合法的字符串。

```
'abc'
'123'
"ab12"
"大家"
'''123abc'''
"""abc123"""
```

3.2.1 访问字符串中的值

在 Python 程序中，字符串还可以通过序号（序号从 0 开始）来取出其中的某个字符，例如 'abcde'[1] 取得的值是'b'。

实例 3-1 访问字符串中的值

源码路径 daima\3\3-1

实例文件 fangwen.py 的具体实现代码如下所示。

```
var1 = 'Hello World!'                    #定义第一个字符串
var2 = "Python Toppr"                    #第二个字符串
print ("var1[0]", var1[0])
#截取第一个字符串中的第一个字符
print ("var2[1:5]", var2[1:5])
#截取第二个字符串中的第2～5个字符
```

在上述代码中，使用方括号截取了字符串“var1”和“var2”的值，执行效果如图 3-1 所示。

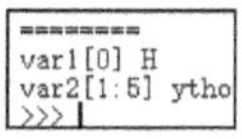

```
========
var1[0] H
var2[1:5] ytho
>>>
```

图 3-1　执行效果

拓展范例及视频二维码

范例 **015**：实现截取与拼接功能

源码路径：**范例**\015\

范例 **016**：实现大小写转换

源码路径：**范例**\016\

另外，在现实应用中，还可以通过字符串的 str[beg:]、str[:end]、str[beg:end]以及 str[:-index]方法实现截取操作，例如下面的代码。

```
str = '0123456789'
print (str[0:3]) #截取第一位到第三位的字符
print (str[:]) #截取字符串的全部字符
print (str[6:]) #截取第七个字符到结尾
print (str[:-3]) #截取从头开始到倒数第三个字符之前
print (str[2]) #截取第三个字符
print (str[-1]) #截取倒数第一个字符
print (str[::-1]) #创造一个与原字符串顺序相反的字符串
print (str[-3:-1]) #截取倒数第三位与倒数第一位之前的字符
print (str[-3:]) #截取倒数第三位到结尾
```

上述截取操作代码执行后会输出以下内容。

```
012
0123456789
6789
0123456
2
9
9876543210
78
789
```

3.2.2　更新字符串

在 Python 程序中，开发者可以对已存在的字符串进行修改，并赋值给另一个变量。

实例 3-2　修改字符串中的某个值

源码路径　daima\3\3-2

实例文件 gengxin.py 的具体实现代码如下所示。

```
Var1 = 'Hello World!'       #定义一个字符串
print ("原来是：",var1)      #输出字符串原来的值
#截取字符串中的前6个字符
print ("下面开始更新字符串：", var1[:6] +
'www.toppr.net!')
```

通过上述代码，将字符串中的“World”修改为 www.toppr.net。执行后的效果如图 3-2 所示。

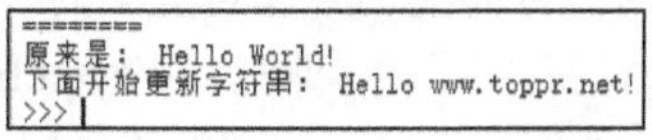

```
========
原来是： Hello World!
下面开始更新字符串： Hello www.toppr.net!
>>>
```

图 3-2　执行效果

拓展范例及视频二维码

范例 **017**：拼接两段字符

源码路径：**范例**\017\

范例 **018**：使用拼接创建信息

源码路径：**范例**\018\

3.2.3　转义字符

在 Python 程序中，当需要在字符中使用特殊字符时，需要用到以反斜杠“\”表示的转义字符。Python 中常用的转义字符的具体说明如表 3-1 所示。

表 3-1　Python 中常用的转义字符

转义字符	描　述
\（在行尾时）	续行符
\\	反斜杠符号
\'	单引号
\"	双引号
\a	响铃
\b	退格（Backspace）
\e	转义
\000	空
\n	换行符
\v	纵向制表符
\t	横向制表符
\r	回车符
\f	换页符
\oyy	八进制数，yy 代表的字符，例如“\o12”代表换行符
\xyy	十六进制数，yy 代表的字符，例如“\x0a”代表换行符
\other	其他的字符以普通格式输出

有时我们并不想让上面的转义字符生效，而只是想显示字符串原来的意思，这时就要用 r 和 R 来定义原始字符串。如果想在字符串中输出反斜杠“\”，就需要使用“\\”实现。

实例 3-3　使用转义字符

源码路径　daima\3\3-3

实例文件 zhuanyi.py 的具体实现代码如下所示。

```
print ("你们好\n我们好")          #普通换行
print ("来吧\\小宝贝")            #显示一个反斜杠
print ("我爱\'美女\'")           #显示单引号
print (r'\t\r') # r的功能是显示原始数据，也就是不用转义的
```

在上述代码中，第 1 行使用转义字符“\n”实现了换行，第 2 行使用转义字符“\\”显示了一个反斜杠，第 3 行使用两个转义字符“\'”显示了两个单引号，第 4 行使用“r”显示了原始字符串，这个功能也可以使用 R 实现。执行后的效果如图 3-3 所示。

拓展范例及视频二维码

范例 019：使用制表符添加空白

源码路径：**范例**\019\

范例 020：使用换行符添加空白

源码路径：**范例**\020\

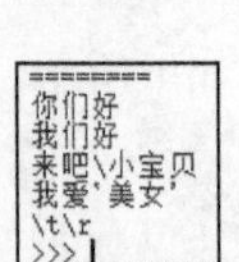

图 3-3　执行效果

3.2.4　格式化字符串

Python 语言支持格式化字符串的输出功能，虽然这样可能会用到非常复杂的表达式，但是在大多数情况下，只需要将一个值插入到一个字符串格式符“%”中即可。在 Python 程序中，字符串格式化的功能使用与 C 语言中的函数 sprintf 类似，常用的字符串格式化符号如表 3-2 所示。

表 3-2　Python 中的常用字符串格式化符号

符　号	描　述
%c	格式化字符及其 ASCII 码
%s	格式化字符串

续表

符　号	描　述
%d	格式化整数
%u	格式化无符号整数
%o	格式化无符号八进制数
%x	格式化无符号十六进制数
%X	格式化无符号十六进制数（大写）
%f	格式化浮点数字，可指定小数点后的精度
%e	用科学记数法格式化浮点数
%E	作用同%e，用科学记数法格式化浮点数
%g	%f 和%e 的简写
%G	%f 和%E 的简写
%p	用十六进制数格式化变量的地址

实例 3-4　格式化处理字符串

源码路径　daima\3\3-4

实例文件 geshihua.py 的具体实现代码如下所示。

```
#%s是格式化字符串
#%d是格式化整数
print ("我的名字是%s，今年已经%d岁了!" % ('西门吹雪', 33))
```

在上述代码中用到了%s 和%d 两个格式化字符，执行后的效果如图 3-4 所示。

```
=======
我的名字是西门吹雪，今年已经33岁了!
>>> |
```

图 3-4　执行效果

拓展范例及视频二维码

范例 **021**：使用方括号来截取字符串

源码路径：**范例**\021\

范例 **022**：正确地使用单引号和双引号

源码路径：**范例**\022\

3.2.5　字符串处理函数

在 Python 语言中提供了很多个对字符串进行操作的函数，其中最为常用的字符串处理函数如表 3-3 所示。

表 3-3　Python 中常用的字符串处理函数

字符串处理函数	描　述
string.capitalize()	将字符串的第一个字母大写
string.count()	获得字符串中某一子字符串的数目
string.find()	获得字符串中某一子字符串的起始位置，无则返回-1
string.isalnum()	检测字符串是否仅包含 0～9、A～Z 和 a～z
string.isalpha()	检测字符串是否仅包含 A～Z 和 a～z
string.isdigit()	检测字符串是否仅包含数字
string.islower()	检测字符串是否均为小写字母
string.isspace()	检测字符串中所有字符是否均为空白字符
string.istitle()	检测字符串中的单词是否为首字母大写
string.isupper()	检测字符串是否均为大写字母
string.join()	连接字符串
string.lower()	将字符串全部转换为小写
string.split()	分割字符串
string.swapcase()	将字符串中大写字母转换为小写，小写字母转换为大写
string.title()	将字符串中的单词首字母大写
string.upper()	将字符串中全部字母转换为大写
len(string)	获取字符串长度

实例 3-5 使用字符串处理函数

源码路径 daima\3\3-5

实例文件 hanshu.py 的具体实现代码如下所示。

```
mystr = 'I love you!.'                          #定义的原始字符串
print('source string is:',mystr)
#显示原始字符串
print('swapcase demo\t',mystr.swapcase())
#大小写字母转换
print('upper demo\t',mystr.upper())
#全部转换为大写
print('lower demo\t',mystr.lower())
#全部转换为小写
print('title demo\t',mystr.title())
#将字符串中的单词首字母大写
print('istitle demo\t',mystr.istitle())
#检测是否为首字母大写
print('islower demo\t',mystr.islower())
#检测字符串是否均为小写字母
print('capitalize demo\t',mystr.capitalize())  #将字符串的第一个字母大写
print('find demo\t',mystr.find('u'))           #获得字符串中字符“u”的起始位置
print('count demo\t',mystr.count('a'))         #获得字符串中字符“a”的数目
print('split demo\t',mystr.split(' '))         #分割字符串，以空格为界
print('join demo\t',' '.join('abcde'))         #连接字符串
print('len demo\t',len(mystr))                 #获取字符串长度
```

拓展范例及视频二维码

范例 **023**：使用 split()方法

源码路径：**范例**\023\

范例 **024**：使用 os.path.split()方法

源码路径：**范例**\024\

在上述代码中，从第 3 行开始，每行都调用了一个字符串处理函数，并输出了处理结果。执行效果如图 3-5 所示。

```
=======
source string is: I love you!.
swapcase demo     i LOVE YOU!.
upper demo        I LOVE YOU!.
lower demo        i love you!.
title demo        I Love You!.
istitle demo      False
islower demo      False
capitalize demo   I love you!.
find demo         9
count demo        0
split demo        ['I', 'love', 'you!.']
join demo         a b c d e
len demo          12
>>>
```

图 3-5 执行效果

3.3 数字类型

扫码看视频：数字类型

在 Python 程序中，数字类型 Numbers 用于存储数值。数据类型是不允许改变的，这就意味着如果改变 Number 数据类型的值，将重新分配内存空间。从 Python 3 开始，只支持 int、float、bool、complex（复数）共计 4 种数字类型，删除了 Python 2 中的 long（长整数）类型。具体说明如下所示。

3.3.1 整型

整型（int）就是整数，包括正整数、负整数和零，不带小数点。在 Python 语言中，整数的取值范围是很大的。Python 中的整数还可以以几种不同的进制进行书写。0+“进制标志”+数字代表不同进制的数。现实中有如下 4 种常用的进制标志。

- ❑ 0o[0O]数字：表示八进制整数，例如，0o24、0O24。
- ❑ 0x[0X]数字：表示十六进制整数，例如，0x3F、0X3F。

- 0b[0B]数字：表示二进制整数，例如，0b101、0B101。
- 不带进制标志：表示十进制整数。

整型的最大功能是实现数学运算，例如下面的演示过程。

```
>>> 5 + 4           # 加法
9
>>> 4.3 - 2         # 减法
2.3
>>> 3 * 7           # 乘法
21
>>> 2 / 4           # 除法，得到一个浮点数
0.5
>>> 2 // 4          # 除法，得到一个整数
0
>>> 17 % 3          # 取余
2
>>> 2 ** 5          # 乘方
32
```

3.3.2 浮点型

浮点型（float）由整数部分与小数部分组成，浮点型也可以使用科学记数法表示（$2.5e2 = 2.5 \times 10^2 = 250$）。整型在计算机中肯定是不够用的，这时候就出现了浮点型数据。浮点数据用来表示 Python 中的浮点数，浮点类型数据表示有小数部分的数字。当按照科学记数法表示时，一个浮点数的小数点位置是可变的，比如，1.23×10^9 和 12.3×10^8 是相等的。浮点数可以用数学写法表示，如 1.23，3.14，−9.01，等等。但是对于很大或很小的浮点数，就必须用科学记数法表示，把 10 的幂用 e 表示，1.23×10^9 就是 1.23e9 或者 12.3e8，0.000012 可以写成 1.2e−5，等等。

整数和浮点数在计算机内部存储的方式是不同的，整数运算永远是精确的（除法也是精确的），而浮点数运算则可能会有四舍五入的误差。更加详细地说，Python 语言的浮点数有如下两种表示形式。

（1）十进制数形式：这种形式就是平常简单的浮点数，例如 5.12，512.0，.512。浮点数必须包含一个小数点，否则会被当成 int 类型处理。

（2）科学记数法形式：例如 5.12e2（即 5.12×10^2），5.12E2（也是 5.12×10^2）。必须指出的是，只有浮点类型的数值才可以使用科学记数形式表示。例如 51200 是一个 int 类型的值，但 512E2 则是浮点型的值。

3.3.3 布尔型

布尔型是一种表示逻辑值的简单类型，它的值只能是真或假这两个值中的一个。布尔型是所有的诸如 a<b 这样的关系运算的返回类型。在 Python 语言中，布尔型的取值只有 True 和 False 两个，请注意大小写，分别用于表示逻辑上的“真”或“假”。其值分别是数字 1 和 0。布尔类型在 if、for 等控制语句的条件表达式中比较常见，例如 if 条件控制语句、while 循环控制语句、do…while 循环控制语句和 for 循环控制语句。

在 Python 程序中，可以直接用 True、False 表示布尔值（请注意大小写），也可以通过布尔运算计算出来，例如：

```
>>> True
True
>>> False
False
>>> 3 > 2         #数字3确实大于数字2
True
>>> 3 > 5         #数字3大于数字5?
False
```

布尔值可以用 and、or 和 not 进行运算。其中 and 运算是与运算，只有所有条件都为 True，and 运算结果才是 True，例如下面的演示过程。

```
>>> True and True          #两个都为True
True
>>> True and False         #一个是True，一个是False
False
>>> False and False        #两个都是False
False
```

而 or 运算是或运算，只要其中有一个为 True，or 运算结果就是 True，例如：

```
>>> True or True           #两个都为True
True
>>> True or False          #一个是True，一个是False
True
>>> False or False         #两个都是False
False
```

而 not 运算是非运算，它是一个单目运算符，把 True 变成 False，False 变成 True，例如：

```
>>> not True
False
>>> not False
True
```

在 Python 程序中，布尔值经常用在条件判断应用中，例如：

```
age=12;                         #设置age的值是12
if age >= 18:
    print("adult")              #如果age的值大于等于18则打印输出“adult”
else:
    print ("teenager")          #如果age的值不大于等于18则打印输出“teenager”
```

3.3.4 复数型

在 Python 程序中，复数型即 complex 型，由实数部分和虚数部分构成，可以用 a + bj 或者 complex(a,b)表示，复数的实部 a 和虚部 b 都是浮点型。表 3-4 展示了 int 型、float 型和 complex 型的数据。

表 3-4 int 型、float 型和 complex 型的数据

int	float	complex
10	0.0	3.14j
100	15.20	45.j
−786	−21.9	9.322e−36j
80	32.3e18	0.876j
−490	−90.	−0.6545+0j
−0x260	−32.54e100	3e+26j
0x69	70.2E−12	4.53e−7j

在 Python 程序中，使用内置的函数 type()可以查询变量所属于的对象类型。

实例 3-6 获取并显示各个变量的类型

源码路径 daima\3\3-6

实例文件 leixing.py 的具体实现代码如下所示。

```
#注意下面的代码中的赋值方式
#将a赋值为整数20
#将b赋值为浮点数5.5
#将c赋值为布尔数True
#将d赋值为复数4+3j
a, b, c, d = 20, 5.5, True, 4+3j
print(type(a), type(b), type(c), type(d))
```

执行后将分别显示 4 个变量 a、b、c、d 的数据类型，执行效果如图 3-6 所示。

```
========
<class 'int'> <class 'float'> <class 'bool'> <class 'complex'>
>>>
```

图 3-6 执行效果

拓展范例及视频二维码

范例 **025**：使用函数 str()避免类型错误
源码路径：**范例**\025\

范例 **026**：输出不同进制的数字
源码路径：**范例**\026\

注意：

- Python 可以同时为多个变量赋值，例如 a, b = 1, 2，表示 a 的值是 1，b 的值是 2；
- 一个变量可以通过赋值指向不同类型的对象；
- 数值的除法 “/” 总是返回一个浮点数，要想获取整数，需要使用 “//” 操作符；
- 在进行混合计算时，Python 会把整型转换成为浮点数。

3.4 技术解惑

3.4.1 总结整数支持的运算符

整数的最大功能是实现数学运算，主要包括表 3-5 中所示的各种运算符。

表 3-5 整数支持的运算符

<table>
<tr><th>运算符</th><th>功能</th></tr>
<tr><td>**</td><td>乘方运算符</td></tr>
<tr><td>*</td><td>乘法运算符</td></tr>
<tr><td>/</td><td>除法运算符</td></tr>
<tr><td>//</td><td>整除运算符</td></tr>
<tr><td>%</td><td>取余运算符</td></tr>
<tr><td>+</td><td>加法运算符</td></tr>
<tr><td>-</td><td>减法运算符</td></tr>
<tr><td>|</td><td>位或</td></tr>
<tr><td>^</td><td>位异或</td></tr>
<tr><td>&</td><td>位与</td></tr>
<tr><td><<</td><td>左移运算</td></tr>
<tr><td>>></td><td>右移运算</td></tr>
</table>

3.4.2 总结 Python 中的数学函数

Python 中的数学函数如表 3-6 所示。

表 3-6 Python 中的数学函数

函数	返回值（功能）
abs(x)	返回数字的绝对值，如 abs(-10)返回 10
ceil(x)	返回数字的上入整数，如 math.ceil(4.1)返回 5
cmp(x, y)	如果 x < y 返回-1，如果 x == y 返回 0，如果 x > y 返回 1。Python 3 已废弃。使用(x>y)-(x<y)替换
exp(x)	返回 e 的 x 次幂(e^x)，如 math.exp(1)返回 2.718281828459045
fabs(x)	返回数字的绝对值，如 math.fabs(-10)返回 10.0
floor(x)	返回数字的下舍整数，如 math.floor(4.9)返回 4
log(x)	如 math.log(math.e)返回 1.0，math.log(100,10)返回 2.0
log10(x)	返回以 10 为底的 x 的对数，如 math.log10(100)返回 2.0
max(x1, x2,...)	返回给定参数的最大值，参数可以为序列
min(x1, x2,...)	返回给定参数的最小值，参数可以为序列
modf(x)	返回 x 的整数部分与小数部分，两部分的数值符号与 x 相同，整数部分以浮点型表示
pow(x, y)	x**y 运算后的值
round(x [,n])	返回浮点数 x 的四舍五入值，如给出 n 值，则代表舍入到小数点后的位数
sqrt(x)	返回数字 x 的平方根，数字可以为负数，返回类型为实数

3.4.3　字符串的格式化技巧

字符串格式化在 Python 程序中是很平常的事情。在 Python 语言中，字符串格式化的操作符用百分号“%”来表示。注意，“%”也可以用作取模运算。字符串格式化方法：在字符串中需要格式化的地方一律用“%”来表示。当输出的时候，在“%”的左侧放置一个字符串（需要格式化的字符串），右侧放置需要用来格式化字符串的值（可以是一个数字或者一个字符串，也可以是包含多个值的元组或者字典）。另外要注意的是，“%”和用来格式化字符串的值的个数必须相同。

3.5　课后练习

（1）输入某年某月某日，判断这一天是这一年的第几天。

（2）输入 3 个整数 x、y、z，请把这 3 个数由小到大输出。

（3）输出 9×9 乘法口诀表。

第 4 章

运算符和表达式

（视频讲解：69min）

在 Python 语言中，即使有了变量和字符串，也不能进行日常的程序处理工作，还必须使用某种方式将变量、字符串的关系表示出来，此时运算符和表达式便应运而生。运算符和表达式的作用是，为变量建立一种组合联系，实现对变量的处理，以实现现实中某个项目需求的某一个具体功能。本章将详细介绍 Python 语言中运算符和表达式的基本知识，为读者步入本书后面知识的学习打下坚实的基础。

4.1　什么是运算符和表达式

读者肯定还记得小时候做的加、减、乘、除数学题，如图 4-1 所示。

扫码看视频：什么是运算符和表达式

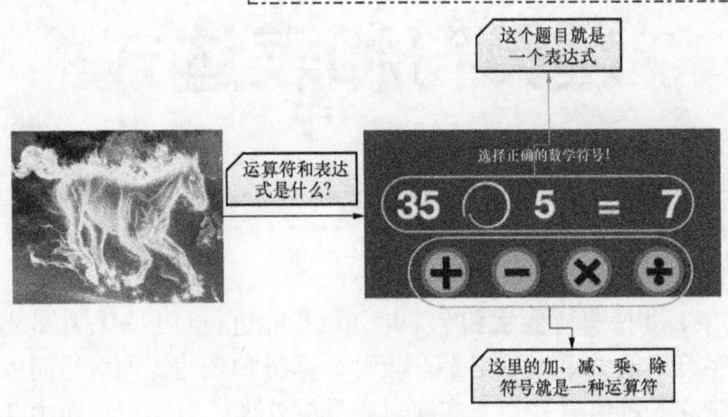

图 4-1　小时候的一道题目

在图 4-1 中有四则运算符号，其中加、减、乘、除符号就是运算符，而算式“35÷5=7”就是一个表达式。事实上，除了加减乘除运算符外，和数学有关的运算符还有>、≥、≤、<、∫、%等。在 Python 语言中，将具有运算功能的符号称为运算符。而表达式则是由值、变量和运算符组成的式子。表达式的作用就是将运算符的运算作用表现出来。例如下面的数学运算式就是一个表达式。

```
23.3 + 1.2
```

在 Python 编辑器中的表现形式如下所示。

```
>>> 23.3 + 1.2      #Python可以直接进行数学运算
24.5                #显示计算结果
```

在 Python 语言中，单一的值或变量也可以当作表达式，例如：

```
>>> 45              #输入单一数字45
45                  #显示结果45
>>> x = 1.2         #输入设置x的值是1.2
>>> x               #输入x，下面可以获取x的值
1.2                 #显示x的值是1.2
```

当 Python 显示表达式的值时，显示的格式与你输入的格式是相同的。如果是字符串，就意味着包含引号。而输出结果不包括引号，只有字符串的内容。例如下面演示了有引号和没有引号的区别。

```
>>> "12+11"         #有引号的输入
'12+11'
>>> 12+11           #没有引号的输入
23
```

4.2　算术运算符和算术表达式

算术运算符是用来实现数学运算功能的，算术运算符和我们的生活最为密切相关，算术表达式是由算术运算符和变量连接起来的式子。下面假设变量 a 为 10，变量 b 为 20，则对变量 a 和 b 进行各种算术运算的结果如表 4-1 所示。

扫码看视频：算术运算符和算术表达式

表 4-1 算术运算符

运算符	功能	实例
+	加运算符，实现两个对象相加	a + b 输出结果是 30
-	减运算符，得到负数或表示用一个数减去另一个数	a - b 输出结果是-10
*	乘运算符，实现两个数相乘或者返回一个被重复若干次的字符串	a * b 输出结果是 200
/	除运算符，实现 x 除以 y	b / a 输出结果是 2.0
%	取模运算符，返回除法的余数	b % a 输出结果是 0
**	幂运算符，返回 x 的 y 次幂	a**b 为 10 的 20 次方，输出结果是 100000000000000000000
//	取整除运算符，返回商的整数部分，不包含余数	9//2 输出结果是 4，9.0//2.0 输出结果是 4.0

下面的实例演示了 Python 语言中所有算术运算符的操作过程。

实例 4-1 使用算术运算符

源码路径 daima\4\4-1

实例文件 math.py 的具体实现代码如下所示。

```
a = 21                              #设置a的值是21
b = 10                              #设置b的值是10
c = 0                               #设置c的值是0
c = a + b                           #重新设置c的值
print ("1 - c 的值为：", c)          #输出现在c的值
c = a - b                           #重新设置c的值
print ("2 - c 的值为：", c )         #输出现在c的值
c = a * b                           #重新设置c的值
print ("3 - c 的值为：", c)          #输出现在c的值
c = a / b                           #重新设置c的值
print ("4 - c 的值为：", c )         #输出现在c的值
c = a % b                           #重新设置c的值
print ("5 - c 的值为：", c)          #输出现在c的值
# 下面分别修改3个变量a、b和c的值
a = 2
b = 3
c = a**b
print ("6 - c 的值为：", c)          #输出现在c的值
# 下面分别修改3个变量a、b和c的值
a = 10
b = 5
c = a//b
print ("7 - c 的值为：", c)          #输出现在c的值
```

拓展范例及视频二维码

范例 027：使用基本算术运算符

源码路径：**范例**\027\

范例 028：使用高级算术运算符

源码路径：**范例**\028\

执行后的效果如图 4-2 所示。

1 - c 的值为： 31
2 - c 的值为： 11
3 - c 的值为： 210
4 - c 的值为： 2.1
5 - c 的值为： 1
6 - c 的值为： 8
7 - c 的值为： 2
>>>

图 4-2 执行效果

4.3 比较运算符和比较表达式

扫码看视频：比较运算符和比较表达式

比较运算符也称为关系运算符，使用关系运算符可以表示两个变量或常量之间的关系，例如，经常用关系运算来比较两个数字的大小。关系表达式就是用关系运算符将两个表达式连接起来的式子，被连接的表达式可以是算术表达式、关系表达式、

逻辑表达式和赋值表达式等。

在 Python 语言中一共有 6 个比较运算符。下面假设变量 a 的值为 10，变量 b 的值为 20，则使用 6 个比较运算符进行比较的结果如表 4-2 所示。

表 4-2　比较运算符

运 算 符	功　能	实　例
==	等于运算符：用于比较对象是否相等	(a == b)返回 False
!=	不等于：用于比较两个对象是否不相等	(a != b) 返回 True
>	大于：用于返回 x 是否大于 y	(a > b) 返回 False
<	小于：用于返回 x 是否小于 y。所有比较运算符返回 1 表示真，返回 0 表示假。这分别与特殊的变量 True 和 False 等价。注意这些变量名的大写	(a < b) 返回 True
>=	大于等于：用于返回 x 是否大于等于 y	(a >= b) 返回 False
<=	小于等于：用于返回 x 是否小于等于 y	(a <= b) 返回 True

下面的实例演示了 Python 语言中所有比较运算符的用法。

实例 4-2　使用比较运算符

源码路径　daima\4\4-2

实例文件 bijiao.py 的具体实现代码如下所示。

```
a = 21                          #设置a的值是21
b = 10                          #设置b的值是10
c = 0                           #设置c的值是0
if ( a == b ):                  #如果a和b的值相等
    print ("1 - a 等于 b")      #如果a和b的值相等时的输出
else:                           #如果a和b的值不相等
    print ("1 - a 不等于 b")    #如果a和b的值不相等时的输出
if ( a != b ):
    print ("2 - a 不等于 b")    #当a和b的值不相等时的输出
else:
    print ("2 - a 等于 b")      #当a和b的值相等时的输出
if ( a < b ):
    print ("4 - a 小于 b")      #当a小于b时的输出
else:
    print ("4 - a 大于等于 b")  #当a不小于b时的输出
if ( a > b ):                   #当a大于b时的输出
    print ("5 - a 大于 b")
else:
    print ("5 - a 小于等于 b")  #当a不大于b时的输出
```

拓展范例及视频二维码

范例 **029**：使用基本比较运算符
源码路径：**范例**\029\

范例 **030**：==运算符的特殊含义
源码路径：**范例**\030\

在上述代码中用到了“if else”语句，这将在本书后一章的内容中进行讲解，实例执行后的效果如图 4-3 所示。

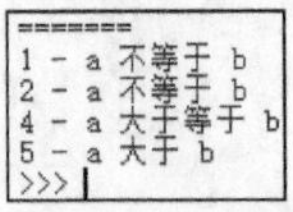

```
=======
1 - a 不等于 b
2 - a 不等于 b
4 - a 大于等于 b
5 - a 大于 b
>>>
```

图 4-3　执行效果

4.4　赋值运算符和赋值表达式

扫码看视频：赋值运算符和赋值表达式

赋值运算符的含义是给某变量或表达式设置一个值，例如“a=5”，表示将值“5”赋给变量“a”，这表示一见到“a”就知道它的值是数字“5”。在 Python 语言中有两种赋值运算符，分别是基本赋值运算符和复合赋值运算符。

4.4.1 基本赋值运算符和表达式

基本赋值运算符记为“=”，由“=”连接的式子称为赋值表达式。在 Python 语言程序中使用基本赋值运算符的基本格式如下所示。

```
变量=表达式
```

例如，以下代码列出的都是基本的赋值处理。

```
x=a+b                    #将x的值赋值为a和b的和
w=sin(a)+sin(b)          #将w的值赋值为sin(a)+sin(b)
y=i+++--j                #将y的值赋值为i+++--j
```

Python 程序中的变量不需要声明，变量的赋值操作即是变量声明和定义的过程。每个变量在内存中创建，它们都包括变量的标识、名称和数据这些信息。每个变量在使用前都必须赋值，变量赋值以后才会创建该变量。等号（=）用来给变量赋值。等号（=）运算符左边是一个变量名，等号（=）运算符右边是存储在变量中的值。

下面的实例代码演示了基本赋值运算符的用法。

实例 4-3　使用基本赋值运算符

源码路径　daima\4\4-3

实例文件 jiben.py 的具体实现代码如下所示。

```
counter = 100              # 赋值为整型变量
miles = 1000.0             # 赋值为浮点型
name = "浪潮软件"           # 赋值为字符串
print (counter)            # 输出赋值后的结果
print (miles)              # 输出赋值后的结果
print (name)               # 输出赋值后的结果
```

以上实例代码中，把 100、1000.0 和"浪潮软件"分别赋值给变量 counter、miles 和 name，执行后的效果如图 4-4 所示。

```
========
100
1000.0
浪潮软件
>>>
```

图 4-4　执行效果

在 Python 程序中，允许开发者同时为多个变量赋值。例如：

```
a = b = c = 1              #同时将3个变量a、b、c赋值为1
```

在上述代码中创建了一个整型对象，这个整型对象的值为 1，把 3 个变量 a、b、c 分配到相同的内存空间上。当然，也可以为多个对象指定多个变量。例如：

```
a, b, c = 1, 2, "浪潮软件"    #分别将变量a赋值为1，将b赋值为2，将c赋值为字符串"浪潮软件"
```

在上述代码中，把两个整型对象 1 和 2 分配给变量 a 和 b，将字符串对象"浪潮软件"分配给变量 c。

4.4.2 复合赋值运算符和表达式

为了简化程序并提高编译效率，Python 语言允许在赋值运算符“=”之前加上其他运算符，这样就构成了复合赋值运算符。复合赋值运算符的功能是，对赋值运算符左、右两边的运算对象进行指定的算术运算符运算，再将运算结果赋予左边的变量。在 Python 语言中共有 7 种复合赋值运算符。下面假设变量 a 的值为 10，变量 b 的值为 20，则一种基本赋值运算符和 7 种复合赋值运算符的运算过程如表 4-3 所示。

表 4-3　赋值运算符的运算过程

运 算 符	功　能	实　例
=	简单的赋值运算符	c=a+b，表示将 a+b 的运算结果赋值给 c
+=	加法赋值运算符	c+=a 等效于 c=c+a
-=	减法赋值运算符	c-=a 等效于 c=c-a
*=	乘法赋值运算符	c*=a 等效于 c=c*a
/=	除法赋值运算符	c/=a 等效于 c=c/a
%=	取模赋值运算符	c%=a 等效于 c=c%a
**=	幂赋值运算符	c**=a 等效于 c=c**a
//=	取整除赋值运算符	c//=a 等效于 c=c//a

下面的实例演示了 Python 语言中所有赋值运算符的基本操作过程。

实例 4-4　使用赋值运算符

源码路径　daima\4\4-4

实例文件 fuzhi.py 的具体实现代码如下所示。

```
a = 21                                  #设置a的值是21
b = 10                                  #设置b的值是10
c = 0                                   #设置c的值是0
c = a + b                     #重新赋值c的值是a+b，也就是31
print ("1 - c 的值为：", c)     #输出c的值
c += a                        #设置c=c+a，也就是31+21
print ("2 - c 的值为：", c)     #输出c的值
c *= a                                  #设置c = c * a
print ("3 - c 的值为：", c)     #输出c的值
c /= a                                  #设置c = c / a
print ("4 - c 的值为：", c)     #输出c的值
c = 2                                   #重新赋值c的值是2
c %= a                                  #设置c = c % a
print ("5 - c 的值为：", c)     #输出c的值
c **= a                                 #设置c = c ** a，即计算c的a次幂
print ("6 - c 的值为：", c)     #输出c的值
c //= a                                 #设置c = c // a，即计算c整除a的值
print ("7 - c 的值为：", c)     #输出c的值
```

拓展范例及视频二维码

范例 **031**：计算面积和周长

源码路径：**范例**\031\

范例 **032**：多变量赋值并交换

源码路径：**范例**\032\

执行后的效果如图 4-5 所示。

```
========
1 - c 的值为:  31
2 - c 的值为:  52
3 - c 的值为:  1092
4 - c 的值为:  52.0
5 - c 的值为:  2
6 - c 的值为:  2097152
7 - c 的值为:  99864
>>>
```

图 4-5　执行效果

4.5　位运算符和位表达式

扫码看视频：位运算符和位表达式

在 Python 程序中，使用位运算符(Bitwise Operator)可以操作二进制数据，位运算可以直接操作整数类型的位。也就是说，按位运算符是把数字看作二进制来进行计算的。在 Python 语言中有 6 个位运算符。假设变量 a 的值为 60，变量 b 的值为 13，则表 4-4 展示了各个位运算符的计算过程。

表 **4-4**　位运算符和位表达式

运　算　符	功　　能	举　　例
&	按位与运算符：参与运算的两个值，如果两个相应位都为 1，则该位的结果为 1，否则为 0	(a & b) 的输出结果 12，二进制解释：0000 1100
|	按位或运算符：只要对应的二个二进位有一个为 1 时，结果位就为 1	(a | b) 的输出结果 61，二进制解释：0011 1101
^	按位异或运算符：当两对应的二进位相异时，结果为 1	(a ^ b)的输出结果 49，二进制解释：0011 0001
~	按位取反运算符：对数据的每个二进制位取反，即把 1 变为 0，把 0 变为 1	(~a)的输出结果−61，二进制解释：1100 0011，一个有符号二进制数的补码形式

续表

运算符	功能	举例
<<	左移动运算符：运算数的各二进位全部左移若干位，由"<<"右边的数指定移动的位数，高位丢弃，低位补 0	a << 2 的输出结果 240，二进制解释：1111 0000
>>	右移动运算符：把">>"左边的运算数的各二进位全部右移若干位，">>"右边的数指定移动的位数	a >> 2 的输出结果 15，二进制解释：0000 1111

下面的代码也演示了几个位运算符的处理过程。

```
a = 0011 1100
b = 0000 1101
-----------------
a&b = 0000 1100
a|b = 0011 1101
a^b = 0011 0001
~a    = 1100 0011
```

下面的实例演示了使用 Python 所有位运算符的过程。

实例 4-5　使用位运算符

源码路径　daima\4\4-5

实例文件 wei.py 的具体实现代码如下所示。

```
a = 60                  # 60 = 0011 1100
b = 13                  # 13 = 0000 1101
c = 0
c = a & b;              # 12 = 0000 1100
print ("1 - c 的值为：", c)
c = a | b;              # 61 = 0011 1101
print ("2 - c 的值为：", c)
c = a ^ b;              # 49 = 0011 0001
print ("3 - c 的值为：", c)
c = ~a;                 # -61 = 1100 0011
print ("4 - c 的值为：", c)
c = a << 2;             # 240 = 1111 0000
print ("5 - c 的值为：", c)
c = a >> 2;             # 15 = 0000 1111
print ("6 - c 的值为：", c)
```

拓展范例及视频二维码

范例 **033**：按位异或操作

源码路径：**范例**\033\

范例 **034**：左移运算操作

源码路径：**范例**\034\

执行后的效果如图 4-6 所示。

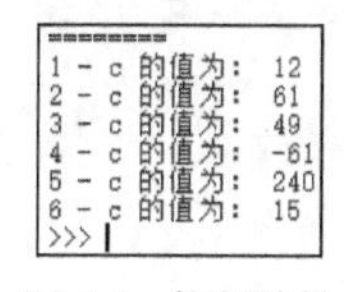

图 4-6　执行效果

4.6　逻辑运算符和逻辑表达式

扫码看视频：逻辑运算符和逻辑表达式

在 Python 语言中，逻辑运算就是将变量用逻辑运算符连接起来，并对其进行求值的一个运算过程。在 Python 程序中只能将 and、or、not 三种运算符用作于逻辑运算，而不像 C、Java 等编程语言那样可以使用&、|、!，更加不能使用简单逻辑与（&&）、简单逻辑或（||）等逻辑运算符。由此可见，这充分体现了 Python 始终坚持“只用一种最好的方法，来解决一个问题”的设计理念。假设变量 a 的值为 10，变量 b 的值为 20，表 4-5 演示了 Python 中 3 个逻辑运算符的处理过程。

表 4-5　Python 中 3 个逻辑运算的处理过程

运 算 符	逻辑表达式	功　能	举　例
and	x and y	逻辑与运算符：如果 x 为 False，x and y 返回 False；否则，它返回 y 的计算值	(a and b)返回 20
or	x or y	逻辑或运算符：如果 x 是非 0，它返回 x 的值；否则，它返回 y 的计算值	(a or b)返回 10
not	not x	逻辑非运算符：如果 x 为 True，返回 False；如果 x 为 False，它返回 True	not(a and b)返回 False

例如在下面的实例代码中，演示了使用逻辑运算符的具体过程。

实例 4-6　使用逻辑运算符

源码路径　daima\4\4-6

实例文件 luoji.py 的具体实现代码如下所示。

```
a = 10                                      # 设置a的值是10
b = 20                                      # 设置b的值是20

if ( a and b ):   #逻辑与运算符，如果两个操作数都为真，则条件为真
     print ("1 - 变量 a 和 b 都为 true")
else:
    print ("1 - 变量 a 和 b 有一个不为 true")

if ( a or b ):    #逻辑or运算符，如果两个操作数不都为零，则条件为真
     print ("2 - 变量 a 和 b 都为 true，或其中一个变量为 true")
else:
    print ("2 - 变量 a 和 b 都不为 true")
a = 0                  #修改变量a的值，重新赋值为0
if ( a and b ):   #逻辑与运算符，如果两个操作数都为真，则条件为真
     print ("3 - 变量 a 和 b 都为 true")
else:
    print ("3 - 变量 a 和 b 有一个不为 true")

if ( a or b ):    #逻辑or运算符，如果两个操作数不都为零，则条件为真
     print ("4 - 变量 a 和 b 都为 true，或其中一个变量为 true")
else:
    print ("4 - 变量 a 和 b 都不为 true")

if not( a and b ):#逻辑与运算符，如果两个操作数不都为真，则条件为真
   print ("5 - 变量 a 和 b 都为 false，或其中一个变
   量为 false")
else:
    print ("5 - 变量 a 和 b 都为 true")
```

执行后的效果如图 4-7 所示。

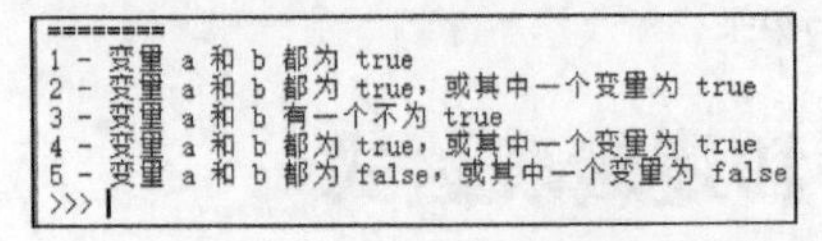

图 4-7　执行效果

拓展范例及视频二维码

范例 035：使用三目表达式

源码路径：**范例**\035\

范例 036：使用表达式：bool? a : b

源码路径：**范例**\036\

4.7　成员运算符和成员表达式

扫码看视频：成员运算符和成员表达式

Python 除了拥有前面介绍的其他编程语言都有的运算符之外，还支持成员运算符，能够测试实例中包含的一系列成员，包括字符串、列表或元组。成员运算符比逻辑运算符要简单一些，但是同样很有用。成员运算符用来验证给定的值（变量）在指定的范围里是

否存在。Python 语言中的成员运算符有两个，分别是 in 和 not in。具体说明如表 4-6 所示。

表 4-6　Python 中的成员运算符说明

运　算　符	功　　能	实　　例
in	如果在指定的序列中找到值则返回 True；否则，返回 False	x 在 y 序列中，如果 x 在 y 序列中则返回 True
not in	如果在指定的序列中没有找到值则返回 True；否则，返回 False	x 不在 y 序列中，如果 x 不在 y 序列中则返回 True

如果读者还是不太了解成员运算符的具体含义，可以看看下面的这两句话。

- ❑ My dog is in the box（狗在盒子里）。
- ❑ My dog is not in the box（狗不在盒子里）。

这就是成员运算符 in 和 not in 的真正含义。事实上，in 和 not in 会返回一个布尔类型，若为真，表示在的情况；若为假，则表示不在的情况。

下面的实例演示了使用成员运算符的具体过程。

实例 4-7　使用成员运算符

源码路径　daima\4\4-7

实例文件 chengyuan.py 的具体实现代码如下所示。

```
a = 10                        #设置变量a的初始值为10
b = 20                        #设置变量b的初始值为20
list = [1, 2, 3, 4, 5 ]; #定义一个列表，里面有5个元素
if ( a in list ):             #如果a的值在列表list里面
     print ("1 - 变量 a 在给定的列表中 list 中")
else:                         #如果a的值不在列表list里面
    print ("1 - 变量 a 不在给定的列表中 list 中")
if ( b not in list ):         #如果b的值不在列表list里面
     print ("2 - 变量 b 不在给定的列表中 list 中")
else:                         #如果b的值在列表list里面
    print ("2 - 变量 b 在给定的列表中 list 中")
a = 2                         #修改变量a的值，重新赋值为2
if ( a in list ):             #如果a的值在列表list里面
     print ("3 - 变量 a 在给定的列表中 list 中")
else:                         #如果a的值没有在列表list里面
    print ("3 - 变量 a 不在给定的列表中 list 中")
```

拓展范例及视频二维码

范例 **037**：对比“==”和“?”

源码路径：**范例**\037\

范例 **038**：验证成员是否在列表中

源码路径：**范例**\038\

在上述代码中用到了 List 列表的知识，这部分内容将在本书后面的内容中进行讲解，本实例执行后的效果如图 4-8 所示。

```
1 - 变量 a 不在给定的列表中 list 中
2 - 变量 b 不在给定的列表中 list 中
3 - 变量 a 在给定的列表中 list 中
>>>
```

图 4-8　执行效果

4.8　身份运算符和身份表达式

扫码看视频：身份运算符和身份表达式

在 Python 程序中，身份运算符用来比较两个对象是否是同一个对象，这和用比较运算符中的“==”来比较两个对象的值是否相等有所区别。Python 语言中的身份运算符有两个，分别是 is 和 is not。要想理解身份运算符的实现原理，需要从 Python 变量的属性谈起。Python 语言中的变量有 3 个属性，分别是 name、id 和 value，具体说明如下所示。

- ❑ name 可以理解为变量名。

- id 可以联合内存地址来理解。
- value 就是变量的值。

在 Python 语言中，身份运算符“is”通过这个 id 来进行判断。如果 id 一样就返回 True；否则，返回 False。请看下面的演示代码。

```
a = [1, 2, 3]           #a是一个序列，里面有3个值：1, 2, 3
b = [1, 2, 3]           #b是一个序列，里面有3个值：1, 2, 3
print( a == b )         #比较运算符
print( a is b )         #身份运算符
```

上述代码执行后会输出以下内容。

```
True
False
```

这是因为变量 a 和变量 b 的 value 值是一样的，用“==”比较运算符比较的是变量的 value，所以返回 True。但是当使用 is 的时候，比较的是 id，变量 a 和变量 b 的 id 是不一样的（具体可以使用 id(a)来查看 a 的 id），所以返回 False。

下面的实例演示了使用身份运算符的具体过程。

实例 4-8　使用身份运算符

源码路径　daima\4\4-8

实例文件 shenfen.py 的具体实现代码如下所示。

拓展范例及视频二维码

范例 **039**：使用 id()验证是否相同

源码路径：**范例**\039\

范例 **040**：大整数和小整数的对比

源码路径：**范例**\040\

```
a = 20                  #设置a的初始值是20
b = 20                  #设置b的初始值是20
if ( a is b ):          #用is判断a和b是不是引用自一个对象
    print ("1 - a 和 b 有相同的标识")
else:
   print ("1 - a 和 b 没有相同的标识")
if ( id(a) == id(b) ):
  #判断a和b的id是不是引用自一个对象
    print ("2 - a 和 b 有相同的标识")
else:
   print ("2 - a 和 b 没有相同的标识")
b = 30                  #修改变量 b 的值，重新赋值为30
if ( a is b ):          #用is判断a和b是不是引用自一个对象
    print ("3 - a 和 b 有相同的标识")
else:
   print ("3 - a 和 b 没有相同的标识")
if ( a is not b ): #判断两个标识符是不是引用自不同对象
    print ("4 - a 和 b 没有相同的标识")
else:
   print ("4 - a 和 b 有相同的标识")
```

执行后的效果如图 4-9 所示。

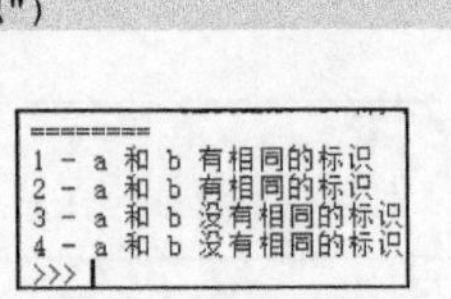

图 4-9　执行效果

4.9　运算符的优先级

扫码看视频：运算符的优先级

在日常生活中，无论是排队买票还是超市结账，我们都遵循先来后到的顺序。在运算符操作过程中，也需要遵循一定顺序，这就是运算符的优先级。Python 语言运算符的运算优先级共分为 13 级，1 级最高，13 级最低。在表达式中，优先级较高的先于优先级较低的进行运算。

当一个运算符号两侧的运算符优先级相同时，则按运算符的结合性所规定的结合方向处理。运算符通常由左向右结合，即具有相同优先级的运算符按照从左向右的顺序计算。例如，2 +

3 + 4 的计算顺序是(2 + 3) + 4。一些如赋值运算符那样的运算符是由右向左结合的，即 a = b = c 的运算顺序是 a = (b = c)。

建议使用圆括号（小括号）来分组运算符和操作数，以便能够明确地指出运算的先后顺序，使程序尽可能地易读。例如，2 + (3 * 4)显然比 2 + 3 * 4 清晰。与此同时，圆括号也应该正确使用，而不应该用得过滥（比如 2 + (3 + 4)）。在默认情况下，运算符优先级表决定了哪个运算符在别的运算符之前计算。然而，如果想要改变它们的计算顺序，可以使用圆括号来实现。如果想要在一个表达式中让加法在乘法之前计算，那么就得写成类似(2 + 3) * 4 的样子。

表 4-7 列出了从最高到最低优先级的所有运算符。

表 4-7　运算符的优先级

运　算　符	描　　述
**	指数（最高优先级）
~、+、-	按位翻转、一元加号和减号（最后两个的方法名为 +@ 和 -@）
*、/、%、//	乘、除、取模和取整除
+、-	加法、减法
>>、<<	右移、左移运算符
&	位 AND
^|	位运算符
<=、<>、>=、==、!=	比较运算符
=、%=、/=、//=、-=、+=、*=、**=	赋值运算符
is、is not	身份运算符
in、not in	成员运算符
not、or、and	逻辑运算符

下面的实例演示了 Python 运算符优先级的具体使用过程。

实例 4-9　Python 运算符优先级的具体使用

源码路径　daima\4\4-9

实例文件 youxian.py 的具体实现代码如下所示。

```
a = 20                      #设置a的初始值是20
b = 10                      #设置b的初始值是10
c = 15                      #设置c的初始值是15
d = 5                       #设置d的初始值是5
e = 0                       #设置e的初始值是0
e = (a + b) * c / d         #相当于: ( 30 * 15 ) / 5
print ("(a + b) * c / d 运算结果为: ",    e)
e = ((a + b) * c) / d       #相当于: (30 * 15 ) / 5
print ("((a + b) * c) / d 运算结果为: ",    e)
e = (a + b) * (c / d);      #相当于:  (30) * (15/5)
print ("(a + b) * (c / d) 运算结果为: ",    e)
e = a + (b * c) / d;        #相当于: 20 + (150/5)
print ("a + (b * c) / d 运算结果为: ",    e)
```

拓展范例及视频二维码

范例 041：运算符优先级排行榜

源码路径：**范例**\041\

范例 042：运算符优先级大招

源码路径：**范例**\042\

执行后的效果如图 4-10 所示。

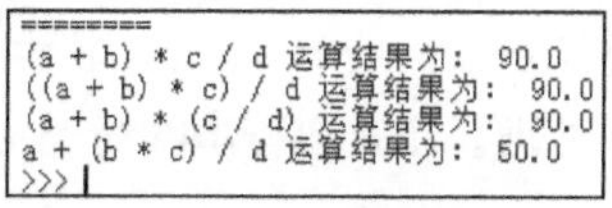

```
========
(a + b) * c / d 运算结果为:  90.0
((a + b) * c) / d 运算结果为:  90.0
(a + b) * (c / d) 运算结果为:  90.0
a + (b * c) / d 运算结果为:  50.0
>>>
```

图 4-10　执行效果

4.10 技术解惑

4.10.1 “==”运算符的秘密

在 Python 程序中，经常会遇到如下所示的程序语句。

```
if (5 == len(set(vec[i]+i for i in cols))== len(set(vec[i]-i for i in cols))):
    print (vec)
```

或者如下所示的程序语句。

```
a=[1,2,3,4,5]
b=[1,2,3,4,5]
if(5 == len(a) == len(b)):
     print ("yes")
else:
     print ("no")
```

很多读者可能会疑惑“==”两个等号连在一起是什么意思。按照 Python 语言的语法规则，显然，要先从左边第一个“==”开始，以上述代码为例，如果“5 == len(a)”则返回布尔值“True”，然后再比较“True”和“len(b)”是否相等。但是根据 Python 例程的使用情况可以推测出，Python 中的“5== len(a)== len(b)”显然不是这样比较的。如果在官方编辑器 IDLE 中输入“help ('==')”，会得到如下所示的信息。

```
Unlike C, all comparison operations in Python have the same priority,which is lower than
that of any arithmetic, shifting or bitwise operation.……
Comparisons can be chained arbitrarily, e.g.,
"x < y <= z" is equivalent to "x < y and y <= z",……
```

由此可见，根据上述官方文档的解释说明，“5== len(a)== len(b)”等价于“5== len(a) and len(a)== len(b)”。

4.10.2　身份运算符的特质

Python 语言支持对象本身的比较，进行比较的语法格式如下所示。

```
obj1 is [not]obj2
```

通过使用身份运算符，可以比较两个对象是否是同一个对象，而之前比较运算符中的“==”则用来比较两个对象的值是否相等。在此需要重点讲解身份运算符是如何进行判断的。Python 语言中的变量通常有 3 个属性，分别是 name、id 和 value。可以将 name 理解为变量名，id 可以联合内存地址来理解，value 就是变量的值。is 运算符则是通过这个 id 来进行判断的，如果 id 一样就返回 True，否则返回 False。比如下面的代码。

```
a = [1, 2, 3]
b = [1, 2, 3]
print( a == b )
print( a is b )
```

上述代码的输出结果是 True 和 False，因为变量 a 和变量 b 的 value 是一样的，用“==”运算符比较的是变量的 value，所以返回 True。但是当使用“is”的时候，比较的是 id，a 和 b 的 id 不一样（可以使用 id(a)来查看 a 的 id），所以返回 False。

但是并不是所有的情况都是这样的，对于小的整数，Python 缓存了−5～256 之间的所有整数，共 262 个。例如下面的演示代码。

```
a = 100
b = 100
print( a is b )
c = 500
d = 500
print( c is d )
```

执行后会发现返回结果一个是 True，一个是 False。其中 False 的情况和上面一样，True 的结果是因为 Python 对小的整数做了处理。还有字符串的情况也是一样的，使用 is 都会返回相等。

4.10.3　总结 and 和 or 的用法

在 Python 语言中，and 运算符从左到右计算表达式的值。如果所有的值均为真，则返回最后一个值，如果存在假值，则返回第一个假值。另外，or 运算符也是从左到右计算表达式的值，并返回第一个为真的值。下面的演示过程展示了具体用法。

```
>>>'a'and'b'
'b'
>>>''and'b'
```

```
''
>>>'a'or'b'
'a'
>>>''or'b'
'b'
>>> a ='first'
>>> b ='second'
>>>1and a or b          # 等价于 bool = true时的情况
'first'
>>>0and a or b          # 等价于 bool = false时的情况
'second'
>>> a =''
>>>1and a or b          # 当a为假时，出现问题
'second'
>>>(1and[a]or[b])[0]    # 安全用法，因为[a]不可能为假，至少有一个元素
''
>>>
```

4.10.4 is 运算符和“==”运算符的区别

“==”是 Python 标准操作符中的比较操作符，用来比较判断两个对象的 value（值）是否相等。例如在下面对两个字符串进行比较。

```
>>> a = 'iplaypython.com'
>>> b = 'iplaypython.com'
>>> a == b
True
```

is 也叫作同一性运算符，这个运算符比较判断的是对象间的唯一身份标识，也就是 id 是否相同。通过对下面几个列表间的比较，你就会明白 is 同一性运算符的工作原理。

```
>>> x = y = [4,5,6]
>>> z = [4,5,6]
>>> x == y
True
>>> x == z
True
>>> x is y
True
>>> x is z
False
>>>
>>> print (id(x))
3075326572
>>> print( id(y))
3075326572
>>> print (id(z))
3075328140
```

在上述过程中，为什么前 3 个例子都是 True，而最后一个是 False 呢？x、y 和 z 的值是相同的，所以前两个是 True 没有问题。至于最后一个为什么是 False，看看 3 个对象的 id 值分别是什么就会明白了。

综上所述，可以总结出如下两个结论。

- “==”比较操作符：用来比较两个对象是否相等，value 作为判断因素；
- is 同一性运算符：比较判断两个对象是否相同，id 作为判断因素。

4.11 课后练习

（1）暂停一秒输出，并格式化当前时间。

（2）古典问题：有一对兔子，从出生后第 3 个月起每个月都生一对小兔子，小兔子长到第三个月后每个月又生一对小兔子，假如兔子都不死，每个月的兔子总数为多少？

（3）判断 101～200 之间有多少个素数，并输出所有素数。

第5章

条件语句

（视频讲解：68min）

在 Python 程序中会经常用到条件语句，条件语句在很多教材中也称为选择结构。通过使用条件语句，可以判断不同条件的执行结果，并根据执行结果选择要执行的程序代码。本章将介绍 Python 语言中条件语句的基本知识，并通过具体实例的实现过程来讲解各个知识点的具体使用流程，为读者步入本书后面知识的学习打下基础。

5.1 什么是条件语句

在 Python 语言中，条件语句是一种选择结构，因为是通过 if 关键字实现的，所以也称为 if 语句。在 Python 程序中，能够根据关键字 if 后面的布尔表达式的结果值来选择将要执行的代码语句。也就是说，if 语句有“如果……则……”之意。if 语句是假设语句，也是最基础的条件语句。关键字 if 的中文意思是“如果”，Python 语言中的 if 语句有 3 种，分别是 if 语句、if...else 语句和 if...elif...else 语句。if 语句由保留字符 if、条件语句和位于后面的语句组成，条件语句通常是一个布尔表达式，结果为 true 和 false。如果条件为 true，则执行语句并继续处理其后的下一条语句；如果条件为 false，则跳过该语句并继续处理整个 if 语句的下一条语句；当条件“condition”为 true 时，执行 statement1（程序语句 1）；当条件“condition”为 false 时，则执行 statement2（程序语句 2），其具体执行流程如图 5-1 所示。

扫码看视频：什么是条件语句

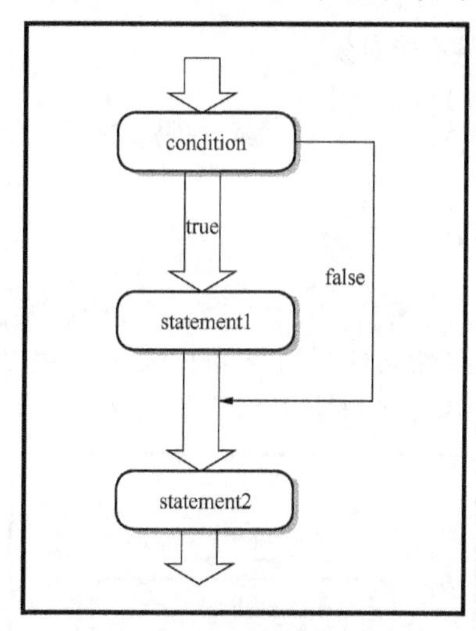

图 5-1 if 语句的执行流程图

5.2 最简单的 if 语句

在 Python 程序中，最简单的 if 语句的语法格式如下所示。

扫码看视频：最简单的 if 语句

```
if 判断条件:
    执行语句……
```

在上述格式中，当“判断条件”成立（非零）时，执行后面的语句，而执行内容可以多行，以缩进来区分表示同一范围。当条件为假时，跳过其后缩进的语句，其中的条件可以是任意类型的表达式。

下面的实例演示了使用 if 语句的基本过程。

实例 5-1 使用基本的 if 语句

源码路径 daima\5\5-1

实例文件 if.py 的具体实现代码如下所示。

```
x = input('请输入一个整数:')   #提示输入一个整数
x = int(x)                    #将输入的字符串转换为整数
if x < 0:                     #如果x小于0
    x = -x                    #如果x小于0，则将x取负值
print(x)                      #输出x的值
```

通过上述代码实现了一个用于输出用户输入的整数绝对值的程序。其中 x=-x 是“if”语句条件成立时选择执行的语句。执行后提示用户输入一个整数，假如用户输入-100，则输出其绝对值 100。执行效果如图 5-2 所示。

```
=======
请输入一个整数:-100
100
>>> 
```

图 5-2　执行效果

拓展范例及视频二维码

范例 **043**：使用 if 判断语句

源码路径：**范例**\043\

范例 **044**：比较两个变量的大小

源码路径：**范例**\044\

5.3　使用 if...else 语句

在前面介绍的 if 语句中，并不能对条件不符合的内容进行处理，所以 Python 引进了另外一种条件语句——if...else，基本语法格式如下所示。

扫码看视频：使用 if...else 语句

```
if 判断条件:
    statement1
else:
    statement2
```

在上述格式中，如果满足判断条件则执行 statement1（程序语句 1），如果不满足则执行 statement2（程序语句 2）。if...else 语句的执行流程如图 5-3 所示。

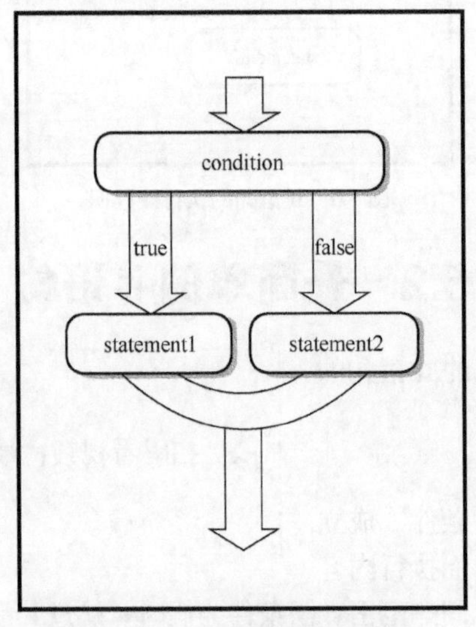

图 5-3　if...else 语句的执行流程

下面的实例演示了使用 if...else 语句的具体执行过程。

实例 5-2　使用 if...else 语句

源码路径　daima\5\5-2

实例文件 else.py 的具体实现代码如下所示。

```
x = input('请输入一个整数：') #提示输入一个整数
x = int(x)                    #将输入的字符串转换为整数
if x < 0:                     #如果x小于0
    print('大哥，你输的是一个负数。')
#当x小于0时输出的提示信息
else:
    print('大哥，你输的是零或正数。')
#当x不小于0时输出的提示信息
```

在上述代码中，两个缩进的 print()函数是选择执行的语句。代码运行后将提示用户输入一个整数，例如输入“-199”后的执行效果如图 5-4 所示。

拓展范例及视频二维码

范例 045：使用多条件判断语句
源码路径：**范例**\045\

范例 046：两个判断条件的 if 语句
源码路径：**范例**\046\

```
======
请输入一个整数：-199
大哥，你输的是一个负数。
>>>
```

图 5-4　执行效果

5.4　使用 if...elif...else 语句

在 Python 程序中，if 语句实际上是一种十分强大的条件语句，它可以对多种情况进行判断。可以判断多条件的语句是 if…elif…else 语句，其语法格式如下所示。

扫码看视频：使用 if...elif...else 语句

```
if condition(1):
    statement(1)
elif condition(2):
    statement(2)
elif condition(3):
    statement(3)
……
else:
    statement(n)
```

上述格式首先会判断第一个条件 condition(1)，当为 true 时执行 statement(1)（程序语句 1）；当为 false 时则执行 statement(1)后面的代码；当 condition(2)为 true 时执行 statement(2)（程序语句 2）；当 condition(3)为 true 时则执行 statement(3)（程序语句 3）；当前 3 个条件都不满足时执行 statement(n)（程序语句 n）。依次类推，中间可以继续编写无数个条件和语句分支，当所有的条件都不成立时执行 statement(n)。

下面的实例中演示了使用 if…elif…else 语句的具体过程。

实例 5-3　使用 if…elif…else 语句
源码路径　daima\5\5-3

实例文件 duo.py 的具体实现代码如下所示。

拓展范例及视频二维码

范例 047：使用 else 语句进行指定
源码路径：**范例**\047\

范例 048：门票销售系统
源码路径：**范例**\048\

```
x = input('小朋友，请输入你的二级C语言成绩：')
#提示输入一个成绩信息
x = float(x)            #将输入的字符串转换为浮点数
if x >= 90:                        #如果x大于等于90
    print('你的成绩为：优。')   #当x大于等于90时的输出
elif x >= 80:                      #如果x大于等于80
     print('你的成绩为：良。') #当x大于等于80时的输出
elif x >= 70:                      #如果x大于等于70
     print('你的成绩为：中。') #当x大于等于70时的输出
elif x >= 60:                      #如果x大于等于60
     print('你的成绩为：合格。')#当x大于等于60时的输出
else:            #如果x是除了上面列出的条件之外的其他值
    print('你的成绩为：不合格。') #当x是除了上面列出的条件之外的其他值时的输出
```

在上述代码中使用了多个 elif 语句分支，功能是根据每个条件的成立与否来选择输出你的成绩等级。例如分别输入 90 和 50 后的执行效果如图 5-5 a 与 b 所示。

```
========
小朋友，请输入你的二级C语言成绩：90
你的成绩为：优。
>>> |
```

a）输入 90

```
========
小朋友，请输入你的二级C语言成绩：50
你的成绩为：不合格。
>>>
```

b）输入 50

图 5-5　执行效果

5.5　if 语句的嵌套

扫码看视频：if 语句的嵌套

在 Python 语言中，在 if 语句中继续使用 if 语句的用法称为嵌套。在 Python 程序中，各种结构的语句嵌套的出现是难免的，当然，if 语句自身也存在着嵌套情况。对于嵌套的 if 语句，写法上与不嵌套的 if 语句在形式上的区别就是缩进不同而已。例如下面就是一种嵌套的 if 语句的语法格式。

```
if condition1:
    if condition2:
        语句1
    elif condition2:
        语句2
else:
  语句3
```

在 Python 程序中，建议语句的嵌套不要太深。对于多层嵌套的语句来说，可以进行适当的修改，以减少嵌套层次，从而方便阅读和理解程序，但有时为了逻辑清晰也不用有意为之。建议读者在编写条件语句时，应该尽量避免使用嵌套语句。嵌套语句不但不便于阅读，而且可能会忽略一些可能性。

下面的实例代码演示了使用 if 嵌套语句的具体过程。

实例 5-4　使用 if 嵌套语句

源码路径　daima\5\5-4

实例文件 qiantao.py 的具体实现代码如下所示。

```
a = int(input('请输入一个大小合适的整数：'))
  #提示输入一个整数
if a>0:                    #外层分支，如果a大于0
    if a>10000:            #内层语句，如果a大于10000
        #当a大于10000时的输出
        print("这也太大了，当前系统无法表示出来！")
    else:                  #内层语句，如果a不大于10000
  #下面嵌套内层语句，如果a大于0且不大于10000时的输出
        print("大小正合适，当前系统可以表示出来！")
    #下面是当a大于0时的输出，这行的缩进比上一行少，所以
    #不是嵌套内的if分支
    print("大于0的整数，系统就喜欢这一口！")
else:                      #外层分支，如果a不大于0
    if a<-10000: #内层语句，如果a小于-10000
        #当a小于-10000时的输出
        print("这也太小了，当前系统无法表示出来！")
    else:                  #内层语句，如果a不小于-10000
        #如果a不大于0且不小于-10000时的输出
        print("大小正合适，当前系统可以表示出来！")
    print("小于0的整数，系统将就喜欢了！")  #如果该行增加缩进，则属于嵌套的if语句
```

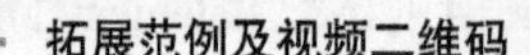

拓展范例及视频二维码

范例 **049**：测试多个条件

源码路径：**范例**\049\

范例 **050**：使用两层嵌套

源码路径：**范例**\050\

在上述代码中，首先根据其大于 0 还是小于 0 分为两个 if 分支，然后在大于 0 分支中以大于 10000 为条件继续细分为两个分支，在小于 0 分支中以小于-10000 为条件继续细分为两个分支。执行后将提示用户输入一个整数，例如输入“-100”后的效果如图 5-6 所示。

```
==========
请输入一个大小合适的整数：-100
大小正合适，当前系统可以表示出来！
小于0的整数，系统将就喜欢了！
>>>
```

图 5-6 执行效果

5.6 实现 switch 语句的功能

扫码看视频：实现 switch 语句的功能

在开发语言中，switch 语句比较出名，例如 Java 和 C#等主流编程语言都提供了 switch 选择语句。关键字 switch 有“开关”之意，switch 语句是为了判断多条件而诞生的。使用 switch 语句的方法和使用 if 嵌套语句的方法十分相似，但是 switch 语句更加直观，更加容易理解。例如在 Java 语言中，使用 switch 语句后可以对条件进行多次判断，具体语法格式如下所示。

```
switch(整数选择因子) {
case 整数值1 : 语句; break;
case 整数值2 : 语句; break;
case 整数值3 : 语句; break;
case 整数值4 : 语句; break;
case 整数值5 : 语句; break;
//..
default:语句;
}
```

在上述格式中，“整数选择因子”必须是 byte、short、int 和 char 类型，每个 value 必须是与“整数选择因子”类型兼容的一个常量，而且不能重复。“整数选择因子”是一个特殊的表达式，能产生整数值。switch 能将整数选择因子的结果与每个整数值比较。若发现相符的，就执行对应的语句（简单或复合语句）。如果没有发现相符的，就执行 default 语句。并且在上面的定义格式中，每一个 case 均以一个 break 结尾。这样可使执行流程跳转至 switch 主体的末尾。这是构建 switch 语句的一种传统方式，但 break 是可选的。如果省略 break，会继续执行后面的 case 语句的代码，直到遇到一个 break 为止。尽管通常不想出现这种情况，但对有经验的程序员来说，也许能够善加利用。注意，最后的 default 语句没有 break，因为执行流程已到了 break 的跳转目的地。当然，如果考虑到编程风格方面的原因，完全可以在 default 语句的末尾放置一个 break，尽管它并没有任何实际的用处。在 Java 程序中，执行 switch 语句的流程如图 5-7 所示。

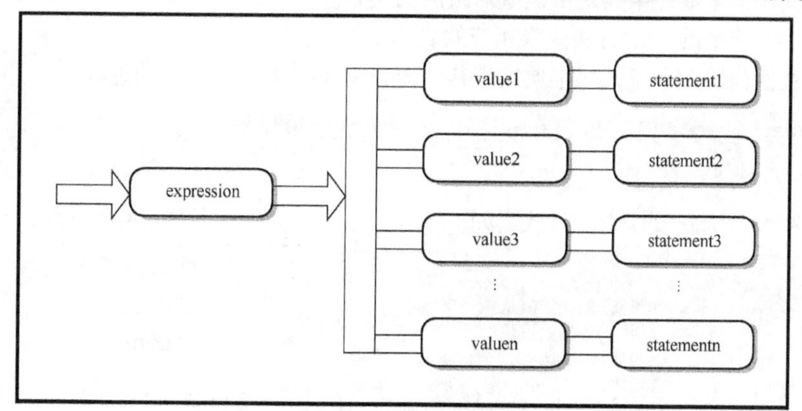

图 5-7 Java 语言中 switch 语句的执行流程

由此可见，switch 语句的功能十分直观，并且容易理解。虽然 Python 语言中并没有提供 switch 功能，但是开发者可以通过其他方式实现其他语言中 switch 语句的功能。

5.6.1　使用 elif 实现

在 Python 程序中，要想实现其他语言中 switch 语句的多条件判断功能，可以使用 elif 来实现。如果在判断时需要同时判断多个条件，可以借助于运算符 or（或）来实现，表示两个条件有一个成立时判断条件成功。也可以借助运算符 and（与）来实现，表示只有两个条件同时成立的情况下，判断条件才成功。

下面的实例代码演示了使用 elif 实现其他语言中 switch 语句功能的过程。

实例 5-5　**使用 elif 实现其他语言中 switch 语句功能**

源码路径　daima\5\5-5

实例文件 switch1.py 的具体实现代码如下所示。

拓展范例及视频二维码

范例 051：简单的语句组

源码路径：**范例**\051\

范例 052：成绩考核系统

源码路径：**范例**\052\

```
num = 9                                   #设置num的初始值是9
if num >= 0 and num <= 10:  #使用if判断值是否在0~10
    print ('hello') #当num值在0~10时的输出结果
num = 10                                  #设置num的初始值是10
if num < 0 or num > 10:     #判断值是否小于0或大于10
    print ('hello')
#当num值小于0或大于10时的输出结果
else:                           #如果num的值不是小于0或大于10
   print ('undefine')
   #当num值不是小于0或大于10时的输出结果
num = 8                                   #设置num的初始值是8
# 判断值是否在0~5或者10~15
if (num >= 0 and num <= 5) or (num >= 10 and num <= 15):
    print ('hello')           #当num值在0~5或者10~15时的输出结果
else:                                     #如果num的值不在0~5或者10~15
    print ('undefine')        #当num的值不在0~5或者10~15时的输出结果
```

在上述代码中，当 if 有多个条件时可使用括号来区分判断条件的先后顺序，括号中的判断条件优先执行，此外 and 和 or 的优先级低于>（大于）、<（小于）等判断符号，即大于和小于在没有括号的情况下会比与、或要优先判断。执行后的效果如图 5-8 所示。

```
hello
undefine
undefine
>>>
```

图 5-8　执行效果

5.6.2　使用字典实现

字典是 Python 语言中一种十分重要的数据类型，将在本书后面的章节中进行讲解。在 Python 程序中，可以通过字典实现其他语言中 switch 语句的功能。具体实现方法分为如下两步。

（1）定义一个字典，字典是由键值对组成的集合。

（2）调用字典中的 get()方法获取相应的表达式。

下面的实例代码演示了使用字典实现其他语言中 switch 语句功能的过程。

实例 5-6　**使用字典实现其他语言中 switch 语句功能**

源码路径　daima\5\5-6

实例文件 switch2.py 的具体实现代码如下所示。

拓展范例及视频二维码

范例 053：检查列表中的特殊元素

源码路径：**范例**\053\

范例 054：使用多个列表

源码路径：**范例**\054\

```
from __future__ import division
#导入"division"模块实现精准除法
x = 1                    #设置x的初始值是1
y = 2                    #设置y的初始值是2
operator = "/"           #设置operator的初始值是“/”
result = {               #定义字典“result”，实现switch功能
    "+" : x + y,         #当字典值为“+”时求x和y的和
    "-" : x - y,         #当字典值为“-”时求x和y的差
    "*" : x * y,         #当字典值为“*”时求x和y的积
    "/" : x / y          #当字典值为“/”时求x和y的商
}
print (result.get(operator))        #计算x除以y的值
```

执行后的效果如图 5-9 所示。

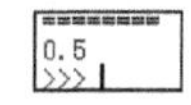

图 5-9 执行效果

5.6.3 自定义编写一个类实现

类是 Python 语言中一种十分重要的内容，是面向对象语言的核心，类的知识将在本书后面的章节中进行讲解。在 Python 程序中，可以通过自定义编写一个类的方式实现其他语言中 switch 语句的功能。编写自定义类的具体流程如下所示。

（1）创建一个 switch 类，该类继承自 Python 的祖先类 object。调用构造函数_init_()初始化需要匹配的字符串，并需要定义两个成员变量 value 和 fall。value 用于存放需要匹配的字符串，fall 用于记录是否匹配成功，初始值为 false，标识匹配不成功。如果匹配成功，则程序往后执行。

（2）定义一个 match( )方法，该方法用于匹配 case 子句。这里需要考虑三种情况：首先是匹配成功的情况，其次是匹配失败的默认 case 子句，最后是 case 子句中没有使用 break 中断的情况。

（3）重写__iter__( )方法，定义该方法后才能使 switch 类用于循环语句中。__iter__( )调用 match( )方法进行匹配。通过 yield 保留字，使函数可以在循环中迭代。此外，调用 StopIteration 异常中断循环。

（4）编写调用代码，在 for…in 循环中使用 switch 类。

下面的实例演示了使用自定义类实现其他语言中 switch 语句功能的过程。

实例 5-7 使用自定义类实现其他语言中 switch 语句功能

源码路径 daima\5\5-7

实例文件 switch3.py 的具体实现代码如下所示。

```
class switch(object):                  #定义一个名为“switch”的类
    def __init__(self, value):         #初始化函数初始化需要匹配的值value
        self.value = value             #self.value是类的属性
        self.fall = False              #如果匹配到的case语句中没有break，则fall为true
    def __iter__(self):
        yield self.match               #调用match()函数返回一个生成器
        raise StopIteration            #StopIteration异常用来判断for循环是否结束

    def match(self, *args):            #函数match()用于模拟case子句
        if self.fall or not args:      #如果fall为true，则继续执行下面的case子句
            return True                #如果case子句没有匹配项，则跳转到默认分支
        elif self.value in args:       #匹配成功
            self.fall = True
            return True
        else:       #如果匹配失败，则在下面返回False
            return False
operator = "+"
x = 1
y = 2
for case in switch(operator):
# switch只能用于for in循环中
    if case('+'): #如果是“+”则执行加法运算
        print (x + y)
        break
    if case('-'): #如果是“-”则执行减法运算
        print (x - y)
        break
    if case('*'): #如果是“*”则执行乘法运算
        print (x * y)
        break
    if case('/'): #如果是“/”则执行除法运算
```

拓展范例及视频二维码

范例 055：定义一个私有类

源码路径：**范例**\055\

范例 056：定义一个继承类

源码路径：**范例**\056\

```
            print (x / y)
            break
        if case():                                    #默认分支
            print ("")
```

执行后的效果如图 5-10 所示。

图 5-10　执行效果

注意：在本实例中用到了很多在本书后面章节中才学习到的内容，建议读者学完本书第 10 章的内容，再来看这个实例，到时将会一看便懂。

5.7　技术解惑

5.7.1　剖析 True 和 False 条件判断的用法

对于有开发经验的读者来说，都应该知道条件语句的基本写法。例如 C++条件语句的语法如下。

```
if (condition)
{
      doSomething();
}
```

对于 Python 语言中的条件判断语句来说，书写语法规则如下所示。

```
if (condition):
      doSomething()
```

那么条件语句中的 condition 什么时候为真什么时候为假呢？在 C++或 Java 等高级语言中，如果条件的值为 0 或者引用的对象为空指针，那么该条件即为 False。在 Python 程序中，如果 condition 为 ''、()、[]、{}、None、set()，那么该条件为 False；否则，为 True。

5.7.2　再次提醒不支持 switch 语句的问题

本章前面已经讲解过 Python 语言不支持 switch 语句的问题，所以要想实现多个条件判断，只能用 elif 来实现。如果判断需要对多个条件同时进行判断，可以使用 or（或），表示两个条件有一个成立时判断条件成功。当使用 and（与）时，表示只有两个条件同时成立的情况下，判断条件才成功。

5.7.3　最简洁的条件判断语句写法

在 Python 程序中，经常会见到如下所示的一段代码。

```
def isLen(strString):
     if len(strString)>6:
          return True
     else:
         return False
```

也许有的读者已经发现，在 Python 3 程序中其实有办法只用一行代码来完成上述函数。

```
>>> def isLen(strString):
        return True if len(strString)>6 else False
```

此时可能有读者要问：还可以更简单一些吗？如何更简单地使用 Python 表达条件语句呢？例如一种常规的做法是使用列表索引。

```
>>> def isLen(strString):
        #这里注意false和true的位置
        return [False,True][len(strString)>6]
```

上述方法的实现原理非常简单，表示布尔值是 True 时被索引求值为 1，而 False 就等于 0。

5.8 课后练习

（1）输出所有的“水仙花数”，所谓“水仙花数”是指一个 3 位数，其各位数字立方和等于该数本身。例如：153 是一个“水仙花数”，因为 $153=1^3+5^3+3^3$。

（2）对于一个正整数分解质因数。例如：输入 90，输出 90=2*3*3*5。

（3）输出第 10 个斐波那契数列。斐波那契数列（Fibonacci sequence），又称黄金分割数列，指的是这样一个数列：0，1，1，2，3，5，8，13，21，34，…。

（4）利用条件运算符的嵌套来完成此题：高于 90 分的学习成绩用 A 表示，60 分到 89 分之间的学习成绩用 B 表示，60 分以下的学习成绩用 C 表示。

第6章

循 环 语 句

（视频讲解：67min）

在本书上一章的内容中，我们学习了实现条件判断功能的条件语句，让程序的执行顺序发生了变化。为了满足循环和跳转等功能，本章将详细讲解 Python 语言中循环语句的知识，主要包括 for 循环语句、while 循环和循环控制语句。在讲解过程中通过具体实例的实现过程讲解了各个知识点的具体用法，为读者步入本书后面知识的学习打下基础。

6.1 使用 for 循环语句

扫码看视频：使用 for 循环语句

在 Python 语言中，循环语句是一种十分重要的程序结构。其特点是，在给定条件成立时，反复执行某程序段，直到条件不成立为止。给定的条件称为循环条件，反复执行的程序段称为循环体。循环结构还如大家在操场跑步，例如每天跑 8000m，你就得在操场 400m 跑道上跑 20 圈，这 20 圈的路线是相同的、重复的，这 20 圈的跑步动作就是一个循环。在 Python 程序中主要有 3 种循环语句，分别是 for 循环语句、while 循环语句和循环控制语句。下面将首先讲解 for 循环语句的知识。

6.1.1 基本的 for 循环语句

在 Python 语言中，for 语句是 Python 语言中构造循环结构程序的语句之一。在 Python 程序中，绝大多数的循环结构都是用 for 语句来完成的。和 Java、C 语言等其他语言相比，Python 语言中的 for 语句有很大的不同，其他高级语言中的 for 语句需要用循环控制变量来控制循环。而 Python 语言中的 for 循环语句通过循环遍历某一序列对象（例如本书后面将要讲解的元组、列表、字典等）来构建循环，循环结束的条件就是对象遍历完成。

在 Python 程序中，使用 for 循环语句的基本语法格式如下所示。

```
for iterating_var in sequence:
    statements
```

在上述格式中，各个参数的具体说明如下所示。

- iterating_var：表示循环变量。
- sequence：表示遍历对象，通常是元组、列表和字典等。
- statements：表示执行语句。

上述 for 循环语句的执行流程如图 6-1 所示。

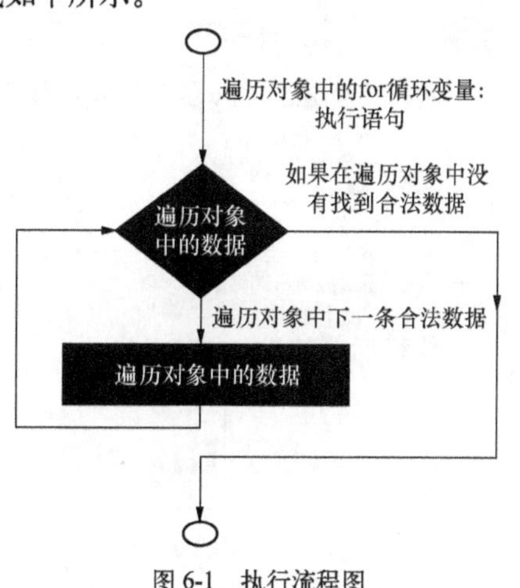

图 6-1 执行流程图

上述格式的含义是遍历 for 语句中的遍历对象，每经过一次循环，循环变量就会得到遍历对象中的一个值，可以在循环体中处理它。在一般情况下，当遍历对象中的值全部用完时，就会自动退出循环。

下面的实例演示了使用 for 循环语句的基本过程。

实例 6-1 使用基本的 for 循环语句

源码路径 daima\6\6-1

实例文件 for.py 的具体实现代码如下所示。

```
for letter in 'Python':    #第一个实例，定义一个字符
    print ('当前字母 :', letter)
#循环输出字符串“Python”中的各个字母
fruits = ['banana', 'apple', 'mango']
    #定义一个列表
for fruit in fruits:
    print ('当前单词 :', fruit)
#循环输出列表“fruits”中的3个值
print ("Good bye!")
```

执行效果如图 6-2 所示。

拓展范例及视频二维码

范例 057：遍历列表中的数据

源码路径：**范例**\057\

范例 058：遍历字典中的数据

源码路径：**范例**\058\

```
当前字母 : P
当前字母 : y
当前字母 : t
当前字母 : h
当前字母 : o
当前字母 : n
当前单词 : banana
当前单词 : apple
当前单词 : mango
Good bye!
```

图 6-2　执行效果

6.1.2　通过序列索引迭代

在 Python 语言中，还可以通过序列索引迭代的方式实现循环功能。在具体实现时，可以借助于内置函数 range()实现。因为在 Python 语言的 for 语句中，对象集合可以是列表、字典以及元组等，所以可以通过函数 range()产生一个整数列表，这样可以完成计数循环功能。

在 Python 语言中，函数 range()的语法格式如下所示。

```
range( [start,] stop[, step])
```

各个参数的具体含义如下所示。

- start：可选参数，起始数，默认值为 0。
- stop：终止数，如果 range 只有一个参数 x，那么 range 生产一个从 0 至 x-1 的整数列表。
- step：可选参数，表示步长，即每次循环序列增长值。

注意：产生的整数序列的最大值为 stop-1。

下面的实例通过序列索引迭代的方式循环输出了列表中的元素。

实例 6-2　循环输出列表中的元素

源码路径　daima\6\6-2

实例文件 diedai.py 的具体实现代码如下所示。

```
fruits = ['banana', 'apple', 'mango']
#定义一个数组
for index in range(len(fruits)):
#使用函数range()遍历数组
    print ('当前水果 :', fruits[index])
#输出遍历数组后的结果
print ("Good bye!")
```

执行后的效果如图 6-3 所示。

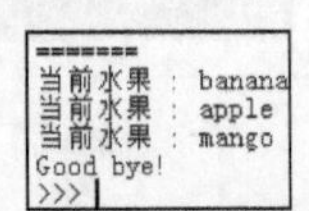

图 6-3　执行效果

拓展范例及视频二维码

范例 059：构建两个循环语句
源码路径：范例\059\

范例 060：获取两个整数之间的素数
源码路径：范例\060\

6.1.3　使用 for… else 循环语句

在 Python 程序中，for…else 表示的意思是：for 中的语句和普通的语句没有区别，else 中的语句会在循环正常执行完(即 for 不是通过 break 跳出而中断的)的情况下执行。使用 for…else 循环语句的语法格式如下所示。

```
for iterating_var in sequence:
    statements1
else:
    statements2
```

在上述格式中，各个参数的具体说明如下所示。

- iterating_var：表示循环变量。
- sequence：表示遍历对象，通常是元组、列表和字典等。
- statements1：表示 for 语句中的循环体，它的执行次数就是遍历对象中值的数量。
- statements2：else 语句中的 statements2，只有在循环正常退出（遍历完所有遍历对象中的值）时才执行。

下面的实例演示了使用 for... else 循环语句的执行过程。

实例 6-3　判断是否是质数

源码路径　daima\6\6-3

实例文件 else.py 的具体实现代码如下所示。

```
for num in range(10,20):
#循环迭代10 到 20 之间的数字
    for i in range(2,num): #根据因子迭代
        if num%i == 0:     #确定第一个因子
            j=num/i        #计算第二个因子
            print ('%d 等于 %d * %d' % (num,i,j))
            break          # 跳出当前循环
    else:
  # 如果上面的条件不成立，则执行循环中的else部分
        print (num, '是一个质数') #输出这是一个质数
```

拓展范例及视频二维码

范例 **061**：输出列表的长度

源码路径：**范例**\061\

范例 **062**：遍历一个字符串

源码路径：**范例**\062\

执行后的效果如图 6-4 所示。

```
10 等于 2 * 5
11 是一个质数
12 等于 2 * 6
13 是一个质数
14 等于 2 * 7
15 等于 3 * 5
16 等于 2 * 8
17 是一个质数
18 等于 2 * 9
19 是一个质数
>>>
```

图 6-4　执行效果

6.1.4　嵌套 for 循环语句

当在 Python 程序中使用 for 循环语句时，可以是嵌套的。也就是说，可以在一个 for 语句中使用另外一个 for 语句。例如在前面的实例 6-3 中使用了嵌套循环，即在 for 循环中又使用了一个 for 循环。使用 for 循环语句的形式如下所示。

```
for iterating_var in sequence:
    for iterating_var in sequence:
        statements
    statements
```

上述各参数的含义与前面非嵌套格式的参数一致。

下面实例使用嵌套 for 循环语句获取两个整数之间的所有素数。

实例 6-4　获取两个整数之间的所有素数

源码路径　daima\6\6-4

实例文件 qiantao.py 的具体实现代码如下所示。

```
#提示输入一个整数
x = (int(input("请输入一个整数值作为开始:")),int(input
("请输入一个整数值作为结尾: ")))
x1 = min(x)           #获取输入的第1个整数
x2 = max(x)           #获取输入的第2个整数
for n in range(x1,x2+1):
#使用外循环语句生成要判断素数的序列
      for i in range(2,n-1):
#使用内循环生成测试的因子
            if n % i == 0:
  #如果生成测试的因子能够整除，则不是素数
                 break
      else:           #上述条件不成立，则说明是素数
            print("你输入的",n,"是素数。")
```

拓展范例及视频二维码

范例 **063**：遍历一个元组

源码路径：**范例**\063\

范例 **064**：字典迭代器

源码路径：**范例**\064\

在上述代码中，首先使用输入函数获取用户指定的序列开始和结束，然后使用 for 语句构建了

两层嵌套的循环语句用来获取素数并输出结果。使用外循环语句生成要判断素数的序列，使用内层循环生成测试的因子。并且使用 else 子句的缩进来表示它属于内嵌的 for 循环语句，如果多缩进一个单位，则表示属于其中的 if 语句；如果少缩进一个单位，则表示属于外层的 for 循环语句。因此，Python 中的缩进是整个程序的重要构成部分。执行后将提示用户输入两个整数作为范围，例如分别输入“100”和“105”后的执行效果如图 6-5 所示。

```
========
请输入一个整数值作为开始：100
请输入一个整数值作为结尾：105
你输入的 101 是素数。
你输入的 103 是素数。
>>>
```

图 6-5　执行效果

注意：

C/C++/Java/C#程序员需要注意如下两点。

- Python 语言的 for 循环完全不同于 C/C++的 for 循环。C#程序员会注意到，在 Python 中 for 循环类似于 foreach 循环。Java 程序员会注意到，同样类似于在 Java 1.5 中的 to for (int i : IntArray)。
- 在 C/C++中，如果你想写 for (int i = 0; i<5; i++)，那么在 Python 中你只要写 for i in range(0,5)。正如你可以看到的，在 Python 中 for 循环更简单、更富有表现力且不易出错。

6.2　使用 while 循环语句

在 Python 程序中，除了 for 循环语句以外，while 语句也是十分重要的循环语句，其特点和 for 语句十分类似。接下来将详细讲解使用 while 循环语句的基本知识。

扫码看视频：使用 while 循环语句

6.2.1　基本的 while 循环语句

在 Python 程序中，while 语句用于循环执行某段程序，以处理需要重复处理的相同任务。在 Python 语言中，虽然绝大多数的循环结构都是用 for 循环语句来完成的，但是 while 循环语句也可以完成 for 语句的功能，只不过不如 for 循环语句简单明了。

在 Python 程序中，while 循环语句主要用于构建比较特别的循环。while 循环语句最大的特点，就是不知道循环多少次使用它，当不知道语句块或者语句需要重复多少次时，使用 while 语句是最好的选择。当 while 的表达式是真时，while 语句重复执行一条语句或者语句块。使用 while 语句的基本格式如下所示。

```
while condition
  statements
```

在上述格式中，当 condition 为真时将循环执行后面的执行语句，一直到条件为假时再退出循环。如果第一次条件表达式就是假，那么 while 循环将被忽略；如果条件表达式一直为真，那么 while 循环将一直执行。也就是说，while 循环中的执行语句部分会一直循环执行，直到当条件为假时才退出循环，并执行循环体后面的语句。while 循环语句最常用在计数循环中。while 循环语句的执行流程如图 6-6 所示。

condition
真
假
statements

图 6-6　while 循环语句的执行流程图

下面的实例代码演示了使用 while 循环语句的过程。

实例 6-5　循环输出整数 0 到 8

源码路径　daima\6\6-5

实例文件 while.py 的具体实现代码如下所示。

```
count = 0                    #设置count的初始值为0
while (count < 9):
#如果count小于9则执行下面的while循环
   print ('The count is:', count)
   count = count + 1     #每次 while循环count值递增1
print ("Good bye!")
```

执行后的效果如图 6-7 所示。

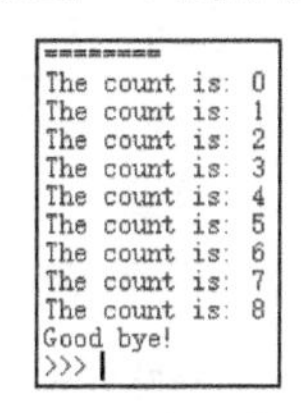

图 6-7 执行效果

拓展范例及视频二维码

范例 065：使用 while 循环遍历一个列表

源码路径：**范例**\065\

范例 066：显示三个循环

源码路径：**范例**\066\

6.2.2 使用 while…else 循环语句

和使用 for…else 循环语句一样，在 Python 程序中也可以使用 while…else 循环语句，具体语法格式如下所示。

```
while <条件>:
     <语句1>
else:
     <语句2>          #如果循环未被break终止，则执行
```

在上述语法格式中，与 for 循环不同的是，while 语句只有在测试条件为假时才会停止。在 while 语句的循环体中一定要包含改变测试条件的语句，以保证循环能够结束，以避免死循环的出现。while 语句包含与 if 语句相同的条件测试语句：如果条件为真，就执行循环体；如果条件为假，则终止循环。while 语句也有一个可选的 else 语句块，它的作用与 for 循环中的 else 语句块一样。如果 while 循环不是由 break 语句终止的，则会执行 else 语句块中的语句。而 continue 语句也可以用于 while 循环中，其作用是跳过 continue 后的语句，提前进入下一个循环。

下面的实例代码演示了使用 while…else 循环语句的过程。

实例 6-6 使用 while…else 循环语句

源码路径 daima\6\6-6

实例文件 else.py 的具体实现代码如下所示。

```
count = 0               #设置count的初始值为0
while count < 5:        #如果count值小于5则执行循环
   print (count, "小于5")
#如果count值小于5则输出小于5
   count = count + 1             #每次循环，count值加1
else:                            #如果count值大于等于5
   print (count, "大于等于5") #则输出大于等于5
```

执行后的效果如图 6-8 所示。

图 6-8 执行效果

拓展范例及视频二维码

范例 067：一个猜数游戏

源码路径：**范例**\067\

范例 068：袖珍版猜数游戏

源码路径：**范例**\068\

6.2.3 死循环问题

死循环也称为无限循环，是指这个循环将一直执行下去。在 Python 程序中，while 循环语句不像 for 循环语句那样可以遍历某一个对象的集合。在使用 while 语句构造循环语句时，最容易出现的问题就是测试条件永远为真，导致死循环。因此在使用 while 循环时应仔细检查 while

语句的测试条件，避免出现死循环。

下面的实例代码演示了使用 while 循环语句的死循环问题。

实例 6-7　while 循环语句的死循环问题

源码路径　daima\6\6-7

实例文件 wuxian.py 的具体实现代码如下所示。

```
var = 1      #设置var的初始值为1
#下面的代码当var为1时执行循环，实际上var的值确实为1
while var == 1 :
#所以该条件永远为true，循环将无限执行下去
   num = input("亲，请输入一个整数，谢谢！")**/*
#提示输入一个整数
   print ("亲，您输入的是：", num)  #显示一个整数
print ("再见，Good bye!")
```

拓展范例及视频二维码

范例 **069**：计算 100 以内的奇数的和

源码路径：**范例**\069\

范例 **070**：while 和 while True 的效率

源码路径：**范例**\070\

在上述代码中，因为循环条件变量 var 的值永远为 1，所以该条件永远为 true，造成循环无限执行下去，这就形成了死循环。所以执行后将一直提示用户输入一个整数，在用户输入一个整数后还继续无限次数地提示用户输入一个整数，如图 6-9 所示。

使用“Ctrl+C”组合键可以中断上述死循环，中断后的效果如图 6-10 所示。

```
亲，请输入一个整数，谢谢！10
亲，您输入的是： 10
亲，请输入一个整数，谢谢！20
亲，您输入的是： 20
亲，请输入一个整数，谢谢！30
亲，您输入的是： 30
亲，请输入一个整数，谢谢！11
亲，您输入的是： 11
亲，请输入一个整数，谢谢！110
亲，您输入的是： 110
亲，请输入一个整数，谢谢！
```

图 6-9　无限次数提示用户输入一个整数

```
<module>
    num = input("亲，请输入一个整数，谢谢！")
KeyboardInterrupt
>>>
```

图 6-10　中断死循环

6.2.4　使用 while 循环嵌套语句

和使用 for 循环嵌套语句一样，在 Python 程序中也可以使用 while 循环嵌套语句，具体语法格式如下所示。

```
while expression:
   while condition:
      statement(s)
   statement(s)
```

另外，还可以在循环体内嵌入其他的循环体，例如在 while 循环中可以嵌入 for 循环。反之，也可以在 for 循环中嵌入 while 循环。

下面的实例演示了使用 while 循环嵌套语句的过程。

实例 6-8　输出 100 之内的素数

源码路径　daima\6\6-8

实例文件 qiantao.py 的具体实现代码如下所示。

```
i = 2                         #设置i的初始值为2
while(i < 100):               #如果i的值小于100则进行循环
   j = 2                      #设置j的初始值为2
   while(j <= (i/j)):
#如果j的值小于等于“i/j”则进行循环
      if not(i%j): break
#如果能整除则用break停止运行
      j = j + 1               #将j的值加1
   if (j > i/j) : print (i, " 是素数")
#如果“j > i/j”则输出i的值
   i = i + 1                  #循环输出素数i的值
print ("谢谢使用，Good bye!")
```

拓展范例及视频二维码

范例 **071**：输出乘法表

源码路径：**范例**\071\

范例 **072**：输出 N 以内的所有的质数

源码路径：**范例**\072\

执行后的效果如图 6-11 所示。

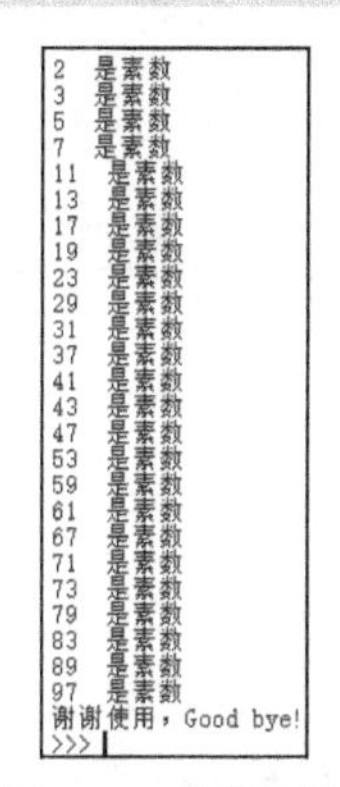

图 6-11　执行效果

6.3　使用循环控制语句

扫码看视频：使用循环控制语句

在很多开发语言中，循环控制语句也称为跳转语句，其功能可以更改循环语句执行的顺序。例如在使用循环语句时，有时候不需要再继续循环下去，此时就需要特定的语句来实现跳转功能。在 Python 程序中，通过跳转语句可以使程序跳转到指定的位置，所以跳转语句常用于项目内的条件转移控制。在 Python 语言中，循环控制语句有 3 种，分别是 break、continue 和 pass。

6.3.1　使用 break 语句

在 Python 程序中，break 语句的功能是终止循环语句，即使循环条件没有 False 条件或者序列还没完全递归完，也会停止执行循环语句。break 语句通常用在 while 循环语句和 for 循环语句中，具体语法格式如下所示。

```
break
```

在 Python 程序中，break 语句的执行流程如图 6-12 所示。

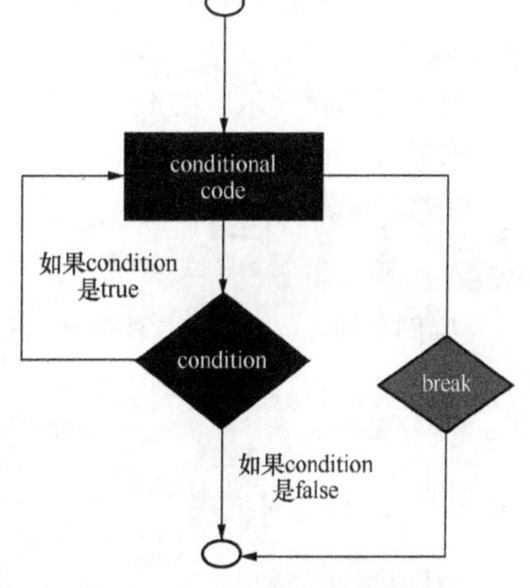

图 6-12　break 语句的执行流程

例如在本章前面的实例 6-3 和实例 6-4 中用到了 break 语句。下面的实例分别演示了在 for 循环语句和 while 循环语句中使用 break 语句的过程。

实例 6-9　在 for 循环和 while 循环中使用 break 语句

源码路径　daima\6\6-9

实例文件 br1.py 的具体实现代码如下所示。

```
for letter in 'Python':#第1个例子，设置字符串"Python"
    if letter == 'h':          #如果找到字母"h"
        break                  #则停止遍历
    print ('Current Letter :', letter)
#显示遍历的字母
var = 10              #第2个例子，设置var的初始值是10
while var > 0: #如果var大于0，则下一行代码输出当前var的值
   print ('Current variable value :', var)
   var = var -1       #然后逐一循环，使var的值减1
   if var == 5:
```

拓展范例及视频二维码

范例 **073**：使用 break 和 continue

源码路径：**范例**\073\

范例 **074**：跳出循环

源码路径：**范例**\074\

```
#如果var的值递减到5，则使用break停止循环
        break
print ("执行完毕，Good bye!")
```

执行后的效果如图 6-13 所示。

```
========
Current Letter : P
Current Letter : y
Current Letter : t
Current variable value : 10
Current variable value : 9
Current variable value : 8
Current variable value : 7
Current variable value : 6
执行完毕，Good bye!
>>> |
```

图 6-13　执行效果

注意：如果在 Python 程序中使用了嵌套循环，break 语句将停止执行最深层的循环，并开始执行下一行代码，例如本章前面的实例 6-8。

6.3.2　使用 continue 语句

在 Python 程序中，continue 语句的功能是跳出本次循环。这和 break 语句是有区别的，break 语句的功能是跳出整个循环。通过使用 continue 语句，可以告诉 Python 跳过当前循环的剩余语句，然后继续进行下一轮循环。

在 Python 程序中，continue 语句通常用在 while 和 for 循环中。使用 continue 语句的语法格式如下所示。

```
continue
```

在 Python 程序中，continue 语句的执行流程如图 6-14 所示。

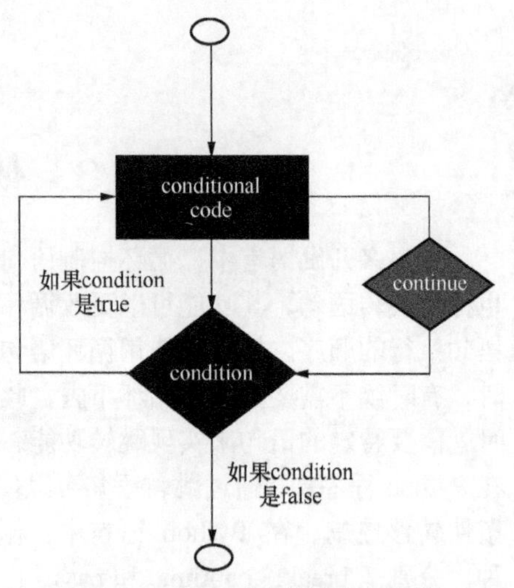

图 6-14　continue 语句的执行流程

下面的实例演示了在 for 循环语句和 while 循环语句中使用 continue 语句的过程。

实例 6-10　在 for 循环和 while 循环中使用 continue 语句

源码路径　daima\6\6-10

实例文件 con1.py 的具体实现代码如下所示。

```
for letter in 'Python':
#第1个例子，设置字符串“Python”
    if letter == 'h':       #如果找到字母“h”
         continue
  #使用continue跳出当前循环，然后进行后面的循环
    print ('当前字母 :', letter) #循环显示字母
var = 10           #第2个例子，设置var的初始值是10
while var > 0:              #如果var的值大于0
   var = var -1             #逐一循环，使var的值减1
   if var == 5:             #如果var的值递减到5
        continue
   #则使用continue跳出当前循环，然后进入后面的循环
   print ('当前变量值 :', var) #循环显示数字
print ("执行完毕，游戏结束，Good bye!")
```

拓展范例及视频二维码

范例 **075**：设置非偶数时跳出
源码路径：**范例**\075\

范例 **076**：一个猜数游戏
源码路径：**范例**\076\

执行后的效果如图 6-15 所示。

图 6-15　执行效果

6.3.3 使用 pass 语句

在 Python 程序中，pass 是一个空语句，是为了保持程序结构的完整性而推出的语句。在代码程序中，pass 语句不做任何事情，一般只用作占位语句。在 Python 程序中，使用 pass 语句的语法格式如下所示。

```
pass
```

如果读者学过 C/C++/Java 语言，就会知道 Python 中的 pass 语句就是 C/C++/Java 中的空语句。在 C/C++/Java 语言中，空语句用一个独立的分号来表示，以 if 语句为例，下面是在 C/C++/Java 中的空语句演示代码。

```
if(true)
;//这是一个空语句，什么也不做
else
{
//这里的代码不是空语句，可以做一些事情
}
```

而在 python 程序中，和上述功能对应的代码如下所示。

```
if true:
pass #这是一个空语句，什么也不做
else:
#这里的代码不是空语句，可以做一些事情
```

下面的实例代码演示了在程序中使用 pass 语句的过程，实例的功能是输出指定英文单词中的每个英文字母。

实例 6-11　输出指定英文单词中的每个英文字母

源码路径　daima\6\6-11

实例文件 kong.py 的具体实现代码如下所示。

```
for letter in 'Python':
#从字符串“Python”中遍历每一个字母
     if letter == 'h':
  #如果遍历到字母“h”，则使用pass输出一个空语句
          pass
          print ('这是pass语句，是一个空语句，什么都
          不执行！')
     print ('当前字母 :', letter)
     #输出 Python 的每个字母
print ("程序运行完毕，Good bye!")
```

拓展范例及视频二维码

范例 **077**：定义一个空函数
源码路径：**范例**\077\

范例 **078**：none 和 pass 的区别
源码路径：**范例**\078\

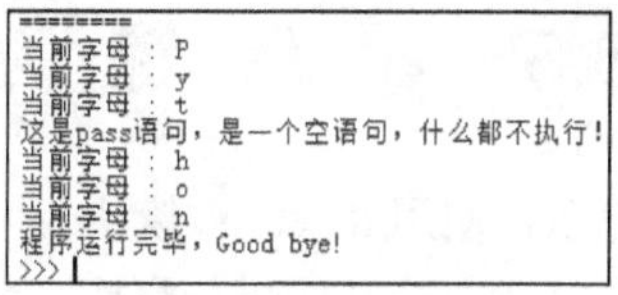

执行后的效果如图 6-16 所示。

```
========
当前字母 : P
当前字母 : y
当前字母 : t
这是pass语句，是一个空语句，什么都不执行！
当前字母 : h
当前字母 : o
当前字母 : n
程序运行完毕，Good bye!
>>>
```

图 6-16　执行效果

6.4 技术解惑

6.4.1 总结 for 循环语句

Python 语言提供了一个十分重要的循环机制——for 语句。它可以遍历序列成员，可以用在列表解析和生成器表达式中，还会自动地调用迭代器的 next()方法，捕获 StopIteration 异常并结束循环（所有这一切都是在内部发生的）。

（1）一般语法。

在 Python 程序中，for 循环会访问一个可迭代对象（例如序列或者迭代器）中的所有元素，

并在所有条目都处理过后结束循环。它的语法如下。

```
for iter_var in iterable:
    suite_to_repeat
```

每次循环时，把 iter_var 迭代变量设置为可迭代对象（序列、迭代器或者其他支持迭代的对象）的当前元素，提供给 suite_to_repeat 语句块使用。

（2）用于序列类型。

for 循环可以迭代不同的序列对象，如字符串、列表、元组，迭代序列有如下 3 种基本方法。在本书后面的章节中，将有大量使用 for 循环迭代列表和元组的演示实例。

- 通过序列项迭代。
- 通过序列索引迭代。
- 使用项和索引迭代。

6.4.2　总结 break 和 continue 语句

Python 语言中的 break 语句可以结束当前循环，然后跳转到下一条语句，这类似于 C 语言中的 break。它常用在当某个外部条件被触发（一般通过 if 语句检查）并且需要立即从循环中退出时。break 语句可以用在 while 和 for 循环中。

Python 语言中的 continue 语句和其他高级语言中的传统 continue 并没有什么不同，它可以用在 while 和 for 循环里。while 循环是条件性的，而 for 循环是迭代的，所以 continue 在开始下一次循环前要满足一些先决条件，否则循环会正常结束。

当在程序中遇到 continue 语句时，程序会终止当前循环，并忽略剩余的语句，然后回到循环的顶端。在开始下一次迭代前，如果是条件循环，我们将验证条件表达式。如果是迭代循环，将验证是否还有元素可以迭代。只有在验证成功的情况下，才会开始下一次迭代。

6.4.3　使用 while 循环的注意事项

在 Python 程序中使用 while 语句时需要注意如下 4 点。

- 组成循环体的各语句的缩进形式。
- 循环体中要有使循环趋向于结束（即使表达式的值为假）的代码，否则会造成无限循环。
- 循环体既可以由单语句组成，也可以由多条语句组成，但是不能没有任何语句。
- Python 区分大小写，所以关键字 while 必须小写。

6.5　课后练习

（1）输出指定格式的日期，提示：使用 datetime 模块。

（2）输入一行字符，分别统计出其中英文字母、空格、数字和其他字符的个数。

（3）求 s=a+aa+aaa+aaaa+aa......a 的值，其中 a 是一个数字。例如 2+22+222+2222+22222（此时共有 5 个数相加），相加的数字个数将由用户通过键盘输入来指定。

（4）一个数如果恰好等于它的因子之和，这个数就称为“完数”。例如 6=1＋2＋3。编程找出 1000 以内的所有完数。

第7章

使用列表

（视频讲解：105min）

本书前面曾经讲过Python语言中简单数据类型的基本知识。除了字符串和数字这两个简单的数据类型外，在Python程序中还有一种十分重要的数据类型，这就是本章将要讲解的列表（List）类型。本章将详细讲解Python语言中列表数据类型的基本知识，为读者步入本书后面知识的学习打下基础。

7.1　列表类型基础

扫码看视频：列表类型基础

在 Python 程序中，列表也称为序列，是 Python 语言中最基本的一种数据结构，和其他编程语言（C/C++/Java）中的数组类似。序列中的每个元素都分配一个数字，这个数字表示这个元素的位置或索引，第一个索引是 0，第二个索引是 1，以此类推。列表由一系列按特定顺序排列的元素组成，开发者可以创建包含字母、数字（0～9）的列表，也可以将任何东西加入列表中，其中的元素之间可以没有任何关系。因为列表通常包含多个元素，所以通常给列表指定一个表示复数的名称，例如，命名为 letters、digits 或 names。

在 Python 程序中，用中括号“[]”来表示列表，并用逗号来分隔其中的元素。例如，下面的代码创建了一个简单的列表。

```
car = ['audi', 'bmw', 'benchi', 'lingzhi']        #创建一个名为car的列表
print(car)                                        #输出列表car中的信息
```

在上述代码中，创建一个名为“car”的列表，在列表中存储了 4 个元素，执行后会将列表输出，执行效果如图 7-1 所示。

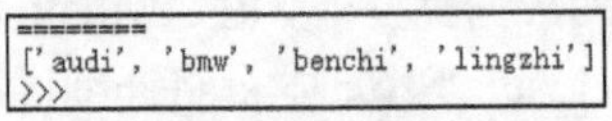

```
========
['audi', 'bmw', 'benchi', 'lingzhi']
>>>
```

图 7-1　执行效果

在 Python 程序中，列表中的元素不需要具有相同的类型。例如，下面代码中的 3 个列表都是合法的。

```
list1 = ['Google', 'Runoob', 1997, 2000];
list2 = [1, 2, 3, 4, 5 ];
list3 = ["a", "b", "c", "d"];
```

7.1.1　创建数字列表

在 Python 程序中，可以使用方法 range()创建数字列表。例如，在下面的实例代码中，使用方法 range()创建了一个包含 3 个数字的列表。

实例 7-1　创建一个包含 3 个数字的列表

源码路径　daima\7\7-1

实例文件 numbers.py 的具体实现代码如下所示。

```
numbers = list(range(1,4))  #使用方法range()创建列表
print(numbers)
```

在上述代码中，一定要注意方法 range()的结尾参数是 4，才能创建 3 个列表元素。执行效果如图 7-2 所示。

图 7-2 执行效果

拓展范例及视频二维码

范例 **079**：显示列表中的元素

源码路径：**范例**\079\

范例 **080**：显示列表中的指定元素

源码路径：**范例**\080\

再看下面的演示代码，功能是使用方法 range()创建了一个从 2 到 10 的偶数列表。

```
even_numbers = list(range(2,11,2))   #后面的数字“2”能够设置偶数
print(even_numbers)
```

执行上述代码后会输出以下结果。

```
[2, 4, 6, 8, 10]
```

再看下面的演示代码，注意观察 for 循环和“i += 2”代码的作用。

```
for i in range(5):          #默认从0开始，每次加1，循环5次
       print (i)            #输出i的值，第一次是0
       i += 2               #将i的值加2
       print (i)            #输出i加2后的值
       print ('一轮结束')
```

执行上述代码后会输出以下结果。

```
========
0
2
一轮结束
1
3
一轮结束
2
4
一轮结束
3
5
一轮结束
4
6
一轮结束
>>>
```

而不是下面的输出结果，读者一定要注意。

```
========
0
2
一轮结束
2
4
一轮结束
4
6
一轮结束
>>>
```

7.1.2 访问列表中的值

在 Python 程序中，因为列表是一个有序集合，所以要访问列表中的任何元素，只需将该元素的位置或索引告诉 Python 即可。要访问列表元素，可以指出列表的名称，再指出元素的索引，并将其放在方括号内。例如，下面的代码可以从列表 car 中提取第一款汽车。

```
car = ['audi', 'bmw', 'benchi', 'lingzhi']
print(car[0])
```

上述代码演示了访问列表元素的语法。当发出获取列表中某个元素的请求时，Python 只会返回该元素，而不包括方括号和引号，上述代码执行后只会输出以下结果。

```
audi
```

另外，开发者还可以通过方法 title()获取任何列表元素。例如，获取元素“audi”的代码如下所示。

```
car = ['audi', 'bmw', 'benchi', 'lingzhi']
print(car[0].title())
```

执行上述代码后的输出结果与前面的代码相同，只是首字母 a 变为大写的，执行上述代码后只会输出以下结果。

```
Audi
```

在 Python 程序中，字符串还可以通过序号（序号从 0 开始）来取出其中的某个字符。例如，'abcde.[1]'取得的值是'b'。

实例 7-2　访问并显示列表中元素的值

源码路径　daima\7\7-2

实例文件 fang.py 的具体实现代码如下所示。

```
list1 = ['Google', 'baidu', 1997, 2000];            #定义第1个列表“list1”
list2 = [1, 2, 3, 4, 5, 6, 7 ];                     #定义第2个列表“list2”
print ("list1[0]: ", list1[0])                      #输出列表“list1”中的第1个元素
print ("list2[1:5]: ", list2[1:5])                  #输出列表“list2”中的第2～5个元素
```

在上述代码中，分别定义了两个列表 list1 和 list2，执行效果如图 7-3 所示。

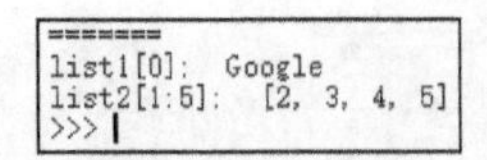
=======
list1[0]: Google
list2[1:5]: [2, 3, 4, 5]
>>> |

图 7-3　执行效果

拓展范例及视频二维码

范例 **081**：整洁地输出列表中的元素
源码路径：**范例**\081\

范例 **082**：列表中的索引从 0 开始
源码路径：**范例**\082\

再看下面的代码，它演示了显示列表中第 2 个和第 4 个元素的方法。

```
car = ['audi', 'bmw', 'benchi', 'lingzhi']      #定义一个拥有4个元素的列表
print(car[1])                                    #输出列表中的第2个元素
print(car[3])                                    #输出列表中的第4个元素
```

执行效果如图 7-4 所示。

```
========
bmw
lingzhi
>>>
```

图 7-4　执行效果

再看下面的实例代码，功能是访问索引值为 1 和索引值为 3 的元素。

```
car = ['audi', 'bmw', 'benchi', 'lingzhi']
print(car[1])            #访问列表中索引值为1的元素
print(car[3])            #访问列表中索引值为3的元素
```

执行上述代码后会返回列表中的第 2 个和第 4 个元素。

```
bmw
lingzhi
```

在 Python 程序中，为访问最后一个列表元素提供了一种特殊语法。通过将索引指定为“−1”，可以让 Python 返回最后一个列表元素，例如下面的代码。

```
car = ['audi', 'bmw', 'benchi', 'lingzhi']
print(car[-1])
```

执行上述代码后会返回“lingzhi”。上述用法十分有用，因为开发者经常需要在不知道列表长度的情况下访问最后的元素。这种约定也适用于其他负数索引，例如，索引“−2”会返回倒数第 2 个列表元素，索引“−3”会返回倒数第 3 个列表元素，以此类推。

7.1.3　使用列表中的值

在 Python 程序中，可以像使用其他变量一样使用列表中的各个值。例如，可以根据列表中的值使用拼接来创建消息。例如，下面的实例演示了使用列表中的值创建信息的方法。

实例 7-3　**使用列表中的值创建信息**

源码路径　daima\7\7-3

实例文件 use.py 的具体实现代码如下所示。

```
car = ['奥迪', '宝马', '奔驰', '雷克萨斯']
#下面使用car[0].title()显示列表car中的第一个元素值
#“奥迪”
message = "我人生中的第一辆汽车是:" + car[0].title() +
       "."
print(message)
```

在上述代码中，使用列表 car[0]的值生成了一个句子，并将其存储在变量 message 中。然后输出了一个简单的句子，其中包含列表中的第一个元素。执行后的效果如图 7-5 所示。

拓展范例及视频二维码

范例 **083**：使用列表中的各个元素
源码路径：**范例**\083\

范例 **084**：显示多类型列表元素
源码路径：**范例**\084\

注意：使用 for 循环遍历列表中的值。

在本书前面讲解 for 循环语句时，曾经讲解过使用 for 循环获取列表中数据信息的知识。例如，下面的代码演示了使用 for 循环遍历列表的过程。

```
magicians = ['宝马', '奔驰', '奥迪']
for magician in magicians:
      print(magician.title() + ", 是好车，值得您拥有！")
      print("我想看看下面还有什么好车！, " + magician.title() + ".\n")
```

```
print("都是好车啊，随便给我一辆就行！")
```

在上述代码中，在列表“magicians”中设置了 3 个元素。然后使用 for 循环从列表中获取各个元素的值，将获取的元素值保存到变量 magician 中。最后通过字符串方法 title()循环显示变量 magician 的值。当循环到元素“奥迪”时，列表中已经没有其他值了，所以将停止循环。执行后的效果如图 7-6 所示。

```
========
我人生中的第一辆汽车是:奥迪.
>>>
```

图 7-5　执行效果

```
宝马，是好车，值得您拥有!
除了宝马还有好车吗？..

奔驰，是好车，值得您拥有!
除了奔驰还有好车吗？..

奥迪，是好车，值得您拥有!
除了奥迪还有好车吗？..

好了，不问了，随便给我一辆就行!
```

图 7-6　执行效果

在 Python 程序中，当使用 for 循环遍历列表时，会顺序遍历列表中的每一个元素，而不管列表中有多少个元素。即使列表中有上万或上百万个元素，Python 会循环执行上万或上百万次。

7.2　列表的基本操作

在 Python 程序中，经常需要对列表进行操作，这也可以实现项目的指定功能。在程序中创建的大多数列表都是动态的，这表示创建列表后，将随着程序的运行而发生变化，如列表元素的增加和减少。本节将详细讲解对列表进行基本操作的知识，为读者学习本书后面的知识打下基础。

扫码看视频：列表的基本操作

7.2.1　更新列表元素

更新列表元素是指修改列表元素中的值，修改列表元素的语法与访问列表元素的语法类似。在修改列表元素时，需要指定列表名和将要修改的元素的索引，再指定该元素的新值。下面的实例演示了修改列表中元素的值的方法。

实例 7-4　修改列表中某元素的值

源码路径　daima\7\7-4

实例文件 xiu.py 的具体实现代码如下所示。

```
car = ['奥迪', '宝马', '奔驰', '雷克萨斯']
#定义一个列表
print(car)          #显示列表中的元素
car[0] = '沃尔沃'   #将列表中的第一个元素修改为“沃尔沃”
print(car)
```

在上述代码中，列表 car[0]的原始值是“奥迪”，经过修改后变为了“沃尔沃”。执行后的效果如图 7-7 所示。

```
========
['奥迪', '宝马', '奔驰', '雷克萨斯']
['沃尔沃', '宝马', '奔驰', '雷克萨斯']
>>>
```

图 7-7　执行效果

拓展范例及视频二维码

范例 085：修改列表中的某个元素

源码路径：**范例**\085\

范例 086：修改列表中的第三个元素

源码路径：**范例**\086\

通过上述执行效果可以看出，只有第一个元素的值发生改变，其他列表元素的值没有发生变化。当然，可以修改任何列表元素的值，而不仅仅是第一个元素的值。

7.2.2　插入新的元素

插入新的元素是指在指定列表中添加新的列表元素。在 Python 程序中，可以通过如下两种方式向列表中插入新的元素。

1. 在列表中插入元素

在 Python 程序中，使用方法 insert()可以在列表的任何位置添加新元素，在插入时需要指定新元素的索引和值。使用方法 insert()的语法格式如下所示。

```
list.insert(index, obj)
```

上述两个参数的具体说明如下所示。

- obj：将要插入列表中的元素。
- index：元素 obj 需要插入的索引位置。

方法 insert()没有返回值，但会在列表的指定位置插入新的元素。

例如在下面的实例中，演示了使用方法 insert()在列表中添加新元素的方法。

实例 7-5 在列表中添加新元素

源码路径 daima\7\7-5

实例文件 cha1.py 的具体实现代码如下所示。

```
car = ['奥迪', '宝马', '奔驰', '雷克萨斯']
#创建列表car
print(car)              #显示列表car中的元素
car.insert(0, '凯迪拉克')
#在列表位置0添加新元素“凯迪拉克”
print(car)              #输出添加元素后列表car中的元素
```

在上述代码中，列表 car 的原始值包含了 4 个元素，然后使用方法 insert()在列表中添加了新元素“凯迪拉克”，所以列表 car 最终包含了 5 个元素。执行后的效果如图 7-8 所示。

拓展范例及视频二维码

范例 087：在列表末尾添加新的元素
源码路径：**范例**\087\

范例 088：在空列表中添加新的元素
源码路径：**范例**\088\

```
['奥迪', '宝马', '奔驰', '雷克萨斯']
['凯迪拉克', '奥迪', '宝马', '奔驰', '雷克萨斯']
>>> |
```

图 7-8 执行效果

在上述代码中，把新元素值“凯迪拉克”插入了列表开头，这是通过方法 insert()在索引 0 处添加空间，并将值“凯迪拉克”存储到索引为 0 的位置实现的。这种操作将列表中既有的每个元素都右移一个位置。同样道理，可以将新元素值“凯迪拉克”插入其他指定的位置，例如索引为 1、2 或 3 的位置。

2. 在列表末尾插入元素

当在列表中添加新元素时，最简单的方式是将元素附加到列表末尾。在 Python 程序中，使用方法 append()可以在列表末尾添加新的元素。使用方法 append()的语法格式如下所示。

```
list.append(obj)
```

在上述格式中，参数“obj”表示添加到列表末尾的元素。虽然方法 append()没有返回值，但是会修改原来列表中的元素值。下面的实例演示了使用方法 append()在列表末尾添加新元素的方法。

实例 7-6 在列表末尾添加新元素

源码路径 daima\7\7-6

实例文件 cha2.py 的具体实现代码如下所示。

```
car = ['奥迪', '宝马', '奔驰', '雷克萨斯'] #创建列
表car
print(car)  #显示列表car中的元素
car.append('凯迪拉克')
#在列表末尾添加了新元素“凯迪拉克”
print(car)  #再次显示列表car中的元素
```

在上述代码中，列表 car 的原始值包含了 4 个元素，然后使用方法 append()在列表末尾添加了新元素“凯迪拉克”，所以列表 car 最终包含了 5 个元素。执行后的效

拓展范例及视频二维码

范例 089：在列表中间添加新的元素
源码路径：**范例**\089\

范例 090：使用加号在列表中添加新元素
源码路径：**范例**\090\

果如图 7-9 所示。

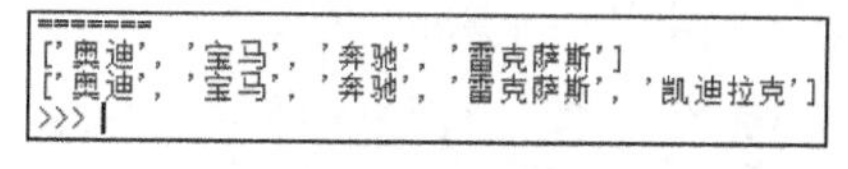

图 7-9 执行效果

通过上述执行效果可知，方法 append()将元素“凯迪拉克”添加到了列表末尾，并没有影响列表中的其他元素。

注意：创建动态列表。

在 Python 程序中，通过方法 append()可以方便地动态创建列表，例如可以先创建一个空列表，然后再使用一系列的 append()语句添加新的元素。例如在下面的代码中创建了一个空列表，然后再在其中添加新元素'AA'、'BB'和'CC'。

```
car = []
car.append('AA')
car.append('BB')
car.append('CC')
print(car)
```

上述代码执行后输出以下结果。

```
['AA', 'BB', 'CC']
```

上述创建列表的方式十分常见，因为经常要等程序运行后才知道用户要在程序中存储哪些数据。为此，可以首先创建一个空列表，用于存储用户将要输入的值，然后将用户提供的每个新值附加到列表中。

7.2.3 在列表中删除元素

在列表中删除元素是指在列表中删除某个或多个已经存在的元素。在 Python 程序中，可以通过如下 3 种方式在列表中实现删除元素功能。

1. 使用 del 语句删除元素

在 Python 程序中，如果知道要删除的元素在列表中的具体位置，可使用 del 语句实现删除功能。下面的实例演示了使用 del 语句删除列表中某个元素的方法。

实例 7-7 使用 del 语句删除列表中某个元素

源码路径 daima\7\7-7

实例文件 del1.py 的具体实现代码如下所示。

```
car = ['奥迪', '宝马', '奔驰', '雷克萨斯']#创建列表car
print(car)       #显示列表car中的元素
del car[0]       #删除列表中索引值为0的元素
print(car)       #再次显示列表car中的元素
```

在上述代码中，使用 del 语句删除了列表中索引值为 0 的元素，也就是删除了元素“奥迪”。执行后的效果如图 7-10 所示。

在 Python 程序中，使用 del 可以删除任何位置处的列表元素，前提条件是知道这个元素的索引值。当使用 del 语句将这个元素从列表中删除后，以后就无法再访问它了。

拓展范例及视频二维码

范例 091：删除列表中的第三个元素
源码路径：**范例**\091\

范例 092：删除列表中的第一个元素
源码路径：**范例**\092\

```
['奥迪', '宝马', '奔驰', '雷克萨斯']
['宝马', '奔驰', '雷克萨斯']
>>>
```

图 7-10 执行效果

2. 使用方法 pop()删除元素

在 Python 程序中，当将某个元素从列表中删除后，有时需要接着使用这个元素的值。例如在 Web 应用程序中，将某个用户从活跃成员列表中删除后，接着可能需要将这个用户加入到非活跃成员列表中。

在 Python 程序中，通过方法 pop()可删除列表末尾的元素，并且能够接着使用它。使用方法 pop()的语法格式如下所示。

```
list.pop(obj=list[-1])
```

参数“obj”是一个可选参数，表示要移除列表元素。下面的实例演示了使用方法 pop()删除列表中某个元素的方法。

实例 7-8 使用方法 pop()删除列表中某个元素

源码路径 daima\7\7-8

实例文件 del2.py 的具体实现代码如下所示。

```
car = ['奥迪', '宝马', '奔驰', '雷克萨斯'] #创建列表car
print(car)              #输出显示列表car中的元素
car.pop(1)              #删除列表中索引值为1的元素
print(car)              #再次显示列表car中的元素
```

在上述代码中，使用方法 pop()删除了列表中索引值为 1 的元素，也就是删除了元素“宝马”。执行后的效果如图 7-11 所示。

```
=======
['奥迪', '宝马', '奔驰', '雷克萨斯']
['奥迪', '奔驰', '雷克萨斯']
>>> |
```

图 7-11 执行效果

3. 显示被删除的指定元素

经过前面的内容可知，在 Python 程序中，使用方法 pop()可以删除列表中任何位置的元素，这只须在括号中指定要删除的元素的索引即可实现。例如以下实例的功能是显示删除的某个元素。

实例 7-9 显示删除的某个元素

源码路径 daima\7\7-9

使用方法 pop()可以删除列表中任何位置的元素，这只须在括号中指定要删除的元素的索引即可实现。也可以实现显示删除的某个元素。

实例文件 del3.py 的具体实现代码如下所示。

```
    car = ['奔驰', '宝马', '奥迪']        #创建列表car
    first_owned = car.pop(0) #删除列表中索引值为0的元素
    #显示删除的索引值为0的元素
    print('我人生中的第一辆汽车是: ' + first_owned.
title() + '!')
    print(car)                  #再次显示列表car中的元素
```

注意：如果读者不确定该使用 del 语句还是 pop()方法，可以遵循一个简单的判断标准。如果要从列表中删除一个元素，且不再以任何方式使用它，就使用 del 语句；如果在删除元素后还能继续使用它，就使用方法 pop()。

拓展范例及视频二维码

范例 093：删除列表中的第 2 个元素

源码路径：**范例**\093\

范例 094：使用 pop()删除某个元素

源码路径：**范例**\094\

4. 根据元素值删除元素

在 Python 程序中，有时并不知道要从列表中删除的值所处的位置。如果只知道要删除的元素的值，可使用方法 remove()实现。使用方法 remove()的语法格式如下所示。

```
list.remove(obj)
```

在上述格式中，参数“obj”表示将要在列表中移除的元素。方法 remove()没有返回值，但会移除某个值在列表中的第一个匹配项。以下实例的功能是删除列表中值为“宝马”的元素。

实例 7-10 删除列表中值为“宝马”的元素

源码路径 daima\7\7-10

实例文件 del4.py 的具体实现代码如下所示。

```
car = ['奔驰', '宝马', '奥迪'] #创建列表car
print(car)              #显示列表car中的元素
car.remove('宝马')      #删除列表中值为“宝马”的元素
print(car)              #再次显示列表car中的元素
```

在上述代码中，删除了列表中值为“宝马”的元素。通过上述代码，可以让 Python 确定值为“宝马”的元素在列表的位置，并将该元素删除。执行后的效果如图 7-12 所示。

拓展范例及视频二维码

范例 095：使用方法 pop()显示一条消息

源码路径：**范例**\095\

范例 096：弹出列表中任何位置的元素

源码路径：**范例**\096\

当使用方法 remove()从列表中删除某个元素后，可以接着使用这个元素的值。例如在下面的代码中删除值为“AA”的元素，然后显示一条消息，显示要将其从列表中删除的原因。

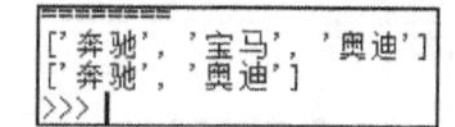

图 7-12 执行效果

```
car = ['AA', 'BB', 'CC', 'DD']       #创建列表car
print(car)                           #显示列表car中的元素
too_expensive = 'AA'                 #将值“AA”存储在变量too_expensive中
car.remove(too_expensive)            #告诉Python将哪个值从列表中删除
print(car)                           #再次显示列表car中的元素
print("\nA " + too_expensive.title() + " is too expensive for me.")
```

在上述代码中，首先在第 1 行处定义了列表，在第 3 行将值“AA”存储在变量 too_expensive 中。接下来，在第 4 行中使用这个变量来告诉 Python 将哪个值从列表中删除。最后，值“AA”已经从列表中删除，但它还存储在变量 too_expensive 中（见第 6 行），让我们能够输出一条消息，指出将值“AA”从列表 car 中删除的原因，执行后将会输出以下内容。

```
['AA', 'BB', 'CC', 'DD']
['BB', 'CC', 'DD']

A Aa is too expensive for me.
```

注意：方法 remove()只会删除第一个指定的值。如果要删除的值可能在列表中出现多次，就需要使用循环来判断是否删除了所有这样的值。

7.3 列表排列处理

在创建一个列表时，里面元素的排列顺序常常是无法预测的，因为开发者不可能控制用户提供数据的顺序。但是在 Python 程序中，我们经常需要以特定的顺序显示列表中的信息。例如有时需要保留列表元素最初的排列顺序，有时候又需要调整排列顺序。在 Python 语言中提供了很多对列表进行排列的方法，通过这些方法可以对列表中的元素进行排列组织。

扫码看视频：列表排列处理

7.3.1 使用方法 sort()对列表进行永久性排序

在 Python 程序中，使用方法 sort()可以轻松地对列表中的元素进行排序。方法 sort()用于对原列表中的元素进行排序，使用此方法的语法格式如下所示。

```
list.sort([func])
```

在上述格式中，参数“func”是一个可选参数，如果指定了该参数则使用该参数的方法进行排序。虽然方法 sort()没有返回值，但是会对列表中的元素进行排序。假设新建了一个列表，要想让列表中的元素按字母顺序排列，可以通过下面的实例代码实现。

实例 7-11 按字母顺序排列列表中的元素
源码路径 daima\7\7-11

实例文件 pai1.py 的具体实现代码如下所示。

```
#创建列表car
car = ['benchi', 'baoma', 'aodi', 'leikesasi']
car.sort() #使用方法sort()修改了列表元素的排列顺序
print(car) #再次显示列表car中的元素
```

在上述代码中，在第 2 行使用方法 sort()永久性地修改了列表元素的排列顺序。现在，列表 car 中的元素是按字母顺序排列的，再也无法恢复到原来的排列顺序。执行后的效果如图 7-13 所示。

拓展范例及视频二维码

范例 097：根据值删除列表中的一个元素
源码路径：**范例**\097\

范例 098：对列表进行永久性排序
源码路径：**范例**\098\

```
========
['aodi', 'baoma', 'benchi', 'leikesasi']
>>> |
```

图 7-13　执行效果

当然，还可以按与字母顺序相反的顺序排列列表元素，此时只须向 sort()方法传递参数 reverse=True 即可。在下面的实例代码中，将列表 car 中的元素按照与字母顺序相反的顺序进行排列。

```
car = ['benchi', 'baoma', 'aodi', 'leikesasi']
car.sort(reverse=True)      #将列表car中的元素按照与字母顺序相反的顺序进行排列
print(car)
```

同样道理，经过上述处理后，对列表元素排列顺序的修改也是永久性的，执行后将会输出以下内容。

```
['leikesasi', 'benchi', 'baoma', 'aodi']
```

7.3.2　使用方法 sorted()对列表进行临时排序

在 Python 程序中，要想既保留列表元素原来的排列顺序，同时又想以特定的顺序显示它们，此时可以使用方法 sorted()实现。方法 sorted()的功能是按照特定顺序显示列表中的元素，同时不影响它们在列表中的原始排列顺序。下面的实例演示了使用方法 sorted()排列列表中元素的方法。

实例 7-12　使用方法 sorted()排列列表中元素

源码路径　daima\7\7-12

实例文件 pai2.py 的具体实现代码如下所示。

```
cars = ['benchi', 'baoma', 'aodi', 'leikesasi']
#创建列表cars
print("列表中原来的排列顺序是：")
print(cars)                #显示列表默认的排列顺序
print("\n经过排列处理后的顺序：")
print(sorted(cars))        #使用方法sorted()排列列表中元素
print("\n再次显示列表中原来的排列顺序是：")
print(cars)                #再次显示列表cars中的元素
```

拓展范例及视频二维码

范例 **099**：按与字母顺序相反的顺序排列
源码路径：**范例**\099\

范例 **100**：对列表进行临时排序
源码路径：**范例**\100\

在上述代码中，首先按原始顺序输出列表中的元素，然后再按照字母的顺序显示列表中的元素。以特定顺序显示列表后，最后再进行一次核实，确认列表元素的排列顺序与以前相同。执行后的效果如图 7-14 所示。

同样道理，在调用方法 sorted()后，列表元素的排列顺序并没有变（见上述实例的第 7 行代码）。如果要按照与字母顺序相反的顺序显示列表，也可以通过向方法 sorted()传递参数 reverse=True 的方式实现。

```
========
列表中原来的排列顺序是：
['benchi', 'baoma', 'aodi', 'leikesasi']

经过排列处理后的顺序：
['aodi', 'baoma', 'benchi', 'leikesasi']

再次显示列表中原来的排列顺序是：
['benchi', 'baoma', 'aodi', 'leikesasi']
>>>
```

图 7-14　执行效果

7.3.3　倒序输出列表中的信息

在 Python 程序中，有时需要倒序输出列表中的信息，此时可以通过方法 reverse()实现。使用方法 reverse()的语法格式如下所示。

```
list.reverse()
```

方法 reverse()没有参数，也没有返回值。假设列表 cars 是按照购买时间进行排列的，通过如下实例代码可以按照相反的顺序排列列表 cars 中的元素。

实例 7-13　反序排列列表中元素

源码路径　daima\7\7-13

实例文件 pai3.py 的具体实现代码如下所示。

```
cars = ['benchi', 'baoma', 'aodi', 'leikesasi']
#创建列表cars
print("列表中原来的排列顺序是：")
print(cars)                #显示列表默认的排列顺序
print("\n经过排列处理后的顺序：")
cars.reverse()             #倒序排列列表cars中元素
print(cars)                #再次显示列表cars中的元素
```

```
    print("\n再次显示当前列表的排列顺序是：")
    print(cars)                    #再次显示列表cars中的元素
```

在上述代码中，首先按原始顺序输出列表中的元素，然后再按反序排列的方式显示列表中的元素。以特定顺序显示列表后，最后再进行一次核实，确认当前的排列顺序已经发生了改变。执行后的效果如图 7-15 所示。

由此可见，方法 reverse()不是指按与字母顺序相反的顺序排列列表元素，而只是反转列表元素的排列顺序。通过上述实例代码最后一行的执行效果可知，方法 reverse()将会永久性地修改列表元素的排列顺序。但是开发者接下来可以将列表随时恢复到原来的排列顺序，此时只须对列表再次调用方法 reverse()即可。

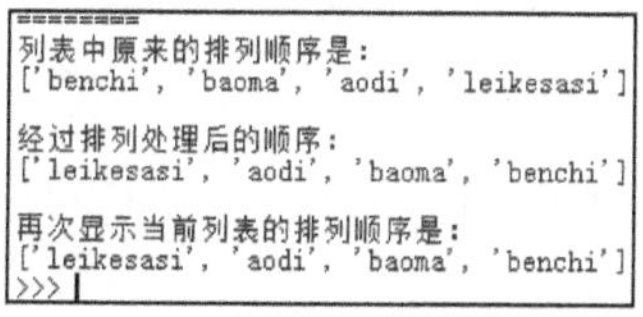

```
========
列表中原来的排列顺序是：
['benchi', 'baoma', 'aodi', 'leikesasi']
经过排列处理后的顺序：
['leikesasi', 'aodi', 'baoma', 'benchi']
再次显示当前列表的排列顺序是：
['leikesasi', 'aodi', 'baoma', 'benchi']
>>> |
```

图 7-15 执行效果

拓展范例及视频二维码

范例 101：倒着显示列表
源码路径：**范例**\101\

范例 102：显示列表的长度
源码路径：**范例**\102\

7.3.4 获取列表的长度

在 Python 程序中，可以使用方法 len()快速获取列表的长度。使用方法 len()的语法格式如下所示。

```
len(list)
```

在上述格式中，参数"list"表示要计算元素个数的列表，执行后会返回列表元素的个数。例如在下面的代码中，因为列表 cars 包含了 4 个元素，所以这个列表的长度为 4。

```
>>> cars = ['宝马', '奥迪', '奔驰', '雷克萨斯']
>>> len(cars)
4
```

再看下面的实例，它展示了方法 len()的使用方法。

实例 7-14 使用方法 len()获取列表的长度

源码路径 daima\7\7-14

实例文件 pai4.py 的具体实现代码如下所示。

```
list1 = ['谷歌', '百度', '苹果']   #创建列表list1
print (len(list1))               #显示列表list1的长度
list2=list(range(5))             #创建一个 0~4的列表list2
print (len(list2))               #显示列表list2的长度
```

执行后的效果如图 7-16 所示。

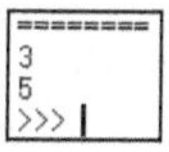

```
========
3
5
>>> |
```

图 7-16 执行效果

拓展范例及视频二维码

范例 103：避免索引错误
源码路径：**范例**\103\

范例 104：解决索引错误
源码路径：**范例**\104\

7.4 列表的高级操作

在 Python 程序中，除了 7.2 节介绍的基本操作外，还可以对列表进行其他操作。本节将详细讲解对列表进行高级操作的知识，为读者步入本书后面知识的学习打下基础。

扫码看视频：列表的高级操作

7.4.1 列表中的运算符

在 Python 语言中，在列表中可以使用"+"和"*"运算符，这两个运算符的功能与在字符串中相似。其中"+"运算符用于组合列表，"*"运算符用于重复输出列表。例如在表 7-1 中演示了"+"运算符和"*"运算符在 Python 表达式中的作用。

表 7-1　“+”运算符和“*”运算符的作用

Python 表达式	结　果	描　述
len([1, 2, 3])	3	长度
[1, 2, 3] + [4, 5, 6]	[1, 2, 3, 4, 5, 6]	组合
['Hi!'] * 4	['Hi!', 'Hi!', 'Hi!', 'Hi!']	重复
3 in [1, 2, 3]	True	显示元素是否存在于列表中
for x in [1, 2, 3]: print x,	1 2 3	迭代

7.4.2　列表截取与拼接

在 Python 程序中，可以使用“L”表达式实现列表截取与字符串操作功能，例如代码“L=['Google', 'Apple', 'Taobao']”的操作结果如表 7-2 所示。

表 7-2　截取操作的结果

Python 表达式	结　果	描　述
L[2]	'Taobao'	读取第三个元素
L[-2]	'Apple'	从右侧开始读取倒数第二个元素
L[1:]	[' Apple ', 'Taobao']	输出从第二个元素开始后的所有元素

下面的实例代码演示了表 7-2 中的执行过程。

实例 7-15　实现列表截取与拼接功能

源码路径　daima\7\7-15

实例文件 jiao.py 的具体实现代码如下所示。

```
L=['Google', ' Apple ', 'Taobao'] #创建列表L
print(L[2])    #显示列表L中的第3个元素
print(L[-2])   #显示列表L中的倒数第2个元素
print(L[1:])   #显示从第2个元素开始后的所有元素
squares = [1, 4, 9, 16, 25]
#创建包含5个整数的列表squares
print(squares + [36, 49, 64, 81, 100])
#在列表squares后面追加5个整数
```

执行后的效果如图 7-17 所示。

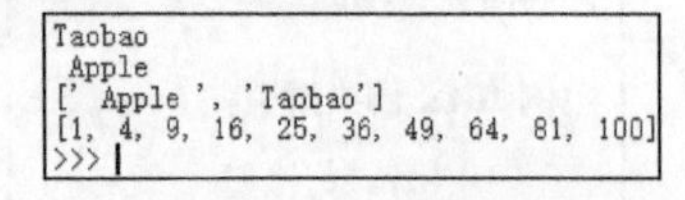
Taobao
 Apple
[' Apple ', 'Taobao']
[1, 4, 9, 16, 25, 36, 49, 64, 81, 100]
>>> |

图 7-17　执行效果

拓展范例及视频二维码

范例 105：灵活运用 for 循环

源码路径：**范例**\105\

范例 106：创建数值列表

源码路径：**范例**\106\

注意：*在上述代码中，Apple 一词前后各自多了一个空格。对于本实例来说，不会影响运行结果，但如果一旦涉及字符串匹配、查找等操作，这会成为一个极难察觉的 Bug。所以读者一定要注意，平常编写代码时不能马虎。

7.4.3　列表嵌套

在 Python 程序中，列表嵌套是指在一个已经存在的列表中创建其他新的列表。下面的实例演示了实现列表嵌套的过程。

实例 7-16　使用列表嵌套

源码路径　daima\7\7-16

实例文件 qiantao.py 的具体实现代码如下所示。

```
a = ['a', 'b', 'c'] #创建列表a
n = [1, 2, 3]          #创建列表n
x = [a, n]      #创建列表x
```

```
print(x)          #同时输出列表a和列表n的值
print(x[0])       #输出x中位置为0的元素，也就是列表a的值
print(x[0][1])  #输出x中位置为0的列表中位置为1的元素值
```

执行后的效果如图 7-18 所示。

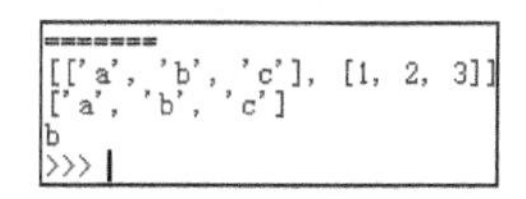

图 7-18 执行效果

拓展范例及视频二维码

范例 107：输出指定范围内的偶数
源码路径：**范例**\107\

范例 108：保存整数的平方到列表中
源码路径：**范例**\108\

7.4.4 获取列表元素中的最大值和最小值

在 Python 程序中，可以通过方法 max()获取列表元素中的最大值，使用方法 max()的语法格式如下所示。

```
max(list)
```

其中，参数“list”表示要返回最大值的列表，方法 max()返回列表元素中的最大值。

在 Python 程序中，可以通过方法 min()获取列表元素中的最小值，使用方法 min()的语法格式如下所示。

```
min(list)
```

其中，参数“list”表示要返回最小值的列表，方法 min()返回列表元素中的最小值。

下面的实例演示了分别获取列表元素中最大值和最小值的过程。

实例 7-17 分别获取列表元素中最大值和最小值
源码路径 daima\7\7-17

实例文件 big.py 的具体实现代码如下所示。

```
#分别创建列表list1和list2
list1, list2 = ['Google', 'Apple', 'Taobao'],
[456, 700, 200]
print ("list1 最大元素值 : ", max(list1))
#显示list1中的最大元素值
print ("list2 最大元素值 : ", max(list2))
#显示list2中的最大元素值
print ("list1 最小元素值 : ", min(list1))
#显示list1中的最小元素值
print ("list2 最小元素值 : ", min(list2))
#显示list2中的最小元素值
```

执行后的效果如图 7-19 所示。

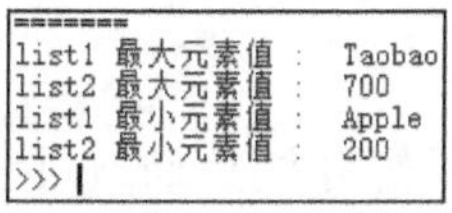

```
list1 最大元素值 :  Taobao
list2 最大元素值 :  700
list1 最小元素值 :  Apple
list2 最小元素值 :  200
>>>
```

图 7-19 执行效果

拓展范例及视频二维码

范例 109：列表切片操作
源码路径：**范例**\109\

范例 110：复制列表中的内容
源码路径：**范例**\110\

7.4.5 追加其他列表中的值

在 Python 程序中，可以通过方法 extend()在列表末尾一次性追加另一个序列中的多个值（用新列表扩展原来的列表）。使用方法 extend()的语法格式如下所示。

```
list.extend(seq)
```

其中，参数“seq”表示将要追加的列表，方法 extend()没有返回值，可以在已存在的列表中添加新的列表内容。下面的实例代码演示了使用方法 extend()追加另外序列值的过程。

实例 7-18 使用方法 extend()追加另外序列值
源码路径 daima\7\7-18

实例文件 kuo.py 的具体实现代码如下所示。

```
list1 = ['Google', 'Apple', 'Taobao']
#创建列表list1
list2=list(range(5))        #创建0～4的整数列表list2
list1.extend(list2)         #扩展列表
print ("扩展后的列表：", list1) #显示扩展后列表的值
```

执行后的效果如图 7-20 所示。

```
扩展后的列表： ['Google', 'Apple', 'Taobao', 0, 1, 2, 3, 4]
>>>
```

图 7-20　执行效果

拓展范例及视频二维码

范例 111：把二维列表转换为一维列表
源码路径：**范例**\111\

范例 112：判断列表中元素是不是列表
源码路径：**范例**\112\

7.4.6　在列表中统计某元素出现的次数

在 Python 程序中，可以通过方法 count()在列表中统计某元素出现的次数。使用方法 count()的语法格式如下所示。

```
list.count(obj)
```

其中，参数“obj”表示将要统计的列表元素，方法 count()的返回值是在列表中出现的次数。下面的实例代码演示了使用方法 count()统计某元素出现次数的过程。

实例 7-19　使用方法 count()统计某元素出现次数
源码路径　daima\7\7-19

实例文件 cishu.py 的具体实现代码如下所示。

```
#创建列表aList
aList = [123, 'Google', 'Apple', 'Taobao', 123];
#统计列表中元素“123”的个数
print ("统计元素“123”的个数 : ", aList.count(123))
#统计列表中元素“Apple”的个数
print ("统计元素“Apple”的个数:",aList.count('Apple'))
```

执行后的效果如图 7-21 所示。

```
统计元素“123 ”的个数 :  2
统计元素“Apple”的个数 :  1
>>>
```

图 7-21　执行效果

拓展范例及视频二维码

范例 113：遇到列表就缩进一次
源码路径：**范例**\113\

范例 114：加入一个形参控制缩进
源码路径：**范例**\114\

7.4.7　清空列表中的元素

在 Python 程序中，可以使用方法 clear()清空列表中的元素，其功能类似于“del a[:]”表达式。使用方法 clear()的语法格式如下所示。

```
list.clear()
```

方法 clear()没有参数也没有返回值。下面的实例演示了使用方法 clear()清空列表的过程。

实例 7-20　使用方法 clear()清空列表
源码路径　daima\7\7-20

实例文件 qingli.py 的具体实现代码如下所示。

```
#创建列表list1
list1 = [123,'Google', 'Runoob', 'Taobao', 'Baidu',
456]
list1.clear()   #使用方法clear()清空列表中的元素
print ("列表已经被清空，现在还有元素：", list1)
#显示此时列表list1中的元素
```

执行后的效果如图 7-22 所示。

```
列表已经被清空，现在还有元素： []
>>>
```

图 7-22　执行效果

拓展范例及视频二维码

范例 115：删除多层列表中的重复元素
源码路径：**范例**\115\

范例 116：用递归方法展开多层列表
源码路径：**范例**\116\

7.4.8 复制列表中的元素

在 Python 程序中，可以使用方法 copy()复制列表中的元素，这样可以创建一个新的列表。使用方法 copy()的语法格式如下所示。

```
list.copy()
```

方法 copy()没有参数，返回复制后的新列表。下面的实例演示了使用方法 copy()复制列表的过程。

实例 7-21 使用方法 copy()复制列表

源码路径 daima\7\7-21

实例文件 fuzhi.py 的具体实现代码如下所示。

```
#创建列表list1
list1 = ['Google', 'Apple', 'Taobao', 'Baidu']
list2 = list1.copy()
#创建列表list2，内容复制自列表list1
#显示列表list2中的元素
print ("list2列表中的元素是从列表list1中复制而来的：",
list2)
```

执行后的效果如图 7-23 所示。

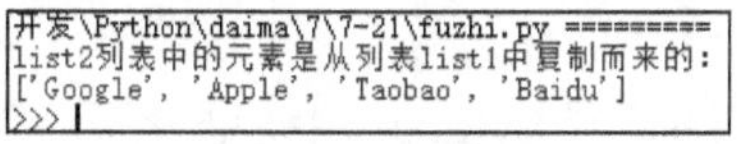

```
开发\Python\daima\7\7-21\fuzhi.py =========
list2列表中的元素是从列表list1中复制而来的:
['Google', 'Apple', 'Taobao', 'Baidu']
>>>
```

图 7-23 执行效果

拓展范例及视频二维码

范例 117：遍历出列表中指定的元素
源码路径：**范例**\117\

范例 118：使用 for 循环遍历输出
源码路径：**范例**\118\

7.4.9 获取列表中某个元素的索引

在 Python 程序中，可以使用方法 index()获取列表中某个元素的具体索引位置，只能从列表中找出某个元素值第一次出现的索引位置。使用方法 index()的语法格式如下所示。

```
list.index(obj)
```

在上述格式中，参数“obj”表示将要查找的列表对象。方法 index()返回查找列表对象的索引位置，如果没有找到对象则抛出异常。下面的实例代码演示了使用方法 index()获取列表中的某个元素索引值的过程。

实例 7-22 获取列表中的某个元素索引值

源码路径 daima\7\7-22

实例文件 weizhi.py 的具体实现代码如下所示。

```
list1 = ['Google', 'Apple', 'Taobao', 'Baidu']          #创建列表list1
print ('Apple的索引值为', list1.index('Apple'))          #显示列表list1中Apple的索引值
print ('Taobao的索引值为', list1.index('Taobao'))        #显示列表list1中Taobao的索引值
print ('Baidu的索引值为', list1.index('Baidu'))          #显示列表list1中Baidu的索引值
print ('Google的索引值为', list1.index('Google'))        #显示列表list1中Google的索引值
```

执行后的效果如图 7-24 所示。

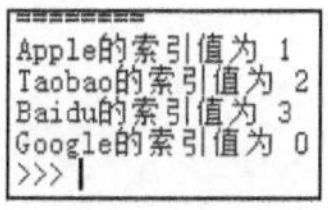

```
========
Apple的索引值为 1
Taobao的索引值为 2
Baidu的索引值为 3
Google的索引值为 0
>>>
```

图 7-24 执行效果

拓展范例及视频二维码

范例 119：将嵌套的列表遍历并输出
源码路径：范**范例**\119\

范例 120：两层嵌套列表去重
源码路径：**范例**\120\

7.5 技术解惑

7.5.1 注意排列顺序的多样性

在并非所有的值都是小写时，按字母顺序排列列表要复杂些。当决定排列顺序时，有多种解读大写字母的方式，因此要指定准确的排列顺序，可能比我们这里所做的要复杂。然而，大多数排序方式都基于本节介绍的知识。

7.5.2 尝试有意引发错误

如果读者还没有在程序中遇到过索引错误的问题，可以亲自动手尝试引发一个这种错误。例如在你的正确程序中修改其中的索引，故意引发索引错误。当然，在关闭这个程序之前，请务必消除这个错误。

7.6 课后练习

（1）将一个列表的数据复制到另一个列表中。

（2）一球从 100m 高度自由落下，每次落地后反跳回原高度的一半，再落下，那么它在第 10 次落地时，共经过多少米？第 10 次反弹多高？

（3）猴子吃桃问题：猴子第一天摘下若干个桃子，当即吃了一半，还不过瘾，又多吃了一个；第二天早上又将剩下的桃子吃掉一半，又多吃了一个；以后每天早上都吃了前一天剩下的一半零一个；到第 10 天早上想再吃时，见只剩下一个桃子了。求第一天共摘了多少。

（4）两个乒乓球队进行比赛，各出 3 人。甲队为 a、b、c 三人，乙队为 x、y、z 三人。已抽签决定比赛名单。有人向队员打听比赛的名单。a 说他不和 x 比，c 说他不和 x、z 比，请编程序找出 3 队赛手的名单。

第 8 章

使用元组、字典和集合

（视频讲解：137min）

本书前面已经讲解了 Python 语言中字符串、数字和列表的知识。其实除了这三种数据类型外，在 Python 中还有元组和字典这两种常用的数据类型。本章将详细讲解元组和字典的基本知识与具体用法，为读者步入本书后面知识的学习打下基础。

8.1　使用元组类型

在 Python 程序中，可以将元组看作一种特殊的列表。唯一与列表不同的是，元组内的数据元素不能发生改变。不但不能改变其中的数据项,而且也不能添加和删除数据项。当开发者需要创建一组不可改变的数据时，通常会把这些数据放到一个元组中。

扫码看视频：使用元组类型

8.1.1　创建并访问元组

在 Python 程序中，创建元组的基本形式是以小括号“()”将数据元素括起来，各个元素之间用逗号“,”隔开。例如下面都是合法的元组。

```
tup1 = ('Google', 'toppr', 1997, 2000);
tup2 = (1, 2, 3, 4, 5 );
```

Python 语言允许创建空元组，例如下面的代码创建了一个空元组。

```
tup1 = ();
```

在 Python 程序中，当在元组中只包含一个元素时，需要在元素后面添加逗号“,”。例如下面的演示代码。

```
tup1 = (50,);
```

在 Python 程序中，元组与字符串和列表类似，下标索引也是从 0 开始的，并且也可以进行截取和组合等操作。下面的实例代码演示了创建并访问元组的过程。

实例 8-1　创建并访问元组

源码路径　daima\8\8-1

实例文件 zu.py 的具体实现代码如下所示。

```
tup1 = ('Google', 'toppr', 1997, 2000)#创建元组tup1
tup2 = (1, 2, 3, 4, 5, 6, 7)        #创建元组tup2
#显示元组“tup1”中索引为0的元素的值
print ("tup1[0]: ", tup1[0])
#显示元组“tup2”中索引从1到4的元素的值
print ("tup2[1:5]: ", tup2[1:5])
```

在上述代码中定义了两个元组“tup1”和“tup2”，然后在第 4 行代码中读取了元组“tup1”中索引为 0 的元素的值，接着在第 6 行代码中读取了元组“tup2”中索引从 1 到 4 的元素的值。执行效果如图 8-1 所示。

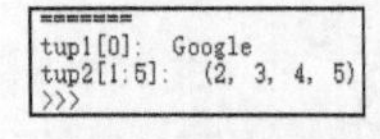

图 8-1　执行效果

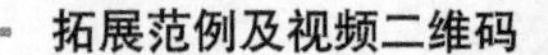

拓展范例及视频二维码

范例 **121**：遍历输出元组中的值

源码路径：**范例**\121\

范例 **122**：将元组转换为字符串

源码路径：**范例**\122\

在 Python 程序中，还可以使用 for 循环来遍历元组中的所有元组值。下面的实例代码演示了使用 for 循环遍历元组值的过程。

实例 8-2　使用 for 循环遍历元组值

源码路径　daima\8\8-2

实例文件 for.py 的具体实现代码如下所示。

```
dimensions = (200, 50)              #定义元组“dimensions”
print("元组dimensions的数据元素有：")
for dimension in dimensions:        #使用for…in语句遍历元组内的元素值
    print(dimension)                #显示各个遍历的元素值
```

在上述代码中定义了元组“dimensions”，然后使用 for…in 语句遍历了元组内的元素值。执行效果如图 8-2 所示。

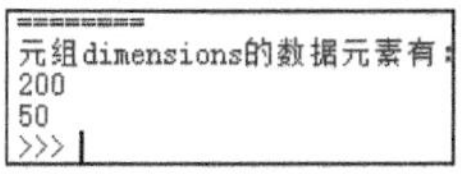

```
========
元组dimensions的数据元素有：
200
50
>>>
```

图 8-2 执行效果

另外，Python 中的元组与字符串一样，元组之间可以使用“+”号和“*”号进行运算。这就意味着可以对元组进行组合和复制，运算后会生成一个新的元组。例如表 8-1 演示了 Python 表达式对元组进行操作的过程。

拓展范例及视频二维码

范例 **123**：将元组转换为列表

源码路径：**范例**\123\

范例 **124**：将列表转换为元组

源码路径：**范例**\124\

表 8-1 Python 对元组进行操作的过程

操作代码	结果	功能
len((1, 2, 3))	3	计算元素个数
(1, 2, 3) + (4, 5, 6)	(1, 2, 3, 4, 5, 6)	连接
('Hi!') * 4	('Hi!', 'Hi!', 'Hi!', 'Hi!')	复制
3 in (1, 2, 3)	True	判断元素是否存在
for x in (1, 2, 3): print x,	1 2 3	迭代

8.1.2 修改元组

在 Python 程序中，元组一旦创立后就是不可修改的。但是在现实程序应用中，开发者可以对元组进行连接组合。下面的实例代码演示了连接两个元组值的过程。

实例 8-3 连接两个元组值

源码路径 daima\8\8-3

实例文件 lian.py 的具体实现代码如下所示。

```
tup1 = (12, 34.56);          #定义元组tup1
tup2 = ('abc', 'xyz')        #定义元组tup2
# 下面一行代码中，修改元组元素的操作是非法的
# tup1[0] = 100
tup3 = tup1 + tup2;          #创建一个新的元组tup3
print (tup3)                 #输出元组tup3中的值
```

在上述代码中定义了两个元组“tup1”和“tup2”，然后将这两个元组进行连接，将组合后的值赋给新元组“tup3”。执行后输出新元组“tup3”中的元素值，执行效果如图 8-3 所示。

拓展范例及视频二维码

范例 **125**：元组负数索引

源码路径：**范例**\125\

范例 **126**：元组分片索引

源码路径：**范例**\126\

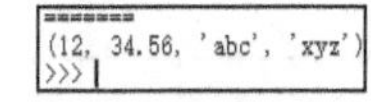

图 8-3 执行效果

在 Python 程序中，虽然语法规定不能修改元组内的元素值，元组是个不可修改的序列，但是可以给存储元组的变量赋值，这样可以达到简洁修改元组的目的。下面的实例代码演示了修改元组变量值的过程。

实例 8-4 修改元组变量值

源码路径 daima\8\8-4

实例文件 bian.py 的具体实现代码如下所示。

```
int1 = (200, 50)          #定义元组"int1"
print("原来的值是：")      #显示提示文本
for dimension in int1:
#使用for…in语句遍历int1中的元素
    print(dimension)      #显示元组"int1"中的值
int1 = (400, 100)         #重新定义元组"int1"
print("\n修改后的值是：") #显示提示文本
for dimension in int1:
#使用for…in语句遍历int1中的元素
    print(dimension)      #显示修改后元组"int1"中的值
```

拓展范例及视频二维码

范例 **127**：元组可以由其他元组组成

源码路径：**范例**\127\

范例 **128**：元组的打包和解包操作

源码路径：**范例**\128\

在上述代码中定义了一个元组“int1”，然后修改了元组变量值“int1”。执行后输出修改后的元组值，执行效果如图 8-4 所示。

原来的值是：
200
50
修改后的值是：
400
100
>>>

图 8-4　执行效果

8.1.3　删除元组

在 Python 程序中，虽然不允许删除一个元组中的元素值，但是可以使用 del 语句来删除整个元组。下面的实例代码演示了使用 del 语句来删除整个元组的过程。

实例 8-5　使用 del 语句来删除整个元组

源码路径　daima\8\8-5

实例文件 shan.py 的具体实现代码如下所示。

```
#定义元组“tup”
tup = ('Google', 'Toppr', 1997, 2000)
print (tup)          #输出元组“tup”中的元素
del tup;             #删除元组“tup”
#因为元组“tup”已经被删除，所以不能显示里面的元素
print ("元组tup被删除后，系统会出错！")
print (tup)          #这行代码会出错
```

在上述代码中定义了一个元组“tup”，然后使用 del 语句来删除整个元组的过程。删除元组“tup”后，在最后一行代码中，当使用“print (tup)”输出元组“tup”的值时会出现系统错误。执行效果如图 8-5 所示。

拓展范例及视频二维码

范例 **129**：二元组的遍历
源码路径：**范例**\129\

范例 **130**：元组元素的添加和删除
源码路径：**范例**\130\

```
=================== RESTART: C:\Users\apple0\Desktop\shan.py ===================
('Google', 'Toppr', 1997, 2000)
元组tup被删除后，系统会出错！
Traceback (most recent call last):
  File "C:\Users\apple0\Desktop\shan.py", line 5, in <module>
    print (tup)
NameError: name 'tup' is not defined
>>>
```

图 8-5　执行效果

8.1.4　元组索引和截取

在 Python 程序中，因为元组属于一种特殊的序列格式（不可更改值的序列），所以可以访问元组中的指定位置的元素，并且可以截取索引中的一段元素。假如存在如下所示的一个元组。

```
L = ('Google', 'Taobao', 'Toppr')
```

使用 Python 表达式对上述元组“L”进行访问和截取操作的结果如表 8-2 所示。

表 8-2　**Python** 中对元组 **L** 进行访问和截取操作的结果

Python 表达式	结　果	描　述
L[2]	'Toppr'	读取第三个元素
L[-2]	'Taobao'	反向读取，读取倒数第二个元素
L[1:]	('Taobao', ' Toppr ')	截取元素，从第二个开始后的所有元素

下面的实例代码演示了对上述元组“L”进行读取和截取操作的过程。

实例 8-6　对元组“L”进行读取和截取操作

源码路径　daima\8\8-6

实例文件 dujie.py 的具体实现代码如下所示。

```
L = ('Google', 'Taobao', 'Toppr')  #定义元组“L”
print(L[2])              #读取元组L中的第3个元素
print(L[-2])             #读取元组L中的倒数第2个元素
print(L[1:])
#截取元组L中从第2个元素开始的所有元素
```

执行后效果如图 8-6 所示。

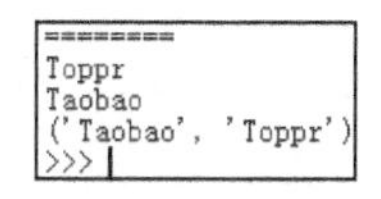

图 8-6 执行效果

拓展范例及视频二维码

范例 131：重复输出元组 N 次

源码路径：**范例**\131\

范例 132：使用 id(tuple)查看元组

源码路径：**范例**\132\

8.1.5 使用内置方法操作元组

在 Python 程序中，可以使用内置方法来操作元组，其中最为常用的方法如下所示。

- len(tuple)：计算元组元素的个数。
- max(tuple)：返回元组中元素的最大值。
- min(tuple)：返回元组中元素的最小值。
- tuple(seq)：将列表转换为元组。

下面的实例演示了使用内置方法操作元组的过程。

实例 8-7 使用内置方法操作元组

源码路径 daima\8\8-7

实例文件 neizhi.py 的具体实现代码如下所示。

```
car = ['奥迪', '宝马', '奔驰', '雷克萨斯']  #创建列表car
print(len(car))                         #输出列表car的长度
tuple2 = ('5', '4', '8')   #创建元组tuple2
print(max(tuple2))     #显示元组tuple2中元素的最大值
tuple3 = ('5', '4', '8')   #创建元组tuple3
print(min(tuple3))     #显示元组tuple3中元素的最小值
list1= ['Google', 'Taobao', 'Toppr', 'Baidu']
#创建列表list1
tuple1=tuple(list1)   #将列表list1的值赋予元组tuple1
print(tuple1)         #再次输出元组tuple1中的元素
```

执行后效果如图 8-7 所示。

拓展范例及视频二维码

范例 133：输出元组中的最大值

源码路径：**范例**\133\

范例 134：输出元组中的最小值

源码路径：**范例**\134\

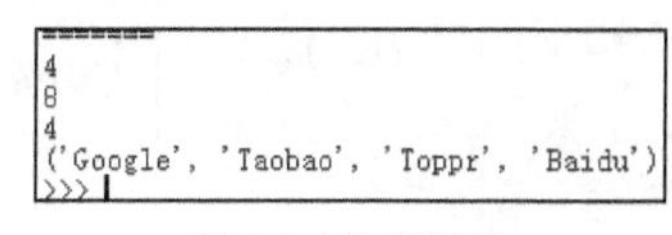

图 8-7 执行效果

8.2 使用字典

在 Python 程序中，字典是一种比较特别的数据类型，字典中每个成员以“键:值”对的形式成对存在。字典是以大括号“{}”包围并且以“键:值”对的方式声明和存在的数据集合。字典与列表相比，最大的不同在于字典是无序的，其成员位置只是象征性的，在字典中通过键来访问成员，而不能通过其位置来访问该成员。

扫码看视频：使用字典

8.2.1 创建并访问字典

在 Python 程序中，字典可以存储任意类型对象。字典的每个键值“key:value”对之间必须用冒号“:”分隔，每对之间用逗号“,”分隔，整个字典包括在大括号“{}”中。创建字典的语法格式如下所示。

```
d = {key1 : value1, key2 : value2 }
```

上述语法格式的具体说明如下。

- 字典是由一系列“键:值”对构成的，每个键都与一个值相关联，可以使用键来访问与之相关联的值。
- 在字典中可以存储任意个“键:值”对。
- 每个“key:value”键值对中的键（key）必须是唯一的、不可变的，但值（value）则不必。
- 键值可以取任何数据类型，可以是数字、字符串、列表乃至字典。

例如某个班级的期末考试成绩公布了，其中第一名非常优秀，学校准备给予奖励。下面以字典来保存这名学生的 3 科成绩，第一个键值对是'数学': '99'，表示这名学生的数学成绩是“99”。第二个键值对是'语文': '99'。第三个键值对是'英语': '99'。分别代表这名学生语文成绩是 99，英语成绩是 99。在 Python 语言中，使用字典来表示这名学生的成绩，具体代码如下。

```
dict = {'数学': '99', '语文': '99', '英语': '99' }
```

当然，也可以对上述字典中的两个键值对进行分解，通过如下代码创建字典。

```
dict1 = { '数学': '99' };
dict2 = {'语文': '99' };
dict1 = { '英语': '99' };
```

在 Python 程序中，要想获取某个键的值，可以通过访问键的方式来显示对应的值。下面的实例代码演示了获取字典中 3 个键的值的过程。

实例 8-8　获取字典中 3 个键的值

源码路径　daima\8\8-8

实例文件 fang.py 的具体实现代码如下所示。

```
dict = {'数学': '99', '语文': '99', '英语': '99' }
#创建字典dict
print ("语文成绩是: ",dict['语文'])    #输出语文成绩
print ("数学成绩是: ",dict['数学'])    #输出数学成绩
print ("英语成绩是: ",dict['英语'])    #输出英文成绩
```

执行后的效果如图 8-8 所示。

```
======
语文成绩是:  99
数学成绩是:  99
英语成绩是:  99
>>>
```

图 8-8　执行效果

拓展范例及视频二维码

范例 135：显示字典中的键值

源码路径：**范例**\135\

范例 136：按键进行升序排序

源码路径：**范例**\136\

如果调用的字典中没有这个键，执行后会输出执行错误的提示。例如在下面的代码中，字典“dict”中并没有键为“Alice”的值。

```
dict = {'Name': 'Toppr', 'Age': 7, 'Class': 'First'};      #创建字典dict
print ("dict['Alice']: ", dict['Alice'])                    #输出字典dict中键为“Alice”的值
```

所以执行后会输出如下所示的错误提示。

```
Traceback (most recent call last):
  File "test.py", line 5, in <module>
    print ("dict['Alice']: ", dict['Alice'])
KeyError: 'Alice'
```

8.2.2　向字典中添加数据

在 Python 程序中，字典是一种动态结构，可以随时在其中添加“键值”对。在添加“键值”对时，需要首先指定字典名，然后用中括号将键括起来，最后写明这个键的值。在下面的实例中，定义了字典“dict”，在字典中设置 3 科的成绩，然后又通过上面介绍的方法添加了两个“键值”对。

实例 8-9　向字典中添加两个数据

源码路径　daima\8\8-9

实例文件 add.py 的具体实现代码如下所示。

```
dict = {'数学': '99', '语文': '99', '英语': '99' }
#创建字典“dict”
dict['物理'] =100                    #添加字典值1
```

```
dict['化学'] =98                        #添加字典值2
print (dict)                    #输出字典dict中的值
print ("物理成绩是: ",dict['物理'])    #显示物理成绩
print ("化学成绩是: ",dict['化学'])    #显示化学成绩
```

通过上述代码，向字典中添加两个数据元素，分别表示物理成绩和化学成绩。其中，在第 3 行代码中，在字典“dict”中新增了一个键值对，其中的键为'物理'，而值为 100。而在第 4 行代码中重复了上述操作，设置新添加的键为'化学'，而对应的键值为 98。执行后效果如图 8-9 所示。

拓展范例及视频二维码

范例 137：按键进行降序排序

源码路径：范例\137\

范例 138：按值进行升序排序

源码路径：范例\138\

```
========
{'数学': '99', '语文': '99', '英语': '99', '物理': 100, '化学': 98}
物理成绩是:  100
化学成绩是:  98
>>>
```

图 8-9　执行效果

注意：“键值”对的排列顺序与添加顺序不同。Python 不关心键值对的添加顺序，而只是关心键和值之间的关系而已。

8.2.3　修改字典

在 Python 程序中，要想修改字典中的值，需要首先指定字典名，然后使用中括号把将要修改的键和新值对应起来。下面的实例代码演示了在字典中实现修改和添加功能的过程。

实例 8-10　在字典中实现修改和添加功能

源码路径　daima\8\8-10

实例文件 xiu.py 的具体实现代码如下所示。

```
#创建字典“dict”
dict = {'Name': 'Toppr', 'Age': 7, 'Class': 'First'}
dict['Age'] = 8;                        #更新Age的值
dict['School'] = "Python教程"            #添加新的键值
print ("dict['Age']: ", dict['Age'])
#输出键"Age"的值
print ("dict['School']: ", dict['School'])
#输出键"School"的值
print (dict)                    #显示字典"dict"中的元素
```

通过上述代码，更新了字典中键“Age”的值为 8，然后新添加了新键“School”。执行后的效果如图 8-10 所示。

拓展范例及视频二维码

范例 139：按值进行降序排序

源码路径：范例\139\

范例 140：字典复制

源码路径：范例\140\

```
=======
dict['Age']:  8
dict['School']:  Python教程
{'Name': 'Toppr', 'Age': 8, 'Class': 'First', 'School': 'Python教程'}
>>> 
```

图 8-10　执行效果

8.2.4　删除字典中的元素

在 Python 程序中，对于字典中不再需要的信息，可以使用 del 语句将相应的“键值”对信息彻底删除。在使用 del 语句时，必须指定字典名和要删除的键。下面的实例代码演示了删除字典中某个元素的过程。

实例 8-11　删除字典中某个元素

源码路径　daima\8\8-11

实例文件 del.py 的具体实现代码如下所示。

```
#创建字典“dict”
dict = {'Name': 'Toppr', 'Age': 7, 'Class': 'First'}
del dict['Name']                  #删除键 'Name'
print (dict)                      #显示字典“dict”中的元素
```

通过上述代码，使用 del 语句删除了字典中键为“Name”的元素。执行后的效果如图 8-11 所示。

8.2.5　创建空字典

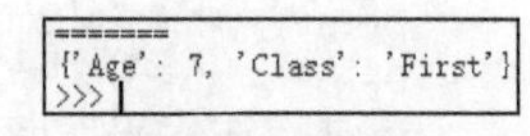
{'Age': 7, 'Class': 'First'}
>>>

图 8-11　执行效果

在 Python 程序中，有时为了满足项目程序的特定需求，需要创建一个空字典。此时可以先使用一对空的大括号定义一个字典，然后再分行添加各个“键值”对。下面的实例演示了创建一个空字典的过程。

实例 8-12　创建空字典

源码路径　daima\8\8-12

实例文件 kong.py 的具体实现代码如下所示。

```
dict = {}                        #创建空字典“dict”
dict['name']='Toppr'             #在字典“dict”中添加键name
dict['Age']=7                    #在字典“dict”中添加键Age
dict['Class']='First'            #在字典“dict”中添加键Class
print (dict)                     #显示字典“dict”中的元素
```

通过上述代码，首先定义了一个空字典，然后又在字典中添加了 3 个“键值”对。执行后的效果如图 8-12 所示。

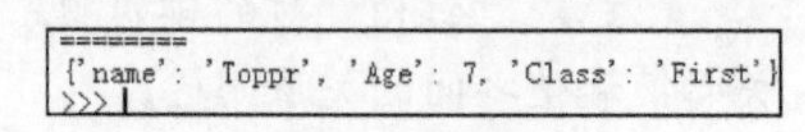
{'name': 'Toppr', 'Age': 7, 'Class': 'First'}
>>>

图 8-12　执行效果

8.2.6　和字典有关的内置函数

在 Python 程序中，包含了几个和字典操作相关的内置函数，具体说明如表 8-3 所示。

表 8-3　和字典有关的内置函数

函　数	功　能
len(dict)	计算字典中的元素个数，即键的总数
str(dict)	输出字典并且以可打印的字符串表示
type(variable)	返回输入的变量类型，如果变量是字典就返回字典类型

下面的实例演示了使用和字典有关的内置函数的过程。

实例 8-13　使用和字典有关的内置函数

源码路径　daima\8\8-13

实例文件 hanshu.py 的具体实现代码如下所示。

```
#创建字典“dict”
dict = {'Name': 'Toppr', 'Age': 7, 'Class': 'First'}
print(len(dict))     #显示字典“dict”中键的总数
print(str(dict))     #显示字典“dict”中的详细信息
print(type(dict))    #返回字典“dict”的类型
```

通过上述代码，演示了使用 3 个内置函数的过程。执行后的效果如图 8-13 所示。

```
3
{'Name': 'Toppr', 'Age': 7, 'Class': 'First'}
<class 'dict'>
>>>
```

图 8-13　执行效果

拓展范例及视频二维码

范例 **141**：字典的综合操作

源码路径：**范例**\141\

范例 **142**：拆分显示字典值

源码路径：**范例**\142\

8.3　遍历字典

在 Python 程序中，一个字典可能只包含几个“键值”对，也可能包含数百万个“键值”对。因为字典可能包含大量的数据，所以 Python 支持对字典遍历。因为在字典中可以使用各种方式存储信

扫码看视频：遍历字典

息，所以可以通过多种方式遍历字典。本节将详细讲解遍历字典的基本知识。

8.3.1 一次性遍历所有的“键值”对

在 Python 程序中，可以使用 for...in 循环语句一次性遍历所有的“键值”对。下面的实例演示了使用 for...in 循环语句遍历所有“键值”对的过程。

实例 8-14 使用 for...in 循环语句遍历所有“键值”对

源码路径 daima\8\8-14

实例文件 yici.py 的具体实现代码如下所示。

```
#创建字典user
user = {'网名': '浪潮之巅',
        '外号': '浪潮第一帅',
        '职业': '程序员',
        }
#使用for…in循环语句一次性遍历所有的“键值”对
for key, value in user.items():
    print("\nKey: " + key)    #显示字典中的各个键
    print("Value: " + value)
#显示字典中的各个键对应的值
```

拓展范例及视频二维码

范例 **143**：两种遍历字典(dict)的方法比较

源码路径：**范例**\143\

范例 **144**：遍历操作效率对比

源码路径：**范例**\144\

通过上述代码，在第 7 行中编写了用于遍历字典的 for 循环，此处声明了两个变量，用于存储键值对中的键和值。对于这两个变量，可以使用任何名称，即使是汉字也完全没有问题。然后在 in 语句部分包含字典名和方法 items()，返回一个“键值”对列表。接下来，for 循环依次将每个“键值”对存储到指定的两个变量中。使用这两个变量来输出每个键（第 8 行）及其相关联的值（第 9 行）。执行后的效果如图 8-14 所示。

```
========
Key: 网名
Value: 浪潮之巅

Key: 外号
Value: 浪潮第一帅

Key: 职业
Value: 程序员
>>>
```

图 8-14 执行效果

注意：在遍历字典时，“键值”对的返回顺序也与存储顺序不同。Python 不关心“键值”对的存储顺序，而只跟踪键和值之间的关联关系。

8.3.2 遍历字典中的所有键

在 Python 程序中，使用内置方法 keys()能够以列表的形式返回一个字典中的所有键。使用方法 keys()的语法格式如下所示。

```
dict.keys()
```

方法 keys()没有参数，只有返回值，返回一个字典中所有的键。下面的实例演示了使用方法 keys()返回一个字典中的所有键的过程。

实例 8-15 返回一个字典中的所有键

源码路径 daima\8\8-15

实例文件 languages.py 的具体实现代码如下所示。

```
#创建字典“favorite_languages”
favorite_languages = {
    '张三': 'Python',
    '李四': 'C',
    '王五': 'Ruby',
    '赵六': 'Java',
    }
#使用方法keys()以列表的形式返回一个字典中的所有键
for name in favorite_languages.keys():
    print(name.title())
```

拓展范例及视频二维码

范例 **145**：随机遍历显示

源码路径：**范例**\145\

范例 **146**：顺序遍历显示

源码路径：**范例**\146\

```
========
张三
李四
王五
赵六
>>>
```

图 8-15 执行效果

通过上述代码，在第 9 行中让 Python 提取字典 favorite_languages 中的所有键，并依次将它们存储到变量 name 中，执行后将输出每个键。执行效果如图 8-15 所示。

当在 Python 程序中遍历字典时，会默认遍历所有的键，如果将上述实例代码中的如下代码

```
for name in favorite_languages.keys():
```

替换为如下所示的代码，执行效果不会发生任何变化。

```
for name in favorite_languages:
```

8.3.3　按序遍历字典中的所有键

在 Python 程序中，字典总是明确地记录键和值之间的关联关系。在获取字典中的元素时，获取顺序是不可预测的。要想以特定的顺序返回字典中的元素，最简单的方法是在 for 循环中对返回的键进行排序。此时需要用到 Python 的内置函数 sorted()，此函数的功能是获得按特定顺序排列的键列表的副本。

下面的实例代码演示了使用函数 sorted()按序遍历字典中的所有键的过程。

实例 8-16　按序遍历字典中的所有键

源码路径　daima\8\8-16

实例文件 xu.py 的具体实现代码如下所示。

```
#创建字典"languages"
languages = {
    '张三': 'Python',
    '李四': 'C',
    '王五': 'Ruby',
    '赵六': 'Java',
    }
#使用函数sorted()按序遍历字典中的所有键
for name in sorted(languages.keys()):
    print(name.title() + ",是我的好同事！")
```

拓展范例及视频二维码

范例 **147**：字典遍历综合演示

源码路径：**范例**\147\

范例 **148**：使用 items()遍历数据

源码路径：**范例**\148\

```
========
张三，是我的好同事！
李四，是我的好同事！
王五，是我的好同事！
赵六，是我的好同事！
>>>
```

图 8-16　执行效果

上述代码中，for 循环语句类似于其他 for 语句，只是对方法 dictionary.keys()的结果调用了函数 sorted()而已。这样做的目的是列出字典中的所有键，并在遍历前对这个列表进行排序。执行效果如图 8-16 所示。

8.3.4　遍历字典中的所有值

前面讲解的是遍历字典中的所有键，当然，也可以遍历字典中的所有值。在 Python 程序中，可以使用方法 values()返回一个字典中的所有的值，而不包含任何键。使用方法 values()的语法格式如下所示。

```
dict.values()
```

方法 values()没有参数，只有返回值，返回字典中的所有值。下面的实例演示了使用方法 values()遍历字典中所有值的过程。

实例 8-17　使用方法 values()遍历字典中的所有值

源码路径　daima\8\8-17

实例文件 zhi.py 的具体实现代码如下所示。

```
#创建字典"dict"
dict = {'Sex': 'female', 'Age': 7, 'Name': 'Zara'}
#使用方法values()返回一个字典中的所有值
print ("字典中所有的值为 : ", list(dict.values()))
```

执行后的效果如图 8-17 所示。

```
========
字典中所有的值为 :  ['female', 7, 'Zara']
>>>
```

图 8-17　执行效果

拓展范例及视频二维码

范例 **149**：正常遍历排序

源码路径：**范例**\149\

范例 **150**：键-值排序对比

源码路径：**范例**\150\

注意：上述实例的这种做法（提取字典中所有的值），并没有考虑是否重复的问题。当涉

及的值很少时，这也许不是问题，但如果值很多，最终的列表可能包含大量的重复项。为剔除重复项，可使用集合（set）。集合类似于列表，但每个元素都必须是独一无二的。

8.4 字典嵌套

在 Python 程序中，有时需要将一系列字典存储在列表中，或将列表作为值存储在字典中，这称为嵌套。可以在列表中嵌套字典，也可以在字典中嵌套列表，甚至可以在字典中嵌套字典。

扫码看视频：字典嵌套

8.4.1 字典列表

假设有一个统计班级学生成绩的场景，班级中的每一个学生都有自己的一个成绩卡，这个成绩卡可以用字典实现，例如：

```
stu = {'数学': '100', '语文': '98', '英语': '100'}
```

但是后来需要将班级内所有学生的成绩公示在黑板中，这个时候成绩卡就不管用了，上面的字典“stu”也就不能满足我们的项目需求了。字典“stu”只能包含一个学生的成绩信息，但无法存储第二个学生的信息，更别说在黑板中显示全班学生的成绩信息了。究竟应该如何管理全班学生的成绩信息呢？一种办法是创建一个全班学生列表，其中每个学生都是一个字典，这个字典包含有关该学生的各科成绩信息。下面的实例代码创建了 3 个字典，这 3 个字典代表 3 名学生的成绩，这 3 个字典构成了一个字典列表。

实例 8-18　输出 3 个学生的成绩

源码路径　daima\8\8-18

实例文件 cheng.py 的具体实现代码如下所示。

```
stu = {'数学': '100', '语文': '98', '英语': '100'}
#创建字典"stu"
stu1 = {'数学': '99', '语文': '97', '英语': '199'}
#创建字典"stu1"
stu2 = {'数学': '98', '语文': '97', '英语': '98'}
#创建字典"stu2"
stus = [stu,stu1,stu2]
        #将前面的3个字典合并为列表"stus"
for name in stus: #通过for语句遍历列表"stus"
        print(name)
```

拓展范例及视频二维码

范例 **151**：对嵌套字典进行操作
源码路径：**范例**\151\

范例 **152**：方便处理字典嵌套的函数
源码路径：**范例**\152\

在上述代码中，首先创建了 3 个字典，其中每个字典都表示一个学生的成绩。在第 7 行代码中，将这些字典都放到一个名为“stus”的列表中。最后在第 9 行代码中通过 for 语句遍历这个列表，并将每个学生的成绩都显示出来。执行后的效果如图 8-18 所示。

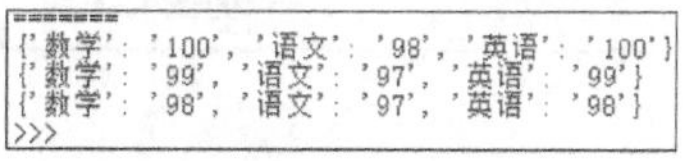

```
{'数学': '100', '语文': '98', '英语': '100'}
{'数学': '99', '语文': '97', '英语': '99'}
{'数学': '98', '语文': '97', '英语': '98'}
>>>
```

图 8-18　执行效果

但是在现实应用中，一个班的学生不止 3 个，且每个学生的成绩都是使用代码自动生成的。假如一个班内有 30 名学生，可以使用方法 range()生成 30 个学生的成绩。

实例 8-19　输出 30 个学生的成绩

源码路径　daima\8\8-19

实例文件 sanshi.py 的具体实现代码如下所示。

```
# Make 30 stus.
stus=[]            #创建一个空列表
#使用方法range()返回一系列数字，用于设置循环次数
for stu_number in range (0,30):
        #每当执行上面的循环时，都使用下面的代码创建一个学生
```

```
        new_stu = {'语文':'99','数学': 99,'英语':'100'}
        stus.append(new_stu)  #附加到列表stus末尾
    #使用一个切片来显示前五个成绩
    for stu in stus[0:5]:
        print(stu)
    print("...")
```

在上述代码中，首先创建了一个空列表，用于存储接下来将创建的所有学生成绩。在第 4 行代码中，方法 range()返回一系列数字，其唯一的用途是告诉 Python 我们要重复这个循环多少次。每当执行这个循环时，都创建一个学生（见第 6 行代码），并将其附加到列表 stus 末尾（见第 7 行代码）。在第 9 行代码中，使用一个切片来显示前五个成绩。执行后的效果如图 8-19 所示。

拓展范例及视频二维码

范例 153：访问嵌套在里面的数组
源码路径：**范例**\153\

范例 154：将嵌套列表转为字典
源码路径：**范例**\154\

注意：在 Python 程序中，虽然上述实例中的每名学生都具有相同的特征，但是在 Python 看来，每个人都是独立的，开发者独立地修改每一名学生。

```
{'语文': '99', '数学': 99, '英语': '100'}
{'语文': '99', '数学': 99, '英语': '100'}
{'语文': '99', '数学': 99, '英语': '100'}
{'语文': '99', '数学': 99, '英语': '100'}
{'语文': '99', '数学': 99, '英语': '100'}
...
>>>
```

图 8-19　执行效果

8.4.2　在字典中存储字典

在 Python 程序中，有时需要在字典中存储字典。例如有这么一个场景，浪潮提供了一个大数据平台，只有合法的用户才能登录这个平台。每个合法用户都用一个独立的用户名、密码和电话，这样我们可以在字典中将这个用户名作为键，然后将每个用户的信息存储在一个字典中，并将这个字典作为与用户名相关联的值。在下面的实例中，对于每一个合法的浪潮云用户，都预先存储了其账号信息：用户名、密码和电话。要想访问这些信息，我们需要遍历所有的用户名，并访问与每个用户名相关联的信息字典。

实例 8-20　输出用户的账号信息

源码路径　daima\8\8-20

实例文件 langchao.py 的具体实现代码如下所示。

```
users = {'交通小王': {'初级密码': '666',
                    '中级密码': '888',
                    '电话': '150XXXXXXXX'},
        '公交老郑': {'初级密码': '123',
                    '中级密码': '456',
                    '电话': '85131XXX'},
        }
for username, user_info in users.items():
    print("\n用户名: " + username)
    full_name = user_info['初级密码'] + " " +
    user_info['中级密码']
    location = user_info['电话']
    print("\t密码组合: " + full_name.title())
    print("\t电话号码: " + location.title())
```

拓展范例及视频二维码

范例 155：将列表转换为字典
源码路径：**范例**\155\

范例 156：压平嵌套列表的简单实现
源码路径：**范例**\156\

在上述代码中，首先定义了一个名为 users 的字典，在字典中包含两个键：交通小王和公交老郑；与每个键相关联的值都是一个字典，其中包含密码和电话。在第 8 行代码中遍历字典 users，依次将每个键存储在变量 username 中，并依次将与当前键相关联的字典存储在变量 user_info 中。在主循环内部的第 9 行代码中，输出用户名。在第 10 行代码中开始访问内部的字典。变量 user_info 包含了用户信息字典，而这个字典包含 3 个键：初级密码、中级密码和电话。对于每一位用户来说，我们都使用这些键来生成密码组合和电话号码，最后（最后两行代码）输出用户的基本信息。执行后的效果如图 8-20 所示。

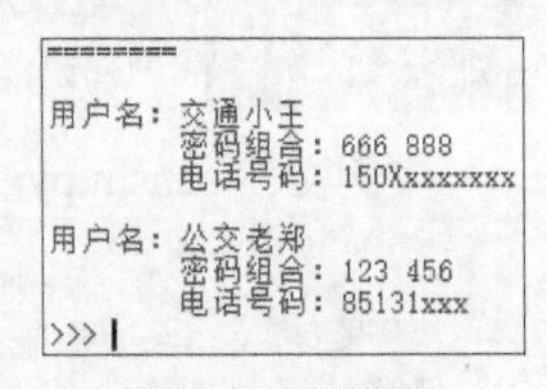

图 8-20　执行效果

8.4.3 在字典中存储列表

在 Python 程序中，有时需要将列表存储在字典中。假如你开了一家面馆，你应该如何描述顾客的点餐过程呢？如果使用列表，只能存储顾客要添加的配料（例如放辣椒、多加肉）。但是如果使用字典，不仅可以在其中包含配料列表，还可以包含其他有关面条的描述，例如拉面、凉面等。在下面的实例代码中，存储了面条的两方面信息：面条类型和用户配料列表。其中，配料列表是一个与键“配料”相关联的值。要想访问这个列表，需要使用字典名和键“配料”，就像访问字典中的其他值一样，会返回一个配料列表，而不是单个值。

实例 8-21 面馆点餐系统

源码路径 daima\8\8-21

拓展范例及视频二维码

范例 157：字典变长参数

源码路径：**范例**\157\

范例 158：合并列表和字典

源码路径：**范例**\158\

实例文件 miantiao.py 的具体实现代码如下所示。

```
miantiao = {
      '型号': '拉面',
      '配料': ['多加10块钱的肉', '多放辣椒油'],
      }
print("您点了一份" + miantiao['型号'] +
      ", 您提出了如下所示的配料要求：")
for topping in miantiao['配料']:
      print("\t" + topping)
```

在上述代码中，在第 1 行代码中首先创建了一个字典，其中存储了有关顾客所点面条的信息。在这个字典中，一个键是“型号”，与其相关联的值是字符串“拉面”；另外一个键是“配料”，与其相关联的值是一个列表，在列表中存储了顾客要求添加的所有配料。在厨师制作顾客所点的面条时，需要根据顾客的需要添加配料。在第 5 行代码中描述了顾客的点餐需求，在第 7 行代码中编写了一个 for 循环访问配料列表，使用了键“配料”从字典中提取配料列表。执行后的效果如图 8-21 所示。

```
========
您点了一份拉面，您提出了如下所示的配料要求：
        多加10块钱的肉
        多放辣椒油
>>>
```

图 8-21 执行效果

8.5 使用其他内置方法

本章前面讲述了使用 Python 内置方法操作字典的知识。本节将讲解使用其他几个内置方法操作字典的知识。

扫码看视频：使用其他内置方法

8.5.1 使用方法 clear()清空字典

在 Python 程序中，使用方法 clear()可以删除字典内的所有元素，使用此方法的语法格式如下所示。

```
dict.clear()
```

方法 clear()没有参数也没有返回值。下面的实例代码演示了使用方法 clear()清空字典的过程。

实例 8-22 使用方法 clear()清空字典

源码路径 daima\8\8-22

实例文件 kong.py 的具体实现代码如下所示。

```
#创建字典dict
dict = {'Name': 'Zara', 'Age': 7}
print ("字典长度 : %d" %     len(dict))
#显示字典dict的长度
```

```
dict.clear()                    #清空字典dict
print ("字典删除后长度 : %d" %    len(dict))
```

执行后的效果如图 8-22 所示。

```
========
字典长度 : 2
字典删除后长度 : 0
>>>
```

图 8-22　执行效果

拓展范例及视频二维码

范例 159：使用常规清空方法
源码路径：**范例**\159\

范例 160：使用方法 clear()清空
源码路径：**范例**\160\

8.5.2　使用方法 copy()复制字典

在 Python 程序中，使用方法 copy()可以复制一个字典，使用此方法的语法格式如下所示。

```
dict.copy()
```

方法 copy()没有参数，但是有返回值，返回一个字典的浅拷贝。下面的实例代码演示了使用方法 copy()复制字典的过程。

实例 8-23　使用方法 copy()复制字典

源码路径　daima\8\8-23

实例文件 kong.py 的具体实现代码如下所示。

```
#创建字典dict1
dict1 = {'Name': 'Toppr', 'Age': 7, 'Class': 'First'}
dict2 = dict1.copy()
#创建字典dict2，内容复制自字典dict1
print ("新复制的字典为 : ",dict2)
#显示字典dict2中的内容
```

执行后的效果如图 8-23 所示。

```
=======
新复制的字典为 :  {'Name': 'Toppr', 'Age': 7, 'Class': 'First'}
>>>
```

图 8-23　执行效果

拓展范例及视频二维码

范例 161：实现浅拷贝
源码路径：**范例**\161\

范例 162：实现深拷贝
源码路径：**范例**\162\

8.5.3　使用方法 fromkeys()创建新字典

在 Python 程序中，使用方法 fromkeys()可以创建新字典。使用方法 fromkeys()的语法格式如下所示。

```
dict.fromkeys(seq[, value])
```

在上述格式中，参数“seq”表示字典键值列表，参数“value”是一个可选参数，用于设置键序列（seq）的值。方法 fromkeys()的返回值是一个列表。

下面的实例代码演示了使用方法 fromkeys()创建一个新字典的过程。

实例 8-24　创建新字典

源码路径　daima\8\8-24

实例文件 new.py 的具体实现代码如下所示。

```
seq = ('name', 'age', 'sex') #创建元组seq
dict = dict.fromkeys(seq)     #创建新字典
print ("新的字典为 : %s" %    str(dict))
dict = dict.fromkeys(seq, 10) #创建指定键值的新字典
print ("新的字典为 : %s" %    str(dict))
```

执行后的效果如图 8-24 所示。

```
=======
新的字典为 : {'name': None, 'age': None, 'sex': None}
新的字典为 : {'name': 10, 'age': 10, 'sex': 10}
>>>
```

图 8-24　执行效果

拓展范例及视频二维码

范例 163：访问字典里的值
源码路径：**范例**\163\

范例 164：不允许同一个键出现两次
源码路径：**范例**\164\

8.5.4 使用方法 get()获取指定的键值

在 Python 程序中，使用方法 get()可以返回字典中某个指定键的值，如果键不在字典中，则返回默认值。使用方法 get()的语法格式如下所示。

```
dict.get(key, default=None)
```

在上述格式中，参数“key”表示在字典中需要查找的键，参数“default” 表示如果指定键的值不存在，则返回该默认值。

下面的实例代码演示了使用方法 get()获取指定键值的过程。

实例 8-25　获取字典中指定的键值
源码路径　daima\8\8-25

实例文件 jian.py 的具体实现代码如下所示。

```
#创建字典“dict”
dict = {'Name': 'Toppr', 'Age': 27}
#使用方法get()返回字典中指定键"Age"的值
print ("Age 值为 : %s" %   dict.get('Age'))
#使用方法get()返回字典中指定键"Sex"的值
print ("Sex 值为 : %s" %   dict.get('Sex', "NA"))
```

执行后的效果如图 8-25 所示。

```
========
Age 值为 : 27
Sex 值为 : NA
>>>
```

图 8-25　执行效果

拓展范例及视频二维码

范例 165：get()方法的陷阱
源码路径：**范例**\165\

范例 166：解决 get()方法的陷阱
源码路径：**范例**\166\

8.5.5 使用方法 setdefault()获取指定的键值

在 Python 程序中，方法 setdefault()和方法 get()的功能类似，可以返回字典中某个指定键的值，如果键不在字典中，则会添加键并将值设为默认值。使用方法 setdefault()的语法格式如下所示。

```
dict.setdefault(key, default=None)
```

在上述格式中，参数“key”表示在字典中需要查找的键，参数“default”表示当指定键的值不存在时设置的默认键值。方法 setdefault()没有返回值。

下面的实例代码演示了使用方法 setdefault()获取指定键值的过程。

实例 8-26　获取字典中指定的键值
源码路径　daima\8\8-26

实例文件 huo.py 的具体实现代码如下所示。

```
#创建字典“dict”
dict = {'Name': 'Toppr', 'Age': 7}
#返回字典中指定键"Age"的值
print("Age 键的值为:%s"%dict.setdefault('Age',None))
#返回字典中指定键"Sex"的值
print("Sex 键的值为:%s"%dict.setdefault('Sex',None))
print ("新字典为: ", dict)
```

执行后的效果如图 8-26 所示。

```
=======
Age 键的值为 : 7
Sex 键的值为 : None
新字典为:  {'Name': 'Toppr', 'Age': 7, 'Sex': None}
>>>
```

图 8-26　执行效果

拓展范例及视频二维码

范例 167：返回存在键的值
源码路径：**范例**\167\

范例 168：返回不存在键的值
源码路径：**范例**\168\

8.5.6　使用方法 update()修改字典

在 Python 程序中，方法 update()的功能是把字典 dict2 的“键值”对更新到字典 dict 中。使用方法 update()的语法格式如下所示。

```
dict.update(dict2)
```

在上述格式中，参数“dict2”表示将要添加到指定字典 dict 里的字典。方法 update()没有返回值。

下面的实例代码演示了使用方法 update()更新指定字典的过程。

实例 8-27　使用方法 update()更新指定的字典

源码路径　daima\8\8-27

实例文件 up.py 的具体实现代码如下所示。

```
dict = {'Name': 'Toppr', 'Age': 7} #创建字典"dict"
dict2 = {'Sex': 'female' }    #创建字典"dict2"
dict.update(dict2)            #更新指定字典
print ("更新字典 dict : ", dict)
```

执行后的效果如图 8-27 所示。

```
========
更新字典 dict :  {'Name': 'Toppr', 'Age': 7, 'Sex': 'female'}
>>>
```

图 8-27　执行效果

拓展范例及视频二维码

范例 169：相同的键会被覆盖

源码路径：范例\169\

范例 170：利用一个字典项更新另外一个字典

源码路径：范例\170\

8.6　使用集合

在 Python 程序中，集合（set）是一个无序不重复元素的序列。集合的基本功能是进行成员关系测试并删除重复的元素。Python 语言规定使用大括号“{}”或函数 set()创建集合。需要注意的是，在创建一个空集合时必须用函数 set()实现，而不能使用大括号“{}”实现，这是因为空的大括号“{}”是用来创建一个空字典的。下面的实例演示了使用集合的过程。

扫码看视频：使用集合

实例 8-28　使用集合并操作

源码路径　daima\8\8-28

实例文件 jihe.py 的具体实现代码如下所示。

```
student = {'Tom', 'Jim', 'Mary', 'Tom', 'Jack',
'Rose'} #创建集合student
print(student)     #显示集合，重复的元素会被自动删除
#测试成员'Rose'是否在集合中
if('Rose' in student) :
    print('Rose 在集合中') #当在集合中时的输出信息
else :
   print('Rose 不在集合中') #当不在集合中时的输出信息
#set可以进行集合运算
a = set('abcde')                #创建集合"a"
b = set('abc')                  #创建集合"b"
print(a)
print(a - b)                      # a和b的差集
print(a | b)                      # a和b的并集
print(a & b)                      # a和b的交集
print(a ^ b)                      # a和b中不同时存在的元素
```

拓展范例及视频二维码

范例 171：输出集合中的元素

源码路径：范例\171\

范例 172：工厂模式创建集合

源码路径：范例\172\

执行后的效果如图 8-28 所示。

```
>>>
{'Rose', 'Jack', 'Mary', 'Jim', 'Tom'}
Rose 在集合中
{'e', 'a', 'd', 'b', 'c'}
{'e', 'd'}
{'e', 'a', 'd', 'b', 'c'}
{'a', 'b', 'c'}
{'e', 'd'}
>>>
```

图 8-28 执行效果

8.7 类型转换

扫码看视频：类型转换

到此为止，Python 语言中的基本数据类型已经讲解完毕。在项目开发过程中，无论是简单的数字类型，还是复杂的字典类型，有时不是固定不变的，可能会面临不同类型之间相互操作的问题。在这个时候，就需要对将要操作的数据类型进行类型转换。当需要对数据内置的类型进行转换时，只需要将数据类型作为函数名即可。

8.7.1 内置类型转换函数

在 Python 程序中，通过表 8-4 中列出的内置函数可以实现数据类型转换功能。这些函数能够返回一个新的对象，表示转换的值。

表 8-4 类型转换函数

函　　数	描　　述
int(x [,base])	将 x 转换为一个整数
float(x)	将 x 转换到一个浮点数
complex(real [,imag])	创建一个复数
str(x)	将对象 x 转换为字符串
repr(x)	将对象 x 转换为表达式字符串
eval(str)	用来计算在字符串中的有效 Python 表达式，并返回一个对象
tuple(s)	将序列 s 转换为一个元组
list(s)	将序列 s 转换为一个列表
set(s)	转换为可变集合
dict(d)	创建一个字典。d 必须是一个序列（key,value）元组
frozenset(s)	转换为不可变集合
chr(x)	将一个整数转换为一个字符
unichr(x)	将一个整数转换为 Unicode 字符
ord(x)	将一个字符转换为它的整数值
hex(x)	将一个整数转换为一个十六进制字符串
oct(x)	将一个整数转换为一个八进制字符串

例如通过函数 int()可以实现如下所示的两个功能。

（1）把符合数学格式的数字型字符串转换成整数。

（2）把浮点数转换成整数，但是只是简单的取整，而并不是四舍五入。

下面的实例代码演示了使用函数 int()实现整型转换的过程。

实例 8-29　使用函数 int()实现整型转换

源码路径　daima\8\8-29

实例文件 zhuan.py 的具体实现代码如下所示。

```
aa = int("124")          #正确
print ("aa = ", aa)      #result=124
bb = int(123.45)         #正确
print ("bb = ", bb)      #result=123
#cc = int("-123.45")     #错误，不能转换为int类型
#print ("cc = ",cc)
#dd = int("34a")         #错误，不能转换为int类型
#print ("dd = ",dd)
#ee = int("12.3")        #错误，不能转换为int类型
#print (ee)
```

拓展范例及视频二维码

范例 173：实现浮点型转换
源码路径：**范例**\173\

范例 174：实现字符型转换
源码路径：**范例**\174\

在上述代码中，后面 3 种转换都是非法的，执行后的效果如图 8-29 所示。

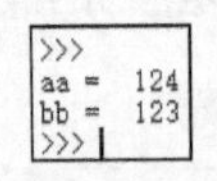

图 8-29　执行效果

8.7.2　类型转换综合演练

下面的实例代码演示了使用 Python 内置函数实现各种常见类型转换操作的过程。这是一个类型转换操作的综合性实例，希望读者仔细阅读每一行代码，并结合程序的执行效果，了解 Python 内置类型转换函数的功能。

实例 8-30　实现各种常见类型转换操作

源码路径　daima\8\8-30

实例文件 zhuan1.py 的具体实现代码如下所示。

```
#转换为int类型
print('int()默认情况下为：', int())
print('str字符型转换为int：', int('010'))
print('float浮点型转换为int：', int(234.23))
#十进制数10，对应的二进制、八进制、十进制、十六进制分别是：1010,12,10,0xa
print('int(\'0xa\', 16) = ', int('0xa', 16))
print('int(\'10\', 10) = ', int('10', 10))
print('int(\'12\', 8) = ', int('12', 8))
print('int(\'1010\', 2) = ', int('1010', 2))
#转换为float类型
print('float()默认情况下为：', float())
print('str字符型转换为float：', float('123.01'))
print('int整型转换为float：', float(32))
#转换为complex类型
print('创建一个复数(实部+虚部)：', complex(12, 43))
print('创建一个复数(实部+虚部)：', complex(12))
#转换为str类型
print('str()默认情况下为：', str())
print('float浮点型转换为str：', str(232.33))
print('int整型转换为str：', str(32))
lists = ['a', 'b', 'e', 'c', 'd', 'a']
print('列表list转换为str:', ''.join(lists))
#转换为list类型
strs = 'hongten'
print('序列strs转换为list:', list(strs))
#转换为tuple类型
print('列表list转换为tuple:', tuple(lists))
#字符和整数之间的转换
print('整数转换为字符chr:', chr(67))
print('字符chr转换为整数:', ord('C'))
```

拓展范例及视频二维码

范例 175：字符型和整型转换
源码路径：**范例**\175\

范例 176：十六进制的字符串转换
源码路径：**范例**\176\

```
print('整数转十六进制数:', hex(12))
print('整数转八进制数:', oct(12))
```

执行后的效果如图 8-30 所示。

```
>>>
int()默认情况下为: 0
str字符型转换为int: 10
float浮点型转换为int: 234
int('0xa', 16) = 10
int('10', 10) = 10
int('12', 8) = 10
int('1010', 2) = 10
float()默认情况下为: 0.0
str字符型转换为float: 123.01
int整型转换为float: 32.0
创建一个复数(实部+虚部): (12+43j)
创建一个复数(实部+虚部): (12+0j)
str()默认情况下为:
float整型转换为str: 232.33
int整型转换为str: 32
列表list转换为str: abecda
序列strs转换为list: ['h', 'o', 'n', 'g', 't', 'e', 'n']
列表list转换为tuple: ('a', 'b', 'e', 'c', 'd', 'a')
整数转换为字符chr: C
字符chr转换为整数: 67
整数转十六进制数: 0xc
整数转八进制数: 0o14
>>>
```

图 8-30 执行效果

8.8 技术解惑

8.8.1 for 遍历方式并不是万能的

在 Python 程序中，字典（dict）的使用非常简单。当提到遍历一个 dict 结构时，绝大多数开发者都会想到“for key in dictobj”这样的方法。这个方法在大多数情况下确实都是适用的，但是也并不是完全合适。请看下面的演示过程。

```
#初始化一个dict
>>> d = {'a':1, 'b':0, 'c':1, 'd':0}
#我们的目的是遍历dict，如果发现元素的值是0，就删掉
>>> for k in d:
...   if d[k] == 0:
...       del(d[k])
...
Traceback (most recent call last):
  File "<stdin>", line 1, in <module>
RuntimeError: dictionary changed size during iteration
#结果抛出异常了，两个值为0的元素中，也只删掉一个
>>> d
{'a': 1, 'c': 1, 'd': 0}

>>> d = {'a':1, 'b':0, 'c':1, 'd':0}
#d.keys() 是一个下标数组
>>> d.keys()
['a', 'c', 'b', 'd']
#这样遍历，就没问题了，因为其实这里遍历的是d.keys()这个list常量
>>> for k in d.keys():#这行代码只能在Python2运行，在Python3中需要将d.keys()改为list(d.keys())
...   if d[k] == 0:
...       del(d[k])
...
>>> d
{'a': 1, 'c': 1}
#结果也是对的
>>>
```

这是笔者在一个多线程的程序中发现这个问题的，所以笔者的建议是：当遍历 dict 的时候，养成使用 for k in d.keys()的习惯。但是，如果是多线程，这样就绝对安全吗？也不见得：当两个线程都取完 d.keys()以后，如果两个线程都要删除同一个 key，其中先删除的会成功，后删除

的那个肯定会报 KeyError。

8.8.2　两种字典遍历方式的性能对比

很多读者纠结于两种字典遍历方式的性能问题，笔者特意组织了如下两类测试代码。

```
for (d,x) in dict.items():
        print "key:"+d+",value:"+str(x)
for d,x in dict.items():
      print "key:"+d+",value:"+str(x)
```

经过编写程序进行实际测试后发现：当条数在 200 以下时，带括号的性能比较高一点；当条数在 200 条以上时，不带括号的执行时间会短一些。

8.9　课后练习

（1）输出如下图案（菱形）。

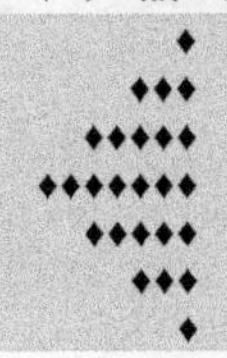

（2）有一分数序列：2/1，3/2，5/3，8/5，13/8，21/13，…求出这个数列的前 20 项之和。

（3）求 1+2!+3!+......+20!的和。

（4）利用递归方法求 5!的值。

第9章

使用函数

（视频讲解：118min）

函数是 Python 语言程序的基本构成模块，通过对函数的调用就能够实现特定的功能。在一个 Python 语言项目中，几乎所有的基本功能都是通过一个个函数实现的。函数在 Python 语言中的地位，犹如 CPU 在计算机中的地位，是高高在上的。本章将详细介绍 Python 语言中函数的基本知识，为读者步入本书后面的学习打下坚实的基础。

9.1　函数基础

在编写 Python 程序的过程中，可以将完成某个指定功能的语句提取出来，将其编写为函数。这样，在程序中可以方便地调用函数来完成这个功能，并且可以多次调用、多次完成这个功能，而不必重复地复制粘贴代码。另外，使用后，也可以使得程序结构更加清晰，更容易维护。

扫码看视频：函数基础

9.1.1　定义函数

在 Python 程序中，在使用函数之前必须先定义（声明）函数，然后才能调用它。在使用函数时，只要按照函数定义的形式，向函数传递必需的参数，就可以调用函数完成相应的功能或者获得函数返回的结果。

在 Python 程序中，使用关键字 def 可以定义一个函数，定义函数的语法格式如下所示。

```
def<函数名>（参数列表）:
    <函数语句>
    return<返回值>
```

在上述格式中，参数列表和返回值不是必需的，return 后也可以不跟返回值，甚至连 return 也没有。如果 return 后没有返回值，并且没有 return 语句，这样的函数都会返回 None 值。有些函数可能既不需要传递参数，也没有返回值。

注意：当函数没有参数时，包含参数的圆括号也必须写上，圆括号后也必须有“:”。

在 Python 程序中，完整的函数是由函数名、参数以及函数实现语句（函数体）组成的。在函数声明中，也要使用缩进以表示语句属于函数体。如果函数有返回值，那么需要在函数中使用 return 语句返回计算结果。

根据前面的学习，可以总结出定义 Python 函数的语法规则，具体说明如下所示。

- 函数代码块以 def 关键字开头，后接函数标识符名称和圆括号()。
- 任何传入参数和自变量必须放在圆括号中间，圆括号之间可以用于定义参数。
- 函数的第一行语句可以选择性地使用文档字符串——用于存放函数说明。
- 函数内容以冒号起始，并且缩进。
- return [表达式]结束函数，选择性地返回一个值给调用方。不带表达式的 return 相当于返回 None。

在下面的实例代码中，定义了一个基本的输出函数 hello()。

实例 9-1　定义了一个基本的函数 hello()

源码路径　daima\9\9-1

实例文件 han.py 的具体实现代码如下所示。

```
def hello() :                  #定义函数hello()
   print("Hello World!") #该行属于函数hello()的内容
hello()
```

在上述代码中，定义了一个基本的函数 hello()，函数 hello()的功能是输出“Hello World!”语句。执行效果如图 9-1 所示。

```
========
Hello World!
>>>
```

图 9-1　执行效果

拓展范例及视频二维码

范例 **177**：调用自定义的函数

源码路径：**范例**\177\

范例 **178**：计算圆的面积

源码路径：**范例**\178\

由此可见，Python 语言的函数比较灵活。与 C 语言中函数的声明相比，在 Python 中声明一个函数不需要声明函数的返回值类型，也不需要声明参数的类型。

9.1.2 调用函数

调用函数就是使用函数，在 Python 程序中，当定义一个函数后，就相当于给了函数一个名称，指定了函数里包含的参数和代码块结构。完成这个函数的基本结构定义工作后，就可以通过调用的方式来执行这个函数，也就是使用这个函数。在 Python 程序中，可以直接从 Python 命令提示符执行一个已经定义了的函数。例如在本章前面的实例 9-1 中，前两行代码定义了函数 hello()，最后一行代码调用了函数 hello()。

其实在本书前面已经多次用到了调用函数功能，本书前面已经多次用到了输入函数 input() 和输出函数 print()。在使用这两个函数时，就是在调用 Python 的内置函数 input()和 print()的过程。而调用自己定义的函数与调用内置函数及标准库中的函数方法都是相同的，要调用指定的函数，就在语句中使用函数名，并且在函数名之后用圆括号将调用参数括起来，而多个参数之间则用逗号隔开。调用自定义函数与内置函数的不同点在于，在调用自定义函数前必须先声明函数。内置函数就是 Python 已经编写好了函数，开发者只须直接调用即可。和内置函数相对应的就是自定义函数，这需要开发者根据项目的需求来编写函数的具体实现代码，然后在使用时再调用这个函数。下面的实例演示了定义并使用自定义函数的过程。

实例 9-2 计算元组内元素的和

源码路径 daima\9\9-2

实例文件 he.py 的具体实现代码如下所示。

```
def tpl_sum( T ):                  #定义函数tpl_sum()
     result = 0                    #定义result的初始值为0
     for i in T:                   #遍历T中的每一个元素i
          result += i              #计算各个元素i的和
     return result   #函数tpl_sum()最终返回计算的和
print("(1,2,3,4)元组中元素的和为：",tpl_sum((1,2,
3,4))) #使用函数tpl_sum()计算元组内元素的和
print("[3,4,5,6]列表中元素的和为：",tpl_sum([3,4,
5,6])) #使用函数tpl_sum()计算列表内元素的和
print("[2.7,2,5.8]列表中元素的和为：",tpl_sum([2.7,
2,5.8])) #使用函数tpl_sum()计算列表内元素的和
print("[1,2,2.4]列表中元素的和为:",tpl_sum([1,2,2.4]))
#使用函数tpl_sum()计算列表内元素的和
```

拓展范例及视频二维码

范例 **179**：输出显示一段文本
源码路径：**范例**\179\

范例 **180**：使用默认值参数
源码路径：**范例**\180\

在上述代码中定义了函数 tpl_sum()，该函数的功能是计算元组内元素的和。然后在最后的 8 行代码中分别调用了 4 次函数，并且这 4 次调用的参数不一样。执行效果如图 9-2 所示。

```
=======
(1,2,3,4)元组中元素的和为： 10
[3,4,5,6]列表中元素的和为： 18
[2.7,2,5.8]列表中元素的和为： 10.5
[1,2,2.4]列表中元素的和为： 5.4
>>>
```

图 9-2 执行效果

9.2 函数的参数

在 Python 程序中，参数是函数的重要组成元素。Python 中函数的参数有多种形式，在调用某个函数时，既可以向其传递参数，也可以不传递参数,但是这都不影响函数的正常调用。另外还有一些情况，比如函数中的参数数量不确定，可能为 1 个，也可能为几个甚至几十个。对于这些函数，应该怎么定义其参数呢？本节

扫码看视频：函数的参数

将详细讲解 Python 函数中参数的基本知识。

9.2.1　形参和实参

在本章前面的实例 9-2 中，参数“T”是形参，而在实例 9-2 的最后 8 行代码中，圆括号中的“(1,2,3,4)”和“[3,4,5,6]”都是实参。在 Python 程序中，形参表示函数完成其工作所需的一项信息。而实参是调用函数时传递给函数的信息。初学者有时候会形参、实参不分，因此如果你看到有人将函数定义中的变量称为实参或将函数调用中的变量称为形参，不要大惊小怪。

在 Python 程序中，下面是在调用函数时可以使用的正式实参类型。

- ❑ 必需参数。
- ❑ 关键字参数。
- ❑ 默认参数。
- ❑ 不定长参数。

9.2.2　必需参数

在 Python 程序中，必需参数也称为位置实参，在使用时必须以正确的顺序传入函数。在调用函数时，必需参数的数量必须和声明时的一样。在下面的实例代码中，在调用 printme()函数时必须传入一个参数，不然会出现语法错误。

实例 9-3　使用必需参数

源码路径　daima\9\9-3

实例文件 bi.py 的具体实现代码如下所示。

```
def printme( str ):                #定义函数printme()
    "打印任何传入的字符串"
    print (str);                   #显示函数的参数
    return;
printme();                         #调用函数printme()
```

在上述代码中，在调用 printme()函数时没有传入一个参数，所以执行后会出错。执行效果如图 9-3 所示。

```
    printme():
TypeError: printme() missing 1 required positional argument: 'str'
>>> |
```

图 9-3　执行效果

拓展范例及视频二维码

范例 181：有两个默认参数的函数

源码路径：**范例**\181\

范例 182：带有一个星号的参数

源码路径：**范例**\182\

9.2.3　关键字参数

在 Python 程序中，关键字参数和函数调用关系紧密。在调用函数时，通过使用关键字参数可以确定传入的参数值。在使用关键字参数时，允许在调用函数时参数的顺序与声明时不一致，因为 Python 解释器能够用参数名匹配参数值。在下面的实例中，在调用函数 printme()时使用了参数值。

实例 9-4　使用关键字参数

源码路径　daima\9\9-4

实例文件 guan.py 的具体实现代码如下所示。

```
def printme( str ):                #定义函数printme()
    "打印任何传入的字符串"
    print (str);                   #显示函数的参数
    return;
printme( str = "Python教程");
#调用函数printme()，设置参数str的值是"Python教程"
```

在上述代码中，设置了函数 printme()的参数值为“Python 教程”。执行效果如图 9-4 所示。

拓展范例及视频二维码

范例 183：同时具有 3 种类型参数

源码路径：**范例**\183\

范例 184：收集关键字参数实例

源码路径：**范例**\184\

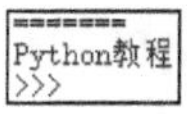

```
=======
Python教程
>>>
```

图 9-4 执行效果

下面的实例演示了在使用函数参数时不需要指定顺序的方法。

实例 9-5 不需要指定函数参数的顺序

源码路径 daima\9\9-5

实例文件 shun.py 的具体实现代码如下所示。

```
def printinfo( name, age ): #定义函数printinfo()
    "打印任何传入的字符串"
    print ("名字: ", name); #显示函数的参数name
    print ("年龄: ", age);  #显示函数的参数age
    return;
#下面调用函数printinfo(), 设置参数age的值是50, 参数
#name的值是"Toppr"
printinfo( age=50, name="Toppr" );
```

在上述代码中，函数 printinfo()原来的参数顺序为先 name 后 age，但是在调用时是先 age 后 name。执行效果如图 9-5 所示。

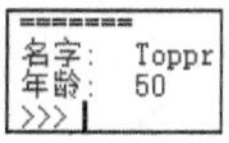

```
=======
名字:  Toppr
年龄:  50
>>>
```

图 9-5 执行效果

拓展范例及视频二维码

范例 185：有大量默认参数的函数

源码路径：**范例**\185\

范例 186：使用拆解元组函数

源码路径：**范例**\186\

9.2.4 默认参数

当在 Python 程序中调用函数时，如果没有传递参数，则会使用默认参数（也称为默认值参数）。在下面的实例中，如果没有传入参数 age，则使用默认值。

实例 9-6 使用默认参数

源码路径 daima\9\9-6

实例文件 moren.py 的具体实现代码如下所示。

```
#定义函数printinfo(), 参数age的默认值是35
def printinfo( name, age = 35 ):
    "显示任何传入的字符串"
    print ("名字: ", name); #显示函数的参数name
    print ("年龄: ", age);  #显示函数的参数age
    return;
#下面调用函数printinfo(), 设置参数age的值是50,
#参数name的值是"Toppr"
printinfo( age=50, name="Toppr" );
print ("------------------------")
printinfo( name="Google" );
#重新设置参数name的值是"Google"
```

拓展范例及视频二维码

范例 187：可变/不可变参数对比

源码路径：**范例**\187\

范例 188：列表作为默认参数

源码路径：**范例**\188\

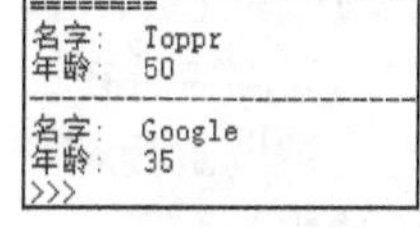

图 9-6 执行效果

在上述代码中，在倒数第二行代码中调用函数 printinfo()时，没有指定参数 age 的值，但是执行后使用了其默认值。执行效果如图 9-6 所示。

注意：在 Python 程序中，如果在声明一函数时其参数列表中既包含无默认值的参数，又包含有默认值的参数，那么在声明函数的参数时，必须先声明无默认值的参数，后声明有默认值的参数。

9.2.5 不定长参数

在 Python 程序中，可能需要一个函数能处理比当初声明时更多的参数，这些参数叫作不定长参数。不定长参数也称为可变参数，和前面介绍的参数类型不同，声明不定长参数时不会命名，基本语法格式如下。

```
def functionname([formal_args,] *var_args_tuple ):
    "函数_文档字符串"
    function_suite
    return [expression]
```

在上述格式中，加了星号“*”的变量名会存放所有未命名的变量参数。如果在函数调用时没有指定参数，它就是一个空元组，开发者也可以不向函数传递未命名的变量。由此可见，在自定义函数时，如果参数名前加上一个星号“*”，则表示该参数就是一个可变长参数。在调用该函数时，如果依次序将所有的其他变量都赋予值之后，剩下的参数将会收集在一个元组中，元组的名称就是前面带星号的参数名。

下面的实例演示了使用不定长参数的过程。

实例 9-7　使用不定长参数

源码路径　daima\9\9-7

实例文件 ding.py 的具体实现代码如下所示。

```
def printinfo( arg1, *vartuple ):
#定义函数printinfo()，参数vartuple是不定长参数
    "显示任何传入的参数"
    print ("输出: ")    #显示文本
    print (arg1)        #显示参数arg1
    for var in vartuple: #循环遍历参数vartuple
        print (var)     #显示遍历到的参数vartuple
    return;
printinfo( 10 );        #调用函数printinfo()
printinfo( 70, 60, 50 );
#因为参数vartuple是不定长参数，所以本行代码合法
```

拓展范例及视频二维码

范例 **189**：参数位置传递

源码路径：**范例**\189\

范例 **190**：参数关键字传递

源码路径：**范例**\190\

在上述代码中，在倒数第二行和倒数第三行代码中调用了函数 printinfo()，其中倒数第三行使用了 1 个参数，而倒数第二行使用了 3 个参数。执行效果如图 9-7 所示。

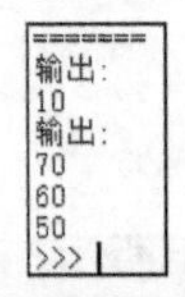

图 9-7　执行效果

9.2.6　按值传递参数和按引用传递参数

在 Python 程序中，函数参数传递机制问题在本质上是主调函数（过程）和被调函数（过程）在调用发生时进行通信的方法问题。基本的参数传递机制有两种，分别是按值传递和按引用传递，具体说明如下所示。

（1）按值传递（Pass-By-Value）过程中，被调函数的形参作为被调函数的局部变量来处理，即在栈中开辟了内存空间以存放由主调函数放进来的实参的值，从而使该值成为实参的一个副本。按值传递的特点是被调函数对形参的任何操作都作为局部变量进行，不会影响主调函数的实参变量的值。

（2）按引用传递（Pass-By-Reference）过程中，被调函数的形参虽然也作为局部变量在堆栈中开辟了内存空间，但是这时存放的是由主调函数放进来的实参变量的地址。被调函数对形参的任何操作都被处理成间接寻址，即通过堆栈中存放的地址访问主调函数中的实参变量。正因为如此，被调函数对形参做的任何操作都影响了主调函数中的实参变量。

在下面的实例代码中，传入函数的对象和在末尾添加新内容的对象用的是同一个引用。

实例 9-8　使用同一个引用

源码路径　daima\9\9-8

实例文件 yin.py 的具体实现代码如下所示。

```
    def changeme( mylist ):          #定义函数changeme()
        "修改传入的列表"
        mylist.append([1,2,3,4]);
        #向参数mylist中添加一个列表
        print ("函数内取值: ", mylist)
        return
mylist = [10,20,30];   #设置mylist的值是一个列表
changeme( mylist );   #调用changeme函数，函数内取值
print ("函数外取值: ", mylist) #函数外取值
```

执行效果如图 9-8 所示。

```
========
函数内取值:  [10, 20, 30, [1, 2, 3, 4]]
函数外取值:  [10, 20, 30, [1, 2, 3, 4]]
>>>
```

图 9-8　执行效果

拓展范例及视频二维码

范例 191：追忆参数的默认值

源码路径：**范例**\191\

范例 192：参数包裹传递

源码路径：**范例**\192\

9.3　函数的返回值

函数并非总是直接显示输出，有时也可以处理一些数据，并返回一个或一组值。函数返回的值称为返回值。在 Python 程序中，函数可以使用 return 语句将值返回到调用函数的代码行。通过使用返回值，可以让开发者将程序的大部分工作移到函数中去完成，从而简化主程序的代码量。

扫码看视频：函数的返回值

9.3.1　返回一个简单值

在 Python 程序中，对函数返回值最简单的用法就是返回一个简单值，例如返回一个文本单词。下面的实例代码演示了返回一个简单值的过程。

实例 9-9　返回名称的简单格式

源码路径　daima\9\9-9

实例文件 jian.py 的具体实现代码如下所示。

```
def get_name(first_name, last_name):
    """返回一个简单的值: """
    full_name = first_name + ' ' + last_name
    return full_name.title()
jiandan = get_name('浪潮', '软件') #调用函数get_name()
print(jiandan)        #显示两个参数的内容
```

拓展范例及视频二维码

范例 193：返回一个列表

源码路径：**范例**\193\

范例 194：return 和 print 的区别

源码路径：**范例**\194\

在上述代码中，在定义函数 get_name()时通过形参接受“first_name”和“last_name”，然后将两者合二为一，在它们之间加上一个空格，并将结果存储在变量 full_name 中。接下来，将 full_name 的值转换为首字母大写格式（当然，这里用的是中文，读者可以尝试换成两个小写英文字符串），并将结果返回到函数调用行。在调用带返回值的函数时，需要提供一个变量，用于存储返回的值。在这里，将返回值存储在了变量 jiandan 中。执行效果如图 9-9 所示。

```
=======
浪潮 软件
>>>
```

图 9-9　执行效果

9.3.2　可选实参

有时需要让实参变成一个可选参数，这样函数的使用者只须在必要时才提供额外的信息。在 Python 程序中，可以使用默认值来让实参变成可选的。假设还需要扩展函数 get_name()的功能，使其还具备处理中间名的功能，则可以使用如下所示的实例代码实现。

实例 9-10　让实参变成一个可选参数

源码路径　daima\9\9-10

实例文件 ke.py 的具体实现代码如下所示。

```
#定义函数get_name()，其中middle_name是可选参数
def get_name(first_name, last_name,middle_name=''):
    """返回一个简单的值："""
    full_name = first_name + ' ' + middle_name + ' ' +
last_name
    return full_name.title()
jiandan = get_name('中国', '浪潮', '集团')
print(jiandan)
```

在上述代码中，通过 3 个参数（first_name、last_name、middle_name）构建了一个字符串。执行效果如图 9-10 所示。

拓展范例及视频二维码

范例 195：函数返回多个值
源码路径：**范例**\195\

范例 196：返回值综合举例
源码路径：**范例**\196\

```
========
中国 集团 浪潮
>>>
```

图 9-10　执行效果

注意：在现实应用中，并非所有的对象都有中间名，但是如果调用这个函数时只提供了 first_name 和 last_name，那么它将不正确地运行。为了让 middle_name 变成可选的，可以给实参 middle_name 指定一个默认值：空字符串，并在用户没有提供中间名时不使用这个实参。为了让函数 get_name()在没有提供中间名时依然可行，可以给实参 middle_name 指定一个默认值——空字符串，并将其移到形参列表的末尾，具体解决方案如下。

（1）在函数体中检查是否提供了中间名。

（2）因为 Python 将非空字符串解读为 True，所以如果在函数调用中提供了中间名，那么“if middle_name”将为 True。接下来，将 first_name、last_name 和 middle_name 合并为全称，并返回到函数调用行。

（3）在函数调用部分将返回的值存储在变量 jiandan 中，然后将这个变量的值显示出来。如果没有提供中间名，middle_name 将为空字符串，导致 if 语句没有通过，进而执行 else 代码块，并将设置好格式的姓名返回给函数调用行。

（4）在函数调用行，将返回的值存储在变量 jiandan 中。

（5）然后显示这个变量的值。

9.3.3　返回一个字典

在 Python 程序中，函数可返回任意类型的值，包括列表和字典等较复杂的数据结构。在下面的实例代码中，函数的返回值是一个字典。

实例 9-11　返回一个字典

源码路径　daima\9\9-11

实例文件 zi.py 的具体实现代码如下所示。

```
def person(first_name, last_name, age=''):
#定义函数person()
    """截止到2016年，浪潮软件成立33年了（返回一个字典）"""
    person = {'first': first_name, 'last': last_name}
#将参数封装在字典person中
    if age:
        person['age'] = age
    #设置字典person中的age就是参数age的值
    return person
musician = person('浪潮', '软件', age=33)
#调用函数person()
print(musician)
```

拓展范例及视频二维码

范例 197：函数名作为字典值
源码路径：**范例**\197\

范例 198：字典作为参数
源码路径：**范例**\198\

在上述代码中，函数 person()接受两个参数（first_name 和 last_name），并将这些值封装到

字典中。在存储 first_name 的值时，使用的键为 first，而在存储 last_name 的值时，使用的键为 last。最后，返回表示人的整个字典。在最后一行代码输出这个返回的值，此时原来的两项文本信息存储在一个字典中。执行效果如图 9-11 所示。

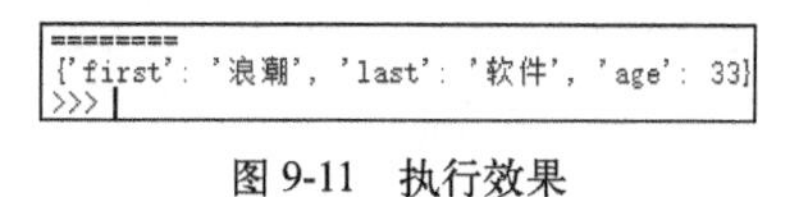
{'first': '浪潮', 'last': '软件', 'age': 33}
>>>

图 9-11　执行效果

9.4　变量的作用域

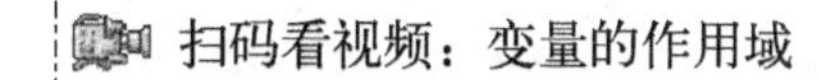
扫码看视频：变量的作用域

在 Python 程序中，变量的作用域是指变量的作用范围，即这个变量在什么范围内起作用。在 Python 程序中有如下 3 种作用域。

- 局部作用域：定义在函数内部的变量拥有一个局部作用域，表示只能在声明它的函数内部访问。
- 全局作用域：定义在函数外的变量拥有全局作用域，表示可以在整个程序范围内访问。在调用一个函数时，所有在函数内声明的变量名称都可加入到作用域中。
- 内置作用域：Python 预先定义的作用域。

每当执行一个 Python 函数时，都会创建一个新的命名空间，这个新的命名空间就是局部作用域。如果同一个函数在不同的时间运行，那么其作用域是独立的。不同的函数也可以具有相同的参数名，其作用域也是独立的。在函数内已经声明的变量名，在函数以外依然可以使用。另外，在程序运行的过程中，其值并不相互影响。下面的实例代码演示了如何在函数内外都有同一个名称的变量而相互不影响。

实例 9-12　使用相互不影响的同名变量

源码路径　daima\9\9-12

实例文件 bu.py 的具体实现代码如下所示。

```
def myfun():                        #定义函数myfun()
    a = 0                           #声明变量a，初始值为0
    a += 3                          #变量a的值加3
    print('函数内a:',a)
a = 'external'     #函数外赋值a
print('全局作用域a:',a)    #显示函数外赋值
myfun()                    #显示函数内赋值
print('全局作用域a:',a)    #再次显示函数外赋值
```

拓展范例及视频二维码

范例 **199**：全局变量和局部变量

源码路径：**范例**\199\

范例 **200**：改变变量的作用域

源码路径：**范例**\200\

在上述代码中，在函数中声明了变量 a，其值为整数类型。在函数外声明了同名变量 a，其值为字符串。在调用函数前后，函数外声明的变量 a 的值不变。在函数内可以对 a 的值进行任意操作，它们互不影响。执行效果如图 9-12 所示。

在上述实例代码中，因为两个变量 a 处于不同的作用域中，所以相互之间不影响，但是如果将全局作用域中的变量作为函数的参数引用，就变成了另外的情形，但这两者不属于同一问题范畴。另外，还有一种方法在函数中引用全局变量并进行操作，如果要在函数中使用函数外的变量，可以在变量名前使用关键字 global。下面的实例代码演示了使用关键字 global 在函数内部使用全局变量的过程。

```
========
全局作用域a: external
函数内a: 3
全局作用域a: external
>>>
```

图 9-12　执行效果

实例 9-13　使用关键字 global 在函数内部使用全局变量
源码路径　daima\9\9-13

实例文件 go.py 的具体实现代码如下所示。

```
def myfun():                    #定义函数myfun()
    global a                    #使用关键字global
    a = 0                       #全局变量a，初始值为0
    a += 3                      #全局变量a的值加3
    print('函数内a:',a)
a = 'external'                  #函数外赋值a
print('全局作用域a:',a)          #显示变量a的值，函数外赋值
myfun()                         #显示函数内赋值
print('全局作用域a:',a)          #显示变量a的值，此时由字
                                #符串'external'变为整数3
```

拓展范例及视频二维码

范例 **201**：另外改变作用域的手段
源码路径：**范例**\201\

范例 **202**：变量的搜索路径
源码路径：**范例**\202\

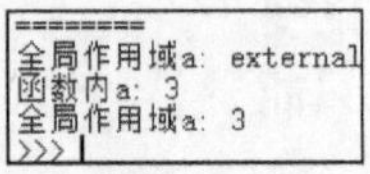

在上述代码中，通过代码“global a”使在函数内使用的变量 a 变为全局变量。在函数中改变了全局作用域变量 a 的值，即由字符串‘external’变为整数 3。执行后的效果如图 9-13 所示。

```
========
全局作用域a: external
函数内a: 3
全局作用域a: 3
>>> |
```

图 9-13　执行效果

9.5　使用函数传递列表

在 Python 程序中，有时需要使用函数传递列表，在这类列表中可能包含名字、数字或更复杂的对象（例如字典）。将列表传递给函数后，函数就可以直接访问其内容。在现实应用中，可以使用函数来提高处理列表的效率。

扫码看视频：使用函数传递列表

9.5.1　访问列表中的元素

在下面的实例中，假设有一个“我的好友”列表，要想访问列表中的每位用户。将一个名字列表传递给一个名为 users()的函数，通过这个函数问候列表中的每个好友。

实例 9-14　问候列表中的每个好友
源码路径　daima\9\9-14

实例文件 users.py 的具体实现代码如下所示。

```
def users(names):               #定义函数users()
    """向我的每一位好友打一个招呼："""
    for name in names:   #遍历参数names中的每一个值
        msg = "Hello, " + name.title() + "!"
        #设置问候语msg的值
        print(msg)              #显示问候语msg
usernames = ['雨夜', '好人', '落雪飞花']
#设置参数列表值
users(usernames)                #调用函数users()
```

拓展范例及视频二维码

范例 **203**：函数的可选参数
源码路径：**范例**\203\

范例 **204**：个数可变的参数
源码路径：**范例**\204\

在上述实例代码中，将函数 users()定义成接受一个名字列表的函数，并将其存储在形参 names 中。这个函数遍历传递过来的列表，并对其中的每位用户都发送一条问候语。在第 6 行代码中定义了一个用户列表 usernames，然后调用函数 users()，并将这个列表传递给它。执行后的效果如图 9-14 所示。

```
========
Hello, 雨夜!
Hello, 好人!
Hello, 落雪飞花!
>>>
```

图 9-14 执行效果

9.5.2 在函数中修改列表

在 Python 程序中，当将列表信息传递给函数后，函数就可以对其进行修改。通过在函数中对列表进行修改的方式，可以高效地处理大量的数据。在下面的实例中，假设某个用户需要复制自己的普通好友列表，复制后移到另一组名为“亲人”的 QQ 分组列表中。

实例 9-15 复制好友到“亲人”分组

源码路径 daima\9\9-15

实例文件 copy.py 的具体实现代码如下所示。

```
def copy(friend, relatives):
#定义函数copy，负责复制好友
    """
    这是复制列表
    """
    while friend:
        current_design = friend.pop()
        # 从copy列表中复制
        print("复制好友： " + current_design)
        relatives.append(current_design)
def qinren(relatives):
    """下面显示所有被复制的元素"""
    print("\n下面的好友已经被复制到“亲人”分组中！")
    for completed_model in relatives:  #遍历relatives中的值
         print(completed_model)
friend = ['雨夜 ', '好人', '落雪飞花']     #设置好友列表的值
relatives = []                          #设置复制到relatives的初始值为空
copy(friend, relatives)                 #复制friend中的值到relatives中
qinren(relatives)                       #调用函数qinren()显示“亲人”列表
```

拓展范例及视频二维码

范例 205：通过 dictionary 方式传递

源码路径：**范例**\205\

范例 206：位置或关键字参数

源码路径：**范例**\206\

在上述实例代码中，第一个函数负责复制好友，而第二个函数负责输出复制到“亲人”群组中的好友信息。函数 copy() 包含两个形参：一个是需要复制的好友列表，一个是复制完成后的“亲人”列表。给定这两个列表，这个函数模拟输出每个涉及复制的过程，将要复制的好友逐个从未复制的列表中取出，并加入到“亲人”列表中。执行后的效果如图 9-15 所示。

```
========
拷贝好友： 落雪飞花
拷贝好友： 好人
拷贝好友： 雨夜

下面的好友已经被拷贝到“亲人”分组中！
落雪飞花
好人
雨夜
>>>
```

图 9-15 执行效果

9.6 使用匿名函数

在 Python 程序中，可以使用 lambda 来创建匿名函数。所谓匿名，是指不再使用 def 语句这样标准的形式定义一个函数。也可以将匿名函数赋给一个变量供调用，它是 Python 中一类比较特殊的声明函数的方式，lambda 来源于 LISP 语言，其语法格式如下所示。

扫码看视频：使用匿名函数

```
lambda params:expr
```

其中，参数“params”相当于声明函数时的参数列表中用逗号分隔的参数，参数“expr”是函数要返回的值的表达式，而表达式中不能包含其他语句，也可以返回元组（要用括号），并且还允许在表达式中调用其他函数。

当在 Python 程序中使用 lambda 创建匿名函数时，应该注意如下 4 点。

- ❑ lambda 只是一个表达式，函数体比 def 简单很多。
- ❑ lambda 的主体是一个表达式，而不是一个代码块。仅仅能在 lambda 表达式中封装有限的逻辑。
- ❑ lambda 函数拥有自己的命名空间，且不能访问自有参数列表之外或全局命名空间里的参数。
- ❑ 虽然 lambda 函数看起来只能写一行，但是它不等同于 C 或 C++的内联函数，后者的目的是调用小函数时不占用栈内存从而增加运行效率。

下面的实例演示了使用 lambda 创建匿名函数的过程。

实例 9-16　使用 lambda 创建匿名函数

源码路径　daima\9\9-16

实例文件 ni.py 的具体实现代码如下所示。

```
sum = lambda arg1, arg2: arg1 + arg2;
# 调用sum函数
print ("相加后的值为 : ", sum( 10, 20 ))
print ("相加后的值为 : ", sum( 20, 20 ))
```

执行后的效果如图 9-16 所示。

```
========
相加后的值为 :  30
相加后的值为 :  40
>>>
```

图 9-16　执行效果

拓展范例及视频二维码

范例 **207**：任意数量的位置参数

源码路径：**范例**\207\

范例 **208**：任意数量的关键字参数

源码路径：**范例**\208\

在 Python 程序中，通常使用 lambda 定义如下类型的函数。

- ❑ 简单匿名函数：写起来快速而简单，节省代码。
- ❑ 不复用的函数：在有些时候需要一个抽象简单的功能，又不想单独定义一个函数。
- ❑ 为了代码清晰：有些地方使用它，代码更清晰易懂。

如果在某个函数中需要一个重复使用的表达式，就可以使用 lambda 来定义一个匿名函数。当发生多次调用时，就可以减少代码的编写量，使条理变得更加清晰。

9.7　函数和模块开发

扫码看视频：函数和模块开发

在众多编程语言中，函数的优点之一是使用它们可将代码块与主程序分离。通过给函数指定描述性名称，可以让主程序更加容易理解。另外，还可以进一步将函数存储在称为模块的独立文件中，再将模块导入到主程序中。import 语句允许在当前运行的程序文件中使用模块中的代码。将函数存储在独立的文件中，其好处之一是隐藏程序代码的细节，将重点放在程序的高层逻辑上。好处之二是在众多不同的程序中重用这个函数。将函数存储在独立的文件中后，可以与其他程序员共享这些文件而不是整个程序。读者学会导入函数的方法后，还可以让开发者使用其他程序员编写的函数库，这最常见的是 Python 提供的内置函数。

9.7.1　导入整个模块文件

在 Python 程序中，导入模块的方法有多种。下面将首先讲解导入整个模块的方法。要想让函数变为是可导入的，需要先创建一个模块。模块是扩展名是".py"格式的文件，在里面包含了要导入到程序中的代码。在下面的实例中，创建了一个包含导入函数 make()的模块，将这个函数单独放在了一个程序文件 pizza.py 中。然后在另外一个独立的文件 making.py 中调用文件 pizza.py 中的函数 make()，在调用时调用了整个 pizza.py 文件。

实例 9-17　导入整个模块文件

源码路径　daima\9\9-17

实例文件 pizza.py 的功能是编写函数 make()，实现制作披萨的功能，具体实现代码如下所示。

```
def make(size, *toppings):                #定义函数make()
    print("\n制作一个" + str(size) +
          "寸的披萨需要的配料：")           #显示披萨的尺寸
    for topping in toppings:              #遍历配料参数toppings中的值
        print("- " + topping)             #显示遍历到的值
```

实例文件 making.py 的功能是，使用 import 语句调用外部模块文件 pizza.py，然后使用文件 pizza.py 中的函数 make()实现制作披萨的功能，具体实现代码如下所示。

```
import pizza                              #导入模块，让Python打开文件pizza.py
pizza.make(16, '黄油', '虾', '芝士')      #调用函数make()，制作第1个披萨
pizza.make(12, '黄油')                    #调用函数make()，制作第2个披萨
```

在上述代码中，当 Python 读取这个文件时，通过第 1 行代码 import pizza 让 Python 打开文件 pizza.py，并将其中的所有函数都复制到这个程序中。开发者看不到复制的代码，只是在程序运行时，Python 在幕后复制这些代码。这样在文件 making.py 中，可以使用文件 pizza.py 中定义的所有函数。在第 2 行和第 3 行代码中，使用了被导入模块中的函数，在使用时指定了导入的模块的名称 pizza 和函数名 make，并用点“.”分隔它们。执行后的效果如图 9-17 所示。

```
制作一个16寸的披萨需要的配料：
- 黄油
- 虾
- 芝士

制作一个12寸的披萨需要的配料：
- 黄油
>>> |
```

图 9-17　执行效果

拓展范例及视频二维码

范例 209：各种参数的混合使用

源码路径：**范例**\209\

范例 210：传值还是传引用

源码路径：**范例**\210\

上述实例很好地展示了导入整个模块文件的过程，整个过程只需要编写一条 import 语句并在其中指定模块名，然后就可以在程序中使用该模块中的所有函数。在 Python 程序中，如果使用这种 import 语句导入了名为 module_name.py 的整个模块，就可以通过下面的语法使用其中的任何一个函数。

```
module_name.function_name( )
```

9.7.2　只导入指定的函数

在 Python 程序中，还可以根据项目的需要只导入模块文件中的特定函数，这种导入方法的语法格式如下所示。

```
frommodule_name import function_name
```

如果需要从一个文件中导入多个指定的函数，可以使用逗号隔开多个导入函数的名称。具体语法格式如下所示。

```
frommodule_name import function_name0,function_name1,function_name2
```

下面的实例演示了导入外部模块文件中指定函数的过程。

实例 9-18　导入外部模块文件中的指定函数 printinfo()

源码路径　daima\9\9-18

实例文件 jiafa.py 的功能是编写函数 printinfo()，具体实现代码如下所示。

```
def printinfo( arg1, *vartuple ):         #定义函数printinfo()
    "显示任何传入的参数"
    print ("输出: ")                       #显示文本
```

```
        print (arg1)             #显示参数arg1
        for var in vartuple:     #遍历参数vartuple中的值
            print (var)          #显示遍历到的值
        return;
```

实例文件 yong.py 的功能是导入文件 jiafa.py 中的函数 printinfo()，具体实现代码如下所示。

```
from jiafa import printinfo #导入文件jiafa.py中的
                            #函数printinfo()
printinfo( 10 );            #调用函数printinfo()
printinfo( 70, 60, 50 );    #调用函数printinfo()
```

拓展范例及视频二维码

范例 211：传参的值影响最小
源码路径：**范例**\211\

范例 212：避免错误的用法
源码路径：**范例**\212\

在上述代码中，只是导入了文件 jiafa.py 中的函数 printinfo()，即使在文件 jiafa.py 中还有很多个其他函数，也不会调用使用其他函数。执行后的效果如图 9-18 所示。

```
>>>
输出:
10
输出:
70
60
50
>>>
```

图 9-18　执行效果

9.7.3　使用 as 指定函数别名

在 Python 程序中，如果要从外部模板文件中导入的函数名称可能与程序中现有的名称发生冲突，或者函数的名称太长，就可以使用关键字“as”指定简短而独一无二的别名。下面的实例演示了使用 as 指定函数别名的过程。

实例 9-19　使用 as 指定函数别名
源码路径　daima\9\9-19

将文件 jiafa.py 作为外部模块文件，在里面编写了功能函数 printinfo()。实例文件 yong.py 的功能是导入文件 jiafa.py 中的函数 printinfo()，在导入时将函数 printinfo()设置为别名“mm”。具体实现代码如下所示。

```
from jiafa import printinfo as mm
#导入文件jiafa.py中的函数printinfo()，并将函数printinfo()设置为别名“mm”
mm( 10 );                                    #相当于调用函数printinfo()
mm( 70, 60, 50 );                            #相当于调用函数printinfo()
```

在上述代码中，将函数 printinfo()的别名设置为“mm”。这样在这个程序中，每当需要调用函数 printinfo()时，都可简写成 mm()，Python 会运行 printinfo()中的代码，这样可避免与这个程序中可能包含的函数 printinfo()混淆。执行后的效果如图 9-19 所示。

拓展范例及视频二维码

范例 213：简单地使用模块
源码路径：**范例**\213\

范例 214：将函数赋给本地变量
源码路径：**范例**\214\

```
>>>
输出:
10
输出:
70
60
50
>>>
```

图 9-19　执行效果

9.7.4　使用 as 指定模块别名

在 Python 程序中，除了可以使用关键字“as”给函数指定简短而独一无二的别名外，还可以使用关键字“as”给模块文件指定一个别名。下面的实例演示了使用 as 指定模块文件别名的过程。

实例 9-20　使用 as 指定模块文件别名
源码路径　daima\9\9-20

将文件 jiafa.py 作为外部模块文件，在里面编写了功能函数 printinfo()。实例文件 yong.py 的功能是导入文件 jiafa.py 中的所有模块功能（其实只定义了一个函数 printinfo()），在导入时将模块文件 jiafa.py 的别名设置为“mm”。具体实现代码如下所示。

```
import jiafa as mm       #导入文件jiafa.py中的函数printinfo()，并将文件jiafa.py设置为别名“mm”
mm.printinfo( 10 );            #调用函数printinfo()
mm.printinfo( 70, 60, 50 );   #调用函数printinfo()
```

在上述代码中，通过 import 语句给模块 jiafa 指定了别名 mm，但该模块中所有函数的名称都没变。当调用函数 printinfo()时，可编写代码 mm.printinfo()而不是 jiafa.printinfo()，这样不仅可以使代码变得更加简洁，还可以让开发者不再关注模块名，而专注于描述性的函数名。这些函数名明确地指出了函数的功能，对理解代码而言，它们比模块名更加重要。执行后的效果如图 9-20 所示。

```
>>>
输出:
10
输出:
70
60
50
>>>
```

图 9-20 执行效果

拓展范例及视频二维码

范例 215：更加精准的导入

源码路径：**范例**\215\

范例 216：导入所有在模块中定义的名字

源码路径：**范例**\216\

9.7.5 导入所有函数

在 Python 程序中，可以使用星号运算符“*”导入外部模块文件中的所有函数。下面的实例演示了使用“*”运算符导入外部模块文件中所有函数的过程。

实例 9-21 导入外部模块文件中所有函数

源码路径 daima\9\9-21

将文件 jiafa.py 作为外部模块文件，在里面编写了功能函数 printinfo()。实例文件 yong.py 的功能是导入文件 jiafa.py 中的函数 printinfo()，在导入时使用“*”运算符导入了文件 jiafa.py 中的所有函数。具体实现代码如下所示。

```
from jiafa import *  #导入文件jiafa.py中的所有函数
printinfo( 10 );     #调用函数printinfo()
printinfo( 70, 60, 50 );#调用函数printinfo()
```

拓展范例及视频二维码

范例 217：计算 16 的平方根

源码路径：**范例**\217\

范例 218：直接导入和引发异常

源码路径：**范例**\218\

在上述代码中，通过 import 语句中的星号让 Python 将模块 jiafa 中的所有函数都复制到这个程序文件中。因为导入了所有的函数，所以可以通过名称来调用每个函数，而无需使用句点表示法。执行后的效果如图 9-21 所示。

注意：在 Python 程序中，当使用并非自己编写的大型模块时，最好不要采用这种导入方法。因为如果在模块中有函数的名称与你的项目中使用的名称相同，就会导致意想不到的结果。另外，Python 可能会遇到多个名称相同的函数或变量，从而覆盖函数，而不是分别导入所有的函数。对于开发者来说，最佳做法是要么只导入需要使用的函数，要么导入整个模块并使用句点表示法。这样可以使代码变得更清晰，更加容易阅读和理解。

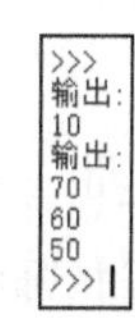

图 9-21 执行效果

9.8 技术解惑

9.8.1 Python 内置函数大全

内置函数是指 Python 已经为我们编写好了的函数，开发者在使用时只须直接调用这个内置函数即可。Python 是一门体贴程序员的语言，为开发者提供了大量的内置函数，大大节约了开发者的开发时间，提高了开发效率。在本书前面的内容中，已经用到了多个内置函数，例如类型转换函数和数学运算函数等。

9.8.2　一个项目引发的问题

无论是 Web 项目还是桌面项目，根据面向对象编程思想，经常将各种在一个项目中使用多次的功能单独进行开发，将这个功能称为一个模块。而函数是为了实现某个功能而编写的，一个函数能够实现某个具体功能。从具体实现原理看，函数和模块是相似的，都是为了实现一个具体功能。

第一次知道模块的作用还是在上学的时候，老师说可以将平常经常用到的模块保存起来，这样在以后开发项目时可以直接拿过来用，并苦口婆心地劝我们平常多收集常用的模块，例如导航界面、会员注册、搜索等模块。

模块的用处就是组装。例如开发一个典型企业网站，对于网站中的会员系统，可以参考收集的登录验证模块和会员管理模块实现；对于企业产品展示，可以参考收集的产品展示模块来实现，完全可以将源码原封不动地搬过来，只是把图片进行替换和修改。模块在典型企业网站中的作用如图 9-22 所示。

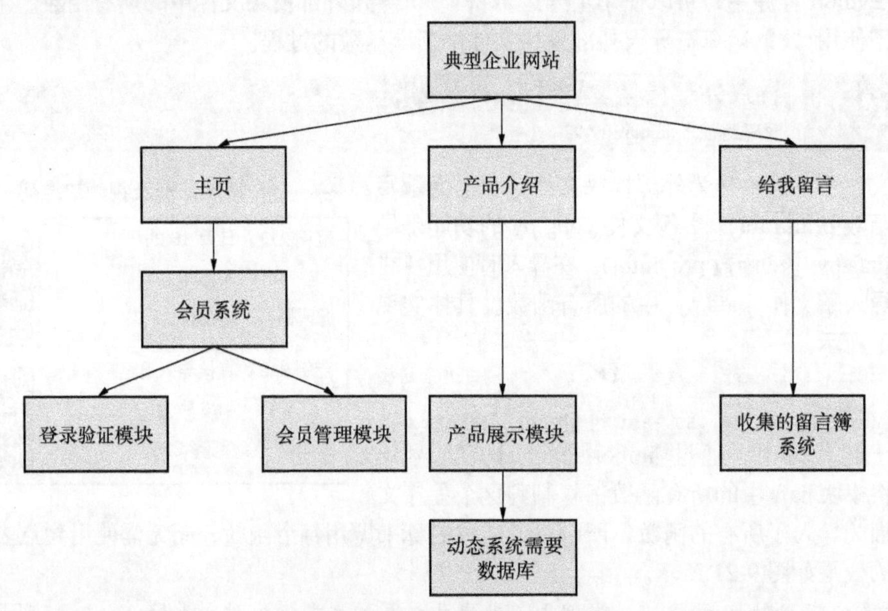

图 9-22　模块在典型企业网站中的作用

在设计师的初级阶段，可以借用模块来实现自己的功能。随着技术的增长和项目的增多，每个设计师都会有很多套属于自己的作品。

9.8.3　使用递归方法展开多层列表

这是一个经典的算法问题，读者在以后的开发生涯中会经常遇到。下面的代码演示了使用递归方法展开多层列表的算法方案，最后以生成器的方式输出结果。

```
def flatten(ll):
        """
        功能:用递归方法展开多层列表,以生成器方式输出
        """
        if isinstance(ll, list):
                for i in ll:
                        for element in flatten(i):
                                yield element
        else:
```

```
                yield ll
testcase= ['and', 'B', ['not', 'A'],[1,2,1,[2,1],[1,1,[2,2,1]]], ['not', 'A', 'A'],['or',
'A', 'B' ,'A'] , 'B']
print (unilist(testcase)
print (list(flatten(testcase)))
```

运行上述代码后会输出如下结果。

```
['and', 'B', ['not', 'A'], [1, 2, [2, 1], [1, [2, 1]]], ['or', 'A', 'B']]
['and', 'B', 'not', 'A', 1, 2, 1, 2, 1, 1, 1, 2, 2, 1, 'not', 'A', 'A', 'or', 'A', 'B',
'A', 'B']
```

9.9 课后练习

（1）利用递归函数调用方式，将所输入的5个字符，以相反顺序显示出来。

（2）有5个人坐在一起，问第5个人多少岁，他说比第4个人大2岁。问第4个人的岁数，他说比第3个人大2岁。问第3个人的岁数，他说比第2人大2岁。问第2个人的岁数，他说比第1个人大2岁。最后问第1个人，他说是10岁。请问第5个人多大岁数?

（3）给一个不多于5位的正整数，要求：a）求它是几位数，b）逆序显示各位数字。

（4）对于一个5位数，判断它是不是回文数。如12321是回文数，个位与万位相同，十位与千位相同。

第 10 章

面向对象（上）

（视频讲解：138min）

因为 Python 是一门面向对象的编程语言，所以了解面向对象编程的知识变得十分重要。在使用 Python 语言编写程序时，首先应该使用面向对象的思想来分析问题，抽象出项目的共同特点。面向对象编程技术是软件开发的核心。本章将详细介绍面向对象编程技术的基本知识，为读者步入本书后面的学习打下坚实的基础。

10.1 定义并使用类

扫码看视频：定义并使用类

在面向对象编程语言中，具有相同属性或能力的模型是使用类进行定义和表示的。在程序中需要编写出能够表示现实世界中的事物和情景的类，并基于这些类来创建对象。在编写一个类时，需要定义一些类都有的通用行为。在基于类创建对象时，每个对象都自动具备这种通用行为，然后可根据需要赋予每个对象独特的个性。使用面向对象编程方式可以模拟现实世界的情景，已证明这是最佳的编程方式。在使用你创建的类时，必须先进行类实例化。根据类来创建对象的过程称为实例化，这可以让我们能够使用类的实例。本节将详细讲解定义并使用类来模拟现实世界的知识。

10.1.1 定义类

在 Python 程序中，把具有相同属性和方法的对象归为一个类，例如可以将人类、动物和植物看作不同的“类”。在使用类之前必须先创建这个类，在 Python 程序中，定义类的语法格式如下所示。

```
class ClassName:
    语句
```

- ❑ class：定义类的关键字。
- ❑ ClassName：类的名称。Python 语言规定，类的首字母大写。

10.1.2 类的基本用法

在 Python 程序中，类只有实例化后才能够使用。类的实例化与函数调用类似，只要使用类名加小括号的形式就可以实例化一个类。类实例化以后会生成该类的一个实例，一个类可以实例化成多个实例，实例与实例之间并不会相互影响，类实例化以后就可以直接使用了。下面的实例代码演示了定义并使用类的基本过程。

实例 10-1　定义并使用类

源码路径　daima\10\10-1

实例文件 lei.py 的具体实现代码如下所示。

```
class MyClass:              #定义类MyClass
    "这是一个类."
myclass = MyClass()         #实例化类MyClass
print('输出类的说明：')     #显示文本信息
print(myclass.__doc__)      #显示属性值
print('显示类帮助信息：')
help(myclass)
```

拓展范例及视频二维码

范例 219：定义一个简单的类
源码路径：范例\219\

范例 220：类数据属性和实例数据属性
源码路径：范例\220\

在上述代码中，首先定义了一个自定义类 MyClass，在类体中只有一行类的说明信息“这是一个类.”。然后实例化该类，并调用类的属性来显示属性“__doc__”的值。Python 语言中的每个对象都会有一个“__doc__”属性，该属性用于描述该对象的作用。在最后一行代码中用到了 Python 的内置函数 help()，功能是显示帮助信息。执行后的效果如图 10-1 所示。

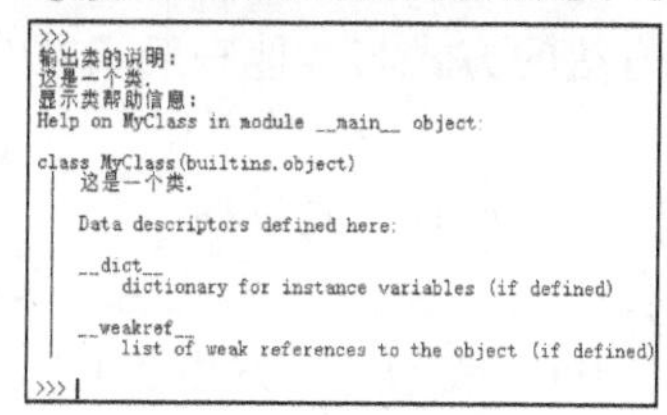

图 10-1　执行效果

10.2　类　对　象

在Python程序中，类实例化后就生成了一个对象。类对象支持两种操作，分别是属性引用和实例化。属性引用的使用方法和Python中所有的属性引用方法一样，都使用“obj.name”格式。在类创建对象后，类命名空间中所有的命名都是有效属性名。下面的实例代码演示了使用类对象的基本过程。

扫码看视频：类对象

实例10-2　使用类对象

源码路径　daima\10\10-2

实例文件dui.py的具体实现代码如下所示。

```
class MyClass:                          #定义类MyClass
    """一个简单的类实例"""
    i = 12345                           #设置变量i的初始值
    def f(self):                        #定义类方法f()
        return 'hello world'   #显示文本
x = MyClass()                           #实例化类
#下面两行代码分别访问类的属性和方法
print("类MyClass中的属性i为：", x.i)
print("类MyClass中的方法f输出为：", x.f())
```

拓展范例及视频二维码

范例221：特殊的类属性
源码路径：**范例**\221\

范例222：实现属性隐藏
源码路径：**范例**\222\

在上述代码中，创建了一个新的类实例并将该对象赋给局部变量x。x的初始值是一个空的MyClass对象，通过最后两行代码分别访问类的属性和方法。执行后的效果如图10-2所示。

```
>>>
类MyClass中的属性i为： 12345
类MyClass中的方法f输出为： hello world
>>>
```

图10-2　执行效果

10.3　类　方　法

在Python程序中，正如实例10-1所定义的类MyClass那样，只有一个说明信息的类是没有任何意义的。要想用类来解决实际问题，还需要定义一个具有一些属性和方法的类，因为这才符合现实世界中事物的特征，就像实例10-2中的属性“i”那样。

扫码看视频：类方法

10.3.1　定义并使用类方法

在Python程序中，可以使用关键字def在类的内部定义一个方法。在定义类的方法后，可以让类具有一定的功能。在类外部调用该类的方法时就可以完成相应的功能，或改变类的状态，或达到其他目的。定义类方法的方式与其他一般函数的定义方式相似，但是有如下3点区别：

- 方法的第一个参数必须是self，而且不能省略；
- 方法的调用需要实例化类，并以“实例名.方法名（参数列表）”的形式进行调用；
- 必须整体进行一个单位的缩进，表示这个方法属于类体中的内容。

下面的实例代码演示了定义并使用类方法的过程。

实例 10-3 使用类方法

源码路径 daima\10\10-3

实例文件 fang.py 的具体实现代码如下所示。

```
class SmplClass:                    #定义类SmplClass
    def info(self):                 #定义类方法info()
        print('我定义的类！')        #显示文本
    def mycacl(self,x,y):           #定义类方法mycacl()
        return x + y                #返回参数x和y的和
sc = SmplClass()                    #实例化类SmplClass
print('调用info方法的结果：')
sc.info()   #调用实例对象sc中的方法info()
print('调用mycacl方法的结果：')
print(sc.mycacl(3,4))#调用实例对象sc中的方法mycacl()
```

拓展范例及视频二维码

范例 **223**：定义并使用实例方法
源码路径：**范例**\223\

范例 **224**：定义并使用类方法
源码路径：**范例**\224\

在上述实例代码中，首先定义了一个具有两个方法 info()和 mycacl()的类，然后实例化该类，并调用这两个方法。其中第一个方法调用的功能是直接输出信息，第二个方法调用的功能是计算了参数 3 和 4 的和。执行后的效果如图 10-3 所示。

```
>>>
调用info方法的结果：
我定义的类！
调用mycacl方法的结果：
7
>>>
```

图 10-3 执行效果

注意：在定义方法时，也可以像定义函数一样声明各种形式的参数。在调用方法时，不用提供 self 参数。

10.3.2 构造方法

在 Python 程序中，在定义类时可以定义一个特殊的构造方法，即__init__()方法。注意，init 前后分别是两条下划线“_”。构造方法用于在类实例化时初始化相关数据，如果在这个方法中有相关参数，在实例化时就必须提供。

在 Python 语言中，很多类都倾向于将对象创建为有初始状态的形式，所以会在很多类中看到定义一个名为__init__() 的构造方法，例如下面的演示代码。

```
def __init__(self):
    self.data = []
```

在 Python 程序中，如果在类中定义了__init__()方法，那么类的实例化操作会自动调用__init__()方法。所以接下来可以这样创建一个新的实例。

```
x = MyClass()
```

当然，构造方法__init__()可以有参数，参数通过构造方法__init__()传递到类的实例化操作上。在下面的实例代码中，参数通过__init__()传递到类的实例化操作中。

实例 10-4 使用类对象

源码路径 daima\10\10-4

实例文件 gouzao.py 的具体实现代码如下所示。

```
class Complex:                          #定义类
      def __init__(self, realpart, imagpart):
      #定义构造方法
          self.r = realpart      #初始化构造方法参数
          self.i = imagpart      #初始化构造方法参数
x = Complex(3.0, -4.5)                  #实例化类
print(x.r, x.i)                         #显示两个方法参数
```

拓展范例及视频二维码

范例 **225**：定义并使用静态方法
源码路径：**范例**\225\

范例 **226**：定义并使用构造方法
源码路径：**范例**\226\

执行后的效果如图 10-4 所示。

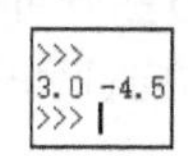

图 10-4 执行效果

对于上面这个简单的实例，肯定有的读者还是不明白构造方法的功能。假设有这么一个场景，我的宠物狗非常可爱，具有汪汪叫和伸舌头的两个技能。在下面的实例中，定义了狗类 Dog，

然后根据类 Dog 创建的每个实例都将存储名字和年龄，并赋予了小狗汪汪叫“wang”和伸舌头“shen”技能。

实例 10-5 我的宠物狗

源码路径 daima\10\10-5

实例文件 dog.py 的具体实现代码如下所示。

```
class Dog():
    """小狗狗"""
    def __init__(self, name, age):
        """初始化属性name和age."""
        self.name = name
        self.age = age
    def wang(self):
        """模拟狗狗汪汪叫."""
        print(self.name.title() + " 汪汪")
    def shen(self):
        """模拟狗狗伸舌头."""
        print(self.name.title() + "伸舌头")
```

拓展范例及视频二维码

范例 **227**：方法的重写和重载
源码路径：**范例**\227\

范例 **228**：实现继承父类方法重写
源码路径：**范例**\228\

在上述代码中，在第 1 行中定义了一个名为 Dog 的类，这个类定义中的圆括号是空的。然后在第 2 行编写了一个文档字符串，对这个类的功能进行了描述。在第 3 行代码中使用构造方法__init__()，每当根据类 Dog 创建新的实例时，Python 都会自动运行这个构造方法。在这个构造方法__init__()的名称中，开头和末尾各有两条下划线，这是一种约定，目的是避免跟程序中的普通方法发生命名冲突。

在上述方法__init__()定义中包含了 3 个形参，分别是 self、name 和 age。在这个方法的定义中，其中形参 self 是必不可少的，并且还必须位于其他形参的前面。究竟为何必须在方法定义中包含形参 self 呢？这是因为当 Python 调用这个__init__()方法来创建类 Dog 的实例时，会自动传入实参 self。在 Python 程序中，每个与类相关联的方法调用都会自动传递实参 self，这是一个指向实例本身的引用，使实例能够访问类中的属性和方法。

在创建类 Dog 的实例时，Python 会自动调用类 Dog 中的构造方法__init__()。我们将通过实参向 Dog()传递“name”和“age”。因为 self 会自动传递，所以我们不需要传递它。每当根据类 Dog 创建实例时，都只需给最后两个形参（name 和 age）提供值即可。

在第 5 行和第 6 行代码中，定义的两个变量都有前缀 self。在 Python 程序中，以 self 为前缀的变量都可以供类中的所有方法使用，并且还可以通过类的任何实例来访问这些变量。代码“self.name=name”能够获取存储在形参 name 中的值，并将其存储到变量 name 中，然后该变量被关联到当前创建的实例中。代码“self.age=age”的作用与此相类似。在 Python 程序中，可以通过实例访问的变量称为属性。

通过第 7 行和第 10 行代码，在类 Dog 中还定义了另外两个方法：wang()和 shen()。因为这些方法不需要额外的信息，如“name”或“age”，所以它们只有一个形参 self。这样在以后将创建的实例能够访问这些方法，也就是说，它们都会“汪汪叫”和“伸舌头”。上述代码中的方法 wang()和 shen()所具有的功能有限，只是输出一条汪汪叫或伸舌头的消息而已。

10.3.3 方法调用

方法调用就是调用创建的方法，在 Python 程序中，类中的方法既可以调用本类中的方法，也可以调用全局函数来实现相关功能。调用全局函数的方式和面向过程中的调用方式相同，而调用本类中的方法时应该使用如下所示的格式。

```
self.方法名(参数列表)
```

当在 Python 程序中调用本类中的方法时，提供的参数列表中不应该包含“self”。下面的实例演示了在类中调用类自身的方法和全局函数的过程。

实例 10-6 调用类自身的方法和全局函数

源码路径 daima\10\10-6

实例文件 quan.py 的具体实现代码如下所示。

```
def diao(x,y):
    return (abs(x),abs(y))
class Ant:
    def __init__(self,x=0,y=0):
        self.x = x
        self.y = y
        self.d_point()
    def yi(self,x,y):
        x,y = diao(x,y)
        self.e_point(x,y)
        self.d_point()

    def e_point(self,x,y):
         self.x += x
         self.y += y
    def d_point(self):
         print("亲，当前的位置是：(%d,%d)" % (self.x,self.y))
ant_a = Ant()
ant_a.yi(2,7)
ant_a.yi(-5,6)
```

拓展范例及视频二维码

范例 **229**：杜绝直接重写错误

源码路径：**范例**\229\

范例 **230**：另外一种重写错误

源码路径：**范例**\230\

在上述实例代码中，首先定义了一个全局函数 diao()，然后定义了类“Ant”，接着在类中定义了一个构造方法，并且在构造方法中也调用了类中的其他方法 d_point()。接下来，在定义方法 yi()的同时调用了全局函数 diao()和类中的两个方法 e_point()和 d_point()。在代码行“ant_a = Ant()”中，因为在初始化类 Ant 类时没有给出参数，所以运行后使用了默认值“0，0”。因为在代码行“ant_a.yi(2,7)”中提供了参数“2，7”，所以位置变为了(2，7)。在代码行“ant_a.yi(−5,6)”中提供了参数“−5，6”，所以位置变为了(7，13)。执行后的效果如图 10-5 所示。

```
亲，当前的位置是：(0,0)
亲，当前的位置是：(2,7)
亲，当前的位置是：(7,13)
>>> |
```

图 10-5 执行效果

10.3.4 创建多个实例

在 Python 程序中，可以将类看作创建实例的一个模板。只有在类中创建实例，这个类才变得有意义。例如在本章前面的实例 10-5 中，类 Dog 只是一系列说明而已，让 Python 知道如何创建表示特定“宠物狗”的实例。而并没有创建实例对象，所以运行后不会显示任何内容。要想使类 Dog 变得有意义，可以根据类 Dog 创建实例，然后就可以使用点“.”符号表示法来调用类 Dog 中定义的任何方法。另外，在 Python 程序中，可以按照需求根据类创建任意数量的实例。下面的实例演示了在类中创建多个实例的过程。

实例 10-7 在类中创建多个实例

源码路径 daima\10\10-7

实例文件 duo.py 的具体实现代码如下所示。

```
class Dog():
    """小狗狗"""
    def __init__(self, name, age):
        """初始化属性name和age."""
        self.name = name
        self.age = age
    def wang(self):
        """模拟狗狗汪汪叫."""
        print(self.name.title() + " 汪汪")
    def shen(self):
        """模拟狗狗伸舌头."""
        print(self.name.title() + "伸舌头")
my_dog = Dog('大狗', 6)
your_dog = Dog('小狗', 3)
```

拓展范例及视频二维码

范例 **231**：用未绑定的超类构造方法

源码路径：**范例**\231\

范例 **232**：使用新版中的 super 方法

源码路径：**范例**\232\

```
print("我爱犬的名字是" + my_dog.name.title() + ".")
print("我的爱犬已经" + str(my_dog.age) + "岁了！")
my_dog.wang()
print("\n你爱犬的名字是 " + your_dog.name.title() + ".")
print("你的爱犬已经" + str(your_dog.age) + "岁了！")
your_dog.wang()
```

在上述实例代码中，使用了本章前面实例 10-5 中定义的类 Dog，在第 13 行代码中创建了一个 name 为“大狗”、age 为“6”的小狗狗，当运行这行代码时，Python 会使用实参“大狗”和“6”调用类 Dog 中的方法__init__()。方法__init__()会创建一个表示特定小狗的实例，并使用我们提供的值来设置属性 name 和 age。另外，虽然在方法__init__()中并没有显式地包含 return 语句，但是 Python 会自动返回一个表示这条小狗的实例。在上述代码中，将这个实例存储在变量 my_dog 中。

而在第 14 行代码中创建了一个新的实例，其中 name 为“小狗”，age 为“3”。第 13 行中的小狗实例和第 14 行中的小狗实例各自独立，各自有自己的属性，并且能够执行相同的操作。例如在第 15、16、17 行代码中，独立输出了实例对象“my_dog”的信息。而在第 18、19、20 行代码中，独立输出了实例对象“your_dog”的信息，执行后的效果如图 10-6 所示。

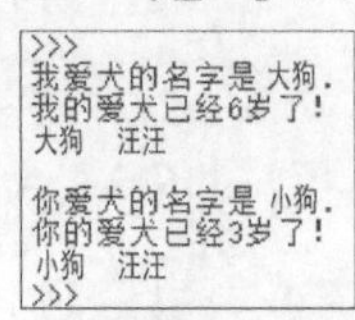

图 10-6　执行效果

10.3.5　使用私有方法

在 Python 程序中也有私有这一概念，与大多数的语言不同，一个 Python 函数、方法或属性是私有还是公有，完全取决于它的名字。如果一个 Python 函数、类方法或属性的名字以两条下划线“__”开始（注意，不是结束），那么这个函数、方法或属性就是私有的，其他所有的方式都是公有的。当在类的内部调用私有成员时，可以用点“.”运算符实现，例如在类的内部调用私有方法的语法格式如下所示。

```
self.__方法名
```

在 Python 程序中，私有函数、方法或属性的特点如下所示。

- 私有函数不可以从它们的模块外面调用。
- 私有类方法不能够从它们的类外面调用。
- 私有属性不能够从它们的类外面访问。

在 Python 程序中，在该类以外的地方不能调用该类的私有方法。如果试图调用一个私有方法，Python 将引发一个有些误导的异常，宣称那个方法不存在。当然，它确实存在，但是它是私有的，所以在类外是不可使用的。从严格意义来说，私有方法在它们的类外是可以访问的，只是不容易处理而已。在 Python 程序中，没有什么是真正私有的。在一个类的内部，私有方法和属性的名字忽然改变和恢复，以至于使得它们无法使用它们给定的名字。下面的实例演示了使用私有方法的过程。

实例 10-8　使用私有方法

源码路径　daima\10\10-8

实例文件 si.py 的具体实现代码如下所示。

```
class Site:                         #定义类Site
    def __init__(self, name, url):  #定义构造方法
        self.name = name            #公共属性
        self.__url = url            #私有属性
    def who(self):
        print('name    : ', self.name)
        print('url : ', self.__url)
    def __foo(self):                #定义私有方法
        print('这是私有方法')
    def foo(self):                  #定义公共方法
        print('这是公共方法')
        self.__foo()
x = Site('菜鸟教程', 'www.toppr.net')
```

拓展范例及视频二维码

范例 233：单下划线“_”的访问控制

源码路径：**范例**\233\

范例 234：避免子类对父类同名属性的冲突

源码路径：**范例**\234\

```
x.who()                           #这行代码正常输出
x.foo()                           #这行代码正常输出
#x.__foo()                        #这行代码报错
```

在上述实例代码中定义了私有方法__foo，在类中可以使用它。在最后一行代码中，要尝试在外部调用私有方法__foo，这在 Python 中是不允许的。执行后的效果如图 10-7 所示。

```
>>>
name  :  菜鸟教程
url  :  www.toppr.net
这是公共方法
这是私有方法
>>>
```

图 10-7　执行效果

10.3.6　析构方法

在 Python 程序中，析构方法是__del__()，“del”前后分别有两条下划线“__”。当使用内置方法 del()删除对象时，会调用它本身的析构函数。另外，当一个对象在某个作用域中调用完毕后，在跳出其作用域的同时也会调用析构函数一次，这样可以使用析构方法__del__()释放内存空间。下面的实例演示了使用析构方法的过程。

实例 10-9　使用析构方法

源码路径　daima\10\10-9

实例文件 xigou.py 的具体实现代码如下所示。

```
class NewClass(object):             #定义类NewClass
    num_count = 0 # 所有的实例都共享此变量，不能单独为每个实例分配
    def __init__(self,name):        #定义构造方法
        self.name = name            #实例属性
        NewClass.num_count += 1
        #设置变量num_count值加1
        print (name,NewClass.num_count)
    def __del__(self): #定义析构方法__del__
        NewClass.num_count -= 1
        #设置变量num_count值减1
        print ("Del",self.name,NewClass.
        num_count)
    def test():                 #定义方法test()
        print ("aa")
aa = NewClass("Hello")   #定义类NewClass的实例化对象aa
bb = NewClass("World")   #定义类NewClass的实例化对象bb
cc = NewClass("aaaa")  #定义类NewClass的实例化对象cc
del aa                   #调用析构
del bb                   #调用析构
del cc                   #调用析构
print ("Over")
```

拓展范例及视频二维码

范例 **235**：全局成员变量的缺陷
源码路径：**范例**\235\

范例 **236**：每次需要手动回收
源码路径：**范例**\236\

在上述实例代码中，num_count 是全局的，这样每当创建一个实例时，就会调用构造方法__init__()，num_count 的值递增 1。当程序结束后，所有的实例都会析构，即调用方法__del__()，每调用一次，num_count 的值递减 1。执行后的效果如图 10-8 所示。

```
>>>
Hello 1
World 2
aaaa 3
Del Hello 2
Del World 1
Del aaaa 0
Over
>>>
```

图 10-8　执行效果

10.3.7　静态方法和类方法

在 Python 程序中，类中的方法可以分为多种，其中最为常用的有实例方法、类方法和静态方法。具体说明如下所示。

- 实例方法：在本书前面用到的所有类中的方法都是实例方法，其隐含调用的参数是类的实例。
- 类方法：隐含调用的参数是类。在定义类方法时，应使用装饰器@classmethod 进行修饰，并且必须有默认参数“cls”。
- 静态方法：没有隐含调用参数。类方法和静态方法的定义方式都与实例方法不同，它们的调用方式也不同。在定义静态方法时，应该使用修饰符@staticmethod 进行修饰，

并且没有默认参数。

在调用类方法和静态方法时，可以直接由类名进行调用，在调用前无须实例化类。另外，也可以使用该类的任一个实例进行调用。下面的实例代码演示了使用类方法和静态方法的过程。

实例 10-10　使用类方法和静态方法

源码路径　daima\10\10-10

实例文件 jing.py 的具体实现代码如下所示。

```
class Jing:                       #定义类Jing
    def __init__(self,x=0):       #定义构造方法
        self.x = x                #设置属性
    @staticmethod                 #使用静态方法装饰器
    def static_method():          #定义静态类方法
        print('此处调用了静态方法！')
##          print(self.x)
    @classmethod                  #使用类方法装饰器
    def class_method(cls):        #定义类方法，默认参数是cls
        print('此处调用了类方法！')
Jing.static_method()
#没有实例化类，通过类名调用静态方法
Jing.class_method()               #没有实例化类，通过类名调用类方法
dm = Jing()                       #实例化类
dm.static_method()                #通过类实例调用静态方法
dm.class_method()                 #通过类实例调用类方法
```

拓展范例及视频二维码

范例 **237**：使用析构解决问题

源码路径：**范例**\237\

范例 **238**：析构输出指定文本

源码路径：**范例**\238\

在上述实例代码中，首先在类 Jing 中同时定义了静态方法和类方法，然后在未实例化时使用类名进行调用，最后在实例化后用类实例再次进行调用。执行后的效果如图 10-9 所示。

```
======
此处调用了静态方法！
此处调用了类方法！
此处调用了静态方法！
此处调用了类方法！
>>> |
```

图 10-9　执行效果

10.3.8　类的专有方法

在 Python 程序中，类可以定义专用方法，也称为专有方法。专用方法是指在特殊情况下或当使用特别语法时由 Python 自动调用的方法，而不是在代码中直接调用的方法（像调用普通的方法那样）。例如本章前面讲解的构造方法__init__()和析构方法__del__就是常见的专有方法。

在 Python 语言中，类中常用的专有方法如下所示。

- __init__：构造方法，在生成对象时调用。
- __del__：析构方法，在释放对象时使用。
- __repr__：打印，转换。
- __setitem__：按照索引赋值。
- __getitem__：按照索引获取值。
- __len__：获得长度。
- __cmp__：比较运算。
- __call__：函数调用。
- __add__：加运算。
- __sub__：减运算。
- __mul__：乘运算。
- __div__：除运算。
- __mod__：求余运算。
- __pow__：乘方。

10.4 类 属 性

在 Python 程序中，属性是对类进行建模必不可少的内容，10.3 节介绍的方法是用来操作数据的，而和操作相关的大部分内容都和下面将要讲解的属性有关。我们既可以在构造方法中定义属性，也可以在类的其他方法中使用定义的属性。

扫码看视频：类属性

10.4.1 认识属性

在本章前面的内容中，已经多次用到了属性，例如在本章前面的实例 10-5 和实例 10-7 中，“name”和“age”都是属性。

```
class Dog():
    """小狗狗"""
    def __init__(self, name, age):
        """初始化属性name和age."""
        self.name = name
        self.age = age
    def wang(self):
        """模拟狗狗汪汪叫."""
        print(self.name.title() + " 汪汪")
    def shen(self):
        """模拟狗狗伸舌头."""
        print(self.name.title() + "伸舌头")
my_dog = Dog('将军', 6)
your_dog = Dog('武士', 3)
print("我爱犬的名字是" + my_dog.name.title() + ".")
print("我的爱犬已经" + str(my_dog.age) + "岁了！")
my_dog.wang()
print("\n你爱犬的名字是 " + your_dog.name.title() + ".")
print("你的爱犬已经" + str(your_dog.age) + "岁了！")
your_dog.wang()
```

在实例 10-7 的代码中，在构造方法__init__()中创建一个表示特定小狗的实例，并使用我们提供的值来设置属性 name 和 age。在 my_dog.name.title()和 str(my_dog.age)中点运算符“.”访问了实例属性，运算符表示法在 Python 中很常用，这种语法演示了 Python 如何获悉属性的值。在上述代码中，Python 先找到实例 my_dog，再查找与这个实例相关联的属性 name。当在类 Dog 中引用这个属性时，使用的是 self.name。同样道理，可以使用同样的方法来获取属性 age 的值。在代码“my_dog.name.title()”中，将 my_dog 的属性 name 的值改为首字母大写的，当然代码中用的是汉字，读者可以将其设置为字母试一试。在代码行“str(my_dog.age)”中，将 my_dog 的属性 age 的值“6”转换为字符串。

10.4.2 类属性和实例属性

在 Python 程序中，通常将属性分为类属性和实例属性两种，具体说明如下所示。

- 实例属性：是同一个类的不同实例，其值是不相关联的，也不会互相影响，在定义时使用“self.属性名”的格式定义，在调用时也使用这个格式调用。
- 类属性：是同一个类的所有实例所共有的，直接在类体中独立定义，在引用时要使用“类名.类变量名”的格式，只要某个实例对其进行修改，就会影响这个类的其他实例。

下面的实例代码演示了定义并使用类属性和实例属性的过程。

实例 10-11 定义并使用类属性和实例属性

源码路径 daima\10\10-11

实例文件 shux.py 的具体实现代码如下所示。

```
class X_Property:  #定义类X_Property
    class_name = "X_Property"  #设置类的属性
    def __init__(self,x=0):     #构造方法
        self.x = x              #设置实例属性

    def class_info(self):
    #定义方法class_ info()输出信息
        print('类变量值：',X_Property.class_name)
        #输出类变量值
        print('实例变量值：',self.x)  #输出实例变量值

    def chng(self,x):  #定义方法chng()修改实例属性
        self.x = x                    #引用实例属性

    def chng_cn(self,name):         #定义方法chng_cn()修改类属性
        X_Property.class_name = name  #引用类属性

aaa = X_Property()                  #定义类X_Property的实例化对象aaa
bbb = X_Property()                  #定义类X_Property的实例化对象bbb
print('初始化两个实例')
aaa.class_info()                    #调用方法class_info()输出信息
bbb.class_info()                    #调用方法class_info()输出信息
print('修改实例变量')
print('修改aaa实例变量')
aaa.chng(3)                         #修改对象aaa的实例变量
aaa.class_info()                    #调用方法class_info()输出信息
bbb.class_info()                    #调用方法class_info()输出信息
print('修改bbb实例变量')
bbb.chng(10)                        #修改bbb实例变量
aaa.class_info()                    #调用方法class_info()输出信息
bbb.class_info()                    #调用方法class_info()输出信息
print('修改类变量')
print('修改aaa类变量')
aaa.chng_cn('aaa')                  #修改aaa类变量
aaa.class_info()                    #调用方法class_info()输出信息
bbb.class_info()                    #调用方法class_info()输出信息

print('修改bbb类变量')               #修改bbb类变量
bbb.chng_cn('bbb')
aaa.class_info()                    #调用方法class_info()输出信息
bbb.class_info()                    #调用方法class_info()输出信息
```

拓展范例及视频二维码

范例 **239**：使用静态方法和类方法
源码路径：**范例**\239\

范例 **240**：私有属性和私有方法
源码路径：**范例**\240\

在上述实例代码中，首先定义了类 X_Property，在类中有一个类属性 class_name 和一个实例属性 x，以及两个分别修改实例属性和类属性的方法。然后分别实例化这个类，并调用这两个类实例来修改类属性和实例属性。对于实例属性来说，两个实例相互之间并不联系，可以各自独立地修改为不同的值。而对于类属性来说，无论哪个实例修改了它，都会导致所有实例的类属性值发生变化。执行后的效果如图 10-10 所示。

```
>>>
初始化两个实例
类变量值： X_Property
实例变量值： 0
类变量值： X_Property
实例变量值： 0
修改实例变量
修改aaa实例变量
类变量值： X_Property
实例变量值： 3
类变量值： X_Property
实例变量值： 0
修改bbb实例变量
类变量值： X_Property
实例变量值： 3
类变量值： X_Property
实例变量值： 10
修改类变量
修改aaa类变量
类变量值： aaa
实例变量值： 3
类变量值： aaa
实例变量值： 10
修改bbb类变量
类变量值： bbb
实例变量值： 3
类变量值： bbb
实例变量值： 10
>>> |
```

图 10-10　执行效果

10.4.3　设置属性的默认值

在 Python 程序中，类中的每个属性都必须有初始值，并且有时可以在方法__init__()中指定某个属性的初始值是 0 或空字符串。如果设置了某个属性的初始值，就无须在__init__()中提供为属性设置初始值的形参。假设有这么一个场景，年底将至，笔者想换辆新车，初步中意车型是奔驰 E 级。在下面的实例中，定义了一个表示汽车的类，在类中包含了和汽车有关的属性信息。

实例 10-12　**设置属性的默认值为 0**
源码路径　daima\10\10-12

实例文件 benz.py 的具体实现代码如下所示。

```
class Car():
    """奔驰，我的最爱！"""
    def __init__(self, manufacturer, model, year):
        """初始化操作，创建描述汽车的属性."""
        self.manufacturer = manufacturer
        self.model = model
        self.year = year
        self.odometer_reading = 0
    def get_descriptive_name(self):
        """返回描述信息"""
        long_name = str(self.year) + ' ' + self.
        manufacturer + ' ' + self.model
        return long_name.title()
    def read_odometer(self):
        """行驶里程."""
        print("这是一辆新车，目前仪表显示行驶里程是" + str(self.odometer_reading) + "千米！")
my_new_car = Car('Benz', 'E300L', 2016)
print(my_new_car.get_descriptive_name())
my_new_car.read_odometer()
```

拓展范例及视频二维码

范例 **241**：属性的__dict__系统
源码路径：**范例**\241\

范例 **242**：属性之间的依赖关系
源码路径：**范例**\242\

对上述实例代码的具体说明如下所示。

- 首先定义了方法__init__()，这个方法的第一个形参为self，另外3个形参是manufacturer、model和year。运行后方法__init__()接受这些形参的值，并将它们存储在根据这个类创建的实例的属性中。当创建新的Car实例时，需要指定其品牌、型号和生产日期。
- 在第8行代码中添加了一个名odometer_reading的属性，并设置其初始值总是为0。
- 在第9行代码定义了一个名为get_descriptive_name()的方法，在里面使用属性year、manufacturer和model创建了一个对汽车进行描述的字符串，在程序中无须分别输出每个属性的值。为了在这个方法中访问属性的值，分别使用了self.manufacturer、self.model和self.year格式进行访问。
- 在第14行代码中定义了方法read_odometer()，功能是获取当前奔驰汽车的行驶里程。
- 在倒数第3行代码中，为了使用类Car，根据类Car创建了一个实例，并将其存储到变量my_new_car中。然后调用方法get_descriptive_name()，输出笔者当前想购买的是哪一款汽车。
- 在最后1行代码中，输出当前奔驰汽车的行驶里程。因为设置的默认值是0，所以会显示行驶里程为0千米。

执行后的效果如图10-11所示。

```
>>>
2016 Benz E300L
这是一辆新车，目前仪表显示行驶里程是0千米！
>>>
```

图 10-11 执行效果

10.4.4 修改属性的值

在Python程序中，可以使用如下两种不同的方式修改属性的值。

- 直接通过实例进行修改；
- 通过自定义方法修改。

下面将详细讲解上述两种修改属性值方法的知识。

1. 直接通过实例进行修改

在Python程序中，可以直接通过实例的方式修改一个属性的值。在下面的实例代码中，将奔驰E300L的行驶里程修改为12千米。

实例 10-13 将奔驰 E300L 的行驶里程修改为 12 千米

源码路径 daima\10\10-13

实例文件benz.py的具体实现代码如下所示。

```
my_new_car = Car('Benz', 'E300L', 2016)     #定义一个汽车对象
print(my_new_car.get_descriptive_name())    #显示汽车信息
my_new_car.odometer_reading = 12            #将行驶里程修改为12公里
my_new_car.read_odometer()                  #读取汽车的行驶里程
```

在上述实例代码中，使用点运算符“.”来直接访问并设置汽车的属性 odometer_reading，并将属性 odometer_reading 的值设置为 12。执行后的效果如图 10-12 所示。

```
>>>
2016 Benz E300L
这是一辆新车，目前仪表显示行驶里程是12千米，这是很正常的一个数据！
>>>
```

图 10-12　执行效果

——拓展范例及视频二维码——

范例 **243**：修改同步实现
源码路径：**范例**\243\

范例 **244**：特殊方法 __getattr__
源码路径：**范例**\244\

2. 自定义方法修改

在 Python 程序中，可以自定义一个专有方法来修改某个属性的值。这时无须直接访问属性，而只是将值传递给自定义方法，并在这个方法内部进行修改即可。在下面的实例代码中，通过自定义方法 update_odometer()将行驶里程修改为 15 千米。

实例 10-14　通过自定义方法 update_odometer()修改行驶里程

源码路径　daima\10\10-14

实例文件 up1.py 的具体实现代码如下所示。

```
    def update_odometer(self, mileage):
        """
        修改行驶里程
        """
        if mileage >= self.odometer_reading:
            self.odometer_reading = mileage
        else:
            print("这是一个不合理的数据！")
my_new_car = Car('Benz', 'E300L', 2016)
print(my_new_car.get_descriptive_name())
my_new_car.update_odometer(15)
my_new_car.read_odometer()
```

——拓展范例及视频二维码——

范例 **245**：一切皆为对象
源码路径：**范例**\245\

范例 **246**：修改属性后的影响
源码路径：**范例**\246\

在上述实例代码中定义了一个自定义方法 update_odometer()，此方法可以接受一个行驶里程值，并将其存储到 self.odometer_reading 中。同时，还可以设置在修改属性前检查指定的里程数据是否合理。如果新指定的里程大于或等于原来的里程“self.odometer_reading”，则将里程数据改为新设置的里程数据。否则就发出提醒，输出“这是一个不合理的数据!”的提示。在倒数第 2 行代码中，调用自定义方法 update_odometer()将行驶里程修改为 15。执行后的效果如图 10-13 所示。

```
>>>
2016 Benz E300L
这是一辆新车，目前仪表显示行驶里程是15千米，这是很正常的一个数据！
>>>
```

图 10-13　执行效果

在现实应用中，有时需要将属性值设置为一个递增值，而不是将其设置为一个具体的值。假设我新买的奔驰 E300L 从提车那天起，到今天为止，已经行驶了 2000 千米，我们可以编写一个自定义方法，在这个方法中传递这个新增加的 2000 千米，这里便通过递增的方式修改了属性值。下面的实例代码演示了上述修改过程。

实例 10-15　通过递增值修改行驶里程

源码路径　daima\10\10-15

实例文件 up2.py 的具体实现代码如下所示。

```
......
    def increment_odometer(self, miles):
        """通过递增的方式修改行驶里程."""
        self.odometer_reading += miles

my_new_car = Car('Benz', 'E300L', 2016)
print(my_new_car.get_descriptive_name())
my_new_car.update_odometer(15)
my_new_car.read_odometer()

my_new_car.increment_odometer(2000)
my_new_car.read_odometer()
```

——拓展范例及视频二维码——

范例 **247**：使用对象属性
源码路径：**范例**\247\

范例 **248**：重温方法重写
源码路径：**范例**\248\

在上述实例代码中，使用自定义方法 increment_odometer()接受一个新的行驶里程数字，并将其加入到 self.odometer_reading 中。提车时设置的行驶里程是 15 千米，然后通过“my_new_car.increment_odometer(2000)”设置从提车到现在又行驶了 2000 千米，所以通过方法 update_odometer()将现在总的行驶里程修改为 2015 千米。

执行后的效果如图 10-14 所示。

```
>>>
2016 Benz E300L
目前仪表显示行驶里程是15千米，这是很正常的一个数据!
目前仪表显示行驶里程是2015千米，这是很正常的一个数据!
>>>
```

图 10-14　执行效果

10.4.5　使用私有属性

10.3.5 节已经讲解了私有方法的知识，已经提到只要在属性名或方法名前加上两条下划线“__”，这个属性或方法就会变成私有的了。在 Python 程序中，私有属性不能在类的外部使用或直接访问。当在类的内部使用私有属性时，需要通过“self.__属性名”的格式使用。下面的实例代码演示了在类内使用私有属性过程。

实例 10-16　在类内使用私有属性

源码路径　daima\10\10-16

实例文件 sishu.py 的具体实现代码如下所示。

```
class Person:                      #定义类Person
    def __init__(self):
        self.__name = 'haha'       #设置私有属性值是'haha'
        self.age = 22              #设置属性age值是22
    def get_name(self):            #定义方法
        return self.__name         #返回私有属性
    def get_age(self):             #定义方法get_age()
        return self.age
person = Person()                  #定义类对象实例
print (person.get_age())           #显示属性值
print (person.get_name())          #显示私有属性值
```

拓展范例及视频二维码

范例 249：类的私有属性实例

源码路径：**范例**\249\

范例 250：类的私有方法实例

源码路径：**范例**\250\

在上述实例代码中，“__name”是私有属性。如果直接访问私有属性和私有方法，系统会提示找不到相关的属性或者方法。执行后的效果如图 10-15 所示。

```
>>>
22
haha
>>>
```

图 10-15　执行效果

10.5　继　　承

在 Python 程序中，类的继承是指新类从已有的类中取得已有的特性，诸如属性、变量和方法等。类的派生是指从已有的类产生新类的过程，这个已有的类称为基类或者父类，而新类则称为派生类或者子类。派生类（子类）不但可以继承使用基类中的数据成员和成员函数，而且可以增加新的成员。本节将详细讲解 Python 语言中继承的基本知识。

扫码看视频：继承

10.5.1　定义子类

在 Python 程序中，定义子类的语法格式如下所示。

```
class ClassName1(ClassName2):
    语句
```

在上述语法格式中，“ClassName1”表示子类（派生类）名，“ClassName2”表示基类（父类）名。如果在基类中有一个方法名，而在子类使用时未指定，Python 会从左到右进行搜索。也就是说，当方法在子类中未找到时，从左到右查找基类中是否包含方法。另外，基类名 ClassName2 必须与子类在同一个作用域内定义。

在本章前面的实例中，我们多次用到了笔者购买汽车的场景模拟。其实市场中的汽车品牌有很多，例如宝马、奥迪、奔驰、丰田、比亚迪等。如果想编写一个展示某品牌汽车新款车型的程序，最合理的方法是先定义一个表示汽车的类，然后定义一个表示某个品牌汽车的子类。在下面的实例代码中，首先定义了汽车类 Car，它能够表示所有品牌的汽车。然后定义了基于汽车类的子类 Bmw，用于表示宝马牌汽车。

实例 10-17　定义并使用子类

源码路径　daima\10\10-17

实例文件 car_bmw.py 的具体实现代码如下所示。

拓展范例及视频二维码

范例 **251**：使用最基本的继承

源码路径：**范例**\251\

范例 **252**：使用多重继承

源码路径：**范例**\252\

```
class Car():
    """汽车之家！"""
    def __init__(self, manufacturer, model, year):
        """初始化操作，建立描述汽车的属性."""
        self.manufacturer = manufacturer
        self.model = model
        self.year = year
        self.odometer_reading = 0
    def get_descriptive_name(self):
        """返回描述信息"""
        long_name = str(self.year) + ' ' + self.
        manufacturer + ' ' + self.model
        return long_name.title()
    def read_odometer(self):
        """行驶里程."""
        print("这是一辆新车，目前仪表显示行驶里程是" + str(self.odometer_reading) + "千米！")
class Bmw(Car):
    """这是一个子类Bmw，基类是Car."""
    def __init__(self, manufacturer, model, year):
        super().__init__(manufacturer, model, year)
my_tesla = Bmw('宝马', '535Li', '2017款')
print(my_tesla.get_descriptive_name())
```

对上述实例代码的具体说明如下所示。

- 汽车类 Car 是基类（父类），宝马类 Bmw 是派生类（子类）。
- 在创建子类 Bmw 时，父类必须包含在当前文件中，且位于子类前面。
- 上述加粗的代码定义了子类 Bmw，在定义子类时，必须在括号内指定父类的名称。方法__init__()可以接受创建 Car 实例所需的信息。
- 加粗代码中的方法 super()是一个特殊函数，功能是将父类和子类关联起来。可以让 Python 调用 Car 父类的方法__init__()，可以让 Bmw 的实例包含父类 Car 中的所有属性。父类也称为超类（superclass），名称 super 因此而得名。
- 为了测试继承是否能够正确地发挥作用，在倒数第 2 行代码中创建了一辆宝马汽车实例，代码中提供的信息与创建普通汽车的完全相同。在创建类 Bmw 的一个实例时，将其存储在变量 my_tesla 中。这行代码调用在类 Bmw 中定义的方法__init__()，后者能够让 Python 调用父类 Car 中定义的方法__init__()。在代码中使用了 3 个实参“宝马”、“535Li”和“2017 款”进行测试。

执行后的效果如图 10-16 所示。

```
>>>
2017款 宝马 535Li
>>>
```

图 10-16　执行效果

注意：除了方法__init__()外，在子类 Bmw 中没有其他特有的属性和方法，这样做的目的是验证子类汽车（Bmw）是否具备父类汽车（Car）的行为。

10.5.2 在子类中定义方法和属性

在 Python 程序中，子类除了可以继承使用父类中的属性和方法外，还可以单独定义自己的属性和方法。继续拿宝马子类进行举例，在宝马 5 系中，530Li 配备的是 6 缸 3.0T 发动机。在下面的实例中，可以定义一个专有的属性来存储这个发动机参数。

实例 10-18 子类定义自己的方法和属性

源码路径 daima\10\10-18

实例文件 bmw530li.py 的具体实现代码如下所示。

拓展范例及视频二维码

范例 253：飞行还是爬行

源码路径：**范例**\253\

范例 254：使用普通继承

源码路径：**范例**\254\

```
class Car():
    """汽车之家！"""
    def __init__(self, manufacturer, model, year):
        """初始化操作，建立描述汽车的属性."""
        self.manufacturer = manufacturer
        self.model = model
        self.year = year
        self.odometer_reading = 0
    def get_descriptive_name(self):
        """返回描述信息"""
        long_name = str(self.year) + ' ' +
        self.manufacturer + ' ' + self.model
        return long_name.title()
    def read_odometer(self):
        """行驶里程."""
        print("这是一辆新车，目前仪表显示行驶里程是" + str(self.odometer_reading) + "千米！")
class Bmw(Car):
    """这是一个子类Bmw，基类是Car."""
    def __init__(self, manufacturer, model, year):
        super().__init__(manufacturer, model, year)
        self.battery_size = "6缸3.0T"
    def motor(self):
        """输出发动机参数"""
        print("发动机是" + str(self.battery_size))
my_tesla = Bmw('宝马', '535Li', '2017款')
print(my_tesla.get_descriptive_name())
my_tesla.motor()
```

对上述实例代码的具体说明如下所示。

- 和本章前面的实例 10-17 相比，只是多了加粗部分代码而已。
- 在第 1 行加粗的代码中，在子类 Bmw 中定义了新的属性“self.battery_size”，并设置属性值为“6 缸 3.0T”。
- 在第 2 行到第 4 行加粗的代码中，在子类 Bmw 中定义了新的方法 motor()，功能是输出发动机参数。
- 对于类 Bmw 来说，里面定义的属性“self.battery_size”和方法 motor()可以随便使用，并且还可以继续添加任意数量的属性和方法。但是如果一个属性或方法是任何汽车都具有的，而不是宝马汽车特有的，建议将其加入到类 Car 中，而不是类 Bmw 中。这样，在程序中使用类 Car 时就会获得相应的功能，而在类 Bmw 中只包含处理和宝马牌汽车有关的特有属性和方法。

执行后的效果如图 10-17 所示。

```
>>>
2017款 宝马 535Li
发动机是6缸3.0T
>>>
```

图 10-17 执行效果

10.5.3 子类可以继续派生新类

在 Python 程序中，根据项目情况的需要，可以基于一个子类继续创建一个子类。这种情况是非常普遍的，例如在使用代码模拟实物时，开发者可能会发现需要给类添加越来越多的细节，这样随着属性和方法个数的增多，代码也变得更加复杂，十分不利于阅读和后期维护。在这种情况下，为了使整个代码变得更加直观一些，可能需要将某个类中的一部分功能作为一个独立的类提取出来。例如我们可以将大型类（例如类 A）派生成多个协同工作的小类，既可以将它们划分为和类 A 同级并列的类，也可以将它们派生为类 A 的子类。我们发现宝马汽车类 Bmw 中的发动机属性和方法非常复杂，例如 5 系有多款车型，每个车型的发动机参数也不一样。随着程序功能的增多，很需要将发动机作为一个独立的类进行编写。

在下面的实例代码中，将原来保存在类 Bmw 中和发动机有关的这些属性和方法提取出来，放到另一个名为 Motor 的类中，将类 Motor 作为类 Bmw 的子类，并将一个 Motor 实例作为类 Bmw 的一个属性。

实例 10-19　创建子类的子类

源码路径　daima\10\10-19

实例文件的具体实现代码如下所示。

拓展范例及视频二维码

范例 **255**：插电动力奔驰

源码路径：**范例**\255\

范例 **256**：使用 super 继承

源码路径：**范例**\256\

```
class Bmw(Car):
    """这是一个子类Bmw，基类是Car."""
    def __init__(self, manufacturer, model, year):
       super().__init__(manufacturer, model, year)
       self.Motor = Motor()
class Motor(Bmw):
    """类Motor是类Car的子类"""
    def __init__(self, Motor_size=60):
        """初始化发动机属性"""
        self.Motor_size = Motor_size
    def describe_motor(self):
        """输出发动机参数"""
        print("这款车的发动机参数是" + str(self.Motor_size) + "6缸，3.0T涡轮增压，225kW。")
my_tesla = Bmw('宝马', '535Li', '2017款')
print(my_tesla.get_descriptive_name())
my_tesla.Motor.describe_motor()
```

对上述实例代码的具体说明如下所示。

- 和本章前面的实例 10-18 相比，请注意加粗的代码。
- 在第 6 行定义了一个名为 Motor 的新类，此类继承于类 Bmw。在第 8 行的方法__init__()中，除了属性 self 之外，还设置了形参 Motor_size。形参 Motor_size 是可选的，如果没有给它提供值，发动机功率将设置为 60。另外，方法 describe_motor()的实现代码也放置到了类 Motor 中。
- 在类 Bmw 中，添加了一个名为 self.Motor 的属性（第 5 行）。运行这行代码后，Python 会创建一个新的 Motor 实例。因为没有指定发动机的具体参数，所以会设置为默认值 60，并将该实例存储在属性 self.Motor 中。因为每次调用方法__init__()时都会执行这个操作，所以在每个 Bmw 实例中都包含一个自动创建的 Motor 实例。
- 创建了一辆宝马汽车，并将其存储在变量 my_tesla 中。在描述这辆宝马车的发动机参数时，需要使用类 Bmw 中的属性 Motor。
- 调用方法 describe_motor()。
- 整个实例的继承关系就是类 Car 是父类，在下面创建了一个子类 Bmw，而在子类 Bmw 中又创建了一个子类 Motor。可以将类 Motor 看作类 Car 的孙子，这样类 Motor 不但会继承类 Bmw 的方法和属性，而且会继承 Car 的方法和属性。

执行后 Python 会在实例 my_tesla 中查找属性 Motor，并对存储在该属性中的 Motor 调用方法 describe_motor()输出信息。执行后的效果如图 10-18 所示。

```
>>>
2017款 宝马 535Li
这款车的发动机参数是606缸，3.0T涡轮增压，225kW。
>>>
```

图 10-18　执行效果

10.5.4　私有属性和私有方法

在 Python 程序中，当子类继承了父类之后，虽然子类具有了父类的属性与方法，但是不能继承父类中的私有属性和私有方法（属性名或方法名的前缀为两条下划线），在子类中还可以使用重写的方式来修改父类的方法，以实现与父类不同的行为表现或能力。在下面的实例中，虽然类A和类B是继承关系，但是不能相互访问私有变量。

实例 10-20　不能相互访问私有变量

源码路径　daima\10\10-20

实例文件 si.py 的具体实现代码如下所示。

```
class A:                        #定义类A
    def __init__(self):         #构造函数
        # 定义私有属性
        self.__name = "wangwu"
        # 定义普通属性
        self.age = 19
class B(A):                     #定义类B，此类继承于类A
    def sayName(self):          #定义方法sayName()
        print (self.__name)
b = B()                         #定义类B的对象实例
b.sayName()                     #调用方法sayName()
```

执行后的效果如图 10-19 所示。

```
    print (self.__name)
AttributeError: 'B' object has no attribute '_B__name'
```

图 10-19　执行效果

拓展范例及视频二维码

范例 257：使用私有属性
源码路径：**范例**\257\

范例 258：正确访问私有属性
源码路径：**范例**\258\

10.5.5　多重继承

在面向对象编程的语言中，有很多开发语言支持多重继承。多重继承是指一个类可以同时继承多个，在实现多重继承定义时，在定义类时需要继承父类的小括号中以“,”分隔开要多重继承的父类。具体语法格式如下所示。

```
class DerivedClassName(Base1, Base2, Base3):
```

在上述语法格式中，“DerivedClassName”表示子类名，小括号中的“Base1”“Base2”和“Base3”表示多个父类名。在 Python 多重继承程序中，继承顺序是一个很重要的要素。如果继承的多个父类中有相同的方法名，但在类中使用时未指定父类名，则 Python 解释器将从左至右搜索，即调用先继承的类中的同名方法。

下面的实例代码演示了实现多重继承的过程。

实例 10-21　实现多重继承

源码路径　daima\10\10-21

实例文件 duo.py 的具体实现代码如下所示。

```
class PrntOne:                      #定义类PrntOne
    namea = 'PrntOne'               #定义变量
    def set_value(self,a):          #定义方法set_value()
        self.a = a                  #设置属性值
    def set_namea(self,namea):
    #定义方法set_ namea()
        PrntOne.namea = namea   #设置属性值
    def info(self):                 #定义方法info()
        print('PrntOne:%s,%s' % (PrntOne.namea,
        self.a))

class PrntSecond:                   #定义类PrntSecond
    nameb = 'PrntSecond'            #定义变量
    def set_nameb(self,nameb):          #定义方法set_nameb()
        PrntSecond.nameb = nameb #设置属性值

    def info(self):                     #定义方法info()
        print('PrntSecond:%s' % (PrntSecond.nameb,))

class Sub(PrntOne,PrntSecond):      #定义子类Sub，先后继承于类PrntOne和PrntSecond
    pass
```

拓展范例及视频二维码

范例 259：多继承类的调用机制
源码路径：**范例**\259\

范例 260：参考 C++虚继承的概念
源码路径：**范例**\260\

```
class Sub2(PrntSecond,PrntOne):    #定义子类Sub2，先后继承于类PrntSecond和PrntOne
    pass

class Sub3(PrntOne,PrntSecond):    #定义子类Sub3，先后继承于类PrntOne和PrntSecond
    def info(self):
        PrntOne.info(self)         #分别调用两个父类中的info()方法
        PrntSecond.info(self)      #分别调用两个父类中的info()方法

print('使用第一个子类：')
sub = Sub()                        #定义子类Sub的对象实例
sub.set_value('11111')             #调用方法set_value()

sub.info()                         #调用方法info()
sub.set_nameb('22222')             #调用方法set_nameb()

sub.info()                         #调用方法info()
print('使用第二个子类：')
sub2= Sub2()                       #定义子类Sub2的对象实例
sub2.set_value('33333')            #调用方法set_value()

sub2.info()                        #调用方法info()
sub2.set_nameb('44444')            #调用方法set_nameb()

sub2.info()                        #调用方法info()
print('使用第三个子类：')
sub3= Sub3()                       #定义子类Sub3的对象实例
sub3.set_value('55555')            #调用方法set_value()

sub3.info()                        #调用方法info()
sub3.set_nameb('66666')            #调用方法set_nameb()
sub3.info()                        #调用方法info()
```

对上述实例代码的具体说明如下所示。

- 首先定义了两个父类 PrntOne 和 PrntSecond，它们有一个同名的方法 info()，用于输出类的相关信息。
- 第一个子类 Sub 先后继承了 PrntOne 和 PrntSecond，在实例化后，先调用 PrntOne 中的方法，然后调用了 info()方法。因为两个父类中有同名的方法 info()，所以实际上调用了 PrntOne 中的 info()方法，于是只输出了从父类 PrntOne 中继承的相关信息。
- 第二个子类 Sub2 继承的顺序相反，当调用 info()方法时，实际上调用的是 PrntSecond 中的 info()方法，因此只输出从父类 PrntSecond 中继承的相关信息。
- 第三个子类 Sub3 继承的类及顺序和第一个子类 Sub 相同，但是修改了父类中的 info()方法，在其中分别调用了两个父类中的 info()方法，因此，每次调用 Sub3 类实例的 info()方法，两个被继承的父类中的信息都输出了。

当使用第 1 个和第 2 个子类时，虽然两次调用了方法 info()，但是仅输出了其中一个父类的信息。当使用第三个子类时，每当调用方法 info()时会同时输出两个父类的信息。执行后的效果如图 10-20 所示。

```
>>>
使用第一个子类：
PrntOne:PrntOne,11111
PrntOne:PrntOne,11111
使用第二个子类：
PrntSecond:22222
PrntSecond:44444
使用第三个子类：
PrntOne:PrntOne,55555
PrntSecond:44444
PrntOne:PrntOne,55555
PrntSecond:66666
>>>
```

图 10-20　执行效果

10.6　方法重写

在 Python 程序中，当子类在使用父类中的方法时，如果发现父类中的方法不符合子类的需求，可以对父类中的方法进行重写。在重写时需要先在子类中定义一个这样的方法，与要重写的父类中的方法同名，这样 Python 程序将不会再使用父类中的这个方法，而只使用在子类中定义的这个和父类中重名的方法（重写方法）。

扫码看视频：方法重写

下面的实例代码演示了实现方法重写的过程。

实例 10-22 **鱼雷和火箭军**

源码路径 daima\10\10-22

实例文件 chong.py 的具体实现代码如下所示。

拓展范例及视频二维码

范例 261：类的继承与方法重写

源码路径：**范例**\261\

范例 262：尽量避免基类的重复

源码路径：**范例**\262\

```
class Wai:                          #定义父类Wai
    def __init__(self,x=0,y=0,color='black'):
        self.x = x
        self.y = y
        self.color =color

    def haijun(self,x,y):   #定义海军方法haijun()
        self.x = x
        self.y = y
        print('鱼雷...')
        self.info()
    def info(self):
        print('定位目标：(%d,%d)' % (self.x,self.y))
    def gongji(self):                       #父类中的方法gongji()
        print("导弹发射！")
class FlyWai(Wai):                          #定义继承自类Wai的子类FlyWai
    def gongji(self):                       #子类中的方法gongji()
        print("飞船拦截！")
    def fly(self,x,y):                      #定义火箭军方法fly()
        print('火箭军...')
        self.x = x
        self.y = y
self.info()
flyWai = FlyWai(color='red')                #定义子类FlyWai对象实例flyWai
flyWai.haijun(100,200)                      #调用海军方法haijun()
flyWai.fly(12,15)                           #调用火箭军方法fly()
flyWai.gongji()                 #调用攻击方法gongji()，子类方法gongji()和父类方法gongji()同名
```

在上述实例代码中首先定义了父类 Wai，在里面定义了海军方法 haijun()，它可以发射鱼雷。然后定义了继承自类 Wai 的子类 FlyWai，它从父类中继承了海军发射鱼雷的方法，并又添加了火箭军方法 fly()。在子类 FlyWai 中修改了方法 gongji()，将父类中的“导弹发射！”修改为“飞船拦截！”。因为子类中的方法 gongji() 和父类中的方法 gongji()是同名的，所以上述在子类中使用方法 gongji()的过程就是一个方法重载的过程。执行后的效果如图 10-21 所示。

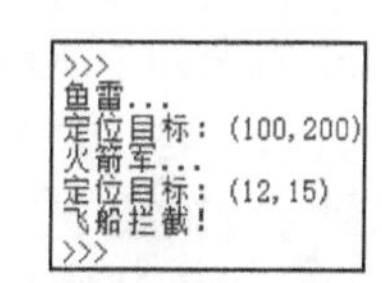

图 10-21 执行效果

10.7 技术解惑

10.7.1 究竟什么是面向对象

在目前的软件开发领域有两种主流的开发方法，分别是结构化开发方法和面向对象开发方法。例如 C、Basic、Pascal 等早期的编程语言都是结构化编程语言。随着软件开发技术的发展和进步，人们发现面向对象可以提供更好的可重用性、可扩展性和可维护性，于是催生了大量的面向对象的编程语言，例如 C++、Java、C#和 Ruby 等。

面向对象程序设计（OOP），它是 Object-Oriented Programming 的缩写。面向对象编程技术起源于 20 世纪 60 年代的 Simula 语言，发展了已经将近几十年的程序设计思想。其自身理论已经十分完善，并被多种面向对象程序设计语言实现。如果把 UNIX 系统看成国外在系统软件方面的文化根基，那么 Smalltalk 语言无疑在 OOPL 领域和 UNIX 拥有相同地位。由于很多原因，国内大部分程序设计人员并没有很深的 OOP 以及 OOPL 理论，很多人从一开始学习到工作很多年都只是接触到 C/C++、Java、VB 等静态类型语言，而对纯粹的 OOP 思想以及作为 OOPL 根基的 Smalltalk 以及动态类型语言知之甚少，不知道其实世界上还有一些可以针对变量不绑定类型的编程语言。

在面向对象编程语言中，对象的产生通常基于两种基本方式，分别是基于原型对象产生新对象和基于类产生新对象。具体说明如下所示。

(1) 基于原型产生新对象。

原型的概念已经在认知心理学中用来解释概念学习的递增特性，原型模型本身就是企图以一个代表性的对象为基础来产生各种新对象，并由此继续产生更符合实际应用的对象。而原型-委托也是 OOP 中的对象抽象、代码共享机制中的一种。

(2) 基于类产生新对象。

一个类提供了一个或多个对象的通用性描叙。从形式化的观点看，类与类型有关，因此一个类相当于从该类中产生的实例的集合。在类模型基础上还诞生出了一种拥有元类的新对象模型，即类本身也是一种其他类的对象。

10.7.2　Python 语言的面向对象编程

面向对象编程的方法学是 Python 编程的指导思想。当使用 Python 语言进行编程时，应该首先利用对象建模技术（OMT）来分析目标问题，抽象出相关对象的共性，对它们进行分类，并分析各类之间的关系。然后再用类来描述同一类对象，归纳出类之间的关系。Coad（世界上最杰出的软件设计师之一）和 Yourdon（国际公认的专家证人和电脑顾问）在对象建模技术、面向对象编程和知识库系统的基础之上设计了一整套面向对象的方法，具体来说，分为面向对象分析（OOA）和面向对象设计（OOD）。对象建模技术、面向对象分析和面向对象设计共同构成了系统设计的过程，如图 10-22 所示。

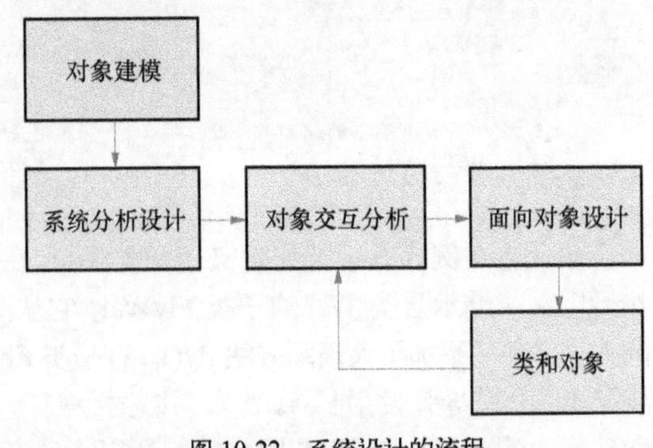

图 10-22　系统设计的流程

在 Python 语言中，和面向对象编程相关的几个概念如下所示。

- 类：就是具有相同属性和功能的对象的集合。用来描述具有相同的属性和方法的对象的集合。它定义了该集合中每个对象所共有的属性和方法。对象是类的实例。
- 类变量：类变量在整个实例化的对象中是公用的。类变量定义在类中且在函数体之外。类变量通常不作为实例变量使用。
- 方法：在类中定义的函数。
- 对象：通过类定义的数据结构实例。对象包括两个数据成员（类变量和实例变量）和方法。
- 构造方法：负责对类进行初始化。
- 数据成员：类变量或者实例变量用于处理类及其实例对象的相关数据。
- 方法重写：也叫方法重载，如果从父类继承的方法不能满足子类的需求，可以对其进行改写，这个过程叫方法的覆盖（override），也称为方法的重写。
- 实例变量：定义在方法中的变量，只作用于当前实例的类。
- 属性：适合于以字段的方式使用方法调用的场合，这里字段是存储类要满足其设计所需要的数据。
- 封装：每个对象都包含它能进行操作的所有信息。封装可以减少耦合，类的内部可以修改，可以使类具有清晰的对外接口。
- 继承：如果子类继承父类，则子类拥有父类的一些属性和功能。即一个派生类（子类）继承基类（父类）的字段和方法。继承也允许把一个派生类的对象作为一个基类对象对待。例如，一个 Dog 类型的对象派生自 Animal 类，这模拟了“是一个（is-a）”关系。

- 实例化：创建一个类的实例，类的具体对象。

Python 程序中一切皆为对象，所谓的对象有很多，例如作者本人就是一个对象，我玩的计算机就是一个对象，坐着的椅子就是对象，家里养的小狗也是一个对象，等等。在现实世界中，我们通过描述属性（特征）和行为来描述一个对象。比如家里的小狗是一个对象，狗的颜色、大小、年龄和体重等都是狗这个对象的属性或特征。而汪汪叫、摇尾巴等是狗的行为。

在编程世界中，我们在描述一个真实对象（物体）时包括如下两个方面。

- 它可以做什么（行为）。
- 它是什么样的（属性或特征）。

在 Python 程序中，一个对象的特征也称为属性（Attribute），它所具有的行为也称为方法（Method），所以得出了“对象=属性+方法”的结论。

在 Python 程序中，把具有相同属性和方法的对象归为一个类（class），比如人类、动物、植物等，这些都是类的概念。但是类只是一个对象的模板或蓝图，类是对象的抽象化，对象是类的实例化。类不代表具体的事物，而对象可以表示具体的事物。所以在使用类之前，必须先将类进行实例化处理。例如在“人”这个类中，有张三、李四、王五等不同的对象，而张三不但有年龄、身份证号、身高等属性，而且有会 C 语言、会跳舞的行为。

10.7.3 必须掌握的统一建模语言

在对象建模、面向对象分析和设计的过程中，需要使用统一建模语言来描述分析过程和结果。统一建模语言的缩写形式是 UML，是为了实现上述目标而设计的一种标准通用的设计语言，是一种描述性语言，提供了多种类型的模型描述图。当在某种给定的方法学中使用这些图时，人们就能更容易理解和交流设计思想。UML 图可以分为如下 3 种类型。

- 静态图。

静态图（Static Diagram），描述了不发生任何变化的软件元素的逻辑结构，描绘了类、对象和数据结构及存在于它们之间的关系。

- 动态图。

动态图（Dynamic Diagram），能够展示软件实体在运行期间的变化，主要描绘了执行流程、实体改变状态的方式。

- 物理图。

物理图（Physical Diagram），能够显示软件实体不变化的物理结构，主要用来描绘库文件、字节文件和数据文件等，以及存在于它们之间的相互关系。

10.7.4 构造函数和析构函数的特殊说明

在事实上，Python 语言并没有专门提供构造函数和析构函数，但是一般可以在__init__()函数和__del__()函数部分分别完成初始化和删除操作，可以用这两个函数分别来替代构造函数和析构函数。另外还可以使用__new__()函数来设置类的创建过程，但是这需要一定的配置操作。

10.8 课后练习

（1）请输入一周中某天的名称的第一个英文字母来判断一下是星期几，如果第一个字母一样，则继续判断第二个字母。

（2）按相反的顺序输出列表的值。

（3）按逗号分隔列表。

（4）练习函数调用。

第 11 章

面向对象（下）

（视频讲解：129min）

前面已经讲解了 Python 语言面向对象编程技术基本知识，本章将进一步介绍面向对象编程技术的核心知识，主要包括模块导入、包、迭代器、生成器、装饰器、命名空间和闭包等内容，为读者步入本书后面知识的学习打下坚实的基础。

11.1 模块架构

因为 Python 语言是一门面向对象的编程语言，所以也遵循模块架构程序的编码原则。9.7 节已经讲解了模块化开发基本知识。本节将进一步讲解使用模块化方式进行 Python 程序开发的知识。

扫码看视频：模块架构

11.1.1 最基本的模块调用

前面已经详细讲解了和模块化开发相关的基本知识。下面的实例代码演示了在程序中调用外部模块文件的过程。

实例 11-1 使用三种方式调用外部文件
源码路径 daima\11\11-1

实例文件 mokuai.py 的具体实现代码如下所示。

```
import math                #导入math模块
from math import sqrt      #从math模块中导入sqrt()函数
import math as shuxue
#导入math模块，并将此模块重命名为shuxue

print('调用math.sqrt:\t',math.sqrt(3))
#调用math模块中的sqrt()函数
print('直接调用sqrt:\t',sqrt(4))
#直接调用sqrt()函数
print('调用shuxue.sqrt:\t',shuxue.sqrt(5))
#等价于调用math模块中的sqrt()函数
```

拓展范例及视频二维码

范例 263：显示文件路径
源码路径：**范例**\263\

范例 264：使用 import 语句导入
源码路径：**范例**\264\

在上述代码中，分别使用 3 种不同的方式导入了 math 模块或其中的函数，然后分别以 3 种不同的方式导入了对象。虽然导入的都是同一个模块或模块中的内容（都调用了系统内置库函数中的 math.sqrt()方法），但是相互之间并不冲突。执行后效果如图 11-1 所示。

```
>>>
调用math.sqrt:    1.7320508075688772
直接调用sqrt:     2.0
调用shuxue.sqrt:          2.23606797749979
>>>
```

图 11-1 执行效果

在 Python 程序中，不能随便导入编写好的外部模块，只有被 Python 找到的模块才能导入。在 9.7 节的实例中，自己编写的外部模块文件和调用文件处于同一个目录中，所以不需要特殊设置就能被 Python 找到并导入。但是如果两个文件不在同一个目录中呢？在下面的实例中分别编写了外部调用模块文件 module_test.py 和测试文件 but.py，但是这两个文件不在同一个目录中。

实例 11-2 外部模块文件和测试文件不在同一个目录中
源码路径 daima\11\11-2

外部模块文件 module_test.py 的具体实现代码如下所示。

```
print('导入的测试模块的输出')     #输出文本信息
name = 'module_test'            #设置变量name的值
def m_t_pr():                   #定义方法m_t_pr()
    print('模块module_test中m_t_pr()函数')
```

在测试文件 but.py 中，使用"import"语句调用了外部模块文件 module_test.py，文件 but.py 的具体实现代码如下所示。

拓展范例及视频二维码

范例 265：导入内置系统模块
源码路径：**范例**\265\

范例 266：编写斐波那契数列模块
源码路径：**范例**\266\

```
import module_test                          #导入外部模块module_test
module_test.m_t_pr()                        #调用外部模块module_test中的方法m_t_pr()
print('使用外部模块“module_test”中的变量：',module_test.name)
```

上述模块文件 module_test.py 和测试文件 but.py 保存在同一个目录中，如图 11-2 所示。

but.py	2016/12/5 12:42	Python File	1 KB
module_test.py	2015/3/6 22:56	Python File	1 KB

图 11-2　两个文件在同一个目录中

执行后效果如图 11-3 所示。

如果在文件 but.py 所在的目录中新建一个名为“module”的目录，然后把文件 module_test.py 保存到 module 目录中，再次运行文件 but.py 后就会引发 ImportError 错误，即提示找不到要导入的模块。执行效果如图 11-4 所示。

```
>>>
导入的测试模块的输出
模块module_test中m_t_pr()函数
使用外部模块“module_test”中的变量： module_test
>>>
```

图 11-3　执行效果

```
\but.py", line 1, in <module>
    import module_test
ModuleNotFoundError: No module named 'module_test'
>>> |
```

图 11-4　执行效果

上述错误提示表示没有找到名为“module_test”的模块，当在程序中导入一个模块时，Python 解释器首先在当前目录中查找要导入的模块。如果没有找到这个模块，Python 解释器会从“sys”模块的 path 变量指定的目录中查找这个要导入的模块。如果在以上所有目录中没有找到这个要导入的模块，则会引发 ImportError 错误。

在大多数情况下，Python 解释器会在运行程序前将当前目录添加到 sys.path 路径的列表中，所以在导入模块时首先查找的路径是当前目录下的模块。在 Windows 系统中，其他默认模块的查找路径是 Python 的安装目录及子目录，例如：lib、lib\site-packages、dlls 等。在 Linux 系统中，默认模块查找路径为：/usr/lib、/usr/lib64 及它们的子目录。

11.1.2　目录“__pycache__”

在本章前面的实例 11-2 中，如果外部模块文件 module_test.py 和测试文件 but.py 在同一个目录中，运行成功后会在本目录中生成一个名为“__pycache__”的文件夹目录，如图 11-5 所示。在这个目录下还有一个名为“module_test.cpython-36.pyc”的文件。

__pycache__	2016/12/5 15:30	文件夹
module	2016/12/5 15:12	文件夹
but.py	2016/12/5 12:42	Python File
module_test.py	2015/3/6 22:56	Python File

图 11-5　生成的“__pycache__”文件夹

文件 module_test.cpython-36.pyc 是一个可以直接运行的文件，这是 Python 将文件 module_test.py 编译成字节码后的文件，Python 可以将程序编译成字节码的形式。对于外部模块文件来说，Python 总是在第一次调用后将其编译成字节码的形式，以提高程序的启动速度。

Python 程序在导入外部模块文件时会查找模块的字节码文件，如果存在，则将编译版后的模块的修改时间同模块的修改时间进行比较。如果两者的修改时间不同，Python 会重新编译这个模块，目的是确保两者的内容相符。

在 Python 程序开发过程中，如果不想将某个源文件发布，可以发布编译后的程序（例如上面的文件 module_test.cpython-36.pyc），这样可以起到一定的保护源文件的作用。对于不作为模块来使用的 Python 程序来说，Python 不会在运行脚本后将其编译成字节码的形式。如果想将其编译，可以使用 compile 模块实现。在下面的实例代码中，将文件 mokuai.py 进行了编译操作。

实例 11-3　编译指定的文件

源码路径　daima\11\11-3

实例文件 bianyi.py 的具体实现代码如下所示。

```
import py_compile  #调用系统内置模块py_compile
py_compile.compile('mokuai.py','mokuai.pyc');
#调用内置库函数compile()
```

在上述代码中，首先使用 import 语句调用系统内置模块 py_compile，然后调用里面的内置库函数 compile()，将同目录下的文件 mokuai.py 编译成文件 mokuai.pyc。执行后将会在同目录下生成一个名为“mokuai.pyc”的文件，如图 11-6 所示。

拓展范例及视频二维码

范例 267：导入斐波那契数列模块
源码路径：**范例**\267\

范例 268：使用斐波那契数列模块 1
源码路径：**范例**\268\

在 Python 3 语法规范中规定，如果在方法 py_compile.compile 中不指定第 2 个参数，则会在当前目录中新建一个名为“__pycache__”的目录，并在这个目录中生成如下格式的 pyc 字节码文件。

```
被编译模块名.cpython-32.pyc
```

运行文件 mokuai.pyc 后，和单独运行文件 mokuai.py 的执行效果是相同的，编译后生成的文件 mokuai.pyc 并没有改变程序的功能，只是以 Python 字节码的形式存在而已，起到了一个防止源码泄露的作用。

bianyi.py	2016/12/5 15:45	Python File
mokuai.py	2016/12/5 12:10	Python File
mokuai.pyc	2016/12/5 15:45	Compiled Pytho...

图 11-6 执行效果

除此之外，还可以使用 Python 命令行选项实现脚本编译。通常有如下两个 Python 编译的优化选项。

- ❑ -O：该选项对脚本的优化程度不大，编译后的脚本以“.pyo”格式为扩展名。凡是以“.pyo”为扩展名的 Python 字节码都是经过优化处理的。
- ❑ -OO：该选项对脚本优化处理的程度较大，使用这个选项标志可以使编译后的 Python 脚本变得更小。但是在使用该选项时可能会导致脚本运行错误，读者需要谨慎使用这个选项。

例如可以通过如下命令行编译成 pyo 文件。

```
python -O -m py_compile file.py
```

在上述命令行中，“-m”相当于脚本中的 import，“-m py_compile”相当于“import py_compile”。如果将上面的“-O”改成“-OO”，则表示删除相应的 pyo 文件，具体帮助信息可以在控制台中输入“python -h”命令查看。

11.1.3 使用“__name__”属性

在 Python 程序中，当一个程序第一次导入一个模块时，将会运行主程序。如果想在导入模块时不执行模块中的某一个程序块，可以用“__name__”属性使该程序块仅在该模块自身运行时执行。

在运行每个 Python 程序时，通过对这个“__name__”属性值的判断，可以让作为导入模块和独立运行时的程序都可以正确运行。在 Python 程序中，如果程序作为一个模块导入，则其“__name__”属性设置为模块名。如果程序独立运行，则将其“__name__”属性设置为“__main__”。由此可见，可以通过属性“__name__”来判断程序的运行状态。

下面的实例代码演示了使用“__name__”属性设置程序的过程。

实例 11-4　使用“__name__”属性测试模块是否能正常运行
源码路径　daima\11\11-4

实例文件 using_name.py 的具体实现代码如下所示。

```
if __name__ == '__main__':          #将“__name__”属性与“__main__”比较
    print('程序自身在运行')          #仅在该模块自身运行时执行
else:                               #如果程序作为一个模块导入
    print('我来自另一模块')
```

在上述代码中，将模块的主要功能以实例的形式保存在这个 if 语句中，这样可以方便地测试模块是否能够正常运行，或者发现模块的错误。执行后会显示“程序自身在运行”。如果输入“import using_name”，按 Enter 键后则输出“我来自另一模块”。执行效果如图 11-7 所示。建议读者在命令行模式运行【python using_name.py】命令查看完整运行结果，后面的交互式实例也不例外。

```
>>>
程序自身在运行
>>> import using_name
我来自另一模块
>>> |
```

图 11-7　执行效果

拓展范例及视频二维码

范例 **269**：使用斐波那契数列模块 2

源码路径：**范例**\269\

范例 **270**：使用斐波那契数列模块 3

源码路径：**范例**\270\

注意：如果想了解模块中所提供的功能（变量名、函数名），可以使用内置函数 dir（模块名）来输出模块中的这些信息。当然，也可以不使用模块名参数来列出当运行时中的模块信息。例如可以通过“dir(using_name)”列出模块“using_name”中的信息，如图 11-8 所示。

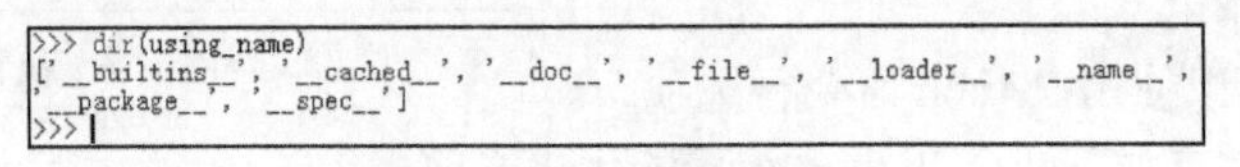

```
>>> dir(using_name)
['__builtins__', '__cached__', '__doc__', '__file__', '__loader__', '__name__',
'__package__', '__spec__']
>>> |
```

图 11-8　使用内建的函数 dir

11.2　使　用　包

当某个 Python 应用程序或项目具有很多功能模块时，如果把它们都放在同一个文件夹下，就会显得组织混乱。这时，可以使用 Python 语言中提供的包来管理这许多个功能模块。使用包的好处是避免名字冲突，便于包的维护管理。本节将详细讲解在 Python 程序中使用包的知识。

扫码看视频：使用包

11.2.1　表示包

在 Python 程序中，包其实就是一个文件夹或目录，但其中必须包含一个名为“__init__.py”（init 的前后均有两条下划线）的文件。“__init__.py”可以是一个空文件，表示这个目录是一个包。另外，还可以使用包的嵌套用法，即在某个包中继续创建子包。

在编程过程中，可以将包看作处于同一目录中的模块。当在 Python 程序中使用包时，需要首先使用目录名，然后再使用模块名导入所需要的模块。如果需要导入子包，则必须按照包的顺序（目录顺序）使用点运算符“.”进行分隔，并使用 import 语句进行导入。

在 Python 语言中，包是一种管理程序模块的形式，采用上面讲解的“点模块名(.模块名)”方式来表示。如果一个模块的名称是“A.B”，则表示这是一个包 A 中的子模块 B。在使用一个包时，就像在使用模块时不用担心不同模块之间的全局变量相互影响一样。在使用“点模块名(.模块名)”这种形式时，无须担心不同库之间模块重名的问题。

为了便于读者理解，下面举两个简单的例子。

（1）Web 项目举例。

对于一个常见的 Web 项目来说，一种常见的包组织结构如下所示。

```
myweb/
    manage.py          #主程序
    urls.py
```

```
        __init__.py
    handle/
        init.py
        __init__.py
        index.py
        info.py
    temple/
        index.html
        info.html
    tools/
        __init__.py
        send_email.py
```

在上述结构中，“myweb”“handle”“temple”和“tools”是相互独立的文件夹，每个文件夹就是一个包，里面都保存了对应的程序文件。在现实应用中，通常将功能不同的程序文件放在不同的目录下，同目录保存同类功能的程序文件。此时如果想在主程序中调用包“handle”中文件 index.py 模块中的函数 ad()，可以使用如下 3 种方法实现。

```
import handle.index                    #导入后使用handle.index.ad()调用
from handle import index               #导入后使用index.ad()调用
from handle.index import ad            #导入后使用ad()调用
```

（2）数据处理项目。

假设想设计一套统一处理声音文件和数据的模块（或者称为一个“包”），因为有很多种不同的音频文件格式（例如.wav、.aiff、.au 等），所以需要有一组不断增加的模块，用来在不同的格式之间转换。针对这些音频数据，还有很多不同的操作（比如混音，添加回声，增加均衡器功能，创建人造立体声效果），所以还需要一组怎么也写不完的模块来处理这些操作。下面给出了一种可能的包结构。

```
sound/                                       #顶层包
    __init__.py                              #初始化 sound 包
    formats/                                 #文件格式转换子包
            __init__.py
            wavread.py
            wavwrite.py
            aiffread.py
            aiffwrite.py
            auread.py
            auwrite.py
            ...
    effects/                                 #声音效果子包
            __init__.py
            echo.py
            surround.py
            reverse.py
            ...
    filters/                                 #filters 子包
            __init__.py
            equalizer.py
            vocoder.py
            karaoke.py
            ...
```

在 Python 程序中导入一个包时，Python 会根据 sys.path 中的目录来寻找这个包中包含的子目录。当目录中包含一个名为“__init__.py”的文件时，才会认为这是一个包，这样做的目的主要是避免一些滥用的名字（比如叫作 string）影响搜索路径中的有效模块。

11.2.2 创建并使用包

在 Python 程序中，创建包最简单的方法是放一个空的“__init__.py”文件。当然，在这个文件中也可以包含一些初始化代码或者为变量“__all__”赋值。

在使用包时，开发者可以每次只导入一个包里面的特定模块，比如下面的代码。

```
import sound.effects.echo
```

这样会导入子模块 sound.effects.echo，此时必须使用全名进行访问。

```
sound.effects.echo.echofilter(input, output, delay=0.7, atten=4)
```

除此之外，还有一种导入子模块的方法如下。

```
from sound.effects import echo
```

上述方法同样会导入子模块 echo，并且不需要那些冗长的前缀，所以也可以这样使用。

```
echo.echofilter(input, output, delay=0.7, atten=4)
```

除此之外，还可以直接导入一个函数或者变量。

```
from sound.effects.echo import echofilter
```

同样道理，这种方法会导入子模块 echo，并且可以直接使用里面的 echofilter()函数。

```
echofilter(input, output, delay=0.7, atten=4)
```

注意：当使用“from package import item”这种形式的时候，对应的 item 既可以是包里面的子模块（子包），也可以是包里面定义的其他名称，比如函数、类或变量。通过使用 import 语句，会首先把 item 当作一个包定义的名称。如果没找到，可以再按照一个模块进行导入。如果还是没有找到，就会抛出 exc:ImportError 异常。如果使用形如“import item.subitem.subsubitem”这种导入方式，除了最后一项外，都必须是包，而最后一项可以是模块或者是包，但是不可以是类、函数或变量的名字。

11.2.3　实战演练

下面的实例代码演示了在 Python 程序中创建并使用包的具体过程。

实例 11-5　使用包输出指定的内容

源码路径　daima\11\11-5

（1）首先新建一个名为 pckage 的文件夹，然后在里面创建文件__init__.py，这样文件夹 pckage 便成为一个包。在文件__init__.py 中定义了方法 pck_test_fun()，具体实现代码如下所示。

```
name = 'pckage'
#定义变量name的初始值是文件夹"pckage"
print('__init__.py中输出:',name)
def pck_test_fun():           #定义方法pck_test_fun()
    print('包pckage中的方法pck_test_fun')
```

拓展范例及视频二维码

范例 271：使用斐波那契数列模块 4

源码路径：范例\271\

范例 272：使用斐波那契数列模块 5

源码路径：范例\272\

（2）在包 pckage 中创建文件 tt.py，在里面定义方法 tt()，具体实现代码如下所示。

```
def tt():                     #定义方法tt()
    print('hello packge')
```

（3）在 pckage 文件夹的同级目录中创建文件 bao.py，功能是调用包 pckage 中的方法输出对应的提示信息。具体实现代码如下所示。

```
import pckage               #导入包pckage
import pckage.tt            #导入包pckage中的模块tt
#显示变量name的值
print("输出包pckage中的变量name:",pckage.name)
print('调用包pckage中的函数：',end='')
pckage.pck_test_fun()    #调用包pckage中的方法pck_test_fun()
pckage.tt.tt()           #调用包pckage的模块tt中的方法tt()
```

在上述代码中，通过代码“import pckage”使文件__init__.py 中的代码得以调用和执行，并自动导入了其中的变量和函数。执行效果如图 11-9 所示。

```
>>>
__init__.py中输出: pckage
输出包pckage中的变量name: pckage
调用包pckage中的函数：包pckage中的方法pck_test_fun
hello packge
>>>
```

图 11-9　执行效果

11.3 导 入 类

在 Python 程序中，往往随着不断地给类添加新的功能，程序文件可能会变得越来越大。为遵循 Python 语言的编程理念，应该让整个程序文件尽可能整洁。此时可以考虑将类保存在模块中，然后在主程序中导入所需要的模块。

扫码看视频：导入类

11.3.1 只导入一个类

在下面的实例代码中，首先在文件 car.py 中创建一个只包含类 Car 的模块，这样文件 car.py 变成了一个独立的模块。然后编写独立的测试文件 my.py，在里面导入模块文件 car.py 中的类 Car。

实例 11-6 只导入一个类

源码路径 daima\11\11-6

拓展范例及视频二维码

范例 273：引用编写的自定义类

源码路径：**范例**\273\

范例 274：导入编写的自定义类

源码路径：**范例**\274\

模块类文件 car.py 的具体实现代码如下所示。

```
class Car():                          #定义类Car
    def __init__(self, manufacturer, model, year):
        """属性初始化."""
        self.manufacturer = manufacturer
        #初始化属性manufacturer
        self.model = model   #初始化属性model
        self.year = year     #初始化属性year
        self.licheng_reading = 0
        #初始化属性licheng_reading

    def get_car_name(self):
    #定义方法get_car_ name()，获取汽车名字
        #下面是汽车名字
        long_name = str(self.year) + ' ' + self.manufacturer + ' ' + self.model
        return long_name.title()   #汽车标题

    def read_licheng(self):        #定义方法read_licheng()，读取行驶里程
        print("当前已经行驶里程" + str(self.licheng_reading) + "千米！")

    def update_licheng(self, mileage): #定义方法update_licheng()，修改行驶里程
        if mileage >= self.licheng_reading:
            self.licheng_reading = mileage
        else:
            print("这不是插电动力！")

    def increment_licheng(self, miles):
        self.licheng_reading += miles
```

测试文件 my.py 的具体实现代码如下所示。

```
from car import Car                          #导入模块car中的类Car
my_new_car = Car('Benz', 'E300L', 2017)      #创建类Car的对象实例
print(my_new_car.get_car_name())             #显示汽车的名字
my_new_car.licheng_reading = 15              #设置汽车行驶里程
my_new_car.read_licheng()                    #调用方法read_licheng()显示行驶里程
```

在上述代码中，通过 import 语句让 Python 打开模块文件 car.py，并导入其中的类 Car。这样就可以在测试文件 my.py 中使用类 Car 了，就像它是在这个文件中定义的一样。执行后的效果如图 11-10 所示。

```
>>>
2017 Benz E300L
当前已经行驶里程15千米！
>>>
```

图 11-10 执行效果

11.3.2　导入指定的类

在 Python 程序中，经常用到导入类的这种编程方式。有时，出于项目的需要，可能在一个测试文件需要导入指定的类。在下面的实例中，首先在文件 duo.py 中创建了一个包含多个类的模块，然后编写独立的测试文件 test.py，在里面导入模块文件中的指定类，输出插电式混合动力汽车的信息。

实例 11-7　**输出插电式混合动力汽车的信息**

源码路径　daima\11\11-7

在模块文件 duo.py 中定义了 3 个类，分别是 Car、Battery 和 ChadianCar，具体实现代码如下所示。

拓展范例及视频二维码

范例 **275**：重命名导入操作
源码路径：**范例**\275\

范例 **276**：使用点标记法才能导入
源码路径：**范例**\276\

```
class Car():
####省略类Car的代码，和实例11-6中的代码完全一样
class Battery():
    """插电混合动力"""
    def __init__(self, battery_size=60):
        """初始化属性"""
        self.battery_size = battery_size
    def describe_battery(self):
        """输出电池容量"""
        print("全新锂电池容量" + str(self.battery_
        size) + "千瓦时！")
    def get_range(self):
        """电量低预警机制."""
        if self.battery_size == 60:      #如果剩余是电量60千瓦·时
              range = 140                #则能跑140千米
        elif self.battery_size == 85:    #如果剩余电量是85千瓦·时
              range = 185                #则能跑185千米
        message = "注意：剩余电量能够跑" + str(range)
        message += "千米"
        print(message)
class ChadianCar(Car):                   #定义类ChadianCar
    def __init__(self, manufacturer, model, year):
        super().__init__(manufacturer, model, year)
        self.battery = Battery()
```

编写测试文件 test.py，导入模块文件 duo.py 中的类 ChadianCar，具体实现代码如下所示。

```
from duo import ChadianCar                       #导入模块duo中的类ChadianCar
my_tesla = ChadianCar('Benz', 'E350L', 2017)     #定义类ChadianCar的对象实例my_tesla
print(my_tesla.get_car_name())                   #显示汽车名字
my_tesla.battery.describe_battery()              #显示汽车电量
my_tesla.battery.get_range()                     #显示汽车还能跑140千米
```

通过本实例代码可知，大部分逻辑代码都隐藏在一个模块中。执行后的效果如图 11-11 所示。

```
>>>
2017 Benz E350L
全新锂电池容量60千瓦·时!
注意：剩余电量能够跑140千米
>>>
```

图 11-11　执行效果

11.3.3　从一个模块中导入多个类

在 Python 程序中，可以根据需要在一个程序文件中导入多个（任意数量的）类。如果需要在同一个程序中创建普通汽车和插电式混动汽车，就需要将类 Car 和类 ChadianCar 都导入到文件中。下面的实例代码演示了从一个模块中导入多个类的过程。

实例 11-8　**从一个模块中同时导入多个类**

源码路径　daima\11\11-8

首先在模块文件 duo.py 中定义了 3 个类，具体实现代码和实例 11-7 中的一样。然后编写测试文件 test.py，导入模块文件 duo.py 中的类 Car 和类 ChadianCar，具体实现代码如下所示。

```
from duo import Car,ChadianCar                #导入模块duo中的类Car和ChadianCar
my_beetle = Car('Benz', 'E300L', 2017)        #定义类Car的对象实例my_beetle
print(my_beetle.get_car_name())               #显示汽车名字
my_tesla = ChadianCar('aaa', 'sss', 2017)     #定义类ChadianCar的对象实例my_tesla
print(my_tesla.get_car_name())                #显示汽车名字
```

在上述实例代码中，当使用第 1 行代码从一个模块中导入多个类时，用逗号分隔了各个类。在导入需要的类后，就可根据项目需要创建每个类的实例，并且可以是任意数量的实例。例如在第 2 行代码中创建了一辆普通汽车，然后在第 4 行代码中创建了一辆插电混动汽车。执行后的效果如图 11-12 所示。

```
>>>
2017 Benz E300L
2017 Aaa Sss
>>>
```

图 11-12　执行效果

11.3.4　导入整个模块

在 Python 程序中，可以根据项目需要在程序文件中导入整个模块。然后再使用点运算符“.”访问用到的类。这种导入方法非常简单，代码也易于阅读。因为创建类实例的代码都包含模块名，所以不会与当前文件使用的任何名称发生冲突。在下面的实例代码中，首先导入了整个 duo 模块，然后分别创建了一辆普通汽车和一辆插电混动汽车。

实例 11-9　导入整个模块

源码路径　daima\11\11-9

首先在模块文件 duo.py 中定义了 3 个类，具体实现代码和实例 11-7 中的一样。然后编写测试文件 test.py，导入整个模块 duo，具体实现代码如下所示。

```
import duo                                         #导入整个模块duo
my_beetle = duo.Car('Benz', 'E300L', 2017)         #定义duo模块中类Car的对象实例my_beetle
print(my_beetle.get_car_name())                    #显示汽车名字
my_tesla = duo.ChadianCar('aaa', 'sss', 2017)      #定义duo模块中类ChadianCar的对象实例my_tesla
print(my_tesla.get_car_name())                     #显示汽车名字
```

在上述实例代码中导入了整个模块 duo，然后使用点运算符访问需要的类。在第 2 行代码中创建了一辆普通汽车，在第 4 行代码中创建了一辆插电式混动汽车。执行后的效果如图 11-13 所示。

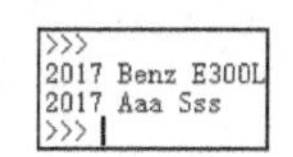

>>>
2017 Benz E300L
2017 Aaa Sss
>>>

图 11-13　执行效果

拓展范例及视频二维码

范例 **277**：导入模块或库中的某个部分
源码路径：**范例**\277\

范例 **278**：导入模块的全部内容
源码路径：**范例**\278\

11.3.5　在一个模块中导入另一个模块

在 Python 程序中，有时为了避免某个模块文件过大，通常将有依赖关系的不同类存储在不同的模块中，在使用时将会在模块中导入在另外模块中存储的相关类。在下面的实例代码中，将类 Car 保存在一个模块中，将类 Battery 和类 ChadianCar 保存在另一个模块中。将第二个模块命名为 chadian.py，并将类 Battery 和类 ChadianCar 复制到这个模块中。

实例 11-10　在一个模块中导入另一个模块

源码路径　daima\11\11-10

（1）首先编写模块文件 chadian.py，在里面导入模块文件 duo.py 中的类 Car，然后定义类 Battery 和类 ChadianCar，具体实现代码如下所示。

```
from duo import Car        #导入模块文件duo.py中的类Car
class Battery():
    """插电混合动力"""
    def __init__(self, battery_size=60):
```

```
        """初始化属性"""
        self.battery_size = battery_size
    def describe_battery(self):
        """输出电池容量"""
        print("全新锂电池容量" + str(self.battery_
size) + "千瓦时！")
    def get_range(self):
        """电量低预警机制."""
        if self.battery_size == 60:
            range = 140
        elif self.battery_size == 85:
            range = 185
        message = "注意：剩余电量能够跑" + str(range)
        message += "公里"
        print(message)
class ChadianCar(Car):
    def __init__(self, manufacturer, model, year):
        super().__init__(manufacturer, model, year)
        self.battery = Battery()
```

拓展范例及视频二维码

范例 **279**：折中方案的导入方式
源码路径：**范例**\279\

范例 **280**：使用小括号方式导入
源码路径：**范例**\280\

在上述实例代码中，如果忘记了第 1 行的导入代码，Python 将会在试图创建 ChadianCar 实例时引发错误。

（2）模块文件 duo.py 的实现代码比较简单，在里面只是定义了类 Car。

（3）编写测试文件 test.py，通过第 1 行代码从模块 duo 中导入类 Car，然后从模块 chadian 中导入类 ChadianCar。接下来，分别创建一辆普通汽车和插电混动汽车。文件 test.py 的具体实现代码如下所示。

```
from duo import Car
from chadian import ChadianCar
my_beetle = Car('Benz', 'E300L', 2017)       #定义类Car的对象实例my_beetle
print(my_beetle.get_car_name())              #显示汽车名字
my_tesla = ChadianCar('aaa', 'sss', 2017)    #定义类ChadianCar的对象实例my_tesla
print(my_tesla.get_car_name())               #显示汽车名字
```

执行后的效果如图 11-14 所示。

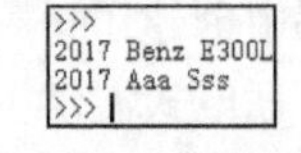
>>>
2017 Benz E300L
2017 Aaa Sss
>>>

图 11-14　执行效果

11.4　迭　代　器

迭代是 Python 语言中最强大的功能之一，是访问集合元素的一种方式。通过使用迭代器，简化了循环程序的代码并且可以节约内存。迭代器是一种可以从其中连续迭代的一个容器，Python 程序中所有的序列类型都是可迭代的。

扫码看视频：迭代器

11.4.1　什么是迭代器

在 Python 程序中，迭代器是一个可以记住遍历位置的对象。迭代器对象从集合的第一个元素开始访问，直到所有的元素被访问完，迭代器只能往前不会后退。其实在本章前面实例中用到的 for 语句，本质上都属于迭代器的应用范畴。

从表面上看，迭代器是一个数据流对象或容器。每当使用其中的数据时，每次从数据流中取出一个数据，直到数据被取完为止，而且这些数据不会重复使用。从编写代码的角度看，迭代器是实现了迭代器协议方法的对象或类。在 Python 程序中，主要有如下两个内置迭代器协议方法。

- 方法 iter()：返回对象本身，是 for 语句使用迭代器的要求。

- 方法 next()：用于返回容器中下一个元素或数据，当使用完容器中的数据时会引发 StopIteration 异常。

在 Python 程序中，只要一个类实现了或具有上述两个方法，就可以称这个类为迭代器，也可以说它是可迭代的。当使用这个类作为迭代器时，可以 for 语句来遍历（迭代）它。在下面的实例代码中，在每个循环中，for 语句都会从迭代器的序列中取出一个数据，并将这个数据赋值给 item，以供在循环体内使用或处理。从外表形式上来看，迭代遍历完全与遍历元组、列表、字符串、字典等序列一样。

```
for item in iterator:
    pass
```

下面的实例代码演示了使用 for 循环语句遍历迭代器的过程。

实例 11-11　使用 for 循环语句遍历迭代器

源码路径　daima\11\11-11

实例文件 for.py 的具体实现代码如下所示。

```
list=[1,2,3,4]              #创建列表"list"
it = iter(list)             #创建迭代器对象
for x in it:                #遍历迭代器中的数据
    print (x, end=" ")  #显示迭代结果
```

在上述实例代码中，首先将列表"list"构建成迭代器，然后使用 for 循环语句遍历迭代器中的数据。执行后的效果如图 11-15 所示。

```
>>>
1 2 3 4
>>>
```

图 11-15　执行效果

拓展范例及视频二维码

范例 281：使用 iter() 内置函数

源码路径：**范例**\281\

范例 282：使用 next() 内置函数

源码路径：**范例**\282\

11.4.2 创建并使用迭代器

在 Python 程序中，要想创建一个自己的迭代器，只需要定义一个实现迭代器协议方法的类即可。下面的实例代码演示了创建并使用迭代器的过程。

实例 11-12　显示迭代器中的数据元素

源码路径　daima\11\11-12

实例文件 use.py 的具体实现代码如下所示。

```
class Use:                          #定义迭代器类Use
    def __init__(self,x=2,max=50): #定义构造方法
        self.__mul,self.__x = x,x
        #初始化属性，x的初始值是2
        self.__max = max        #初始化属性
    def __iter__(self):         #定义迭代器协议方法
        return self             #返回类的自身
    def __next__(self):         #定义迭代器协议方法
        if self.__x and self.__x != 1:
        #如果x的值不是1
            self.__mul *= self.__x
            #设置mul的值
            if self.__mul <= self.__max:
            #如果mul的值小于等于预设的最大值max
                return self.__mul  #则返回mul值
            else:
                raise StopIteration #当超过参数max的值时会引发StopIteration异常
        else:
            raise StopIteration
if __name__ == '__main__':
    my = Use()                      #定义类Use的对象实例my
    for i in my:                    #遍历对象实例my
        print('迭代的数据元素为：',i)
```

拓展范例及视频二维码

范例 283：使用 iter() 迭代输出

源码路径：**范例**\283\

范例 284：使用内置函数 cycle()

源码路径：**范例**\284\

在上述实例代码中，首先定义了迭代器类 Use，在其构造方法中，初始化私有的实例属性，

功能是生成序列并设置序列中的最大值。这个迭代器总是返回所给整数的 n 次方，当其最大值超过参数 max 值时就会引发 StopIteration 异常，并且马上结束遍历。最后，实例化迭代器类，并遍历迭代器的值序列，同时输出各个序列值。在本实例中初始化迭代器时使用了默认参数，遍历得到的序列是 2 的 n 次方的值，最大值不超过 50。执行后的效果如图 11-16 所示。

注意：当在 Python 程序中使用迭代器类时，一定要在某个条件下引发 StopIteration 错误，这样可以结束遍历循环，否则会产生死循环。

```
use.py ====
迭代的数据元素为：  4
迭代的数据元素为：  8
迭代的数据元素为：  16
迭代的数据元素为：  32
>>>
```

图 11-16　执行效果

11.4.3　使用内置迭代器方法 iter()

在 Python 程序中，可以通过如下两种方法使用内置迭代器方法 iter()。

```
iter (iterable)
iter (callable, sentinel)
```

对上述两种使用方法的具体说明如下所示。

- 第一种：只有一个参数 iterable，要求参数为可迭代的类型，也可以使用各种序列类型。
- 第二种：具有两个参数，第一个参数 callable 表示可调用类型，一般为函数；第二个参数 sentinel 是一个标记，当第一个参数（函数）的返回值等于第二个参数的值时，迭代或遍历会马上停止。

实例 11-11 已经演示了上述第一种格式的用法。下面的实例代码演示了使用第二种格式的过程。

实例 11-13　显示迭代器中的数据元素

源码路径　daima\11\11-13

实例文件 er.py 的具体实现代码如下所示。

```
class Counter:                    #定义类Counter
    def __init__(self,x=0):       #定义构造方法
        self.x = x                #初始化属性x
counter = Counter()               #实例化类Counter
def used_iter():                  #定义方法used_iter()
    counter.x += 2                #修改实例属性的值，加2
    return counter.x              #返回实例属性x的值
for i in iter(used_iter,12):  #迭代遍历方法iter()产生的迭代器
      print('当前遍历的数值：',i)
```

在上述实例代码中，首先定义了一个计数的类 Counter，功能是记录当前的值，并实例化这个类以作为全局变量。然后定义一个在方法 iter()中调用的函数，并使用 for 循环来遍历方法 iter()产生的迭代器，输出遍历之后得到的值。运行后将分别遍历得到 2、4、6、8、10。当接下来计算得到 12 时，因为 12 与方法 iter()中提供的第二个参数 12 相等，所以将马上停止迭代。执行后的效果如图 11-17 所示。

```
>>>
当前遍历的数值：  2
当前遍历的数值：  4
当前遍历的数值：  6
当前遍历的数值：  8
当前遍历的数值：  10
>>>
```

图 11-17　执行效果

除了前面介绍的两个方法外，在 Python 程序中，还可以使用其他内置的迭代器方法。具体来说，主要包含两大类迭代器方法，分别是无限迭代器和处理输入序列迭代器。在下面的实例代码中，可以这样使用方法 key()：如果身高大于 180 厘米，返回 tall；如果身高底于 160 厘米，则返回 short；介于两者之间的返回 middle。最终，所有身高将分为 3 个循环器，即分别是 tall、short 和 middle。

实例 11-14　使用方法 groupby()遍历数据

源码路径　daima\11\11-14

实例文件 hehe.py 的具体实现代码如下所示。

```
from itertools import *
def height_class(h):              #定义方法height_class()
    if h > 180:
           return "tall"          #如果h大于180厘米则返回"tall"
```

```
    elif h < 160:
        return "short"
#如果h小于160厘米则返回"short"
    else:
        return "middle"
#如果h是其他值则返回"middle"
#下面定义一个列表friends
friends = [191, 158, 159, 165, 170, 177, 181, 182, 190]
friends = sorted(friends, key = height_class)
#使用方法sorted()进行排序
#下面开始遍历groupby，将拥有相同函数结果的元素分到一个
#新的循环器
  for m, n in groupby(friends, key = height_class):
    print(m)
    print(list(n))
```

拓展范例及视频二维码

范例 **285**：使用内置函数 repeat()

源码路径：**范例**\285\

范例 **286**：使用内置函数 chain()

源码路径：**范例**\286\

在上述实例代码中，首先导入了 itertools 中的所有模块，然后将 key 函数作用于原循环器的各个元素。根据 key 函数的结果，将拥有相同函数结果的元素分到一个新的循环器。每个新的循环器以函数返回结果为标签。执行后的效果如图 11-18 所示。

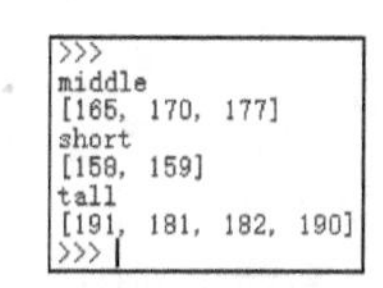

图 11-18　执行效果

11.5　生　成　器

在 Python 程序中，使用关键字 yield 定义的函数称为生成器（Generator）。通过使用生成器，可以生成一个值序列用于迭代，并且这个值序列不是一次生成的，而是使用一个，再生成一个，最大的好处是可以使程序节约大量内存。本节将详细讲解 Python 生成器的基本知识。

扫码看视频：生成器

11.5.1　生成器的运行机制

在 Python 程序中，生成器是一个记住上一次返回时在函数体中位置的函数。对生成器函数的第二次（或第 n 次）调用，跳转至该函数中间，而上次调用的所有局部变量都保持不变。生成器不仅“记住”了它的数据状态，还“记住”了它在流控制构造（在命令式编程中，这种构造不只是数据值）中的位置。

概括来说，生成器的特点如下所示。

- 生成器是一个函数，而且函数的参数都会保留。
- 当迭代到下一次调用时，所使用的参数都是第一次所保留的。也就是说，在整个函数调用中的参数都是第一次所调用时保留的，而不是新创建的。

在 Python 程序中，使用关键字 yield 定义生成器。当向生成器索要一个数时，生成器就会执行。直至出现 yield 语句时，生成器才把 yield 的参数传给你。之后生成器就不会往下继续运行。当向生成器索要下一个数时，它会从上次的状态开始运行，直至出现 yield 语句时，才把参数传给你，然后停下。如此反复，直至退出函数为止。

当在 Python 程序中定义一个函数时，如果使用了关键字 yield，这个函数就是一个生成器。它

的执行会和其他普通的函数有很多不同，该函数返回的是一个对象，而不是像平常函数所用的 return 语句那样，能得到结果值。如果想取得值，还需要调用 next()函数。在下面的演示代码中，每当调用一次迭代器的 next 函数，生成器函数便会运行到 yield 位置，返回 yield 后面的值，并且在这个地方暂停，此时，所有的状态都会保持不变，直到下次调用 next 函数或者碰到异常循环时才退出。

```
c = h() #h()包含了yield关键字
#返回值
c.next()
```

下面的实例代码演示了 yield 生成器的运行机制。

实例 11-15　使用 yield 生成器

源码路径　daima\11\11-15

实例文件 sheng.py 的具体实现代码如下所示。

```
def fib(max):                    #定义方法fib()
    a, b = 1, 1                  #为变量a和b赋值
    while a < max:               #如果a小于max
        yield a #当程序运行到此处时就不会继续
                #往下执行
        a, b = b, a+b
for n in fib(15):                #遍历15以内的值
    print (n)
```

拓展范例及视频二维码

范例 **287**：使用内置函数 dropwhile()

源码路径：**范例**\287\

范例 **288**：使用内置函数 islice()

源码路径：**范例**\288\

在上述实例代码中，当程序运行到 yield 这一行时就不会继续往下执行，而是返回一个包含当前函数中所有参数的状态的 iterator 对象。目的就是在第二次被调用时，能够访问到的函数中所有的参数值都是第一次访问时的值，而不是重新赋值。当程序第一次调用时，执行情况如下。

```
yield a #这时a,b值分别为1,1，当然，程序也在执行到这里时，返回
```

当程序第二次调用时，从前面可知，当第一次调用时，a,b=1,1，那么第二次调用（其实就是调用第一次返回的 iterator 对象的 next()方法）时，程序跳到 yield 语句处，当执行“a,b = b, a+b”语句时，此时值变为：a,b = 1, (1+1) => a,b = 1, 2。然后，程序继续执行 while 循环，这样会再一次碰到 yield a 语句，也是像第一次那样，保存函数中所有参数的状态，返回一个包含这些参数状态的 iterator 对象。接下来，等待第三次调用……执行后的效果如图 11-19 所示。

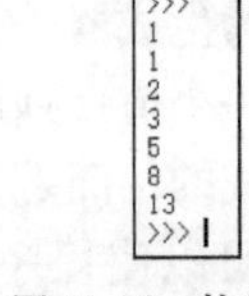

图 11-19　执行效果

11.5.2　创建生成器

根据本章前面的内容可知，在 Python 程序中可以使用关键字 yield 将一个函数定义为一个生成器。所以说生成器也是一个函数，它能够生成一个值序列，以便在迭代中使用。下面的实例代码演示了 yield 生成器的运行机制。

实例 11-16　创建一个递减序列生成器

源码路径　daima\11\11-16

实例文件 dijian.py 的具体实现代码如下所示。

```
def shengYield(n):               #定义方法shengYield()
    while n>0:                   #如果n大于0则开始循环
        print("开始生成...:")
        yield n                  #定义一个生成器
        print("完成一次...:")
        n -= 1  #生成初始值的不断递减的数字序列
if __name__ == '__main__':       #当直接运行模块时，
#以下代码块会运行，当导入模块时不运行
    for i in shengYield(4):   #遍历4次
        print("遍历得到的值：",i)
    print()
    sheng_yield = shengYield(3)
```

拓展范例及视频二维码

范例 **289**：使用 yield 实现斐波那契数列

源码路径：**范例**\289\

范例 **290**：使用内置函数 starmap()

源码路径：**范例**\290\

```
    print('已经实例化生成器对象')
    sheng_yield.__next__()  #直接遍历自己创建的生成器
    print('第二次调用__next__()方法：')
    sheng_yield.__next__()  #以手工方式获取生成器产生的数值序列
```

在上述实例代码中，自定义了一个递减数字序列的生成器，每次调用时都会生成一个从调用时所提供初始值不断递减的数字序列。生成对象不但可以直接被 for 循环语句遍历，而且可以进行手工遍历，在最后两行代码中便是使用的手工遍历方式。第一次使用 for 循环语句时直接遍历自己创建的生成器，第二次用手工方式获取生成器产生的数值序列。执行后的效果如图 11-20 所示。

```
>>>
开始生成...:
遍历得到的值： 4
完成一次...:
开始生成...:
遍历得到的值： 3
完成一次...:
开始生成...:
遍历得到的值： 2
完成一次...:
开始生成...:
遍历得到的值： 1
完成一次...:

已经实例化生成器对象
开始生成...:
第二次调用__next__()方法：
完成一次...:
开始生成...:
>>>
```

图 11-20　执行效果

通过上述实例的实现过程可知，当在生成器中包含 yield 语句时，不但可以用 for 直接遍历，而且可以使用手工方式调用其方法__next__()进行遍历。在 Python 程序中，yield 语句是生成器中的关键语句，生成器在实例化时并不会立即执行，而是等候其调用方法__next__()才开始运行。另外，当程序运行完 yield 语句后就会保持当前状态且停止运行，等待下一次遍历时才恢复运行。

在上述实例的执行效果中，在空行之后的“已经实例化生成器对象”的前面，已经实例化了生成器对象，但是生成器并没有运行（没有输出“开始生成”）。当第一次手工调用方法__next__()后，才输出“开始生成”提示，这说明生成器已经开始运行。在输出“第二次调用__next__()方法：”文本前，并没有输出“完成一次”文本，这说明 yield 语句在运行之后就立即停止了运行。在第二次调用方法__next__()后，才输出“完成一次...”的文本提示，这说明从 yield 语句之后开始恢复运行生成器。

11.5.3　注意生成器的第一次调用

在 Python 程序中，通过 yield 语句可以使函数成为生成器，返回相关的值，并即时接受调用者传来的数值。但是读者需要注意的是，当在第一次调用生成器时，不能传送给生成器 None 值以外的值，否则会引发错误。下面的实例代码演示了调用生成器的具体过程。

实例 11-17　调用一个生成器

源码路径　daima\11\11-17

实例文件 diyi.py 的具体实现代码如下所示。

```
def shengYield(n): #定义方法shengYield()
    while n>0:      #如果n大于0则开始循环
        rcv = yield n
        #通过"rcv"来接收调用者传来的值
        n -= 1      #生成以初始值不断递减的数字序列
        if rcv is not None:
            n = rcv
if __name__ == '__main__':  #当直接运行模块时，
#以下代码块会运行，当导入模块时不运行
    sheng_yield = shengYield(2)
    #开始遍历时从默认值2开始递减并输出
    print(sheng_yield.__next__())
    print(sheng_yield.__next__())
    print('传给生成器一个值，重新初始化生成器。')
    print(sheng_yield.send(11))    #重新传一个值11给生成器
    print(sheng_yield.__next__())  #得到一个从11开始递减的遍历
```

拓展范例及视频二维码

范例 291：使用内置函数 tee()
源码路径：**范例**\291\

范例 292：使用内置函数 takewhile()
源码路径：**范例**\292\

在上述实例代码中，实现了一个可以接收调用者传来的值并重新初始化生成器生成值的过程。首先定义了一个生成器函数，其中 yield 语句为“rcv = yield n”，通过“rcv”来接收调用者传来的值。如果在调用时只提供了一个值，就会从这个值开始递减生成序列。程序运行后，在开始遍历时从 2 开始递减并输出，当重新传一个值 11 给生成器时，会得到一个从 11 开始递减的遍历。执行后的效果如图 11-21 所示。

11.5.4　使用协程重置生成器序列

在 Python 程序中，可以使用方法 send()重置生成器的生成序列，这称为协程。协程是一种解决程序并发的基本方法，如果采用一般的方法来实现生产者与消费者这个传统的并发与同步程序设计问题，则需要考虑很多复杂的问题。但是如果通过生成器实现协程这种方式，便可以很好地解决这个问题。下面的实例代码演示了使用协程重置生成器序列的过程。

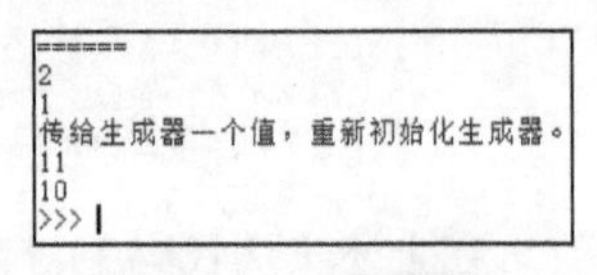

图 11-21　执行效果

实例 11-18　使用协程重置生成器序列

源码路径　daima\11\11-18

实例文件 xie.py 的具体实现代码如下所示。

```
def xie():                #方法xie()代表生产者模型
    print('等待接收处理任务...')
    while True:
#每个循环模拟发送一个任务给消费者模型（生成器）
        data = (yield)
        print('收到任务：',data)

def producer():     #方法producer()代表消费者模型
    c = xie()       #调用函数xie()来处理任务
    c.__next__()
    for i in range(3): #遍历3个任务
        print('发送一个任务...','任务%d' % i)
        c.send('任务%d' % i)        #发送任务
if __name__ == '__main__':
    producer()
```

拓展范例及视频二维码

范例 293：使用内置函数 product()

源码路径：范例\293\

范例 294：输出斐波那契数列的前 N 个数

源码路径：范例\294\

上述实例代码演示了一个简单的生产者与消费者编程模型的实现过程。通过定义的两个函数 xie()和 producer()分别代表消费者和生产者模型，而消费者模型实际是一个生成器。在生产者模型函数中每个循环模拟发送一个任务给消费者模型（生成器），而生成器可以调用相关函数来处理任务。这是通过 yield 语句的“停止”特性来完成这一任务的。程序在运行时，每次的发送任务都是通过调用生成器函数 send()实现的，收到任务的生成器会执行相关的函数调用并完成子任务。执行后的效果如图 11-22 所示。

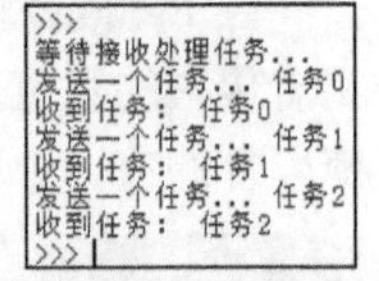

图 11-22　执行效果

11.6　装　饰　器

在 Python 程序中，通过使用装饰器可以给函数或类增强功能，并且还可以快速地给不同的函数或类插入相同的功能。从绝对意义上说，装饰器是一种代码的实现方式。本节将详细讲解 Python 装饰器的知识。

扫码看视频：装饰器

11.6.1　创建装饰器

在 Python 程序中，可以使用装饰器给不同的函数或类插入相同的功能。与其他高级语言相比，Python 语言不但简化了装饰器代码，而且可以快速地实现所需要的功能。同时，装饰器在为函数或类对象增加功能时变得十分透明。对于同一函数来说，既可以添加简单的功能，也可以添加复杂的功能，并且使用起来很灵活。当调用被装饰的函数时，没有任何附加的东西，仍然像调用原函数或没有被装饰的函数一样。

要想在 Python 程序中使用装饰器，需要使用一个特殊的符号“@”来实现。在定义装饰器装饰函数或类时，使用“@装饰器名称”的形式将符号“@”放在函数或类的定义行之前。例如，有一个装饰器名称为“run_time”，当需要在函数中使用装饰器功能时，可以使用如下形式定义这个函数。

```
@ run_time
def han_fun():
    pass
```

在 Python 程序中使用装饰器后，上述代码定义的函数 han _fun()可以只定义自己所需的功能，而装饰器所定义的功能会自动插入函数 han_fun()中，这样就可以节约大量具有相同功能的函数或类的代码。即使是不同目的或不同类的函数或类，也可以插入完全相同的功能。

要想用装饰器来装饰一个对象，必须先定义这个装饰器。在 Python 程序中，定义装饰器的格式与定义普通函数的格式完全一致，只不过装饰器函数的参数必须要有函数或类对象。然后在装饰器函数中重新定义一个新的函数或类，并且在其中执行某些功能前后或中间来使用被装饰的函数或类。最后返回这个新定义的函数或类。

11.6.2 使用装饰器装饰函数

在 Python 程序中，可以使用装饰器装饰函数。在使用装饰器装饰函数时，首先要定义一个装饰器，然后使用定义的装饰器来装饰这个函数。下面的实例代码演示了使用装饰器装饰函数的过程。

实例 11-19 使用装饰器装饰函数

源码路径 daima\11\11-19

实例文件 zz.py 的具体实现代码如下所示。

拓展范例及视频二维码

范例 **295**：以不变应万变的函数定义

源码路径：**范例**\295\

范例 **296**：最大限度地少改动代码

源码路径：**范例**\296\

```
def zz(fun):    #定义一个装饰器函数zz()
    def wrapper(*args,**bian):
    #定义一个包装器函数wrapper()
        print('开始运行...')
        fun(*args,**bian)      #使用被装饰函数
        print('运行结束! ')
    return wrapper       #返回包装器函数wrapper()

@zz                          #装饰函数语句
def demo_decoration(x):  #定义普通函数，它被装饰器装饰
    a = []                   #定义空列表a
    for i in range(x):  #遍历x的值
        a.append(i)  #将i添加到列表末尾
    print(a)
@zz
def hello(name):         #定义普通函数hello(),它被装饰器装饰
    print('Hello ',name)
if __name__ == '__main__':
    demo_decoration(5)  #调用被装饰器装饰的函数demo_decoration()
    print()
    hello('浪潮')        #调用被装饰器装饰的函数hello()
```

在上述实例代码中，首先定义了一个装饰器函数 zz()，此函数有一个可以使用函数对象的参数 fun。然后定义了两个被装饰器装饰的普通函数，分别是 demo_decoration()和 hello()。最后对被装饰的函数进行调用。当调用被装饰的函数时会发现，这与调用普通函数没有任何区别。而在实现装饰器定义的内部，很明显又定义了一个内嵌的函数 wrapper()，在这个内嵌的函数中执行了一些语句，也调用了被装饰的函数。最后返回了这个内嵌函数，并代替了被装饰的函数，从而完成了装饰器的功能。执行后会发现在调用两个被装饰的函数前后都输出了相应的信息的功能，执行后的效果如图 11-23 所示。

```
>>>
开始运行...
[0, 1, 2, 3, 4]
运行结束!

开始运行...
Hello  浪潮
运行结束!
>>>
```

图 11-23 执行效果

在上述实例中，其中装饰函数 wrapper()的参数是可变的，而被装饰函数 demo_decoration()和 hello()的参数是固定的。在 Python 程序中，当对带参数的函数进行装饰时，内嵌包装函数的形参和返回值与原函数相同，装饰函数返回内嵌包装函数对象。下面的实例代码演示了使用装饰器装饰带参函数的过程。

实例 11-20　使用装饰器装饰带参函数

源码路径　daima\11\11-20

实例文件 dai.py 的具体实现代码如下所示。

```
def deco(func):            #定义装饰器函数deco()
    def _deco(a, b):   #定义函数_deco()
        print("在函数myfunc()之前被调用.")
        ret = func(a, b)
        print("在函数myfunc()之后被调用，结果是：%s"
        % ret)
        return ret
    return _deco
@deco
def myfunc(a, b):        #定义函数myfunc()
    print("函数myfunc(%s,%s)被调用！" % (a, b))
    return a + b
myfunc(1, 2)
myfunc(3, 4)
```

拓展范例及视频二维码

范例 **297**：用语法糖来降低代码量
源码路径：**范例**\297\

范例 **298**：实现手工装饰器
源码路径：**范例**\298\

执行后的效果如图 11-24 所示。

```
>>>
在函数myfunc()之前被调用.
函数myfunc(1,2)被调用！
在函数myfunc()之后被调用，结果是：3
在函数myfunc()之前被调用.
函数myfunc(3,4)被调用！
在函数myfunc()之后被调用，结果是：7
>>>
```

图 11-24　执行效果

11.6.3　使用装饰器装饰类

在 Python 程序中，也可以使用装饰器来装饰类。在使用装饰器装饰类时，需要首先定义内嵌类中的函数，然后返回新类。下面的实例代码演示了使用装饰器修饰类的过程。

实例 11-21　使用装饰器装饰类

源码路径　daima\11\11-21

实例文件 lei.py 的具体实现代码如下所示。

```
def zz(myclass):      #定义一个能够装饰类的装饰器zz
    class InnerClass:
    #定义一个内嵌类InnerClass来代替被装饰的类
        def __init__(self,z=0):
            self.z = 0      #初始化属性z的值
            self.wrapper = myclass()
            #实例化被装饰的类
        def position(self):
            self.wrapper.position()
            print('z轴坐标：',self.z)
    return InnerClass          #返回新定义的类
@zz                            #使用装饰器
class coordination:            #定义一个普通类coordination
    def __init__(self,x=0,y=0):
        self.x = x             #初始化属性x
        self.y =y              #初始化属性y
    def position(self):     #定义普通方法position()
        print('x轴坐标：',self.x)   #显示x坐标
        print('y轴坐标：',self.y)   #显示y坐标
if __name__ == '__main__': #当直接运行模块时，以下代码块会运行，当导入模块时不运行
    coor = coordination()
    coor.position()          #调用普通方法position()
```

拓展范例及视频二维码

范例 **299**：实现积累装饰
源码路径：**范例**\299\

范例 **300**：实现粗体字体转换
源码路径：**范例**\300\

在上述实例代码中，首先定义了一个能够装饰类的装饰器 zz，然后在里面定义了一个内嵌类 InnerClass 来代替被装饰的类，并返回新的内嵌类。在实例化普通类时得到的是被装饰器装饰后的类。在运行程序后，因为原来定义的坐标类只包含平面坐标，而通过装饰器的装饰后则成为可以表示立体坐标的 3 个坐标值，所以执行后会看到显示的坐标为立体坐标值（3 个方向的值）。执行后的效果如图 11-25 所示。

```
>>>
x轴坐标： 0
y轴坐标： 0
z轴坐标： 0
>>>
```

图 11-25　执行效果

11.7 命名空间

一般来说，可以将 Python 语言中的命名空间理解为一个容器。在这个容器中可以装许多标识符，不同容器中同名的标识符是不会相互冲突的。在 Python 程序中，使用命名空间来记录变量的轨迹。命名空间是一个字典（Dictionary），它的键就是变量名，它的值就是对应变量的值。本节将详细讲解 Python 命名空间的基本知识。

扫码看视频：命名空间

11.7.1 命名空间的本质

在 Python 程序中，通常会存在如下 3 个可用的命名空间。

- 每个函数都有自己的命名空间，叫作局部命名空间，它记录了函数的变量，包括函数的参数和局部定义的变量。
- 每个模块拥有自己的命名空间，叫作全局命名空间，它记录了模块的变量，包括函数、类、其他导入的模块、模块级的变量和常量。
- 还有就是内置命名空间，任何模块均可访问它，它存放内置的函数和异常。

要想理解 Python 语言的命名空间，首先需要掌握如下所示的 3 条规则。

- 赋值（包括显式赋值和隐式赋值）产生标识符，赋值的地点决定标识符所处的命名空间。
- 函数定义（包括 def 和 lambda）产生新的命名空间。
- Python 搜索一个标识符的顺序是“LEGB”。所谓的“LEGB”，是指 Python 语言中 4 层命名空间的英文名字首字母的缩写，具体说明如下所示。
  - 最里面的 1 层是 L（local），表示在一个函数定义中，而且在这个函数里面没有再包含函数的定义。
  - 第 2 层是 E（enclosing function），表示在一个函数定义中，但这个函数里面还包含函数的定义，其实 L 层和 E 层只是相对的。
  - 第 3 层是 G（global），是指一个模块的命名空间。也就是说，在一个.py 文件中定义的标识符，但不在一个函数中。
  - 第 4 层是 B（builtin），是指 python 解释器启动时就已经具有的命名空间。之所以叫 builtin 是因为在 python 解释器启动时会自动载入__builtin__模块，这个模块中的 list、str 等内置函数处于 B 层的命名空间中。

在 Python 程序中，可以通过模块来管理复杂的程序，而将不同功能的函数分布在不同的模块中，函数及其全局命名空间决定了函数中引用的全局变量的值。函数的全局命名空间始终是定义该函数的模块，而不是调用该函数的命名空间。因此，在函数中引用的全局变量始终是定义该函数的模块中的全局变量。下面的实例代码演示了函数与其全局命名空间关系的过程。

实例 11-22　函数与其全局命名空间

源码路径　daima\11\11-22

实例文件 mo.py 是一个模块文件，在里面定义了全局变量 name 和函数 moo_fun()，并在函数 moo_fun()中输出了全局变量 name 的值。文件 mo.py 的具体实现代码如下所示。

```
name = "Moo Module"                    #定义变量name的初始值
def moo_fun():                         #定义方法moo_fun()
    print('函数moo_fun:')              #显示文本
```

```
        print('变量name：',name)         #显示变量name的值
```

实例文件 test.py 是一个测试文件，它首先调用了模块 mo 中的方法 moo_fun()。在此文件中也定义了全局变量 name 和函数 bar()，并在函数 bar()中输出了全局变量 name 的值。然后分别调用了本模块中定义的函数 bar()和从 mo 模块中导入的函数 moo_fun()。最后还定义了一个把函数作为参数传入并调用的函数 call_moo_fun()。因为函数中引用的全局变量始终是定义该函数的模块中的全局变量，所以第一次调用输出了当前模块中全局变量 name 的值。而第二次调用从 mo 模块中导入的函数 moo_fun()时，输出的则是 mo 模块中全局变量 name 的值。第三次调用 call_moo_fun()函数，并把从 mo 模块中导入的函数 moo_fun()作为参数传入其中进行调用，即使是在函数内部调用，它仍然输出函数 moo_fun()模块中全局变量 name 的值。实例文件 test.py 的具体实现代码如下所示。

拓展范例及视频二维码

范例 **301**：命名空间查找顺序
源码路径：**范例**\301\

范例 **302**：命名空间的生命周期
源码路径：**范例**\302\

```
    from mo import moo_fun    #调用模块mo中的方法moo_fun()
    name = 'Current module'    #定义全局变量name
    def bar():                 #定义函数bar()
        print('当前模块中函数bar:') #显示文本
        print('变量name：',name) #显示变量name的值
    def call_moo_fun(fun):        #定义方法
call_moo_fun()
        fun()
    if __name__ == '__main__':
        bar()      #输出当前模块中全局变量name的值
        print()
        moo_fun() #调用从mo模块中导入的函数moo_fun()
        print()
        #调用函数call_moo_fun()，并把从mo模块中导入的函数moo_fun()作为参数传入其中进行调用
        call_moo_fun(moo_fun)
```

在运行程序后，第 1 次输出的是当前模块中全局变量 name 的值“Current module”，第 2 次输出的是 mo 模块中全局变量 name 的值“Moo Module”，第 3 次输出的仍然是 mo 模块中全局变量 name 的值“Moo Module”。执行后的效果如图 11-26 所示。

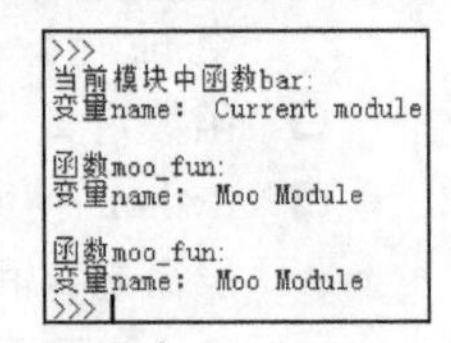

图 11-26　执行效果

11.7.2　查找命名空间

在 Python 程序中，当某一行代码要使用变量 x 的值时，会到所有可用的名字空间去查找这个变量，按照如下所示的顺序进行查找。

（1）局部命名空间：特指当前函数或类的方法。如果函数定义了一个局部变量 x 或一个参数 x，Python 程序将使用它，然后停止搜索。

（2）全局命名空间：特指当前的模块。如果模块定义了一个名为 x 的变量、函数或类，Python 将使用它，然后停止搜索。

（3）内置命名空间：对每个模块都是全局的。作为最后的尝试，Python 将假设 x 是内置函数或变量。

（4）如果 Python 在上述命名空间找不到 x，它将放弃查找并引发一个 NameError 异常，例如 NameError: name 'aa' is not defined。

在 Python 程序中，嵌套函数命名空间的查找顺序比较特殊，具体说明如下所示。

首先在当前（嵌套的或 lambda）函数的命名空间中搜索。然后在父函数的命名空间中进行搜索。接着在模块命名空间中搜索。最后在内置命名空间中搜索。

下面的实例代码演示了嵌套函数命名空间的查找过程。

实例 11-23　嵌套函数的命名空间
源码路径　daima\11\11-23

实例文件 qian.py 的具体实现代码如下所示。

```
info = "地址："                #定义全局变量的初始值
def func_father(country): #定义父函数func_father()
    def func_son(area):  #定义嵌套子函数func_son()
        city= "北京"      #此处的city变量覆盖了父
                          #函数的city变量
        print(info + country + city + area)
    city = " 济南 "
    func_son("丰台区");  #调用内部函数
func_father("中国")
```

在上述实例代码中，info 在全局命名空间中，country 在父函数的命名空间中，city 和 area 在自己函数的命名空间中。执行后的效果如图 11-27 所示。

拓展范例及视频二维码

范例 303：局部命名空间的访问
源码路径：**范例**\303\

范例 304：全局命名空间的访问
源码路径：**范例**\304\

```
>>>
地址：中国北京丰台区
>>>
```

图 11-27　执行效果

11.7.3　命名空间的生命周期

在 Python 程序中，在不同的时刻创建不同的命名空间，这些命名空间会有不同的生命周期。具体说明如下所示。

- 内置命名空间在 Python 解释器启动时创建，会一直保留下去，不会被删除。
- 模块的全局命名空间在读入模块定义时创建，通常模块命名空间也会一直保存到解释器退出。
- 当调用函数时创建一个局部命名空间，当函数返回结果或抛出异常时删除局部命名空间。每一个递归调用的函数都拥有自己的命名空间。

Python 语言有一个自己的特别之处，在于其赋值操作总是发生在最里层的作用域中。赋值不会复制数据，只是将命名绑定到对象而已。删除操作也是如此，例如“del y”只是从局部作用域的命名空间中删除命名“y”而已。而事实上，所有引入新命名的操作都作用于局部作用域。请看下面的演示代码，因为在创建命名空间时，Python 会检查代码并填充局部命名空间。在 Python 运行那行代码之前，就发现了对 i 的赋值，并把它添加到局部命名空间中。当函数执行时，Python 解释器认为 i 在局部命名空间中但是没有值，所以会产生错误。

```
i=1
def func2():
    i=i+1
func2();
#错误：UnboundLocalError: local variable 'i' referenced before assignment
```

再看下面的演示代码，如果删除“del y”代码语句后会正常运行。

```
def func3():
    y=123
    del y
    print(y)
func3()
#运行错误：UnboundLocalError: local variable 'y' referenced before assignment
```

11.7.4　命名空间访问函数 locals()与 globals()

当在 Python 程序中访问命名空间时，不同的命名空间用不同的方式进行访问，具体说明如下所示。

（1）局部命名空间。

在 Python 程序中，可以使用内置函数 locals()来访问局部命名空间。下面的实例代码演示了使用内置函数 locals()来访问局部命名空间的过程。

实例 11-24　**使用内置函数 locals()访问局部命名空间**
源码路径　daima\11\11-24

实例文件 sheng.py 的具体实现代码如下所示。

```
def func1(i, str ):       #定义函数func1()
    x = 12345             #定义变量x的值是12345
    print(locals())       #访问局部命名空间
func1(1 , "first")
```

执行后的效果如图 11-28 所示。

```
>>>
{'x': 12345, 'str': 'first', 'i': 1}
>>>
```

图 11-28　执行效果

—— 拓展范例及视频二维码 ——

范例 305：locals 与 globals 的区别

源码路径：**范例**\305\

范例 306：函数体内变量的存活时间

源码路径：**范例**\306\

（2）全局（模块级别）命名空间。

在 Python 程序中，可以使用内置函数 globals()来访问全局（模块级别）命名空间。下面的实例代码演示了使用内置函数 globals()来访问全局命名空间的过程。

实例 11-25　使用函数 globals()访问全局命名空间

源码路径　daima\11\11-25

实例文件 quan.py 的具体实现代码如下所示。

```
import copy                              #导入copy模块
from copy import deepcopy                #导入deepcopy
gstr = "global string"                   #定义变量gstr
def func1(i, info):                      #定义函数func1()
    x = 12345
    print(locals())                      #访问局部命名空间
func1(1 , "first")
if __name__ == "__main__":
    print("the current scope's global variables:")
    dictionary=globals()#访问全局(模块级别)命名空间
    print(dictionary)
```

—— 拓展范例及视频二维码 ——

范例 307：locals()中的变量都存活着

源码路径：**范例**\307\

范例 308：内部变量和外部变量

源码路径：**范例**\308\

执行后的效果如图 11-29 所示。在此需要注意，执行效果中的某些输出结果会因用户的测试环境的差异而不同。

```
>>>
{'x': 12345, 'info': 'first', 'i': 1}
the current scope's global variables:
{'__name__': '__main__', '__doc__': '\nIDLE main entry point\n\nRun IDLE as pyth
on -m idlelib\n', '__package__': 'idlelib', '__loader__': <_frozen_importlib_ext
ernal.SourceFileLoader object at 0x0000015754974748>, '__spec__': ModuleSpec(nam
e='idlelib.__main__', loader=<_frozen_importlib_external.SourceFileLoader object
 at 0x0000015754974748>, origin='C:\\Users\\apple0\\AppData\\Local\\Programs\\Py
thon\\Python36\\lib\\idlelib\\__main__.py'), '__annotations__': {}, '__builtins_
_': <module 'builtins' (built-in)>, '__file__': 'C:\\清华大学\\2016\\天话程序开
发\\Python\\daima\\11\\11-25\\quan.py', '__cached__': 'C:\\Users\\apple0\\AppDat
a\\Local\\Programs\\Python\\Python36\\lib\\idlelib\\__pycache__\\__main__.cpytho
n-36.pyc', 'idlelib': <module 'idlelib' from 'C:\\Users\\apple0\\AppData\\Local\
\Programs\\Python\\Python36\\lib\\idlelib\\__init__.py'>, 'copy': <module 'copy'
 from 'C:\\Users\\apple0\\AppData\\Local\\Programs\\Python\\Python36\\lib\\copy.
py'>, 'deepcopy': <function deepcopy at 0x0000015754AC1598>, 'gstr': 'global str
ing', 'func1': <function func1 at 0x0000015755917D90>, 'dictionary': {...}}
>>>
```

图 11-29　执行效果

通过上述执行效果可知，模块的命名空间不仅仅包含模块级的变量和常量，还包括所有在模块中定义的函数和类。除此以外，它还包括了任何导入到模块中的东西。另外也可以看到，内置命名也同样包含在一个模块中，它称作__builtins__。当使用 import module 时，导入模块自身，但是它保持着自已的命名空间，这就是需要使用模块名来访问它的函数或属性 module.function 的原因。但是当使用 from module import function 时，实际上，是从另一个模块中将指定的函数和属性导入到我们自己的命名空间中，这就是为什么可以直接访问它们却不需要引用它们源自的模块。在使用 globals 函数时，会真切地看到这一切的发生，见上面的红色（在运行时可看到）输出语句。

在 Python 程序中，使用内置函数 locals()和 globals()是不同的。其中 locals 是只读的，而 globals 则不是只读的。下面的实例代码演示了 locals 与 globals 之间的区别。

实例 11-26 演示 locals 与 globals 之间的区别

源码路径 daima\11\11-26

实例文件 qu.py 的具体实现代码如下所示。

```
def func1(i, info):                #定义函数func1()
    x = 12345                      #定义x的初始值
    print(locals())                #访问局部命名空间
    locals()["x"]= 6789            #locals是只读的
    print("x=",x)
y=54321                            #定义y的初始值
func1(1 , "first")
globals()["y"]= 9876               #globals不是只读的
print( "y=",y)
```

执行后的效果如图 11-30 所示。

```
>>>
{'x': 12345, 'info': 'first', 'i': 1}
x= 12345
y= 9876
>>>
```

图 11-30 执行效果

拓展范例及视频二维码

范例 309：使用 globals()获取外部变量

源码路径：**范例**\309\

范例 310：LEGB 命名空间的访问规则

源码路径：**范例**\310\

在 Python 程序中，locals 实际上没有返回局部名字空间，它返回的是一个副本。所以对它进行改变对局部名字空间中的变量值并无影响。而 globals 返回实际的全局命名空间，而不是一个副本，所以对 globals 所返回的 dictionary 的任何改动都会直接影响到全局变量。

11.8 闭 包

在计算机科学中，闭包（Closure）是词法闭包（Lexical Closure）的简称，它是引用了自由变量的函数。这个被引用的自由变量将和这个函数一同存在，即使已经离开了创造它的环境，也不例外。所以还有另一种说法，认为闭包是由函数和与其相关的引用环境组合而成的实体。闭包在运行时可以有多个实例，不同的引用环境和相同的函数组合可以产生不同的实例。本节将详细讲解闭包的知识，为读者步入本书后面知识的学习打下基础。

扫码看视频：闭包

11.8.1 什么是闭包

根据字面意思，可以形象地把闭包理解为一个封闭的包裹，这个包裹就是一个函数。当然，还有函数内部对应的逻辑，包裹里面的东西就是自由变量，自由变量可以随着包裹到处游荡。还需要有个前提，这个包裹是创建出来的。在 Python 语言中，闭包意味着，如果调用了一个函数 A，这个函数 A 返回一个函数 B。这个返回的函数 B 就叫作闭包。在调用函数 A 的时候，传递的参数就是一个自由变量。下面的实例代码演示了生成一个闭包的具体过程。

实例 11-27 生成一个闭包

源码路径 daima\11\11-27

实例文件 bi.py 的具体实现代码如下所示。

```
def func(name):
    def inner_func(age):
        print ('name:', name, 'age:', age)
    return inner_func
bb = func('程序江湖')
bb(26)
```

拓展范例及视频二维码

范例 311：使用@decorator_func 处理

源码路径：**范例**\311\

范例 312：使用闭包对参数提前赋值

源码路径：**范例**\312\

在上述实例代码中，当调用函数 func()的时候就产生了一个闭包 inner_func()，并且该闭包拥有自由变量“name”。这表示当函数 func()的生命周期结束之后，

变量 name 会依然存在，因为它被闭包引用了，所以不会被回收。执行后的效果如图 11-31 所示。

```
>>>
name: 程序江湖 age: 26
>>>
```

图 11-31　执行效果

注意：闭包并不是 Python 语言所特有的概念，所有把函数作为一等公民的语言均有闭包这一概念。不过像 Java 这样以类为一等公民的语言中也可以使用闭包，只是它要用类或接口来实现。

另外，如果从表现形式上来讲解 Python 中的闭包，表示如果在一个内部函数里对外部作用域（但不是在全局作用域）的变量进行引用，就认为内部函数是闭包。这种解释非常容易理解，不像其他定义那样有一堆陌生名词，不适合初学者。

注意：闭包和类有所不同。基于前面内容的介绍，相信读者已经发现闭包和类有点相似，相似点在于它们都提供了对数据的封装。不同的是，闭包本身就是个方法。和类一样，在编程时经常会把通用的东西抽象成类（当然，还有对现实世界——业务的建模），以复用通用的功能。闭包也一样，当需要函数粒度的抽象时，闭包就是一个很好的选择。在这点上闭包可以被理解为一个只读的对象，可以给它传递一个属性，但它只能提供一个执行的接口。因此在程序中经常需要这样的一个函数对象——闭包，来帮我们完成一个通用的功能，比如本书前面讲解的装饰器。

11.8.2　闭包和嵌套函数

在 Python 语言中，闭包是指将组成函数的语句和这些语句的执行环境打包到一起所得到的对象。当使用嵌套函数（函数中定义函数）时，闭包将捕获内部函数执行所需的整个环境。此外，嵌套函数可以使用被嵌套函数中的任何变量，就像普通函数可以引用全局变量一样，而不需要通过参数引入。下面的实例代码演示了嵌套函数可以使用被嵌套函数中任何变量的过程。

实例 11-28　嵌套函数可以使用被嵌套函数中的任何变量

源码路径　daima\11\11-28

实例文件 qian.py 的具体实现代码如下所示。

```
x = 14          #定义全局变量x
def foo():      #定义嵌套函数的外层函数foo()
    x = 3       #定义一个变量x的初始值是3
    def bar():  #定义嵌套的内层函数bar()
        print('x的值是：%d' % x)  #引用的变量x
    bar()       #调用嵌套的内层函数bar()
if __name__ == '__main__':
    foo()      #调用嵌套函数的外层函数foo()
```

拓展范例及视频二维码

范例 313：函数中的闭包
源码路径：**范例**\313\

范例 314：显示函数的调用次数
源码路径：**范例**\314\

在上述实例代码中定义了一个全局变量 x。在嵌套函数的外层函数 foo()中也定义了一个变量 x；在嵌套的内层函数 bar()中引用的变量 x 应该是 foo()中定义的 x。因为嵌套函数可以直接引用其外层函数中定义的变量 x 的值并输出，所以输出的值为 3，而不是全局变量 x 的值 14。执行后的效果如图 11-32 所示。

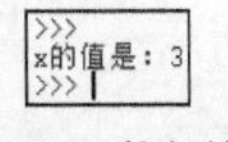

图 11-32　执行效果

11.8.3　使用闭包记录函数的调用次数

为了深入理解 Python 闭包的知识，下面举一个内外层嵌套函数调用的例子。可以把这个实例看作统计一个函数调用次数的函数。可以将 count[0]看作一个计数器，每执行一次函数 hello()，count[0]的值就加 1。

实例 11-29 统计调用函数的次数

源码路径 daima\11\11-29

实例文件ci.py的具体实现代码如下所示。

```
def hellocounter (name):
    count=[0]
    def counter():
        count[0]+=1
        print ('Hello,',name,',',str(count[0])+
        ' access!')
    return counter

hello = hellocounter('iPhone 7S')
hello()
hello()
hello()
```

拓展范例及视频二维码

范例 315：装饰器和闭包

源码路径：**范例**\315\

范例 316：函数作为某个函数的返回结果

源码路径：**范例**\316\

在上述实例代码中，也许有的读者会提出疑问：为什么不直接写count，而用一个列表实现呢？这其实是Python 2的一个bug，如果不用列表，会报如下所示的错误。

```
UnboundLocalError: local variable 'count' referenced before assignment.
```

上述错误的意思是变量count没有定义就直接引用了。为了修正这个错误，在Python 3中引入了一个关键字nonlocal，这个关键字的功能是告诉Python程序这个count变量是在外部定义的。然后，Python就会从外层函数找变量count。接下来，就找到了count=0这个定义和赋值，这样程序就能正常执行了。执行后的效果如图11-33所示。

```
>>>
Hello, iPhone 7S , 1 access!
Hello, iPhone 7S , 2 access!
Hello, iPhone 7S , 3 access!
>>>
```

图 11-33 执行效果

11.8.4 使用闭包实现延迟请求

在Python程序中，使用闭包可以先将参数传递给一个函数，而并不立即运行，这样可以达到延迟求值的目的。下面的实例代码演示了使用闭包实现延迟请求的过程。

实例 11-30 使用闭包实现延迟请求

源码路径 daima\11\11-30

实例文件yan.py的具体实现代码如下所示。

```
def delay_fun(x,y): #定义外层函数delay_fun()
    def caculator():
    #内层函数caculator()实现延迟求和的功能
        return x + y          #返回x加y
    return caculator
if __name__ == '__main__':
    print('返回一个可以求和的函数，并实现不求和功能。')
    msum = delay_fun(3,4)     #没有计算结果
    print()
    print('这里才是调用求和函数并实现求和功能，和是：')
    print(msum())             #真正得到计算结果
```

拓展范例及视频二维码

范例 317：在函数定义中使用外部变量

源码路径：**范例**\317\

范例 318：函数和环境变量构成闭包

源码路径：**范例**\318\

在上述实例代码中，使用嵌套函数实现了延迟求和的功能。在外层函数中，函数delay_fun(x,y)的功能是返回嵌套函数对象caculator()，然后把参数x和y传入到外层函数中。这个嵌套的函数对象caculator可以直接引用外层函数中的值，而并不需要使用参数形式进行传递。正因如此，所以只有第二次调用返回的函数时才会真正地执行求和计算，并返回计算结果。也就是说，当第1次调用函数delay_fun(3,4)时并没有计算结果，而是在第2次调用其返回的函数时，才真正得到计算结果。执行后的效果如图11-34所示。

```
>>>
返回一个可以求和的函数，并实现不求和功能。

这里才是调用求和函数并实现求和功能，和是：
7
>>>
```

图 11-34 执行效果

11.8.5 闭包和装饰器

在Python程序中，其实装饰器就是一种闭包。在此我们再回想一下装饰器的概念：对函数

（参数、返回值等）进行加工处理，生成一个功能增强版的函数。回头再看看闭包的概念，这个增强版的函数不就是配置之后的函数吗？两者的区别在于，装饰器的参数是一个函数或类，专门对类或函数进行加工处理。也就是说，装饰器就是一种闭包的应用，只不过其传递的是函数。下面的实例代码演示了使用闭包和装饰器的过程。

实例 11-31　使用闭包和装饰器

源码路径　daima\11\11-31

实例文件 zhuang.py 的具体实现代码如下所示。

```
def deco(func):         #定义外层函数deco()
    def _deco():        #定义内层函数.deco()
        print ('before invoked')
        func()
        print ('after invoked')
    return _deco
@deco                   #加上装饰器deco
def f():                #函数f()
    print ('f is invoked')
if __name__ == '__main__':
    f()
```

拓展范例及视频二维码

范例 319：函数与环境变量构成闭包

源码路径：**范例**\319\

范例 320：装饰器是基于闭包打造的

源码路径：**范例**\320\

在上述实例代码中，在 f 中加上装饰器 deco 后相当于 f = deco(f)，这和“functools.partial”有些类似。执行后的效果如图 11-35 所示。

```
>>>
before invoked
f is invoked
after invoked
>>>
```

图 11-35　执行效果

11.8.6　使用闭包定义泛型函数

在 Python 程序中，除了可以使用闭包在装饰器和延迟求值外，还可以利用其特性来定义不同的泛型函数。下面的实例代码演示了使用闭包定义泛型函数的过程。

实例 11-32　使用闭包定义泛型函数

源码路径　daima\11\11-32

实例文件 fan.py 的具体实现代码如下所示。

```
def fan(a,b):
    def afan(x):
        return a*x + b
    return afan

if __name__ == '__main__':
    fan23 = fan(2,3)
    fan50 = fan(5,0)
    print('调用fan23（4）：',fan23(4))
    print('调用fan50（2）：',fan50(2))
```

拓展范例及视频二维码

范例 321：闭包操作的语法糖

源码路径：**范例**\321\

范例 322：带参数的装饰器

源码路径：**范例**\322\

在上述实例代码中，使用闭包定义了泛型函数。除此之外，闭包还可以定义一系列的同类函数。对于上述实例来说，可以实现所有类型的一次函数的求值。根据第 1 个一次函数的 a 和 b 值知道，其一次函数的形式应该为 2x+3。同理，第 2 个一次函数的形式应该为 5x。所以 fan23(4)的结果为 2*4+3=11，fan50(2)的计算结果为 5*2=10，执行后的效果如图 11-36 所示。

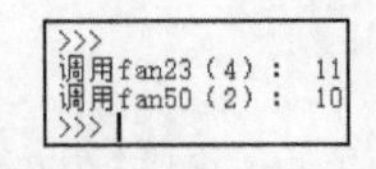

图 11-36　执行效果

11.9 技术解惑

11.9.1 导入包的秘诀

如果在程序中使用了“from sound.effects import *”语句，Python就会进入文件系统中查找这个包里面所有的子模块，然后将它们逐个导入进来。但是在Windows系统中不区分大小写，所以使用起来不是很准确。例如，没有人敢保证一个名为ECHO.py的文件导入时的模块为echo还是Echo甚至ECHO。

为了解决上述大小写的问题，开发者需要提供一个精确的包索引。在编写导入语句时需要遵循一个规则：如果在包定义文件__init__.py中存在一个叫作__all__的列表变量，那么在使用“from sound.effects import *”语句时把这个列表中的所有名字作为包内容进行导入。作为包的开发者，不能忘记在更新包之后也更新“__all__”。

当然，也可以不使用上面介绍的“from sound.effects import *”导入方式，假如在“file:sound/effects/__init__.py”文件中包含如下所示的代码。

```
__all__ = ["echo", "surround", "reverse"]
```

这表示当使用“from sound.effects import *”这种用法时，只会导入包里面的这3个（"echo", "surround", "reverse"）子模块。如果没有定义“__all__”，那么当使用“from sound.effects import *”语句时就不会导入包sound.effects中的任何子模块，只是把包sound.effects和它里面定义的所有内容导入进来，这可能会运行在文件“__init__.py”中定义的初始化代码。这样会把文件__init__.py中定义的所有名字导入进来，并且不会破坏在这句代码之前导入的所有明确指定的模块。例如在下面的演示代码中，在执行“from...import”语句之前，包“sound.effects”中的echo和surround模块都被导入到当前的命名空间中了。当然，如果定义了“__all__”，那就更没有任何问题了。

```
import sound.effects.echo
import sound.effects.surround
from sound.effects import *
```

在Python程序中，通常不建议使用星号“*”这种方式来导入模块，因为这种方法经常会导致代码的可读性降低。尽管如此，这种方式仍然可以省去不少编码的工作量，而且一些模块都只能通过特定的方法导入。

读者需要注意，使用“from Package import specific_submodule”这种方法永远不会有错。事实上，这也是笔者大力推荐的方法。除非要导入的子模块有可能和其他包的子模块重名。

在Python程序中，如果在结构中包是一个子包（比如对于11.2.1小节中的包sound来说），而又想导入兄弟包（同级别的包），此时就要使用导入绝对路径的方式进行导入。如果模块sound.filters.vocoder需要使用包sound.effects中的模块echo，就要写成“from sound.effects import echo”的格式，例如：

```
from . import echo
from .. import formats
from ..filters import equalizer
```

在Python程序中，无论是隐式导入还是显式相对导入，所有的导入操作都是从当前模块开始的。主模块中的名字永远是“__main__”，一个Python应用程序的主模块应该总是使用绝对路径引用。

另外，在Python的包中还提供一个额外的属性“__path__”。此属性表示一个目录列表，里面每一个包含的目录都有为这个包服务的“__init__.py”文件，这需要在其他“__init__.py”文件执行前定义。开发者可以修改这个变量，这样可以影响包含在包里面的模块和子包。但是这个功能并不常用，一般用于扩展包里面的模块。

11.9.2　无限迭代器的秘密

关于无限迭代器，要注意以下几点。

（1）count(start=0, step=1)：用于创建一个迭代器，生成从 start 开始的连续整数，如果忽略 start，则从 0 开始计算（注意，此迭代器不支持长整数）。如果超出了 sys.maxint，计数器将溢出并继续从-sys.maxint-1 开始计算。例如，

```
count(5, 2)                  #从5开始的整数循环器，每次增加2，即5, 7, 9, 11, 13, 15, ...
```

（2）cycle(iterable)：创建一个迭代器，对 iterable 中的元素反复执行循环操作，在内部会生成 iterable 中元素的一个副本，此副本用于返回循环中的重复项。例如，

```
cycle('abc') #表示重复序列的元素，即a, b, c, a, b, c, ...
```

（3）repeat(object[, times])：创建一个迭代器，重复生成 object，times（如果已提供）指定重复计数，如果未提供 times，将不断返回该对象。例如，

```
repeat(1.2)              #表示重复1.2，构成无穷循环器，即1.2, 1.2, 1.2, ...
```

11.10　课 后 练 习

（1）求 100 之内的素数。

（2）对 10 个数进行排序。

（3）求一个 3×3 矩阵的对角线元素之和。

（4）有一个已经排好序的数组。现输入一个数，要求按原来的规律将它插入数组中。

第 12 章

文件操作处理

（视频讲解：125min）

在计算机信息系统中，根据信息的存储时间的长短，可以分为临时性信息和永久性信息。简单来说，临时信息存储在计算机系统临时存储设备（例如计算机内存）中，这类信息随系统断电而丢失。永久性信息存储在计算机的永久性存储设备（例如磁盘和光盘）中。永久性的最小存储单元为文件，因此文件管理是计算机系统中一个重要的问题。本章将详细讲解使用 Python 语言实现文件操作的基本知识，为读者步入本书后面知识的学习打下坚实的基础。

12.1　使用 open()函数打开文件

扫码看视频：使用 open()函数打开文件

在计算机世界中，文本文件可存储各种各样的数据信息，例如天气预报、交通信息、财经数据、文学作品等。当需要分析或修改存储在文件中的信息时，读取文件工作十分重要。通过文件读取功能，不仅可以获取一个文本文件的内容，还可以重新设置里面的数据格式并将其写入到文件中，同时可以让浏览器显示文件中的内容。

在读取一个文件的内容之前，需要先打开这个文件。在 Python 程序中，可以通过内置函数 open()来打开一个文件，并用相关的方法读或写文件中的内容以供程序处理和使用，同时可以将文件看作 Python 中的一种数据类型。使用函数 open()的语法格式如下所示。

```
open(filename, mode='r', buffering=-1, encoding=None, errors=None, newline=None,
closefd= True, opener=None)
```

当使用上述函数 open()打开一个文件后，就会返回一个文件对象。上述格式中主要参数的具体说明如下所示。

- filename：表示要打开的文件名。
- mode：可选参数，文件打开模式。这个参数是非强制的，默认文件访问模式为只读（r）。
- buffering：可选参数，缓冲区大小。
- encoding：文件编码类型。
- errors：编码错误处理方法。
- newline：控制通用换行符模式的行为。
- closefd：控制在关闭文件时是否彻底关闭文件。

在上述格式中，参数“mode”表示文件打开模式。在 Python 程序中，常用的文件打开模式如表 12-1 所示。

表 12-1　文件打开模式

模式	描　述
r	以只读方式打开文件。文件的指针将会放在文件的开头。这是默认模式
rb	以二进制格式打开一个文件只用于读。文件指针将会放在文件的开头
r+	打开一个文件用于读写。文件指针将会放在文件的开头
rb+	以二进制格式打开一个文件用于读写。文件指针将会放在文件的开头
w	打开一个文件只用于写入。如果该文件已存在则将其覆盖。如果该文件不存在，创建新文件
wb	以二进制格式打开一个文件只用于写入。如果该文件已存在则将其覆盖。如果该文件不存在，创建新文件
w+	打开一个文件用于读写。如果该文件已存在则将其覆盖。如果该文件不存在，创建新文件
wb+	以二进制格式打开一个文件用于读写。如果该文件已存在则将其覆盖。如果该文件不存在，创建新文件
a	打开一个文件用于追加。如果该文件已存在，文件指针将会放在文件的结尾。也就是说，新的内容将会写入到已有内容之后。如果该文件不存在，创建新文件进行写入
ab	以二进制格式打开一个文件用于追加。如果该文件已存在，文件指针将会放在文件的结尾。也就是说，新的内容将会写入到已有内容之后。如果该文件不存在，创建新文件进行写入
a+	打开一个文件用于读写。如果该文件已存在，文件指针将会放在文件的结尾。在文件打开时会使用追加模式。如果该文件不存在，创建新文件用于读写
ab+	以二进制格式打开一个文件用于追加。如果该文件已存在，文件指针将会放在文件的结尾。如果该文件不存在，创建新文件用于读写

12.2 使用 File 操作文件

在Python程序中，当使用函数open()打开一个文件后，接下来就可以使用File 对象对这个文件进行操作处理。本节将详细讲解使用 File 对象操作文件的知识。

扫码看视频：使用 File 操作文件

12.2.1 File 对象介绍

在 Python 程序中，当一个文件打开后，便可以使用 File 对象得到这个文件的各种信息。File 对象中的属性信息如表 12-2 所示。

表 12-2 File 对象中的属性信息

属　性	描　述
file.closed	如果文件已关闭返回 True；否则返回 False
file.mode	返回打开文件的访问模式
file.name	返回文件的名称

在 Python 程序中，对象 File 是通过内置函数实现对文件的操作的，其中常用的内置函数如表 12-3 所示。

表 12-3 File 对象中的内置函数

函　数	功　能
file.close()	关闭文件，关闭后文件不能再进行读写操作
file.flush()	刷新文件内部缓冲区，直接把内部缓冲区的数据写入文件，而不是被动地等待输出缓冲区写入
file.fileno()	返回一个整型的文件描述符（file descriptor，FD），可以用在如 os 模块的 read 方法等一些底层操作上
file.isatty()	如果文件连接到一个终端设备返回 True；否则返回 False
file.next()	返回文件下一行
file.read([size])	从文件读取指定的字节数，如果未给定或为负值，则读取所有字节
file.readline([size])	读取整行，包括 "\n" 字符
file.readlines([hint])	读取所有行并返回列表，若给定 hint>0，返回总和大约为 hint 字节的行，实际读取值可能比 hint 较大，因为需要填充缓冲区
file.seek(offset[, whence])	设置文件当前位置
file.tell()	返回文件当前位置
file.truncate([size])	截取文件，截取的字节通过 size 指定，默认为当前文件位置
file.write(str)	将字符串写入文件，没有返回值
file.writelines(lines)	向文件写入一个序列字符串列表，如果需要换行，则要自己加入每行的换行符

下面的实例代码演示了打开一个文件并使用文件属性的过程。

实例 12-1　打开一个文件并查看其属性

源码路径\daima\12\12-1

实例文件 open.py 的具体实现代码如下所示。

```
# 打开一个文件
fo = open("456.txt", "wb")  #用wb格式打开指定文件
print ("文件名: ", fo.name)  #显示文件名
print ("是否已关闭 : ", fo.closed)#显示文件是否关闭
print ("访问模式 : ", fo.mode)#显示文件的访问模式
```

在上述代码中，使用函数 open()以“wb”的方式打开了文件“456.txt”。然后分别获取了这个文件的 name、closed 和 mode 属性信息。执行效果如图 12-1 所示。

```
>>>
文件名:  456.txt
是否已关闭 :  False
访问模式 :  wb
>>>
```

图 12-1　执行效果

拓展范例及视频二维码

范例 **323**：使用 chflags()方法
源码路径：**范例**\323\

范例 **324**：使用 lchmod()方法
源码路径：**范例**\324\

12.2.2　使用 close()方法关闭操作

在 Python 程序中，方法 close()用于关闭一个已经打开的文件，关闭后的文件不能再进行读写操作，否则会触发 ValueError 错误。在程序中可以多次调用 close()方法，当引用 file 对象操作另外一个文件时，Python 会自动关闭之前的 file 对象。及时使用方法关闭文件是一个好的编程习惯。使用 close()方法的语法格式如下所示。

```
fileObject.close();
```

方法 close()没有参数，也没有返回值。下面的实例代码演示了使用 close()方法关闭文件的过程。

实例 12-2　使用 close()方法关闭文件
源码路径　daima\12\12-2

实例文件 guan.py 的具体实现代码如下所示。

```
fo = open("456.txt", "wb")  #用wb格式打开指定文件
print("文件名为: ", fo.name)  #显示打开的文件名
# 关闭文件
fo.close()
```

在上述代码中，首先使用函数 open()以“wb”的方式打开了文件“456.txt”。然后使用 close()方法关闭文件。执行效果如图 12-2 所示。

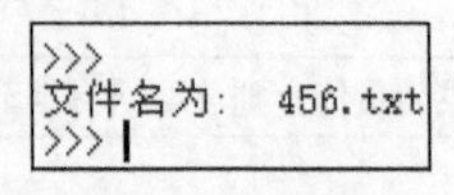
```
>>>
文件名为:  456.txt
>>>
```

图 12-2　执行效果

拓展范例及视频二维码

范例 **325**：使用 os.walk()方法 1
源码路径：**范例**\325\

范例 **326**：使用 os.walk()方法 2
源码路径：**范例**\326\

12.2.3　使用方法 flush()

在 Python 程序中，方法 flush()的功能是刷新缓冲区，即将缓冲区中的数据立刻写入文件，同时清空缓冲区。在一般情况下，文件关闭后会自动刷新缓冲区，但是有时需要在关闭之前刷新它，这时就可以使用方法 flush()实现。使用方法 flush()的语法格式如下所示。

```
fileObject.flush();
```

方法 flush()没有参数，也没有返回值。下面的实例代码演示了使用 flush()方法刷新缓冲区的过程。

实例 12-3　使用方法 flush()刷新缓冲区
源码路径　daima\12\12-3

实例文件 shua.py 的具体实现代码如下所示。

```
#用wb格式打开指定文件
fo = open("456.txt", "wb")
print ("文件名为: ", fo.name) #显示打开文件的文件名
fo.flush()                     #刷新缓冲区
fo.close()                     #关闭文件
```

在上述代码中，首先使用函数 open()以“wb”的方式打开文件“456.txt”，然后使用方法 flush()刷新缓冲区，最后使用方法 close()关闭文件。执行后的效果如图 12-3 所示。

```
>>>
文件名为:  456.txt
>>>
```

图 12-3 执行效果

拓展范例及视频二维码

范例 **327**：使用 os.walk()方法 3

源码路径：**范例**\327\

范例 **328**：将缓冲区数据立即写入磁盘

源码路径：**范例**\328\

12.2.4 使用方法 fileno()

在 Python 程序中，方法 fileno()的功能是返回一个整型的文件描述符，它可以用于底层操作系统的 I/O 操作。使用方法 fileno()的语法格式如下所示。

```
fileObject.fileno();
```

方法 fileno()没有参数，有返回值，返回一个整型文件描述符。下面的实例代码演示了使用 fileno()方法返回文件描述符的过程。

实例 12-4 使用方法 fileno()返回一个文件的描述符

源码路径 daima\12\12-4

实例文件 zheng.py 的具体实现代码如下所示。

```
#用wb格式打开指定文件
fo = open("456.txt", "wb")
print ("文件名是: ", fo.name) #显示打开文件的文件名
fid = fo.fileno()         #返回一个整型的文件描述符
print ("文件456.txt的描述符是: ", fid)
#显示这个文件的描述符
fo.close()                #关闭文件
```

在上述代码中，首先使用函数 open()以“wb”的方式打开文件“456.txt”，然后使用方法 fileno()返回这个文件的整型描述符，最后使用方法 close()关闭文件。执行后的效果如图 12-4 所示。

拓展范例及视频二维码

范例 **329**：统计目录中的文件

源码路径：**范例**\329\

范例 **330**：遍历文件操作

源码路径：**范例**\330\

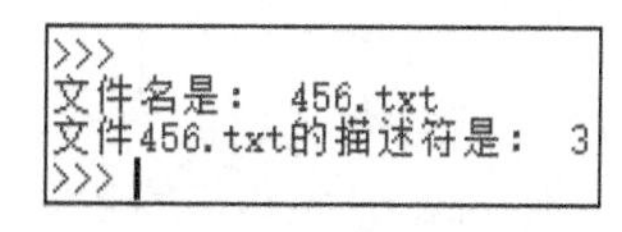

>>>
文件名是: 456.txt
文件456.txt的描述符是: 3
>>>

图 12-4 执行效果

12.2.5 使用方法 isatty()

在 Python 程序中，方法 isatty()的功能是检测某文件是否连接到一个终端设备。如果连接到一个终端设备，则返回 True；否则，返回 False。使用方法 isatty()的语法格式如下所示。

```
fileObject.isatty();
```

方法 isatty()没有参数，有返回值。如果连接到一个终端设备返回 True；否则，返回 False。下面的实例代码演示了使用 isatty()方法检测文件是否连接到一个终端设备的过程。

实例 12-5 使用方法 isatty()检测文件是否连接到一个终端设备

源码路径 daima\12\12-5

实例文件 lian.py 的具体实现代码如下所示。

```
#用wb格式打开指定文件
fo = open("456.txt", "wb")
print ("文件名是：", fo.name) #显示打开文件的文件名
ret = fo.isatty()  #检测文件是否连接到一个终端设备
print ("返回值是：", ret) #显示连接检测结果
fo.close()  # 关闭文件
```

在上述代码中，首先使用函数 open()以“wb”的方式打开文件“456.txt”，然后使用方法 isatty()检测这个文件是否连接到一个终端设备，最后使用方法 close()关闭文件。执行后的效果如图 12-5 所示。

拓展范例及视频二维码

范例 **331**：实现文件的简单操作
源码路径：**范例**\331\

范例 **332**：多进程读取文件操作
源码路径：**范例**\332\

```
>>>
文件名是：    456.txt
返回值是： False
>>>
```

图 12-5　执行效果

12.2.6　使用方法 next()

在 Python 程序中，File 对象不支持方法 next()。在 Python 3 程序中，内置函数 next()通过迭代器调用方法__next__()返回下一项。在循环中，方法 next()会在每次循环中调用，该方法返回文件的下一行。如果到达结尾(EOF)，则触发 StopIteration 异常。使用方法 next()的语法格式如下所示。

```
next(iterator[,default])
```

方法 next()没有参数，有返回值，返回文件的下一行。下面的实例代码演示了使用方法 next()返回文件各行内容的过程。

实例 12-6　使用方法 next()返回文件各行内容
源码路径　daima\12\12-6

实例文件 next.py 的具体实现代码如下所示。

```
#用r格式打开指定文件
fo = open("456.txt", "r")
print ("文件名为: ", fo.name)#显示打开文件的文件名
for index in range(5):          #遍历文件的内容
    line = next(fo)             #返回文件中的各行内容
    print ("第 %d 行 - %s" % (index, line))
    #显示5行文件内容
fo.close()                      #关闭文件
```

在上述代码中，首先使用函数 open()以“r”的方式打开文件“456.txt”，然后使用方法 next()返回文件中的各行内容，最后使用方法 close()关闭文件。文件 456.txt 的内容如图 12-6 所示。实例文件 next.py 执行后的效果如图 12-7 所示。

拓展范例及视频二维码

范例 **333**：将 List 存入文本文件中
源码路径：**范例**\333\

范例 **334**：将列表写入到 txt 文件中
源码路径：**范例**\334\

```
456.txt - 记事本
文件(F)  编辑(E)  格式(O)  查看(V)  帮助(H)
这是第1行
这是第2行
这是第3行
这是第4行
这是第5行
```

图 12-6　文件 456.txt 的内容

```
>>>
文件名为:   456.txt
第 0 行 - 这是第1行

第 1 行 - 这是第2行

第 2 行 - 这是第3行

第 3 行 - 这是第4行

第 4 行 - 这是第5行
>>>
```

图 12-7　执行效果

12.2.7　使用方法 read()

在 Python 程序中，要想使用某个文本文件中的数据信息，首先需要将这个文件的内容读取到内存中，既可以一次性读取文件的全部内容，也可以按照每次一行的方式进行读取。其中方

法 read()的功能是从目标文件中读取指定的字节数。如果没有给定字节数或字节数为负值，则读取所有内容。使用方法 read()的语法格式如下所示。

```
file.read([size]);
```

参数“size”表示从文件中读取的字节数，返回值是从字符串中读取的字节。下面的实例代码演示了使用方法 read()返回文件中 3 字节内容的过程。

实例 12-7　使用方法 read()读取文件中 3 字节的内容

源码路径　daima\12\12-7

实例文件 du.py 的具体实现代码如下所示。

```
#用r+格式打开指定文件
fo = open("456.txt", "r+")
print ("文件名为: ", fo.name)#显示打开文件的文件名
line = fo.read(3)        #读取文件中前3字节的内容
print ("读取的字符串: %s" % (line))#显示读取的内容
fo.close()               #关闭文件
```

在上述代码中，首先使用函数 open()以“r+”的方式打开文件“456.txt”，然后使用方法 read()读取目标文件中前 3 字节的内容，最后使用方法 close()关闭文件。执行后的效果如图 12-8 所示。

拓展范例及视频二维码

范例 335：将 dict 对象保存到 JSON 文件中

源码路径：**范例**\335\

范例 336：以 JSON 格式实现数据输出的方式

源码路径：**范例**\336\

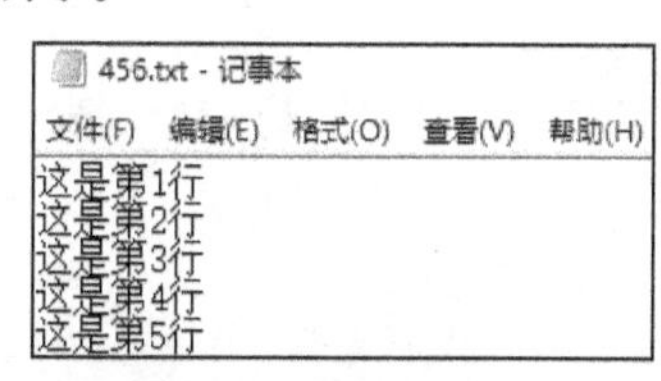

文件 456.txt 的内容执行

```
>>>
文件名为:  456.txt
读取的字符串: 这是第
>>>
```

Python 程序

图 12-8　执行效果

12.2.8　使用方法 readline()

在 Python 程序中，除了使用 read()方法读取某个文本文件中的数据信息，还可以使用 readline()方法。方法 readline()的功能是从目标文件中读取整行内容，包括 "\n" 字符。如果指定了一个非负的参数，则返回指定大小的字节数，包括 "\n" 字符。使用方法 readline()的语法格式如下所示。

```
fileObject.readline(size);
```

参数“size”表示从文件中读取的字节数，返回值是从字符串中读取的字节。如果没有指定参数“size”，则依次读取各行的内容。下面的实例代码演示了使用方法 readline()返回文件各行内容的过程。

实例 12-8　使用方法 readline()读取文件内容

源码路径　daima\12\12-8

实例文件 hang.py 的具体实现代码如下所示。

```
#用r+格式打开指定文件
fo = open("456.txt", "r+")
print ("文件名为: ", fo.name)#显示打开文件的文件名
line = fo.readline()#读取文件中第1行的内容
print ("读取第1行 %s" % (line)) #显示文件中第1行的内容
line = fo.readline()#读取文件中第2行的内容
print ("读取第2行 %s" % (line)) #显示文件中第2行的内容
line = fo.readline()#读取文件中第3行的内容
print ("读取第3行 %s" % (line)) #显示文件中第3行的内容
line = fo.readline(3)#读取文件中第4行前3字节的内容
print ("读取的字符串为: %s" % (line)) #显示文件中
#第4行前3字节的内容
```

拓展范例及视频二维码

范例 337：二进制文件读写操作

源码路径：**范例**\337\

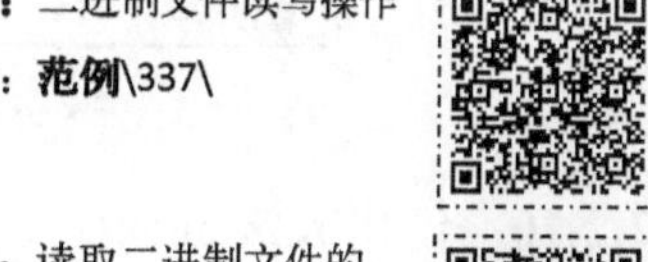

范例 338：读取二进制文件的内容

源码路径：**范例**\338\

```
fo.close()  #关闭文件
```

在上述代码中，首先使用函数 open()以“r+”的方式打开文件“456.txt”，然后 3 次调用方法 readline()依次读取目标文件中前 3 行内容，在第 4 次调用方法 readline()时读取文件中第 4 行前 3 字节的内容，最后使用方法 close()关闭文件。执行后的效果如图 12-9 所示。

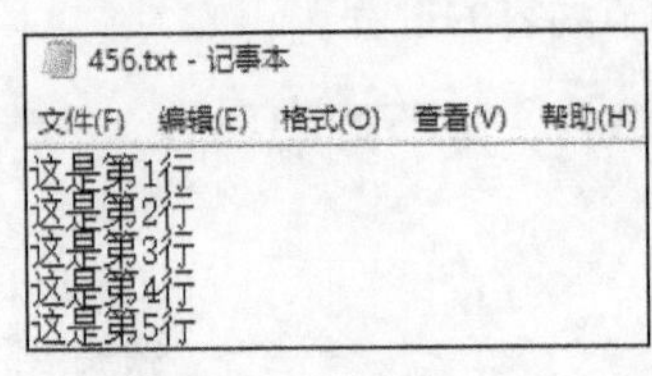

文件 456.txt 的内容

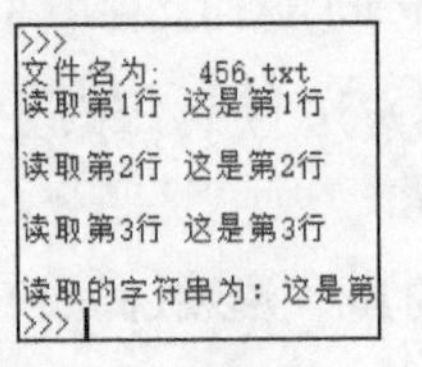

执行 Python 程序

图 12-9　执行效果

12.2.9　使用方法 readlines()

在 Python 程序中，方法 readlines()的功能是读取所有行（直到结束符 EOF）并返回列表。如果指定其参数“sizehint”大于 0，则返回总和大约为 sizehint 字节的行。实际上，读取的值可能比 sizehint 大，因为需要填充缓冲区，如果碰到结束符 EOF 则返回空字符串。使用方法 readlines()的语法格式如下所示。

```
fileObject.readlines(sizehint );
```

参数“sizehint”表示从文件中读取的字节数，返回值是一个列表，包含所有的行。下面的实例代码演示了使用方法 readlines()返回文件中所有行的过程。

实例 12-9　**返回文件中所有行**

源码路径　daima\12\12-9

实例文件 suo.py 的具体实现代码如下所示。

```
#用r格式打开指定文件
fo = open("456.txt", "r")
print ("文件名为: ", fo.name)#显示打开文件的文件名
line = fo.readlines()         #读取文件中所有的行
print ("读取的数据为: %s" % (line))#显示读取的内容
line = fo.readlines(2)
print ("读取的数据为: %s" % (line))
#关闭文件
fo.close()
```

在上述代码中，首先使用函数 open()以“r”的方式打开文件“456.txt”，然后调用方法 readlines()读取文件中所有的行。执行后的效果如图 12-10 所示。

拓展范例及视频二维码

范例 **339**：获取文件中的内容 1

源码路径：**范例**\339\

范例 **340**：获取文件中的内容 2

源码路径：**范例**\340\

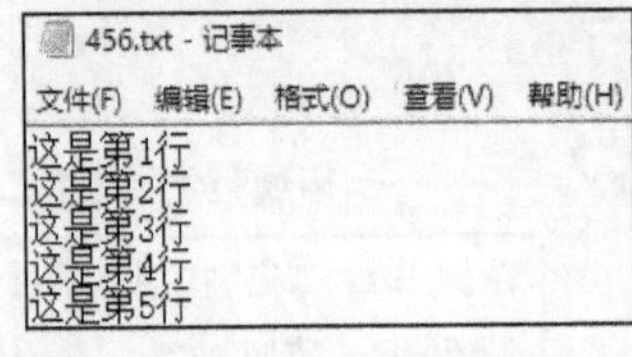

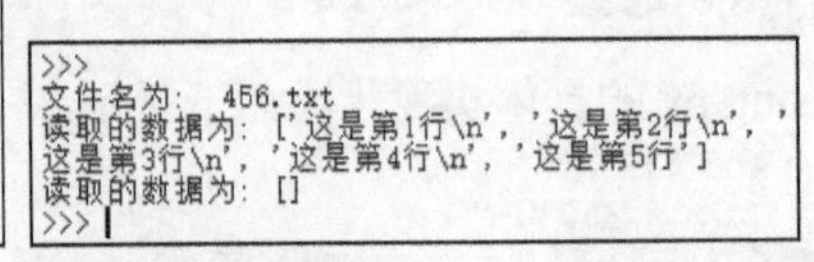

图 12-10　执行效果

12.2.10　使用方法 seek()

在 Python 程序中，方法 seek()没有返回值，其功能是移动文件读取指针到指定位置。使用方法 seek()的语法格式如下所示。

```
fileObject.seek(offset[, whence])
```

- 参数 offset：表示开始的偏移量，也就是需要偏移的字节数。

- 参数 whence：可选参数，默认值为 0。如果给 whence 参数一个定义，则表示要从哪个位置开始偏移。其中 0 代表从文件开头开始算起，1 代表从当前位置开始算起，2 代表从文件末尾算起。

下面的实例代码演示了使用方法 seek()重复读取文件中第 1 行内容的过程。

实例 12-10　重复读取文件中第 1 行的内容

源码路径　daima\12\12-10

实例文件 zhi.py 的具体实现代码如下所示。

```
#用r格式打开指定文件
fo = open("456.txt", "r")
print ("文件名为: ", fo.name) #显示打开文件的文件名
line = fo.readline()  #读取文件中第一行的内容
print ("读取的数据为: %s" % (line)) #显示读取的数据
fo.seek(0, 0) #重新设置文件读取指针到开头
line = fo.readline()#读取文件中第一行的内容
print ("读取的数据为: %s" % (line)) #显示读取的数据
fo.close()              #关闭文件
```

拓展范例及视频二维码

范例 341：获取 XML 文件的内容
源码路径：**范例**\341\

范例 342：获取子标签的 name
源码路径：**范例**\342\

在上述实例代码中，首先使用函数 open()以“r”的方式打开文件“456.txt”，然后调用方法 readline()读取文件中第一行的内容，最后调用方法 seek()移动读取文件指针，重复回到读取文件中第 1 行内容的模式。执行后的效果如图 12-11 所示。

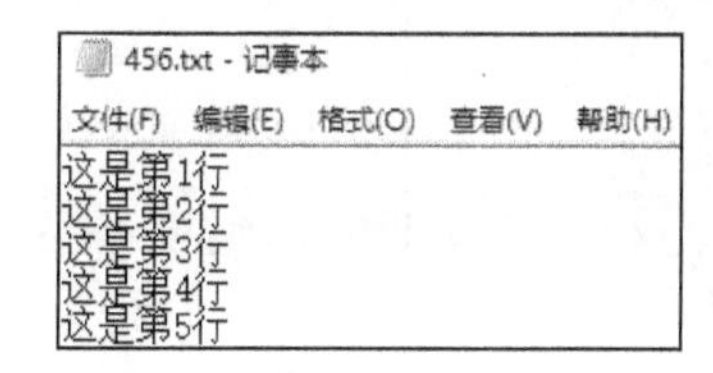


```
>>>
文件名为:  456.txt
读取的数据为: 这是第1行

读取的数据为: 这是第1行

>>>
```

图 12-11　执行效果

12.2.11　使用方法 tell()

在 Python 程序中，方法 tell()没有参数，功能是获取文件的当前位置，即文件指针当前位置。使用方法 tell()的语法格式如下所示。

```
fileObject.tell(offset[, whence])
```

下面的实例代码演示了使用方法 tell()获取当前文件位置的过程。

实例 12-11　获取当前文件位置

源码路径　daima\12\12-11

实例文件 zhi.py 的具体实现代码如下所示。

```
#用r格式打开指定文件
fo = open("456.txt", "r")
print ("文件名为: ", fo.name)#显示打开文件的文件名
line = fo.readline()#读取文件中第一行的内容
print ("读取的数据为: %s" % (line)) #显示读取的数据
pos = fo.tell()#获取当前文件位置
print ("当前位置: %d" % (pos)) #显示当前文件位置
#关闭文件
fo.close()
```

拓展范例及视频二维码

范例 343：区分相同标签名字的标签
源码路径：**范例**\343\

范例 344：获得标签属性的值
源码路径：**范例**\344\

在上述实例代码中，首先使用函数 open()以“r”的方式打开文件“456.txt”，然后调用方法 readline()读取文件中第一行的内容，最后调用方法 tell()获取文件指针当前位置。执行后的效果如图 12-12 所示。读者在此需要注意，不同运行环境下的效果会有差别。

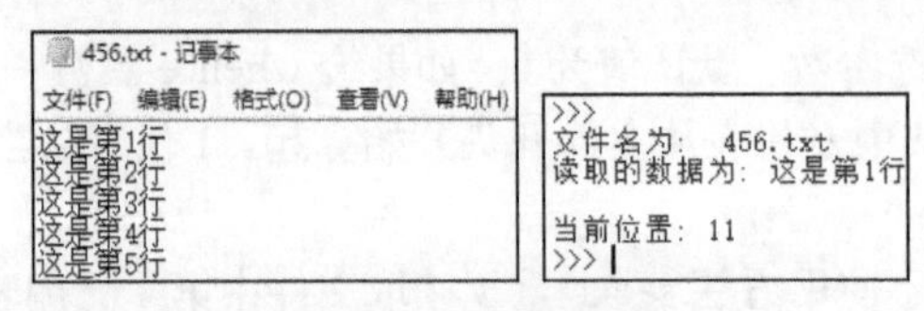

图 12-12　执行效果

12.2.12　使用方法 truncate()

在 Python 程序中，方法 truncate()的功能是截断文件，如果指定了可选参数 size，则表示截断文件中的 size 个字符。如果没有指定参数 size，则表示从当前位置起截断。在截断之后，size 个字符后面的所有字符将被删除。使用方法 truncate()的语法格式如下所示。

```
fileObject.truncate( [ size ])
```

其中参数“size”是可选的，如果它存在，则截断文件中 size 个字节。方法 truncate()没有返回值。下面的实例代码演示了使用方法 truncate()截取文件中前 3 个字符的过程。

实例 12-12　截取文件中前 3 个字符

源码路径　daima\12\12-12

实例文件 jie.py 的具体实现代码如下所示。

```
#用r+格式打开指定文件
fo = open("456.txt", "r+")
print ("文件名为: ", fo.name)
#截取3个字节
fo.truncate(3)
str = fo.read()
print ("读取数据: %s" % (str))
#关闭文件
fo.close()
```

在上述实例代码中，首先使用函数 open()以“r+”的方式打开文件“456.txt”，然后调用方法 truncate()截取文件中的 3 个字符，最后调用方法 read()读取截取后文件的内容。执行后的效果如图 12-13a～c 所示。

拓展范例及视频二维码

范例 **345**：获得标签对之间的数据 1

源码路径：**范例**\345\

范例 **346**：获得标签对之间的数据 2

源码路径：**范例**\346\

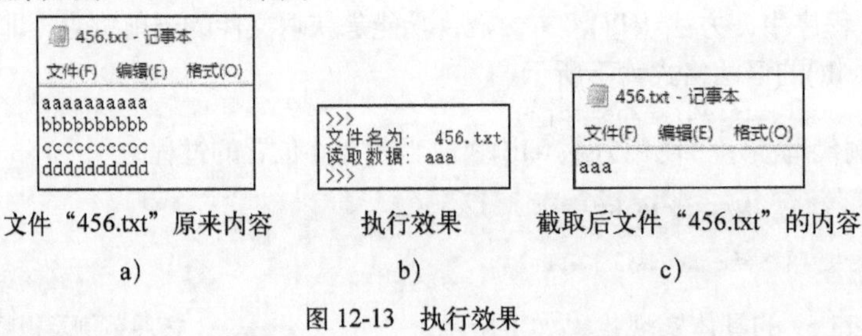

文件“456.txt”原来内容　　执行效果　　截取后文件“456.txt”的内容

a)　　b)　　c)

图 12-13　执行效果

12.2.13　使用方法 writelines()

在 Python 程序中，方法 writelines()的功能是向文件中写入多行字符串（即字符串序列）。这一字符串序列可以是由迭代对象产生的，如一个字符串列表，在换行的时候需要指定换行符“\n”。使用方法 writelines()的语法格式如下所示。

```
fileObject.writelines( [ str ])
```

方法 writelines()没有返回值，参数“str”是可选的，表示要写入文件的字符串序列。下面的实例代码演示了使用方法 writelines()向文件中写入多行字符串的过程。

实例 12-13　向文件中写入多行字符串

源码路径　daima\12\12-13

实例文件 duohang.py 的具体实现代码如下所示。

```
#用w格式打开指定文件
fo = open("456.txt", "w")
print ("文件名为: ", fo.name) #显示打开文件的文件名
seq = ["浪潮软件\n", "浪潮信息"]#设置变量seq的初始文本
fo.writelines( seq ) #向文件中写入变量seq的文本
# 关闭文件
fo.close()
```

在上述实例代码中，首先使用函数 open()以“w”的方式打开文件“456.txt”，然后调用方法 writelines()向文件中写入了两行文本，最后调用方法 close()关闭文件。执行后的效果如图 12-14 所示。

拓展范例及视频二维码

范例 **347**：换行写入到 txt 文件中

源码路径：**范例**\347\

范例 **348**：换行写入并显示文件内容

源码路径：**范例**\348\

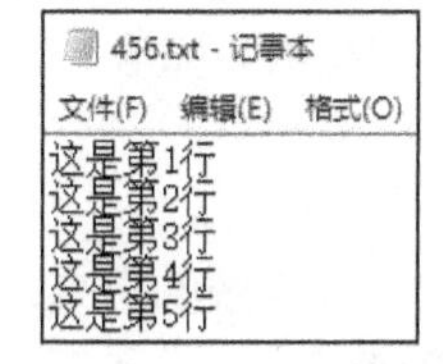

文件“456.txt”原来内容

a)

```
>>>
文件名为: 456.txt
>>>
```

执行效果

b)

456.txt - 记事本
文件(F) 编辑(E) 格式(O)
浪潮软件
浪潮信息

写入后文件“456.txt”的内容

c)

图 12-14 执行效果

12.3 使用 OS 对象

在 Python 程序中，File 对象只能对某个文件进行操作。但是有时需要对某个文件夹目录进行操作，此时就需要使用 OS 对象来实现。本节将详细讲解使用 OS 对象操作文件目录的知识，为读者步入本书后面知识的学习打下基础。

扫码看视频：使用 OS 对象

12.3.1 OS 对象介绍

在计算机系统中对文件进行操作时，就免不了要与文件夹和目录打交道。对一些比较烦琐的文件和目录操作，可以使用 Python 提供的 OS 模块对象来实现。在 OS 模块中包含了很多操作文件和目录的函数，可以方便地实现文件重命名、添加/删除目录、复制目录/文件等操作。

在 Python 语言中，OS 对象主要包含了如下内置函数，具体说明如下所示。

- os.access(path, mode)：检验权限模式。
- os.chdir(path)：改变当前的工作目录。
- os.chflags(path, flags)：设置路径的标记为数字标记。
- os.chmod(path, mode)：更改权限。
- os.chown(path, uid, gid)：更改文件所有者。
- os.chroot(path)：改变当前进程的根目录。
- os.close(fd)：关闭文件描述符 fd。
- os.closerange(fd_low, fd_high)：关闭所有文件的描述符，从 fd_low（包含）到 fd_high（不包含），错误会被忽略。
- os.dup(fd)：复制文件描述符 fd。
- os.dup2(fd, fd2)：将一个文件描述符 fd 复制到另一个 fd2。
- os.fchdir(fd)：通过文件描述符改变当前工作目录。

- os.fchmod(fd, mode)：改变一个文件的访问权限，该文件由参数 fd 指定，参数 mode 是 UNIX 系统下的文件访问权限。
- os.fchown(fd, uid, gid)：修改一个文件的所有权，这个函数修改一个文件的用户 ID 和用户组 ID，该文件由文件描述符 fd 指定。
- os.fdatasync(fd)：强制将文件写入磁盘，该文件由文件描述符 fd 指定，但是不强制更新文件的状态信息。
- os.fdopen(fd[, mode[, bufering]])：通过文件描述符 fd 创建一个文件对象，并返回这个文件对象。
- os.fpathconf(fd, name)：返回一个打开的文件的系统配置信息。name 为检索的系统配置的值，它也许是一个定义系统值的字符串，这些名字在很多标准（POSIX.1、UNIX 95、UNIX 98 等）中指定。
- os.fstat(fd)：返回文件描述符 fd 的状态，如 stat()。
- os.fstatvfs(fd)：返回包含文件描述符 fd 的文件所在文件系统的信息，如 statvfs()。
- os.fsync(fd)：强制将文件描述符为 fd 的文件写入硬盘中。
- os.ftruncate(fd, length)：裁剪文件描述符 fd 对应的文件，所以它最大不能超过文件大小。
- os.getcwd()：返回当前工作目录。
- os.isatty(fd)：如果文件描述符 fd 是打开的，同时与 tty(-like)设备相连，则返回 True；否则，返回 False。
- os.lchflags(path, flags)：设置路径的标记为数字标记，类似于函数 chflags()，但是没有软链接。
- os.lchmod(path, mode)：修改链接文件权限。
- os.lchown(path, uid, gid)：更改文件所有者，类似于函数 chown()，但是不追踪链接。
- os.link(src, dst)：创建硬链接，名为参数 dst，指向参数 src。
- os.listdir(path)：返回 path 指定的文件夹包含的文件或文件夹的名字列表。
- os.lseek(fd, pos, how)：设置文件偏移位置，文件由文件描述符 fd 指示。这个函数依据参数 how 来确定文件偏移的起始位置，参数 pos 指定位置的偏移量。
- os.lstat(path)：类似于 stat()，但是没有软链接。
- os.major(device)：从原始的设备号中提取设备 major 号码（使用 stat 中的 st_dev 或者 st_rdev field）。
- os.makedev(major, minor)：以 major 和 minor 设备号组成一个原始设备号。
- os.makedirs(neme[, mode])：递归文件夹创建函数。和函数 mkdir()类似，但创建的所有 intermediate-level 文件夹需要包含子文件夹。
- os.minor(device)：从原始的设备号中提取设备 minor 号码（使用 stat 中的 st_dev 或者 st_rdev field）。
- os.mkdir(path[, mode])：以数字 mode 的模式创建一个名为 path 的文件夹，默认的 mode 是 0777（八进制）。
- os.mkfifo(path[, mode])：创建命名管道，mode 为数字，默认为 0666（八进制）。
- os.mknod(path[, mode=0o600, device])：创建一个名为 path 的文件系统节点。
- os.open(path, flags[, mode])：打开一个文件，并且设置需要的打开选项，参数 mode 是可选的。
- os.openpty()：打开一个新的伪终端对。返回 pty 和 tty 的文件描述符。
- os.pathconf(path, name)：返回相关文件的系统配置信息。
- os.pipe()：创建一个管道，返回一对文件描述符（r, w），分别表示读和写。

- os.popen(cmd[, mode[, bufering]])：从一个 cmd 打开一个管道。
- os.read(fd, n)：从文件描述符 fd 中读取最多 n 个字节，返回包含读取字节的字符串，文件描述符 fd 对应的文件已达到结尾，返回一个空字符串。
- os.readlink(path)：返回软链接所指向的文件。
- os.remove(path)：删除路径为 path 的文件。如果 path 是一个文件夹，将抛出 OSError 异常。查看下面的 os.rmdir()了解如何删除目录。
- os.removedirs(name)：递归删除目录。
- os.rename(src, dst)：重命名文件或目录，从 src 到 dst。
- os.renames(old, new)：递归地对目录进行更名，也可以对文件进行更名。
- os.rmdir(path)：删除 path 指定的空目录，如果目录非空，则抛出一个 OSError 异常。
- os.stat(path)：获取 path 指定的路径的信息，功能等同于 C API 中的 stat()系统调用。
- os.stat_float_times([newvalue])：决定 stat_result 是否以 float 对象的格式显示时间戳。
- os.statvfs(path)：获取指定路径的文件系统统计信息。
- os.symlink(src, dst)：创建一个软链接。
- os.tcgetpgrp(fd)：返回与终端 fd（一个由 os.open()返回的打开的文件描述符）关联的进程组。
- os.tcsetpgrp(fd, pg)：设置与终端 fd（一个由 os.open()返回的打开的文件描述符）关联的进程组为 pg。
- os.ttyname(fd)：返回一个字符串，它表示与文件描述符 fd 关联的终端设备。如果 fd 没有与终端设备关联，则引发一个异常。
- os.unlink(path)：删除文件路径。
- os.utime(path, times)：返回指定的 path 文件访问和修改的时间。
- os.walk(top[, topdown=True[, onerror=None[, followlinks=False]]])：通过在树中游走、向上或者向下输出在文件夹中的文件名。
- os.write(fd, str)：写入字符串到文件描述符 fd 中，返回实际写入的字符串长度。

12.3.2 使用方法 access()

在 Python 程序中，方法 access()的功能是检验对当前文件的操作权限模式。方法 access()使用当前的 uid/gid 尝试访问指定路径。使用方法 access()的语法格式如下所示。

```
os.access(path, mode);
```

参数“path”用于检测路径是否有访问权限。参数“mode”表示测试当前路径的模式，主要包括如下 4 种取值模式。

- os.F_OK：测试 path 是否存在。
- os.R_OK：测试 path 是否可读。
- os.W_OK：测试 path 是否可写。
- os.X_OK：测试 path 是否可执行。

方法 access()有返回值。如果允许访问，则返回 True；否则，返回 False。下面的实例代码演示了使用方法 access()获取文件操作权限的过程。

实例 12-14 获取文件操作权限

源码路径 daima\12\12-14

实例文件 quan.py 的具体实现代码如下所示。

```
import os, sys
# 假定 123/456.txt 文件存在，并设置了读写权限
ret = os.access("123/456.txt", os.F_OK)
print ("F_OK - 返回值 %s"% ret)#显示文件是否存在
```

```
ret = os.access("123/456.txt", os.R_OK)
#测试文件是否可读
print ("R_OK - 返回值 %s"% ret) #显示文件是否可读
ret = os.access("123/456.txt", os.W_OK)
#测试文件是否可写
print ("W_OK - 返回值 %s"% ret) #显示文件是否可写
ret = os.access("123/456.txt", os.X_OK)
#测试文件是否可执行
print ("X_OK - 返回值 %s"% ret)#显示文件是否可执行
```

拓展范例及视频二维码

范例 349：删除目录下的 SVN 代码
源码路径：范例\349\

范例 350：删除某目录下所有文件
源码路径：范例\350\

在运行上述实例代码之前，首先需要在实例文件 quan.py 的同目录下创建一个名为“123”的文件夹，然后在里面创建一个文本文件“456.txt”。在上述代码中，使用方法 access()获取对文件“123/456.txt”的操作权限。执行后的效果如图 12-15 所示。

```
>>>
F_OK - 返回值 True
R_OK - 返回值 True
W_OK - 返回值 True
X_OK - 返回值 True
>>>
```

图 12-15　执行效果

12.3.3　使用方法 chdir()

在 Python 程序中，方法 chdir()的功能是修改当前工作目录到指定的路径。使用方法 chdir()的语法格式如下所示。

```
os.chdir(path)
```

参数“path”表示要切换到的新路径。方法 chdir()有返回值。如果允许修改则返回 True；否则，返回 False。下面的实例代码演示了使用方法 chdir()修改当前工作目录到指定路径的过程。

实例 12-15　修改当前工作目录到指定路径
源码路径　daima\12\12-15

实例文件 gai.py 的具体实现代码如下所示。

```
import os, sys
path = "123"  #设置目录变量的初始值
retval = os.getcwd()  #获取当前文件的工作目录
print ("当前工作目录为 %s" % retval)
#显示当前文件的工作目录
#修改当前工作目录
os.chdir( path )
#查看修改后的工作目录
retval = os.getcwd()  #再次获取当前文件的工作目录
print ("目录修改成功 %s" % retval)
```

拓展范例及视频二维码

范例 351：判断路径是否为目录
源码路径：范例\351\

范例 352：判断目录是否为空
源码路径：范例\352\

在上述实例代码中，首先使用方法 getcwd()获取当前文件的工作目录，然后使用方法 chdir()修改当前工作目录到指定路径“123”。执行后的效果如图 12-16 所示。

```
>>>
当前工作目录为 C:\Users\apple0\Desktop
目录修改成功 C:\Users\apple0\Desktop\123
>>>
```

图 12-16　执行效果

12.3.4　使用方法 chmod()

在 Python 程序中，方法 chmod()的功能是修改文件或目录的权限。使用方法 chmod()的语法格式如下所示。

```
os.chmod(path, flags)
```

方法 chmod()没有返回值，上述格式中参数的具体说明如下所示。

（1）path：文件名路径或目录路径。

（2）mode：表示不同的权限级别，可用如下所示的选项通过按位或操作生成。（注意，目录的读权限表示可以获取目录里的文件名列表，执行权限表示可以把工作目录切换到此目录。要删除添加到目录里的文件必须同时有写和执行权限。文件权限以“用户 id→组 id→其他”顺序进行检验。应用最先匹配的允许或禁止权限，意思是先匹配哪一个权限，就使用哪一个权限。）

- stat.S_IXOTH：其他用户有执行权，值为 0o001。
- stat.S_IWOTH：其他用户有写权限，值为 0o002。
- stat.S_IROTH：其他用户有读权限，值为 0o004。
- stat.S_IRWXO：其他用户有全部权限（权限掩码）值为 0o007。
- stat.S_IXGRP：组用户有执行权限，值为 0o010。
- stat.S_IWGRP: 组用户有写权限，值为 0o020。
- stat.S_IRGRP：组用户有读权限，值为 0o040。
- stat.S_IRWXG：组用户有全部权限（权限掩码），值为 0o070。
- stat.S_IXUSR：拥有者具有执行权限，值为 0o100。
- stat.S_IWUSR：拥有者具有写权限，值为 0o200。
- stat.S_IRUSR：拥有者具有读权限，值为 0o400。
- stat.S_IRWXU：拥有者有全部权限（权限掩码），值为 0o700。
- stat.S_ISVTX：对于目录里的文件和目录，只有拥有者才可删除更改，值为 0o1000。
- stat.S_ISGID：执行此文件，其进程有效组为文件所在组，值为 0o2000。
- stat.S_ISUID：执行此文件，其进程有效用户为文件所有者，值为 0o4000。
- stat.S_IREAD：Windows 系统下设置为只读。
- stat.S_IWRITE：Windows 系统下取消只读。

下面的实例代码演示了使用方法 chmod()修改文件或目录权限的过程。

实例 12-16 修改文件或目录的权限

源码路径 daima\12\12-16

实例文件 xiu.py 的具体实现代码如下所示。

```
import os, sys, stat
#假设123/456.txt 文件存在，设置文件可以通过用户组执行
os.chmod("123/456.txt", stat.S_IXGRP)
#设置文件可以被其他用户写入
os.chmod("123/456.txt", stat.S_IWOTH)
print ("修改成功!!")
```

在上述实例代码中，使用方法 chmod()将文件“123/456.txt”的权限修改为“stat.S_IWOTH”。执行后的效果如图 12-17 所示。

拓展范例及视频二维码

范例 353：创建一个指定的目录
源码路径：范例\353\

范例 354：整体复制一个目录
源码路径：范例\354\

图 12-17 执行效果

12.3.5 打开、写入和关闭

在 Python 程序中，当想要操作一个文件或目录时，首先需要打开这个文件，然后才能执行写入或读取等操作，在操作完毕后一定要及时关闭文件。其中打开操作是通过方法 open()实现的，写入操作是通过方法 write()实现的，关闭操作是通过方法 close()实现的。

1. *方法* open()

在 Python 程序中，方法 open()的功能是打开一个文件，并且设置需要的打开选项。使用方

法 open()的语法格式如下所示。

```
os.open(file, flags[, mode]);
```

方法 open()有返回值，返回新打开文件的描述符。上述格式中各个参数的具体说明如下所示。

（1）参数“file”：要打开的文件。

（2）参数“mode”：可选参数，默认为 0777。

（3）参数“flags”：可以是如下所示的选项值，多个选项之间使用“|”隔开。

- os.O_RDONLY：以只读的方式打开。
- os.O_WRONLY：以只写的方式打开。
- os.O_RDWR：以读写的方式打开。
- os.O_NONBLOCK：打开时不阻塞。
- os.O_APPEND：以追加的方式打开。
- os.O_CREAT：创建并打开一个新文件。
- os.O_TRUNC：打开一个文件并截断它的长度为零（必须有写权限）。
- os.O_EXCL：如果指定的文件存在，返回错误。
- os.O_SHLOCK：自动获取共享锁。
- os.O_EXLOCK：自动获取独立锁。
- os.O_DIRECT：消除或减少缓存效果。
- os.O_FSYNC：强制同步写入。
- os.O_NOFOLLOW：不追踪软链接。

2. 方法 write()

在 Python 程序中，方法 write()的功能是写入字符串到文件描述符 fd 中，返回实际写入的字符串长度。方法 write()在 UNIX 系统中也是有效的。使用方法 write()的语法格式如下所示。

```
os.write(fd, str)
```

- 参数“fd”：表示文件描述符。
- 参数“str”：表示写入的字符串。

方法 write()有返回值，返回写入的实际位数。

3. 方法 close()

在 Python 程序中，方法 close()的功能是关闭指定文件的描述符 fd。使用方法 close()的语法格式如下所示。

```
os.close(fd)
```

方法 close()没有返回值，参数“fd”表示文件描述符。

下面的实例代码演示了使用方法 open()、write()和 close()的过程。

实例 12-17　实现文件的打开、写入和关闭操作

源码路径　daima\12\12-17

实例文件 da.py 的具体实现代码如下所示。

```
import os, sys
#打开文件
fd = os.open("456.txt",os.O_RDWR|os.O_CREAT)
#设置写入字符串变量
str = "www.toppr.net"
ret = os.write(fd,bytes(str, 'UTF-8'))
#输出返回值
print ("写入的位数为: ")        #显示提示文本
print (ret)                     #显示写入的位数
print ("写入成功")              #显示提示文本
os.close(fd)                    #关闭文件
print ("关闭文件成功!!")        #显示提示文本
```

拓展范例及视频二维码

范例 355：重命名目录（文件）
源码路径：**范例**\355\

范例 356：移动目录（文件）
源码路径：**范例**\356\

在上述实例代码中，首先使用方法 open()创建并打开一个名为“456.txt”的文件，然后使用方法 write()向这个文件中写入文本“www.toppr.net”，最后通过方法 close()关闭文件。执行效果如图 12-18 所示。

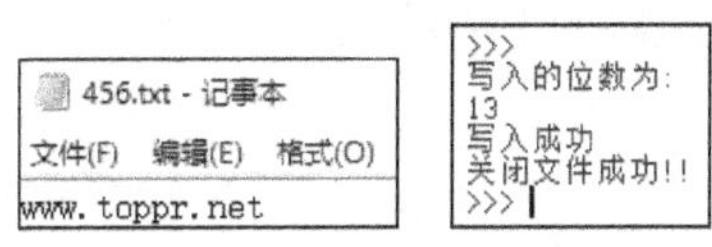

图 12-18 执行效果

12.3.6 打开、读取和关闭

在 Python 程序中，方法 read()的功能是从文件描述符 fd 中读取最多 n 个字节，返回包含读取字节的字符串。如果文件描述符 fd 对应文件已达到结尾，就返回一个空字符串。使用方法 read()的语法格式如下所示。

```
os.read(fd,n)
```

方法 read()有返回值，返回包含读取字节的字符串。上述格式中各个参数的具体说明如下所示。

- ❑ 参数 fd：文件描述符。
- ❑ 参数 n：读取的字节。

下面的实例代码演示了使用方法 read()读取文件中指定字符的过程。

实例 12-18 读取文件中的指定字符
源码路径 daima\12\12-18

实例文件 du.py 的具体实现代码如下所示。

```
import os, sys
#以读写方式打开文件
fd = os.open("456.txt",os.O_RDWR)
#读取文件中的10个字符
ret = os.read(fd,10)
print (ret)                    #显示读取的内容
#关闭文件
os.close(fd)
print ("关闭文件成功!!")
```

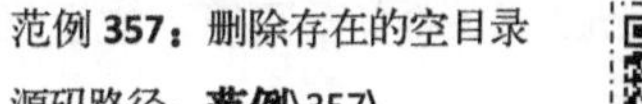

范例 357：删除存在的空目录
源码路径：范例\357\

范例 358：删除一个指定的文件
源码路径：范例\358\

在上述实例代码中，首先使用方法 open()打开一个名为“456.txt”的文件，然后使用方法 read()读取文件中的 10 个字符，最后通过方法 close()关闭文件。执行效果如图 12-19 所示。

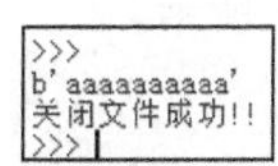

图 12-19 执行效果

12.3.7 创建目录

在 Python 程序中，可以使用 OS 对象的内置方法创建文件夹目录。

1. 使用方法 mkdir()

在 Python 程序中，方法 mkdir()的功能是以数字权限模式创建目录，默认的模式为 0777（八进制）。使用方法 mkdir()的语法格式如下所示。

```
os.mkdir(path[, mode])
```

方法 mkdir()有返回值，返回包含读取字节的字符串。上述格式中各个参数的具体说明如下所示。

- ❑ 参数 path：表示要创建的目录。
- ❑ 参数 mode：表示要为目录设置的数字权限模式。

下面的实例代码演示了使用方法 mkdir()创建一个目录的过程。

实例 12-19　使用方法 mkdir()创建一个目录

源码路径　daima\12\12-19

实例文件 mu.py 的具体实现代码如下所示。

```
import os, sys
#变量path表示要创建的目录
path = "top"
os.mkdir( path )        #执行创建目录操作
print ("目录已创建")
```

在上述实例代码中，使用方法 mkdir()在实例文件 mu.py 的同级目录下新建一个目录“top”。执行效果如图 12-20 所示。

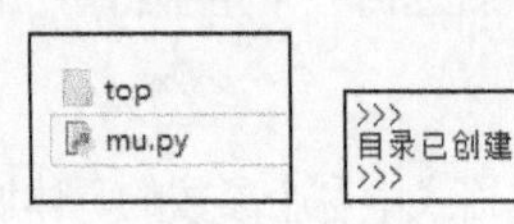

图 12-20　执行效果

拓展范例及视频二维码

范例 **359**：删除一个目录树
源码路径：**范例**\359\

范例 **360**：判断路径是否为文件
源码路径：**范例**\360\

注意：在本书程序中保存的是实例 12-19 运行后的目录信息，也就是说，在文件 mu.py 的同级目录下已经生成了名为“top”的文件夹，这时读者如果再运行实例 12-19 就会报错。解决方法是将文件 mu.py 同级目录中的“top”文件夹删除，然后再运行。本章后面的类似实例也是如此。

2．使用方法 makedirs()

在 Python 程序中，方法 makedirs()的功能是递归创建目录。功能和方法 mkdir()类似，但是可以创建包含子目录的文件夹目录。使用方法 makedirs()的语法格式如下所示。

```
os.makedirs(path, mode=0o777)
```

方法 makedirs()有返回值，它返回包含读取字节的字符串。上述格式中各个参数的具体说明如下所示。

- 参数 path：表示要递归创建的目录。
- 参数 mode：表示要为目录设置的数字权限模式。

下面的实例代码演示了使用方法 makedirs()创建一个目录的过程。

实例 12-20　使用方法 makedirs()创建一个目录

源码路径　daima\12\12-20

实例文件 cmu.py 的具体实现代码如下所示。

```
import os, sys
#变量path表示要创建的目录
path = "tmp/home/123"
os.makedirs( path );          #执行创建操作
print ("路径被创建")
```

在上述实例代码中，使用方法 makedirs()在实例文件 cmu.py 的同级目录下新建包含子目录的目录“tmp/home/123”。执行效果如图 12-21 所示。

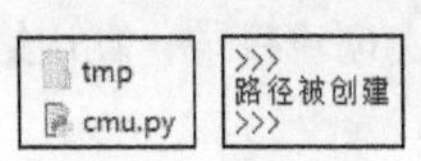

图 12-21　执行效果

拓展范例及视频二维码

范例 **361**：获取文件的属性
源码路径：**范例**\361\

范例 **362**：创建一个指定的文件
源码路径：**范例**\362\

12.3.8　获取目录下的信息

1．使用方法 listdir()

在 Python 程序中，方法 listdir()的功能是返回指定文件夹中包含的文件或文件夹的名字列表。这个列表以字母顺序进行排列，不包括点“.”和双点“..”（即使它们在文件夹中）。使用方法 listdir()的语法格式如下所示。

```
os.listdir(path)
```

方法 listdir()有返回值，返回指定路径下的文件和文件夹列表。参数“path”表示需要列出的目录路径。下面的实例代码演示了使用方法 listdir()返回某个目录中子文件夹列表的过程。

实例 12-21 返回某个目录中的子文件夹列表

源码路径 daima\12\12-21

实例文件 lie.py 的具体实现代码如下所示。

```
import os, sys
# 变量path表示要打开的目录
path = "123"
dirs = os.listdir( path )#获取目录中的文件信息
for file in dirs:        #输出所有文件和文件夹
    print (file)         #显示目录中的文件信息
```

在上述实例代码中，使用方法 listdir()返回目录“123”中的子文件夹列表。执行效果如图 12-22 所示。

拓展范例及视频二维码

范例 363：覆盖写入内容到文件中
源码路径：**范例**\363\

范例 364：追加写入内容到文件中
源码路径：**范例**\364\

图 12-22 执行效果

2. 使用方法 walk()

在 Python 程序中，方法 walk()的功能是遍历显示目录下所有的文件名，可以向上遍历或者向下遍历。执行后将会得到一个三元 tuple（dirpath, dirnames, filenames），其中第 1 个参数表示起始路径，第 2 个参数表示起始路径下的文件夹，第 3 个参数表示起始路径下的文件。使用方法 walk()的语法格式如下所示。

```
os.walk(top[, topdown=True[, onerror=None[, followlinks=False]]])
```

各个参数的具体说明如下所示。

- top：将要遍历的目录，可以是录下的每一个文件夹。
- topdown：可选参数，当值为 True 时从上到下遍历；当值为 False 时从下到上遍历。
- onerror：可选参数，错误处理函数。
- followlinks：若设置为 True，则通过软链接访问目录。

下面的实例代码演示了使用方法 walk()遍历显示某个目录中所有文件夹和文件列表的过程。

实例 12-22 遍历显示某个目录中的所有文件夹和文件列表

源码路径 daima\12\12-22

实例文件 bian.py 的具体实现代码如下所示。

```
import os                      #导入os模块
for root, dirs, files in os.walk(".", topdown=
False):#遍历目录中的所有文件夹和文件列表
    for name in files:         #遍历文件
        print(os.path.join(root, name))
    for name in dirs:          #遍历目录
        print(os.path.join(root, name))
```

在上述实例代码中，使用方法 walk()遍历显示当前所在目录中所有的文件夹和文件列表。执行效果如图 12-23 所示。

拓展范例及视频二维码

范例 365：读取文件中指定的字符
源码路径：**范例**\365\

范例 366：读取文件中的一行内容
源码路径：**范例**\366\

图 12-23 执行效果

12.3.9　修改目录

在 Python 程序中，可以使用 OS 对象的内置方法修改文件夹目录的名字。

1. 使用方法 rename()

在 Python 程序中，方法 rename()的功能是修改文件或目录的名字。如果修改的目录不存在，则会抛出 OSError 异常。使用方法 rename()的语法格式如下所示。

```
os.rename(src, dst)
```

方法 rename()没有返回值，各个参数的具体说明如下所示。

- ❑ 参数 src：表示要修改的目录名。
- ❑ 参数 dst：表示修改后的目录名。

下面的实例代码演示了使用方法 rename()修改一个目录名字的过程。

实例 12-23　修改一个目录的名字

源码路径　daima\12\12-23

实例文件 name.py 的具体实现代码如下所示。

```
import os, sys
# 显示目录中的文件名
print ("目录为: %s"%os.listdir(os.getcwd()))
#将目录中的文件夹“123”重命名为“test2”
os.rename("123","test2")
print ("重命名成功。")
print ("目录为: %s" %os.listdir(os.getcwd()))
#列出重命名后的目录
```

拓展范例及视频二维码

范例 367：读取文件中的所有行

源码路径：**范例**\367\

范例 368：复制文件中的内容

源码路径：**范例**\368\

在上述实例代码中，使用方法 rename()将目录“123”的名字修改为“test2”。执行效果如图 12-24 所示。

2. 使用方法 renames()

在 Python 程序中，方法 renames()的功能是递归地重命名目录或文件，功能和方法 rename()类似。使用方法 renames()的语法格式如下所示。

```
os.renames(old, new)
```

方法 renames()没有返回值，各个参数的具体说明如下所示。

- ❑ 参数 old：要重命名的目录。
- ❑ 参数 new：文件或目录的新名字，甚至可以是包含在目录中的文件或者完整的目录树。

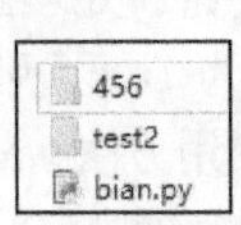

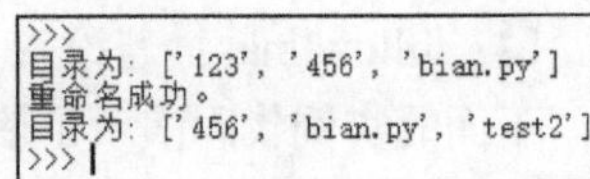

图 12-24　执行效果

下面的实例代码演示了使用方法 renames()重命名一个文件的过程。

实例 12-24　将文件重命名并保存在新建的目录中

源码路径　daima\12\12-24

实例文件 names.py 的具体实现代码如下所示。

```
import os, sys
print ("当前目录为: %s" %os.getcwd())
#显示目录中的文件名
print ("目录为: %s"%os.listdir(os.getcwd()))
#重命名文件"456.txt"
os.renames("456.txt","newdir/aanew.txt")
print ("重命名成功。")
#列出重命名后的文件 "456.txt"
print ("目录为: %s" %os.listdir(os.getcwd()))
```

拓展范例及视频二维码

范例 369：将文件 src 的内容复制到 dst 中

源码路径：**范例**\369\

范例 370：删除指定的文件

源码路径：**范例**\370\

在上述实例代码中，使用方法 renames()重命名了一个文件，并将这个文件放到新建的目录中。执行效果如图 12-25 所示，读者需要注意的是，在不同操作系统中的执行效果会有所差别。

```
当前目录为: C:\:        \2016\:        开发\Python\daima\12\12-24
目录为: ['123', '456', '456.txt', 'names.py']
重命名成功。
目录为: ['123', '456', 'names.py', 'newdir']
>>>
```

图 12-25 执行效果

12.3.10 删除目录

在 Python 程序中，可以使用 OS 对象中的内置方法删除指定的文件和目录。

1. *使用方法* rmdir()

在 Python 程序中，方法 rmdir()的功能是删除一个指定路径的空目录。如果这个文件夹不是空目录，则抛出 OSError 异常。使用方法 rmdir()的语法格式如下所示。

```
os.rmdir(path)
```

方法 rmdir()没有返回值，参数“path”表示要删除的目录路径。下面的实例代码演示了使用方法 rmdir()删除一个指定目录的过程。

实例 12-25 删除一个指定的目录

源码路径 daima\12\12-25

实例文件 del.py 的具体实现代码如下所示。

```
import os, sys
#列出目录
print ("目录为: %s"%os.listdir(os.getcwd()))
os.rmdir("123")#删除目录“123”
#列出删除后的目录
print ("目录为: %s" %os.listdir(os.getcwd()))
```

执行效果如图 12-26 所示。

```
>>>
目录为: ['123', '456', 'del.py']
目录为: ['456', 'del.py']
>>>
```

图 12-26 执行效果

拓展范例及视频二维码

范例 **371**：文件操作函数综合演练

源码路径：**范例**\371\

范例 **372**：删除指定目录下的过期文件

源码路径：**范例**\372\

2. *使用方法* remove()

在 Python 程序中，方法 remove()的功能是删除指定路径的文件。如果指定的路径是一个目录，则抛出 OSError 异常。使用方法 remove()的语法格式如下所示。

```
os.remove(path)
```

方法 remove()没有返回值，参数“path”表示要删除的文件路径。下面的实例代码演示了使用方法 remove()删除一个指定文件的过程。

实例 12-26 删除一个指定的文件

源码路径 daima\12\12-26

实例文件 del1.py 的具体实现代码如下所示。

```
import os, sys
#列出目录
print ("目录为: %s" %os.listdir(os.getcwd()))
#删除文件"456.txt"
os.remove("456.txt")
#移除后列出目录
print ("移除后 : %s" %os.listdir(os.getcwd()))
```

在上述实例代码中，使用方法 remove()删除了指定文件“456.txt”。执行效果如图 12-27 所示。

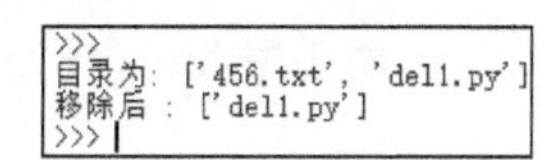

```
>>>
目录为: ['456.txt', 'del1.py']
移除后 : ['del1.py']
>>>
```

图 12-27 执行效果

拓展范例及视频二维码

范例 **373**：创建一个目录文件夹

源码路径：**范例**\373\

范例 **374**：对压缩文件进行操作

源码路径：**范例**\374\

3. 使用方法 removedirs()

在 Python 程序中，方法 removedirs()的功能是递归地删除目录。功能和方法 rmdir()类似，如果子文件夹成功删除，方法 removedirs()才尝试删除它们的父文件夹，直到抛出一个 error(它基本上可以忽略，因为它一般意味着文件夹不为空)为止。举个例子，请看下面的代码。

```
os.removedirs("foo/bar/baz")
```

它将首先删除“foo/bar/baz”目录，然后再顺序删除“foo/bar”和“foo”，前提是它们当时是空目录。如果子目录不能成功删除，则会抛出 OSError 异常。

使用方法 removedirs()的语法格式如下所示。

```
os.removedirs(path)
```

方法 removedirs()没有返回值，参数“path”表示要删除的目录路径。下面的实例代码中，演示了使用方法 removedirs()删除一个指定目录的过程。

实例 12-27　删除一个指定的目录

源码路径　daima\12\12-27

实例文件 del2.py 的具体实现代码如下所示。

```
import os, sys
#列出目录
print ("目录为: %s" %os.listdir(os.getcwd()))
#递归地删除目录“123”和“456”
os.removedirs("456/123")
#显示移除后的目录
print ("移除后 : %s" %os.listdir(os.getcwd()))
```

在上述实例代码中，使用方法 removedirs()首先删除了目录“456”中的子目录“123”，然后删除目录“456”。执行后的效果如图 12-28 所示。

拓展范例及视频二维码

范例 **375**：取得当前的目录
源码路径：**范例**\375\

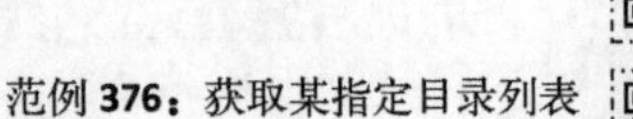

范例 **376**：获取某指定目录列表
源码路径：**范例**\376\

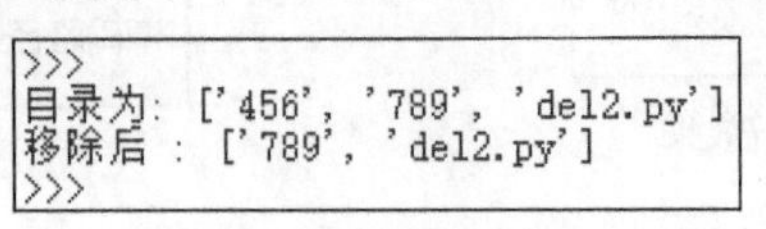

>>>
目录为: ['456', '789', 'del2.py']
移除后 : ['789', 'del2.py']
>>>

图 12-28　执行效果

12.4　其他常见的文件操作

在 Python 程序中，除了本章前面介绍的 File 模块和 OS 模块外,还可以使用其他内置模块实现和文件相关的操作功能，并且还可以使用前面所学的模块方法实现更加复杂的文件操作功能。本节将详细讲解 Python 中其他常见的文件操作功能。

扫码看视频：其他常见的文件操作

12.4.1　使用 fileinput 模块

在 Python 程序中，fileinput 模块可以对一个或多个文件中的内容实现迭代和遍历等操作，还可以对文件进行循环遍历，格式化输出，查找、替换等操作。fileinput 模块实现了对文件中行的懒惰迭代，在读取时不需要把文件内容放入内存中，这样可以提高程序的效率。在 fileinput 模块中，常用的内置方法如下所示。

- input()：返回能够用于迭代一个或多个文件中所有行的对象，类似于文件（File）模块中的 readlines()方法，区别在于前者是一个迭代对象，需要用 for 循环迭代，后者是一次性读取所有行。
- filename()：返回当前文件的名称。

- lineno()：返回当前读取的行的数量。
- isfirstline()：返回当前行是否是文件的第一行。
- filelineno()：返回当前读取行在文件中的行数。

下面的实例代码演示了使用 fileinput 模块操作文件的过程。

实例 12-28 读取两个文本文件的内容

源码路径 daima\12\12-28

实例文件 lia.py 的具体实现代码如下所示。

```
import fileinput      #导入fileinput模块
def demo_fileinput():#定义函数用于迭代处理两个文件
    with fileinput.input(['123.txt','456.txt']) as lines:
        for line in lines:  #遍历文件中的各行内容
            print("总第%d行," % fileinput.lineno(),
                  "文件%s中第%d行: " %
                  (fileinput.filename(),file
                   input. filelineno()))
            print(line.strip())
if __name__ == '__main__':
    demo_fileinput()      #显示各行的内容
```

拓展范例及视频二维码

范例 377：获取某指定文件列表

源码路径：**范例**\377\

范例 378：分解为目录名和文件名

源码路径：**范例**\378\

在上述实例代码中，首先使用 import 语句导入 fileinput 模块，然后使用方法 fileinput.input()来迭代处理两个文本文件（123.txt 和 456.txt），并以列表形式提供给 input()方法作为参数。最后迭代处理显示每行内容，同时输出每行的行号。执行后会显示所有文件中的行号及每一行的内容。执行后的效果如图 12-29 所示。

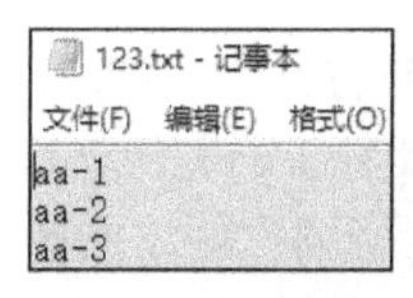

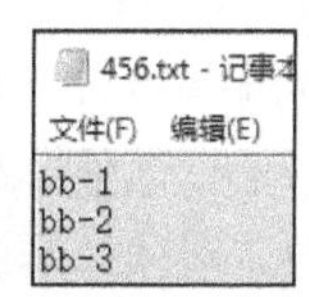

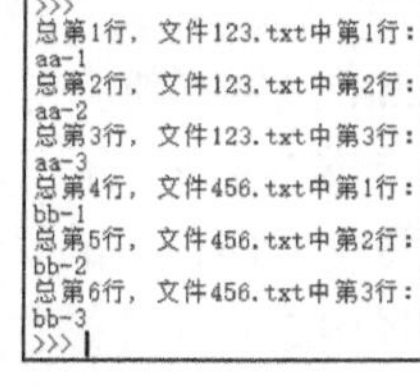

图 12-29 执行效果

12.4.2 批量获取文件名

在 Python 程序中，有时需要提取多个文件的文件名，并且要求提取文件名的不同部分。在下面的实例中，首先在"test"目录中保存了两个文本文件：浪潮集团 1111.txt 和浪潮软件 2222.txt。然后使用实例程序可以分别获取这两个文本文件的名字，并将名字中的汉字和数字分离，最后将分离后的汉字和数字保存到一个新建的 Excel 文件中。

实例 12-29 批量获取文件名

源码路径 daima\12\12-29

实例文件 pi.py 的具体实现代码如下所示。

```
import os      #导入os模块
filenames = []#定义列表filenames，用于保存所有的文件名
for a,b,files in os.walk('test'):
#获取当前目录'test'中的所有文件
    if files:
        filenames.append([file[:-4] for file in
        files])#设置扩展名是3个字母
fname = 'Excel'   #设置将要创建表格文件的文件名
i = 0             #变量i的初始值是0
for files in filenames:   #遍历文件夹中的所有文件
    f=open(fname+str(i)+'.xls','w')
#打开指定的表格文件
```

拓展范例及视频二维码

范例 379：批量移动文件操作

源码路径：**范例**\379\

范例 380：批量复制文件操作

源码路径：**范例**\380\

```
    for name in files:    #遍历得到所有文件的名字
        f.write(name[-4:]+'\t'+name[:-4]+'\n')  #将名字中的数字和文本分别写入表格
    f.close()             #关闭文件
    i += 1
```

在上述实例代码中，通过方法 os.walk()对“test”目录下的所有文件进行遍历，获取包含汉字和数字的所有文件名字符串，并保存到列表 filenames 中。接下来，根据指定的电子表格文件名将文件名中的汉字和数字写入文件。执行后的效果如图 12-30 所示。

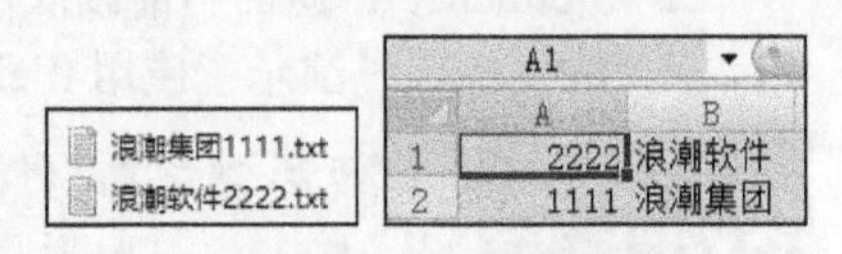

图 12-30　执行效果

12.5　技 术 解 惑

12.5.1　注意包含文件的具体范围

当在 Python 程序中操作文件或目录时，一定要注意所包含文件的具体范围。例如 os.listdir()方法能够获得输入路径下的所有文件夹和文件，但是不包括文件夹里的文件，只进入输入路径的一层目录。比如“E:\chrome__OSX”路径下有两个文件夹“ARDrone_SDK_2_0”和“ARDrone_SDK_2_0_1”，通过 os.listdir()方法只会获得这两项，而不会获得 ARDrone_SDK_2_0_1 文件夹下的文件夹和文件。

12.5.2　4 点注意事项

- ❑ 在进行输入路径拼接时，要注意“\”符号是转义符号，在使用单引号或双引号时一定要是用转义字符“\”。
- ❑ 函数 os.path.isdir()能够判断当前是否是目录。
- ❑ 函数 os.walk()能够遍历某路径下的所有文件，每打开一次目录，算一次。它返回打开的绝对路径、该绝对路径下的目录名、该绝对路径下的文件名。
- ❑ 在输入文件路径中进行文件操作时，必须在路径后面加上 r 或 R。

12.6　课 后 练 习

（1）将一个数组逆序输出。

（2）模仿静态变量的用法。

（3）编写一个程序，使用关键字 auto 定义变量。

（4）编写一个程序，使用关键字 static 定义静态变量。

第13章

异常处理

（视频讲解：53min）

异常是指程序在运行过程中发生的错误或者不正常的情况。俗话说人无完人，在编写 Python 程序的过程中，发生异常是难以避免的事情。异常对程序员来说是一件很麻烦的事情，需要程序员来进行检测和处理。但 Python 语言非常人性化，它可以自动检测异常，对异常进行捕获，并且通过程序可以对异常进行处理。本章将详细讲解 Python 处理异常的知识，为读者步入本书后面知识的学习打下基础。

13.1　语法错误

在编写 Python 程序的过程中，语法错误是一种常见错误，通常是指程序的写法不符合编程语言的规定。在 Python 程序中，最为常见的语法错误如下所示。

扫码看视频：语法错误

（1）代码拼写错误。

在编写 Python 程序的过程中，可能将关键字、变量名或函数名书写错误。当关键字书写错误时会提示 SyntaxError（语法错误）；当变量名、函数名书写错误时会在运行时给出 NameError 的错误提示。下面的实例代码演示了一个常见的代码拼写错误。

实例 13-1　代码拼写错误

源码路径　daima\13\13-1

实例文件 pin.py 的具体实现代码如下所示。

```
for i in range(3):  #遍历操作
         prtnt(i)   #print被错误地写成了prtnt
```

在上述代码中，Python 中的输出函数名 print 被错误地写成了 prtnt。执行后会显示 NameError 错误提示，并同时指出错误所在的具体行数等。执行效果如图 13-1 所示。

```
\daima\13\13-1\pin.py", line 2, in <module>
    prtnt(i)
NameError: name 'prtnt' is not defined
>>>
```

图 13-1　执行效果

拓展范例及视频二维码

范例 **381**：1、2、3、4 能组成多少个互不相同且无重复数字的 3 位数

源码路径：**范例**\381\

范例 **382**：计算企业的净利润

源码路径：**范例**\382\

（2）程序不符合 Python 语法规范。

在编写 Python 程序的过程中，经常会发生程序不符合 Python 语法规范的情形。例如少写了括号或冒号，以及写错了表达式等。请看下面的输入过程。

```
>>> while True print('Hello world')
  File "<stdin>", line 1, in ?
    while True print('Hello world')
                   ^
SyntaxError: invalid syntax
```

在上述例子中，检查到函数 print()部分有错误，出错的原因是在 print 前面缺少了一个冒号“:”。在执行界面指出了出错的行数，并且在最先找到错误的位置标记了一个小的箭头。

（3）缩进错误。

Python 语言的语法比较特殊，其中最大的特色是将缩进作为程序的语法。Python 并没有像其他语言一样采用大括号或者“begin...end”分隔代码块，而是采用代码缩进和冒号来区分代码之间的层次。虽然缩进的空白数量是可变的，但是所有代码块语句必须包含相同的缩进空白数量，这个规则必须严格执行。例如下面是一段合法缩进的演示代码。

```
if True:
   print("Hello girl!")   #缩进一个Tab的占位
else:                #与if对齐
   print("Hello boy!")  #缩进一个Tab的占位
```

Python 语言对代码缩进的要求非常严格，如果不采用合理的代码缩进，将会抛出 SyntaxError 异常。请看图 13-2 所示的代码，这是一段错误缩进的代码。

上述错误表明当前使用的缩进方式不一致，有的是以 Tab 键缩进的，有的是以空格缩进的，

只须保持一致即可。

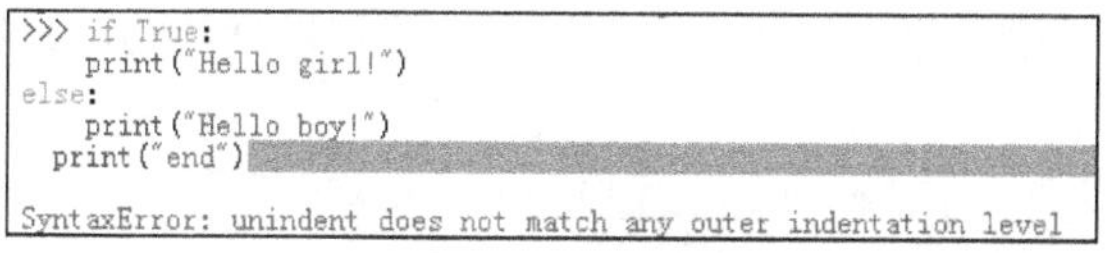

```
>>> if True:
    print("Hello girl!")
else:
    print("Hello boy!")
  print("end")

SyntaxError: unindent does not match any outer indentation level
```

图 13-2 错误缩进

13.2 异常处理

在软件开发过程中，异常表示程序在运行过程中引发的错误。如果在程序中引发了未进行处理的异常，程序就会因为异常而终止运行。只有在程序中捕获这些异常并进行相关的处理，才能不会中断程序的正常运行。本节将详细讲解 Python 语言中异常处理的基本知识。

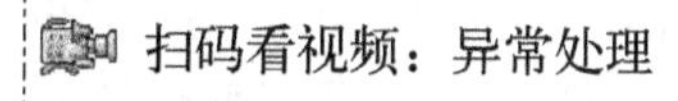

13.2.1 异常的特殊之处

在编写程序代码的过程中，即使 Python 程序的语法是正确的，在运行时也有可能会发生错误。在程序运行期检测到的错误称为异常，大多数异常都不会被程序处理，都是以错误提示的形式展现出来。例如下面的代码输入展示了 Python 提示异常信息的过程。

```
>>> 10 * (1/0)
Traceback (most recent call last):
  File "<stdin>", line 1, in ?
ZeroDivisionError: division by zero
>>> 4 + spam*3
Traceback (most recent call last):
  File "<stdin>", line 1, in ?
NameError: name 'spam' is not defined
>>> '2' + 2
Traceback (most recent call last):
  File "<stdin>", line 1, in ?
TypeError: Can't convert 'int' object to str implicitly
```

在上述代码的执行过程中，ZeroDivisionError、NameError 和 TypeError 都是 Python 输出提示的异常信息。在 Python 程序中，异常以不同的类型出现，这些类型都作为信息的一部分显示出来。在上述输入过程中的类型有 ZeroDivisionError、NameError 和 TypeError。在错误信息的前面显示了异常发生的上下文，并以调用栈的形式显示具体信息。

13.2.2 使用“try…except”处理异常

在 Python 程序中，可以使用“try…except”语句处理异常。在处理时需要检测 try 语句块中的错误，从而让 except 语句捕获异常信息并处理。如果不想在异常发生时结束程序，只须在 try 里面捕获它即可。使用“try…except”语句处理异常的基本语法格式如下所示。

```
try:
<语句>             #可能产生异常的代码
except <名字>:     #要处理的异常
<语句>             #异常处理语句
```

上述“try…except”语句的工作原理是，当开始一个 try 语句后，Python 就在当前程序的上下文中作一个标记，这样当异常出现时就可以回到这里。先执行 try 子句，接下来会发生什么依赖于执行时是否出现异常。具体说明如下所示。

- 如果执行 try 后的语句时发生异常，Python 就跳回到 try 并执行第一个匹配该异常的 except 子句。异常处理完毕后，控制流通过整个 try 语句（除非在处理异常时又引发新的异常）。

- 如果在 try 后的语句里发生了异常，却没有匹配的 except 子句，异常将被递交到上层的 try，或者程序的最上层（这样将结束程序，并转出默认的出错信息）。

再看下面的演示代码。

```
while True:
        try:
            x = int(input("Please enter a number: "))
            break
        exceptValueError:
            print("Oops!  That was no valid number.  Try again   ")
```

在上述代码中，try 语句将按照如下所示的方式运行。

（1）执行 try 子句（在关键字 try 和关键字 except 之间的语句）。

（2）如果没有异常发生，将会忽略 except 子句，try 子句执行后结束。

（3）如果在执行 try 子句的过程中发生了异常，那么 try 子句余下的部分将被忽略。如果异常的类型和 except 之后的名称相符，那么对应的 except 子句将被执行。最后执行 try 语句之后的代码。

（4）如果一个异常不与任何的 except 匹配，那么这个异常将会传递给上层的 try 中。

下面的实例代码演示了使用“try…except”语句处理异常的过程。

实例 13-2　使用“try…except”语句处理异常

源码路径　daima\13\13-2

实例文件 yi.py 的具体实现代码如下所示。

```
s = 'Hello girl!'      #设置变量s的初始值
try:
 print (s[100])        #错误代码
except IndexError:     #处理异常
 print ('error...')    #定义的异常提示信息
print ('continue')
```

拓展范例及视频二维码

范例 **383**：计算当年中的第几天

源码路径：**范例**\383\

范例 **384**：由小到大排列 3 个整数

源码路径：**范例**\384\

在上述代码中，第 3 行代码是错误的。当程序执行到第 2 句时会发现 try 语句，进入 try 语句块执行时会发生异常（第 3 行），程序接下来会回到 try 语句层，寻找后面是否有 except 语句。当找到 except 语句后，会调用这个自定义的异常处理器。except 将异常处理完毕后，程序会继续往下执行。在这种情况下，最后两个 print 语句都会执行。执行效果如图 13-3 所示。

```
>>>
error...
continue
>>>
```

图 13-3　执行效果

在 Python 程序中，一个 try 语句可能包含多个 except 子句，分别用来处理不同的特定的异常，最多只有一个分支会执行。处理程序将只针对对应的 try 子句中的异常进行处理，而不是其他的 try 的处理程序中的异常。并且在一个 except 子句中可以同时处理多个异常，这些异常将放在一个括号里，构成一个元组。下面的实例代码演示了一个 try 语句包含多个 except 子句的过程。

实例 13-3　一个 try 语句包含多个 except 子句

源码路径　daima\13\13-3

实例文件 duo.py 的具体实现代码如下所示。

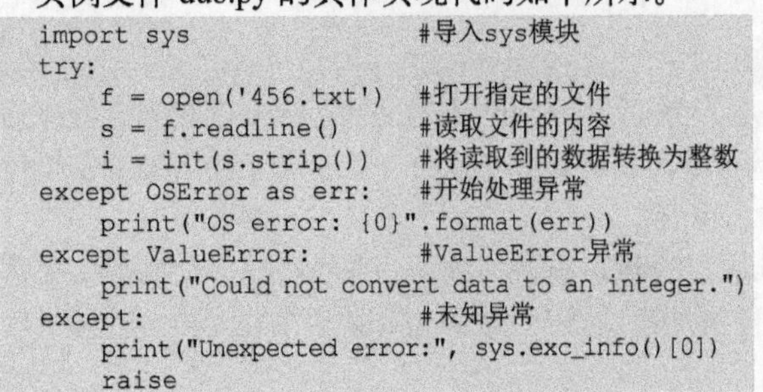

```
import sys                    #导入sys模块
try:
    f = open('456.txt')       #打开指定的文件
    s = f.readline()          #读取文件的内容
    i = int(s.strip())        #将读取到的数据转换为整数
except OSError as err:        #开始处理异常
    print("OS error: {0}".format(err))
except ValueError:            #ValueError异常
    print("Could not convert data to an integer.")
except:                       #未知异常
    print("Unexpected error:", sys.exc_info()[0])
    raise
```

拓展范例及视频二维码

范例 **385**：输出第 10 个斐波那契数列

源码路径：**范例**\385\

范例 **386**：输出 9×9 乘法口诀表

源码路径：**范例**\386\

因为上述代码将会出现 ValueError 错误，所以执行后的效果如图 13-4 所示。

```
>>>
Could not convert data to an integer.
>>>
```

图 13-4　执行效果

13.2.3　使用“try…except…else”处理异常

在 Python 程序中，可以使用“try…except…else”语句处理异常。使用“try…except…else”语句的语法格式如下所示。

```
try:
<语句>                    #可能发生异常的代码
except <名字1>:           #要处理的异常1
<语句>                    #异常处理语句
except <名字2>:           #要处理的异常2
<语句>                    #异常处理语句
…
else:
<语句>                    #如果没有异常发生，则执行这行语句
```

在上述格式中，和“try…except”语句相比，如果在执行 try 子句时没有发生异常，Python 将执行 else 语句后的语句（如果有 else），然后控制流通过整个 try 语句。下面的实例代码演示了使用“try…except…else”处理异常的过程。

实例 13-4　使用“try…except…else”处理异常

源码路径　daima\13\13-4

实例文件 else.py 的具体实现代码如下所示。

拓展范例及视频二维码

范例 387：暂停一秒
time.sleep()输出
源码路径：范例\387\
范例 388：兔子生兔子
算法
源码路径：范例\388\


```
def test(index,flag=False):    #定义测试函数
    stulst = ["AAA","BBB","CCC"] #定义列表
    if flag:           #当flag是True时开始捕获异常
        try:
            astu = stulst[index] #列表索引位置
        except IndexError:     #IndexError错误
            print("IndexError")
        return "测试完成!"
    else:              #当flag是False时不捕获异常
        astu =stulst[index]  #列表索引位置
        return "放弃!"
print("正确参数测试...")
print(test(1,True)) #不是越界参数，捕获异常
print(test(1))      #不是越界参数，不捕获异常
print("错误参数测试...")
print(test(4,True)) #是越界参数，捕获异常
print(test(4))      #是越界参数，不捕获异常
```

在上述实例代码中，定义了一个可以测试捕获异常的函数 test()。当 flag 为 True 时，函数 test()运行后捕获异常；反之，函数 test()运行后不捕获异常。当传入的参数 index 正确时（不越界），测试结果都是正常运行的。当传入 index 错误（越界）时，如果不捕获异常，则程序中断运行。执行后的效果如图 13-5 所示。

```
>>>
正确参数测试...
测试完成!
放弃!
错误参数测试...
IndexError
测试完成!
Traceback (most recent call last):
  File "C:\Users\apple0\Desktop\else.py", line 17, in <module>
    print(testTry(4))
  File "C:\Users\apple0\Desktop\else.py", line 10, in testTry
    astu =stulst[index]
IndexError: list index out of range
>>>
```

图 13-5　执行效果

13.2.4 使用“try…except…finally”语句

在 Python 程序中，可以使用“try…except…finally”语句处理异常。使用“try…except…finally”语句的语法格式如下所示。

```
try:
<语句>                #可能发生异常的代码
except <名字1>:       #要处理的异常1
<语句>                #异常处理语句
except <名字2>:       #要处理的异常2
<语句>
finally               #异常处理语句
<语句>
```

在上述格式中，“except”部分可以省略。无论异常发生与否，finally 中的语句都要执行。例如在下面的演示代码中，省略了“except”部分，使用了“finally”。

```
s = 'Hello girl!'
try:
  print(s[100])
finally:
  print('error...')
print('continue')
```

在上述代码中，表示无论异常发生与否，finally 中的语句都要执行。但是因为没有 except 处理器，所以 finally 执行完毕后程序便中断。在这种情况下，第 2 个 print 会执行，第 1 个不会执行。如果 try 语句中没有异常，则 3 个 print 都会执行。

下面的实例代码演示了使用“try…except…finally”处理异常的过程。

实例 13-5　使用 finally 确保使用文件后能关闭这个文件

源码路径　daima\13\13-5

实例文件 fi.py 的具体实现代码如下所示。

```
def test1(index):  #定义测试函数test1()
     stulst = ["AAA","BBB","CCC"]#定义并初始化列表stulst
     af = open("my.txt",'wt+')  #打开指定的文件
     try:
         af.write(stulst[index]) #写入操作
     except:            #抛出异常
         pass
     finally:           #加入finally功能
         af.close()  #不管是否越界，都会关闭这个文件
         print("文件已经关闭!")#提示文件已经关闭
print('没有IndexError...')
test1(1)            #没有发生越界异常，关闭这个文件
print('IndexError...')
test1(4)            #发生越界异常，关闭这个文件
```

拓展范例及视频二维码

范例 **389**：输出 100～200 之间的素数
源码路径：**范例**\389\

范例 **390**：输出不同的日期格式
源码路径：**范例**\390\

在上述实例代码中，定义了一个异常测试函数 test1()，在异常捕获代码中加入了 finally 代码块，代码块的功能是关闭文件，并输出一行提示信息。无论传入的 index 参数值是否导致发生运行时异常（越界），总是可以正常关闭已经打开的文本文件（my.txt）。执行后的效果如图 13-6 所示。

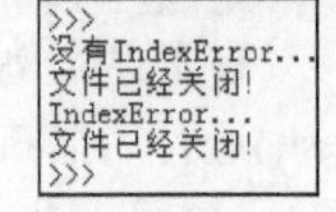

图 13-6　执行效果

13.3 抛出异常

在本章前面的内容中，演示的异常都是在程序运行过程中出现的异常。其实程序员在编写 Python 程序时，还可以使用 raise 语句来抛出指定的异常，并向异常传递数据。此外，还可以自定义新的异常类型，例如特意对用户输入文本的长度进行要求，

扫码看视频：抛出异常

并借助于 raise 引发异常，这样可以实现某些软件程序的特殊要求。本节将详细讲解在 Python 程序中抛出异常的知识。

13.3.1 使用 raise 抛出异常

在 Python 程序中，可以使用 raise 语句抛出一个指定的异常。使用 raise 语句的语法格式如下。

```
raise [Exception [, args [, traceback]]]
```

在上述格式中，参数“Exception”是异常的类型，例如 NameError。参数“args”是可选的。如果没有提供异常参数，则其值是“None”。最后一个参数“traceback”是可选的（在实践中很少使用），如果存在，则表示跟踪异常对象。

在 Python 程序中，通常有如下 3 种使用 raise 抛出异常的方式。

```
raise 异常名
raise 异常名，附加数据
raise 类名
```

下面的实例代码演示了使用代码抛出异常的过程。

实例 13-6 使用代码抛出异常

源码路径 daima\13\13-6

实例文件 pao.py 的具体实现代码如下所示。

```
deftestRaise():          #定义函数testRaise()
   for i in range(5): #实现for循环遍历
         if i==2:#当循环变量i为2时抛出NameError异常
            raiseNameError
         print(i)        #显示i的值
    print('end...')

testRaise()              #调用执行函数testRaise()
```

拓展范例及视频二维码

范例 391：摄氏温度转华氏温度
源码路径：范例\391\

范例 392：计算三角形的面积
源码路径：范例\392\

在上述实例代码中定义了函数 testRaise()，在函数中实现了一个 for 循环，设置当循环变量 i 为 2 时抛出 NameError 异常。因为没在程序中处理该异常，所以会导致程序运行中断，后面的所有输出都不会执行。执行后的效果如图 13-7 所示。

```
>>>
0
1
Traceback (most recent call last):
  File "C:\Users\apple0\Desktop\pao.py", line 8, in <module>
    testRaise()
  File "C:\Users\apple0\Desktop\pao.py", line 4, in testRaise
    raise NameError
NameError
>>>
```

图 13-7 执行效果

13.3.2 使用 assert 语句

在 Python 程序中 assert 语句称为断言表达式。断言（assert）主要是检查一个条件，如果为真就不做任何事，如果为假则会抛出 AssertionError 异常，并且包含错误信息。使用 assert 的语法格式如下。

```
assert<条件测试>，<异常附加数据>     #其中异常附加数据是可选的
```

其实 assert 语句是简化的 raise 语句，它引发异常的前提是其后面的条件为假。例如在下面的演示代码中，会先判断 assert 后面紧跟的语句是 True 还是 False。如果是 True 则继续执行后面的 print；如果是 False 则中断程序，调用默认的异常处理器，同时输出 assert 语句中逗号后面的提示信息。在下面代码中，因为“assert”后面跟的是“False”，所以程序中断，提示 error，后面的 print 部分不执行。

```
assertFalse,'error...'
print ('continue')
```

下面的实例代码演示了使用 assert 语句抛出异常的过程。

实例 13-7　使用 assert 语句抛出异常

源码路径　daima\13\13-7

实例文件 duan.py 的具体实现代码如下所示。

```
deftestAssert():                #定义函数testAssert()
    for i in range(3):          #实现for循环遍历
        try:
            assert i<2   #当循环变量i的值为2时
        except AssertionError:
        #抛出AssertionError异常
            print('抛出一个异常!')#执行后面的语句
      print(i)                  #执行后面的语句
    print('end...')             #执行后面的语句
testAssert()
```

拓展范例及视频二维码

范例 **393**：判断字符串是否为数字

源码路径：**范例**\393\

范例 **394**：判断奇偶数

源码路径：**范例**\394\

在上述实例代码中定义了函数 testAssert()，在函数中设置了一个 for 循环，当循环变量 i 的值为 2 时，assert 后面的条件测试会变为 False。此时虽然会抛出 AssertionError 异常，但是会捕获和处理这个异常，程序不会中断，后面的所有输出语句都会得到执行。执行后的效果如图 13-8 所示。

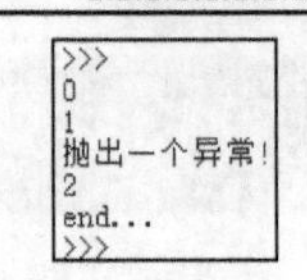
```
>>>
0
1
抛出一个异常!
2
end...
>>>
```

图 13-8　执行效果

13.3.3　自定义异常

在 Python 程序中，开发者可以具有很大的灵活性，甚至可以自己定义异常。在定义异常类时需要继承类 Exception，这个类是 Python 中常规错误的基类。定义异常类的方法和定义其他类没有区别，最简单的自定义异常类甚至可以只继承类 Exception，类体为 pass（空语句），例如下面的语句。

```
class MyError (Exception):     #继承Exception类
pass
```

如果想在自定义的异常类中带有一定的提示信息，也可以重载__init__()和__str__()这两个方法。下面的实例代码演示了自定义一个异常类的过程。

实例 13-8　自定义一个异常类

源码路径　daima\13\13-8

实例文件 zi.py 的具体实现代码如下所示。

```
#自定义继承于类Exception的异常类RangeError
class RangeError(Exception):
    def __init__ (self,value): #重载方法__init__ ()
        self.value = value
    def __str__ (self): #重载方法__str__ ()
        returnself.value
raise RangeError('Range错误!')  #抛出自定义异常
```

拓展范例及视频二维码

范例 **395**：判断是否是闰年

源码路径：**范例**\395\

范例 **396**：判断是否是质数

源码路径：**范例**\396\

在上述实例代码中，首先自定义了一个继承于类 Exception 的异常类，并重载了方法__init__()和方法__str__()，然后使用 raise 抛出这个自定义异常。执行后的效果如图 13-9 所示。

```
>>>
Traceback (most recent call last):
  File "C:\Users\apple0\Desktop\zi.py", line 9, in <module>
    raise RangeError('Range错误!')
RangeError: Range错误!
>>>
```

图 13-9　执行效果

13.4 内置异常类

在 Python 语言中内置定义了几个重要的异常类，开发过程中常见的异常都已经预定义好了，在交互式环境中，可以使用 dir（__builtins__）命令显示出所有的预定义异常。在 Python 程序中，常用的内置预定义异常类如表 13-1 所示。

扫码看视频：内置异常类

表 13-1　　常用的内置预定义异常类

异 常 名	描 述
AttributeError	调用不存在的方法引发的异常
EOFError	遇到文件末尾引发的异常
ImportError	导入模块出错引发的异常
IndexError	列表越界引发的异常
IOError	I/O 操作引发的异常，如打开文件出错等
KeyError	使用字典中不存在的键引发的异常
NameError	使用不存在的变量名引发的异常
TabError	语句块缩进不正确引发的异常
ValueError	搜索列表中不存在的值引发的异常
ZeroDivisionError	除数为零引发的异常
FileNotFoundError	找不到文件所发生的异常

13.4.1 处理 ZeroDivisionError 异常

在 Python 程序中，ZeroDivisionError 异常是指除数为零引发的异常。下面的实例代码演示了处理 ZeroDivisionError 异常的过程。

实例 13-9　处理 ZeroDivisionError 异常

源码路径　daima\13\13-9

实例文件 chu.py 的具体实现代码如下所示。

```
print("输入两个数字：")              #提示文本
print("按下'q' 退出程序！")          #提示文本
while True:
      first_number = input("\n输入第1个数字： ")
      iffirst_number == 'q':
           break
      second_number = input("输入第2个数字：")
      try:
          answer = int(first_number)/int
          (second_number)
      exceptZeroDivisionError:
          print("除数不能为0！")
    else:
          print(answer)
```

拓展范例及视频二维码

范例 397：阿姆斯特朗数判断
源码路径：**范例**\397\

范例 398：ASCII 码与字符相互转换
源码路径：**范例**\398\

当在 Python 程序中引发 ZeroDivisionError 异常时，Python 将停止运行程序，并指出引发了哪种异常，开发者可以根据这些信息对程序进行修改。在本实例代码中，当认为可能会发生错误时，特意编写了一个“try…except”语句来处理可能引发的异常。如果 try 代码块中的代码能够正确运行，那么 Python 将跳过 except 代码块。如果 try 代码块中的代码有错误，Python 将查找这样的 except 代码块，并运行里面的代码，也就是其中指定的错误与引发的错误相同。在上述实例代码中，如果 try 代码块中的代码引发了 ZeroDivisionError 异常，Python 会运行其中的代码，输出“除数不能为 0!”的提示。

当程序发生错误时，如果程序还有工作没有完成，需要开发者妥善地处理错误。在本实例中，为了提高程序的健壮性，特意提供了用户输入数字功能。但是如果输入的是无效数字呢？此时需要程序能够妥善地处理无效输入，这样可以避免程序崩溃的情形发生。在本实例中进行除法运算时，首先提示用户输入一个数字，并将其存储到变量 first_number 中。如果用户输入的不是表示退出的 q，就再提示用户输入一个数字，并将其存储到变量 second_number 中。然后计算这两个数字的商“answer”。此时就需要妥善地处理无效输入，否则，当执行除数为 0 的除法运算时，程序将崩溃。所以在实例中将可能引发错误的代码放在“try...except”语句块中，这样可以提高这个程序抵御错误的能力。因为错误是执行除法运算的代码行而导致的，所以需要将这部分放到“try...except”语句块中。这样 Python 将会尝试执行 try 代码块中的除法运算，在这个代码块只包含可能导致错误的代码。依赖于 try 代码块成功执行的代码都放在 else 代码块中。如果除法运算成功，就会使用 else 代码块来转出结果。在 except 代码块中，告诉 Python 当出现 ZeroDivisionError 异常时该怎么办。如果 try 代码块因除 0 发生错误而失败，上述实例就转出一条友好的提示消息“除数不能为 0!”，提示用户错误的原因是什么。程序将继续运行下去，用户看不到 traceback 跟踪信息。

在运行上述实例代码中，如果输入的第 2 个数字是 0，将会引发 ZeroDivisionError 异常。执行后的效果如图 13-10 所示。

```
>>>
输入两个数字：
按下'q' 退出程序!

输入第1个数字： 2
输入第2个数字： 0
除数不能为0!
```

图 13-10　执行效果

13.4.2　FileNotFoundError 异常

在 Python 程序中，FileNotFoundError 异常是因为找不到要操作的文件而引发的异常。当在编程过程中使用文件时，一种常见的错误情形是找不到文件，例如你要查找的文件可能在其他地方，文件名可能不正确或者这个文件根本就不存在。这时可以使用“try...except”语句以直观的方式来处理 FileNotFoundError 异常。在下面的实例代码中，尝试读取一个不存在的文件，它演示了处理 FileNotFoundError 异常的过程。

实例 13-10　处理 FileNotFoundError 异常

源码路径　daima\13\13-10

实例文件 wencuo.py 的具体实现代码如下所示。

```
filename = '456.txt'
try:
    with open(filename) as f_obj:
        contents = f_obj.read()
exceptFileNotFoundError as e:
    msg = "对不起，文件" + filename + "根本不存在！"
    print(msg)
else:
    # Count the approximate number of words in
    the file.
    words = contents.split()
    num_words = len(words)
    print("文件" + filename + "包含" + str(num_words) + "个word! ")
```

拓展范例及视频二维码

范例 **399**：实现一个简单的计算器

源码路径：**范例**\399\

范例 **400**：生成一个日历表

源码路径：**范例**\400\

在运行上述代码时，如果尝试读取一个不存在的文件“456.txt”，Python 会输出 FileNotFoundError 异常，这是 Python 找不到要打开的文件时创建的异常。在上述实例代码中，因为这个错误是由文件打开函数 open()导致的，所以要想处理这个错误，必须将 try 语句放在包含 open()的代码行之前。

在上述实例代码中，因为 try 代码块将会引发 FileNotFoundError 异常，所以 Python 找出与该错误匹配的 except 代码块，并运行其中的代码。如果要打开的文件“456.txt”确实不存在，通常这个程序会什么都不做，因此错误处理代码的意义不大。如果要打开的文件确实存在呢？为了程序的健壮性，上述代码提供了如果文件存在时会统计文件“456.txt”中单词个数的功能。在上述代码中，方法 split()以空格为分隔符将字符串分拆成多个部分，并将这些部分都存储到一个列表中。为了计算文件“456.txt”包含多少个单词，可以对整个文件调用 split()函数，然后再计算得到的列表包含多少个元素，从而确定整个文件“456.txt”大致包含多少个单词。

在运行上述实例代码中，如果文件“456.txt”不存在，则会引发 FileNotFoundError 异常。如果文件“456.txt”存在，则统计文件中的单词个数。执行后的效果如图 13-11 所示。

```
>>>
对不起，文件456.txt根本不存在！
>>>
```

文件“456.txt”不存在时

a)

```
>>>
文件456.txt包含3个word!
>>>
```

文件“456.txt”存在时

b)

图 13-11　执行效果

13.4.3　except 捕获方式

在 Python 程序中，except 语句可以通过如下 5 种方式捕获异常。

- except：捕获所有异常。
- except<异常名>：捕获指定异常。
- except（异常名 1，异常名 2）：捕获异常名 1 或者异常名 2。
- except<异常名>as<数据>：捕获指定异常及其附加的数据。
- except（异常名 1，异常名 2）as<数据>：捕获异常名 1 或者异常名 2 及异常的附加数据。

下面的实例代码演示了使用 except 捕获所有异常的过程。

实例 13-11　使用 except 捕获所有的异常

源码路径　daima\13\13-11

实例文件 all.py 的具体实现代码如下所示。

```
def test2(index,i): #定义一个除法运算函数test2()
    stulst = ["AAA","BBB","CCC","DDD"]
    try:                #异常处理
        print(len(stulst[index])/i)
    except:             #捕获所有的异常
        print("Error，出错了！")
print('都正确吗？')
test2(3,2)              #正确
print('一个Error')
test2(3,0)              #错误
print('两个Error')
test2(4,0)              #错误
```

拓展范例及视频二维码

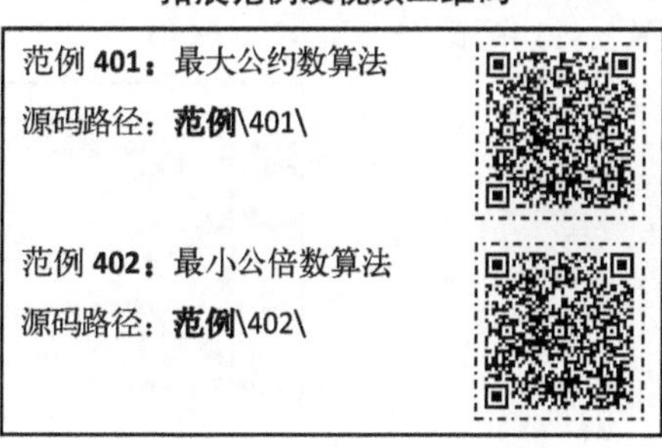

范例 401：最大公约数算法
源码路径：范例\401\
范例 402：最小公倍数算法
源码路径：范例\402\

在上述实例代码中定义了一个除法运算函数 test2()，在 try 语句中捕获了所有的异常。其中在第 3 次调用测试中，虽然同时发生了越界异常和除 0 异常，但是程序不会中断，因为 try 语句中的 except 捕获了所有的异常。执行后的效果如图 13-12 所示。

```
>>>
都正确吗？
1.5
一个Error
Error，出错了！
两个Error
Error，出错了！
>>>
```

图 13-12　执行效果

13.4.4　使用函数 testmod()

当编写完 Python 程序，并排除了语法错误之后，有时会发现虽然程序可以正常运行，但是程序的运行结果和预期的不一致。这说明程序中可能会有 bug 存在，表明程序有逻辑错误。这时需要对程序进行测试，测试工作包括可用性测试、功能性测试、单元测试及整合测试等。Python

的标准内置库中，通过 doctest 和 unittest 这两个模块可以实现测试工作。下面的实例演示了使用内置模块 doctest 中的 testmod 函数进行单元测试的过程。

实例 13-12　使用函数 testmod()进行单元测试

源码路径　daima\13\13-12

实例文件 dan.py 的具体实现代码如下所示。

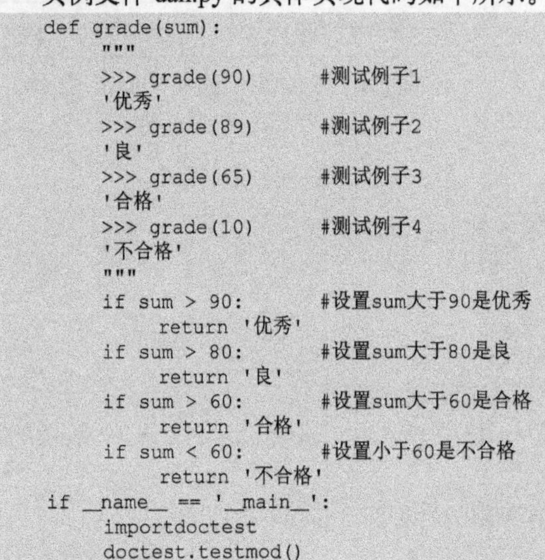

```
def grade(sum):
    """
    >>> grade(90)       #测试例子1
    '优秀'
    >>> grade(89)       #测试例子2
    '良'
    >>> grade(65)       #测试例子3
    '合格'
    >>> grade(10)       #测试例子4
    '不合格'
    """
    if sum > 90:        #设置sum大于90是优秀
        return '优秀'
    if sum > 80:        #设置sum大于80是良
        return '良'
    if sum > 60:        #设置sum大于60是合格
        return '合格'
    if sum < 60:        #设置小于60是不合格
        return '不合格'
if __name__ == '__main__':
    importdoctest
    doctest.testmod()
```

拓展范例及视频二维码

范例 **403**：字符串大小写转换

源码路径：**范例**\403\

范例 **404**：计算每个月的天数

源码路径：**范例**\404\

在上述实例代码中，定义了一个根据考试分数返回考试评价的函数 grade()，并在其中的 Doc String（docstring）中加入了测试例子。在上述程序中一共写入 4 个测试例子，其中因为设置的 sum 大于“90”才是“优秀”，所以“grade(90)”为“优秀”就是错误的。执行后的效果如图 13-13 所示。

```
>>>
**********************************************************************
File "C:\Users\apple0\Desktop\dan.py", line 3, in __main__.grade
Failed example:
    grade(90)
Expected:
    '优秀'
Got:
    '良'
**********************************************************************
1 items had failures:
   1 of   4 in __main__.grade
***Test Failed*** 1 failures.
>>>
```

图 13-13　执行效果

注意：也可以使用命令行的方式进行调试。

13.4.5　使用单元测试函数 testfile()

在使用函数 testmod()进行单元测试时，需要将测试举例写在 Python 程序文件中的 Doc String 中。但是有些时候，开发者不想将测试举例写在程序文件中，此时就可以考虑使用函数 testfile()进行测试。下面的实例演示了使用内置模块 doctest 中的 testfile 函数进行单元测试的过程。

实例 13-13　使用函数 testfile()进行单元测试

源码路径　daima\13\13-13

实例文件 wenpy 的具体实现代码如下所示。

```
def grade(sum):
    if sum > 90:        #设置sum大于90是优秀
        return '优秀'
```

```
        if sum > 80:       #设置sum大于80是良
            return '良'
        if sum > 60:       #设置sum大于60是合格
            return '合格'
        if sum < 60:       #设置sum小于60是不合格
            return '不合格'
```

然后在文本文件 test.txt 中保存测试举例，具体实现代码如下所示。

```
>>>from wen import grade
>>>grade(90)
'优秀'
>>>grade(85)
'良'
>>>grade(65)
'合格'
>>>grade(10)
'不合格'
```

拓展范例及视频二维码

范例 405：十进制转二/八/十六进制
源码路径：**范例**\405\

范例 406：获取显示昨天的日期
源码路径：**范例**\406\

通过上述代码，在本次测试过程中一共运行了 4 个测试例子。然后在交互模式下进行测试，读者可以使用如下程序命令进行测试。

```
importdoctest
doctest.testfile('test.txt')
```

执行后的效果如图 13-14 所示，其中提示有一个测试失败，并且指出了哪一个测试失败。

```
>>>
**********************************************************************
File "C:\Users\apple0\Desktop\dan.py", line 3, in __main__.grade
Failed example:
    grade(90)
Expected:
    '优秀'
Got:
    '良'
**********************************************************************
1 items had failures:
   1 of   4 in __main__.grade
***Test Failed*** 1 failures.
>>>
```

图 13-14　执行效果

13.5 技术解惑

13.5.1 注意 assert 语句的妙用

在 Python 程序中，assert 语句一般用于在程序开发时测试代码的有效性。比如某个变量的值必须在一定范围内，如果运行时得到的值不符合要求，则引发该异常，对开发者予以提示。所以一般在程序开发中，不捕获这个异常，而是让它中断程序。原因是程序中已经出现了问题，不应继续运行。assert 语句并不是总是运行的，只有 Python 内置的一个特殊变量__debug__为 True 时才运行。要关闭程序中的 assert 语句，就使用 python -O（短横线，后接大写字母 O）来运行程序。

13.5.2 定义清理行为

在 Python 异常处理过程中，try 语句还有另外一个可选的子句，它定义了无论在任何情况下都会执行的清理行为。例如下面的演示代码。

```
>>> try:
          raiseKeyboardInterrupt
   finally:
          print('Goodbye, world!')
Goodbye, world!
KeyboardInterrupt
```

在上述代码中，无论 try 子句是否发生异常，finally 子句都会执行。如果在 try 子句里（或者在 except 和 else 子句里）抛出一个异常，而又没有任何的 except 把它截住，那么这个异常会在 finally 子句执行后再次抛出。例如下面是一个更加复杂的例子（在同一个 try 语句里包含 except 和 finally 子句）。

```
>>>def divide(x, y):
try:
result = x / y
exceptZeroDivisionError:
print("division by zero!")
else:
print("result is", result)
finally:
print("executing finally clause")
>>>divide(2, 1)
result is 2.0
executing finally clause
>>>divide(2, 0)
division by zero!
executing finally clause
>>>divide("2", "1")
executing finally clause
Traceback (most recent call last):
  File "<stdin>", line 1, in ?
  File "<stdin>", line 3, in divide
TypeError: unsupported operand type(s) for /: 'str' and 'str'
```

13.5.3　妙用预定义的清理行为

在 Python 程序中的一些对象中定义了标准的清理行为，无论系统是否成功地使用了它，一旦不需要它了，这个标准的清理行为就会执行。例如下面的代码展示了尝试打开一个文件并把内容转出到屏幕上的过程。

```
for line in open("myfile.txt"):
      print(line, end="")
```

上述这段代码的问题是，当执行完毕后，文件会保持打开状态，并没有关闭。通过使用关键字 with 语句就可以保证诸如文件之类的对象在使用完之后，一定会正确地执行它的清理方法。例如下面的演示代码。

```
with open("myfile.txt") as f:
     for line in f:
           print(line, end="")
```

上述代码执行完毕后，就算是在处理过程中出问题了，文件 f 总是会关闭。

13.6　课后练习

（1）创建一个新的 3 行 3 列的矩阵，使用 for 迭代并取出 X 和 Y 矩阵中对应位置的值，相加后放到新矩阵的对应位置中。

（2）求输入数字的平方，如果平方运算后小于 50 则退出。

（3）编写一个程序，将两个变量的值互换。

（4）输入两个数，然后比较大小。

第 14 章

正则表达式

（视频讲解：53min）

正则表达式又称为规则表达式，英语名称是 Regular Expression，在代码中常简写为 regex、regexp 或 RE，它是计算机科学中的一个概念。正则表达式描述了一种字符串匹配的模式，可以用来检查一个字符串是否含有某种子串，将匹配的子串进行替换，或者从某个字符串中取出符合某个条件的子串等。本章将详细讲解在 Python 程序中使用正则表达式的知识，为读者步入本书后面知识的学习打下坚实的基础。

14.1　基 本 语 法

扫码看视频：基本语法

正则表达式（Regular Expression）是一种文本模式，包括普通字符（例如，a 到 z 之间的字母）和特殊字符（称为元字符）。正则表达式使用单个字符串来描述、匹配一系列匹配某个句法规则的字符串。正则表达式是烦琐的，但它是强大的，学会之后的应用，除了提高效率外，还会给你带来绝对的成就感。在当今市面中，绝大多数开发语言都支持利用正则表达式进行字符串操作，例如 C++、Java、C#、PHP、Python 等。

正则表达式是由普通字符（例如字符 a 到 z）以及特殊字符（称为元字符）组成的文字模式。模式描述在搜索文本时要匹配的一个或多个字符串。作为一个模板，正则表达式将某个字符模式与所搜索的字符串进行匹配。本节将详细讲解正则表达式的基本语法知识。

14.1.1　普通字符

正则表达式包含文本和特殊字符的字符串，该字符串描述一个可以识别各种字符串的模式。对于通用文本，用于正则表达式的字母表是所有大小写字母及数字的集合。普通字符包括没有显式指定为元字符的所有可打印和不可打印字符。这包括所有大写和小写字母、所有数字、所有标点符号和一些其他符号。

下面所介绍的正则表达式都是最基本、最普通的普通字符。它们仅仅用一个简单的字符串构造成一个匹配字符串的模式：该字符串由正则表达式定义。表 14-1 所示为几个正则表达式和它们匹配的字符串。

表 14-1　普通字符正则表达式和它们匹配的字符串

正则表达式模式	匹配的字符串
foo	foo
Python	Python
abc123	abc123

表 14-1 中的第一个正则表达式模式是“foo”，该模式没有使用任何特殊符号去匹配其他符号，而只是匹配所描述的内容。所以，能够匹配这个模式的只有包含“foo”的字符串。同理，对于字符串“Python”和“abc123”也一样。正则表达式的强大之处在于引入特殊字符来定义字符集、匹配子组和重复模式。正是由于这些特殊符号，使得正则表达式可以匹配字符串集合，而不仅仅只是某单个字符串。

由此可见，普通字符正则表达式是最简单的正则表达式形式。

14.1.2　非打印字符

非打印字符也可以是正则表达式的组成部分。表 14-2 列出了表示非打印字符的转义序列。

表 14-2　非打印字符正则表达式

字　符	描　述
\cx	匹配由 x 指明的控制字符。例如，\cM 匹配一个 Control＋M 组合键 或 Enter 符。x 的值必须为 A～Z 或 a～z 之一。否则，将 c 视为一个原义的 'c' 字符
\f	匹配一个换页符。等价于 \x0c 和 \cL
\n	匹配一个换行符。等价于 \x0a 和 \cJ

续表

字 符	描 述
\r	匹配一个回车符。等价于 \x0d 和 \cM
\s	匹配任何空白字符，包括空格、制表符、换页符等。等价于 [\f\n\r\t\v]
\S	匹配任何非空白字符。等价于 [^ \f\n\r\t\v]
\t	匹配一个制表符。等价于 \x09 和 \cI
\v	匹配一个垂直制表符。等价于 \x0b 和 \cK

14.1.3 特殊字符

所谓特殊字符，就是一些有特殊含义的字符，如“*.txt”中的星号，简单地说，它就表示任何字符串的意思。如果要查找文件名中有“*”的文件，则需要对“*”进行转义，即在其前加一个“\”，即“*.txt”。许多元字符要求在试图匹配它们时特别对待，如果要匹配这些特殊字符，必须首先使字符进行转义，即将“\”放在它们前面。表 14-3 列出了正则表达式中的特殊字符。

表 14-3 特殊字符正则表达式

特别字符	描 述
$	匹配输入字符串的结尾位置。如果设置了 RegExp 对象的 Multiline 属性，则 $ 也匹配 '\n' 或 '\r'。要匹配 $ 字符本身，请使用 \$
( )	标记一个子表达式的开始和结束位置。子表达式可以获取供以后使用。要匹配这些字符，请使用“\(”和“\)”
*	匹配前面的子表达式零次或多次。要匹配“*”字符，请使用“*”
+	匹配前面的子表达式一次或多次。要匹配“+”字符，请使用“\+”
.	匹配除换行符 \n 之外的任何单字符。要匹配“.”，请使用“\.”
[	标记一个中括号表达式的开始。要匹配“[”，请使用“\[”
?	匹配前面的子表达式零次或一次，或指明一个非贪婪限定符。要匹配“?”字符，请使用“\?”
\	将下一个字符标记为或特殊字符或原义字符或向后引用或八进制转义符。例如， 'n' 匹配字符 'n'。'\n' 匹配换行符。序列 '\\' 匹配 "\"，而 '\(' 则匹配 "("
^	匹配输入字符串的开始位置，除非在方括号表达式中使用，此时它表示不接受该字符集合。要匹配“^”字符本身，请使用“\^”
{	标记限定符表达式的开始。要匹配“{”，请使用“\{”
|	指明两项之间的一个选择。要匹配“|”，请使用“\\|”

1. 使用择一匹配符号匹配多个正则表达式模式

竖线“|”表示择一匹配的管道符号，也就是键盘上的竖线，表示一个“从多个模式中选择其一”的操作，用于分隔不同的正则表达式。在表 14-4 中，左边是一些运用择一匹配的模式，右边是左边相应的模式所能够匹配的字符。

表 14-4 “从多个模式中选择其一”的操作

正则表达式模式	匹配的字符串
at | home	at、home
r2d2 | c3po	r2d2、c3po
bat | bet | bit	bat、bet、bit

有了这个符号，就能够增强正则表达式的灵活性，使得正则表达式能够匹配多个字符串而不仅仅只是一个字符串。择一匹配有时候也称作并（union）或者逻辑或（logical OR）。

2. 匹配任意单个字符

点符号“.”可以匹配除了换行符“\n”以外的任何字符（Python 正则表达式有一个编译标记[S 或者 DOTALL]，该标记能够推翻这个限制，使点号能够匹配换行符）。无论字母、数字、空格（并不包括“\n”换行符）、可打印字符、不可打印字符，还是一个符号，使用点号都能够匹配它们。例如表 14-5 中的演示信息。

表 14-5 匹配任意单个字符的演示信息

正则表达式模式	匹配的字符串
f.o	匹配在字母“f”和“o”之间的任意一个字符，例如 fao、f9o、f#o 等
..	任意两个字符
.end	匹配在字符串 end 之前的任意一个字符

注意：要想显式匹配一个句点符号本身，必须使用反斜线转义句点符号的功能，例如“\.”。

3. 从字符串起始或者结尾或者单词边界匹配

还有一些符号和相关的特殊字符用于在字符串的起始和结尾部分指定用于搜索的模式。如果要匹配字符串的开始位置，就必须使用脱字符“^”或者特殊字符“\A”（反斜线和大写字母 A）。后者主要用于那些没有脱字符的键盘。同样，美元符号“$”或“\Z”将用于匹配字符串的末尾位置。

注意：在本书讲解和字符串中模式相关的正则表达式时，会用术语“匹配”（matching）进行剖析。在 Python 语言的术语中，主要有两种方法完成模式匹配。

- 搜索（searching）：即在字符串任意部分中搜索匹配的模式。
- 匹配（matching）：指判断一个字符串能否从起始处全部或者部分地匹配某个模式。搜索通过 search()函数或方法来实现，而匹配通过调用 match()函数或方法实现。总之，当涉及模式时，全部使用术语“匹配”。

我们按照 Python 如何完成模式匹配的方式来区分“搜索”和“匹配”。

使用这些符号的模式与其他大多数模式是不同的，因为这些模式指定了位置或方位。表 14-6 中是一些表示“边界绑定”的正则表达式搜索模式的演示。

表 14-6 “边界绑定”的正则表达式

正则表达式模式	匹配的字符串
^From	任何以 From 作为起始的字符串
/bin/tcsh$	任何以/bin/tcsh 作为结尾的字符串
^Subject: hi$	任何由单独的字符串 Subject: hi 构成的字符串

如果想要逐字匹配这些字符中的任何一个或者全部，就必须使用反斜线进行转义。例如想要匹配任何以美元符号结尾的字符串，一个可行的正则表达式方案就是使用模式“.*\$$”。

特殊字符\b 和\B 可以用来匹配字符边界。而两者的区别在于\b 将用于匹配一个单词的边界，这意味着这个模式必须位于单词的起始部分，而不管该单词前面（单词位于字符串中间）是否有其他任何字符，都默认表示这个单词位于行首。同样，\B 将匹配出现在一个单词中间的模式（即，不是单词边界）。表 14-7 中是一些演示实例。

表 14-7 匹配字符边界

正则表达式模式	匹配的字符串
the	任何包含 the 的字符串
\bthe	任何以 the 开始的字符串
\bthe\b	仅仅匹配单词 the
\Bthe	任何包含但并不以 the 作为起始的字符串

4. 创建字符集

尽管句点可以用于匹配任意符号，但是在某些时候，可能想要匹配某些特定字符。正因如此，发明了中括号。该正则表达式能够匹配一对中括号中包含的任何字符。例如表 14-8 中的演示实例。

表 14-8 创建字符集演示实例

正则表达式模式	匹配的字符串
b[aeiu]t	bat、bet、bit、but
[cr][23][dp][o2]	一个包含 4 个字符的字符串，第一个字符是“c”或“r”，然后是“2”或“3”，后面是“d”或“p”，最后要么是“o”要么是“2”。例如，c2do、r3p2、r2d2、c3po 等

在“[cr][23][dp][o2]”这个正则表达式中，如果仅允许“r2d2”或者“c3po”作为有效字符串，就需要更严格限定的正则表达式。因为中括号仅仅表示逻辑或的功能，所以使用中括号并不能实现这一限定要求。唯一的方案就是使用择一匹配，例如“r2d2|c3po”。然而，对于单个字符的正则表达式来说，使用择一匹配和字符集是等效的。例如，以正则表达式“ab”作为开始，该正则表达式只匹配包含字母“a”且后面跟着字母“b”的字符串。如果想要匹配一个字母的字符串，例如要么匹配“a”，要么匹配“b”，就可以使用正则表达式[ab]，因为此时字母“a”和字母“b”是相互独立的字符串。也可以选择正则表达式“a|b”。然而，如果想要匹配满足模式“ab”后面跟着“cd”的字符串，就不能使用中括号，因为字符集的方法只适用于单字符的情况。这种情况下，唯一的方法就是使用“ab|cd”，这与刚才提到的 r2d2/c3po 问题是相同的。

5. 使用闭包操作符实现存在性和频数匹配

下面开始介绍最常用的正则表达式符号，即特殊符号“*”“+”和“？”，所有这些符号都可以用于匹配一个、多个或者没有出现的字符串模式。具体说明如下所示。

- 星号或者星号操作符（*）将匹配其左边的正则表达式出现零次或者多次的情况（在计算机编程语言和编译原理中，该操作称为 Kleene 闭包）。
- 加号（+）操作符将匹配一次或者多次出现的正则表达式（也叫作正闭包操作符）。
- 问号（？）操作符将匹配零次或者一次出现的正则表达式。
- 大括号操作符（{}），其中或者是单个值或者是一对由逗号分隔的值。这将最终精确地匹配前面的正则表达式 N 次（如果是{N}）或者一定范围的次数；例如，{M，N}将匹配 M～N 次出现。这些符号能够由反斜线符号转义，比如，*匹配星号，等等。

注意：在前面的表中曾使用问号（重载），这意味着要么匹配 0 次，要么匹配 1 次，或者其他含义：如果问号紧跟在任何使用闭合操作符的匹配后面，它将直接要求正则表达式引擎匹配尽可能少的次数。尽可能少的次数是指，当模式匹配使用分组操作符时，正则表达式引擎将试图“吸收”匹配该模式的尽可能多的字符。这通常被叫作贪婪匹配。问号要求正则表达式引擎去“偷懒”，如果可能，就在当前的正则表达式中尽可能少地匹配字符，留下尽可能多的字符给后面的模式（如果存在）。

使用闭包操作符实现存在性和频数匹配的演示如表 14-9 所示。

表 14-9 使用闭包操作符实现存在性和频数匹配的演示

正则表达式模式	匹配的字符串
[dn]ot?	字母“d”或者“n”，后面跟着一个“o”，然后是最多一个“t”，例如，do、no、dot、not
0?[1-9]	任何数值数字，它可能前置一个“0”，例如，匹配一系列数（表示 1～9 月的数值），不管是一个还是两个数字
[0-9]{15,16}	匹配 15 或者 16 个数字（例如信用卡号码）
</?[^>]+>	匹配全部有效的（和无效的）HTML 标签

续表

正则表达式模式	匹配的字符串
[KQRBNP][a-h][1-8]-[a-h][1-8]	在“长代数”标记法中，表示国际象棋合法的棋盘移动（仅移动，不包括吃子和将军）。即“K”“Q”“R”“B”“N”或“P”等字母后面加上“a1”～“h8”的棋盘坐标。前面的坐标表示从哪里开始走棋，后面的坐标代表走到哪个位置（棋格）上

6. 表示字符集的特殊字符

有一些特殊字符能够表示字符集，与使用“0-9”这个范围表示十进制数相比，可以简单地使用\d 表示匹配任何十进制数字。另一个特殊字符（\w）能够用于表示全部字母和数字的字符集，相当于[A-Za-z0-9_]的缩写形式，\s 可以用来表示空格字符。这些特殊字符的大写版本表示不匹配，例如，\D 表示任何非十进制数（与[^0-9]相同），等等。使用这些缩写，可以表示如表 14-10 所示的一些更复杂的实例。

表 14-10　表示字符集的特殊字符

正则表达式模式	匹配的字符串
\w+-\d+	一个由字母和数字组成的字符串和一串由一个连字符分隔的数字
[A-Za-z]\w*	第一个字符是字母，其余字符（如果存在）可以是字母或者数字（几乎等价于 Python 中的有效标识符）
\d{3}-\d{3}-\d{4}	电话号码的格式，前面是区号前缀，例如 800-555-1212
\w+@\w+.com	以 XXX@YYY.com 格式表示的简单电子邮件地址

14.1.4　限定符

限定符用来指定正则表达式的一个给定组件必须要出现多少次才能满足匹配，有“*”或“+”或“?”或{n}或{n,}或{n,m}这 6 种形式。正则表达式中的限定符信息如表 14-11 所示。

表 14-11　正则表达式中的限定符信息

字　符	描　述
*	匹配前面的子表达式零次或多次。例如，zo* 能匹配 "z" 以及 "zoo"。“*”等价于{0,}
+	匹配前面的子表达式一次或多次。例如，'zo+' 能匹配 "zo" 以及 "zoo"，但不能匹配 "z"。“+”等价于 {1,}
?	匹配前面的子表达式零次或一次。例如，"do(es)?" 可以匹配 "do" 或 "does" 中的"do" 。“?”等价于 {0,1}
{n}	n 是一个非负整数。匹配确定的 n 次。例如，'o{2}' 不能匹配 "Bob" 中的 'o'，但是能匹配 "food" 中的两个 o
{n,}	n 是一个非负整数。至少匹配 n 次。例如，'o{2,}' 不能匹配 "Bob" 中的 'o'，但能匹配 "foooood" 中的所有 o。'o{1,}' 等价于 'o+'。'o{0,}' 则等价于 'o*'
{n,m}	m 和 n 均为非负整数，其中≤m。最少匹配 n 次，最多匹配 m 次。例如，"o{1,3}" 将匹配 "fooooood" 中的前 3 个 o。'o{0,1}' 等价于 'o?'。请注意，在逗号和两个数之间不能有空格

举个例子，这本 Python 书页数很多，所以全书由很多章（一级目录）组成，每一章下面又分为节（二级目录），每一节下面又分为小节（三级目录）。因为本书内容多，有一些章节编号超过 9 节，形成我们需要一种方式来处理两位或 3 位的章节编号。这时候可以通过限定符实现这种能力。下面的正则表达式匹配编号为任何位数的章节标题。

```
/Chapter [1-9][0-9]*/
```

请注意，限定符出现在范围表达式之后，所以它应用于整个范围表达式。在本例中，只指定从 0 到 9 的数字（包括 0 和 9）。

这里没有使用“+”限定符，因为在第二个位置或后面的位置不一定需要有一个数字。也没有使用“？”字符，因为它将章节编号限制到只有两位数。我们需要至少匹配 Chapter 和空格字符后面的一个数字。如果我们知道章节编号被限制为只有 99 章，则可以使用下面的表达式来至少指定一位但至多两位数字。

```
/Chapter [0-9]{1,2}/
```

上面的表达式的缺点是，大于 99 的章节编号仍只匹配开头两位数字。另一个缺点是 Chapter 0 也将匹配。下面是只匹配两位数字的更好的表达式。

```
/Chapter [1-9][0-9]?/
```

或

```
/Chapter [1-9][0-9]{0,1}/
```

其实“*”“+”和“?”限定符都是贪婪的，所以它们会尽可能多地匹配文字，在它们的后面加上一个“?”就可以实现非贪婪或最小匹配。例如我们可能搜索 HTML 文档，目的是查找括在 H1 标记内的章节标题。假设这个要搜索的文本是通过如下形式存在的。

```
<H1>Chapter 1 - Introduction to Regular Expressions</H1>
```

下面的表达式可以匹配从开始的小于符号“<”到关闭 H1 标记的大于符号“>”之间的所有内容。

```
/<.*>/
```

如果只需要匹配开始 H1 标记，下面的“非贪心”表达式只会匹配<H1>。

```
/<.*?>/
```

通过在“*”“+”和“?”限定符之后放置“?”，该表达式从“贪心”表达式转换为“非贪心”表达式或者最小匹配。

14.1.5 定位符

定位符能够将正则表达式固定到行首或行尾。另外还可以帮助我们创建这样的正则表达式，这些正则表达式出现在一个单词内、在一个单词的开头或者一个单词的结尾。定位符用来描述字符串或单词的边界，^和$分别指字符串的开始与结束，\b 描述单词的前或后边界，\B 表示非单词边界。常用的正则表达式的定位符如表 14-12 所示。

表 14-12 常用的正则表达式的定位符

字　符	描　述
^	匹配输入字符串开始的位置。如果设置了 RegExp 对象的 Multiline 属性，^ 还会与 \n 或 \r 之后的位置匹配
$	匹配输入字符串结尾的位置。如果设置了 RegExp 对象的 Multiline 属性，$ 还会与 \n 或 \r 之前的位置匹配
\b	匹配一个字边界，即字与空格间的位置
\B	非字边界匹配

如果要在搜索章节标题时使用定位点，下面的正则表达式匹配一个章节标题，该标题只包含两个尾随数字，并且出现在行首。

```
/^Chapter [1-9][0-9]{0,1}/
```

真正的章节标题不仅出现在行的开始处，而且它还是该行中仅有的文本。它既出现在行首又出现在同一行的结尾。下面的表达式能确保指定的匹配只匹配章节而不匹配交叉引用。通过创建只匹配一行文本的开始和结尾的正则表达式，就可做到这一点。

```
/^Chapter [1-9][0-9]{0,1}$/
```

匹配字边界稍有不同，但向正则表达式添加了很重要的功能。字边界是单词和空格之间的位置。非字边界是任何其他位置。下面的表达式匹配单词 Chapter 的开头 3 个字符，因为这 3 个字符出现在字边界后面。

```
/\bCha/
```

\b 字符的位置是非常重要的。如果它位于要匹配的字符串的开始，它就在单词的开始处查找匹配项。如果它位于字符串的结尾，它就在单词的结尾处查找匹配项。例如，下面的表达式匹配单词 Chapter 中的字符串 ter，因为它出现在字边界的前面。

```
/ter\b/
```

下面的表达式匹配 Chapter 中的字符串 apt，但是不匹配 aptitude 中的字符串 apt。

```
/\Bapt/
```

字符串 apt 出现在单词 Chapter 中的非字边界处，但出现在单词 aptitude 中的字边界处。对于\B 非字边界运算符，位置并不重要，因为匹配不关心究竟是单词开头还是结尾。

14.1.6　限定范围和否定

除了单字符以外，字符集还支持匹配指定的字符范围。方括号中两个符号中间用连字符“-”连接，用于指定一个字符的范围。例如，A-Z、a-z 或者 0-9 分别用于表示大写字母、小写字母和数值数字。这是一个按照字母顺序的范围，所以不能将它们仅仅限定用于字母和十进制数字上。另外，如果脱字符“^”紧跟在左方括号后面，这个符号就表示不匹配给定字符集中的任何一个字符。具体演示实例如表 14-13 所示。

表 14-13　限定范围和否定

正则表达式模式	匹配的字符串
z.[0-9]	字母“z”后面跟着任何一个字符，然后跟着一个数字
[r-u][env-y][us]	字母“r”“s”“t”或者“u”后面跟着“e”“n”“v”“w”“x”或者“y”，然后跟着“u”或者“s”
[^aeiou]	一个非元音字符
[^\t\n]	不匹配制表符或者\n
["-a]	在一个 ASCII 码系统中，所有字符都位于“"”和“a”之间，即 34～97

14.1.7　运算符优先级

正则表达式从左到右进行计算，并遵循优先级顺序，这与算术表达式非常类似。相同优先级的从左到右进行运算，不同优先级的运算先高后低。表 14-14 从最高到最低说明了各种正则表达式运算符的优先级顺序。

表 14-14　正则表达式的运算符优先级

运　算　符	描　　述
\	转义符
(), (?:), (?=), []	圆括号和方括号
*, +, ?, {n}, {n,}, {n,m}	限定符
^, $, \任何元字符、任何字符	定位点和序列（即：位置和顺序）
|	替换或操作字符具有高于替换运算符的优先级，使得“m|food”匹配“m”或“food”。若要匹配“mood”或“food”，请使用括号创建子表达式，从而产生“(m|f)ood”

14.2　使用 re 模块

在 Python 语言中，使用 re 模块提供的内置标准库函数来处理正则表达式。在这个模块中，既可以直接匹配正则表达式的基本函数，也可以通过编译正则表达式对象，并通过其方法来使用正则表达式。本节将详细讲解使用 re 模块的基本知识。

扫码看视频：使用 re 模块

14.2.1 re模块库函数介绍

表14-15列出了re模块中常用的内置库函数和方法，它们中的大多数函数也与已经编译的正则表达式对象（regex object）和正则表达式匹配对象（regex match object）的方法同名并且具有相同的功能。

表14-15 re模块中常用的内置库函数和方法

函数/方法	描　述
compile(pattern，flags = 0)	使用任何可选的标记来编译正则表达式的模式，然后返回一个正则表达式对象
match(pattern，string，flags=0)	尝试使用带有可选的标记的正则表达式的模式来匹配字符串。如果匹配成功，就返回匹配对象；如果失败，就返回 None
search(pattern，string，flags=0)	使用可选标记搜索字符串中第一次出现的正则表达式模式。如果匹配成功，则返回匹配对象；如果失败，则返回 None
findall(pattern，string [, flags])	查找字符串中所有（非重复）出现的正则表达式模式，并返回一个匹配列表
finditer(pattern，string [, flags])	与 findall()函数相同，但返回的不是一个列表，而是一个迭代器。对于每一次匹配，迭代器都返回一个匹配对象
split(pattern，string，maxsplit=0)	根据正则表达式的模式分隔符，split 函数将字符串分割为列表，然后返回成功匹配的列表，分割最多操作 maxsplit 次（默认分割所有匹配成功的位置）
sub(pattern，repl，string，count=0)	使用 repl 替换所有正则表达式的模式在字符串中出现的位置，除非定义 count，否则将替换所有出现的位置（另见 subn()函数，该函数返回替换操作的数目）
purge()	清除隐式编译的正则表达式模式
group(num=0)	返回整个匹配对象或者编号为 num 的特定子组
groups(default=None)	返回一个包含所有匹配子组的元组（如果没有成功匹配，则返回一个空元组）
groupdict(default=None)	返回一个包含所有匹配的命名子组的字典，所有的子组名称作为字典的键（如果没有成功匹配，则返回一个空字典）

表14-16列出了re模块中常用的属性信息。

表14-16 re模块中常用的属性信息

属　性	说　明
re.I、re.IGNORECASE	不区分大小写的匹配
re.L、re.LOCALE	根据所使用的本地语言环境通过\w、\W、\b、\B、\s、\S 实现匹配
re.M、re.MULTILINE	^和$分别匹配目标字符串中行的起始和结尾，而不是严格匹配整个字符串本身的起始和结尾
re.S、re.DOTALL	"."（点号）通常匹配除了\n（换行符）之外的所有单个字符；该标记表示"."（点号）能够匹配全部字符
re.X、re.VERBOSE	通过反斜线转义后，所有空格加上#（以及在该行中所有后续文字）的内容都被忽略

14.2.2 使用函数 compile()

在 Python 程序中，函数 compile()的功能是编译正则表达式。使用函数 compile()的语法如下所示。

```
compile(source, filename, mode[, flags[, dont_inherit]])
```

通过使用上述格式，能够将 source 编译为代码或者 AST 对象。代码对象能够通过 exec 语句来执行或者 eval()进行求值。各个参数的具体说明如下所示。

- 参数 source：字符串或者 AST（Abstract Syntax Tree）对象。
- 参数 filename：代码文件名称，如果不是从文件读取代码，则传递一些可辨认的值。
- 参数 mode：指定编译代码的种类，可以指定为 exec、eval 和 single。

❑ 参数 flags 和 dont_inherit：可选参数，极少使用。

14.2.3　使用函数 match()

在 Python 程序中，函数 match()的功能是在字符串中匹配正则表达式，如果匹配成功则返回 MatchObject 对象实例。使用函数 match()的语法格式如下所示。

```
re.match(pattern, string, flags=0)
```

❑ 参数 pattern：匹配的正则表达式。

❑ 参数 string：要匹配的字符串。

❑ 参数 flags：标志位，用于控制正则表达式的匹配方式，例如是否区分大小写、多行匹配等。参数 flags 的选项值信息如表 14-17 所示。

表 14-17　参数 flags 的选项值

参　数	含　义
re.I	忽略大小写
re.L	根据本地设置而更改\w、\W、\b、\B、\s 以及\S 的匹配内容
re.M	多行匹配模式
re.S	使“.”元字符也匹配换行符
re.U	匹配 Unicode 字符
re.X	忽略 pattern 中的空格，并且可以使用“#”注释

匹配成功后，函数 re.match()会返回一个匹配的对象，否则返回 None。可以使用函数 group(num) 或函数 groups()来获取匹配表达式。具体如表 14-18 所示。

表 14-18　获取匹配表达式

匹配对象方法	描　述
group(num=0)	匹配的整个表达式的字符串，group() 可以一次输入多个组号，在这种情况下它将返回一个包含那些组所对应值的元组
groups()	返回一个包含所有小组字符串的元组，从 1 到所含的小组号

下面是如何运用 match()（以及 group()）的一个示例。

```
>>> m = re.match('foo', 'foo') #模式匹配字符串
>>> if m is not None: #如果匹配成功，就输出匹配内容
... m.group()
...
'foo'
```

模式“foo”完全匹配字符串“foo”，也能够确认 m 是交互式解释器中匹配对象的实例。

```
>>> m # 确认返回的匹配对象
<re.MatchObject instance at 80ebf48>
```

下面是一个失败的匹配示例，它会返回 None。

```
>>> m = re.match('foo', 'bar')#模式并不能匹配字符串
>>> if m is not None: m.group() #（单行版本的if 语句）
...
>>>
```

因为上面的匹配失败，所以 m 被赋值为 None，而且以此方法构建的 if 语句没有指明任何操作。对于剩余的示例，如果可以，为了简洁起见，将省去 if 语句块。但是在实际操作中，最好不要省去，以避免 AttributeError 异常（None 是返回的错误值，该值并没有 group()属性[方法]）。

只要模式从字符串的起始部分开始匹配，即使字符串比模式长，匹配也仍然能够成功。例如，模式“foo”将在字符串“food on the table”中找到一个匹配，因为它是从字符串的起始部分进行匹配的。

```
>>> m = re.match('foo', 'food on the table') # 匹配成功
```

```
>>>m.group()
'foo'
```

此时可以看到，尽管字符串比模式要长，但从字符串的起始部分开始匹配就会成功。子串“foo”是从那个比较长的字符串中抽取出来的匹配部分。甚至可以充分利用 Python 原生的面向对象特性，忽略保存中间过程产生的结果。

```
>>>re.match('foo', 'food on the table').group()
'foo'
```

注意：在上述演示实例中，如果匹配失败，将会抛出 AttributeError 异常。

下面的实例代码演示了使用函数 match()进行匹配的过程。

实例 14-1　使用函数 match()进行匹配

源码路径　daima\14\14-1

实例文件 sou.py 的具体实现代码如下所示。

```
import re                                   #导入模块re
print(re.match('www', 'www.toopr.net').span())
#在起始位置匹配
print(re.match('net', 'www.toppr.net'))
#不在起始位置匹配
```

执行效果如图 14-1 所示。

```
>>>
(0, 3)
None
>>>
```

图 14-1　执行效果

拓展范例及视频二维码

范例 **407**：使用函数 match()进行匹配

源码路径：**范例**\407\

范例 **408**：开始使用 re 模块

源码路径：**范例**\408\

14.2.4　使用函数 search()

在 Python 程序中，函数 search()的功能是扫描整个字符串并返回第一个成功的匹配。事实上，要搜索的模式出现在一个字符串中间部分的概率，远大于出现在字符串起始部分的概率。这也就是将函数 search()派上用场的时候。函数 search()的工作方式与函数 match()完全一致，不同之处在于函数 search()会用它的字符串参数，在任意位置对给定正则表达式模式搜索第一次出现的匹配情况。如果搜索到成功的匹配，就会返回一个匹配对象；否则，返回 None。

接下来将举例说明 match()和 search()之间的差别。以匹配一个更长的字符串为例，下面使用字符串“foo”匹配“seafood”。

```
>>> m = re.match('foo', 'seafood')  # 匹配失败
>>>if m is not None: m.group()
...
>>>
```

由此可以看到，此处匹配失败。match()试图从字符串的起始部分开始匹配模式。也就是说，模式中的“f”将匹配字符串的首字母“s”，这样的匹配肯定是失败的。然而，字符串“foo”确实出现在“seafood”之中（某个位置），所以，我们该如何让 Python 得出肯定的结果呢？答案是使用 search()函数，而不是尝试匹配。search()函数不但会搜索模式在字符串中第一次出现的位置，而且严格地对字符串从左到右搜索。

```
>>> m = re.search('foo', 'seafood') #使用 search() 代替
>>>if m is not None: m.group()
...
'foo'                                       #搜索成功，但是匹配失败
>>>
```

使用函数 search()的语法格式如下所示。

```
re.search(pattern, string, flags=0)
```

- 参数 pattern：匹配的正则表达式。
- 参数 string：要匹配的字符串。

❑ 参数 flags：标志位，用于控制正则表达式的匹配方式，例如是否区分大小写、多行匹配等。

匹配成功后，re.match 方法会返回一个匹配的对象，否则返回 None。可以使用函数 group(num) 或函数 groups()匹配对象函数来获取匹配表达式。具体如表 14-1 所示。

下面的实例代码演示了使用函数 search()进行匹配的过程。

实例 14-2　使用函数 search()进行匹配

源码路径　daima\14\14-2

实例文件 ser.py 的具体实现代码如下所示。

```
import re                          #导入模块re
print(re.search('www', 'www.toppr.net').span())
#在起始位置匹配
print(re.search('net','www.toppr.net').span())
#不在起始位置匹配
```

执行效果如图 14-2 所示。

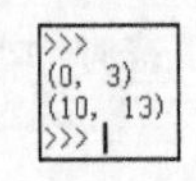

图 14-2　执行效果

拓展范例及视频二维码

范例 409：使用函数 search()进行匹配

源码路径：**范例**\409\

范例 410：match 与 search 的区别

源码路径：**范例**\410\

14.2.5　使用函数 findall()

在 Python 程序中，函数 findall()的功能是在字符串中查找所有符合正则表达式的字符串，并返回这些字符串的列表。如果在正则表达式中使用了组，则返回一个元组。函数 re.match() 函数和函数 re.search()的作用基本一样。不同的是，函数 re.match()只从字符串中第一个字符开始匹配，而函数 re.search()则搜索整个字符串。

使用函数 findall()的语法格式如下所示。

```
re.findall(pattern, string, flags=0)
```

下面的实例代码演示了使用函数 findall()进行匹配的过程。

实例 14-3　使用函数 findall()进行匹配

源码路径　daima\14\14-3

实例文件 fi.py 的具体实现代码如下所示。

```
import re               #导入模块re
#定义一个要操作的字符串变量s
s = "adfad asdfasdf asdfas asdfawef asd adsfas "
reObj1 = re.compile('((\w+)\s+\w+)')
#将正则表达式的字符串形式编译为Pattern实例
print(reObj1.findall(s))#第1次调用函数findall()
reObj2 = re.compile('(\w+)\s+\w+')
#将正则表达式的字符串形式编译为Pattern实例
print(reObj2.findall(s))  #第2次调用函数findall()
reObj3 = re.compile('\w+\s+\w+')
#将正则表达式的字符串形式编译为Pattern实例
print(reObj3.findall(s))  #第3次调用函数findall()
```

拓展范例及视频二维码

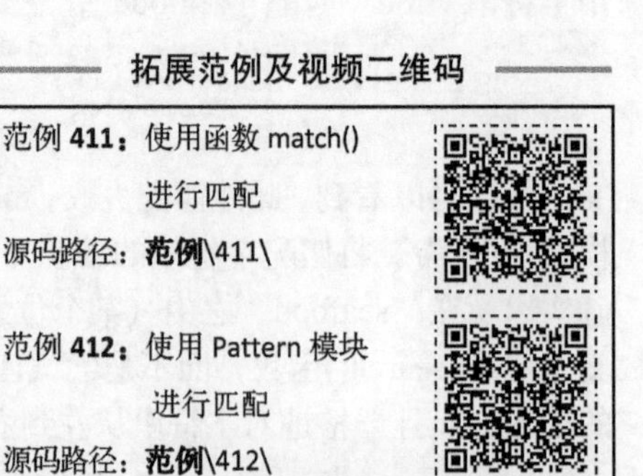

范例 411：使用函数 match()
进行匹配
源码路径：范例\411\
范例 412：使用 Pattern 模块
进行匹配
源码路径：范例\412\

因为函数 findall()返回的总是正则表达式在字符串中所有匹配结果的列表，所以此处主要讨论列表中“结果”的展现方式，即 findall 中返回列表中每个元素包含的信息。在上述代码中调用了 3 次函数 findall()，具体说明如下所示。

❑ 第 1 次调用：当给出的正则表达式中带有多个括号时，列表的元素为多个字符串组成的元组，元组中字符串个数与括号对数相同，字符串内容与每个括号内的正则表达式相对应，并且排放顺序是按括号出现的顺序。

- ❑ 第 2 次调用：当给出的正则表达式中带有一个括号时，列表的元素为字符串，此字符串的内容与括号中的正则表达式相对应（不是整个正则表达式的匹配内容）。
- ❑ 第 3 次调用：当给出的正则表达式中不带括号时，列表的元素为字符串，此字符串为整个正则表达式匹配的内容。

执行效果如图 14-3 所示。

```
>>>
[('adfad asdfasdf', 'adfad'), ('asdfas asdfawef', 'asdfas'), ('asd adsfas', 'asd')]
['adfad', 'asdfas', 'asd']
['adfad asdfasdf', 'asdfas asdfawef', 'asd adsfas']
>>> |
```

图 14-3 执行效果

14.2.6 sub()和 subn()函数

在 Python 程序中，有两个函数/方法用于实现搜索和替换功能，这两个函数是 sub()和 subn()。两者几乎一样，都是将某字符串中所有匹配正则表达式的部分进行某种形式的替换。用来替换的部分通常是一个字符串，但它也可能是一个函数，该函数返回一个用来替换的字符串。函数 subn()和函数 sub()的用法类似，但是函数 subn()还可以返回一个表示替换的总数，替换后的字符串和表示替换总数的数字一起作为一个拥有两个元素的元组返回。

在 Python 程序中，使用函数 sub()和函数 subn()的语法格式如下所示。

```
re.sub( pattern, repl, string[, count])
re.subn( pattern, repl, string[, count])
```

各个参数的具体说明如下所示。

- ❑ pattern：正则表达式模式。
- ❑ repl：要替换成的内容。
- ❑ string：进行内容替换的字符串。
- ❑ count：可选参数，最大替换次数。

下面的实例代码演示了使用函数 sub()实现替换功能的过程。

实例 14-4　使用函数 sub()替换字符串
源码路径　daima\14\14-4

实例文件 subbb.py 的具体实现代码如下所示。

```
import re                                    #导入模块re
print(re.sub('[abc]', 'o', 'Mark'))
#找出字母a、b或者 c
print(re.sub('[abc]', 'o', 'rock'))
#将"rock"变成"rook"
print(re.sub('[abc]', 'o', 'caps'))
#将caps 变成oops
```

拓展范例及视频二维码

范例 **413**：使用函数 re.sub()进行匹配
源码路径：**范例**\413\

范例 **414**：使用函数 repl()进行匹配
源码路径：**范例**\414\

在上述实例代码中，首先在“Mark”中找出字母 a、b 或者 c，并以字母“o”替换，Mark 就变成 Mork 了。然后将“rock”变成“rook”。重点看最后一行代码，有的读者可能认为可以将 caps 变成 oaps，但事实并非如此。函数 re.sub()能够替换所有的匹配项，并且不只是第一个匹配项。因此正则表达式将会把 caps 变成 oops，因为 c 和 a 都转换为 o。执行效果如图 14-4 所示。

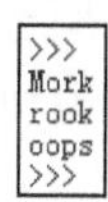

图 14-4 执行效果

14.3 使用 Pattern 对象

扫码看视频：使用 Pattern 对象

在 Python 程序中，Pattern 对象是一个编译好的正则表达式，通过 Pattern 提供的一系列方法可以对文本进行匹配查找。Pattern 不能直接实例化，必须使用函数 re.compile()进行构造。在 Pattern 对象中，提供了如下 4 个可读属性来获取表达式的相关信息。

- pattern：编译时用的表达式字符串。
- flags：编译时用的匹配模式，数字形式。
- groups：表达式中分组的数量。
- groupindex：以表达式中有别名的组的别名为键、以该组对应的编号为值的字典，没有别名的组不包含在内。

下面的实例代码演示了使用 Pattern 对象函数 compile()进行处理的过程。

实例 14-5　使用 Pattern 对象函数 compile()

源码路径　daima\14\14-5

实例文件 pp.py 的具体实现代码如下所示。

```
import re                                    #导入模块
#下面使用函数re.compile()进行构造
p = re.compile(r'(\w+) (\w+)(?P<sign>.*)',
re.DOTALL)
print ("p.pattern:", p.pattern) #表达式字符串
print ("p.flags:", p.flags)     #编译匹配模式
print ("p.groups:", p.groups)   #分组的数量
print ("p.groupindex:", p.groupindex)
#别名和编号字典
```

执行后的效果如图 14-5 所示。

```
>>>
p.pattern: (\w+) (\w+)(?P<sign>.*)
p.flags: 48
p.groups: 3
p.groupindex: {'sign': 3}
>>>
```

图 14-5　执行效果

拓展范例及视频二维码

范例 **415**：查找字符串中匹配成功的子串

源码路径：**范例**\415\

范例 **416**：将 string 分割后返回列表

源码路径：**范例**\416\

14.4 正则表达式模式

扫码看视频：正则表达式模式

在 Python 程序中，模式字符串使用如下特殊的语法来表示一个正则表达式。

- 字母和数字表示它们自身，一个正则表达式模式中的字母和数字匹配同样的字符串。
- 多数字母和数字前加一个反斜杠时会拥有不同的含义。
- 标点符号只有在转义时才匹配自身，否则它们表示特殊的含义。
- 反斜杠本身需要使用反斜杠转义。
- 由于正则表达式通常都包含反斜杠，所以最好使用原始字符串来表示它们。模式元素

(如 r'\t'，等价于'\\t')匹配相应的特殊字符。

表 14-19 列出了正则表达式模式语法中的特殊元素。如果使用模式的同时提供了可选的标志参数，某些模式元素的含义会发生改变。

表 14-19 正则表达式模式语法中的特殊元素

模　式	描　述
^	匹配字符串的开头
$	匹配字符串的末尾
.	匹配任意字符，除了换行符之外，当指定 re.DOTALL 标记时，可以匹配包括换行符的任意字符
[...]	用来表示一组字符，单独列出，比如[amk] 匹配 'a' 'm'或'k'
[^...]	不在[]中的字符，比如[^abc] 匹配除了 a、b、c 之外的字符
re*	匹配 0 个或多个表达式
re+	匹配 1 个或多个表达式
re?	匹配 0 个或 1 个由前面的正则表达式定义的片段，非贪婪方式
re{ n}	精确匹配 n 个前面的表达式
re{ n, m}	匹配 n 到 m 次由前面的正则表达式定义的片段，贪婪方式
a| b	匹配 a 或 b
(re)	匹配括号内的表达式，也表示一个组
(?imx)	正则表达式包含 3 种可选标志：i、m 或 x。只影响括号中的区域
(?-imx)	正则表达式关闭 i、m 或 x 可选标志。只影响括号中的区域
(?: re)	类似（...)，但是不表示一个组
(?imx: re)	在括号中使用 i、m 或 x 可选标志
(?-imx: re)	在括号中不使用 i、m 或 x 可选标志
(?#...)	注释
(?= re)	前向肯定界定符。如果所含正则表达式以 ... 表示，在当前位置成功匹配时成功；否则，失败。但一旦所含表达式已经使用，那么匹配引擎并没有提高。模式的剩余部分还要尝试操作界定符的右边
(?! re)	前向否定界定符。与肯定界定符相反，当所含表达式不能在字符串当前位置匹配时成功
(?> re)	匹配的独立模式，省去回溯
\w	匹配字母和数字
\W	匹配非字母和非数字之外的字符
\s	匹配任意空白字符，等价于 [\t\n\r\f\v]
\S	匹配任意非空白字符
\d	匹配任意数字，等价于 [0-9]
\D	匹配任意非数字
\A	匹配字符串的开始
\Z	匹配字符串的结束，如果存在换行，只匹配到换行前的结束字符串
\z	匹配字符串的结束
\G	匹配最后匹配完成的位置
\b	匹配一个单词边界，也就是指单词和空格间的位置。例如， 'er\b' 可以匹配"never" 中的 'er'，但不能匹配 "verb" 中的 'er'
\B	匹配非单词边界。'er\B' 能匹配 "verb" 中的 'er'，但不能匹配 "never" 中的 'er'
\n、\t 等	匹配一个换行符，匹配一个制表符等
\1...\9	匹配第 n 个分组的子表达式
\10	如果正在匹配，则匹配第 n 个分组的子表达式；否则，指的是八进制字符码的表达式

表 14-20 列出了在 Python 程序中使用常用正则表达式的演示实例。

表 **14-20** 使用正则表达式的实例

实 例	描 述
python	匹配 "python"
[Pp]ython	匹配 "Python" 或 "python"
rub[ye]	匹配 "ruby" 或 "rube"
[aeiou]	匹配中括号内的任意一个字母
[0-9]	匹配任何数字。类似于 [0123456789]
[a-z]	匹配任何小写字母
[A-Z]	匹配任何大写字母
[a-zA-Z0-9]	匹配任何字母及数字
[^aeiou]	除了 a、e、i、o、u 字母以外的所有字符
[^0-9]	匹配除了数字外的字符
.	匹配除 "\n" 之外的任何单个字符。要匹配包括 '\n' 在内的任何字符，使用像 '[.\n]' 的模式
\d	匹配一个数字字符，等价于 [0-9]
\D	匹配一个非数字字符，等价于 [^0-9]
\s	匹配任何空白字符，包括空格、制表符、换页符等，等价于 [\f\n\r\t\v]
\S	匹配任何非空白字符，等价于 [^ \f\n\r\t\v]
\w	匹配包括下划线的任何单词字符，等价于'[A-Za-z0-9_]'
\W	匹配任何非单词字符，等价于 '[^A-Za-z0-9_]'

下面的实例代码演示了使用正则表达式统计指定文件中函数和变量的过程。Python 语法规定，函数定义必须以“def”开头。为了降低实例的难度，在此假设 Python 函数的编写规范是在关键字“def”后跟一个空格，然后就是函数名，再接下来就是参数。没有考虑使用多个空格的情况。在 Python 程序中，因为变量一般不需要事先声明，往往都是直接赋值，所以要想统计文件中的变量信息，需要首先处理变量直接赋值的情况，然后通过匹配单词后接“=”的情况查找变量名。为了降低本实例的难度，仅考虑比较规范整洁的写法，即规定变量名与“=”之间有一个空格。另外，还添加一种变量在 for 循环语句中直接使用的类型，在实例中特别处理了 for 循环的情况。为了使代码简洁，实例并没有处理变量名重复的情况。

实例 14-6 统计指定文件中函数和变量

源码路径 daima\14\14-6

实例文件 cao.py 的具体实现代码如下所示。

```
import re                #导入模块re
import sys               #导入模块sys
def TongjiFunc(s):       #定义函数TongjiFunc()统计函数
    r = re.compile(r'''  #调用函数compile()
          (?<=def\s)     #设置前面必须有函数标志def,
                         #并且紧跟一个空格
          \w+            #匹配函数名
          \(.*?\)        #匹配参数
          (?=:)          #后面紧跟一个冒号“:”
          ''',re.X | re.U)
          #设置编译选项，忽略模式中的注释
    return r.findall(s)
def TongjiVar(s):        #定义函数TongjiVar()统计变量
```

—— 拓展范例及视频二维码 ——

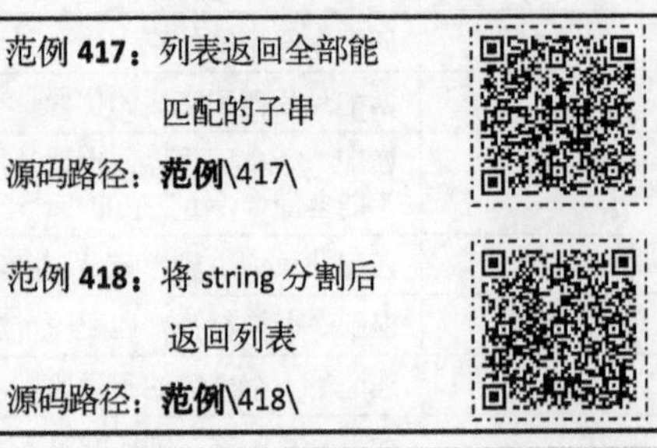

范例 417：列表返回全部能
匹配的子串
源码路径：范例\417\
范例 418：将 string 分割后
返回列表
源码路径：范例\418\

```
    vars = []                   #定义存储变量的列表
    r = re.compile(r'''
         \b                     #匹配单词
         \w+                    #匹配变量名
         (?=\s=)                #处理特殊情况：变量赋值
         ''',re.X | re.U)  #设置编译选项，忽略模式中的注释
    vars.extend(r.findall(s))
    r = re.compile(r'''
         (?<=for\s)             #处理for语句中的变量
         \w+                    #匹配变量名
         \s                     #匹配空格
         (?=in)                 #匹配in关键字
         ''',re.X | re.U) #设置编译选项，忽略模式中的注释
    vars.extend(r.findall(s))
    return vars
if len(sys.argv) == 1:      #是否输入命令，如果没有，要求必须输入要处理的文件
    sour = input('亲，请输入文件路径')  #提示输入要处理文件的路径
else:                       #如果输入了命令
    sour = sys.argv[1]      #获取命令行参数
file = open(sour,encoding="utf-8") #打开文件
s = file.readlines()        #以行读取文件的内容
file.close()                #关闭文件
print('********************************')
print('文件',sour,'中存在的函数有：')
print('********************************')
i = 0                       #i表示函数所在的行号
for line in s:              #循环遍历文件的内容，匹配里面的函数，输出函数所在的行号，输出函数的原型
    i = i + 1
    function = TongjiFunc(line) #调用统计函数的函数
    if len(function) == 1: #如果行数是1
          print('Line: ',i,'\t',function[0])
print('********************************')
print('文件',sour,'存在的变量有：')
print('********************************')
i = 0                       #i表示变量所在的行号
for line in s:              #循环遍历文件的各行，匹配里面的变量，输出变量所在的行号，输出变量名
    i = i + 1
    var = TongjiVar(line)   #调用统计变量的函数
    if len(var) == 1:
          print('Line: ',i,'\t',var[0])
```

在上述实例代码中，首先定义了一个能够获取文件中函数名的函数 TongjiFunc(s)，然后定义了一个能够获取变量名的函数 TongjiVar(s)，最后分别调用它们进行查找和获取操作。执行后的效果如图 14-6 所示。

```
>>>
亲，请输入文件路径：cao.py
********************************
文件 cao.py 中存在的函数有：
********************************
Line:  5        DealWithFunc(s)
Line:  13       DealWithVar(s)
********************************
文件 cao.py 存在的变量有：
********************************
Line:  6        r
Line:  14       vars
Line:  15       r
Line:  21       r
Line:  30       sour
Line:  32       sour
Line:  33       file
Line:  34       s
Line:  39       i
Line:  40       line
Line:  41       i
Line:  42       function
Line:  48       i
Line:  49       line
Line:  50       i
Line:  51       var
>>>
```

图 14-6 执行效果

14.5　技术解惑

14.5.1　生活中的正则表达式

在现实应用中，有使用 Linux 系统经验的读者可能使用过通配符，例如使用通配符问号“?”和星号“*”来查找硬盘上的文件。在 Linux 系统中，“?”通配符能够匹配文件名中的单个字符，而“*”通配符可以匹配零个或多个字符。例如输入“data?.dat”这样的模式将会查找下列所示的文件。

```
data1.dat
data2.dat
datax.dat
dataN.dat
```

如果使用“*”字符代替上面的“?”字符，就会扩大找到的文件的数量。“data*.dat”这样的模式将会查找下列文件。

```
data.dat
data1.dat
data2.dat
data12.dat
datax.dat
dataXYZ.dat
```

虽然上述搜索方法很有用，但是功能还是十分有限的。通过理解“*”通配符的工作原理，在计算机中引入了正则表达式所依赖的概念，但正则表达式功能更强大，而且更加灵活。在使用正则表达式后，能够通过简单的办法来实现强大的功能。

14.5.2　为什么使用正则表达

在现实应用中，典型的搜索和替换操作需要我们提供与预期的搜索结果匹配的确切文本。对于静态文本执行简单的搜索和替换任务虽然这种技术可能已经足够了，但是缺点是缺乏灵活性。如果采用这种方法搜索动态文本，即使可以实现，但是至少也会变得非常困难。通过使用正则表达式，可以实现如下所示的功能。

（1）测试字符串内的模。

例如在输入测试字符串后，可以查看字符串内是否出现电话号码模式或信用卡号码模式，这类技术称为数据验证。

（2）替换文本。

可以使用正则表达式来识别文档中的特定文本，完全删除该文本或者用其他文本替换它。

（3）基于模式匹配从字符串中提取子字符串。

可以查找文档内或输入域内特定的文本。

例如你是一个网站管理员，你的日常工作之一是每天需要搜索整个网站，删除过时的材料，并替换某些 HTML 格式标记。在这种情况下，可以使用正则表达式来确定在每个文件中是否出现该材料或该 HTML 格式标记。在这个工作过程中，将受影响的文件列表缩小到包含需要删除或更改的材料的那些文件。然后可以使用正则表达式来删除过时的材料。最后，可以使用正则表达式来搜索和替换标记。

14.5.3　分析函数 re.match()和函数 re.search()的区别

函数 re.match()只匹配字符串的开始，如果字符串开始不符合正则表达式，则匹配失败，函数返回 None。而函数 re.search()则匹配整个字符串，直到找到一个匹配。

14.5.4　不能将限定符与定位点一起使用

在 Python 程序中，因为在紧靠换行或者字边界的前面或后面不能有一个以上位置，所以不允许诸如“^*”之类的表达式。如果要匹配一行文本开始处的文本，请在正则表达式的开始使用^字符。不要将^的这种用法与中括号表达式内的用法混淆。如果要匹配一行文本的结束处的文本，请在正则表达式的结束处使用“$”字符。

14.6 课后练习

（1）使用 lambda 来创建匿名函数。

（2）使用 random 模块。

（3）在一个长度超过 8 位的整数 a 中，匹配从右端开始的 7 位数。

第 15 章

多线程开发

（视频讲解：68min）

如果一个程序在同一时间只能做一件事情，它就是单线程程序，这类程序的功能会显得过于简单，肯定无法满足现实的需求。在本书前面讲解的程序大多数都是单线程程序，那么究竟什么是多线程呢？能够同时处理多个任务的程序就是多线程程序，多线程程序的功能更加强大，能够满足现实生活中需求多变的情况。作为一门面向对象的语言，Python 支持多线程开发功能。本章将详细讲解 Python 多线程开发的基本知识，为读者步入本书后面知识的学习打下基础。

15.1 线程和进程基础

扫码看视频：线程和进程基础

线程是程序运行的基本执行单元。当操作系统（不包括单线程的操作系统，如微软早期的DOS）在执行一个程序时，会在系统中建立一个进程。而在这个进程中，必须至少建立一个线程（这个线程称为主线程）作为这个程序运行的入口点。因此，在操作系统中运行的任何程序都至少有一个主线程。

进程和线程是现代操作系统中两个必不可少的运行模型。在操作系统中可以有多个进程，这些进程包括系统进程（由操作系统内部建立的进程）和用户进程（由用户程序建立的进程）。在一个进程中可以有一个或多个线程。进程和进程之间不会共享内存，也就是说，系统中的进程是在各自独立的内存空间中运行的。而一个进程中的线程可以共享系统分派给这个进程的内存空间。

线程不仅可以共享进程的内存，还拥有一个属于自己的内存空间。这段内存空间也叫作线程栈，是在建立线程时由系统分配的，主要用来保存线程内部所使用的数据，如线程执行函数中所定义的变量。

在操作系统将进程分成多个线程后，这些线程可以在操作系统的管理下并发执行，从而大大提高了程序的运行效率。虽然线程的执行从宏观上看是多个线程同时执行，但是实际上这只是操作系统的障眼法。由于一块 CPU 同时只能执行一条指令，因此在拥有一块 CPU 的计算机上不可能同时执行两个任务。而为了能提高程序的运行效率，操作系统在一个线程空闲时会撤下这个线程，并且会让其他的线程来执行，这种方式叫作线程调度。

我们之所以从表面上看是多个线程同时执行，是因为不同线程之间切换的时间非常短，而且在一般情况下切换非常频繁。假设现在有线程 A 和线程 B 正在运行，可能 A 执行了 1ms 后，切换到 B 后，B 又执行了 1ms 后，然后又切换到了 A，A 又执行 1ms。由于 1ms 的时间对于普通人来说是很难感知的，因此从表面看上去就像 A 和 B 同时执行一样，但实际上 A 和 B 是交替执行的。

15.2 Python 线程处理

扫码看视频：Python 线程处理

在 Python 程序中，可以通过“_thread”和“threading（推荐使用）”这两个模块来处理线程。在 Python 3 程序中，thread 模块已废弃。可以使用 threading 模块代替。所以，在 Python 3 中不能再使用 thread 模块，但是为了兼容 Python 3 以前的程序，在 Python 3 中将 thread 模块重命名为“_thread”。本节将详细讲解在 Python 3 程序中处理线程的知识。

15.2.1 使用_thread 模块

在 Python 程序中，可以通过两种方式来使用线程：使用函数或者使用类来包装线程对象。当使用_thread 模块来处理线程时，可以调用里面的函数 start_new_thread()来生成一个新的线程，具体语法格式如下所示。

```
_thread.start_new_thread ( function, args[, kwargs] )
```

- function：线程函数。

- args：传递给线程函数的参数，必须是一个元组类型。
- kwargs：可选参数。

下面的实例代码演示了使用函数 start_new_thread()创建两个线程的过程。

实例 15-1　创建两个线程

源码路径　daima\15\15-1

实例文件 tao.py 的具体实现代码如下所示。

拓展范例及视频二维码

范例 419：展示 sleep() 函数的使用方法
源码路径：范例\419\

范例 420：将函数传递进 Thread 对象
源码路径：范例\420\

```
import _thread        #导入线程模块_thread
import time           #导入模块time
#为线程定义一个函数
def print_time( threadName, delay):
   count = 0          #统计变量count的初始值是0
   while count < 5: #如果变量count值小于5则执行循环
      time.sleep(delay)  #推迟调用线程的运行
      count += 1     #变量count值递增1
      print ("%s: %s" % ( threadName, time.ctime
      (time. time()) ))
#创建两个线程
try:
   _thread.start_new_thread( print_time, ("Thread-1", 2, ) )   #创建第1个线程
   _thread.start_new_thread( print_time, ("Thread-2", 4, ) )   #创建第2个线程
except:
   print ("Error: 无法启动线程")                                    #抛出异常
while 1:
   pass
```

在上述实例代码中，使用函数 start_new_thread()创建两个线程。执行后输出如下所示的结果。

```
Thread-1: Tue Oct 24 14:19:19 2017
Thread-2: Tue Oct 24 14:19:21 2017
Thread-1: Tue Oct 24 14:19:22 2017
Thread-1: Tue Oct 24 14:19:24 2017
Thread-2: Tue Oct 24 14:19:26 2017
Thread-1: Tue Oct 24 14:19:26 2017
Thread-1: Tue Oct 24 14:19:28 2017
Thread-2: Tue Oct 24 14:19:30 2017
Thread-2: Tue Oct 24 14:19:34 2017
Thread-2: Tue Oct 24 14:19:38 2017
```

注意：不同的运行环境会造成有偏差的执行结果，本章后面的实例也是如此。

15.2.2　使用 threading 模块：threading 模块介绍

在 Python 3 程序中，Python 3 可以通过两个标准库（_thread 和 threading）提供对线程的支持。其中“_thread”提供了低级别的、原始的线程以及一个简单的锁，它相比于 threading 模块的功能还是比较有限的。在“threading”模块中，除了包含“_thread”模块中的所有方法外，还提供其他如下所示的方法。

- threading.currentThread()：返回当前的线程变量。
- threading.enumerate()：返回一个包含正在运行的线程列表。正在运行指线程启动后、结束前，不包括启动前和终止后的线程。
- threading.activeCount()：返回正在运行的线程数量，与 len(threading.enumerate())有相同的结果。

除了使用上述方法外，在线程模块中还提供了类 Thread 来处理线程，在类 Thread 中提供了如下所示的方法。

- run()：表示线程活动的方法。
- start()：启动线程活动。
- join([timeout])：等待至线程中止，会阻塞调用线程，直至线程的 join()方法被调用中止，或者正常退出，或者抛出未处理的异常，或者发生可选的超时。

- isAlive()：返回线程是否活动的。
- getName()：返回线程名。
- setName()：设置线程名。

15.2.3 使用 threading 模块：直接在线程中运行函数

在 Python 3 程序中，对多线程支持最好的是 threading 模块，使用这个模块，可以灵活地创建多线程程序，并且可以在多线程之间进行同步和通信。在 Python 3 程序中，可以通过如下两种方式来创建线程：

- 通过 threading.Thread 直接在线程中运行函数；
- 通过继承类 threading.Thread 来创建线程。

在 Python 程序中，使用 threading.Thread 的基本语法格式如下所示。

```
Thread (group=None, target=None, name=None, args=(),kwargs={},*,daemon=None)
```

其中，参数“target”表示要运行的函数，参数“args”表示传入函数的参数元组。

下面的实例代码演示了直接在线程中运行函数的过程。

实例 15-2　直接在线程中运行函数

源码路径　daima\15\15-2

实例文件 zhi.py 的具体实现代码如下所示。

```
import threading                          #导入库threading
def zhiyun(x,y):                          #定义函数zhiyun()
     for i in range(x,y):                 #遍历操作
           print(str(i*i)+';')  #输出一个数的平方
ta = threading.Thread(target=zhiyun,args=(1,6))
tb = threading.Thread(target=zhiyun, args=(16,21))
ta.start()                                #启动第1个线程活动
tb.start()                                #启动第2个线程活动
```

拓展范例及视频二维码

范例 **421**：继承自 threading.Thread 类

源码路径：**范例**\421\

范例 **422**：类 threading.Thread 的重要函数

源码路径：**范例**\422\

在上述实例代码中，首先定义函数 zhiyun()，然后以线程方式来运行这个函数，并且在每次运行时传递不同的参数。运行后两个子线程会并行执行，可以分别计算出一个数的平方并输出，这两个子线程是交替运行的。依次输出了 16、1、17、2、18、3、4、19、5、20 的平方，执行效果如图 15-1 所示。

```
>>>
>>> 256;1;
289;4;
324;9;
16;361;
25;400;
```

图 15-1　执行效果

15.2.4 使用 threading 模块：通过继承类 threading.Thread 创建

在 Python 程序中，通过继承类 threading.Thread 的方式来创建一个线程。这种方法只要重载类 threading.Thread 中的方法 run()，然后再调用方法 start()就能够创建线程，并运行方法 run()中的代码。下面的实例代码演示了通过继承类 threading.Thread 来创建线程的过程。

实例 15-3　通过继承类 threading.Thread 来创建线程

源码路径　daima\15\15-3

实例文件 zi.py 的具体实现代码如下所示。

```
import threading
class myThread(threading.Thread):
#定义继承于类threading.Thread的子类myThread
     def __init__ (self,mynum):  #构造函数
          super().__init__ ()
          #使用super()处理子类和父类关系
          self.mynum = mynum
     def run(self): #定义函数run()
          for i in range(self.mynum,self.mynum+5):
               print(str(i*i)+';')
ma = myThread(1)       #创建类myThread的对象实例ma
mb = myThread(16)      #创建类myThread的对象实例mb
ma.start()             #启动线程
mb.start()             #启动线程
```

拓展范例及视频二维码

范例 **423**：调用父类的某个方法
源码路径：**范例**\423\

范例 **424**：相对复杂的类体系结构
源码路径：**范例**\424\

在上述实例代码中，首先定义了一个继承于类 threading.Thread 的子类 myThread，然后创建了两个类 myThread 的实例，并使用方法 myThread() 和 start()分别创建线程和启动线程功能。执行效果如图 15-2 所示。

```
>>>
>>> 1;256;

289;4;

9;324;

361;16;

400;25;
```

图 15-2　执行效果

15.2.5　使用 threading 模块：线程等待

在 Python 程序中，当某个线程或函数执行时，如果需要等待另一个线程完成操作后才能继续，则需要调用另一个线程中的方法 join()。可选参数 timeout 用于指定超时时间。

下面的实例代码演示了使用方法 join()实现线程等待的过程。

实例 15-4　**使用方法 join()实现线程等待**
源码路径　daima\15\15-4

实例文件 deng.py 的具体实现代码如下所示。

```
import threading      #导入模块threading
import time           #导入模块time
def zhiyun(x,y,thr=None):
    #当在函数zhiyun()的参数中包括一个线程实例时
    if thr:
          thr.join() #调用方法join()
    else:
          time.sleep(2)    #睡眠2s
    for i in range(x,y):  #遍历参数x和y
          print(str(i*i)+';') #输出i的平方
ta = threading.Thread(target=zhiyun,args=(1,6))
tb = threading.Thread(target=zhiyun,args=(16,21,ta))
ta.start()                   #启动线程
tb.start()                   #启动线程
```

拓展范例及视频二维码

范例 **425**：演示属性 daemon 的作用
源码路径：**范例**\425\

范例 **426**：实现线程同步
源码路径：**范例**\426\

在上述实例代码中，当在线程运行的函数 zhiyun()的参数中包括一个线程实例时，调用其方法 join()并等待其结束后方才运行，否则睡眠 2s。在上述程序中，因为 tb 传入了线程实例 a，所以 tb 线程应等待 a 结束后才运行。运行后会发现，线程 tb 等到线程 a 输出结束后才输出结果。执行效果如图 15-3 所示。

```
>>>
>>> 1;
4;
9;
16;
25;
256;
289;
324;
361;
400;
```

图 15-3　执行效果

15.2.6　使用 threading 模块：线程同步

如果多个线程共同对某个数据进行修改，则可能出现不可预料的结果。为了保证数据的正

确性，需要对多个线程进行同步操作。在 Python 程序中，使用 Thread 对象的属性 Lock 和属性 RLock 可以实现简单的线程同步功能，这两个对象都有 acquire 方法和 release 方法。对于那些每次只允许一个线程操作的数据，可以将其操作放到 acquire 和 release 方法之间。多线程的优势在于可以同时运行多个任务（至少感觉起来是这样），但是当线程需要共享数据时，可能存在数据不同步的问题。

请读者考虑这样一种情况：一个列表里所有元素都是 0，线程“set”从后向前把所有元素修改成 1，而线程“print”负责从前往后读取列表并输出。那么，可能当线程“set”开始修改的时候，线程“print”就开始输出列表了，输出就变成了一半 0 一半 1，这就造成了数据的不同步。

为了避免这种情况，引入了锁的概念。锁有两种状态，分别是锁定和未锁定。每当一个线程（比如“set”）要访问共享数据时，必须先获得锁定。如果已经有别的线程（比如“print”）获得锁定了，那么就让线程“set”暂停，也就是同步阻塞。等到线程“print”访问完毕，释放锁以后，再让线程“set”继续。

经过上述过程的处理，在输出列表时要么全部输出 0，要么全部输出 1，不会再出现一半 0 一半 1 的尴尬场面。由此可见，使用 threading 模块中的对象 Lock 和 RLock（可重入锁），可以实现简单的线程同步功能。对于同一时刻只允许一个线程操作的数据对象，可以把操作过程放在 Lock 和 RLock 的 acquire 方法和 release 方法之间。RLock 可以在同一调用链中多次请求而不会造成死锁，Lock 则会造成死锁。

下面的实例代码演示了使用 RLock 实现线程同步的过程。

实例 15-5 使用 RLock 实现线程同步

源码路径 daima\15\15-5

实例文件 tong.py 的具体实现代码如下所示。

```
import threading                #导入模块threading
import time                     #导入模块time
class mt(threading.Thread):#定义继承于线程类的子类mt
    def run(self):              #定义重载函数run
        global x                #定义全局变量x
        lock.acquire()          #在操作变量x之前锁定资源
        for i in range(5):  #遍历操作
            x += 10             #设置变量x的值加10
        time.sleep(1)           #休眠1s
        print(x)                #输出x的值
        lock.release()          #释放锁资源
x = 0                           #设置x的值为0
lock = threading.RLock()        #实例化可重入锁类
def main():
        thrs = []               #初始化一个空列表
     for item in range(8):
        thrs.append(mt())  #实例化线程类
     for item in thrs:
        item.start()            #启动线程
if __name__ == "__main__":
     main()
```

拓展范例及视频二维码

范例 427：两个线程相互提醒对方
源码路径：**范例**\427\

范例 428：实现线程优先级队列
源码路径：**范例**\428\

在上述实例代码中，自定义了一个带锁访问全局变量 x 的线程类 mt，在主函数 main()中初始化了 8 个线程来修改变量 x，在同一时刻只能由一个线程对 x 进行操作。执行效果如图 15-4 所示。

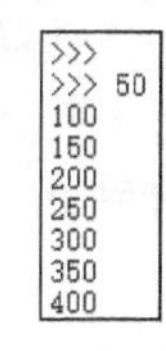

>>>
>>> 50
100
150
200
250
300
350
400

图 15-4 执行效果

15.3　线程优先级队列模块 queue

扫码看视频：线程优先级队列模块 queue

在 Python 语言的 queue 模块中，提供了同步的、线程安全的队列类，包括 FIFO（First In First Out，先入先出）队列 Queue，LIFO（Lost In First Out，后入先出）队列 LifoQueue，优先级队列 PriorityQueue。本节将详细讲解使用线程优先级队列模块 queue 的方法。

15.3.1　模块 queue 中的常用方法

模块 queue 是 Python 标准库中的线程安全的队列（FIFO）实现，提供了一个适用于多线程编程的先进先出的数据结构（即队列），用来在生产者和消费者线程之间实现信息传递。这些队列都实现了锁原语，能够在多线程中直接使用，可以使用队列来实现线程间的同步。在模块 queue 中，提供了如下所示常用的方法。

- Queue.qsize()：返回队列的大小。
- Queue.empty()：如果队列为空，返回 True；反之，返回 False。
- Queue.full()：如果队列满了，返回 True；反之，返回 False。
- Queue.get_nowait()：相当于 Queue.get(False)。
- Queue.put(item)：写入队列，timeout 表示等待时间。完整写法如下所示。

```
put(item[, block[, timeout]])
```

方法 Queue.put(item)的功能是将 item 放入队列中，具体说明如下所示。

  - 如果可选的参数 block 为 True 且 timeout 为空对象，这是默认情况，表示阻塞调用、无超时。
  - 如果 timeout 是一个正整数，阻塞调用进程最多 timeout 秒，如果一直无空闲空间可用，则抛出 Full 异常（带超时的阻塞调用）。
  - 如果 block 为 False，当有空闲空间可用时，将数据放入队列；否则，立即抛出 Full 异常，其非阻塞版本为 put_nowait，等同于 put(item, False)。

- Queue.put_nowait(item)：相当于 Queue.put(item, False)。
- Queue.task_done()：在完成一项工作之后，函数 Queue.task_done()向任务已经完成的队列发送一个信号。这意味着之前入队的一个任务已经完成。由队列的消费者线程调用。每一个 get()调用得到一个任务时，接下来的 task_done()调用告诉队列该任务已经处理完毕。如果当前一个 join()正在阻塞，它将在队列中的所有任务都处理完时恢复执行（即每一个由 put()调用入队的任务都有一个对应的 task_done()调用）。
- Queue.get([block[, timeout]])：获取队列，timeout 表示等待时间。能够从队列中移除并返回一个数据，block 与 timeout 参数同 put()方法的完全相同。其非阻塞方法为 get_nowait()，相当于 get(False)。
- Queue.join()：实际上，这意味着等到队列为空时，再执行别的操作。它会阻塞调用线程，直到队列中的所有任务处理完。只要有数据加入队列，未完成的任务数就会增加。当消费者线程调用 task_done()时（意味着有消费者取得任务并完成任务），未完成的任务数就会减少。当未完成的任务数降到 0 时，join()解除阻塞。

15.3.2　基本 FIFO 队列

FIFO 队列表示先进先出队列。具体格式如下所示。

```
classqueue.Queue(maxsize=0)
```

在模块 queue 中提供了一个基本的 FIFO 容器，使用方法非常简单。其中 maxsize 是一个整数，指明了队列中能存放的数据个数的上限。一旦达到上限，新的插入会导致阻塞，直到队列中的数据使用完。如果 maxsize 小于或者等于 0，队列大小就没有限制。下面的实例代码演示了实现先进先出队列的过程。

实例 15-6 使用模块 queue 实现先进先出队列

源码路径 daima\15\15-6

实例文件 dui1.py 的具体实现代码如下所示。

```
import queue              #导入队列模块queue
q = queue.Queue()         #创建一个队列对象实例
for i in range(5):        #遍历操作
    q.put(i) #调用队列对象的put()方法在队尾插入一项
while not q.empty():#如果队列不为空
    print (q.get()) #显示队列信息
```

执行后的效果如图 15-5 所示。

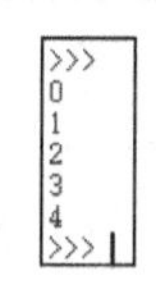

图 15-5 执行效果

拓展范例及视频二维码

范例 429：模拟队列实现

源码路径：**范例**\429\

范例 430：测试一个队列

源码路径：**范例**\430\

15.3.3 LIFO 队列

LIFO 表示后进先出队列。具体格式如下所示。

```
classqueue.LifoQueue(maxsize=0)
```

LIFO 队列的实现方法与前面的 FIFO 队列类似，使用方法也很简单，maxsize 的用法也相似。下面的实例代码演示了实现后进先出队列的过程。

实例 15-7 使用模块 queue 实现后进先出队列

源码路径 daima\15\15-7

实例文件 dui2.py 的具体实现代码如下所示。

```
import queue              #导入队列模块queue
q = queue.LifoQueue() #创建先进后出类对象实例
for i in range(5):        #遍历操作
    q.put(i)#调用队列对象的put()方法在队尾插入一项
while not q.empty():      #如果队列不为空
    print (q.get())       #显示队列信息
```

通过上述实例代码可知，仅仅将类 queue. Queue 替换为类 queue.LifoQueue 即可实现后进先出队列。执行后的效果如图 15-6 所示。

拓展范例及视频二维码

范例 431：实现先进先出队列结构

源码路径：**范例**\431\

范例 432：测试先出队列结构

源码路径：**范例**\432\

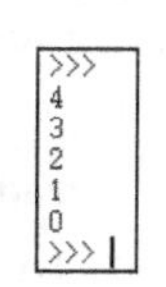

图 15-6 执行效果

15.3.4 优先级队列

在模块 queue 中，实现优先级队列的语法格式如下所示。

```
classqueue.PriorityQueue(maxsize=0)
```

其中参数 maxsize 的用法同前面的后进先出队列和先进先出队列。下面的实例代码演示了使用模块 queue 实现优先级队列的过程。

实例 15-8　使用模块 queue 实现优先级队列

源码路径　daima\15\15-8

实例文件 dui3.py 的具体实现代码如下所示。

```
import queue                        #导入模块queue
import random                       #导入模块random
q = queue.PriorityQueue()           #级别越低越先出队列
class Node:                         #定义类Node
   def __init__(self, x):           #构造函数
      self.x = x                    #属性初始化
   def __lt__(self, other):#内置函数
      return other.x > self.x
   def __str__(self):               #内置函数
      return "{}".format(self.x)
a = [Node(int(random.uniform(0, 10))) for i in
range(10)]  #生成10个随机数字
for i in a:                         #遍历列表
    print(i, end=' ')               #转出遍历数字
    q.put(i)                        #调用队列对象的put()方法在队尾插入一项
print("=============")
while q.qsize():                    #返回队列的大小
   print(q.get(), end=' ') #按序转出列表中数字
```

拓展范例及视频二维码

范例 **433**：创建一个堆栈结构
源码路径：**范例**\433\

范例 **434**：构建一个队列功能
源码路径：**范例**\434\

通过上述实例代码可知，在自定义节点时需要实现__lt__()函数，这样优先级队列才能够知道如何对节点进行排序。执行后的效果如图 15-7 所示。

```
>>>
2 1 8 4 0 7 8 3 1 9 =============
0 1 1 2 3 4 7 8 8 9
>>>
```

图 15-7　执行效果

15.4　使用模块 subprocess 创建进程

扫码看视频：使用模块 subprocess 创建进程

虽然 Python 语言支持创建多线程应用程序，但是 Python 解释器使用了内部的全局解释器锁定（GIL），在任意指定的时刻只允许执行单个线程，并且限制了 Python 程序只能在一个处理器上运行。而现代 CPU 已经以多核为主，但 Python 的多线程程序无法使用。使用 Python 的多进程模块可以将工作分派给不受锁定限制的单个子进程。

15.4.1　模块 subprocess 介绍

在 Python 3 语言中，对多进程支持的是 multiprocessing 模块和 subprocess 模块。使用模块 multiprocessing 可以创建并使用多进程，具体用法和模块 threading 的使用方法类似。创建进程使用 multiprocessing.Process 对象来完成，和 threading.Thread 一样，可以使用它以进程方式运行函数，也可以通过继承它并重载 run()方法创建进程。模块 multiprocessing 同样具有模块 threading 中用于同步的 Lock、RLock 及用于通信的 Event。

Python 3 语言官方建议使用模块 subprocess 创建进程，subprocess 模块用来替换一些老的模块和函数，例如 os.system、os.spawn*、os.popen*、popen2.*和 commands.*。在模块 subprocess 中，提供了如下所示的常用内置方法。

（1）subprocess.call。

语法：

```
subprocess.call(args, *, stdin=None, stdout=None, stderr=None, shell=False)
```

功能：运行由 args 指定的命令，直到命令结束后，返回返回码的属性值。当使用“shell=True”时是一种安全保护机制。在使用这个方法时，不要使用“stdout=PIPE”或“stderr=PIPE”参数，不然会导致子进程输出的死锁。如果要使用管道，可以在 communicate()方法中使用 Popen。

（2）subprocess.check_call。

语法：

```
subprocess.check_call(args, *, stdin=None, stdout=None, stderr=None, shell=False)
```

功能：运行由 args 指定的命令，直到命令执行完成。如果返回码为 0，则返回。否则，抛出 CalledProcessError 异常。在 CalledProcessError 对象中包含返回码的属性值。当使用“shell=True”时是一种安全保护机制。在使用这个方法时，不要使用“stdout=PIPE”或“stderr=PIPE”参数，不然会导致子进程输出的死锁。如果要使用管道，可以在 communicate()方法中使用 Popen。

（3）subprocess.check_output。

语法：

```
subprocess.check_output(args, *, stdin=None, stderr=None, shell=False, universal_
newlines=False)
```

功能：运行 args 定义的命令，并返回一个字符串表示的输出值。如果返回码不是 0，则抛出 CalledProcessError 异常。当使用“shell=True”时是一种安全保护机制。在使用这个方法时，不要使用“stdout=PIPE”或“stderr=PIPE”参数，不然会导致子进程输出的死锁。如果要使用管道，可以在 communicate()方法中使用 Popen。

拓展知识 subprocess.PIPE：当使用 Popen 时，用于 stdin、stdout 和 stderr 参数的特殊值，表示打开连接标准流的管道。

subprocess.STDOUT：当使用 Popen 时，用于 stderr 参数的特殊值，表示将标准错误重定向到标准输出的同一个句柄。

异常 subprocess.CalledProcessError：当由 check_call()或 check_output()运行的进程返回非零状态值时抛出的异常。

returncode：子进程的退出状态。

cmd：子进程执行的命令。

output：当 check_output()抛出异常时，表示子进程的输出值。否则，没有这个值。

在上述方法中，主要参数的具体说明如下所示。

- args：所有的函数都需要这个参数，并且它是一个字符串，或者是程序的参数序列。提供一个参数序列是更推荐的方式，因为这样能允许模块接收空格或引号中的参数。如果传递的是单个字符串，要么 shell=True，要么字符串就是程序名字，并且不能带参数。
- stdin、stdout 和 stderr：指定了执行程序的标准输入、标准输出和标准错误的文件句柄。它们的值可以是 PIPE，一个存在的文件描述符（正整数），一个存在的文件对象，或 None。PIPE 表示创建一个连接子进程的新管道。默认值为 None，表示不做重定向。子进程的文件句柄可以从父进程中继承得到。另外，stderr 可以设置值为 STDOUT，表示子进程的错误数据可以和标准输出是同一个文件句柄。当 stdout 或 stderr 的值为管道并且 universal_newlines 的值为真时，对于以“U”模式参数打开的新行，所有行的结束都会转换成“\n”。
- shell：如果 shell 的值为 True，则指定的命令行会通过 shell 来执行。如果使用 Python 来作为流程控制，那么这样的设置会很有用，因为它提供了绝大多数的系统 shell 命令且可以很方便地使用 shell 的各种功能，如 shell 管道、文件名通配符、环境变量扩展以及用户目录扩展符“～”。但是需要注意的是，Python 提供了类似 shell 功能的实现。

注意：执行不受信任来源的 shell 命令会是一个严重的安全问题。基于这一点，“shell=True”是不建议使用的。

下面的实例代码演示了使用模块 subprocess 创建子进程的过程。

实例 15-9　使用模块 subprocess 创建子进程

源码路径　daima\15\15-9

实例文件 zi1.py 的具体实现代码如下所示。

```
import subprocess      #导入模块subprocess
#下面一行是将要执行的另外的线程
print('call() test:',subprocess.call (['python',
'protest.py']))
print('')
#调用check_call()函数执行另外的线程，配送码是0
print('check_call() test:',subprocess.check_call
(['python','protest.py']))
print('')
#调用getstatusoutput()函数执行另外的线程
print('getstatusoutput() test:',subprocess.
getstatusoutput(['python','protest.py']))
print('')
#调用getoutput()函数执行另外的线程
print('getoutput() test:',subprocess.getoutput(['python','protest.py']))
print('')
#调用check_output()函数执行另外的线程，输出二进制结果
print('check_output() test:',subprocess.check_output(['python','protest.py']))
```

拓展范例及视频二维码

范例 435：使用列表构建树

源码路径：范例\435\

范例 436：构建一个二叉树功能

源码路径：范例\436\

在上述实例代码中，分别调用了模块 subprocess 中的内置方法，并演示了对应的输出过程。子进程运行的是 Python 文件 protest.py，读者可以设置这个文件的代码，此处只设置输出“Hello World!”信息。执行后的效果如图 15-8 所示。

```
>>>
call() test: 0

check_call() test: 0

getstatusoutput() test: (0, 'Hello World!')

getoutput() test: Hello World!

check_output() test: b'Hello World!\r\n'
>>>
```

图 15-8　执行效果

15.4.2　使用类 Popen 创建进程

在 Python 语言中，在模块 subprocess 中定义了一个类 Popen。开发者可以使用类 Popen 来创建进程，并与进程进行复杂的交互。类 Popen 的构造函数如下所示。

```
subprocess.Popen(args, bufsize=-1, executable=None, stdin=None, stdout=None,
 stderr=None,
 preexec_fn=None,
 close_fds=True,
 shell=False,
 cwd=None, env=None,
 universal_newlines=False,
 startupinfo=None,
 creationflags=0
)
```

各个参数的具体说明如下所示。

- 参数 args：可以是字符串或者序列类型（如列表、元组），用于指定进程的可执行文件及其参数。如果是序列类型，第一个元素通常是可执行文件的路径。也可以显式地使用 executable 参数来指定可执行文件的路径。在 Windows 操作系统上，Popen 通过调用 CreateProcess()来创建子进程，CreateProcess 接收一个字符串参数，如果 args 是序列

类型，系统将会通过 list2cmdline()函数将序列类型转换为字符串。

- 参数 bufsize：用于指定缓冲大小。
- 参数 executable：用于指定可执行程序。一般情况下，通过 args 参数来设置所要运行的程序。如果将参数 shell 设置为 True，executable 将指定程序使用的 shell。在 Windows 平台下，默认的 shell 由 COMSPEC 环境变量来指定。
- 参数 stdin、stdout 和 stderr：分别表示程序的标准输入、输出、错误句柄。它们可以是 PIPE、文件描述符或文件对象，也可以设置为 None，表示从父进程继承。
- 参数 preexec_fn：只在 UNIX 平台下有效，用于指定一个可调用对象（callable object），它将在子进程运行之前调用。
- 参数 close_fds：在 Windows 平台下，如果 close_fds 设置为 True，则新创建的子进程将不会继承父进程的输入、输出、错误管道。不能将 close_fds 设置为 True 同时重定向子进程的标准输入、输出与错误（stdin、stdout、stderr）。
- 参数 shell：如果参数 shell 设置为 True，程序将通过 shell 来执行。
- 参数 cwd：用于设置子进程的当前目录。
- 参数 env：字典类型，用于指定子进程的环境变量。如果 env = None，子进程的环境变量将从父进程中继承。
- 参数 universal_newlines：在不同操作系统下，文本的换行符是不一样的。如：Windows 系统下用'\r\n'表示换行，而 Linux 系统下用'\n'。如果将此参数设置为 True，Python 就统一把这些换行符当作'\n'来处理。
- 参数 startupinfo 与 creationflags：只在 Windows 系统下有效，将把它们传递给底层的 CreateProcess()函数，用于设置子进程的一些属性，例如主窗口的外观和进程的优先级等。

在类 Popen 中包含如下所示常见的内置对象。

- subprocess.PIPE：在创建 Popen 对象时，subprocess.PIPE 可以初始化 stdin、stdout 或 stderr 参数。表示与子进程通信的标准流。
- subprocess.STDOUT：在创建 Popen 对象时，用于初始化 stderr 参数，表示将错误通过标准输出流输出。

类 Popen 包含如下所示常见的内置方法。

- Popen.poll()：用于检查子进程是否已经结束。设置并返回 returncode 属性。
- Popen.wait()：等待子进程结束。设置并返回 returncode 属性。
- Popen.communicate(input=None)：与子进程进行交互。向 stdin 发送数据，或从 stdout 和 stderr 中读取数据。可选参数 input 指定发送到子进程的参数。communicate()返回一个元组：（stdoutdata, stderrdata）。注意，如果希望通过进程的 stdin 向其发送数据，在创建 Popen 对象的时候，参数 stdin 必须设置为 PIPE。同样，如果希望从 stdout 和 stderr 获取数据，必须将 stdout 和 stderr 设置为 PIPE。
- Popen.send_signal(signal)：向子进程发送信号。
- Popen.terminate()：停止（stop）子进程。在 Windows 平台下，该方法将调用 Windows API TerminateProcess()来结束子进程。
- Popen.kill()：终止子进程。
- Popen.stdin：如果在创建 Popen 对象时，参数 stdin 设置为 PIPE，Popen.stdin 将返回一个文件对象用于向子进程发送指令。否则，返回 None。
- Popen.stdout：如果在创建 Popen 对象时，参数 stdout 设置为 PIPE，Popen.stdout 将返回一个文件对象用于向子进程发送指令。否则，返回 None。

- ❑ Popen.stderr：如果在创建 Popen 对象时，参数 stderr 设置为 PIPE，Popen.stderr 将返回一个文件对象用于向此字进程发送指令。否则，返回 None。
- ❑ Popen.pid：获取子进程的进程 ID。
- ❑ Popen.returncode：获取进程的返回值。如果进程还没有结束，返回 None。

下面的实例代码演示了使用类 Popen 创建进程并允许指定源码的过程。

实例 15-10　使用类 Popen 创建进程并允许指定源码

源码路径　daima\15\15-10

实例文件 jin2.py 的具体实现代码如下所示。

```
import subprocess
prcs = subprocess.Popen(['python','protest.py'],  #生成一个子进程将要执行的程序
        stdout=subprocess.PIPE,                 #其他相关参数
        stdin=subprocess.PIPE,
        stderr=subprocess.PIPE,
        universal_newlines=True,
shell=True)
prcs.communicate('这些文本字符来自：stdin.') #向子进程中传入要输入的字符串
print("subprocess pid:",prcs.pid)             #显示子进程的pid
print('\nSTDOUT:')
print(str(prcs.communicate()[0]))             #获取子进程的输出
print('STDERR:')
print(prcs.communicate()[1])                  #子进程的错误输出
```

在上述实例代码中，首先使用类 Popen 生成一个子进程，用来执行保存在文件 protest.py 中的 Python 代码，然后调用 Popen 对象中的方法 communicate()向子进程中传入要输入的字符串，并输出子进程的 pid，最后分别输出子进程的标准输出和错误信息。文件 protest.py 的源码比较简单，功能是要求用户输入一串字符并直接输出，同时输出另一串写定的字符，以及转出一个未定义的变量 a。运行实例后，首先显示子进程的 pid，然后在标准输出（STDOUT）中输出了通过方法 communicate()向子进程传送的输入信息“这些文本字符来自：stdin.”，而在错误信息中输出了子进程的运行错误提示“NameError”。执行后的效果如图 15-9 所示。

拓展范例及视频二维码
范例 437：使用三种方法
遍历二叉树
源码路径：范例\437\
范例 438：使用字典
构建有向图
源码路径：范例\438\

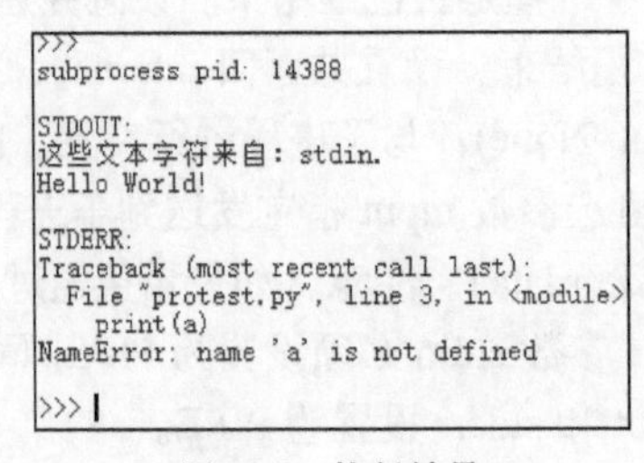

图 15-9　执行效果

15.5 技术解惑

15.5.1 线程带来的意义你知道吗

在开发计算机程序时如果能合理地使用线程，将会减少开发和维护成本，甚至可以改善复杂应用程序的性能。如在 GUI 应用程序中，可以通过线程的异步特性来更好地处理事件；在应

用服务器程序中可以通过建立多个线程来处理客户端的请求。线程甚至还可以简化虚拟机的实现，如 Java 虚拟机（JVM）的垃圾回收器（garbage collector）通常运行在一个或多个线程中。通过使用线程，将会从以下五个方面来改善应用程序。

（1）充分利用 CPU 资源。

大多数计算机只有一块 CPU，所以充分利用 CPU 资源显得尤为重要。当执行单线程程序时，由于在程序发生阻塞时 CPU 可能会处于空闲状态，因此这将造成大量的计算资源的浪费。而在程序中使用多线程可以在某一个线程处于休眠或阻塞状态而 CPU 又恰好处于空闲状态时运行其他的线程。这样 CPU 就很难有空闲的时候。因此，CPU 资源就得到了充分利用。

（2）简化编程模型。

如果程序只完成一项任务，那么只要写一个单线程的程序，并且按着执行这个任务的步骤编写代码即可。但要完成多项任务，如果还使用单线程，那就得在程序中判断每项任务是否应该执行以及什么时候执行。如显示一个时钟的时、分、秒 3 个指针。使用单线程就得在循环中逐一判断这 3 个指针的转动时间和角度。如果使用 3 个线程分别来处理这 3 个指针的显示，那么对于每个线程来说就是执行一个单独的任务，这有助于开发人员对程序的理解和维护。

（3）简化异步事件的处理。

当一个服务器应用程序在接收不同的客户端连接时最简单的处理方法就是为每一个客户端连接建立一个线程。然后监听线程仍然负责监听来自客户端的请求。如果这种应用程序采用单线程来处理，当监听线程接收到一个客户端请求后，开始读取客户端发来的数据，在读完数据后，read()方法处于阻塞状态，也就是说，这个线程将无法再监听客户端请求了。而要想在单线程中处理多个客户端请求，就必须使用非阻塞的 Socket 连接和异步 I/O。但使用异步 I/O 方式比使用同步 I/O 更难以控制，也更容易出错。因此使用多线程和同步 I/O 可以更容易地处理类似于多请求的异步事件。

（4）使 GUI 更有效率。

当使用单线程来处理 GUI 事件时，必须使用循环来对随时可能发生的 GUI 事件进行扫描。在循环内部，除了扫描 GUI 事件外，还要执行其他的程序代码。如果这些代码太长，那么 GUI 事件就会被“冻结”，直到这些代码执行完为止。

在当前 GUI 框架（如 Swing、AWT 和 SWT）中都使用了一个单独的事件分派线程（event dispatch thread，EDT）来对 GUI 事件进行扫描。当按下一个按钮时，按钮的单击事件函数会在这个事件分派线程中调用。由于 EDT 的任务只是对 GUI 事件进行扫描，因此这种方式对事件的反应是非常快的。

（5）提高程序的执行效率。

在计算机领域中，一般有如下 3 种方法来提高程序的执行效率。

- 增加计算机的 CPU 个数。
- 为一个程序启动多个进程。
- 在程序中使用多线程。

在上述方法中，第一种方法是最容易做到的，但同时也是最昂贵的。这种方法不需要修改程序，从理论上说，任何程序都可以使用这种方法来提高执行效率。第二种方法虽然不用购买新的硬件，但这种方式不容易共享数据。如果这个程序要完成的任务需要共享数据，这种方式就不太方便，而且启动多个进程会消耗大量的系统资源。第三种方法恰好弥补了第一种方法的缺点，而又继承了它们的优点。也就是说，既不需要购买 CPU，也不会因为启动太多的进程而占用大量的系统资源（在默认情况下，一个线程所占的内存空间要远比一个进程所占的内存空间小得多），并且多线程可以模拟多块 CPU 的运行方式，因此，使用多线程是提高程序执行效率最廉价的方式。

15.5.2　线程和进程的区别

线程在执行过程中与进程是有区别的，每个独立的线程有一个程序运行的入口、顺序执行序列和程序的出口。但是线程不能独立执行，必须存在于应用程序中，由应用程序提供多个线程进行控制。每个线程都有它自己的一组 CPU 寄存器，称为线程的上下文，该上下文反映了上次运行该线程的 CPU 寄存器的状态。

指令指针和栈指针寄存器是线程上下文中两个最重要的寄存器，线程总是在进程的上下文中运行的，这些地址都用于标志拥有线程的进程地址空间中的内存。

- 线程可以被抢占（中断）。
- 在其他线程正在运行时，线程可以暂时搁置（也称为睡眠）—— 这就是线程的退让。

线程可以分为内核线程和用户线程两种，具体说明如下所示。

- 内核线程：由操作系统内核创建和撤销。
- 用户线程：不需要内核支持而在用户程序中实现的线程。

进程和线程的主要区别在于它们是不同的操作系统资源的管理方式。进程有独立的地址空间，一个进程崩溃后，在保护模式下不会对其他进程产生影响，而线程只是一个进程中的不同执行路径。线程有自己的栈和局部变量，但线程之间没有单独的地址空间。一个线程终止就等于整个进程终止，所以多进程的程序要比多线程的程序健壮，但在进程切换时，前者耗费的资源较多，效率要差一些。然而，对于一些要求同时进行并且又要共享某些变量的并发操作，只能用线程，不能用进程。进程和线程的具体关系如下所示。

- 一个程序至少有一个进程，一个进程至少有一个线程。
- 线程的划分尺度小于进程，使得多线程程序的并发性高。
- 进程在执行过程中拥有独立的内存单元，而多个线程共享内存，从而极大地提高了程序的运行效率。
- 线程在执行过程中与进程还是有区别的。每个独立的线程有一个程序运行的入口、顺序执行序列和程序的出口。但是线程不能够独立执行，必须存在于应用程序中，由应用程序提供多个线程执行控制。
- 从逻辑角度来看，多线程的意义在于一个应用程序中，有多个执行部分可以同时执行。但是操作系统并没有将多个线程看作多个独立的应用，来实现进程的调度和管理以及资源分配。这就是进程和线程的重要区别。

15.6　课后练习

（1）输出杨辉三角形（要求输出 10 行）。

（2）输入 3 个数 a、b、c，按大小顺序输出。

（3）编写一个程序，首先听音乐然后看电影，要求用多线程实现。

（4）编写一个程序，同时听音乐和看电影，要求用多线程实现。

第 16 章

Tkinter 图形化界面开发

（视频讲解：88min）

Tkinter 是 Python 的标准 GUI 库，Python 使用 Tkinter 库可以快速创建 GUI 应用程序。因为 Tkinter 库内置到 Python 的安装包中，所以只要安装好 Python 之后就能导入 Tkinter 库。而且开发工具 IDLE 也是基于 Tkinter 编写而成的，对于简单的图形界面，Tkinter 能够应付自如。本章将详细讲解基于 Tkinter 框架开发图形化界面程序的知识，为读者步入本书后面知识的学习打下基础。

16.1　Python 图形化界面开发基础

扫码看视频：Python 图形化界面开发基础

在计算机系统中，图形化界面应用程序占据了十分重要的地位，例如 Windows 系统中自带的扫雷程序和扑克牌程序都属于图形化界面程序。

16.1.1　GUI 介绍

图形用户界面（graphical user interface，GUI，又称图形用户接口）是指采用图形方式显示的计算机操作用户界面。与早期计算机使用的命令行界面相比，图形界面对于用户来说在视觉上更易于接受。

图形用户界面是一种人与计算机通信的界面显示格式，允许用户使用鼠标等输入设备操纵屏幕上的图标或菜单选项，以选择命令、调用文件、启动程序或执行其他一些日常任务。与通过键盘输入文本或字符命令来完成例行任务的字符界面相比，图形用户界面有许多优点。图形用户界面由窗口、下拉菜单、对话框及其相应的控制机制构成，在各种新式应用程序中都是标准化的，即相同的操作总是以同样的方式来完成。在图形用户界面中，用户看到和操作的都是图形对象，应用的是计算机图形学的技术。

本书前面所有章节中的实例全部是非图形化的用户界面，运行程序时需要的输入、输出及运行环境都是在命令提示符下完成的。在图形用户界面中，在计算机画面上显示窗口、图标、按钮等图形，表示不同目的的动作，用户通过鼠标等设备进行选择。

在设计 GUI 程序的过程中，不仅要设计业务数据处理程序，还要设计用户界面（如窗口、图标、按钮等元素）的排列、颜色、显示方式等，并将它们连接起来，最终实现完成用户任务的应用程序。从程序员的角度来说，这加大了程序设计的难度；而从用户的角度来说，这降低了使用门槛，使得普通用户可以享受程序的使用便利性。

16.1.2　使用 Python 语言编写 GUI 程序

作为一门功能强大的面向对象编程语言，Python 能够通过 GUI 库开发出专业的 GUI 程序。在开发 Python 程序的过程中，比较常用的 GUI 库如下所示。

（1）wxPython。

wxPython 是一款开源软件，是 Python 语言内置的一套优秀的 GUI 图形库，允许 Python 程序员很方便地创建完整的、功能健全的 GUI。

（2）Jython。

Jython 程序可以和 Java 无缝集成。除了一些标准模块外，Jython 可以使用 Java 模块，Jython 几乎拥有标准的 Python 中不依赖于 C 语言的全部模块。比如，Jython 的用户界面将使用 Swing、AWT 或者 SWT。可以把 Jython 动态或静态地编译成 Java 字节码。

（3）PyQt。

PyQt 是 Python 对跨平台的 GUI 工具集 Qt 的包装，实现了约 440 个类以及约 6000 个函数或者方法，PyQt 是作为 Python 的插件实现的。其功能非常强大，用 PyQt 开发的界面效果与用 Qt 开发的界面效果相同，其跨平台的支持性很好。

（4）PySide。

PySide 是另一个 Python 对跨平台的 GUI 工具集 Qt 的包装，捆绑在 Python 中，最初由 Boost

C++库实现，后来迁移到 Shiboken。

（5）Tkinter。

库 Tkinter 是 Python 的标准 GUI 库，Python 语言使用 Tkinter 库可以快速地创建 GUI 应用程序。库 Tkinter 是 Python 标准库的一部分，所以使用它进行 GUI 编程时不需要另外安装第三方库。因为库 Tkinter 内置在 Python 的安装包中，所以只要安装好 Python 之后就能使用 import 命令导入 Tkinter 库的功能。在 Python 程序中，Tkinter 是对图形库 TK 的封装。Tkinter 是跨平台的，这意味着在 Windows 下编写的程序，可以不加修改地在 Linux 和 UNIX 等系统下运行。因此，Tkinter 的最大优势在于其可移植性。

16.2 Tkinter 开发基础

扫码看视频：Tkinter 开发基础

在 Python 程序中，Tkinter 是 Python 的一个模块，可以像其他模块一样在 Python 交互式 shell 中（或者“.py”程序中）导入，导入 Tkinter 模块后即可使用 Tkinter 模块中的函数、方法等。开发者可以使用 Tkinter 库中的文本框、按钮、标签等组件（widget）实现 GUI 开发功能。整个实现过程十分简单，例如要实现某个界面元素，只需要调用对应的 Tkinter 组件即可。

16.2.1 第一个 Tkinter 程序

当在 Python 程序中使用 Tkinter 创建图形界面时，要首先使用“import”语句导入 Tkinter 模块。

```
import tkinter
```

如果在 Python 的交互式环境中输入上述语句后没有错误发生，则说明当前 Python 已经安装了 Tkinter 模块。这样以后在编写程序时只要使用 import 语句导入 Tkinter 模块，即可使用 Tkinter 模块中的函数、对象等进行 GUI 编程。

当在 Python 程序中使用 Tkinter 模块时，需要首先使用 tkinter.Tk 生成一个主窗口对象，然后才能使用 Tkinter 模块中其他的函数和方法等元素。当生成主窗口以后，才可以向里面添加组件，或者直接调用其 mainloop 方法进行消息循环。下面的实例代码演示了使用 Tkinter 创建第一个 GUI 程序的过程。

实例 16-1 创建第一个没有组件的 GUI 程序

源码路径 daima\16\16-1

实例文件 first.py 的具体实现代码如下所示。

```
import tkinter              #导入tkinter模块
top = tkinter.Tk()          #生成一个主窗口对象
                            #进入消息循环
top.mainloop()
```

在上述实例代码中，首先导入了 Tkinter 库，然后 tkinter.Tk 生成一个主窗口对象，并进入消息循环。生成的窗口具有一般应用程序窗口的基本功能，可以最小化、最大化、关闭，还具有标题栏，甚至使用鼠标可以调整其大小。执行效果如图 16-1 所示。

通过上述实例代码创建了一个简单的 GUI 窗口，在完成窗口内部组件的创建工作后，也要进入到消息循环中，这样可以处理窗口及其内部组件的事件。

拓展范例及视频二维码

范例 439：创建两个小组件

源码路径：**范例**\439\

范例 440：实现一个简单的计算器

源码路径：**范例**\440\

图 16-1　执行效果

16.2.2　向窗体中添加组件

前面创建的窗口只是一个容器，在这个容器中还可以添加其他元素。在 Python 程序中，当使用 Tkinter 创建 GUI 窗口后，接下来可以向窗体中添加组件元素。其实组件与窗口一样，也是通过 Tkinter 模块中相应的组件函数生成的。在生成组件以后，就可以使用 pack、grid 或 place 等方法将其添加到窗口中。下面的实例代码演示了使用 tkinter 向窗体中添加组件的过程。

实例 16-2　使用 Tkinter 向窗体中添加组件

源码路径　daima\16\16-2

实例文件 zu.py 的具体实现代码如下所示。

```
import tkinter           #导入Tkinter模块
root = tkinter.Tk()   #生成一个主窗口对象
#实例化标签(Label)组件
label= tkinter.Label(root, text="Python, tkinter!")
label.pack()             #将标签(Label)添加到窗口中
button1 = tkinter.Button(root, text="按钮1")
#创建按钮1
button1.pack(side=tkinter.LEFT)#将按钮1添加到窗口中
button2 = tkinter.Button(root, text="按钮2")
#创建按钮2
button2.pack(side=tkinter.RIGHT)#将按钮2添加到窗口中
root.mainloop()          #进入消息循环
```

拓展范例及视频二维码

范例 **441**：创建两个文本输入框

源码路径：**范例**\441\

范例 **442**：设置网格的对齐方式

源码路径：**范例**\442\

在上述实例代码中，分别实例化了库 Tkinter 中的 1 个标签（Label）组件和两个按钮（Button）组件，然后调用 pack()方法将这 3 个添加到主窗口中。执行后的效果如图 16-2 所示。

图 16-2　执行效果

16.3　Tkinter 组件开发详解

扫码看视频：Tkinter 组件开发详解

在本章上一节中创建了一个窗口后，实际上，只是创建了一个存放组件的“容器”。为了实现现实项目的需求，在创建窗口以后，需要根据程序的功能向窗口中添加对应的组件，然后定义与实际相关的处理函数，这样才算是一个完整的 GUI 程序。本节将详细讲解使用 Tkinter 组件开发 Python 程序的知识。

16.3.1 Tkinter 组件概览

在模块 Tkinter 中提供了各种各样的常用组件，例如按钮、标签和文本框，这些组件通常也称为组件或者部件。这些组件以及其简短的介绍如表 16-1 所示。

表 16-1 Tkinter 常用组件

组　件	描　述
Button	按钮控件，在程序中显示按钮
Canvas	画布控件，显示图形元素（如线条或文本）
Checkbutton	复选框控件，用于在程序中提供复选框
Entry	输入控件，用于显示简单的文本内容
Frame	框架控件，在屏幕上显示一个矩形区域，多用来作为容器
Label	标签控件，可以显示文本和位图
Listbox	列表框控件，显示一个字符串列表给用户
Menubutton	菜单按钮控件，用于显示菜单项
Menu	菜单控件，显示菜单栏、下拉菜单和弹出菜单
Message	消息控件，用来显示多行文本，与 Label 比较类似
Radiobutton	单选按钮控件，显示一个单选按钮的状态
Scale	范围控件，显示一个数值刻度，为输出限定范围的数字区间
Scrollbar	滚动条控件，当内容超过可视化区域时使用，如列表框
Text	文本控件，用于显示多行文本
Toplevel	容器控件，用来提供一个单独的对话框，和 Frame 比较类似
Spinbox	输入控件，与 Entry 类似，但是可以指定输入范围值
PanedWindow	窗口布局管理控件，可以包含一个或者多个子控件
LabelFrame	简单的容器控件，常用于复杂的窗口布局
tkmessagebox	用于显示应用程序的消息框

在模块 Tkinter 的组件中，还提供了对应的属性和方法，其中标准属性是所有组件所拥有的共同属性，例如大小、字体和颜色。模块 Tkinter 中的标准属性如表 16-2 所示。

表 16-2 模块 Tkinter 中的标准属性

属　性	描　述
dimension	控件大小
color	控件颜色
font	控件字体
anchor	锚点
relief	控件样式
bitmap	位图
cursor	光标

在模块 Tkinter 中，组件有特定的几何状态管理方法，管理整个组件区域组织，其中 Tkinter 组件公开的几何管理方法有 pack()、grid()和 place()。具体如表 16-3 所示。

表 16-3 几何管理方法

几 何 方 法	描　述
pack()	包装
grid()	网格
place()	位置

在实例 16-2 中，曾经使用组件的 pack 方法将组件添加到窗口中，而没有设置组件的位置，

例子中的组件位置都是由 Tkinter 模块自动确定的。对于一个包含多个组件的窗口，为了让组件布局更加合理，可以通过向方法 pack()传递参数来设置组件在窗口中的具体位置。除了组件的 pack 方法以外，还可以通过使用方法 grid()和方法 place()来设置组件的位置。

16.3.2　使用按钮控件

在库 Tkinter 中有很多 GUI 控件，主要包括在图形化界面中常用的按钮、标签、文本框、菜单、单选框、复选框等。本节将首先介绍使用按钮控件的方法。在使用按钮控件 tkinter.Button 时，通过向其传递属性参数的方式可以控制按钮的属性，例如可以设置按钮上文本的颜色、按钮的颜色、按钮的大小以及按钮的状态等。在库 Tkinter 的按钮控件中，常用的属性控制参数如表 16-4 所示。

表 16-4　按钮控件中常用的属性控制参数

参　数　名	功　　能
Anchor	指定按钮上文本的位置
background (bg)	指定按钮的背景色
bitmap	指定按钮上显示的位图
borderwidth (bd)	指定按钮边框的宽度
command	指定按钮消息的回调函数
cursor	指定鼠标移动到按钮上的指针样式
font	指定按钮上文本的字体
foreground (fg)	指定按钮的前景色
height	指定按钮的高度
image	指定按钮上显示的图片
state	指定按钮的状态
text	指定按钮上显示的文本
width	指定按钮的宽度

下面的实例代码演示了使用 Tkinter 库向窗体中添加按钮控件的过程。

实例 16-3　向窗体中添加按钮控件

源码路径　daima\16\16-3

实例文件 an.py 的具体实现代码如下所示。

```
import tkinter                          #导入Tkinter模块
root = tkinter.Tk()                     #生成一个主窗口对象
button1 = tkinter.Button(root,#创建按钮1
                    anchor = tkinter.E,
                    #设置文本的对齐方式
                    text = 'Button1',
                    #设置按钮上显示的文本
                    width = 30,#设置按钮的宽度
                    height = 7)#设置按钮的高度
button1.pack()                          #将按钮添加到窗口中
button2 = tkinter.Button(root, #创建按钮2
                    text = 'Button2',
                    #设置按钮上显示的文本
                    bg = 'blue') #设置按钮的背景色
button2.pack()                          #将按钮添加到窗口中
button3 = tkinter.Button(root,   #创建按钮3
                    text = 'Button3',#设置按钮上显示的文本
                    width = 12,  #设置按钮的宽度
                    height = 1)  #设置按钮的高度
button3.pack()                          #将按钮添加到窗口中
button4 = tkinter.Button(root,     #创建按钮4
                    text = 'Button4',#设置按钮上显示的文本
                    width = 40,    #设置按钮的宽度
```

拓展范例及视频二维码

范例 **443**：在输入框中添加图片素材

源码路径：**范例**\443\

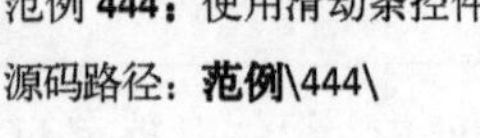

范例 **444**：使用滑动条控件

源码路径：**范例**\444\

```
                              height = 7,    #设置按钮的高度
                              state = tkinter.DISABLED) #设置按钮为禁用的
    button4.pack()                           #将按钮添加到窗口中
    root.mainloop()                          #进入消息循环
```

在上述实例代码中，使用不同的属性参数实例化了 4 个按钮，并分别将这 4 个按钮添加到主窗口中。执行后会在主程序窗口中显示出 4 种不同的按钮，执行效果如图 16-3 所示。

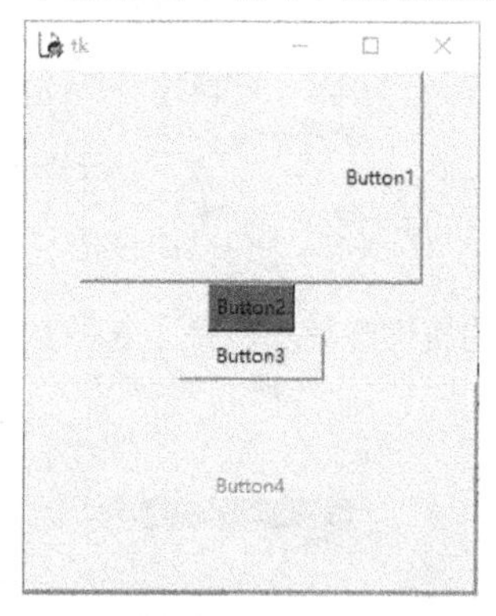

图 16-3　执行效果

16.3.3　使用文本框控件

在库 Tkinter 的控件中，文本框控件主要用来实现信息接收和用户的信息输入工作。在 Python 程序中，使用 tkinter.Entry 和 tkinter.Text 可以创建单行文本框和多行文本框组件。通过向其传递属性参数可以设置文本框的背景色、大小、状态等。表 16-5 所示是常用的属性控制参数。

表 16-5　**tkinter.Entry 和 tkinter.Text 常用的属性控制参数**

参 数 名	功　能
background (bg)	指定文本框的背景色
borderwidth (bd)	指定文本框边框的宽度
font	指定文本框中文字的字体
foreground (fg)	指定文本框的前景色
selectbackground	指定选定文本的背景色
selectforeground	指定选定文本的前景色
show	指定文本框中显示的字符，如果是星号，表示文本框为密码框
state	指定文本框的状态
width	指定文本框的宽度

下面的实例代码演示了使用 Tkinter 在窗体中使用文本框控件的过程。

实例 16-4　在窗体中显示各种样式的文本框

源码路径　daima\16\16-4

实例文件 wen.py 的具体实现代码如下所示。

```
import tkinter                      #导入Tkinter模块
root = tkinter.Tk()                 #生成一个主窗口对象
entry1 = tkinter.Entry(root,        #创建单行文本框1
                    show = '*',)
                    #设置显示的文本是星号
entry1.pack()                       #将文本框添加到窗口中
entry2 = tkinter.Entry(root,        #创建单行文本框2
                    show = '#',#设置显示的文本是井号
                    width = 50)#设置文本框的宽度
entry2.pack()                       #将文本框添加到窗口中
entry3 = tkinter.Entry(root,        #创建单行文本框3
```

拓展范例及视频二维码

范例 **445**：使用 value 选项指定按钮的值

源码路径：**范例**\445\

范例 **446**：创建多个单选按钮选项

源码路径：**范例**\446\

```
                        bg = 'red',      #设置文本框的背景颜色
                        fg = 'blue')     #设置文本框的前景色
entry3.pack()                            #将文本框添加到窗口中
entry4 = tkinter.Entry(root,             #创建单行文本框4
                        selectbackground = 'red',    #设置选中文本的背景色
                        selectforeground = 'gray')   #设置选中文本的前景色
entry4.pack()                            #将文本框添加到窗口中
entry5 = tkinter.Entry(root,             #创建单行文本框5
                        state = tkinter.DISABLED) #设置文本框禁用
entry5.pack()                            #将文本框添加到窗口中
edit1 = tkinter.Text(root,               #创建多行文本框
                        selectbackground = 'red',  #设置选中文本的背景色
                        selectforeground = 'gray')
edit1.pack()                             #将文本框添加到窗口中
root.mainloop()                          #进入消息循环
```

在上述实例代码中，使用不同的属性参数实例化了 6 种文本框，执行后的效果如图 16-4 所示。

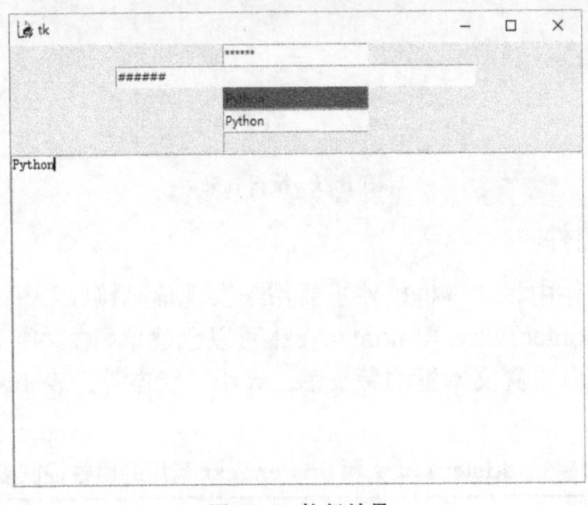

图 16-4　执行效果

16.3.4　使用菜单控件

在库 Tkinter 的控件中，使用菜单控件的方式与使用其他控件的方式有所不同。在创建菜单控件时，需要使用创建主窗口的方法 config()将菜单添加到窗口中。下面的实例代码演示了使用 Tkinter 在窗体中使用菜单控件的过程。

实例 16-5　在窗体中使用菜单控件

源码路径　daima\16\16-5

实例文件 cai.py 的具体实现代码如下所示。

```
import tkinter
root = tkinter.Tk()
menu = tkinter.Menu(root)
submenu = tkinter.Menu(menu, tearoff=0)
submenu.add_command(label="打开")
submenu.add_command(label="保存")
submenu.add_command(label="关闭")
menu.add_cascade(label="文件", menu=submenu)
submenu = tkinter.Menu(menu, tearoff=0)
submenu.add_command(label="复制")
submenu.add_command(label="粘贴")
submenu.add_separator()
submenu.add_command(label="剪切")
menu.add_cascade(label="编辑", menu=submenu)
submenu = tkinter.Menu(menu, tearoff=0)
submenu.add_command(label="关于")
menu.add_cascade(label="帮助", menu=submenu)
root.config(menu=menu)
root.mainloop()
```

拓展范例及视频二维码

范例 **447**：添加弹出式菜单
源码路径：**范例**\447\

范例 **448**：构建一个选项菜单
源码路径：**范例**\448\

在上述实例代码中，在主窗口中加入了 3 个主菜单，而在每个主菜单下面又创建了对应的子菜单。其中在主窗口中显示了 3 个主菜单（文件、编辑、帮助），而在“文件”主菜单下设置了 3 个子菜单（打开、保存、关闭）。执行后的效果如图 16-5 所示。

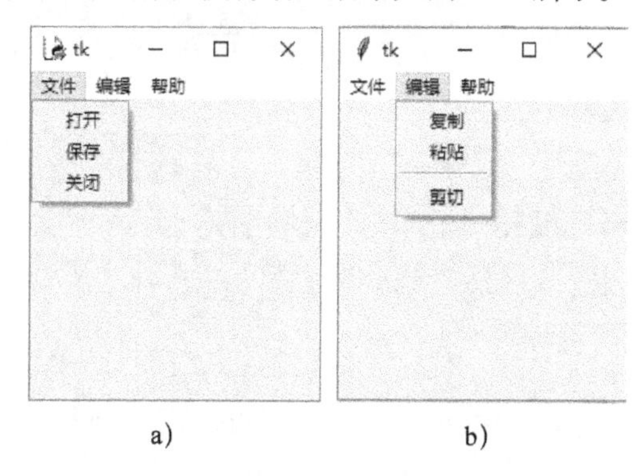

a)　　　　b)

图 16-5　执行效果

16.3.5　使用标签控件

在 Python 程序中，标签控件的功能是在窗口中显示文本或图片。在库 Tkinter 的控件中，使用 tkinter.Label 可以创建标签控件。标签控件常用的属性参数如表 16-6 所示。

表 16-6　标签控件常用的属性参数

参数名	功能
anchor	指定标签中文本的位置
background (bg)	指定标签的背景色
borderwidth (bd)	指定标签的边框宽度
bitmap	指定标签中的位图
font	指定标签中文本的字体
foreground (fg)	指定标签的前景色
height	指定标签的高度
image	指定标签中的图片
justify	指定标签中多行文本的对齐方式
text	指定标签中的文本，可以使用“\n”表示换行
width	指定标签的宽度

下面的实例代码演示了使用 Tkinter 库在窗体中创建标签的过程。

实例 16-6　在窗体中创建不同样式的标签

源码路径　daima\16\16-6

实例文件 biao.py 的具体实现代码如下所示。

```
import tkinter                      #导入Tkinter模块
root = tkinter.Tk()                 #生成一个主窗口对象
label1 = tkinter.Label(root,        #创建标签1
                anchor = tkinter.E,
                #设置标签文本的位置
                bg = 'red',#设置标签的背景色
                fg = 'blue',#设置标签的前景色
                text = 'Python',
                #设置标签中的显示文本
                width = 40,   #设置标签的宽度
                height = 5)   #设置标签的高度
label1.pack()                        #将标签添加到主窗口中
label2 = tkinter.Label(root,         #创建标签2
```

拓展范例及视频二维码

范例 449：获得选取的选项值

源码路径：**范例**\449\

范例 450：创建不同样式的菜单

源码路径：**范例**\450\

```
                        text = 'Python\ntkinter',#设置标签中显示的文本
                        justify = tkinter.LEFT,  #设置多行文本左对齐
                        width = 40,              #设置标签的宽度
                        height = 5)              #设置标签的高度
label2.pack()                                    #将标签添加到主窗口中
label3 = tkinter.Label(root,                     #创建标签3
                        text = 'Python\ntkinter',#设置标签中显示的文本
                        justify = tkinter.RIGHT, #设置多行文本右对齐
                        width = 40,              #设置标签的宽度
                        height = 5)              #设置标签的高度
label3.pack()                                    #将标签添加到主窗口中
label4 = tkinter.Label(root,                     #创建标签4
                        text = 'Python\ntkinter',#设置标签中显示的文本
                        justify = tkinter.CENTER,#设置多行文本居中对齐
                        width = 40,              #设置标签的宽度
                        height = 5)              #设置标签的高度
label4.pack()                                    #将标签添加到主窗口中
root.mainloop()                                  #进入消息循环
```

在上述实例代码中，在主窗口中创建了 4 个类型的标签，执行后的效果如图 16-6 所示。

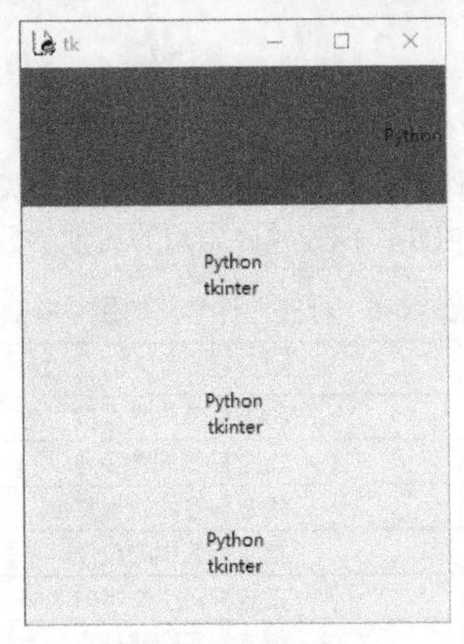

图 16-6 执行效果

16.3.6 使用单选按钮和复选按钮组件

在 Python 程序中，在一组单选按钮（单选框）中只有一个选项可以选中，而在复选按钮（复选框）中可以同时选择多个选项。在库 Tkinter 的控件中，使用 tkinter.Radiobutton 和 tkinter.Checkbutton 可以分别创建单选按钮和复选按钮。通过向其传递属性参数的方式，可以单独设置单选框和复选框的背景色、大小、状态等。单选按钮和复选按钮组件常用的属性控制参数如表 16-7 所示。

表 16-7 单选按钮和复选按钮组件常用的属性控制参数

参　数	功　能
anchor	设置文本位置
background (bg)	设置背景色
borderwidth (bd)	设置边框的宽度
bitmap	设置组件中的位图
font	设置组件中文本的字体
foreground (fg)	设置组件的前景色
height	设置组件的高度
image	设置组件中的图片

续表

参　数	功　能
justify	设置组件中多行文本的对齐方式
text	设置组件中的文本，可以使用“\n”表示换行
value	设置组件被选中后关联变量的值
variable	设置组件所关联的变量
width	设置组件的宽度

在 Python 程序中，variable 是单选按钮和复选按钮组件中比较重要的属性参数，需要使用 tkinter.IntVar 或 tkinter.StringVar 生成通过 variable 指定的变量。其中 tkinter.IntVar 能够生成一个整型变量，而 tkinter.StringVar 可以生成一个字符串变量。当使用 tkinter.IntVar 或者 tkinter.StringVar 生成变量后，可以使用方法 set()设置变量的初始值。如果这个初始值与组件的 value 所指定的值相同，则这个控件处于被选中状态。如果其他组件被选中，则变量值将修改为这个组件的 value 所指定的值。

下面的实例代码演示了使用 Tkinter 在窗体中创建单选按钮和复选按钮的过程。

实例 16-7 在窗体中创建单选按钮和复选按钮

源码路径 daima\16\16-7

实例文件 danfu.py 的具体实现代码如下所示。

拓展范例及视频二维码

范例 451：创建一个弹出式菜单

源码路径：**范例**\451\

范例 452：创建或更新显示的菜单

源码路径：**范例**\452\

```
import tkinter                          #导入Tkinter模块
root = tkinter.Tk()                     #生成一个主窗口对象
r = tkinter.StringVar()                 #生成字符串变量
r.set('1')                              #初始化变量值
radio = tkinter.Radiobutton(root, #创建单选按钮1
                     variable = r,#单选按钮关联的变量
                     value = '1',
                     #设置选中单选按钮时的变量值
                     text = '单选按钮1')
                     #设置单选按钮的显示文本
radio.pack()                   #将单选按钮1添加到窗口中
radio = tkinter.Radiobutton(root,  #创建单选按钮2
                     variable = r,#单选按钮关联的变量
                     value = '2',  #设置选中单选按钮时的变量值
                     text = '单选按钮2' ) #设置单选按钮的显示文本
radio.pack()                   #将单选按钮2添加到窗口中
radio = tkinter.Radiobutton(root,  #创建单选按钮3
                     variable = r, #单选按钮关联的变量
                     value = '3',  #设置选中单选按钮时的变量值
                     text = '单选按钮3' ) #设置单选按钮的显示文本
radio.pack()                   #将单选按钮3添加到窗口中
radio = tkinter.Radiobutton(root,  #创建单选按钮4
                     variable = r, #单选按钮关联的变量
                     value = '4',  #设置选中单选按钮时的变量值
                     text = '单选按钮4' ) #设置单选按钮的显示文本
radio.pack()                            #将单选按钮4添加到窗口中
c = tkinter.IntVar()                    #生成整型变量
c.set(1)                                #变量初始化
check = tkinter.Checkbutton(root,  #创建复选按钮
                     text = '复选按钮',#设置复选按钮的显示文本
                     variable = c,  #复选按钮关联的变量
                     onvalue = 1,   #设置选中复选按钮时的变量值1
                     offvalue = 2)  #设置未选中复选按钮时的变量值2
check.pack()                            #将复选按钮添加到窗口中
root.mainloop()                         #进入消息循环
print(r.get())                          #调用函数get()输出r
print(c.get())                          #调用函数get()输出c
```

在上述实例代码中，在主窗口中分别创建了一个包含 4 个选项的单选按钮和包含一个选项的复选按钮，其中使用函数 StringVar()生成字符串变量，将生成的字符串用于单选框组件。并

且使用函数 IntVar()生成整型变量，并将生成的变量用于复选按钮。执行后的效果如图 16-7 所示。

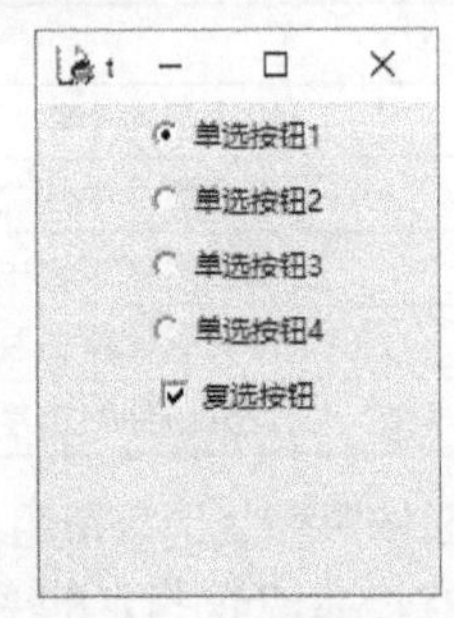

图 16-7　执行效果

16.3.7　使用绘图组件

在 Python 程序中，可以使用 tkinter.Canvas 创建 Canvas 绘图组件，通过 Canvas 控件提供的方法可以绘制直线、圆弧、矩形以及图片。在绘图控件 Canvas 中，常用的属性控制参数如表 16-8 所示。

表 **16-8**　绘图组件 **Canvas** 中常用的属性控制参数

属 性 参 数	功　能
background (bg)	设置绘图组件的背景色
borderwidth (bd)	设置绘图组件的边框宽度
bitmap	设置绘图组件中的位图
foreground (fg)	设置绘图组件的前景色
height	设置绘图组件的高度
image	设置绘图组件中的图片
width	设置绘图组件的宽度

在绘图控件 Canvas 中，常用的绘图方法如表 16-9 所示。

表 **16-9**　绘图组件 **Canvas** 中常用的方法

方　法	功　能
create _arc	绘制圆弧
create_bitmap	绘制位图，支持 XBM
create_image	绘制图片，支持 GIF 格式
create_line	绘制直线
create_oval	绘制椭圆
create_polygon	绘制多边形
create_rectang1e	绘制矩形
create_text	绘制文字
create_window	绘制窗口
delete	删除绘制的图形

下面的实例代码演示了使用 Tkinter 在窗体中绘制图形的过程。

实例 16-8　在窗体中绘制图形
源码路径　daima\16\16-8

实例文件 tu.py 的具体实现代码如下所示。

```
import tkinter                          #导入Tkinter模块
root = tkinter.Tk()                     #生成一个主窗口对象
canvas = tkinter.Canvas(root,           #创建绘图控件
                width = 600,#设置绘图控件的宽度
                height = 480,#设置绘图控件的高度
                bg = 'white')
                #设置绘图控件的背景色
#下一行代码用于打开一幅照片
im = tkinter.PhotoImage(file='5-140FGZ249-51.gif')
canvas.create_image(300,50,image = im)
#将打开的照片添加到绘图控件
canvas.create_text(302,77,      #绘制文字
            text = 'Use Canvas',fill = 'gray')
#设置绘制文字的内容
            canvas.create_text(300,75,#绘制文字
            text = 'Use Canvas', #绘制的文字内容
            fill = 'blue')          #文字的颜色
canvas.create_polygon(290,114,316,114,  #绘制一个多（6）边形
                330,130,310,146,284,146,270,130)
canvas.create_oval(280,120,320,140, #绘制一个椭圆
            fill = 'white')         #设置椭圆颜色为白色
canvas.create_line(250,130,350,130) #绘制直线
canvas.create_line(300,100,300,160) #绘制直线
canvas.create_rectangle(90,190,510,410, #绘制矩形
            width=5)                #设置矩形的线宽是5
canvas.create_arc(100, 200, 500, 400,   #绘制圆弧
            start=0, extent=240,    #设置圆弧的起始和终止角度
            fill="pink")            #设置圆弧的颜色是粉色
canvas.create_arc(103,203,500,400,  #绘制圆弧
            start=241, extent=118,  #设置圆弧的起始和终止角度
            fill="red")             #设置圆弧的颜色是红色
canvas.pack()                       #将绘图控件添加到窗口
root.mainloop()                     #进入消息循环
```

拓展范例及视频二维码

范例 **453**：创建按钮形式的单选框

源码路径：**范例**\453\

范例 **454**：创建两个窗格界面

源码路径：**范例**\454\

在上述实例代码中，首先创建了一个 Canvas 控件对象，然后在上面分别绘制了文字、图形、六边形、椭圆、直线、矩形和圆弧等图形，最后把 Canvas 实例添加到主窗口中进行显示。执行后的效果如图 16-8 所示。

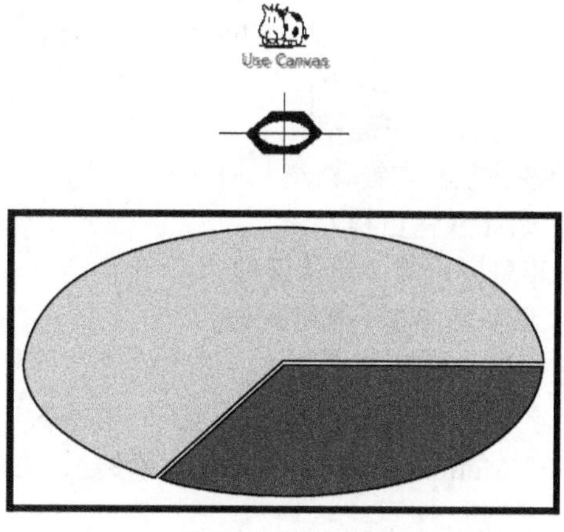

图 16-8 执行效果

16.4 Tkinter 库的事件

在使用库 Tkinter 实现 GUI 开发的过程中，属性和方法是 Tkinter 控件的两个重要元素。但是除此之外，还需要借助于事件来实现 Tkinter 控件的动态功能效果。例如，在窗口中创建一个文件菜单，单击“文件”

扫码看视频：库 Tkinter 的事件

菜单后应该打开一个选择文件对话框，只有这样，它才是一个合格的软件。这个单击“文件”菜单就打开一个选择文件对话框的过程就是通过单击事件完成的。由此可见，在计算机控件应用中，事件就是执行某个功能的动作。本节将详细讲解库 Tkinter 中常用事件的基本知识。

16.4.1　Tkinter 事件基础

在计算机系统中有很多种事件，例如鼠标事件、键盘事件和窗口事件等。鼠标事件主要指鼠标按键的按下、释放，鼠标滚轮的滚动，鼠标指针移进、移出组件等所触发的事件。键盘事件主要指键的按下、释放等所触发的事件。窗口事件是指改变窗口大小、控件状态等变化所触发的事件。

在库 Tkinter 中，事件是指在各个组件上发生的各种鼠标和键盘事件。对于按钮组件、菜单组件来说，可以在创建组件时通过参数 command 指定其事件的处理函数。除了组件所触发的事件外，在创建右键弹出菜单时还需处理右击事件。类似的事件还有鼠标事件、键盘事件和窗口事件。

在 Python 程序的 Tkinter 库中，鼠标事件、键盘事件和窗口事件可以采用事件绑定的方法来处理消息。为了实现控件绑定功能，可以使用控件中的方法 bind()实现，或者使用方法 bind_class()实现类绑定，分别调用函数或者类来响应事件。方法 bind_all()也可以绑定事件，方法 bind_all()能够将所有的组件事件绑定到事件响应函数上。上述 3 个方法的具体语法格式如下所示。

```
bind(sequence, func, add)
bind_class( className, sequence, func, add)
bind_all (sequence, func, add)
```

各个参数的具体说明如下所示。

- func：所绑定的事件处理函数。
- add：可选参数，为空字符或者“+”。
- className：所绑定的类。
- sequence：表示所绑定的事件，必须是以尖括号“<>”包围的字符串。

在库 Tkinter 中，常用的鼠标事件如下所示。

- <Button-1>：表示鼠标左键按下，而<Button-2>表示中键按下，<Button-3>表示右键按下。
- <ButtonPress-l>：表示鼠标左键按下，与<Button-l>相同。
- <ButtonRelease-l>：表示鼠标左键释放。
- <Bl-Motion>：表示按住鼠标左键移动。
- <Double-Button-l>：表示双击鼠标左键。
- <Enter>：表示鼠标指针进入某一组件区域。
- <Leave>：表示鼠标指针离开某一组件区域。
- <MouseWheel>：表示鼠标滑轮滚动动作。

在上述鼠标事件中，数字“1”都可以替换成 2 或 3。其中数字“2”表示鼠标中键，数字“3”表示鼠标右键。例如<B3-Motion>表示按住鼠标右键移动，<Double-Button-2>表示双击鼠标中键等。

在库 Tkinter 中，常用的键盘事件如下所示。

- <KeyPress-A>：表示按下 A 键，可用其他字母键代替 A。
- <Alt-KeyPress-A>：表示同时按下 Alt 和 A 键。
- <Control-KeyPress-A>：表示同时按下 Control 和 A 键。
- <Shift-KeyPress-A>：表示同时按下 Shift 和 A 键。
- <Double-KeyPress-A>：表示快速地按两下 A 键。
- <Lock-KeyPress-A>：表示打开 Caps Lock 后按下 A 键。

在上述键盘事件中，还可以使用 Alt、Control 和 Shift 键的组合。例如<Alt-Control-Shift-KeyPress-B>表示同时按下 Alt、Control、Shift 和 B 键。其中，KeyPress 可以使用 KeyRelease

替换，表示当按键释放时触发事件。读者在此需要注意的是，输入的字母要区分大小写，如果使用<KeyPress-A>，则只有按下 Shift 键或者打开 Caps Lock 时才可以触发事件。

在库 Tkinter 中，常用的窗口事件如下所示。

- Activate：当组件由不可用转为可用时触发。
- Configure：当组件大小改变时触发。
- Deactivate：当组件由可用转为不可用时触发。
- Destroy：当组件被销毁时触发。
- Expose：当组件从被遮挡状态中暴露出来时触发。
- FocusIn：当组件获得焦点时触发。
- FocusOut：当组件失去焦点时触发。
- Map：当组件由隐藏状态变为显示状态时触发。
- Property：当窗体的属性被删除或改变时触发。
- Unmap：当组件由显示状态变为隐藏状态时触发。
- Visibility：当组件变为可视状态时触发。

当把窗口中的事件绑定到函数后，如果触发该事件，将会调用所绑定的函数进行处理。触发事件后，系统将向该函数传递一个 event 对象的参数。正因如此，应该将被绑定的响应事件函数定义成如下所示的格式。

```
def function (event):
<语句>
```

在上述格式中，event 对象具有的属性信息如表 16-10 所示。

表 16-10　event 对象的属性信息

属　性	功　能
char	按键字符，仅对键盘事件有效
keycode	按键名，仅对键盘事件有效
keysym	按键编码，仅对键盘事件有效
num	鼠标按键，仅对鼠标事件有效
type	所触发的事件类型
widget	引起事件的控件
width, height	组件改变后的大小，仅对 Configure 有效
x,y	相对于窗口，鼠标光标当前的位置
x_root, y_root	相对于整个屏幕，鼠标光标当前的位置

16.4.2　动态绘图程序

下面的实例代码演示了使用 Tkinter 事件实现一个动态绘图程序的过程。

实例 16-9　动态绘图程序

源码路径　daima\16\16-9

实例文件 huitu.py 的具体实现流程如下所示。

（1）导入库 Tkinter，在窗口中定义绘制不同图形的按钮，并且定义单击按钮时将要调用的操作函数。具体实现代码如下所示。

```
import tkinter                              #导入Tkinter模块
class MyButton:                             #定义一个按钮类MyButton
    def __init__ (self,root,canvas,label,type):  #构造方法实现类的初始化
        self.root = root                    #初始化属性root
        self.canvas = canvas                #初始化属性canvas
        self.label = label                  #初始化属性label
```

```
        if type == 0:        #type表示类型，如果type值为0
            button = tkinter.Button(root,text = '直线', #创建一个绘制直线的按钮
                                command = self.DrawLine) #通过command设置单击时要执行的操作
        elif type == 1:      #如果type值为1
            button = tkinter.Button(root,text = '弧形', #创建一个绘制弧形的按钮
                                command = self.DrawArc) #通过command设置单击时要执行的操作
        elif type == 2:      #如果type值为2
            button = tkinter.Button(root,text = '矩形', #创建一个绘制矩形的按钮
                                command = self.DrawRec) #通过command设置单击时要执行的操作
        else :               #如果type是其他值
            button = tkinter.Button(root,text = '椭圆', #创建一个绘制椭圆的按钮
                                command = self.DrawOval) #通过command设置单击时要执行的操作
        button.pack(side = 'left')
        #将按钮添加到主窗口中
    def DrawLine(self):  #绘制直线函数
        self.label.text.set('直线')#显示的文本
        self.canvas.SetStatus(0)#设置画布的状态
    def DrawArc(self):   #绘制弧形函数
        self.label.text.set('弧形')#显示的文本
        self.canvas.SetStatus(1)#设置画布的状态
    def DrawRec(self):   #绘制矩形函数
        self.label.text.set('矩形')#显示的文本
        self.canvas.SetStatus(2)#设置画布的状态
    def DrawOval(self):  #绘制椭圆函数
        self.label.text.set('椭圆')#显示的文本
        self.canvas.SetStatus(3)#设置画布的状态
```

拓展范例及视频二维码

范例 **455**：创建 3 个窗格界面
源码路径：**范例**\455\

范例 **456**：实现一个小窗口部件
源码路径：**范例**\456\

（2）定义类 MyCanvas，在里面根据用户单击的绘图按钮执行对应的事件。具体实现代码如下所示。

```
class MyCanvas:                               #定义绘图类MyCanvas
    def __init__ (self,root):                 #构造函数
        self.status = 0                       #属性初始化
        self.draw = 0                         #属性初始化
        self.root = root                      #属性初始化
        self.canvas = tkinter.Canvas(root,bg = 'white',#设置画布的背景色为白色
                        width = 600,          #设置画布的宽度
                        height = 480)         #设置画布的高度
        self.canvas.pack()                    #将画布添加到主窗口中
        #绑定鼠标释放事件,x=[1,2,3],分别表示鼠标的左、中、右键操作
        self.canvas.bind('<ButtonRelease-1>',self.Draw)
        self.canvas.bind('<Button-2>',self.Exit)  #绑定鼠标中击事件
        self.canvas.bind('<Button-3>',self.Del)   #绑定鼠标右击事件
        self.canvas.bind_all('<Delete>',self.Del)   #绑定键盘中的Delete键
        self.canvas.bind_all('<KeyPress-d>',self.Del) #绑定键盘中的d键
        self.canvas.bind_all('<KeyPress-e>',self.Exit) #绑定键盘中的e键
    def Draw(self,event):                     #定义绘图事件处理函数
        if self.draw == 0:                    #开始绘图
            self.x = event.x                  #设置属性x
            self.y = event.y                  #设置属性y
            self.draw = 1                     #设置属性draw
        else:
            if self.status == 0:   #根据status的值绘制不同的图形
                self.canvas.create_line(self.x,self.y,  #绘制直线
                        event.x,event.y)
                self.draw = 0
            elif self.status == 1:
                self.canvas.create_arc(self.x,self.y, #绘制弧形
                        event.x,event.y)
                self.draw = 0
            elif self.status == 2:
                self.canvas.create_rectangle(self.x,self.y, #绘制矩形
                        event.x,event.y)
                self.draw = 0
            else:
                self.canvas.create_oval(self.x,self.y,  #绘制椭圆
                        event.x,event.y)
                self.draw = 0
    def Del(self,event):                      #按下鼠标右键或键盘上的d键时删除图形
        items = self.canvas.find_all()
        for item in items:
            self.canvas.delete(item)
    def Exit(self,event):                     #按下鼠标中键或键盘上的e键时则退出系统
        self.root.quit()
    def SetStatus(self,status):               #使用status设置要绘制的图形
        self.status = status
```

(3) 定义标签类 MyLabel，在绘制不同图形时显示对应的标签。具体实现代码如下所示。

```
class MyLabel:                                      #定义标签类MyLabel
       def __init__ (self,root):                    #构造初始化
              self.root = root
              self.canvas = canvas
              self.text = tkinter.StringVar() #生成标签引用变量
              self.text.set('Draw Line')      #设置标签文本
              self.label = tkinter.Label(root,textvariable = self.text,
                             fg = 'red',width = 50) #创建指定的标签
              self.label.pack(side = 'left')  #将标签添加到主窗口中
```

(4) 分别生成主窗口、绘图控件、标签和绘图按钮。具体实现代码如下所示。

```
root = tkinter.Tk()                                #生成主窗口
canvas = MyCanvas(root)                            #绘图对象实例
label = MyLabel(root)                              #生成标签
MyButton(root,canvas,label,0)                      #生成绘图按钮
MyButton(root,canvas,label,1)                      #生成绘图按钮
MyButton(root,canvas,label,2)                      #生成绘图按钮
MyButton(root,canvas,label,3)                      #生成绘图按钮
root.mainloop()                                    #进入消息循环
```

执行后的效果如图 16-9 所示。

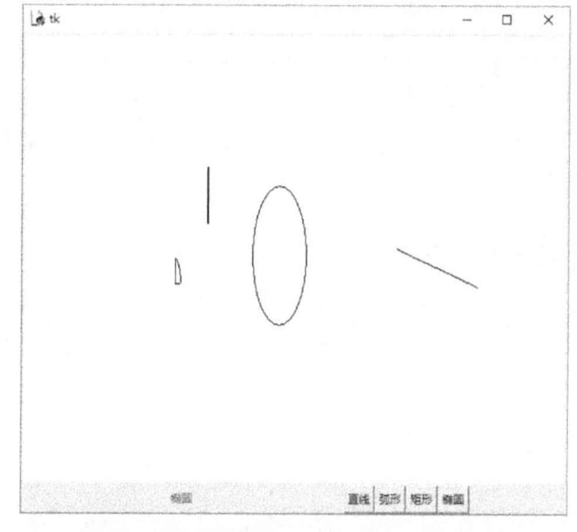

图 16-9　执行效果

16.5　实现对话框效果

扫码看视频：实现对话框效果

说到对话框，其实脑海里会呈现出很多，比如聊天对话框，发送信息的对话框，这个其实也要分领域的。普遍地都认为对话框是一种次要窗口，其中包含按钮和各种选项，通过它们可以完成特定命令或任务。对话框与窗口有区别，它没有最大化按钮，没有最小化按钮，基本上不能改变形状大小。对话框是人机交流的一种方式，用户对对话框进行设置，计算机就会执行相应的命令。本节将详细讲解使用库 Tkinter 实现对话框图形化界面效果的知识。

16.5.1　创建消息框

在库 Tkinter 中提供了标准的对话框模板，在 Python 程序中可以直接使用这些标准对话框与用户进行交互。在 Tkinter 标准对话框中，包含了简单的消息框和用户输入对话框。其中，信息框以窗口的形式向用户输出信息，也可以获取用户所单击的按钮信息。而在输入对话框中，一般要求用户输入字符串、整型值或者浮点型值。

在 tkinter.messagebox 模块系统中，为 Python 3 提供了几个内置的消息框模板。使用 tkinter.messagebox 模块中的方法 askokcancel、askquestion、askyesno、showerror、showinfo 和 showwarning 可以创建消息框，在使用这些方法时需要向其传递 title 和 message 参数。下面的实例代码演示了使用 tkinter.messagebox 模块创建消息对话框的过程。

实例 16-10　在窗体中创建消息对话框

源码路径　daima\16\16-10

实例文件 duihua.py 的具体实现代码如下所示。

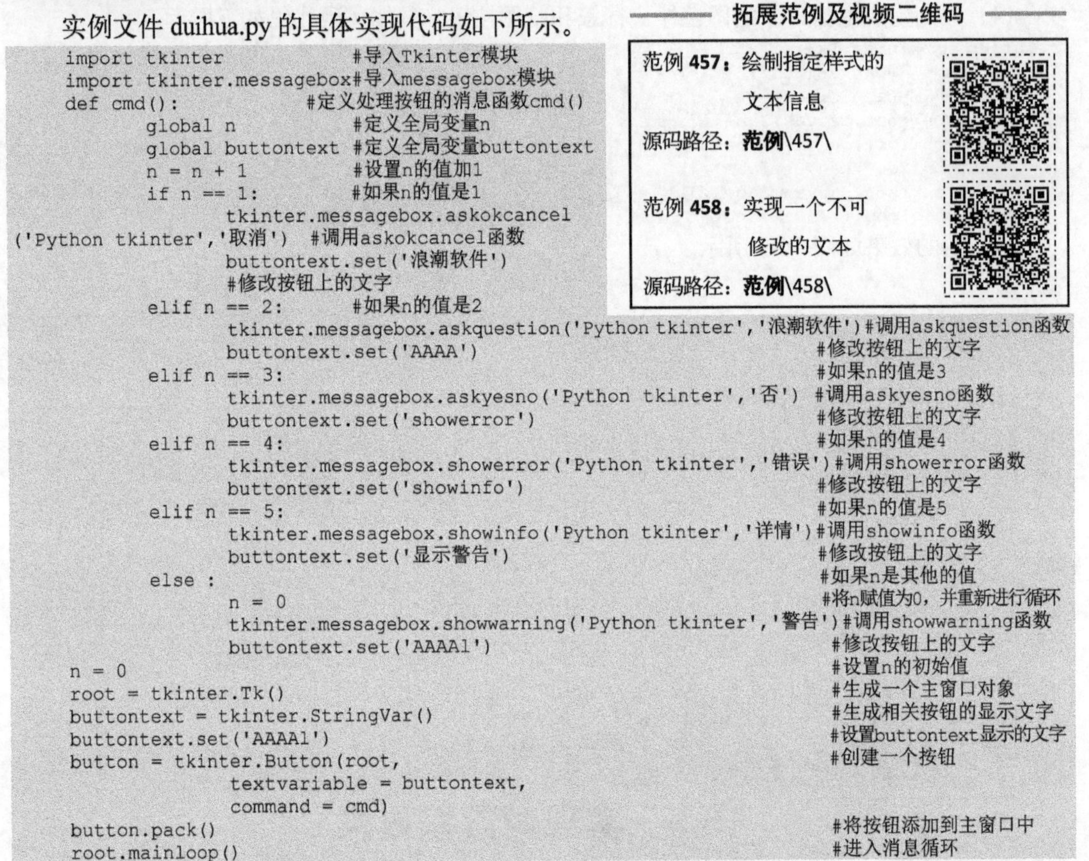

```
import tkinter              #导入Tkinter模块
import tkinter.messagebox#导入messagebox模块
def cmd():              #定义处理按钮的消息函数cmd()
        global n            #定义全局变量n
        global buttontext #定义全局变量buttontext
        n = n + 1           #设置n的值加1
        if n == 1:          #如果n的值是1
                tkinter.messagebox.askokcancel
('Python tkinter','取消')  #调用askokcancel函数
                buttontext.set('浪潮软件')
                #修改按钮上的文字
        elif n == 2:        #如果n的值是2
                tkinter.messagebox.askquestion('Python tkinter','浪潮软件')#调用askquestion函数
                buttontext.set('AAAA')                              #修改按钮上的文字
        elif n == 3:                                                #如果n的值是3
                tkinter.messagebox.askyesno('Python tkinter','否') #调用askyesno函数
                buttontext.set('showerror')                         #修改按钮上的文字
        elif n == 4:                                                #如果n的值是4
                tkinter.messagebox.showerror('Python tkinter','错误')#调用showerror函数
                buttontext.set('showinfo')                          #修改按钮上的文字
        elif n == 5:                                                #如果n的值是5
                tkinter.messagebox.showinfo('Python tkinter','详情')#调用showinfo函数
                buttontext.set('显示警告')                          #修改按钮上的文字
        else :                                                      #如果n是其他的值
                n = 0                                               #将n赋值为0，并重新进行循环
                tkinter.messagebox.showwarning('Python tkinter','警告')#调用showwarning函数
                buttontext.set('AAAAl')                             #修改按钮上的文字
n = 0                                                               #设置n的初始值
root = tkinter.Tk()                                                 #生成一个主窗口对象
buttontext = tkinter.StringVar()                                    #生成相关按钮的显示文字
buttontext.set('AAAAl')                                             #设置buttontext显示的文字
button = tkinter.Button(root,                                       #创建一个按钮
                textvariable = buttontext,
                command = cmd)
button.pack()                                                       #将按钮添加到主窗口中
root.mainloop()                                                     #进入消息循环
```

拓展范例及视频二维码

范例 457：绘制指定样式的文本信息
源码路径：**范例**\457\

范例 458：实现一个不可修改的文本
源码路径：**范例**\458\

在上述实例代码中创建了按钮消息处理函数，然后将其绑定到按钮上，单击按钮后会显示一个对话框效果，执行后会显示不同类型的对话框效果。执行后的效果如图 16-10 所示。

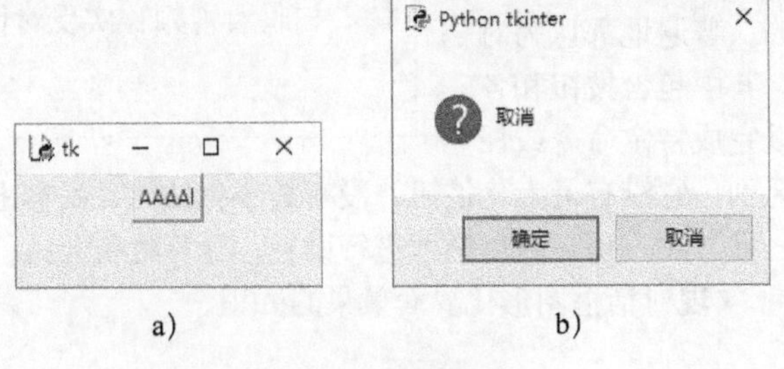

a)　　　　　　b)

图 16-10　执行效果

除了上述实例中使用的标准消息对话框以外，还可以使用方法 tkinter.messagebox.-show 创建其他类型的消息对话框。在方法 tkinter.messagebox._show 中有如下所示的控制参数。

- default：设置消息框的按钮。
- icon：设置消息框的图标。

- message：设置消息框所显示的消息。
- parent：设置消息框的父组件。
- title：设置消息框的标题。
- type：设置消息框的类型。

16.5.2 创建输入对话框

在 Python 程序中，可以使用 tkinter.simpledialog 模块创建标准的输入对话框，此模块可以创建如下 3 种不同类型的对话框。

- 输入字符串对话框：通过方法 askstring()实现。
- 输入整数对话框：通过方法 askinteger()实现。
- 输入浮点数对话框：通过方法 askfloat()实现。

上述 3 个方法有相同的可选参数，具体说明如下所示。

- title：设置对话框标题。
- prompt：设置对话框中显示的文字。
- initialvalue：设置输入框的初始值。

使用 tkinter.simpledialog 模块中的上述函数创建输入对话框后，可以返回对话框中文本框的值。下面的实例代码演示了使用 tkinter.simpledialog 模块创建输入对话框的过程。

实例 16-11　在窗体中创建输入对话框

源码路径　daima\16\16-11

实例文件 shuru.py 的具体实现代码如下所示。

拓展范例及视频二维码

范例 459：制作一个记事本程序
源码路径：**范例**\459\

范例 460：使用网格布局方式
源码路径：**范例**\460\

```
import tkinter                      #导入Tkinter模块
import tkinter.simpledialog #导入simpledialog模块
def InStr():    #定义按钮事件处理函数InStr()
        r = tkinter.simpledialog.askstring
        ('Python',#输入字符串对话框
                    '字符串',     #提示字符
                    initialvalue='字符串')
                    #设置初始化文本
        print(r)                #显示返回值
def InInt():                    #定义按钮事件处理函数
        r = tkinter.simpledialog.askinteger
        ('Python','输入整数')#输入整数对话框
        print(r)                #显示返回值
def InFlo():                    #定义按钮事件处理函数
        r = tkinter.simpledialog.askfloat('Python','输入浮点数')#输入浮点数对话框
        print(r)                                                 #显示返回值
root = tkinter.Tk()                                              #生成一个主窗口对象
button1 = tkinter.Button(root,text = '输入字符串',               #创建按钮
            command = InStr)                                     #设置按钮事件处理函数
button1.pack(side='left')                                        #将按钮添加到窗口中
button2 = tkinter.Button(root,text = '输入整数',                 #创建按钮
            command = InInt)                                     #设置按钮事件处理函数
button2.pack(side='left')                                        #将按钮添加到窗口中
button2 = tkinter.Button(root,text = '输入浮点数',
            command = InFlo)                                     #设置按钮事件处理函数
button2.pack(side='left')                                        #将按钮添加到窗口中
root.mainloop()                                                  #进入消息循环
```

在上述实例代码中，定义了用于创建不同类型对话框的消息处理函数，然后分别将其绑定到相应的按钮上。单击 3 个按钮后将分别弹出 3 种不同类型的输入对话框。执行后的效果如图 16-11 所示。

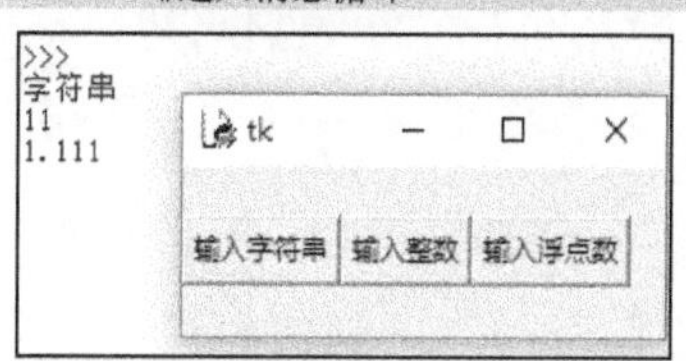

图 16-11　执行效果

16.5.3　创建打开/保存文件对话框

在 Python 程序中，可以使用 tkinter.filedialog 模块中的方法 askopenfilename()创建标准的打开文件对话框，使用方法 asksaveasfilename()可以创建标准的保存文件对话框。这两个方法具有如下几个相同的可选参数。

- ❑ filetypes：设置文件类型。
- ❑ initialdir：设置默认目录。
- ❑ initialfile：设置默认文件。
- ❑ title：设置对话框标题。

使用 filedialog 模块中的方法创建对话框后，可以返回这个文件的完整路径。下面的实例代码演示了使用 Tkinter 库创建打开/保存文件对话框的过程。

实例 16-12　创建打开/保存文件对话框

源码路径　daima\16\16-12

实例文件 da.py 的具体实现代码如下所示。

```
import tkinter                              #导入Tkinter模块
import tkinter.filedialog                   #导入filedialog模块
def FileOpen():                             #创建打开文件的事件处理函数
        r = tkinter.filedialog.askopenfilename(title = 'Python',filetypes=[('Python', '*.py
        *.pyw'),('All files', '*')]) #创建打开文件对话框
        print(r)                            #显示返回值
def FileSave():                             #创建保存文件的事件处理函数
        r = tkinter.filedialog.asksaveasfilename(title = 'Python',  #设置标题
                initialdir=r'E:\Python\code', #设置默认保存目录
                initialfile = 'test.py')          #设置初始化文件
        print(r)                            #显示返回值
root = tkinter.Tk()                         #生成一个主窗口对象
button1 = tkinter.Button(root,text = '打开文件',  #创建按钮
            command = FileOpen)     #设置按钮事件的处理函数
button1.pack(side='left')                   #将按钮添加到主窗口中
button2 = tkinter.Button(root,text = '保存文件',  #创建按钮
            command = FileSave)     #设置按钮事件的处理函数
button2.pack(side='left')                   #将按钮添加到主窗口中
root.mainloop()                             #进入消息循环
```

在上述实例代码中，首先定义了用于创建打开文件和保存文件对话框的消息处理函数，然后将这两个函数绑定到相应的按钮上。执行程序后，单击“打开文件”按钮，将创建一个打开文件对话框。单击“保存文件”按钮，将创建一个保存文件对话框。执行后的效果如图 16-12 所示。

拓展范例及视频二维码

范例 **461**：使用 fill 控制子组件布局
源码路径：**范例**\461\

范例 **462**：使用 expand 控制组件布局
源码路径：**范例**\462\

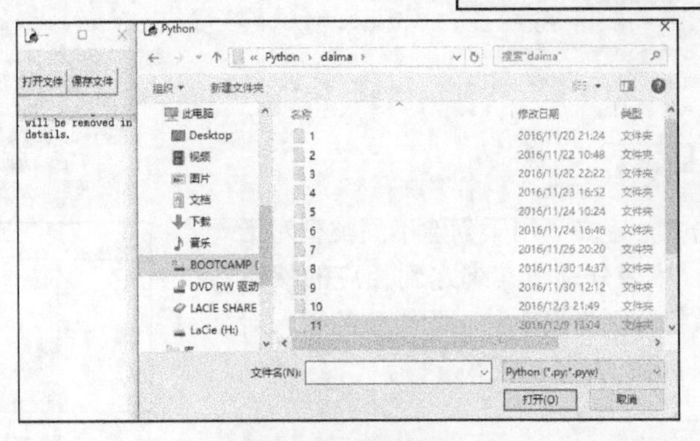

图 16-12　执行效果

16.5.4 创建颜色选择对话框

在 Python 程序中，可以使用 tkinter.colorchooser 模块中的方法 askcolor()创建标准的颜色对话框。方法 askcolor()中的参数说明如下所示。

- ❑ initialcolor：设置初始化颜色。
- ❑ title：设置对话框标题。

使用 tkinter.colorchooser 模块创建颜色对话框后，会返回颜色的 RGB 值和可以在 Python Tkinter 中使用的颜色字符值。下面的实例代码演示了使用 tkinter.colorchooser 模块创建颜色选择对话框的过程。

实例 16-13　创建颜色选择对话框

源码路径　daima\16\16-13

实例文件 color.py 的具体实现代码如下所示。

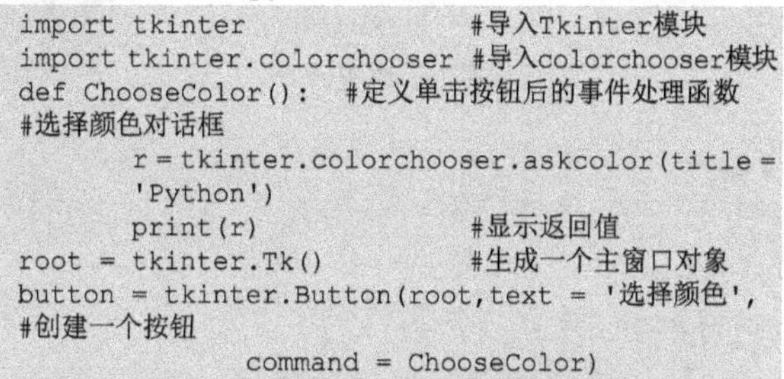

```
import tkinter                    #导入Tkinter模块
import tkinter.colorchooser  #导入colorchooser模块
def ChooseColor():   #定义单击按钮后的事件处理函数
#选择颜色对话框
        r = tkinter.colorchooser.askcolor(title =
        'Python')
        print(r)                  #显示返回值
root = tkinter.Tk()               #生成一个主窗口对象
button = tkinter.Button(root,text = '选择颜色',
#创建一个按钮
                command = ChooseColor)
                #设置按钮单击事件处理函数
button.pack()                     #将按钮添加到窗口中
root.mainloop()                   #进入消息循环
```

拓展范例及视频二维码

范例 463：改变组件的排放位置

源码路径：范例\463\

范例 464：设置组件之间的间隙大小

源码路径：范例\464\

在上述实例代码中，定义了用于创建颜色选择器的消息处理函数，单击“选择颜色”按钮后弹出颜色选择对话框界面。执行后的效果如图 16-13 所示。

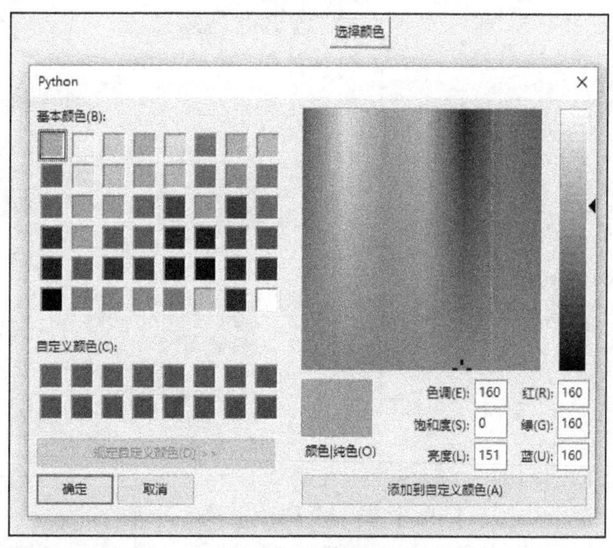

图 16-13　执行效果

16.5.5 创建自定义对话框

在 Python 程序中，有时出于项目的特殊需求，需要自定义特定格式的对话框。可以使用库 Tkinter 中的 Toplevel 控件来创建自定义对话框。开发者可以向 Toplevel 控件添加其他控件，并且可以定义事件响应函数或者类。在使用库 Tkinter 创建对话框的时候，如果对话框中也需要进行事件处理，建议以类的形式来定义对话框。否则，只能大量使用全局变量来处理参数，这样会导致程序维护和调试困难。对于代码较多的 GUI 程序，建议使用类的方式来组织整个程序。

下面的实例代码演示了使用库 Tkinter 自定义对话框的过程。

实例 16-14 使用库 Tkinter 自定义对话框

源码路径 daima\16\16-14

实例文件 zidingyi.py 的具体实现代码如下所示。

拓展范例及视频二维码

范例 465：实现最简单的消息对话框
源码路径：**范例**\465\

范例 466：一个简单的消息对话框
源码路径：**范例**\466\

```
import tkinter                    #导入Tkinter模块
import tkinter.messagebox         #导入messagebox模块
class MyDialog:                   #定义对话框类MyDialog
        def __init__ (self, root): #构造函数初始化
                self.top = tkinter.Toplevel(root)
                #创建Toplevel控件
                #创建Label控件
                label = tkinter.Label(self.top,
                text='请输入信息')
                label.pack()#将Label控件添加到主窗口中
                self.entry = tkinter.Entry
                (self.top) #文本框
                self.entry.pack()
                self.entry.focus()    #获得输入焦点
                button = tkinter.Button(self.top, text='好',
                              command=self.Ok)
                button.pack()                      #将按钮添加到主窗口中
        def Ok(self):                              #定义单击按钮后的事件处理函数
                self.input = self.entry.get()      #获取文本框的内容
                self.top.destroy()                 #销毁对话框
        def get(self):                             #定义单击按钮后的事件处理函数
                return self.input                  #返回在文本框输入的内容
class MyButton():                                  #定义类MyButton
        def __init__ (self, root, type):           #构造函数
                self.root = root                   #父窗口初始化
                if type == 0:                      #根据type的值创建不同的按钮，如果type值为0
                        self.button = tkinter.Button(root,
                                text='创建',  #设置按钮的显示文本
                                command = self.Create)  #设置按钮事件的处理函数
                else:                              #如果type值不为0
                        self.button = tkinter.Button(root,  #创建退出按钮
                                text='退出',
                                command = self.Quit)#设置按钮事件的处理函数
                self.button.pack()
        def Create(self):                          #定义单击按钮后的事件处理函数
                d = MyDialog(self.root)            #创建一个对话框
                self.button.wait_window(d.top)     #等待对话框运行结束
     #显示在对话框中输入的内容
                tkinter.messagebox.showinfo('Python','你输入的是：\n' + d.get())
        def Quit(self):                            #定义单击按钮后的事件处理函数
                self.root.quit()                   #设置按钮事件的处理函数，用于退出关闭主窗口
root = tkinter.Tk()                                #生成一个主窗口对象
MyButton(root,0)                                   #生成创建按钮
MyButton(root,1)                                   #生成退出按钮
root.mainloop()                                    #进入消息循环
```

在上述实例代码中，使用 Toplevel 控件自定义了一个简单的对话框。首先自定义了两个类 MyDialog 和 MyButton，类实例化后加入到主窗口中。运行后会显示“创建”和“退出”两个按钮，单击“创建”按钮后将创建一个信息输入对话框，在里面的文本框中可以输入一些文字，单击“好”按钮后会弹出对话框，在里面显示刚才输入的文本信息。单击“退出”按钮后则关闭窗口并退出程序。执行后的效果如图 16-14 所示。

图 16-14 执行效果

16.6 技术解惑

16.6.1 格外注意方法 pack()的参数

在 Tkinter 模块的组件中，方法 pack()可以使用如下参数来设置组件的位置属性。

- after：将组件置于其他控件之后。
- anchor：组件的对齐方式，可以为顶对齐"n"、底对齐"s"、左对齐"w"、右对齐"e"。
- before：将组件置于其他组件之前。
- side：组件在主窗口的位置，可以为"top""bottom""left""right"。

16.6.2 请务必注意方法 grid()的参数

在 Tkinter 模块的控件中，方法 grid()使用行列的方法放置组件的位置，在方法 grid()中可以使用以下几个参数来设置组件的位置属性。

- column：组件所在列的起始位置。
- columnspan：组件的列宽。
- row：组件所在行的起始位置。
- rowspan：组件的行宽。

16.6.3 请务必注意方法 place()的属性

在 Tkinter 模块的组件中，方法 place()可以直接使用坐标来放置组件的位置，此方法可以使用这些参数设置组件的位置属性。方法 place()的属性信息如表 16-11 所示。

表 16-11 方法 place()的属性信息

参数名	功能
anchor	组件对齐方式
x	组件左上角的 x 坐标
y	组件左上角的 y 坐标
relx	相对于窗口的 x 坐标，组件的 x 坐标应该是 0～1 的小数
rely	相对于窗口的 y 坐标，组件的 y 坐标应该是 0～1 的小数
width	组件的宽度
height	组件的高度
relwidth	相对于窗口的宽度，组件的宽度应该是 0～1 的小数
relheight	相对于窗口的高度，组件的高度应该是 0～1 的小数

16.7 课后练习

（1）画图，使用 line 绘制直线。

（2）绘制一个椭圆。

（3）画图，使用 circle 绘制圆形。

（4）画图，使用 rectangle 绘制长方形。

第 17 章

网 络 编 程

（视频讲解：96min）

互联网改变了人们的生活方式，生活在当今社会中的人们已经越来越离不开网络。Python语言在网络通信方面的优点特别突出，要远远领先其他语言。本章将详细讲解使用 Python 语言开发网络项目的基本知识，为读者步入本书后面知识的学习打下基础。

17.1 网络开发基础

在进行 Python 网络编程开发之前，必须首先了解计算机网络通信的基本框架和工作原理。在两台或多台计算机之间进行网络通信时，通信的双方还必须遵循相同的通信原则和数据格式。接下来将介绍 OSI 七层网络模型、TCP/IP 协议。

扫码看视频：网络开发基础

17.1.1 OSI 七层网络模型

OSI 七层网络模型是一个开放系统互联的参考模型。通过这个参考模型，用户可以非常直观地了解网络通信的基本过程和原理。OSI 七层网络模型如图 17-1 所示。

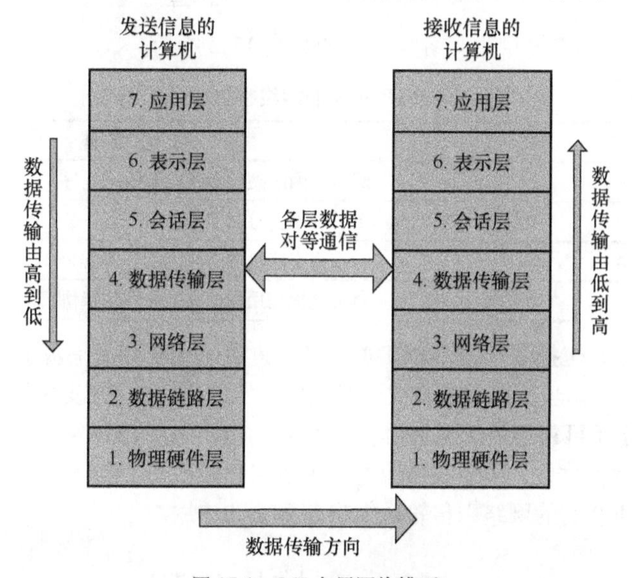

图 17-1 OSI 七层网络模型

从图 17-1 所示的 OSI 网络模型可以看到，网络数据从发送方到达接收方的过程中，数据的流向以及经过的通信层和相应的通信协议。事实上，在网络通信的发送端，其通信数据每到达一个通信层，该层的协议都会在数据中添加一个包头数据。而在接收方恰好相反，数据通过每一层时都会被该层协议剥去相应的包头数据。用户也可以这样理解，即网络模型中的各层都是对等通信。在 OSI 七层网络模型中，各个网络层都具有各自的功能，如表 17-1 所示。

表 17-1 各网络层的功能

协 议 层 名	功 能 概 述
物理硬件层	表示计算机网络中的物理设备。常见的有计算机网卡等
数据链路层	将传输数据进行压缩与解压缩
网络层	将数据进行网络传输
数据传输层	进行信息的网络传输
会话层	建立物理网络的连接
表示层	将传输数据以某种格式进行表示
应用层	应用程序接口

17.1.2　TCP/IP 协议

TCP/IP 协议实际上是一个协议簇，其包括了很多协议。例如，FTP（文本传输协议）、SMTP（邮件传输协议）等应用层协议。TCP/IP 协议的网络模型只有 4 层，包括数据链路层、网络层、数据传输层和应用层，如图 17-2 所示。

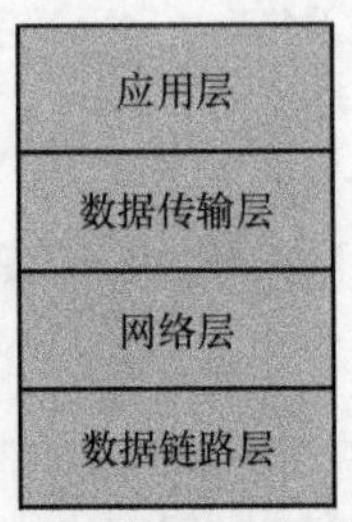

图 17-2　TCP/IP 协议的网络模型

在 TCP/IP 协议的网络模型中，各层的功能如表 17-2 所示。

表 17-2　**TCP/IP** 协议的网络模型中各层的功能

协 议 层 名	功 能 概 述
数据链路层	网卡等网络硬件设备以及驱动程序
网络层	IP 协议等互联协议
数据传输层	为应用程序提供通信方法，通常为 TCP、UDP 协议
应用层	负责处理应用程序的实际应用层协议

在数据传输层中，包括了 TCP 和 UDP 协议。其中，TCP 协议是基于连接的可靠的通信协议。其具有重发机制，即当数据被破坏或者丢失时，发送方将重发该数据。而 UDP 协议基于用户数据报协议，属于不可靠连接的通信协议。例如当使用 UDP 协议发送一条消息时，并不知道该消息是否已经到达接收方，或者在传输过程中数据已经丢失。但是在即时通信中，UDP 协议在对一些对时间要求较高的网络中传输数据有着重要的作用。

17.2　套接字编程

扫码看视频：套接字编程

应用程序通常通过“套接字”（socket）向网络发出请求或者应答网络请求，使主机间或者一台计算机上的进程间可以通信。Python 语言提供了两种访问网络服务的功能。其中低级别的网络服务通过套接字实现，它提供了标准的 BSD 套接字 API，可以访问底层操作系统套接字接口的全部方法。而高级别的网络服务通过模块 SocketServer 实现，它提供了服务器中心类，可以简化网络服务器的开发。本节将首先讲解通过套接字对象实现网络编程的知识。

17.2.1　socket()函数介绍

在 Python 语言标准库中，通过使用 socket 模块提供的 socket 对象，可以在计算机网络中建立可以相互通信的服务器与客户端。在服务器端需要建立一个 socket 对象，并等待客户端的连接。客户端使用 socket 对象与服务器端进行连接，一旦连接成功，客户端和服务器端就可以进行通信了。

在 Python 语言，函数 socket()能够创建 socket 对象。此函数是套接字网络编程的基础对象，具体语法格式如下所示。

```
socket(socket_family, socket_type,protocol=0)
```

其中，参数“socket_family”是 AF_UNIX 或 AF_INET，参数“socket_type”是 SOCK_STREAM 或 SOCK_DGRAM。参数“protocol”通常省略，默认为 0。

在 Python 程序中，为了创建 TCP/IP 套接字，可以用下面的代码调用 socket.socket()。

```
tcpSock = socket.socket(socket.AF_INET, socket.SOCK_STREAM)
```

同样原理，在创建 UDP/IP 套接字时需要执行如下所示的代码。

```
udpSock = socket.socket(socket.AF_INET, socket.SOCK_DGRAM)
```

因为有很多 socket 模块属性，所以此时可以使用“from module import ”这种导入方式，但是这只是其中的一个例外。如果使用“from socket import ”导入方式，那么就把 socket 属性引入到了命名空间中。虽然这看起来有些麻烦，但是通过这种方式将能够大大缩短代码的编写量，例如下面所示的代码。

```
tcpSock = socket(AF_INET, SOCK_STREAM)
```

一旦有了一个套接字对象，那么使用 socket 对象的方法可以进行进一步的交互工作。

17.2.2 socket 对象的内置函数和属性

在 Python 语言的 socket 对象中，提供如表 17-3 所示的内置函数。

表 17-3 socket 对象的内置函数

函 数	功 能
服务器端套接字函数	
s.bind()	绑定地址（host, port）到套接字，在 AF_INET 下，以元组（host,port）的形式表示地址
s.listen()	开始 TCP 监听。backlog 指定在拒绝连接之前，操作系统可以挂起的最大连接数量。该值至少为 1，大部分应用程序设置为 5 就可以了
s.accept()	被动接受 TCP 客户端连接，（阻塞式）等待连接的到来
客户端套接字函数	
s.connect()	主动初始化 TCP 服务器连接，一般 address 的格式为元组（hostname,port），如果连接出错，返回 socket.error 错误
s.connect_ex()	connect()函数的扩展版本，出错时返回出错码，而不是抛出异常
公共用途的套接字函数	
s.recv()	接收 TCP 数据，数据以字符串形式返回，bufsize 指定要接收的最大数据量。flags 提供有关消息的其他信息，通常可以忽略
s.send()	发送 TCP 数据，将 string 中的数据发送到连接的套接字。返回值是要发送的字节数量，该数量可能小于 string 的字节大小
s.sendall()	完整发送 TCP 数据。将 string 中的数据发送到连接的套接字，但在返回之前会尝试发送所有数据。成功返回 None，失败则抛出异常
s.recvform()	接收 UDP 数据，与 recv()类似，但返回值是（data, address）。其中 data 是包含接收数据的字符串，address 是发送数据的套接字地址
s.sendto()	发送 UDP 数据，将数据发送到套接字，address 是形式为（ipaddr，port）的元组，指定远程地址。返回值是发送的字节数
s.close()	关闭套接字
s.getpeername()	返回连接套接字的远程地址。返回值通常是元组（ipaddr, port）
s.getsockname()	返回套接字自己的地址。通常是一个元组（ipaddr, port）
s.setsockopt(level,optname, value)	设置给定套接字选项的值
s.getsockopt(level,optname [,buflen])	返回套接字选项的值
s.settimeout(timeout)	设置套接字操作的超时期，timeout 是一个浮点数，单位是秒。值为 None 表示没有超时期。一般，超时期应该在刚创建套接字时设置，因为它们可能用于连接的操作（如 connect()）

续表

函　数	功　能
s.gettimeout()	返回当前超时期的值，单位是秒，如果没有设置超时期，则返回 None
s.fileno()	返回套接字的文件描述符
s.setblocking(flag)	如果 flag 为 0，则将套接字设为非阻塞模式；否则，将套接字设为阻塞模式（默认值）。非阻塞模式下，如果调用 recv()没有发现任何数据，或 send()调用无法立即发送数据，那么将引起 socket.error 异常
s.makefile()	创建一个与该套接字相关联的文件

除了上述内置函数之外，在 socket 模块中还提供了很多和网络应用开发相关的属性和异常。表 17-4 列出了一些比较常用的属性和异常信息。

表 17-4　socket 模块的属性和异常信息

属 性 名 称	描　述
数 据 属 性	
AF_UNIX、AF_INET、AF_INET6、AF_NETLINK、AF_TIPC	Python 中支持的套接字地址系列
SOCK_STREAM、SOCK_DGRAM	套接字类型（TCP=流，UDP=数据报）
has_ipv6	指示是否支持 IPv6 的布尔标记
异　常	
Error	套接字相关错误
herror	主机和地址相关错误
gaierror	地址相关错误
timeout	超时时间

17.2.3　使用套接字建立 TCP“客户端/服务器”连接

当在 Python 程序中创建 TCP 服务器时，下面是一段创建通用 TCP 服务器的一般演示代码。读者需要记住的是，这仅仅是设计服务器的一种方式。一旦熟悉了服务器设计，可以按照自己的要求修改下面的代码来操作服务器。

```
ss = socket()                          #创建服务器套接字
ss.bind()                              #将套接字与地址绑定
ss.listen()                            #监听连接
inf_loop:                              #服务器无限循环
     cs = ss.accept()                  #接受客户端连接
comm_loop:                             #通信循环
          cs.recv()/cs.send()          #对话（接收/发送）
     cs.close()                        #关闭客户端套接字
ss.close()                             #关闭服务器套接字#（可选）
```

在 Python 程序中，所有套接字都是通过 socket.socket()函数创建的。因为服务器需要占用一个端口并等待客户端的请求，所以它们必须绑定到一个本地地址。因为 TCP 是一种面向连接的通信系统，所以在 TCP 服务器开始操作之前，必须安装一些基础设施。特别地，TCP 服务器必须监听（传入）的连接。一旦这个安装过程完成后，服务器就可以开始它的无限循环。在调用 accept()函数之后，就开启了一个简单的（单线程）服务器，它会等待客户端的连接。在默认情况下，accept()函数是阻塞的，这说明执行的操作会暂停，直到一个连接到达为止。一旦服务器接受了一个连接，就会利用 accept()方法返回一个独立的客户端套接字，用来与即将到来的消息进行交换。

下面的实例代码演示了套接字建立 TCP“客户端/服务器”连接的过程。

实例 17-1　创建可靠的、相互通信的“客户端/服务器”

源码路径　daima\17\17-1

实例文件 ser.py 的功能是以 TCP 连接方式建立一个服务器端程序，它能够将收到的信息直接发回到客户端。文件 ser.py 的具体实现代码如下所示。

拓展范例及视频二维码

范例 **467**：另外一种服务器端方案

源码路径：**范例**\467\

范例 **468**：另外一种客户端解决方案

源码路径：**范例**\468\

```
import socket              #导入socket模块
HOST = ''                  #定义变量HOST的初始值
PORT = 10000               #定义变量PORT的初始值
#创建socket对象s，参数分别表示地址和协议类型
s = socket.socket(socket.AF_INET, socket.
SOCK_STREAM)
s.bind((HOST, PORT))       #将套接字与地址绑定
s.listen(1)                #监听连接
conn, addr = s.accept()    #接受客户端连接
print('客户端地址', addr)  #显示客户端地址
while True:                #连接成功后
    data = conn.recv(1024) #实行对话操作（接收/发送）
    print("获取信息：",data.decode('utf-8'))#显示获取的信息
    if not data:           #如果没有数据
        break              #终止循环
    conn.sendall(data)     #发送数据信息
conn.close()               #关闭连接
```

在上述实例代码中，建立 TCP 连接之后使用 while 语句多次与客户端进行数据交换，直到收到的数据为空时才会终止服务器的运行。因为这只是一个服务器端程序，所以运行之后程序不会立即返回交互信息，还会等待和客户端建立连接，等和客户端建立连接后才能看到具体的交互效果。

实例文件 cli.py 的功能是建立客户端程序，在此需要创建一个 socket 实例，然后调用这个 socket 实例的 connect()函数来连接服务器端。函数 connect()的语法格式如下所示。

```
connect (address)
```

参数“address”通常也是一个元组（由一个主机名/IP 地址、端口构成）。如果要连接本地计算机，主机名可直接使用“localhost”。函数 connect()能够将套接字连接到远程地址为“address”的计算机。

实例文件 cli.py 的具体实现代码如下所示。

```
import socket                    #导入socket模块
HOST = 'localhost'               #定义变量HOST的初始值
PORT = 10000                     #定义变量PORT的初始值
#创建socket对象s，参数分别表示地址和协议类型
s = socket.socket(socket.AF_INET, socket.SOCK_STREAM)
s.connect((HOST, PORT))          #建立和服务器端的连接
data = "你好！"                  #设置数据变量
while data:
    s.sendall(data.encode('utf-8'))   #发送数据“你好”
    data = s.recv(512)           #实行对话操作（接收/发送）
    print("获取服务器信息：\n",data.decode('utf-8')) #显示接收到的服务器信息
    data = input('请输入信息：\n')  #信息输入
s.close()                        #关闭连接
```

上述代码使用套接字以 TCP 连接方式建立了一个简单的客户端程序，基本功能是把从键盘录入的信息发送给服务器，并从服务器接收信息。因为服务器端建立在本地“localhost”的 10000 端口上，所以上述代码作为其客户端程序，连接的就是本地“localhost”的 10000 端口。当连接成功之后，向服务器端发送了一个默认的信息“你好！”之后，便要把从键盘录入的信息发送给服务器端，直到录入空信息（按 Enter 键）时退出 while 循环，关闭套接字连接。首先运行 ser.py 服务器端程序，然后运行 cli.py 客户端程序，除了发送一个默认的信息外，从键盘中录入的信息都会发送给服务器，服务器收到后显示，并再次转发回客户端进行显示。执行效果如图 17-3 所示。

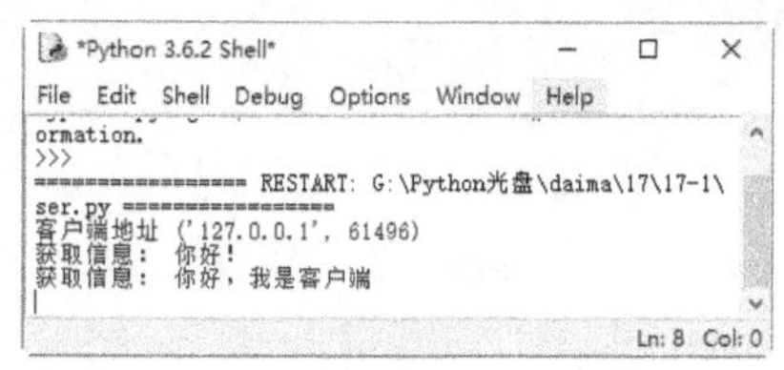

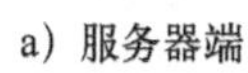

a）服务器端

b）客户端

图 17-3　执行效果

17.2.4　使用套接字建立 UDP“客户端/服务器”连接

在 Python 程序中，当使用套接字应用传输层的 UDP 协议建立服务器与客户端程序时，整个实现过程要比使用 TCP 协议简单一点。基于 UDP 协议的服务器与客户端在进行数据传送时，不是先建立连接，而是直接进行数据传送。

在 socket 对象中，使用方法 recvfrom()接收数据。具体语法格式如下所示。

```
recvfrom(bufsize[, flags])    #bufsize用于指定缓冲区大小
```

方法 recvfrom()主要用来从套接字接收数据，它可以连接 UDP 协议。

在 socket 对象中，使用方法 sendto()发送数据。具体语法格式如下所示。

```
sendto (bytes, address)
```

参数“bytes”表示要发送的数据，参数“address”表示发送信息的目标地址，它是由目标 IP 地址和端口构成的元组。Sendto()方法主要用来通过 UDP 协议将数据发送到指定的服务器端。

在 Python 程序中，UDP 服务器不需要 TCP 服务器那么多的设置，因为它们不是面向连接的。除了等待传入的连接之外，几乎不需要做其他工作。下面是一段通用的 UDP 服务器端代码。

```
ss = socket()                  #创建服务器套接字
ss.bind()                      #绑定服务器套接字
infloop:                       #服务器无限循环
      cs = ss.recvfrom()/ss.sendto()     #实现对话操作（接收/发送）
ss.close()                     #关闭服务器套接字
```

从上述演示代码中可以看到，除了创建套接字并将其绑定到本地地址（主机名/端口号对）外，并没有额外的工作。无限循环包含接收客户端消息、打上时间戳并返回消息，然后回到等待另一条消息的状态。再一次，close()调用是可选的，并且由于无限循环的缘故，它并不会被调用，但它提醒我们，它应该是优雅或智能退出方案的一部分。

注意：UDP 和 TCP 服务器之间的另一个显著差异是，因为数据报套接字是无连接的，所以就没有为了成功通信而使一个客户端连接到一个独立的套接字“转换”的操作。这些服务器仅仅接受消息并有可能回复数据。

下面的实例代码演示了使用套接字建立 UDP“客户端/服务器”连接的过程。

实例 17-2　创建不可靠的、相互通信的“客户端/服务器”连接

源码路径　daima\17\17-2

实例文件 ser.py 的功能是使用 UDP 连接方式建立一个服务器端程序，它将收到的信息直接发回到客户端。文件 ser.py 的具体实现代码如下所示。

拓展范例及视频二维码

范例 469：TCP 时间戳服务器

源码路径：**范例**\469\

范例 470：TCP 时间戳客户端

源码路径：**范例**\470\

```
import socket                  #导入socket模块
HOST = ''                      #定义变量HOST的初始值
PORT = 10000                   #定义变量PORT的初始值
#创建socket对象s，参数分别表示地址和协议类型
s = socket.socket(socket.AF_INET, socket.
SOCK_DGRAM)
s.bind((HOST, PORT))           #将套接字与地址绑定
data = True                    #设置变量data的初始值
while data:                    #如果有数据
    data,address = s.recvfrom(1024)#实现对话操作（接收/发送）
    if data==b'zaijian':  #当接收的数据是zaijian时
        break                  #停止循环
    print('接收信息：',data.decode('utf-8'))#显示接收到的信息
    s.sendto(data,address)       #发送信息
s.close()                      #关闭连接
```

在上述实例代码中，建立 UDP 连接之后使用 while 语句多次与客户端进行数据交换。把上述服务器程序建立在本机的 10000 端口上，当收到“zaijian”信息时退出 while 循环，然后关闭服务器。

实例文件 cli.py 的具体实现代码如下所示。

```
import socket                  #导入socket模块
```

```
HOST = 'localhost'                #定义变量HOST的初始值
PORT = 10000                      #定义变量PORT的初始值
#创建socket对象s，参数分别表示地址和协议类型
s = socket.socket(socket.AF_INET, socket.SOCK_DGRAM)
data = "你好！"                   #定义变量data的初始值
while data:                       #如果有data数据
    s.sendto(data.encode('utf-8'),(HOST,PORT))#发送数据信息
    if data=='zaijian':           #如果data的值是'zaijian'
        break                     #停止循环
    data,addr = s.recvfrom(512)         #读取数据信息
    print("从服务器接收信息：\n",data.decode('utf-8'))  #显示从服务器端接收的信息
    data = input('输入信息：\n')       #信息输入
s.close()                         #关闭连接
```

上述代码使用套接字以 UDP 连接方式建立了一个简单的客户端程序，当在客户端创建套接字后，会直接向服务器端（本机的 10000 端口）发送数据，而没有进行连接。当用户键入“zaijian”时退出 while 循环，关闭本程序。运行效果与 TCP 服务器与客户端实例的基本相同。执行效果如图 17-4 所示。

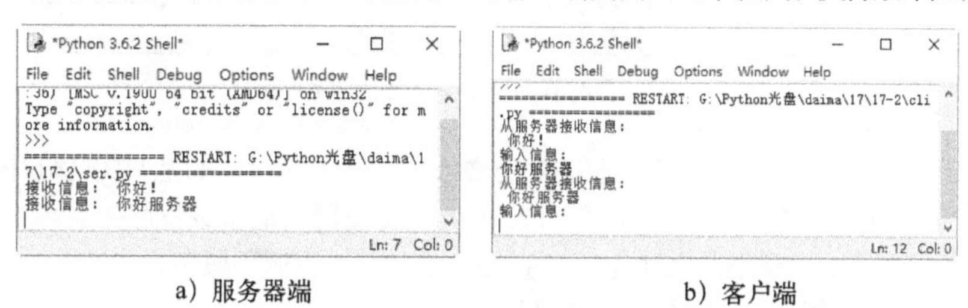

a）服务器端　　　　b）客户端

图 17-4　执行效果

17.3　socketserver 编程

Python 语言提供了高级别的网络服务模块 socketserver，在里面提供了服务器中心类，它可以简化网络服务器的开发步骤。本节将详细讲解使用 socketserver 对象实现网络编程的知识。

扫码看视频：socketserver 编程

17.3.1　socketserver 模块基础

socketserver 是 Python 标准库中的一个高级模块，在 Python 3 以前的版本中命名为 socketServer，推出 socketserver 的目的是简化程序代码。

在 Python 程序中，虽然使用前面介绍的 socket 模块可以创建服务器，但是开发者要对网络连接等进行管理和编程。为了更加方便地创建网络服务器，在 Python 标准库中提供了一个创建网络服务器的模块 socketserver。socketserver 框架将处理请求划分为两部分，分别对应服务器类和请求处理类。服务器类处理通信问题，请求处理类处理数据交换或传送问题。这样，更加容易进行网络编程和程序的扩展。同时，该模块还支持快速的多线程或多进程的服务器编程。

在 socketserver 模块中使用的服务器类主要有 TCPServer、UDPServer、ThreadingTCPServer、ThreadingUDPServer、ForkingTCPServer、ForkingUDPServer 等。其中有 TCP 字符的就是使用 TCP 协议的服务器类，有 UDP 字符的就是使用 UDP 协议的服务器类，有 Threading 字符的是多线程服务器类，有 Forking 字符的是多进程服务器类。要创建不同类型的服务器程序，只须继承其中之一或直接实例化，然后调用服务器类方法 serve_forever()即可。

在 socketserver 模块中包含了如表 17-5 所示的类。

表 17-5 socketserver 模块中的类

类	功 能
BaseServer	包含核心服务器功能和 mix-in 类的钩子；仅用于推导，这样不会创建这个类的实例；可以用 TCPServer 或 UDPServer 创建类的实例
TCPServer/UDPServer	基础的网络同步 TCP/UDP 服务器
UnixStreamServer/UnixDatagramServer	基于文件的基础同步 TCP/UDP 服务器
ForkingMixIn/ThreadingMixIn	核心派生或线程功能；只用作 mix-in 类，与一个服务器类配合实现一些异步性；不能直接实例化这个类
ForkingTCPServer/ForkingUDPServer	ForkingMixIn 和 TCPServer/UDPServer 的组合
ThreadingTCPServer/ThreadingUDPServer	ThreadingMixIn 和 TCPServer/UDPServer 的组合
BaseRequestHandler	包含处理服务请求的核心功能；仅仅用于推导，这样无法创建这个类的实例；可以使用 StreamRequestHandler 或 DatagramRequestHandler 创建类的实例
StreamRequestHandler/ DatagramRequestHandler	实现 TCP/UDP 服务器的服务处理器

其中有 TCP 字符使用的是 TCP 协议的服务器类,UDP 字符使用的是 UDP 协议的服务器类，Threading 字符使用的是多线程服务器类，Forking 字符使用的是多进程服务器类。要想创建不同类型的服务器程序，只须继承其中之一或直接实例化，然后调用服务器类方法 serve_forever()即可。这些服务器的构造方法参数主要有以下两个。

- server_address：由 IP 地址和端口构成的元组。
- RequestHandlerClass：处理器类，供服务器类调用处理数据。

在 socketserver 模块中最为常用的处理器类主要有 StreamRequestHandler（基于 TCP 协议）和 DatagramRequestHandler（基于 UDP 协议）。只要继承其中之一，就可以自定义一个处理器类。通过覆盖以下 3 个方法可以实现自定义功能。

- setup()：为请求准备请求处理器（请求处理的初始化工作）。
- handle ()：实现具体的请求处理工作（解析请求、处理数据、发出响应）。
- finish()：清理请求处理器的相关数据。

17.3.2 使用 socketserver 创建 TCP“客户端/服务器”连接

下面的实例代码演示了 socketserver 建立 TCP“客户端/服务器”连接的过程。

实例 17-3 创建可靠的、相互通信的“客户端/服务器”连接

源码路径 daima\17\17-3

实例文件 ser.py 的功能是使用 socketserver 模块创建基于 TCP 协议的服务器端程序，它能够将接收到的信息直接发回到客户端。文件 ser.py 的具体实现代码如下所示。

```
    #定义类StreamRequestHandler的子类MyTcpHandler
    class MyTcpHandler(socketserver. StreamRequest
Handler):
        def handle(self):     #定义函数handle()
            while True:
                data = self.request.recv(1024)
                #返回接收到的数据
                if not data:
                    Server.shutdown()#关闭连接
                    break              #停止循环
                print('接收信息：',data.decode
                ('utf-8')) #显示接收信息
                self.request.send(data) #发送信息
            return
    #定义类TCPServer的对象实例
```

拓展范例及视频二维码

范例 **471**：IPv6 版本的客户端
源码路径：**范例\471**

范例 **472**：UDP 时间戳服务器
源码路径：**范例\472**

```
    Server = socketserver.TCPServer((HOST,PORT),MyTcpHandler)
    Server.serve_forever()                #循环并等待其停止
```

在上述实例代码中，首先自定义了一个继承自 StreamRequestHandler 的处理器类，并覆盖了方法 handler()以实现数据处理。然后直接实例化了类 TCPServer，调用方法 serve_forever()启动服务器。执行效果如图 17-5 所示。

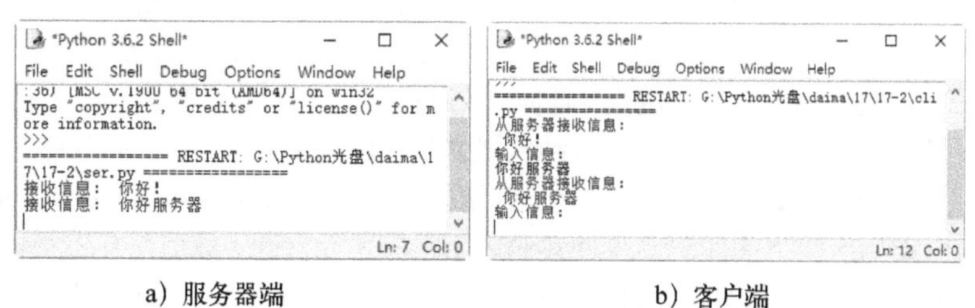

a）服务器端　　　　b）客户端

图 17-5　执行效果

17.4　HTTP 协议开发

视频讲解/第 17 章/HTTP 协议开发.mp4

扫码看视频：HTTP 协议开发

在计算机网络模型中，套接字编程属于底层网络协议开发的内容。虽然说编写网络程序需要从底层开始构建，但是自行处理相关协议是一件比较麻烦的事情。其实对于大多数程序员来说，最常见的网络编程开发是针对应用协议进行的。在 Python 程序中，使用内置的包 urllib 和 http 可以完成 HTTP 协议层程序的开发工作。本节将详细讲解使用包 urllib 和包 http 开发 HTTP 应用程序的过程。

17.4.1　使用 urllib 包

在 Python 程序中，urllib 包主要用于处理 URL（Uniform Resource Locator，统一资源定位符）操作，使用 urllib 操作 URL 可以像使用和打开本地文件一样操作，非常简单而又易上手。在包 urllib 中主要包括如下所示的模块。

- urllib.request：用于打开 URL 网址。
- urllib.error：用于定义常见的 urllib.request 会引发的异常。
- urllib.parse：用于解析 URL。
- urllib.robotparser：用于解析 robots.txt 文件。

在包 urllib 中主要包括如下所示的方法。

（1）方法 urlopen()。

在 urllib.request 模块中，方法 urlopen()的功能是打开一个 URL 地址，其语法格式如下所示。

```
urlopen (url, data, proxies)
```

- url：表示要进行操作的 URL 地址。
- data：用于向 URL 传递的数据，是一个可选参数。
- proxies：表示使用的代理地址，可选参数。

方法 urlopen()将返回一个 HTTPResponse 实例（类文件对象），可以像操作文件一样使用 read()、readline()和 close()等方法对 URL 进行操作。

方法 urlopen()能够打开 url 所指向的 URL。如果没有给定协议或者下载方案（Scheme），或者传入了“file”方案，urlopen()会打开一个本地文件。

对于所有的 HTTP 请求来说，常见的请求类型是“GET”。在这些情况中，向 Web 服务器发送的请求字符串（编码过的键值对，如 urlencode()函数返回的字符串）应该是 url 的一部分。如果使用“POST”请求方法，请求的字符串（编码过的）应该放到 postQueryData 变量中。一旦连接成功，函数 urlopen()将会返回一个文件类型对象，就像在目标路径下打开了一个可读文件。例如，如果文件对象是 f，那么“句柄”会支持一些读取内容的方法，例如 f.read()、f.readline()、f.readlines()、f.close()和 f.fileno()。另外，方法 f.info()可以返回 MIME（Multipurpose Internet Mail Extension，多用途因特网邮件扩充）头文件。这个头文件通知浏览器返回的文件类型，以及可以用哪类应用程序打开。

例如，浏览器本身可以查看 HTML、纯文本文件，渲染 PNG（Portable Network Graphics）文件、JPEG（Joint Photographic Experts Group）或者 GIF（Graphics Interchange Format）文件。而其他如多媒体或特殊类型文件需要通过其他应用程序才能打开。最后，方法 geturl()在考虑了所有可能发生的重定向后，从最终打开的文件中获得真实的 URL。在下面列出了 urllib.urlopen()文件类型对象的常用方法。

- f.read([bytes])：从 f 中读出所有或 bytes 个字节。
- f.readline()：从 f 中读取一行。
- f.readlines()：从 f 中读出所有行，作为列表返回。
- f.close()：关闭 f 的 URL 连接。
- f.fileno()：返回 f 的文件句柄。
- f.info()：获得 f 的 MIME 头文件。
- f.geturl()：返回 f 的真正 URL。

注意：因为从 Python 2.6 版本开始，在 urllib 中弃用 urlopen()方法。而在 Python 3.0 版本中移除了这个函数，在 3.x 版本中需要使用 urllib.request.urlopen()方法。

（2）方法 urlretrieve()。

使用 urllib.request 模块中的方法 urlretrieve()可以将 URL 另存为本地文件。此方法的语法格式如下所示。

```
urlretrieve(url, filename, reporthook, data)
```

- url：要保存的 URL 地址。
- filename：指定保存的文件名，可选参数。
- reporthook：回调函数，可选参数。
- data：发送的数据，一般用于 POST，可选参数。

除了像 urlopen()函数这样从 URL 中读取内容外，函数 urlretrieve()可以方便地将 url 中的整个 HTML 文件下载到本地硬盘上。下载后的数据可以另存为一个 localfile 或者一个临时文件。如果该文件已经复制到本地或者 URL 指向的文件就是本地文件，就不会发生后面的下载操作。如果提供了 reporthook，则在每块数据下载或传输完成后会调用这个函数。在调用时会使用 3 个参数：目前读入的块数、块的字节数和文件的总字节数。如果正在用文本或图表向用户显示“下载状态”信息，这个函数将会非常有用。函数 urlretrieve()返回一个二元组（filename, mime_hdrs）。其中 filename 表示含有下载数据的本地文件名，mime_hdrs 表示 Web 服务器响应后返回的一系列 MIME 文件头。对本地文件来说，mime_hdrs 是空的。

（3）方法 urlencode()。

在 urllib.parse 模块中，方法 urlencode()的功能是对 URL 进行编码。此方法的语法格式如下所示。

```
urlencode (query, doseq)
```

- query：要进行编码的变量和值组成的字典；
- doseq：可选参数，如果为 True 则将元组的值分别编码成“变量=值”的形式。

在 Python 程序中，函数 urlencode()的功能是接收字典的键值对，并将其编译成字符串，作为 CGI 请求的 URL 字符串的一部分。键值对的格式是“键=值”，以连接符（&）划分。另外，键及其对应的值会传到 quote_plus()函数中进行适当的编码。

（4）方法 quote()和方法 quote_plus()。

在 urllib.parse 模块中，方法 quote()和方法 quote_plus()的功能是替换字符串中的特殊字符，使其符合 URL 要求使用的字符。在 Python 程序中，函数 quote()用来获取 URL 数据，并将其编码，使其可以用于 URL 字符串中。在现实应用中必须对某些不能打印的或者不被 Web 服务器作为有效 URL 接收的特殊字符串进行转换。这就是 quote()函数的功能。这两个方法的语法格式如下所示。

```
quote (string, safe= '/' )
quote_plus (string, safe= '' )
```

- ❑ string：要进行替换的字符串。
- ❑ safe：可选参数，设置不需要替换的字符。

在 Python 程序中，逗号、下划线、句号、斜线和字母数字这类符号不需要转化，其他的则均需要转换。另外，在那些 URL 不能使用的字符前边会添加上百分号（%），同时把它们转换成十六进制格式，例如，“%xx”，其中，“xx”表示这个字符的 ASCII 码的十六进制值。当调用 quote*()时，字符串转换成一个可在 URL 字符串中使用的等价字符串。safe 字符串可以包含一系列不能转换的字符，默认字符是斜线“/”。

（5）方法 unquote()和方法 unquote_plus()。

在 Python 程序中，unquote()方法与 quote()方法的功能完全相反，前者将所有编码为“%xx”式的字符转换成等价的 ASCII 码值。在 urllib.parse 模块中，使用方法 unquote()和方法 unquote_plus()可以将使用 quote()方法和 quote_plus()方法替换后的字符还原（在 Python 2.x 中直接由 urllib 模块进行处理）。方法 unquote()和方法 unquote_plus()的语法格式如下所示。

```
unquote(string)
unquote_plus (string)
```

其中，参数“string”表示要进行还原的字符串。

下面的实例代码演示了使用 urlopen()方法在百度搜索关键词中得到第一页链接的过程。

实例 17-4 显示关键词“www.toppr.net”在百度中的链接

源码路径 daima\17\17-4

实例文件 url.py 的具体实现代码如下所示。

拓展范例及视频二维码

范例 **473**：UDP 时间戳客户端

源码路径：**范例**\473\

范例 **474**：SocketServer 时间戳 TCP 服务器

源码路径：**范例**\474\

```
from urllib.request import urlopen
#导入Python的内置模块
from urllib.parse import urlencode
#导入Python的内置模块
import re                    #导入Python的内置模块
##wd = input('输入一个要搜索的关键字：')
wd= 'www.toppr.net'      #初始化变量wd
wd = urlencode({'wd':wd})#对URL进行编码
url = 'http://www.baidu.com/s?' + wd#初始化url变量
page = urlopen(url).read()#打开变量url的网页并读取内容
#定义变量content，对网页进行编码处理，并实现特殊字符处理
content = (page.decode('utf-8')).replace
("\n","").replace("\t","")
title = re.findall(r'<h3 class="t".*?h3>', content)
#正则表达式处理
title = [item[item.find('href =')+6:item.find('target=')] for item in title] #正则表达式处理
title = [item.replace(' ','').replace('"','') for item in title] #正则表达式处理
for item in title:          #遍历title
   print(item)              #显示遍历值
```

在上述实例代码中，使用方法 urlencode()对搜索的关键字“www.toppr.net”进行 URL 编码。在拼接到百度的网址后，使用 urlopen()方法发出访问请求并取得结果。最后通过将结果进行解码和正则搜索与字符串处理后输出。执行效果如图 17-6 所示。

```
>>>
http://www.baidu.com/link?url=71KkjFTvs4ikIrXHdB9pD__NecFZMP6zXK7tzOOGE8C
http://www.baidu.com/link?url=KDasGuHeStXyChYw_q-65v3LvNetnkyVvCJwk2b-f9odiy2189
259TqykWO6VLRg
http://www.baidu.com/link?url=wgcw-b4bVzGjOUaaKtcOesiDb6UDzscx9H1AWMbD11ZbYRIbPe
Ik9ehOlcB6aLhA
http://www.baidu.com/link?url=7-O13Zey9LGClYjprrW-3ik6Dug_hfnHfysrqrftdE2rEdaHH3
Lhcrfdlojs3usz
http://www.baidu.com/link?url=weDJbxvRfeEQ9IRD4o2udIXaWzXbKRdXv6XcUO0v_Ve
>>>
```

图 17-6　执行效果

17.4.2　使用 HTTP 包

在 Python 程序中，包 HTTP 实现了对 HTTP 协议的封装。在 HTTP 包中，主要包含如下所示的模块。

- http.client：底层的 HTTP 协议客户端，可以为 urllib.request 模块所用。
- http.server：提供了基于 socketserver 模块的基本 HTTP 服务器类。
- http.cookies：cookie 的管理工具。
- http.cookiejar：提供了 cookie 的持久化支持。

在 http.client 模块中，主要包括如下 3 个用于客户端的类。

- HTTPConnection：基于 HTTP 协议访问的客户端。
- HTTPSConnection：基于 HTTPS 协议访问的客户端。
- HTTPResponse：基于 HTTP 协议的服务端回应。

下面的实例代码演示了使用 http.client.HTTPConnection 对象访问网站的过程。

实例 17-5　使用 HTTPConnection 对象访问网站

源码路径　daima\17\17-5

实例文件 fang.py 的具体实现代码如下所示。

```
from http.client import HTTPConnection #导入内置模块
mc = HTTPConnection('www.baidu.com:80')
#基于HTTP协议访问的客户端
mc.request('GET','/')            #设置GET请求方法
res = mc.getresponse()           #获取访问的网页
print(res.status,res.reason) #输出响应的状态
print(res.read().decode('utf-8')) #显示获取的内容
```

在上述实例代码中只是实现了一个基本的访问实例，首先实例化 http.client.HTTPConnection 对指定请求的方法为 GET，然后使用 getresponse()方法获取访问的网页，并输出响应的状态。执行效果如图 17-7 所示。

拓展范例及视频二维码

范例 475：HTTP 验证脚本
源码路径：**范例**\475\

范例 476：简单的 Web 服务
源码路径：**范例**\476\

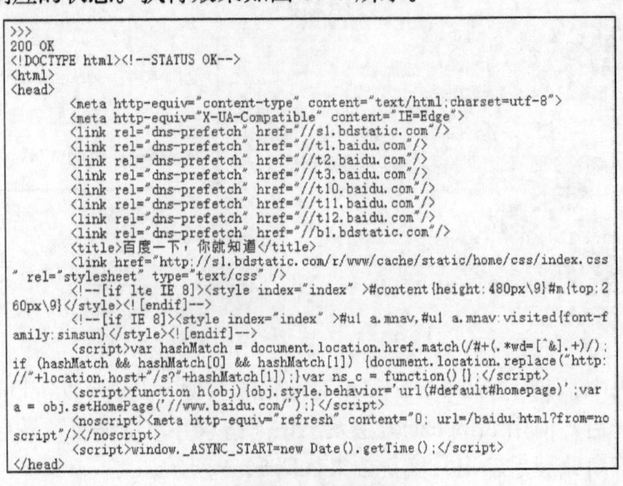

```
>>>
200 OK
<!DOCTYPE html><!--STATUS OK-->
<html>
<head>
        <meta http-equiv="content-type" content="text/html;charset=utf-8">
        <meta http-equiv="X-UA-Compatible" content="IE=Edge">
        <link rel="dns-prefetch" href="//s1.bdstatic.com"/>
        <link rel="dns-prefetch" href="//t1.baidu.com"/>
        <link rel="dns-prefetch" href="//t2.baidu.com"/>
        <link rel="dns-prefetch" href="//t3.baidu.com"/>
        <link rel="dns-prefetch" href="//t10.baidu.com"/>
        <link rel="dns-prefetch" href="//t11.baidu.com"/>
        <link rel="dns-prefetch" href="//t12.baidu.com"/>
        <link rel="dns-prefetch" href="//b1.bdstatic.com"/>
        <title>百度一下，你就知道</title>
        <link href="http://s1.bdstatic.com/r/www/cache/static/home/css/index.css
" rel="stylesheet" type="text/css" />
        <!--[if lte IE 8]><style index="index" >#content{height:480px\9}#m{top:2
60px\9}</style><![endif]-->
        <!--[if IE 8]><style index="index" >#u1 a.mnav,#u1 a.mnav:visited{font-f
amily:simsun}</style><![endif]-->
        <script>var hashMatch = document.location.href.match(/#+(.*wd=[^&].+)/);
if (hashMatch && hashMatch[0] && hashMatch[1]) {document.location.replace("http:
//"+location.host+"/s?"+hashMatch[1]);}var ns_c = function(){};</script>
        <script>function h(obj){obj.style.behavior='url(#default#homepage)';var
a = obj.setHomePage('//www.baidu.com/');}</script>
        <noscript><meta http-equiv="refresh" content="0; url=/baidu.html?from=no
script"/></noscript>
        <script>window._ASYNC_START=new Date().getTime();</script>
</head>
```

图 17-7　执行效果

17.5 收发电子邮件

扫码看视频：收发电子邮件

自从互联网诞生那一刻起，人们之间日常交互的方式又多了一种新的渠道。从此以后，交流变得更加迅速快捷，更具有实时性。一时之间，很多网络通信产品出现在人们面前，例如QQ、MSN和邮件系统，其中电子邮件更是深受人们的追捧。使用Python语言可以开发出功能强大的邮件系统。本节将详细讲解使用Python语言开发邮件系统的过程。

17.5.1 开发POP3邮件协议程序

在计算机应用中，使用POP3协议可以登录Email服务器收取邮件。在Python程序中，内置模块poplib提供了对POP3邮件协议的支持。现在市面中大多数邮箱软件都提供了POP3收取邮件的方式，例如Outlook等Email客户端就是如此。开发者可以使用Python语言中的poplib模块开发出一个支持POP3邮件协议的客户端脚本程序。

在poplib模块中，可以使用类POP3创建一个POP3对象实例。其语法格式如下所示。

```
POP3 (host, port)
```

- 参数host：POP3邮件服务器。
- 参数port：服务器端口，一个可选参数，默认值为110。

在poplib模块中，常用的内置方法如下所示。

（1）方法user()。

当创建一个POP3对象实例后，可以使用其中的方法user()向POP3服务器发送用户名。其语法格式如下所示。

```
user (username)
```

参数username表示登录服务器的用户名。

（2）方法pass_()。

可以使用POP3对象中的方法pass_()（注意，在pass后面有一个下划线字符）向POP3服务器发送密码。其语法格式如下所示。

```
pass- (password)
```

参数password是指登录服务器的密码。

（3）方法getwelcome()。

当成功登录邮件服务器后，可以使用POP3对象中的方法getwelcome()获取服务器的欢迎信息。其语法格式如下所示。

```
getwelcome()
```

（4）方法set_debuglevel()。

可以使用POP3对象中的方法set_debuglevel()设置调试级别。其语法格式如下所示。

```
set_debuglevel (level)
```

参数level表示调试级别，用于显示与邮件服务器交互的相关信息。

（5）方法stat()。

使用POP3对象中的方法stat()可以获取邮箱的状态，例如邮件数、邮箱大小等。其语法格式如下所示。

```
stat()
```

（6）方法list()。

使用POP3对象中的方法list()可以获得邮件内容列表。其语法格式如下所示。

```
list (which)
```

参数 which 是一个可选参数，如果指定，则仅列出指定的邮件内容。

（7）方法 retr()。

使用 POP3 对象中的方法 retr()可以获取指定，的邮件。其语法格式如下所示。

```
retr (which)
```

参数 which 用于指定要获取的邮件。

（8）方法 dele()。

使用 POP3 对象中的方法 dele()可以删除指定的邮件。其语法格式如下所示。

```
dele (which)
```

参数 which 用于指定要删除的邮件。

（9）方法 top()。

使用 POP3 对象中的方法 top()可以收取某个邮件的部分内容。其语法格式如下所示。

```
top (which,howmuch)
```

- 参数 which：指定获取的邮件。
- 参数 howmuch：指定获取的行数。

除了上面介绍的常用内置方法外，还可以使用 POP3 对象中的方法 rset()清除收件箱中邮件的删除标记；使用 POP3 对象中的方法 noop()保持同邮件服务器的连接；使用 POP3 对象中的方法 quit()断开同邮件服务器的连接。

下面的实例代码演示了使用 poplib 库获取指定邮件中的最新两封邮件的主题和发件人的过程。

实例 17-6 获取指定邮件中的最新两封邮件的主题和发件人

源码路径 daima\17\17-6

要想使用 Python 获取某个 Email 邮箱中邮件主题和发件人的信息，首先应该知道自己所使用的 Email 的 POP3 服务器地址和端口。一般来说，邮箱服务器的地址格式如下。

```
pop.主机名.域名
```

而端口的默认值是 110，例如 126 邮箱的 POP3 服务器地址为 pop.126.com，端口为默认值 110。本实例文件 pop.py 的具体实现代码如下所示。

拓展范例及视频二维码

范例 **477**：收取邮箱中的信息
源码路径：**范例**\477\

范例 **478**：获取最新邮件的内容
源码路径：**范例**\478\

```
from poplib import POP3      #导入内置邮件处理模块
import re,email,email.header #导入内置文件处理模块
from p_email import mypass   #导入内置模块
def jie(msg_src,names): #定义解码邮件内容的函数jie()
msg = email.message_from_bytes(msg_src)
     result = {}                  #变量初始化
     for name in names:           #遍历name
          content = msg.get(name) #获取name
          info = email.header.decode_header
          (content) #定义变量info
if info[0][1]:
               if info[0][1].find('unknown-') == -1:
#如果是已知编码
result[name] = info[0][0].decode(info[0][1])
               else:              #如果是未知编码
                    try:          #异常处理
result[name] = info[0][0].decode('gbk')
except:
result[name] = info[0][0].decode('utf-8')
else:
               result[name] = info[0][0]  #获取解码结果
     return result                #返回解码结果
if __name__ == "__main__":
     pp = POP3("pop.sina.com")  #实例化邮件服务器类
     pp.user('guanxijing820111@sina.com') #传入邮箱地址
     pp.pass_ (mypass)          #密码设置
     total,totalnum = pp.stat() #获取邮箱的状态
```

```
        print(total,totalnum)                     #显示统计信息
        for i in range(total-2,total):            #遍历获取最近的两封邮件
            hinfo,msgs,octet = pp.top(i+1,0)#返回bytes类型的内容
            b=b''
            for msg in msgs:                      #遍历msg
                b += msg+b'\n'
            items = jie(b,['subject','from'])  #调用函数jie()返回邮件主题
            print(items['subject'],'\nFrom:',items['from'])#调用函数jie()返回发件人的信息
            print()                               #显示空行
        pp.close()                                #关闭连接
```

在上述实例代码中，函数 jie()的功能是使用 email 包来解码邮件头，用 POP3 对象的方法连接 POP3 服务器并获取邮箱中的邮件总数。在程序中获取最近的两封邮件的邮件头，然后传递给函数 jie()进行分析，并返回邮件的主题和发件人的信息。执行效果如图 17-8 所示。

```
>>>
2 15603
欢迎使用新浪邮箱
From: 新浪邮箱团队

如果您忘记邮箱密码怎么办？
From: 新浪邮箱团队

>>> |
```

图 17-8　执行效果

17.5.2　开发 SMTP 邮件协议程序

SMTP 即简单邮件传输协议，是一组用于由源地址到目的地址传送邮件的规则，由它来控制信件的中转方式。在 Python 语言中，通过 smtplib 模块对 SMTP 协议进行了封装，通过这个模块可以登录 SMTP 服务器发送邮件。有两种使用 SMTP 协议发送邮件的方式。

- 第一种：直接投递邮件，比如要发送邮件到邮箱 aa*@163.com，就直接连接 163.com 的邮件服务器，把邮件发送给 aa*@163.com。
- 第二种：验证通过后的发送邮件，如果要发送邮件到邮箱 aa*@163.com，不是直接发送到 163.com，而是通过自己在 sina.com 中的另一个邮箱来发送。这样就要先连接 sina.com 中的 SMTP 服务器，然后进行验证，之后把要发送到 163.com 的邮件投到 sina.com 上，sina.com 会帮我们把邮件发送到 163.com。

在 smtplib 模块中，使用类 SMTP 可以创建一个 SMTP 对象实例。具体语法格式如下所示。

```
import smtplib
smtpObj = smtplib.SMTP(host , port , local_hostname)
```

各个参数的具体说明如下所示。

- host：表示 SMTP 服务器主机，可以指定主机的 IP 地址或者域名，例如 w3cschool.cc，这是一个可选参数。
- port：如果提供了 host 参数，需要指定 SMTP 服务使用的端口号。在一般情况下，SMTP 端口号为 25。
- local_hostname：如果 SMTP 在本机上，只需要指定服务器地址为 localhost 即可。

在 smtplib 模块中，比较常用的内置方法如下所示。

（1）方法 connect()。

在 Python 程序中，如果在创建 SMTP 对象时没有指定 host 和 port，可以使用 SMTP 对象中的方法 connect()连接到服务器。方法 connect()的语法格式如下所示。

```
connect (host, port)
```

- host：连接的服务器名，可选参数。
- port：服务器端口，可选参数。

（2）方法 login()。

在 SMTP 对象中，方法 login()的功能是可以使用用户名和密码登录 SMTP 服务器。其语法格式如下所示。

```
login(user, password)
```

- user：登录服务器的用户名。
- password：登录服务器的密码。

（3）方法 set_debuglevel()。

使用 SMTP 对象的方法 set_debuglevel()可以设置调试级别。其语法格式如下所示。

```
set_debuglevel (level)
```

参数“level”是指设定的调试级别。

（4）方法 docmd()。

使用 SMTP 对象中的 docmd()可以向 SMTP 服务器发送命令。其语法格式如下所示。

```
docmd (cmd, argstring)
```

- cmd：向 SMTP 服务器发送的命令。
- argstring：一个命令参数，可选参数。

（5）方法 sendmail()。

使用 SMTP 对象中的 sendmail()可以发送邮件。其语法格式如下所示。

```
sendmail(from_addr, to_addrs, msg, mail_options, rcpt_options)
```

- from_addr：发送者邮件地址。
- to_ addrs：接收者邮件地址。
- msg：邮件内容。
- mail_options：可选参数，邮件 ESMTP 操作。
- rcpt_options：可选参数，RCPT 操作。

（6）方法 quit()。

使用 SMTP 对象中的方法 quit()可以断开与服务器的连接。

下面的实例代码演示了向指定邮箱发送邮件的过程。

实例 17-7 向指定邮箱发送邮件

源码路径 daima\17\17-7

当使用 Python 语言发送 Email 邮件时，需要找到所使用 Email 的 SMTP 服务器的地址和端口。对于新浪邮箱，其 SMTP 服务器的地址为 smtp.sina.com，端口默认值为 25。为了防止邮件被反垃圾邮件丢弃，这里采用前文提到的第二种方法，即登录认证后再发送。实例文件 sm.py 的具体实现代码如下所示。

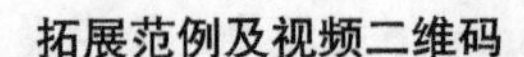

拓展范例及视频二维码

范例 479：发送 HTML 格式邮件

源码路径：范例\479\

范例 480：发送带附件的邮件

源码路径：范例\480\

```
import smtplib,email                  #导入内置模块
from p_email import mypass            #导入内置模块
#使用email模块构建一封邮件
chst = email.charset.Charset(input_charset=
'utf-8')
header = ("From: %s\nTo: %s\nSubject: %s\n\n" #邮件主题
        % ("guanxijing820111@sina.com",    #邮箱地址
          "好人" ,                      #收件人
          chst.header_encode("Python smtplib 测试！"))) #邮件头
body = "你好！"                        #邮件内容
email_con = header.encode('utf-8') + body.encode('utf-8')#构建邮件完整内容，中文编码处理
smtp = smtplib.SMTP("smtp.sina.com")       #邮件服务器
smtp.login("guanxijing820111@sina.com",mypass)#用户名和密码登录邮箱
#开始发送邮件
smtp.sendmail("guanxijing820111@sina.com","37197248*@qq.com",email_con)
smtp.quit()                            #退出系统
```

在上述实例代码中，使用新浪的 SMTP 服务器邮箱 guanxijing820111@sina.com 发送邮件，收件人的邮箱地址是 37197248*@qq.com。首先使用 email.charset.Charset()对象对邮件头进行编码，然后创建 SMTP 对象，并通过验证的方式给 37197248*@qq.com 发送一封测试邮件。因为在邮件的主体内容中含有中文字符，所以使用 encode()函数进行编码。执行后的效果如图 17-9 所示。

图 17-9　执行效果

17.6　开发 FTP 文件传输程序

在计算机网络领域中，远程文件传输又是一个重要的分支。在计算机的 7 层协议当中，TCP、FTP、Telnet、UDP 可以实现远程文件处理。作为一门功能强大的开发语言，Python 可以实现对远程文件的处理。本章将详细讲解使用 Python 语言开发远程文件传输系统的过程。

扫码看视频：C++概述

17.6.1　Python 和 FTP

当使用 Python 语言编写 FTP 客户端程序时，需要将相应的 Python 模块 ftplib 导入项目程序中。具体开发流程如下所示。

（1）连接到服务器。

（2）登录。

（3）发出服务请求（希望能得到响应）。

（4）退出。

在使用 Python 语言开发 FTP 程序时，首先需要导入，然后实例化一个 ftplib.FTP 类对象，所有的 FTP 操作（如登录、传输文件和注销等）都要使用这个对象完成。使用类 FTP 可以创建一个 FTP 连接对象。具体语法格式如下所示。

```
FTP(host, user, passwd, acct)
```

- ❑ host：要连接的 FTP 服务器，可选参数。
- ❑ user：登录 FTP 服务器所使用的用户名，可选参数。
- ❑ passwd：登录 FTP 服务器所使用的密码，可选参数。
- ❑ acct：可选参数，默认为空。

在内置模块 ftplib 的 FTP 类中，主要包含如下所示常用的方法。

（1）方法 set_debuglevel()。

当创建一个 FTP 连接对象以后，可以使用方法 set_debuglevel()设置调试级别。其语法格式如下。

```
set_debuglevel (level)
```

参数 level 是指调试级别，默认的调试级别为 0。

（2）方法 connect()。

如果在创建 FTP 连接对象时没有使用参数 host，则可以使用 FTP 对象中的方法 connect()，其语法格式如下。

connect(host,port,timeout,source-address)

- ❑ host：要连接的 FTP 服务器。

- port：FTP 服务器的端口，可选参数。

（3）方法 login()。

如果在创建 FTP 对象时没有使用用户名和密码，则可以通过 FTP 对象中的方法 login()使用用户名和密码登录 FTP 服务器。其语法格式如下。

```
login (user, passwd, acct)
```

- user：登录 FTP 服务器所使用的用户名。
- passwd：登录 FTP 服务器所使用的密码。
- acct：可选参数，默认为空。

（4）方法 getwelcome()、sendcmd()和 voidcmd()。

使用 FTP 对象中的方法 getwelcome()可以获得 FTP 服务器的欢迎信息。使用 FTP 对象中的方法 abort()可以中断文件传输。使用 FTP 对象中的方法 sendcmd()和方法 voidcmd()可以向 FTP 服务器发送命令，这两个方法的不同之处在于 voidcmd()方法没有返回值。这两个方法的语法格式如下。

```
sendcmd( command)
voidcmd( command)
```

参数 command 是指向服务器发送的命令字符串。

（5）方法 retrbinary()和方法 retrlines()。

使用 FTP 对象中的方法 retrbinary()和方法 retrlines()可以从 FTP 服务器下载文件。不同的是，retrbinary()方法使用二进制形式传输文件，而 retrlines()方法使用 ASCII 形式传输文件。其语法格式如下。

```
retrbinary(command, callback, maxblocksize, rest)
retrlines (command,  callback)
```

对于 retrbinary()方法，各个参数的具体含义如下所示。

- command：传输命令，由“RETR+文件名”组成（之间有空格）。
- callback：传输回调函数。
- maxblocksize：设置每次传输的最大字节数，可选参数。
- rest：设置文件续传位置，可选参数。

对于 retrlines()方法，各个参数的具体含义如下所示。

- command：传输命令。
- callback：传输回调函数。

（6）方法 storbinary()和方法 storlines()。

使用 FTP 对象中的方法 storbinary()和方法 storlines()可以向 FTP 服务器上传文件。这两个方法的不同之处是 storbinary()方法使用二进制形式传输文件，而 storlines()方法使用 ASCII 码形式传输文件。这两个方法的语法格式如下。

```
storbinary(command, file, blocksize)
storlines (command,  file)
```

对于 storbinary()方法，各个参数的具体含义如下所示。

- command：传输命令，由“STOR+文件名”组成（之间有空格）。
- file：本地文件句柄。
- blocksize：设置每次读取文件的最大字节数，可选参数。

对于 storlines()方法，各个参数的含义如下。

- command：传输命令。
- file：本地文件句柄。

（7）方法 set_pasv()。

使用 FTP 对象中的方法 set_pasv()可以设置传输模式。具体语法格式如下所示。

```
set_pasv (boolean)
```

如果参数 boolean 为 True，则为被动模式；如果为 False，则为主动模式。

（8）方法 dir()和方法 rename()。

使用 FTP 对象中的方法 dir()可以获取当前目录中内容列表。使用 FTP 对象中的方法 rename()可以修改 FTP 服务器中的文件名。具体语法格式如下所示。

```
rename (fromname, toname)
```

- fromname：原来文件名。
- toname：重命名后的文件名。

（9）方法 delete()。

使用 FTP 对象中的方法 delete()可以从 FTP 服务器上删除文件。具体语法格式如下所示。

```
delete( filename)
```

参数 filename 是要删除的文件名。

（10）方法 cwd()。

使用 FTP 对象中的方法 cwd()可以改变当前目录。具体语法格式如下所示。

```
cwd (pathname)
```

参数 pathname 是要进入目录的路径。

（11）方法 mkd()。

使用 FTP 对象中的方法 mkd()可以在 FTP 服务器上创建目录。具体语法格式如下所示。

```
mkd (pathname)
```

参数 pathname 表示要创建目录的路径。

（12）方法 pwd()。

使用 FTP 对象中的方法 pwd()可以获得当前目录。

（13）方法 rmd()。

使用 FTP 对象中的方法 rmd()可以删除 FTP 服务器上的目录。具体语法格式如下所示。

```
rmd (dirname)
```

参数 dirname 表示要删除的目录。

（14）方法 size()。

使用 FTP 对象中的方法 size()可以获得文件的大小。具体语法格式如下所示。

```
size(filename)
```

参数 filename 表示要获取文件大小的文件名。

（15）方法 quit()和方法 close()。

使用 FTP 对象中的方法 quit()和方法 close()可以关闭与 FTP 服务器的连接。

17.6.2 创建一个 FTP 文件传输客户端

下面的实例代码演示了使用 ftplib 库创建一个简单的 FTP 文件传输客户端的过程。

实例 17-8 创建一个简单的 FTP 文件传输客户端

源码路径 daima\17\17-8

实例文件 ftp.py 的具体实现代码如下所示。

```
from ftplib import FTP      #导入FTP
bufsize = 1024              #设置缓冲区的大小
def Get(filename):          #定义函数Get()下载文件
     command = 'RETR ' + filename #变量command初始化
     #下载FTP文件
ftp.retrbinary(command, open(filename,
'wb').write, bufsize)
     print('下载成功')        #下载成功提示
def Put(filename):          #定义函数Put()上传文件
     command = 'STOR ' + filename #变量command初始化
     filehandler = open(filename,'rb')#打开指定文件
```

拓展范例及视频二维码

范例 481：下载和上传文件

源码路径：**范例**\481\

范例 482：上传/下载文件或目录

源码路径：**范例**\482\

```
        ftp.storbinary(command,filehandler,bufsize) #实现文件上传操作
        filehandler.close()       #关闭连接
        print('上传成功')          #显示提示
    def PWD():                     #定义获取当前目录的函数PWD()
        print(ftp.pwd())           #返回当前所在位置
    def Size(filename):            #定义获取文件大小的函数Size()
        print(ftp.size(filename))#显示文件大小
    def Help():                    #定义系统帮助函数Help()
        print('''                  #开始显示帮助提示
        ==================================
             Simple Python FTP
        ==================================
        cd          进入文件夹
        delete      删除文件
        dir         获取当前文件列表
        get         下载文件
        help        帮助
        mkdir       创建文件夹
        put         上传文件
        pwd         获取当前目录
        rename      重命名文件
        rmdir       删除文件夹
        size        获取文件大小
        ''')
    server = input('请输入FTP服务器地址:') #信息输入
    ftp = FTP(server)                    #获取服务器地址
    username = input('请输入用户名:')     #输入用户名
    password = input('请输入密码:')       #输入密码
    ftp.login(username,password)         #使用用户名和密码登录FTP服务器
    print(ftp.getwelcome())              #显示欢迎信息
    #定义一个字典actions，在里面保存操作命令
    actions = {'dir':ftp.dir, 'pwd': PWD, 'cd':ftp.cwd, 'get':Get,
              'put':Put, 'help':Help, 'rmdir': ftp.rmd,
              'mkdir': ftp.mkd, 'delete':ftp.delete,
              'size':Size, 'rename':ftp.rename}
    while True:                          #执行循环操作
        print('pyftp>')                  #显示提示符
        cmds = input()                   #获取用户的输入
        cmd = str.split(cmds)            #使用空格分隔用户输入的内容
        try:                             #异常处理
            if len(cmd) == 1:            #验证输入命令中是否有参数
                if str.lower(cmd[0]) == 'quit': #如果输入的命令是quit，则退出循环
    break
    else:
                    actions[str.lower(cmd[0])]()     #调用与输入的命令对应的操作函数
            elif len(cmd) == 2:          #处理只有一个参数的命令
                actions[str.lower(cmd[0])](cmd[1])  #调用与输入的命令对应的操作函数
            elif len(cmd) == 3:          #处理有两个参数的命令
                actions[str.lower(cmd[0])](cmd[1],cmd[2]) #调用与输入的命令对应的操作函数
            else:                        #如果是其他情况
                print('输入错误')         #显示错误提示
        except:
            print('命令出错')
    ftp.quit()                           #退出系统
```

运行上述实例代码后，会要求输入 FTP 服务器的地址、用户名和密码。如果正确输入上述信息则完成 FTP 服务器登录，并显示一个“pyftp>”提示符，等待用户输入命令。如果输入“dir”和“pwd”这两个命令，就会调用和执行对应的命令操作函数。在测试和运行本实例代码时，需要有一个 FTP 服务及登录该服务器的用户名和密码。如果读者没有互联网中的 FTP 服务器，可以尝试在本地计算机中通过 IIS 配置一个 FTP 服务器，然后进行测试。执行后的效果如图 17-10 所示。

```
请输入FTP服务器地址:118.184.21.197
请输入用户名:to
请输入密码:24cp
220 Microsoft FTP Service
pyftp>
dir
11-07-16  11:39AM       <DIR>          backup_c21323
11-07-16  11:38AM              476469 backup_c21323.rar
05-26-16  09:29AM       <DIR>          data
11-07-16  10:24AM            21819039 study.rar
11-07-16  12:56PM             3853663 study.sql
05-29-16  08:09AM       <DIR>          W3SVC81
05-26-16  09:33AM            26458130 web.rar
05-26-16  09:29AM       <DIR>          wwwlog
11-07-16  11:14AM       <DIR>          wwwroot
pyftp>
```

图 17-10　执行效果

17.7 解析 XML

XML 是指可扩展置标语言（eXtensible Markup Language），标准通用标记语言的子集，是一种用于标记电子文件使其具有结构性的标记语言。在现实应用中，常见的 XML 编程接口有两种，分别是 SAX 和 DOM。所以与之对应的是，Python 语言有两种解析 XML 文件的方法，分别是 SAX 和 DOM 方法。本节将详细讲解使用 Python 语言解析 XML 文件的知识。

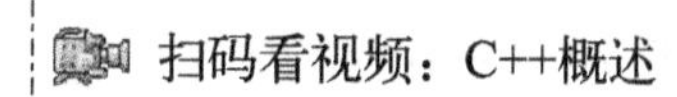
扫码看视频：C++概述

17.7.1 SAX 解析方法

在 Python 语言的标准库中包含了 SAX 解析器，SAX 通过使用事件驱动模型，在解析 XML 的过程中触发一个个的事件并调用用户定义的回调函数来处理 XML 文件。

SAX 是一种基于事件驱动的 API，当利用 SAX 解析 XML 文档时会涉及如下两部分。

- 解析器：负责读取 XML 文档,并向事件处理程序发送事件，例如元素开始与元素结束事件。
- 事件处理器：负责对事件做出响应，对传递的 XML 数据进行处理。

当在 Python 程序中使用 SAX 方式处理 XML 文件时，需要先引入文件 xml.sax 中的 parse() 函数，还有 xml.sax.handler 中的类 ContentHandler。其中类 ContentHandler 中的常用函数如下所示。

（1）characters(content)：调用时机如下所示。

- 从行开始，在遇到标签之前，存在字符，content 的值为这些字符串。
- 从一个标签开始，在遇到下一个标签之前，存在字符，content 的值为这些字符串。
- 从一个标签开始，在遇到行结束符之前，存在字符，content 的值为这些字符串。

这里标签可以是开始标签，也可以是结束标签。

（2）startDocument()：当启动文档时调用。

（3）endDocument()：当解析器到达文档结尾时调用。

（4）startElement(name, attrs)：当遇到 XML 开始标签时调用，name 是标签的名字，attrs 是标签的属性值字典。

（5）endElement(name)：当遇到 XML 结束标签时调用。

在 xml.sax 中的常用内置函数如下所示。

（1）parse ()：通过如下语法格式可以创建一个 SAX 解析器，并解析 XML 文档。

```
xml.sax.parse( xmlfile, handler[, errorhandler])
```

各个参数的具体说明如下所示。

- xmlfile：XML 文件名。
- handler：必须是一个 ContentHandler 的对象。
- errorhandler：如果指定该参数，errorhandler 必须是一个 SAX ErrorHandler 对象。

（2）parseString()：功能是创建一个 XML 解析器并解析 XML 字符串。具体语法格式如下所示。

```
xml.sax.parseString(xmlstring, contenthandler[, errorhandler])
```

各个参数的具体说明如下所示。

- xmlstring：XML 字符串。
- contenthandler：必须是一个 ContentHandler 的对象。
- errorhandler：如果指定该参数，errorhandler 必须是一个 SAX ErrorHandler 对象。

下面的实例代码演示了使用 SAX 方法解析 XML 文件的过程。

实例 17-9　使用 SAX 方法解析 XML 文件

源码路径　daima\17\17-9

文件 movies.xml 是一个基本的 XML 文件，在里面保存一些和电影有关的资料信息。文件 movies.xml 的具体实现代码如下所示。

拓展范例及视频二维码

范例 **483**：获得 XML 标签的属性

源码路径：**范例**\483\

范例 **484**：获得 XML 文件的子标签

源码路径：**范例**\484\

```
<collection shelf="New Arrivals">
<movie title="Enemy Behind">
<type>War, Thriller</type>
<format>DVD</format>
<year>2003</year>
<rating>PG</rating>
<stars>10</stars>
<description>Talk about a US-Japan
</description>
</movie>
<movie title="Transformers">
<type>Anime, Science Fiction</type>
<format>DVD</format>
<year>1989</year>
<rating>R</rating>
<stars>8</stars>
<description>A scientific fiction</description>
</movie>
<movie title="Trigun">
<type>Anime, Action</type>
<format>DVD</format>
<episodes>4</episodes>
<rating>PG</rating>
<stars>10</stars>
<description>Vash the Stampede!</description>
</movie>
<movie title="Ishtar">
<type>Comedy</type>
<format>VHS</format>
<rating>PG</rating>
<stars>2</stars>
<description>Viewable boredom</description>
</movie>
</collection>
```

实例文件 sax.py 的功能是解析文件 movies.xml 的内容。具体实现代码如下所示。

```
import xml.sax
class MovieHandler( xml.sax.ContentHandler ):
def __init__ (self):
       self.CurrentData = ""
       self.type = ""
       self.format = ""
       self.year = ""
       self.rating = ""
       self.stars = ""
       self.description = ""
    #元素开始调用
def startElement(self, tag, attributes):
       self.CurrentData = tag
if tag == "movie":
print ("*****Movie*****")
title = attributes["title"]
print ("Title:", title)
    #元素结束调用
def endElement(self, tag):
       if self.CurrentData == "type":        #处理XML中的type元素
print ("Type:", self.type)
       elif self.CurrentData == "format":    #处理XML中的format元素
print ("Format:", self.format)
       elif self.CurrentData == "year":      #处理XML中的year元素
print ("Year:", self.year)
       elif self.CurrentData == "rating":    #处理XML中的rating元素
```

```
    print ("Rating:", self.rating)
           elif self.CurrentData == "stars":        #处理XML中的stars元素
    print ("Stars:", self.stars)
           elif self.CurrentData == "description": #处理XML中的description元素
    print ("Description:", self.description)
           self.CurrentData = ""
       # 读取字符时调用
    def characters(self, content):
    if self.CurrentData == "type":
                 self.type = content
    elif self.CurrentData == "format":
                 self.format = content
    elif self.CurrentData == "year":
                 self.year = content
    elif self.CurrentData == "rating":
                 self.rating = content
    elif self.CurrentData == "stars":
                 self.stars = content
    elif self.CurrentData == "description":
                 self.description = content
    if (__name__ == "__main__"):
        # 创建一个XMLReader
    parser = xml.sax.make_parser()
        # turn off namespaces
    parser.setFeature(xml.sax.handler.feature_namespaces, 0)
        # 重写ContentHandler
        Handler = MovieHandler()
    parser.setContentHandler( Handler )
    parser.parse("movies.xml")
```

执行后的效果如图 17-11 所示。

```
*****Movie*****
Title: Enemy Behind
Type: War, Thriller
Format: DVD
Year: 2003
Rating: PG
Stars: 10
Description: Talk about a US-Japan war
*****Movie*****
Title: Transformers
Type: Anime, Science Fiction
Format: DVD
Year: 1989
Rating: R
Stars: 8
Description: A scientific fiction
*****Movie*****
Title: Trigun
Type: Anime, Action
Format: DVD
Rating: PG
Stars: 10
Description: Vash the Stampede!
*****Movie*****
Title: Ishtar
Type: Comedy
Format: VHS
Rating: PG
Stars: 2
Description: Viewable boredom
```

图 17-11　执行效果

17.7.2　DOM 解析方法

DOM 是文件对象模型（Document Object Model）的简称，是 W3C 组织推荐的处理可扩展置标语言的标准编程接口。当一个 DOM 解析器在解析一个 XML 文档时，可以一次性读取整个文档。将文档中的所有元素保存在内存中的一个树结构中后，可以利用 DOM 提供的不同的函数来读取或修改文档的内容和结构，也可以把修改过的内容写入到 XML 文件中。

下面的实例代码演示了使用 DOM 方法解析 XML 文件的过程。

实例 17-10　使用 DOM 方法解析 XML 文件

源码路径　daima\17\17-10

实例文件 dom.py 的功能是解析文件 movies.xml 的内容。具体实现代码如下所示。

```
from xml.dom.minidom import parse
import xml.dom.minidom
#使用minidom解析器打开 XML 文档
DOMTree = xml.dom.minidom.parse("movies.xml")
```

```
collection = DOMTree.documentElement
if collection.hasAttribute("shelf"):
print ("Root element : %s" %
collection.getAttribute("shelf"))
#在集合中获取所有电影
movies = collection.getElementsByTagName("movie")
#输出每部电影的详细信息
for movie in movies:
print ("*****Movie*****")
if movie.hasAttribute("title"):
print ("Title: %s" % movie.getAttribute("title"))
type = movie.getElementsByTagName('type')[0]
print ("Type: %s" % type.childNodes[0].data)
format = movie.getElementsByTagName('format')[0]
print ("Format: %s" % format.childNodes[0].data)
rating = movie.getElementsByTagName('rating')[0]
print ("Rating: %s" % rating.childNodes[0].data)
description = movie.getElementsByTagName('description')[0]
print ("Description: %s" % description.childNodes[0].data)
```

拓展范例及视频二维码

范例 485：区分相同标签名的标签

源码路径：**范例**\485\

范例 486：获得标签属性的具体值

源码路径：**范例**\486\

执行后的效果和实例 17-9 的一样（见图 17-11）。

17.8 解析 JSON 数据

JSON 是 JavaScript Object Notation 的缩写，是一种轻量级的数据交换格式。JSON 基于 ECMAScript 的一个子集。本节将详细讲解使用 Python 语言解析 JSON 数据的知识。

扫码看视频：C++概述

17.8.1 类型转换

在 JSON 的编码和解码过程中，Python 的原始类型与 JSON 类型会相互转换。其中从 Python 类型编码为 JSON 类型的转换关系如表 17-6 所示。

表 17-6 从 **Python** 类型编码为 **JSON** 类型的转换关系

Python	JSON
dict	object
list、tuple	array
str	string
int、float 以及派生自 int 与 float 类型的 Enum	number
True	true
False	false
None	null

从 JSON 类型解码为 Python 类型的转换关系如表 17-7 所示。

表 17-7 从 **JSON** 类型解码为 **Python** 类型的转换关系

JSON	Python
object	dict
array	list
string	str
number (int)	int
number (real)	float
true	True
false	False
null	None

17.8.2 编码和解码

在 Python 程序中，可以使用 JSON 模块来对 JSON 数据进行编码和解码操作，其中包含了如下所示的两个函数。

- json.dumps()：对数据进行编码。
- json.loads()：对数据进行解码。

下面的实例代码演示了将 Python 字典类型转换为 JSON 对象的过程。

实例 17-11　将 Python 字典类型转换为 JSON 对象

源码路径　daima\17\17-11

实例文件 js.py 的具体实现代码如下所示。

```
import json
#Python将字典类型转换为JSON对象
data = {
    'no' : 1,
    'name' : 'laoguan',
    'url' : 'http://www.toppr.net'
}
json_str = json.dumps(data)
print ("Python 原始数据：", repr(data))
print ("JSON 对象：", json_str)
```

执行后的效果如图 17-12 所示。通过输出结果可以看出，简单类型通过编码后与其原始的 repr()输出结果非常相似。

拓展范例及视频二维码

范例 487：将 Python 对象转换为 JSON 对象

源码路径：**范例**\487\

范例 488：解决中文正确显示的问题

源码路径：**范例**\488\

```
Python 原始数据： {'url': 'http://www.toppr.net', 'no': 1, 'name': 'laoguan'}
JSON 对象： {"url": "http://www.toppr.net", "no": 1, "name": "laoguan"}
```

图 17-12　执行效果

接着上面的实例 17-11，在下面的实例中，可以将一个 JSON 编码的字符串转换回一个 Python 数据结构。

实例 17-12　将 JSON 对象转换为 Python 字典

源码路径　daima\17\17-12

实例文件 fan.py 的具体实现代码如下所示。

```
import json
#将字典类型转换为JSON对象
data1 = {
    'no' : 1,
    'name' : 'laoguan',
    'url' : 'http://www.toppr.net'
}
json_str = json.dumps(data1)
print ("Python 原始数据：", repr(data1))
print ("JSON 对象：", json_str)
# 将 JSON 对象转换为字典
data2 = json.loads(json_str)
print ("data2['name']: ", data2['name'])
print ("data2['url']: ", data2['url'])
```

拓展范例及视频二维码

范例 489：将列表和字典转换为 JSON 对象

源码路径：**范例**\489\

范例 490：运用 DataFrame 统计时区数据

源码路径：**范例**\490\

执行后的效果如图 17-13 所示。

```
Python 原始数据： {'name': 'laoguan', 'url': 'http://www.toppr.net', 'no': 1}
JSON 对象： {"name": "laoguan", "url": "http://www.toppr.net", "no": 1}
data2['name']:  laoguan
data2['url']:  http://www.toppr.net
```

图 17-13　执行效果

在 Python 程序中，如果要处理的是 JSON 文件而不是字符串，那么可以使用函数 json.dump() 和函数 json.load()来编码和解码 JSON 数据。例如下面的演示代码。

```
#写入JSON数据
with open('data.json', 'w') as f:
json.dump(data, f)
#读取数据
with open('data.json', 'r') as f:
data = json.load(f)
```

17.9　技 术 解 惑

17.9.1　详细剖析客户端/服务器编程模型

客户端/服务器编程模型是基于可靠连接的通信模型。通信的双方必须使用各自的 IP 地址以及端口进行通信。否则，通信过程将无法实现。通常情况下，当用户使用 C/S 模型进行通信时，其通信的任意一方称为客户端，而另一方称为服务器端。

服务器端等待客户端连接请求的到来，这个过程称为监听过程。通常，服务器监听功能是在特定的 IP 地址和端口上进行。然后，客户端向服务器发出连接请求，服务器响应该请求，则连接成功。否则，客户端的连接请求失败。客户端/服务器编程模型如图 17-14 所示。

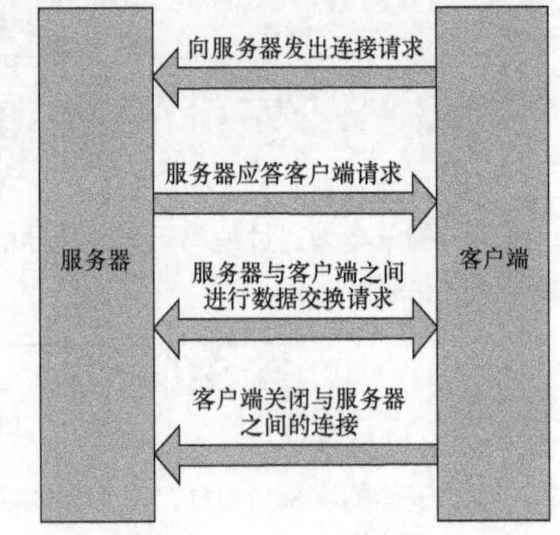

图 17-14　客户端/服务器编程模型

由于客户端连接服务器时，需要使用服务器的 IP 地址和监听端口号才能完成连接，所以服务器的 IP 地址和端口必须是固定的。在这里，向用户介绍部分协议所使用的端口号码。例如，HTTP 协议（网页浏览服务）所使用的端口号为 80，FTP 协议（文本传输）所使用的端口号是 21。

在现实应用中，最常见的客户端/服务器应用模式是动态 Web 网站。动态网站的工作原理非常简单，如图 17-15 所示。

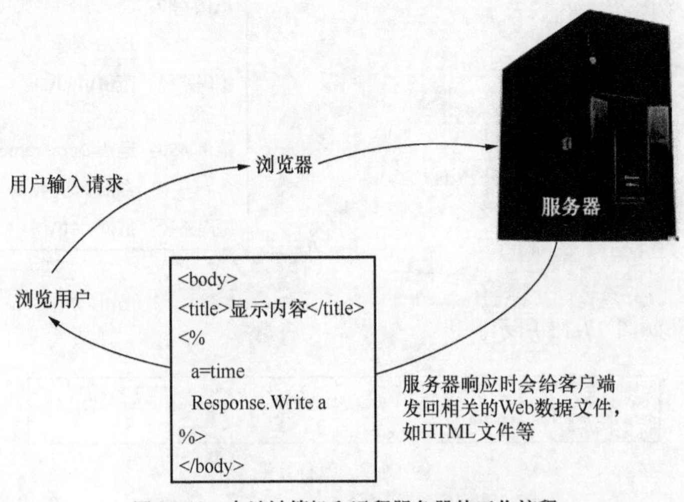

图 17-15　本地计算机和远程服务器的工作流程

本地计算机是指用户正在使用的、浏览站点页面的机器。对于本地计算机来说，最重要的构成模块是 Web 浏览器，其中浏览器有 IE、Firefox 和谷歌等。浏览器是 WWW（World Wide Web，万维网）系统的重要组成部分，它是运行在本地计算机中的程序，负责向服务器发送请求，并且将服务器返回的结果显示给用户。用户就是通过浏览器这个窗口来分享网上丰富的资源的。常见的网页浏览器有 Internet Explorer、Firefox、Opera 和 Safari。

远程服务器是一种高性能计算机，作为网络的节点，存储、处理网络上 80%的数据、信息，因此也称为网络的灵魂。它是网络上一种为客户端计算机提供各种服务的高性能计算机，在网络操作系统的控制下，它将与其相连的硬盘、磁带、打印机、调制解调器及各种专用通信设备与网络上的客户站点共享，也能为网络用户提供集中计算、信息发表及数据管理等服务。它的高性能主要体现在高速的运算能力、长时间可靠的运行状况、强大的外部数据吞吐能力等方面。远程服务器的主要功能是接收客户浏览器发来的请求，然后分析请求并给予响应，响应的信息通过网络返回给用户浏览器。

接下来开始讲解 Web 应用程序的工作原理，用户访问互联网资源的前提是必须首先获取站点的地址，然后通过页面链接来浏览具体页面的内容。其实上述过程是通过浏览器和服务器进行的。下面以访问搜狐网为例，详细讲解 Web 应用程序的工作原理。

（1）在浏览器地址栏中输入搜狐网的首页地址“http://www.sohu.com”。

（2）用户浏览器向服务器发送访问搜狐网首页的请求。

（3）服务器获取客户端的访问请求。

（4）服务器处理请求。如果请求页面是静态文档，则只须将此文档直接传送给浏览器即可；如果是动态文档，则将处理后的静态文档发送给浏览器。

（5）将处理后的结果在客户端浏览器中显示。

17.9.2 详细剖析类 HTTPConnection 中的方法

在 Python 程序中，类 HTTPConnection 的构造方法的语法格式如下所示。

```
HTTPConnection (host, port=None,[ timeout, ] source.address=None)
```

- host：服务器地址，可以使用 www.***.com:8080 模式。
- port：用来指定访问的服务器端口。如果不提供，则从 host 提取；否则，使用 80 端口。
- timeout：指定超时秒数。

在 Python 程序中，HTTPConnection 对象的主要方法是 request()。此方法的语法格式如下所示。

```
Request (method, url, body, headers)
```

- method：发送方式，一般为“GET”或“POST”。
- url：进行操作的 URL。
- body：发送的数据。
- headers：发送的 HTTP 头。

当向服务器发送请求后，可以使用 HTTPConnection 对象中的方法 getresponse()返回一个 HTTPResponse 对象。使用 HTTPConnection 对象中的方法 close()可以关闭同服务器的连接。除了使用 request()方法以外，还可以依次使用如下的方法向服务器发送请求。

- 方法 putrequest()。

方法 putrequest()在连接到服务器后第一个调用，功能是发送 method 字符串、url 字符串、HTTP 版本（HTTP/1.1）的行数据到服务器。当设置 skip_host 为非 False 值时可禁止自动发送到主机；当设置 skip_accept_encoding 为非 False 值时可以禁止接受编码。skip_accept_encoding 为 Python2.4 中添加的。方法 putrequest()的语法格式如下所示。

```
putrequest(method, url[, skip_host[, skip_accept_encoding]])
```

❑ 方法 putheader()。

方法 putheader()的功能是发送一个 RFC 822 样式头到服务器。它发送 header、一个冒号和一个空格以及第一个参数到服务器。如果有更多参数，就会发送多行，每行由一个制表符和一个参数组成。方法 putheader()的语法格式如下所示。

```
putheader(header, argument[, ...])
```

❑ 方法 endheaders()。

方法 endheaders()的功能是发送空行到服务器，设置 header 的结束。可选参数 message_body 用来传递与请求相关的消息正文。如果传递的消息正文是字符串，则将在消息头的包中发送；否则，使用单独的数据包进行发送。从 Python 2.7 开始加入了 message_body。方法 endheaders()的语法格式如下所示。

```
endheaders(message_body=None)
```

❑ 方法 send()。

方法 send()的功能是将数据发送到服务器，在 endheaders()之后、getresponse()之前使用。

17.10 课后练习

（1）编写一个机器人聊天程序，要求同时实现客户端和服务器端。

（2）编写一个文件上传程序，要求同时实现客户端和服务器端。

（3）编写一个程序，利用 select 监听终端。

（4）编写一个程序，利用 select 实现伪同时处理多个套接字客户端请求，要求同时实现客户端和服务器端。

第 18 章

数据库开发

（视频讲解：88min）

数据库技术是实现动态软件技术的必要手段，在软件项目中通过数据库可以存储海量的数据。因为软件显示的内容是从数据库中读取的，所以开发者可以通过修改数据库内容来实现动态交互功能。在 Python 软件开发应用中，数据库在实现过程中起了一个中间媒介的作用。本章将介绍 Python 数据库开发方面的知识，为读者步入本书后面知识的学习打下基础。

18.1 操作 SQLite3 数据库

扫码看视频：操作 SQLite3 数据库

从 Python 3.x 版本开始，在标准库中已经内置了 SQLite3 模块，它可以支持 SQLite3 数据库的访问和相关的数据库操作。在需要操作 SQLite3 数据库数据时，只须在程序中导入 SQLite3 模块即可。根据 DB-API 2.0 规范规定，Python 语言操作 SQLite3 数据库的基本流程如下所示。

(1) 导入相关库或模块（SQLite3）。

(2) 使用 connect()连接数据库并获取数据库连接对象。

(3) 使用 con.cursor()获取游标对象。

(4) 使用游标对象的方法（execute()、executemany()、fetchall()等）来操作数据库，实现插入、修改和删除操作，并查询获取显示相关的记录。在 Python 程序中，连接函数 sqlite3.connect()有如下两个常用参数。

- database：表示要访问的数据库名。
- timeout：表示访问数据的超时设定。

其中，参数 database 表示用字符串的形式指定数据库的名称，如果数据库文件位置不是当前目录，则必须要写出其相对或绝对路径。还可以用":memory:"表示使用临时放入内存的数据库。当退出程序时，数据库中的数据也就不存在了。

(5) 使用 close()关闭游标对象和数据库连接。数据库操作完成之后，必须及时调用其 close()方法关闭数据库连接，这样做的目的是减轻数据库服务器的压力。

下面的实例代码演示了使用 SQLite3 模块操作 SQLite3 数据库的过程。

实例 18-1　使用 SQLite3 模块操作 SQLite3 数据库

源码路径　daima\18\18-1

实例文件 sqlite.py 的具体实现代码如下所示。

拓展范例及视频二维码

范例 **491**：连接 MySQL 数据库

源码路径：**范例**\491\

范例 **492**：在数据库中创建一个表

源码路径：**范例**\492\

```
import sqlite3      #导入内置模块
import random       #导入内置模块
#初始化变量src，设置用于随机生成字符串中的所有字符
src = 'abcdefghijklmnopqrstuvwxyz'
def get_str(x,y): #生成字符串函数get_str()
    str_sum = random.randint(x,y)
    #生成x和y之间的随机整数
    astr = ''     #变量astr赋值
    for i in range(str_sum): #遍历随机数
        astr += random.choice(src)
        #累计求和生成的随机数
    return astr             #返回和
def output():               #函数output()用于输出数据库表中的所有信息
    cur.execute('select * from biao')#查询表biao中的所有信息
    for sid,name,ps in cur:     #查询表中的3个字段sid、name和ps
        print(sid,' ',name,' ',ps)  #显示3个字段的查询结果

def output_all():           #函数output_all()用于输出数据库表中的所有信息
    cur.execute('select * from biao')#查询表biao中的所有信息
    for item in cur.fetchall():   #获取查询到的所有数据
        print(item)         #显示获取到的数据

def get_data_list(n):       #函数get_data_list()用于生成查询列表
    res = []                #列表初始化
```

```
    for i in range(n):       #遍历列表
        res.append((get_str(2,4),get_str(8,12)))#生成列表
    return res               #返回生成的列表
if __name__ == '__main__':
    print("建立连接...")      #输出提示
    con = sqlite3.connect(':memory:')#开始建立和数据库的连接
    print("建立游标...")
    cur = con.cursor()       #获取游标
    print('创建一张表biao...')  #输出提示信息
    #在数据库中创建表biao，设置了表中的各个字段
    cur.execute('create table biao(id integer primary key autoincrement not null,name
    text,passwd text)')
    print('插入一条记录...')   #输出提示信息
   #插入1条数据信息
   cur.execute('insert into biao (name,passwd)values(?,?)',(get_str(2,4),get_str(8,12),))
    print('显示所有记录...')   #输出提示信息
    output()                 #输出显示数据库中的数据信息
    print('批量插入多条记录...')      #输出提示信息
    #插入多条数据信息
    cur.executemany('insert into biao (name,passwd)values(?,?)',get_data_list(3))
    print("显示所有记录...")   #输出提示信息
    output_all()             #输出显示数据库中的数据信息
    print('更新一条记录...')   #输出提示信息
    #修改表biao中的一条信息
    cur.execute('update biao set name=? where id=?',('aaa',1))
    print('显示所有记录...')   #输出提示信息
    output()                 #输出显示数据库中的数据信息
print('删除一条记录...')       #输出提示信息
    #删除表biao中的一条数据信息
    cur.execute('delete from  biao where id=?',(3,))
    print('显示所有记录：')    #输出提示信息
    output()                 #输出显示数据库中的数据信息
```

在上述实例代码中，首先，定义两个能够生成随机字符串的函数，生成的随机字符串作为数据库中存储的数据。然后，定义 output()和 output.all()方法，功能是分别通过遍历 cursor、调用 cursor 的方式来获取数据库表中的所有记录并输出。接下来，在主程序中，依次通过建立连接，获取连接的 cursor，通过 cursor 的 execute()和 executemany()等方法来执行 SQL 语句，以实现插入一条记录、插入多条记录、更新记录和删除记录的功能。最后，依次关闭游标和数据库连接。执行后的效果如图 18-1 所示。

```
>>>
建立连接...
建立游标...
创建一张表biao...
插入一条记录...
显示所有记录...
1   vj   ybdaladhph
批量插入多条记录...
显示所有记录...
(1, 'vj', 'ybdaladhph')
(2, 'cdpf', 'frshbgjjoxd')
(3, 'akao', 'zuvxyaenzpf')
(4, 'cgi', 'xhobyorv')
更新一条记录...
显示所有记录...
1   aaa   ybdaladhph
2   cdpf   frshbgjjoxd
3   akao   zuvxyaenzpf
4   cgi   xhobyorv
删除一条记录...
显示所有记录:
1   aaa   ybdaladhph
2   cdpf   frshbgjjoxd
4   cgi   xhobyorv
>>>
```

图 18-1 执行效果

18.2 操作 MySQL 数据库

在 Python 3.x 版本中，使用内置库 PyMySQL 来连接 MySQL 数据库服务器，Python 2 版本中使用库 mysqldb。

扫码看视频：操作 MySQL 数据库

PyMySQL 完全遵循 Python 数据库 API v2.0 规范，并包含了 pure-Python MySQL 客户端库。本节将详细讲解在 Python 程序中操作 MySQL 数据库的知识。

18.2.1　搭建 PyMySQL 环境

在使用 PyMySQL 之前，必须先确保已经安装 PyMySQL。如果还没有安装，可以使用如下命令安装最新版的 PyMySQL。

```
pip install PyMySQL
```

安装成功后的界面效果如图 18-2 所示。

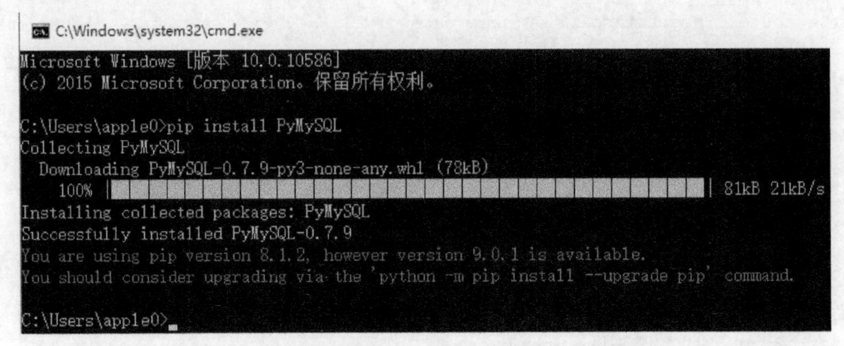

图 18-2　PyMySQL 安装成功

如果当前系统不支持 pip 命令，可以使用如下两种方式进行安装。

（1）使用 git 命令下载安装包安装。

```
$ git clone https://github.com/PyMySQL/PyMySQL
$ cd PyMySQL/
$ python3 setup.py install
```

（2）如果需要指定版本号，可以使用 curl 命令进行安装。

```
$ # X.X 为 PyMySQL 的版本号
$ curl -L https://github.com/PyMySQL/PyMySQL/tarball/pymysql-X.X | tar xz
$ cd PyMySQL*
$ python3 setup.py install
$ # 现在可以删除 PyMySQL* 目录
```

注意：必须确保拥有 root 权限才可以安装上述模块。另外，在安装的过程中可能会出现“ImportError: No module named setuptools”的错误提示，这个提示的意思是没有安装 setuptools，例如在 Linux 系统中的安装实例如下。

```
$ wget https://bootstrap.pypa.io/ez_setup.py
$ python3 ez_setup.py
```

18.2.2　实现数据库连接

在连接数据库之前，请按照如下所示的步骤进行操作。

（1）安装 MySQL 数据库和 PyMySQL。

（2）在 MySQL 数据库中创建数据库 TESTDB。

（3）在 TESTDB 数据库中创建表 EMPLOYEE。

（4）在表 EMPLOYEE 中分别添加 5 个字段，分别是 FIRST_NAME、LAST_NAME、AGE、SEX 和 INCOME。在 MySQL 数据库，表 EMPLOYEE 的界面效果如图 18-3 所示。

（5）假设本地 MySQL 数据库的登录用户名为“root”，密码为“66688888”。

下面的实例代码演示了显示 PyMySQL 数据库版本号的过程。

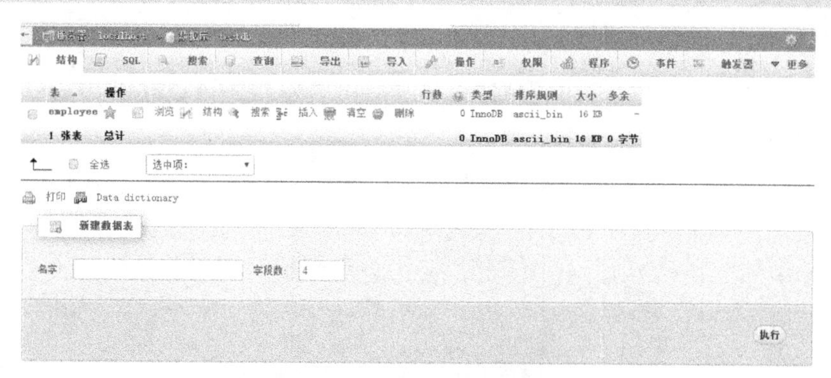

图 18-3 表 EMPLOYEE 的界面效果

实例 18-2 显示 PyMySQL 数据库的版本号
源码路径 daima\18\18-2

实例文件 mysql.py 的具体实现代码如下所示。

```
import pymysql
#打开数据库连接
db = pymysql.connect("localhost","root",
"66688888","TESTDB" )
#使用cursor()方法创建一个游标对象cursor
cursor = db.cursor()
#使用 execute()方法执行SQL查询
cursor.execute("SELECT VERSION()")
#使用fetchone()方法获取单条数据.
data = cursor.fetchone()
print ("Database version : %s " % data)
#关闭数据库连接
db.close()
```

拓展范例及视频二维码

范例 493：创建一个 MySQL
数据库表
源码路径：范例\493\
范例 494：创建一个 MySQL
实例
源码路径：范例\494\

执行后的效果如图 18-4 所示。

```
>>>
Database version : 5.7.15-log
>>>
```

图 18-4 执行效果

18.2.3 创建数据库表

在 Python 程序中，可以使用方法 execute()在数据库中创建一个新表。下面的实例代码演示了在 PyMySQL 数据库中创建新表 EMPLOYEE 的过程。

实例 18-3 创建新表 EMPLOYEE
源码路径 daima\18\18-3

实例文件 new.py 的具体实现代码如下所示。

```
import pymysql
#打开数据库连接
db = pymysql.connect("localhost","root",
"66688888","TESTDB" )
#使用cursor()方法创建一个游标对象 cursor
cursor = db.cursor()
#使用execute()方法执行SQL，如果表存在则删除
cursor.execute("DROP TABLE IF EXISTS EMPLOYEE")
#使用预处理语句创建表
sql = """CREATE TABLE EMPLOYEE (
         FIRST_NAME  CHAR(20) NOT NULL,
         LAST_NAME  CHAR(20),
         AGE INT,
         SEX CHAR(1),
         INCOME FLOAT )"""
cursor.execute(sql)
```

拓展范例及视频二维码

范例 495：创建表并插入数据
源码路径：范例\495\

范例 496：查询数据并保存到文件中
源码路径：范例\496\

```
#关闭数据库连接
db.close()
```

执行上述代码后，将在 MySQL 数据库中创建一个名为“EMPLOYEE”的新表，执行后的效果如图 18-5 所示。

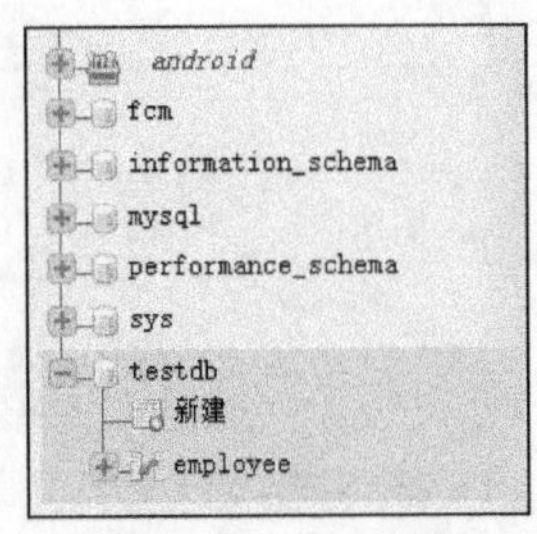

图 18-5 执行效果

18.2.4 数据库插入操作

在 Python 程序中，可以使用 SQL 语句向数据库中插入新的数据信息。下面的实例代码演示了使用 INSERT 语句向表 EMPLOYEE 中插入数据信息的过程。

实例 18-4 **向表 EMPLOYEE 中插入数据信息**

源码路径 daima\18\18-4

实例文件 cha.py 的具体实现代码如下所示。

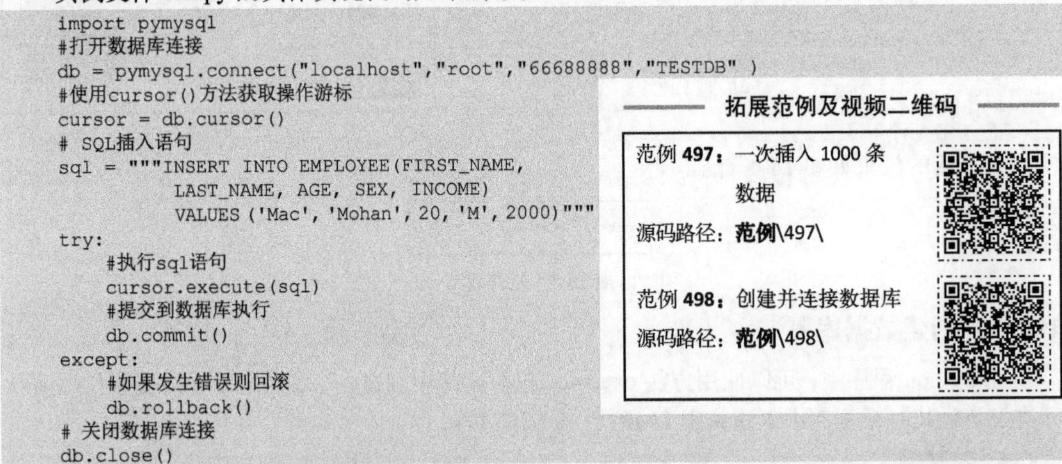

```
import pymysql
#打开数据库连接
db = pymysql.connect("localhost","root","66688888","TESTDB" )
#使用cursor()方法获取操作游标
cursor = db.cursor()
# SQL插入语句
sql = """INSERT INTO EMPLOYEE(FIRST_NAME,
         LAST_NAME, AGE, SEX, INCOME)
         VALUES ('Mac', 'Mohan', 20, 'M', 2000)"""
try:
    #执行sql语句
    cursor.execute(sql)
    #提交到数据库执行
    db.commit()
except:
    #如果发生错误则回滚
    db.rollback()
# 关闭数据库连接
db.close()
```

拓展范例及视频二维码

范例 **497**：一次插入 1000 条数据

源码路径：**范例**\497\

范例 **498**：创建并连接数据库

源码路径：**范例**\498\

执行上述代码后，打开 MySQL 数据库中的表“EMPLOYEE”，会发现在里面插入了一条新的数据信息。执行后的效果如图 18-6 所示。

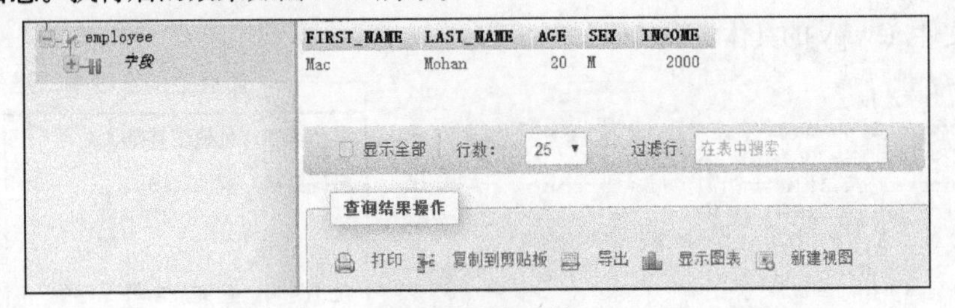

图 18-6 执行效果

18.2.5 数据库查询操作

在 Python 程序中，可以使用 fetchone()方法获取 MySQL 数据库中的单条数据，使用 fetchall()方法获取 MySQL 数据库中的多条数据。当使用 Python 语言查询 MySQL 数据库时，需要用到如下所示的方法和属性。

- fetchone()：该方法获取下一个查询结果集。结果集是一个对象。
- fetchall()：接收全部的返回结果行。
- rowcount：这是一个只读属性，并返回执行 execute()方法后影响的行数。

下面的实例代码演示了查询并显示表 EMPLOYEE 中 INCOME（工资）高于 1000 元的所有数据。

实例 18-5　查询 INCOME（工资）字段高于 1000 元的所有数据

源码路径　daima\18\18-5

实例文件 fi.py 的具体实现代码如下所示。

```
import pymysql
#打开数据库连接
db = pymysql.connect("localhost","root", "66688888","TESTDB" )
#使用cursor()方法获取操作游标
cursor = db.cursor()
# SQL查询语句
sql = "SELECT * FROM EMPLOYEE \
       WHERE INCOME > '%d'" % (1000)
try:
    #执行SQL语句
    cursor.execute(sql)
    #获取所有记录列表
    results = cursor.fetchall()
    for row in results:
        fname = row[0]
        lname = row[1]
        age = row[2]
        sex = row[3]
        income = row[4]
         # 输出结果
        print ("fname=%s,lname=%s,age=%d,sex=%s,income=%d" % \
                 (fname, lname, age, sex, income ))
except:
    print ("Error: unable to fetch data")
#关闭数据库连接
db.close()
```

拓展范例及视频二维码

范例 499：MySQL Connector 连接脚本
源码路径：**范例**\499\

范例 500：使用 MySQLdb 的 Python 2.x
源码路径：**范例**\500\

执行后的效果如图 18-7 所示。

```
>>>
fname=Mac, lname=Mohan, age=20, sex=M, income=2000
>>>
```

图 18-7　执行效果

18.2.6　数据库更新操作

在 Python 程序中，可以使用 UPDATE 语句更新数据库中的数据信息。下面的实例代码将数据库表中“SEX”字段为“M”的“AGE”字段递增 1。

实例 18-6　更新数据库中的数据

源码路径　daima\18\18-6

实例文件 xiu.py 的具体实现代码如下所示。

```
import pymysql
#打开数据库连接
db = pymysql.connect("localhost","root",
"66688888","TESTDB" )
#使用cursor()方法获取操作游标
cursor = db.cursor()
# SQL 更新语句
sql = "UPDATE EMPLOYEE SET AGE = AGE + 1 WHERE SEX
= '%c'" % ('M')
try:
    #执行SQL语句
    cursor.execute(sql)
    #提交到数据库执行
    db.commit()
```

拓展范例及视频二维码

范例 501：创建并修改数据库数据
源码路径：**范例**\501\

范例 502：插入更新的另外形式
源码路径：**范例**\502\

```
except:
    #发生错误时回滚
    db.rollback()
#关闭数据库连接
db.close()
```

执行后的效果如图 18-8 所示。

FIRST_NAME	LAST_NAME	AGE	SEX	INCOME
Mac	Mohan	20	M	2000

a）修改前

+ 选项

FIRST_NAME	LAST_NAME	AGE	SEX	INCOME
Mac	Mohan	21	M	2000

b）修改后

图 18-8 执行效果

18.2.7 数据库删除操作

在 Python 程序中，可以使用 DELETE 语句删除数据库中的数据信息。下面的实例代码删除了表 EMPLOYEE 中所有 AGE 大于 20 的数据。

实例 18-7 删除表 EMPLOYEE 中所有 AGE 大于 20 的数据

源码路径 daima\18\18-7

实例文件 del.py 的具体实现代码如下所示。

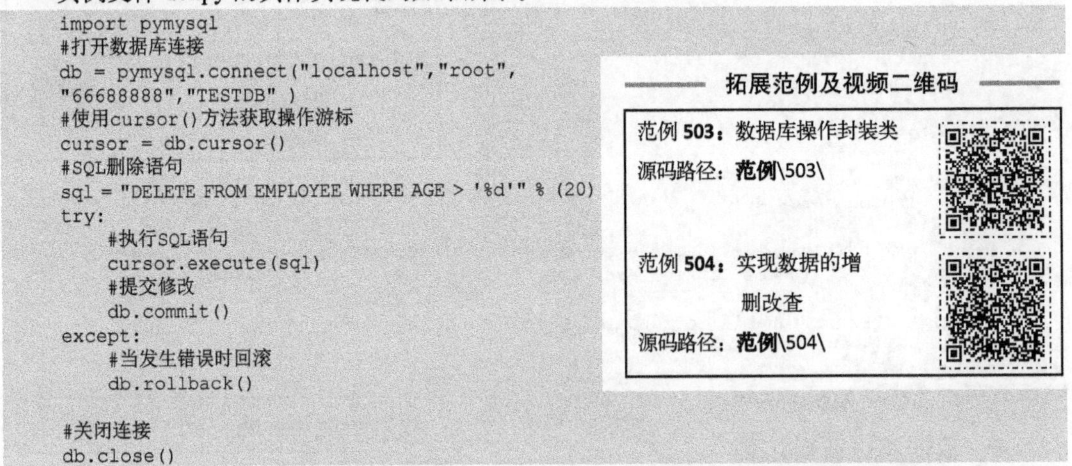

```
import pymysql
#打开数据库连接
db = pymysql.connect("localhost","root",
"66688888","TESTDB" )
#使用cursor()方法获取操作游标
cursor = db.cursor()
#SQL删除语句
sql = "DELETE FROM EMPLOYEE WHERE AGE > '%d'" % (20)
try:
    #执行SQL语句
    cursor.execute(sql)
    #提交修改
    db.commit()
except:
    #当发生错误时回滚
    db.rollback()

#关闭连接
db.close()
```


执行后将删除表 EMPLOYEE 中所有 AGE 大于 20 的数据，执行后的效果如图 18-9 所示。

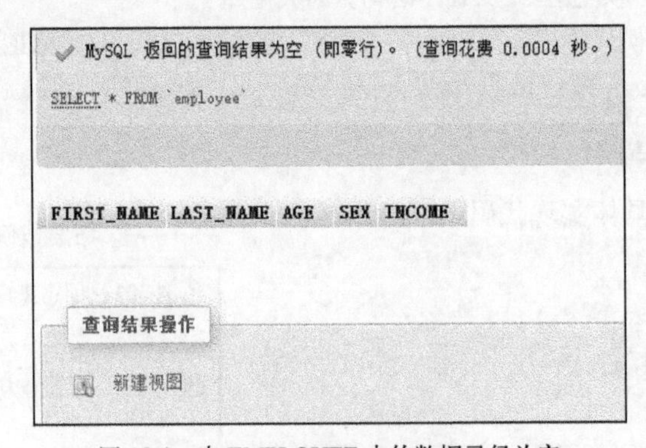

图 18-9 表 EMPLOYEE 中的数据已经为空

18.2.8 执行事务

在 Python 程序中，使用事务机制可以确保数据一致性。通常来说，事务应该具有 4 个属性：

原子性、一致性、隔离性、持久性，这 4 个属性通常称为 ACID 特性。

- 原子性（atomicity）：一个事务是一个不可分割的工作单位，事务中包括的诸操作要么都做，要么都不做。
- 一致性（consistency）：事务必须是使数据库从一个一致性状态变到另一个一致性状态。一致性与原子性是密切相关的。
- 隔离性（isolation）：一个事务的执行不能被其他事务干扰。即一个事务内部的操作及使用的数据对并发的其他事务是隔离的，并发执行的各个事务之间不能互相干扰。
- 持久性（durability）：持续性也称永久性（permanence），指一个事务一旦提交，它对数据库中数据的改变就应该是永久性的。接下来的其他操作或故障不应该对其有任何影响。

在 Python DB API 2.0 的事务机制中提供了两个处理方法，分别是 commit()和 rollback()。下面的实例代码通过执行事务的方式删除了表 EMPLOYEE 中所有 AGE 大于 19 的数据。

实例 18-8　删除表 EMPLOYEE 中所有 AGE 大于 19 的数据

源码路径　daima\18\18-8

实例文件 shi.py 的具体实现代码如下所示。

```
import pymysql
#打开数据库连接
db = pymysql.connect("localhost","root",
"66688888","TESTDB" )
#使用cursor()方法获取操作游标
cursor = db.cursor()
#SQL删除记录语句
sql = "DELETE FROM EMPLOYEE WHERE AGE > '%d'" % (19)
try:
    #执行SQL语句
    cursor.execute(sql)
    #向数据库提交
    db.commit()
except:
    #当发生错误时回滚
    db.rollback()
```

拓展范例及视频二维码

范例 505：智能 Commit 事务处理

源码路径：范例\505\

范例 506：自动 Commit 事务处理

源码路径：范例\506\

执行后将删除表 EMPLOYEE 中所有 AGE 大于 19 的数据。

18.3　使用 MariaDB 数据库

扫码看视频：使用 MariaDB 数据库

MariaDB 是一种开源数据库，是 MySQL 数据库的一个分支。因为某些历史原因，有不少用户担心 MySQL 数据库会停止开源，所以 MariaDB 逐步发展成为 MySQL 替代品的数据库工具之一。本节将详细讲解使用 MySQL 第三方库来操作 MariaDB 数据库的知识。

18.3.1　搭建 MariaDB 数据库环境

作为一款经典的关系数据库产品，搭建 MariaDB 数据库环境的基本流程如下所示。

（1）登录 MariaDB 官网下载页面，如图 18-10 所示。

（2）单击“Download 10.1.20 Stable Now!”按钮出现具体下载界面，如图 18-11 所示。在此需要根据计算机系统的版本进行下载，例如笔者的计算机是 64 位的 Windows 10 系统，所以选择 mariadb- 10.1.20-winx64.msi 进行下载。

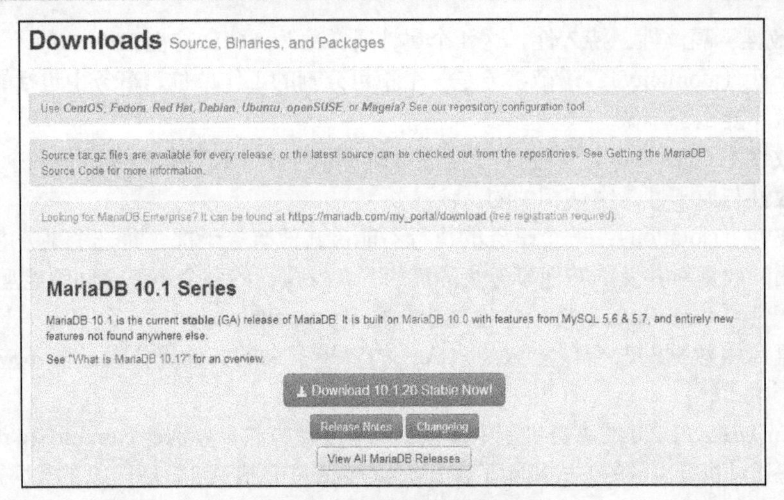

图 18-10　MariaDB 官网下载页面

File Name	Package Type	OS / CPU	Size	Meta
mariadb-10.1.20.tar.gz	source tar.gz file	Source	61.3 MB	MD5 SHA1 Signature Instructions
mariadb-10.1.20-winx64.msi	MSI Package	Windows x86_64	160.7 MB	MD5 SHA1 Signature Instructions
mariadb-10.1.20-winx64.zip	ZIP file	Windows x86_64	333.7 MB	MD5 SHA1 Signature Instructions
mariadb-10.1.20-win32.msi	MSI Package	Windows x86	156.9 MB	MD5 SHA1 Signature Instructions
mariadb-10.1.20-win32.zip	ZIP file	Windows x86	330.2 MB	MD5 SHA1 Signature Instructions
mariadb-10.1.20-linux-glibc_214-x86_64.tar.gz (requires GLIBC_2.14+)	gzipped tar file	Linux x86_64	476.6 MB	MD5 SHA1 Signature Instructions

图 18-11　具体下载页面

（3）下载完成后会得到一个安装文件 mariadb-10.1.20-winx64.msi，双击这个文件后弹出 Welcome to the MariaDB 10.1（x64）界面，如图 18-12 所示。

（4）单击 Next 按钮后弹出 End-user License Agreement 界面，在此勾选 I accept the terms in Licence Agreement 复选框，如图 18-13 所示。

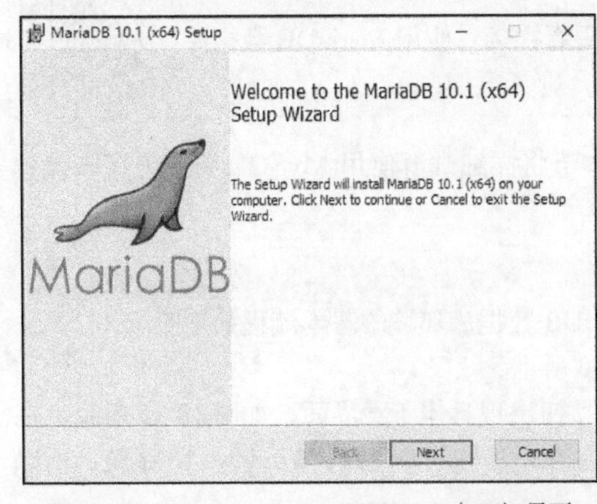

图 18-12　Welcome to the MariaDB 10.1（x64）界面

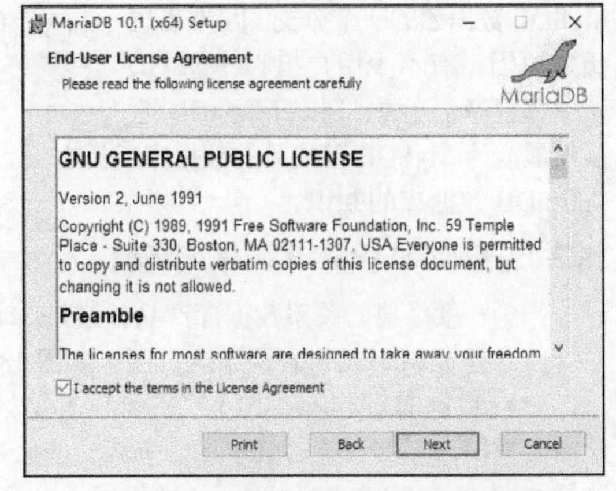

图 18-13　End-user License Agreement 界面

（5）单击 Next 按钮后弹出 Custom Setup 界面，在此设置程序文件的安装路径，如图 18-14 所示。

（6）单击 Next 按钮后弹出用户设置的界面，在此设置管理员用户“root”的密码，如图 18-15 所示。

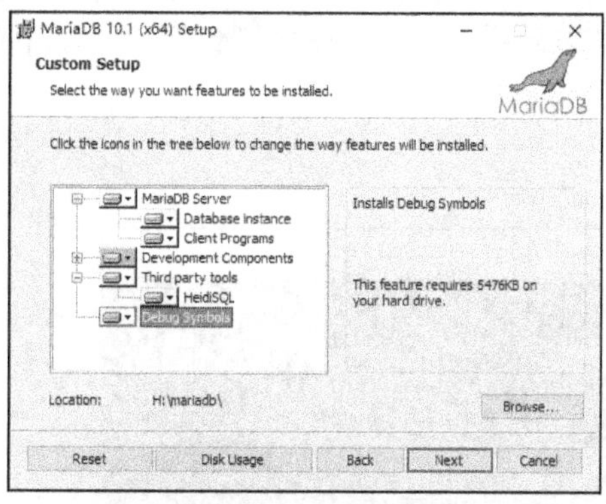

图 18-14　Custom Setup 界面

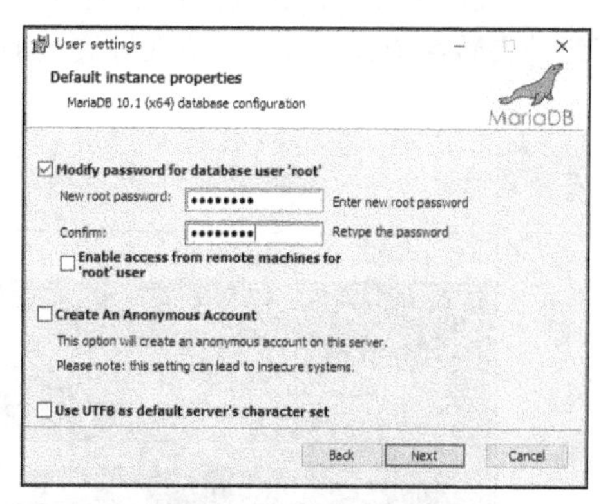

图 18-15　用户设置界面

（7）单击 Next 按钮后弹出 Default instance Properties 界面，在此设置服务名称和 TCP 端口号，如图 18-16 所示。

（8）单击 Next 按钮弹出 Ready to install MariaDB 10.1(x64)界面，如图 18-17 所示。

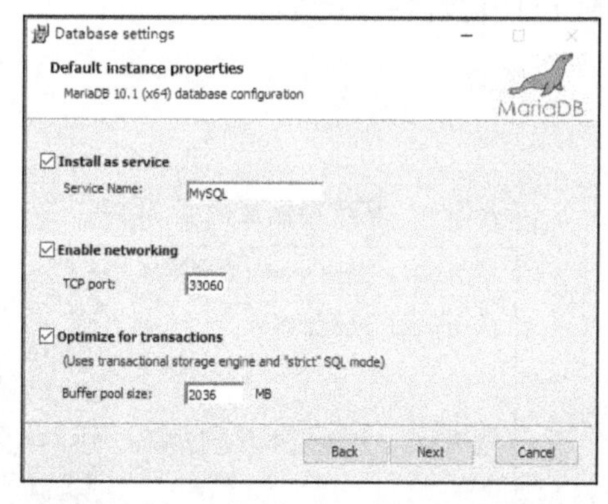

图 18-16　Default instance Properties 界面

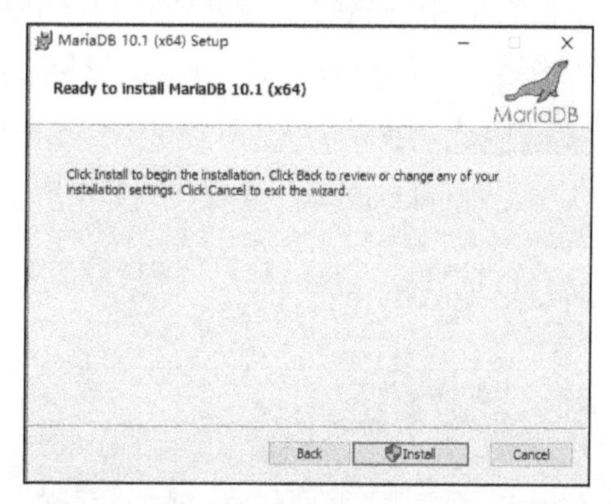

图 18-17　Ready to install MariaDB 10.1(x64)界面

（9）单击 Install 按钮后弹出 Installing MariaDB 10.1(x64)界面，开始安装 MariaDB，如图 18-18 所示。

（10）安装进度完成后弹出 Completed the MariaDB 10.1(x64) Setup Wizard 界面，单击 Finish 按钮后完成安装。如图 18-19 所示。

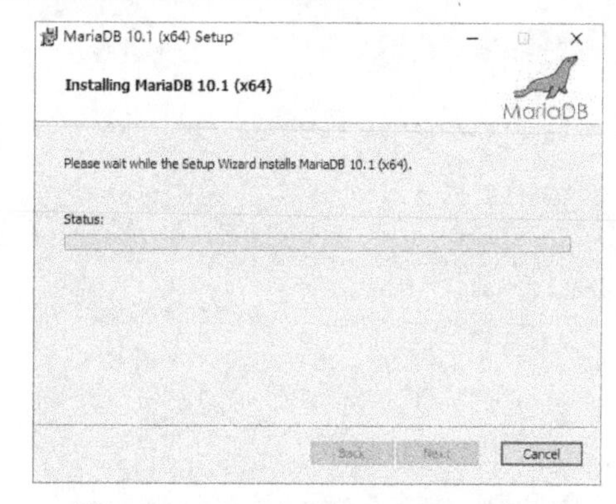

图 18-18　Installing MariaDB 10.1(x64)界面

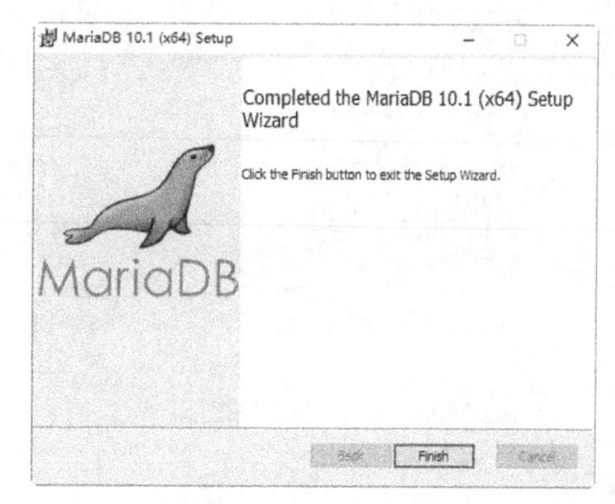

图 18-19　Cmpleted the MariaDB 10.1(x64) Setup Wizard 界面

18.3.2 在 Python 程序中使用 MariaDB 数据库

当在 Python 程序中使用 MariaDB 数据库时，需要在程序中加载 Python 语言的第三方库 MySQL Connector Python。但是在使用这个第三方库操作 MariaDB 数据库之前，需要先下载并安装这个第三方库。下载并安装的过程非常简单，只须在控制台中执行如下命令即可实现。

```
pip install mysql-connector
```

安装成功时的界面效果如图 18-20 所示。

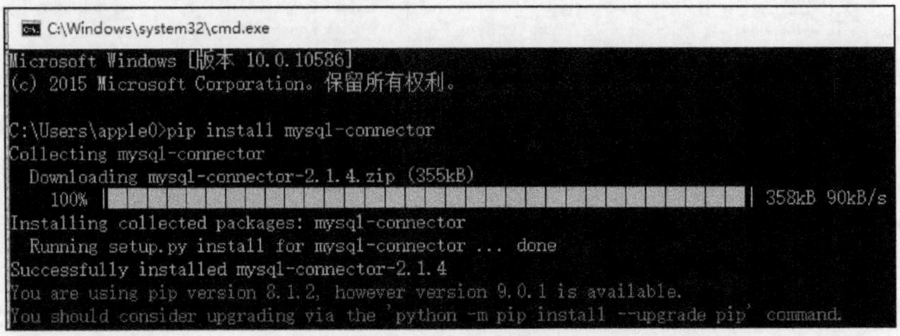

```
C:\Windows\system32\cmd.exe
Microsoft Windows [版本 10.0.10586]
(c) 2015 Microsoft Corporation。保留所有权利。

C:\Users\apple0>pip install mysql-connector
Collecting mysql-connector
  Downloading mysql-connector-2.1.4.zip (355kB)
    100% |████████████████████████████████| 358kB 90kB/s
Installing collected packages: mysql-connector
  Running setup.py install for mysql-connector ... done
Successfully installed mysql-connector-2.1.4
You are using pip version 8.1.2, however version 9.0.1 is available.
You should consider upgrading via the 'python -m pip install --upgrade pip' command.
```

图 18-20 第三方库下载并安装成功

下面的实例代码演示了在 Python 程序中使用 MariaDB 数据库的过程。

实例 18-9 使用 Python 语言操作 MariaDB 数据库

源码路径 daima\18\18-9

实例文件 md.py 的具体实现代码如下所示。

```
from mysql import connector
import random               #导入内置模块
……省略部分代码……
if __name__ == '__main__':
    print("建立连接...")#显示提示信息
    #建立数据库连接
    con = connector.connect(user='root',
    password= '66688888',database='md')
    print("建立游标...")       #显示提示信息
    cur = con.cursor()        #建立游标
    print('创建一张表mdd...') #显示提示信息
    #创建数据库表mdd
    cur.execute('create table mdd(id int
    primary key auto_increment not null,name text,passwd text)')
    #在表mdd中插入一条数据
    print('插入一条记录...')          #显示提示信息
    cur.execute('insert into mdd (name,passwd)values(%s,%s)',(get_str(2,4),get_str(8,12),))
    print('显示所有记录...')          #显示提示信息
    output()                          #显示数据库中的数据信息
    print('批量插入多条记录...')      #显示提示信息
    #在表mdd中插入多条数据
    cur.executemany('insert into mdd (name,passwd)values(%s,%s)',get_data_list(3))
    print("显示所有记录...")          #显示提示信息
    output_all()                      #显示数据库中的数据信息
    print('更新一条记录...')          #显示提示信息
    #修改表mdd中的一条数据
    cur.execute('update mdd set name=%s where id=%s',('aaa',1))
    print('显示所有记录...')          #显示提示信息
    output()                          #显示数据库中的数据信息
    print('删除一条记录...')          #显示提示信息
    #删除表mdd中的一条数据信息
    cur.execute('delete from  mdd where id=%s',(3,))
    print('显示所有记录：')           #显示提示信息
    output()                          #显示数据库中的数据信息
```

拓展范例及视频二维码

范例 507：操作 MariaDB 数据库
源码路径：**范例**\507\

范例 508：从数据库中运行查询代码
源码路径：**范例**\508\

在上述实例代码中，使用 mysql-connector-python 模块中的函数 connect()建立了和 MariaDB 数据库的连接。连接函数 connect()在 mysql.connector 中定义。此函数的语法格式如下所示。

```
connect(host, port,user, password, database, charset)
```

- ❑ host：访问数据库的服务器主机（默认为本机）。
- ❑ port：访问数据库的服务端口（默认为 3306）。
- ❑ user：访问数据库的用户名。
- ❑ password：访问数据库用户名的密码。
- ❑ database：访问数据库名称。
- ❑ charset：字符编码（默认为 uft8）。

执行后将显示创建数据表并实现数据插入、更新和删除操作的过程。执行后的效果如图 18-21 所示。

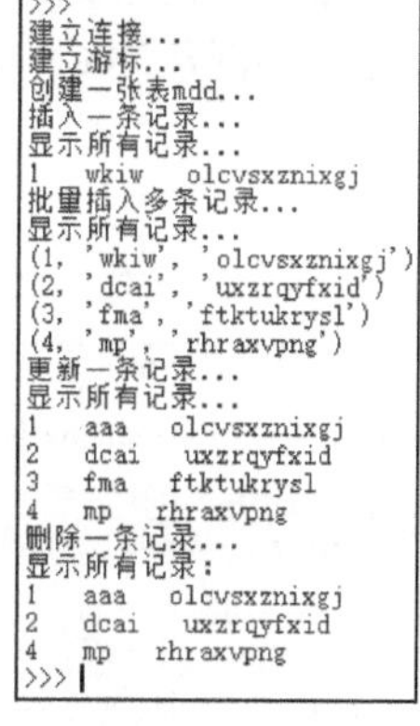

图 18-21 执行效果

注意：在操作 MariaDB 数据库时，与操作 SQLite3 的 SQL 语句不同的是，SQL 语句中的占位符不是“？”，而是“%s”。

18.4 使用 MongoDB 数据库

扫码看视频：使用 MongoDB 数据库

MongoDB 是一个基于分布式文件存储的数据库，由 C++语言编写，旨在为 Web 应用提供可扩展的高性能数据存储解决方案。MongoDB 是一个介于关系数据库和非关系数据库之间的产品，是非关系数据库当中功能最丰富、最像关系数据库的数据库，本节将详细讲解在 Python 程序中使用 MongoDB 数据库的知识。

18.4.1 搭建 MongoDB 环境

（1）在 MongoDB 官网中提供了可用于 32 位和 64 位系统的预编译二进制包，读者可以从 MongoDB 官网下载安装包，如图 18-22 所示。

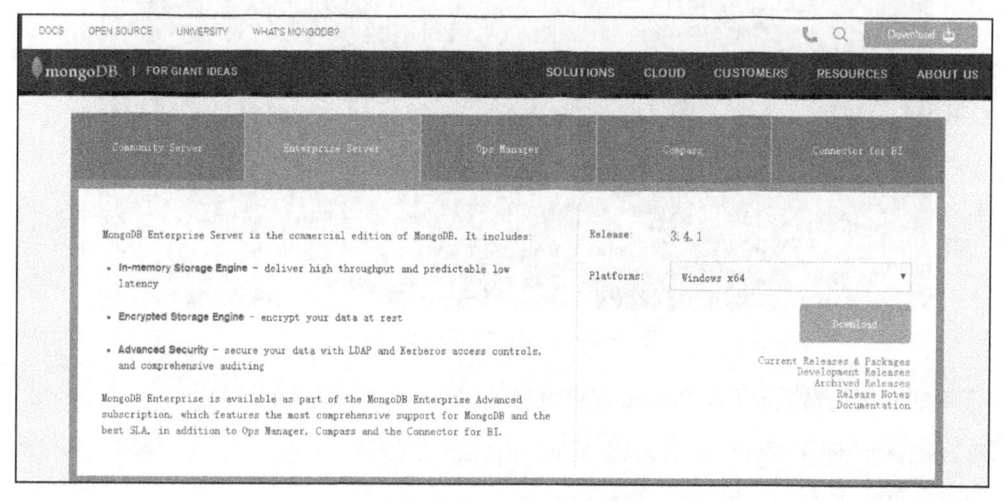

图 18-22 MongoDB 下载页面

（2）根据当前计算机的操作系统选择下载安装包，因为笔者使用的是 64 位的 Windows 系统，所以选择 Windows x64，然后单击 Download 按钮。在弹出的界面中选择 msi，如图 18-23 所示。

（3）下载完成后得到一个“.msi”格式文件，双击这个文件，然后按照操作提示进行安装即可。安装界面如图 18-24 所示。

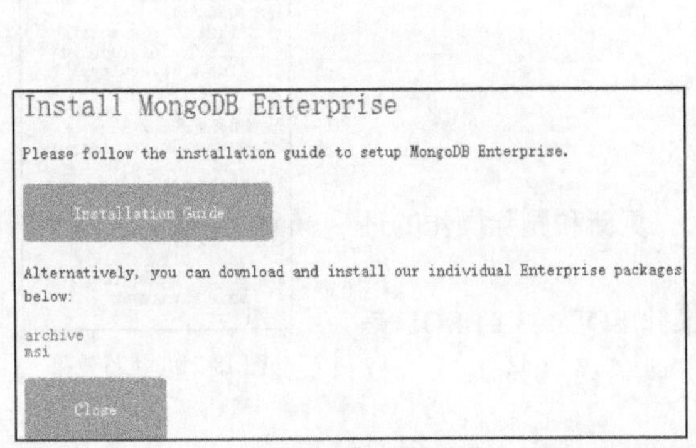

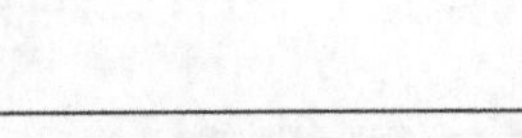

图 18-23　选择 msi

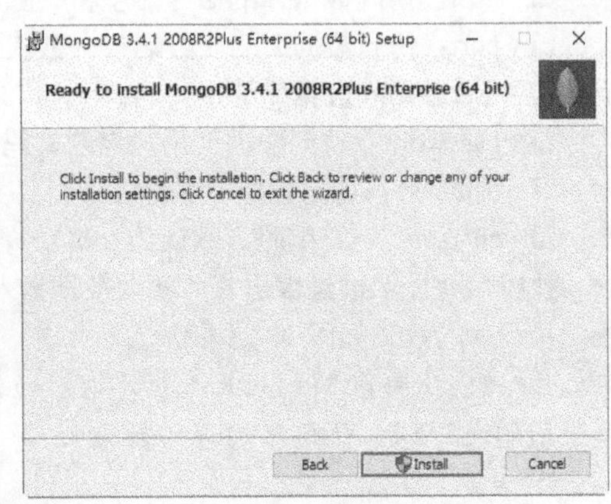

图 18-24　安装界面

18.4.2　在 Python 程序中使用 MongoDB 数据库

当在 Python 程序中使用 MongoDB 数据库时，必须首先确保安装了 pymongo 这个第三方库。如果下载的是“exe”格式的安装文件，则可以直接运行安装。如果是压缩包格式的安装文件，可以使用以下命令进行安装。

```
pip install pymongo
```

如果没有下载安装文件，可以通过如下命令进行在线安装。

```
easy_install pymongo
```

安装完成后的界面效果如图 18-25 所示。

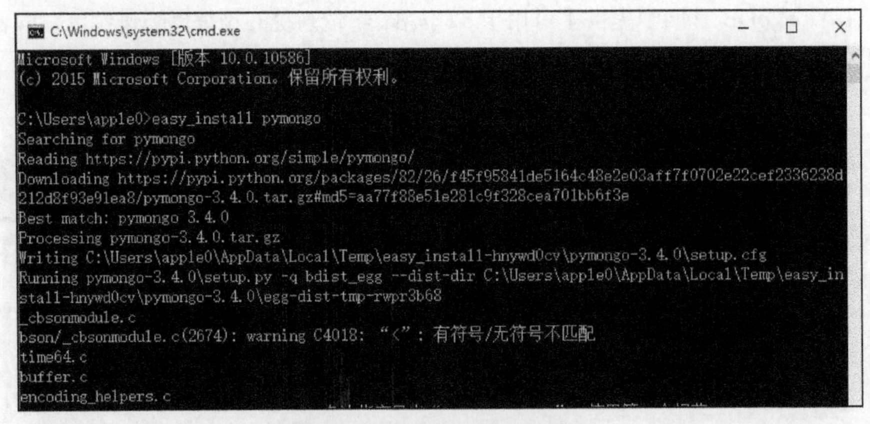

图 18-25　安装完成后的界面效果

下面的实例代码演示了在 Python 程序中使用 MongoDB 数据库的过程。

实例 18-10　使用 Python 语言操作 MongoDB 数据库

源码路径　daima\18\18-10

实例文件 mdb.py 的具体实现代码如下所示。

```
from pymongo import MongoClient
import random
```

```
……省略部分代码……
if __name__ == '__main__':
      print("建立连接...")          #显示提示信息
      stus = MongoClient().test.stu #建立连接
      print('插入一条记录...')   #显示提示信息
      #向表stu中插入一条数据
      stus.insert({'name':get_str(2,4),
      'passwd':get_str(8,12)})
      print("显示所有记录...") #显示提示信息
      stu = stus.find_one()   #获取数据库信息
      print(stu)              #显示数据库中的数据信息
      print('批量插入多条记录...')  #显示提示信息
      stus.insert(get_data_list(3))
      #向表stu中插入多条数据
      print('显示所有记录...')        #显示提示信息
      for stu in stus.find():        #遍历数据信息
            print(stu)               #显示数据库中的数据信息
      print('更新一条记录...')        #显示提示信息
      name = input('请输入记录的name:')#提示输入要修改的数据
      #修改表stu中的一条数据
      stus.update({'name':name},{'$set':{'name':'langchao'}})
      print('显示所有记录...')        #显示提示信息
      for stu in stus.find():        #遍历数据
            print(stu)               #显示数据库中的数据信息
      print('删除一条记录...')        #显示提示信息
      name = input('请输入记录的name:')#提示输入要删除的数据
      stus.remove({'name':name})     #删除表中的数据
      print('显示所有记录...')        #显示提示信息
      for stu in stus.find():        #遍历数据信息
            print(stu)               #显示数据库中的数据信息
```

拓展范例及视频二维码

范例 **509**：连接 MongoDB 数据库
源码路径：**范例**\509\

范例 **510**：删除数据记录信息
源码路径：**范例**\510\

在上述实例代码中使用两个函数生成字符串。在主程序中首先连接集合，然后使用集合对象的方法对集合中的文档进行插入、更新和删除操作。每次修改数据后，都会显示集合中所有文档，以验证操作结果的正确性。

在运行本实例时，初学者很容易遇到如下 Mongo 运行错误。

```
Failed to connect 127.0.0.1:27017,reason:errno:10061由于目标计算机积极拒绝，无法连接...
```

发生上述错误的原因是没有开启 MongoDB 服务。下面是开启 MongoDB 服务的命令。

```
mongod --dbpath "h:\data"
```

在上述命令中，“h:\data”是一个保存 MongoDB 数据库中数据的目录，读者可以随意在本地计算机硬盘中创建，还可以自定义目录名字。在 CMD 控制台界面中，开启 MongoDB 服务成功时的界面效果如图 18-26 所示。

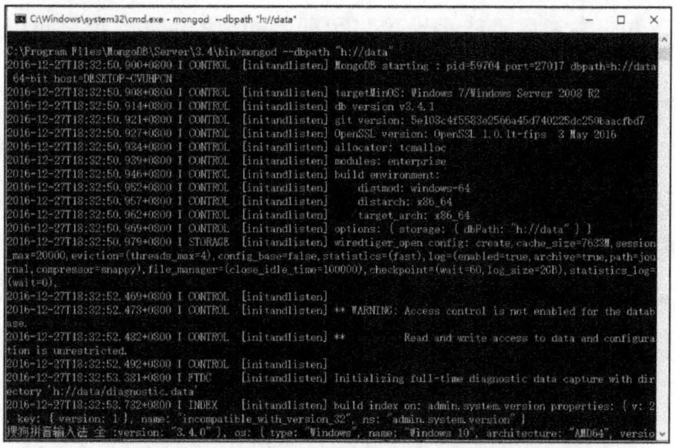

```
C:\Windows\system32\cmd.exe - mongod --dbpath "h://data"
C:\Program Files\MongoDB\Server\3.4\bin>mongod --dbpath "h://data"
2016-12-27T18:32:50.900+0800 I CONTROL  [initandlisten] MongoDB starting : pid=59704 port=27017 dbpath=h://data 64-bit host=DESKTOP-CVUHPCN
2016-12-27T18:32:50.908+0800 I CONTROL  [initandlisten] targetMinOS: Windows 7/Windows Server 2008 R2
2016-12-27T18:32:50.914+0800 I CONTROL  [initandlisten] db version v3.4.1
2016-12-27T18:32:50.921+0800 I CONTROL  [initandlisten] git version: 5e103c4f5583e2566a45d740225dc250baacfbd7
2016-12-27T18:32:50.927+0800 I CONTROL  [initandlisten] OpenSSL version: OpenSSL 1.0.1t-fips  3 May 2016
2016-12-27T18:32:50.934+0800 I CONTROL  [initandlisten] allocator: tcmalloc
2016-12-27T18:32:50.939+0800 I CONTROL  [initandlisten] modules: enterprise
2016-12-27T18:32:50.946+0800 I CONTROL  [initandlisten] build environment:
2016-12-27T18:32:50.952+0800 I CONTROL  [initandlisten]     distmod: windows-64
2016-12-27T18:32:50.957+0800 I CONTROL  [initandlisten]     distarch: x86_64
2016-12-27T18:32:50.962+0800 I CONTROL  [initandlisten]     target_arch: x86_64
2016-12-27T18:32:50.969+0800 I CONTROL  [initandlisten] options: { storage: { dbPath: "h://data" } }
2016-12-27T18:32:50.979+0800 I STORAGE  [initandlisten] wiredtiger_open config: create,cache_size=7633M,session_max=20000,eviction=(threads_max=4),config_base=false,statistics=(fast),log=(enabled=true,archive=true,path=journal,compressor=snappy),file_manager=(close_idle_time=100000),checkpoint=(wait=60,log_size=2GB),statistics_log=(wait=0),
2016-12-27T18:32:52.469+0800 I CONTROL  [initandlisten]
2016-12-27T18:32:52.473+0800 I CONTROL  [initandlisten] ** WARNING: Access control is not enabled for the database.
2016-12-27T18:32:52.482+0800 I CONTROL  [initandlisten] **          Read and write access to data and configuration is unrestricted.
2016-12-27T18:32:52.492+0800 I CONTROL  [initandlisten]
2016-12-27T18:32:53.381+0800 I FTDC     [initandlisten] Initializing full-time diagnostic data capture with directory 'h://data/diagnostic.data'
2016-12-27T18:32:53.732+0800 I INDEX    [initandlisten] build index on: admin.system.version properties: { v: 2, key: { version: 1 }, name: "incompatible_with_version_32", ns: "admin.system.version" }
搜狗拼音输入法 全 :version: "3.4.0" }, os: { type: "Windows", name: "Windows 10", architecture: "AMD64", versio
```

图 18-26　开启 MongoDB 服务成功时的界面

在运行本实例程序时，必须在 CMD 控制台中启动 MongoDB 服务，并且确保上述控制台界面处于打开状态。本实例执行后的效果如图 18-27 所示。

```
Python 3.6.0b2 Shell
File  Edit  Debug  Options  Window  Help
建立连接...
插入一条记录...
显示所有记录...
{'_id': ObjectId('586243795cd071f570ed3b39'), 'name': 'vvtj', 'passwd': 'iigbddauwj'}
批量插入多条记录...
显示所有记录...
{'_id': ObjectId('586243795cd071f570ed3b39'), 'name': 'vvtj', 'passwd': 'iigbddauwj'}
{'_id': ObjectId('5862437a5cd071f570ed3b3a'), 'name': 'nh', 'passwd': 'upyufzknzgdc'}
{'_id': ObjectId('5862437a5cd071f570ed3b3b'), 'name': 'rgf', 'passwd': 'iqdlyjhztq'}
{'_id': ObjectId('5862437a5cd071f570ed3b3c'), 'name': 'dh', 'passwd': 'rgupzruqb'}
{'_id': ObjectId('586243e45cd071f570ed3b3e'), 'name': 'hcq', 'passwd': 'chiwwvxs'}
{'_id': ObjectId('586243e45cd071f570ed3b3f'), 'name': 'yrp', 'passwd': 'kiocdmeerneb'}
{'_id': ObjectId('586243e45cd071f570ed3b40'), 'name': 'hu', 'passwd': 'pknqgfnm'}
{'_id': ObjectId('586243e45cd071f570ed3b41'), 'name': 'aaaa', 'passwd': 'uqyashbfjpkz'}
{'_id': ObjectId('5862440d5cd071f570ed3b43'), 'name': 'tlh', 'passwd': 'cikouuladgqn'}
{'_id': ObjectId('5862440d5cd071f570ed3b44'), 'name': 'qxf', 'passwd': 'jlsealrqeeel'}
{'_id': ObjectId('5862440d5cd071f570ed3b45'), 'name': 'vlzp', 'passwd': 'wolypmej'}
{'_id': ObjectId('5862440d5cd071f570ed3b46'), 'name': 'sa', 'passwd': 'ziekugyeow'}
更新一条记录...
请输入记录的name:sa
显示所有记录...
{'_id': ObjectId('586243795cd071f570ed3b39'), 'name': 'vvtj', 'passwd': 'iigbddauwj'}
{'_id': ObjectId('5862437a5cd071f570ed3b3a'), 'name': 'nh', 'passwd': 'upyufzknzgdc'}
{'_id': ObjectId('5862437a5cd071f570ed3b3b'), 'name': 'rgf', 'passwd': 'iqdlyjhztq'}
{'_id': ObjectId('5862437a5cd071f570ed3b3c'), 'name': 'dh', 'passwd': 'rgupzruqb'}
{'_id': ObjectId('586243e45cd071f570ed3b3e'), 'name': 'hcq', 'passwd': 'chiwwvxs'}
{'_id': ObjectId('586243e45cd071f570ed3b3f'), 'name': 'yrp', 'passwd': 'kiocdmeerneb'}
{'_id': ObjectId('586243e45cd071f570ed3b40'), 'name': 'hu', 'passwd': 'pknqgfnm'}
{'_id': ObjectId('586243e45cd071f570ed3b41'), 'name': 'aaaa', 'passwd': 'uqyashbfjpkz'}
{'_id': ObjectId('5862440d5cd071f570ed3b43'), 'name': 'tlh', 'passwd': 'cikouuladgqn'}
{'_id': ObjectId('5862440d5cd071f570ed3b44'), 'name': 'qxf', 'passwd': 'jlsealrqeeel'}
{'_id': ObjectId('5862440d5cd071f570ed3b45'), 'name': 'vlzp', 'passwd': 'wolypmej'}
{'_id': ObjectId('5862440d5cd071f570ed3b46'), 'name': 'langchao', 'passwd': 'ziekugyeow'}
删除一条记录...
请输入记录的name:aaaa
显示所有记录...
{'_id': ObjectId('586243795cd071f570ed3b39'), 'name': 'vvtj', 'passwd': 'iigbddauwj'}
{'_id': ObjectId('5862437a5cd071f570ed3b3a'), 'name': 'nh', 'passwd': 'upyufzknzgdc'}
{'_id': ObjectId('5862437a5cd071f570ed3b3b'), 'name': 'rgf', 'passwd': 'iqdlyjhztq'}
{'_id': ObjectId('5862437a5cd071f570ed3b3c'), 'name': 'dh', 'passwd': 'rgupzruqb'}
{'_id': ObjectId('586243e45cd071f570ed3b3e'), 'name': 'hcq', 'passwd': 'chiwwvxs'}
{'_id': ObjectId('586243e45cd071f570ed3b3f'), 'name': 'yrp', 'passwd': 'kiocdmeerneb'}
{'_id': ObjectId('586243e45cd071f570ed3b40'), 'name': 'hu', 'passwd': 'pknqgfnm'}
{'_id': ObjectId('5862440d5cd071f570ed3b43'), 'name': 'tlh', 'passwd': 'cikouuladgqn'}
{'_id': ObjectId('5862440d5cd071f570ed3b44'), 'name': 'qxf', 'passwd': 'jlsealrqeeel'}
{'_id': ObjectId('5862440d5cd071f570ed3b45'), 'name': 'vlzp', 'passwd': 'wolypmej'}
{'_id': ObjectId('5862440d5cd071f570ed3b46'), 'name': 'langchao', 'passwd': 'ziekugyeow'}
Ln: 57  Col: 4
```

图 18-27　执行效果

18.5　使用适配器

对于各种常用的数据库工具，Python 都有一个或多个适配器用于连接 Python 中的目标数据库系统。比如 Sybase、SAP、Oracle 和 SQL Server 这些数据库就都存在多个可用的适配器。开发者需要做的事情就是挑选出最合适的适配器，挑选标准可能包括：性能如何、文档或网站是否有用、是否有一个活跃的社区、驱动的质量和稳定性如何等。注意，因为大多数适配器只提供给你连接数据库的基本需求，所以你还需要寻找一些额外的特性。读者需要记住，开发者需要负责编写更高级别的代码，比如线程管理和数据库连接池管理等。如果不希望有太多的交互操作，比如希望少写一些 SQL 语句，或者尽可能少地参与数据库管理的细节，那么可以考虑 ORM（对象关系映射）。

扫码看视频：使用适配器

下面的实例代码演示了在 Python 程序中访问 MySQL、Gadfly 和 SQLite 三种数据库的过程。

实例 18-11　使用适配器访问 MySQL、Gadfly 和 SQLite 三种数据库

源码路径　daima\18\18-11

实例文件 shipei.py 的具体实现代码如下所示。

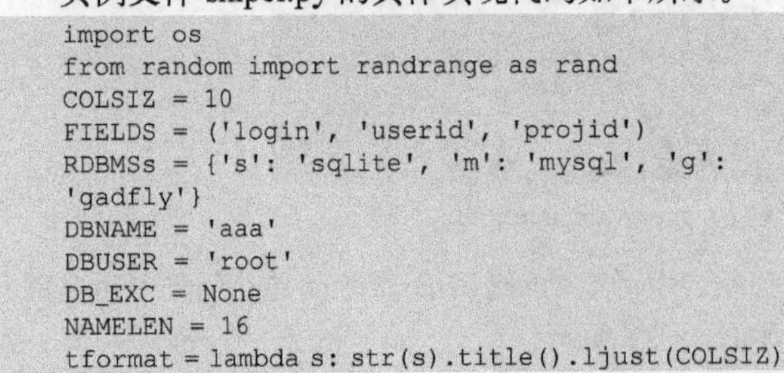

```
import os
from random import randrange as rand
COLSIZ = 10
FIELDS = ('login', 'userid', 'projid')
RDBMSs = {'s': 'sqlite', 'm': 'mysql', 'g':
'gadfly'}
DBNAME = 'aaa'
DBUSER = 'root'
DB_EXC = None
NAMELEN = 16
tformat = lambda s: str(s).title().ljust(COLSIZ)
```

拓展范例及视频二维码

范例 511：程序开发适配器模式

源码路径：**范例**\511\

范例 512：使用 psycopg 模块

源码路径：**范例**\512\

```
cformat = lambda s: s.upper().ljust(COLSIZ)
def setup():
    return RDBMSs[input('''
Choose a database system:
(M)ySQL
(G)adfly
(S)QLite
Enter choice: ''').strip().lower()[0]]
def connect(db):
    global DB_EXC
    dbDir = '%s_%s' % (db, DBNAME)
    if db == 'sqlite':
        try:
            import sqlite3
        except ImportError:
            try:
                from pysqlite2 import dbapi2 as sqlite3
            except ImportError:
                return None
        DB_EXC = sqlite3
        if not os.path.isdir(dbDir):
            os.mkdir(dbDir)
        cxn = sqlite3.connect(os.path.join(dbDir, DBNAME))
    elif db == 'mysql':
        try:
            import MySQLdb
            import _mysql_exceptions as DB_EXC
        except ImportError:
            return None
        try:
            cxn = MySQLdb.connect(db=DBNAME)
        except DB_EXC.OperationalError:
            try:
                cxn = MySQLdb.connect(user=DBUSER)
                cxn.query('CREATE DATABASE %s' % DBNAME)
                cxn.commit()
                cxn.close()
                cxn = MySQLdb.connect(db=DBNAME)
            except DB_EXC.OperationalError:
                return None
    elif db == 'gadfly':
        try:
            from gadfly import gadfly
            DB_EXC = gadfly
        except ImportError:
            return None
        try:
            cxn = gadfly(DBNAME, dbDir)
        except IOError:
            cxn = gadfly()
            if not os.path.isdir(dbDir):
                os.mkdir(dbDir)
            cxn.startup(DBNAME, dbDir)
    else:
        return None
    return cxn
def create(cur):
    try:
        cur.execute('''
            CREATE TABLE users (
                login  VARCHAR(%d),
                userid INTEGER,
                projid INTEGER)
        ''' % NAMELEN)
    except DB_EXC.OperationalError:
        drop(cur)
        create(cur)
drop = lambda cur: cur.execute('DROP TABLE users')
```

```
NAMES = (
    ('aaron', 8312), ('angela', 7603), ('dave', 7306),
    ('davina',7902), ('elliot', 7911), ('ernie', 7410),
    ('jess', 7912), ('jim', 7512), ('larry', 7311),
    ('leslie', 7808), ('melissa', 8602), ('pat', 7711),
    ('serena', 7003), ('stan', 7607), ('faye', 6812),
    ('amy', 7209), ('mona', 7404), ('jennifer', 7608),
)
def randName():
    pick = set(NAMES)
    while pick:
        yield pick.pop()
def insert(cur, db):
    if db == 'sqlite':
        cur.executemany("INSERT INTO users VALUES(?, ?, ?)",
         [(who, uid, rand(1,5)) for who, uid in randName()])
    elif db == 'gadfly':
        for who, uid in randName():
            cur.execute("INSERT INTO users VALUES(?, ?, ?)",
             (who, uid, rand(1,5)))
    elif db == 'mysql':
        cur.executemany("INSERT INTO users VALUES(%s, %s, %s)",
         [(who, uid, rand(1,5)) for who, uid in randName()])
getRC = lambda cur: cur.rowcount if hasattr(cur, 'rowcount') else -1
def update(cur):
    fr = rand(1,5)
    to = rand(1,5)
    cur.execute(
        "UPDATE users SET projid=%d WHERE projid=%d" % (to, fr))
    return fr, to, getRC(cur)
def delete(cur):
    rm = rand(1,5)
    cur.execute('DELETE FROM users WHERE projid=%d' % rm)
    return rm, getRC(cur)
def dbDump(cur):
    cur.execute('SELECT * FROM users')
    print ('\n%s' % ''.join(map(cformat, FIELDS)))
    for data in cur.fetchall():
        print (''.join(map(tformat, data)))
def main():
    db = setup()
    print ('*** Connect to %r database' % db)
    cxn = connect(db)
    if not cxn:
        print ('ERROR: %r not supported or unreachable, exiting' % db)
        return
    cur = cxn.cursor()
    print ('\n*** Create users table (drop old one if appl.)')
    create(cur)
    print ('\n*** Insert names into table')
    insert(cur, db)
    dbDump(cur)
    print ('\n*** Move users to a random group')
    fr, to, num = update(cur)
    print ('\t(%d users moved) from (%d) to (%d)' % (num, fr, to))
    dbDump(cur)
    print ('\n*** Randomly delete group')
    rm, num = delete(cur)
    print ('\t(group #%d; %d users removed)' % (rm, num))
    dbDump(cur)
    print ('\n*** Drop users table')
    drop(cur)
    print ('\n*** Close cxns')
    cur.close()
    cxn.commit()
    cxn.close()
if __name__ == '__main__':
    main()
```

在上述实例代码中，为了能够尽可能多地演示适配器功能的多样性，特意添加了对 3 种不同数据库系统 Gadfly、SQLite 以及 MySQL 的支持。各个代码片段的具体说明如下所示。

- 函数 connect()是数据库一致性访问的核心。在每部分的开始处（这里指每个数据库的 if 语句处），我们都会尝试加载对应的数据库模块。如果没有找到合适的模块，就会返回 None，表示无法支持该数据库系统。当建立数据库连接后，所有剩下的代码就都是与数据库和适配器不相关的了，这些代码在所有连接中都应该能够工作（只有在本脚本的 insert()中除外）。如果选择的是 SQLite，就会尝试加载一个数据库适配器。首先会尝试加载标准库中的 sqlite3 模块（Python 2.5+）。如果加载失败，则会寻找第三方 pysqlite 包。pysqlite 适配器可以支持 2.4.x 或更老的版本。如果两个适配器中任何一个加载成功，接下来就需要检查目录是否存在，这是因为该数据库是基于文件的（也可以使用:memory:作为文件名，从而在内存中创建数据库）。当对 SQLite 调用 connect()时，会使用已存在的目录，如果没有，则创建一个新目录。MySQL 数据库使用默认区域来存放数据库文件，因此不需要由用户指定文件位置。因为最流行的 MySQL 适配器是 MySQLdb 包，所以首先尝试导入该包。和 SQLite 一样，除了使用 MySQLdb 包外，还有另外一种方案，这就是 mysql.connector 包，这也是一个不错的选择，因为它可以兼容 Python 2 和 Python 3。如果两者都没有找到，则说明不支持 MySQL，因此返回 None 值。
- 最后一个支持的数据库是 Gadfly，它使用了一个和 SQLite 相似的启动机制：在启动时会首先设定数据库文件应当存放的目录。如果不存在，则需要采取一种迂回方式来建立新的数据库。
- 函数 create()在数据库中创建一个新表 users。如果发生错误，几乎总是因为这个表已经存在了。如果是这种情况，就删除该表并通过递归调用该函数重新创建。这段代码存在一定的风险，如果重新创建该表的过程仍然失败，将会陷入到无限递归当中，直到应用耗尽内存。
- 删除数据库表的操作是通过 drop()函数实现的，该函数只有一行，是一个 lambda 函数。
- insert()函数是代码中仅剩的一处依赖于数据库的地方。这是因为每个数据库都在某些方面存在细微的差别。比如，SQLite 和 MySQL 的适配器都是兼容 DB-API 的，所以它们的游标对象都存在 executemany()函数，但是 Gadfly 就只能每次插入一行。另一个差别是 SQLite 和 Gadfly 都使用的是 qmark 参数风格，而 MySQL 使用的是 format 参数风格。因此，格式化字符串也存在一些差别。不过，如果你仔细看，会发现它们的参数创建实际上非常相似。这段代码的功能是：会把每个“用户名-用户 ID”对分配到一个项目组中（给予其项目 ID，即 projid）。项目 ID 是从 4 个不同的组中随机选出的。
- 函数 update()和函数 delete()会随机选择项目组中的成员。如果是更新操作，则会将其从当前组移动到另一个随机选择的组中；如果是删除操作，则会删除该组中的全部成员。
- 函数 dbDump()会从数据库中转储所有行，将其按照输出格式进行格式化，然后显示给用户。输出显示需要用到 cformat()（用于显示列标题）和 tformat()（用于格式化每个用户行）。首先，在通过 fetchall()方法执行的 SELECT 语句之后，所有数据都提取出来了。所以当迭代每个用户时，将 3 列数据（login、userid、projid）通过 map()传递给 tformat()，使数据转化为字符串（如果它们还不是），将其格式化为标题风格，且字符串按照 COLSIZ 的列宽度进行左对齐（右侧使用空格填充）。
- 上述实例代码的核心是主函数 main()。它会执行上面描述的每个函数，并定义脚本如何执行（假设不存在由于找不到数据库适配器或无法获得连接而中途退出的情况）。这段代码的大部分都非常简单明了，它们会与输出语句相接近。代码的最后一段则把游标和连接包装了起来。

本实例执行后的效果如图 18-28 所示。

```
Choose a database system:

(M)ySQL
(G)adfly
(S)QLite

Enter choice: S
*** Connect to 'sqlite' database

*** Create users table (drop old one if appl.)

*** Insert names into table

LOGIN     USERID   PROJID
Elliot    7911     3
Stan      7607     4
Larry     7311     3
Aaron     8312     2
Pat       7711     2
Leslie    7808     1
Ernie     7410     4
Faye      6812     2
Jennifer  7608     1
Angela    7603     3
Mona      7404     3
Jim       7512     1
Melissa   8602     3
Amy       7209     3
Jess      7912     4
```

图 18-28　执行效果

18.6　使用 ORM 操作数据库

扫码看视频：使用 ORM（对象关系映射）操作数据库

ORM 是对象关系映射（Object Relational Mapping）的英文缩写，有时也作 O/RM，用于实现面向对象编程语言中不同类型系统的数据之间的转换。从实现效果上来看，ORM 其实创建了一个可以在编程语言里使用的“虚拟对象数据库”。从另外的角度来看，在面向对象编程语言中使用的是对象，而在对象中的数据需要保存到数据库中，或数据库中的数据用来构造对象。在从数据库中提取数据并构造对象或将对象数据存入数据库的过程中，有很多代码是可以重复使用的。如果这些重复的功能完全自己实现，那就是“重复造轮子”的低效率工作。在这种情况下就诞生了 ORM，它使得从数据库中提取数据来构造对象或将对象数据保存（持久化）到数据库中实现起来更简单。本节将详细讲解在 Python 语言中使用 ORM 操作数据库的知识。

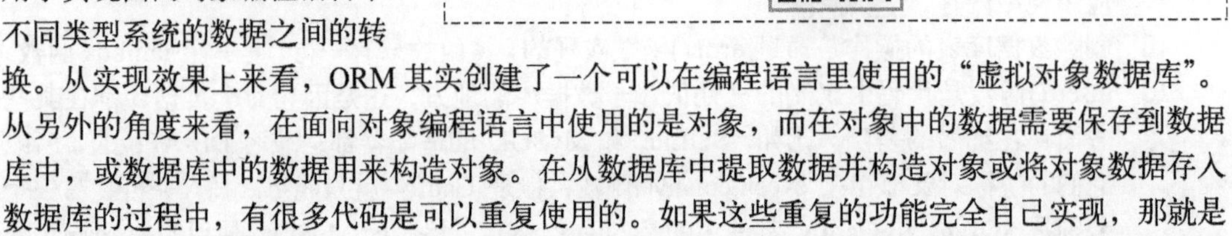

18.6.1　Python 和 ORM

在现实应用中有很多不同的数据库工具，并且其中的大部分系统都包含 Python 接口，能够使开发者更好地利用它们的功能。但是这些不同数据库工具系统的唯一缺点是需要了解 SQL 语言。如果你是一个更愿意操纵 Python 对象而不是 SQL 查询的程序员，并且仍然希望使用关系数据库作为程序的数据后端，那么可能会更加倾向于使用 ORM。

这些 ORM 系统的创始人将纯 SQL 语句进行了抽象化处理，将其实现为 Python 中的对象，这样开发者只要操作这些对象就能完成与生成 SQL 语句相同的任务。一些软件系统也允许一定的灵活性，可以让我们执行几行 SQL 语句。但是大多数情况下，都应该避免使用普通的 SQL 语句。

在 ORM 系统中，把数据库表转化为 Python 类，其中的数据列作为属性，而数据库操作则会作为方法。读者应该会发现，让应用支持 ORM 与使用标准数据库适配器有些相似。由于 ORM

需要代替你执行很多工作，因此一些事情变得更加复杂，或者需要比直接使用适配器更多的代码行。不过，值得欣慰的是，这一点额外工作可以获得更高的开发效率。

在开发过程中，最著名的 Python ORM 是 SQLAlchemy 和 SQLObject。另外一些常用的 Python ORM 还包括：Storm、PyDO/PyDO2、PDO、Dejavu、Durus、QLime 和 ForgetSQL。基于 Web 的大型系统也会包含它们自己的 ORM 组件，如 WebWare MiddleKit 和 Django 的数据库 API。注意，并不是所有知名的 ORM 都适合于你的应用程序，读者需要根据自己的需要来选择。

18.6.2 使用 SQLAlchemy

在 Python 程序中，SQLAlchemy 是一种经典的 ORM。在使用之前需要先安装 SQLAlchemy，安装命令如下所示。

```
easy_install SQLAlchemy
```

安装成功后的效果如图 18-29 所示。

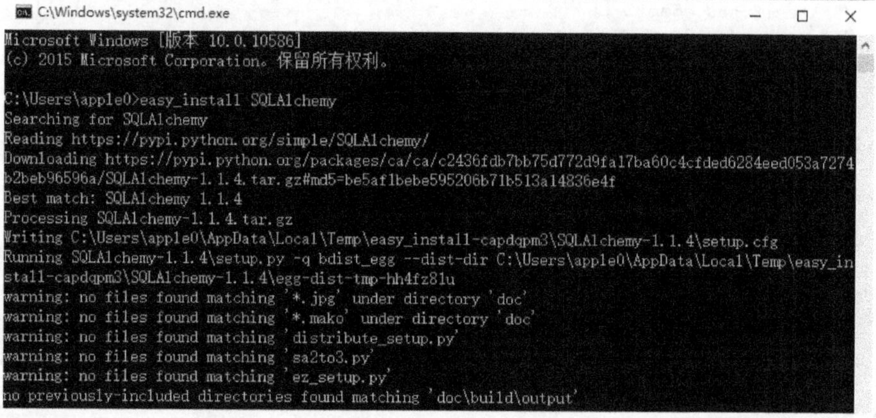

```
C:\Windows\system32\cmd.exe
Microsoft Windows [版本 10.0.10586]
(c) 2015 Microsoft Corporation。保留所有权利。

C:\Users\apple0>easy_install SQLAlchemy
Searching for SQLAlchemy
Reading https://pypi.python.org/simple/SQLAlchemy/
Downloading https://pypi.python.org/packages/ca/ca/c2436fdb7bb75d772d9fa17ba60c4cfded6284eed053a7274b2beb96596a/SQLAlchemy-1.1.4.tar.gz#md5=be5af1bebe595206b71b513a14836e4f
Best match: SQLAlchemy 1.1.4
Processing SQLAlchemy-1.1.4.tar.gz
Writing C:\Users\apple0\AppData\Local\Temp\easy_install-capdqpm3\SQLAlchemy-1.1.4\setup.cfg
Running SQLAlchemy-1.1.4\setup.py -q bdist_egg --dist-dir C:\Users\apple0\AppData\Local\Temp\easy_install-capdqpm3\SQLAlchemy-1.1.4\egg-dist-tmp-hh4fz81u
warning: no files found matching '*.jpg' under directory 'doc'
warning: no files found matching '*.mako' under directory 'doc'
warning: no files found matching 'distribute_setup.py'
warning: no files found matching 'sa2to3.py'
warning: no files found matching 'ez_setup.py'
no previously-included directories found matching 'doc\build\output'
```

图 18-29 安装 SQLAlchemy

下面的实例代码演示了在 Python 程序中使用 SQLAlchemy 操作两种数据库的过程。

实例 18-12 使用 SQLAlchemy 操作两种数据库

源码路径 daima\18\18-12

实例文件 SQLAlchemy.py 的具体实现代码如下所示。

```
from distutils.log import warn as printf
from os.path import dirname
from random import randrange as rand
from sqlalchemy import Column, Integer, String, create_engine, exc, orm
from sqlalchemy.ext.declarative import declarative_base
from db import DBNAME, NAMELEN, randName, FIELDS, tformat, cformat, setup
DSNs = {
    'mysql': 'mysql://root@localhost/%s' % DBNAME,
    'sqlite': 'sqlite:///:memory:',
}
Base = declarative_base()
class Users(Base):
    __tablename__ = 'users'
    login  = Column(String(NAMELEN))
    userid = Column(Integer, primary_key=True)
    projid = Column(Integer)
    def __str__ (self):
        return ''.join(map(tformat,
            (self.login, self.userid,
             self.projid)))
```

拓展范例及视频二维码

范例 **513**：导入 SQLAlchemy
源码路径：**范例**\513\

范例 **514**：新 SQLAlchemy 声明样式
源码路径：**范例**\514\

```
class SQLAlchemyTest(object):
    def __init__(self, dsn):
        try:
            eng = create_engine(dsn)
        except ImportError:
            raise RuntimeError()
        try:
            eng.connect()
        except exc.OperationalError:
            eng = create_engine(dirname(dsn))
            eng.execute('CREATE DATABASE %s' % DBNAME).close()
            eng = create_engine(dsn)
        Session = orm.sessionmaker(bind=eng)
        self.ses = Session()
        self.users = Users. __table__
        self.eng = self.users.metadata.bind = eng
    def insert(self):
        self.ses.add_all(
            Users(login=who, userid=userid, projid=rand(1,5)) \
            for who, userid in randName()
        )
        self.ses.commit()
    def update(self):
        fr = rand(1,5)
        to = rand(1,5)
        i = -1
        users = self.ses.query(
            Users).filter_by(projid=fr).all()
        for i, user in enumerate(users):
            user.projid = to
        self.ses.commit()
        return fr, to, i+1
    def delete(self):
        rm = rand(1,5)
        i = -1
        users = self.ses.query(
            Users).filter_by(projid=rm).all()
        for i, user in enumerate(users):
            self.ses.delete(user)
        self.ses.commit()
        return rm, i+1
    def dbDump(self):
        printf('\n%s' % ''.join(map(cformat, FIELDS)))
        users = self.ses.query(Users).all()
        for user in users:
            printf(user)
        self.ses.commit()
    def __getattr__ (self, attr):      # use for drop/create
        return getattr(self.users, attr)
    def finish(self):
        self.ses.connection().close()
def main():
    printf('*** Connect to %r database' % DBNAME)
    db = setup()
    if db not in DSNs:
        printf('\nERROR: %r not supported, exit' % db)
        return
    try:
        orm = SQLAlchemyTest(DSNs[db])
    except RuntimeError:
        printf('\nERROR: %r not supported, exit' % db)
        return
    printf('\n*** Create users table (drop old one if appl.)')
    orm.drop(checkfirst=True)
    orm.create()
    printf('\n*** Insert names into table')
    orm.insert()
    orm.dbDump()
    printf('\n*** Move users to a random group')
```

```
        fr, to, num = orm.update()
        printf('\t(%d users moved) from (%d) to (%d)' % (num, fr, to))
        orm.dbDump()
        printf('\n*** Randomly delete group')
        rm, num = orm.delete()
        printf('\t(group #%d; %d users removed)' % (rm, num))
        orm.dbDump()
        printf('\n*** Drop users table')
        orm.drop()
        printf('\n*** Close cxns')
        orm.finish()
if __name__ == '__main__':
    main()
```

- 在上述实例代码中，首先导入了Python标准库中的模块（distutils、os.path、random），然后是第三方或外部模块（sqlalchemy），最后是应用的本地模块（db），该模块会提供主要的常量和工具函数。
- 使用了SQLAlchemy的声明层，在使用前必须先导入sqlalchemy.ext.declarative.declarative_base，然后使用它创建一个Base类，最后让数据子类继承自这个Base类。类定义的下一个部分包含了一个__tablename__属性，它定义了映射的数据库表名。也可以显式地定义一个低级别的sqlalchemy.Table对象，在这种情况下需要将其写为__table__。在大多数情况下使用对象进行数据行的访问，不过也会使用表级别的行为（创建和删除）保存表。接下来是“列”属性，可以通过查阅文档来获取所有支持的数据类型。最后，有一个__str()__方法定义，用来返回易于阅读的数据行的字符串格式。因为该输出是定制化的（通过tformat()函数的协助），所以不推荐在开发过程中这样使用。
- 通过自定义函数分别实现行的插入、更新和删除操作。插入使用了session.add_all()方法，这将使用迭代的方式产生一系列的插入操作。最后，还可以决定是像此处这样进行提交还是进行回滚。update()和delete()方法都存在会话查询的功能，它们使用query.filter_by()方法进行查找。随机更新会选择一个成员，通过改变ID的方法，将其从一个项目组（fr）移动到另一个项目组（to）。计数器（i）会记录有多少用户会受到影响。删除操作则根据ID（rm）随机选择一个项目并假设已将其取消，因此项目中的所有员工都将被解雇。当要执行操作时，需要通过会话对象进行提交。
- 函数dbDump()负责向屏幕上显示正确的输出。该方法从数据库中获取数据行，并按照db.py中相似的样式输出数据。

本实例执行后的效果如图18-30所示。

```
Choose a database system:

(M)ySQL
(G)adfly
(S)QLite

Enter choice: S

*** Create users table (drop old one if appl.)

*** Insert names into table

LOGIN      USERID    PROJID
Faye       6812      2
Serena     7003      3
Amy        7209      3
Dave       7306      1
Larry      7311      3
Mona       7404      2
Ernie      7410      1
Jim        7512      2
Angela     7603      4
Stan       7607      3
Jennifer   7608      3
Pat        7711      4
Leslie     7808      1
Davina     7902      1
Elliot     7911      1
Jess       7912      4
Aaron      8312      3
Melissa    8602      1
```

图18-30 执行效果

18.6.3 使用mongoengine

在Python程序中，MongoDB数据库的ORM框架是mongoengine。在使用mongoengine框架之前，需要先安装mongoengine。具体安装命令如下所示。

```
easy_install mongoengine
```

安装成功后的界面效果如图18-31所示。

在运行上述命令之前，必须先确保使用如下命令安装了pymongo框架，在本章前面已经安装了pymongo框架。

```
easy_install pymongo
```

```
C:\Windows\system32\cmd.exe
Microsoft Windows [版本 10.0.10586]
(c) 2015 Microsoft Corporation。保留所有权利。

C:\Users\apple0>easy_install mongoengine
Searching for mongoengine
Reading https://pypi.python.org/simple/mongoengine/
Downloading https://pypi.python.org/packages/1c/ee/35b9a0c2658a987c4d1cd85cc4e2c26072712d85d0d07f30d0743609cbd5/mongoengine-0.11.0.tar.gz#md5=3da5c0fa1b3fca752d392921c01312bc
Best match: mongoengine 0.11.0
Processing mongoengine-0.11.0.tar.gz
Writing C:\Users\apple0\AppData\Local\Temp\easy_install-c6_kf1zu\mongoengine-0.11.0\setup.cfg
Running mongoengine-0.11.0\setup.py -q bdist_egg --dist-dir C:\Users\apple0\AppData\Local\Temp\easy_install-c6_kf1zu\mongoengine-0.11.0\egg-dist-tmp-31g7ch8v
no previously-included directories found matching 'docs\_build'
zip_safe flag not set, analyzing archive contents...
Copying mongoengine-0.11.0-py3.6.egg to c:\users\apple0\appdata\local\programs\python\python36\lib\site-packages

搜狗拼音输入法 全：
```

图 18-31 安装 mongoengine

下面的实例代码演示了在 Python 程序中使用 mongoengine 操作数据库数据的过程。

实例 18-13 使用 mongoengine 操作数据库数据

源码路径 daima\18\18-13

实例文件 orm.py 的具体实现代码如下所示。

拓展范例及视频二维码

范例 515：使用 mongoengine 连接数据库

源码路径：**范例**\515\

范例 516：数据添加和查询操作

源码路径：**范例**\516\

```
import random                  #导入内置模块
from mongoengine import *
connect('test')                #连接数据库对象'test'
class Stu(Document):           #定义ORM框架类Stu
    sid = SequenceField()#'序号'属性表示用户id
    name = StringField() #'用户名'属性
    passwd = StringField() #'密码'属性
    def introduce(self):
    #定义函数introduce()显示自己的介绍信息
        print('序号:',self.sid,end=" ")
        #显示id
        print('姓名:',self.name,end=' ')
        #显示姓名
        print('密码:',self.passwd)#显示密码
    def set_pw(self,pw):                #定义函数set_pw()用于修改密码
        if pw:
            self.passwd = pw #修改密码
            self.save()      #保存修改的密码
……省略部分代码……
if __name__ == '__main__':
    print('插入一个文档:')
    stu = Stu(name='langchao',passwd='123123')#创建文档类对象实例stu，设置用户名和密码
    stu.save()                        #持久化保存文档
    stu = Stu.objects(name='lilei').first()       #查询数据并对类进行初始化

    if stu:
        stu.introduce()           #显示文档信息
    print('插入多个文档')          #提示信息
    for i in range(3):            #遍历操作
        Stu(name=get_str(2,4),passwd=get_str(6,8)).save() #插入3个文档
    stus = Stu.objects()          #文档类对象实例stu
    for stu in stus:              #遍历所有的文档信息
        stu.introduce()           #显示所有的遍历文档
    print('修改一个文档')          #显示提示信息
    stu = Stu.objects(name='langchao').first()  #查询某个要操作的文档
    if stu:
        stu.name='daxie'          #修改用户名属性
        stu.save()                #保存修改
        stu.set_pw('bbbbbbbb')    #修改密码属性
        stu.introduce()           #显示修改后的结果
    print('删除一个文档')          #显示提示信息
    stu = Stu.objects(name='daxie').first()    #查询某个要操作的文档
    stu.delete()                  #删除这个文档
```

```
        stus = Stu.objects()
        for stu in stus:              #遍历所有的文档
            stu.introduce()           #显示删除后结果
```

在上述实例代码中，在导入 mongoengine 库和连接 MongoDB 数据库后，定义了一个继承于类 Document 的子类 Stu。在主程序中通过创建类的实例，并调用其方法 save()将类持久化到数据库中。通过类 Stu 中的方法 objects()来查询数据库并映射到类 Stu 的实例，同时调用其自定义方法 introduce()来显示载入的信息。然后插入 3 个文档信息，并调用方法 save()持久化到数据库中，通过调用类中的自定义方法 set_pw()修改数据并存入数据库中。最后通过调用类中的方法 delete()从数据库中删除一个文档。

开始测试程序，在运行本实例程序时，必须在 CMD 控制台中启动 MongoDB 服务，并且确保上述控制台界面处于打开状态。下面是开启 MongoDB 服务的命令。

```
mongod --dbpath "h:\data"
```

在上述命令中，“h:\data”是一个保存 MongoDB 数据库数据的目录。

本实例执行后的效果如图 18-32 所示。

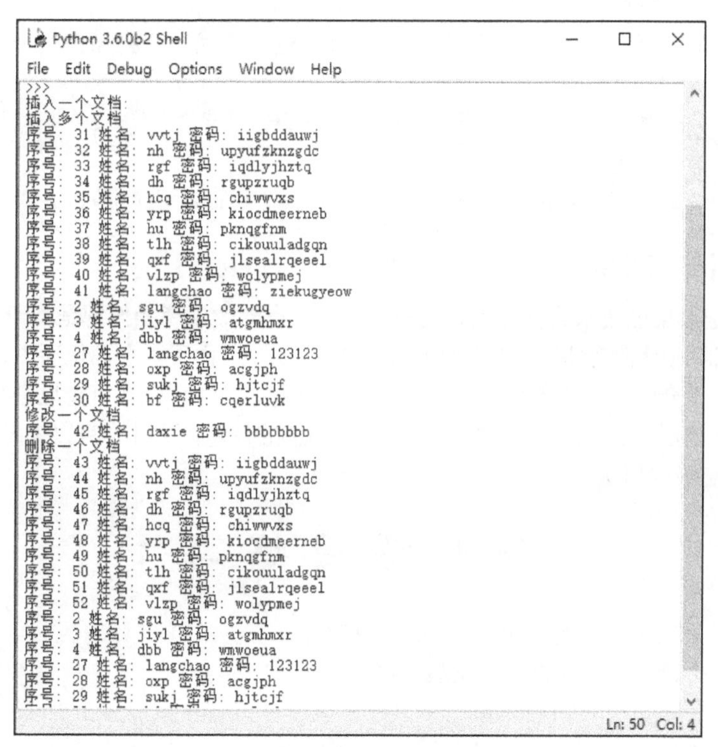

图 18-32 执行效果

18.7 技术解惑

18.7.1 灵活使用查询运算符

通过查询运算符操作，不但可以将数据库中的数据以更加精确的格式显示出来，而且可以更加精确地指定操作的数据什么。

- UNION 运算符。

UNION 运算符通过组合其他两个结果表（例如 table1 和 table2）并消去表中任何重复行而派生出一个结果表。当 ALL 随 UNION 一起使用时（即 UNIONALL），不消除重复行。两种情况下，派生表的每一行不是来自 table1 就是来自 table2。

- EXCEPT 运算符。

EXCEPT 运算符通过包括所有在 table1 中但不在 table2 中的行并消除所有重复行而派生出一个结果表。当 ALL 随 EXCEPT 一起使用时（EXCEPTALL），不消除重复行。

- INTERSECT 运算符。

INTERSECT 运算符通过只包括 table1 和 table2 中都有的行并消除所有重复行而派生出一个结果表。当 ALL 随 INTERSECT 一起使用时（INTERSECTALL）不消除重复行。

18.7.2　掌握 between 关键字的用法

在 SQL 操作语句中，between 在限制查询数据范围时包括边界值，而 not between 表示不包括边界值。例如下面的操作代码。

```
select * from table1 where time between time1 and time2
select a,b,c, from table1 where a not between 数值1 and 数值2
```

18.7.3　了解关联表操作的秘密

关联表操作是 SQL 操作语句的高级用法，例如通过如下代码会删除在主表中有但在副表中没有的信息。

```
delete from table1 where not exists ( select * from table2 where
table1.field1=table2.field1 )
```

如下代码实现了四表联查。

```
select * from a left inner join b on a.a=b.b right inner join c on a.a=c.c inner join d
on a.a=d.d where .....
```

18.7.4　请课外学习并掌握 SQL 语言的知识

SQL 语言是数据库技术的核心内容之一，几乎所有的数据库操作都是基于 SQL 的。例如数据的添加、删除和修改等操作，都需要使用 SQL 来实现。由于本书篇幅所限，本章只对 SQL 的基础知识进行了介绍。如果想要了解其更深入的应用知识，可以在百度里进行搜索，例如查找关键字“SQL 语法”或“SQL 用法”，即可获得详细的信息。另外也可以参考相关辅助图书，了解 SQL 更加高级的用法。

18.8　课后练习

（1）编写一个程序，实现对 SQLite3 的简单封装。

（2）编写一个最简单的数据库连接池程序。

第19章

Python 动态 Web 开发基础

（视频讲解：91min）

从软件的应用领域划分，通常将软件分为桌面软件、Web 软件和移动软件三大类。在计算机软件开发应用中，Web 软件开发是最常见的一种典型应用，特别是随着动态网站的不断发展，Web 编程已经成为程序设计中的最重要应用领域之一。在当今的 Web 开发技术条件下，最主流的 Web 编程技术主要有 ASP.NET、PHP、Java 等。作为一门功能强大的面向对象编程语言，Python 语言也可以像其他经典开发语言一样用来开发 Web 应用程序。本章将详细讲解使用 Python 语言开发 Web 应用程序的基本知识。

19.1　Python CGI 编程

扫码看视频：Python CGI 编程

CGI 是 Common Gateway Interface 的缩写，表示通用网关接口。CGI 是一段运行在服务器上的程序，例如运行在 HTTP 服务器上提供同客户端 HTML 页面的接口。本节将详细讲解使用 Python 程序开发 CGI 程序的知识。

19.1.1　CGI 介绍

CGI 是 WWW 技术中最重要的技术之一，有着不可替代的重要地位。CGI 是外部应用程序（CGI 程序）与 Web 服务器之间的接口标准，是在 CGI 程序和 Web 服务器之间传递信息的过程。CGI 规范允许 Web 服务器执行外部程序，并将它们的输出发送给 Web 浏览器，CGI 将 Web 的一组简单的静态超媒体文档变成一个完整的新的交互式媒体。

处理过程的第一步是 Web 服务器从客户端接到了请求（即 GET 或者 POST），并调用相应的应用程序。然后它等待 HTML 页面，与此同时，客户端也在等待。一旦应用程序处理完成，它会将生成的动态 HTML 页面返回服务器端。接下来，服务器端再将这个最终结果返回给用户。对于表单处理过程，服务器与外部应用程序交互，收到并将生成的 HTML 页面通过 CGI 返回客户端。

由此可见，CGI 在 Web 服务器和应用之间充当了交互作用，这样才能够处理用户表单，生成并返回最终的动态 HTML 页。

19.1.2　搭建 CGI 服务器

要想使用 Python 语言进行 CGI 开发，首先需要安装一个 Web 服务器，并将其配置成可以处理 Python CGI 请求，然后让 Web 服务器访问 CGI 脚本。当然，其中有些操作也许需要获得系统管理员的帮助。下面将介绍在 Windows 系统中搭建 CGI 服务器的过程。

在 IDLE 编辑器中，输入如下命令可以获取 Python 自带服务器的地址。

```
from http.server import CGIHTTPRequestHandler,test;test(CGIHTTPRequestHandler)
```

在 CMD 控制台界面中，通过输入 Python 命令也可以获取 Python 自带服务器的地址，例如在机器中输入如下命令。

```
python C:\Users\apple0\AppData\Local\Programs\Python\Python36\Lib\http\server.py
```

此时会在控制台中显示 Python 自带服务器的地址，如图 19-1 所示。

```
C:\Users\apple0>python C:\Users\apple0\AppData\Local\Programs\Python\Python36\Lib\http\server.py
Serving HTTP on 0.0.0.0 port 8000 (http://0.0.0.0:8000/) ...
```

图 19-1　显示 Python 自带服务器的地址

建议安装一个真正的 Web 服务器，现实中可以下载并安装的服务器有 Apache、ligHTTPD 或 thttpd。其中在 Apache 中有许多插件或模块可以处理 Python CGI，使用 Apache 服务器访问 CGI 的流程如下所示。

（1）自行安装好 Apache（httpd）环境，确保 Apache 在系统中已经能成功运行并可以访问。

（2）打开 Apache 的配置文件 conf/httpd.conf，找到下面的内容。

```
ScriptAlias /cgi-bin/ "/Apache22/cgi-bin/"
```

上述内容指定了当访问 http://yourdomain/cgi-bin/时应该映射到文件系统中的哪个目录，例如可以修改成以下内容。

```
ScriptAlias /cgi-bin/ "d:/programs/Apache22/cgi-bin/"
```

（3）找到下面的内容。

```
<Directory "/Apache22/cgi-bin">
    AllowOverride None
```

```
    Options None
    Order allow,deny
    Allow from all
</Directory>
```

在此处同样把目录修改为文件系统中真实的路径，例如以下路径。

```
<Directory "d:/servers/Apache22/cgi-bin">
```

（4）找到下面的内容。

```
AddHandler cgi-script .cgi
```

去掉此行的“#”注释（如果有），在后面可以追加后缀“.py”，这是可选的。如果不加，也可以使用“.cgi”后缀。

（5）到此为止，Apache 服务器配置完成。接下来，可以编写 Python 脚本文件，编辑完成后放到 Apache 目录下的“cgi-bin”目录中即可运行。

19.1.3 第一个 CGI 程序

在下面的实例代码中，使用 Python 语言编写了第一个 CGI 程序，文件名为 hello.py，文件位于“www/cgi-bin”目录中。

实例 19-1 **创建可靠的、相互通信的“客户端/服务器”**
源码路径 daima\19\19-1

实例文件 hello.py 的具体实现代码如下所示。

```
print ("Content-type:text/html")   #打印网页头
print ()                  # 空行，告诉服务器结束头部
print ('<html>')                    #HTML标签
print ('<head>')                    #HEAD标签
print ('<meta charset="utf-8">')    #META标签
print ('<title>Hello Word - 我的第一个 CGI 程序!
</title>')
print ('</head>')                   #HEAD标签
print ('<body>')                    #body标签
print ('<h2>Hello Word! 我是来自菜鸟教程的第一个CGI
程序</h2>')
print ('</body>')                   #body标签
print ('</html>')                   #HTML标签
```

拓展范例及视频二维码

范例 **517**：输出 CGI 的环境变量
源码路径：**范例**\517\

范例 **518**：使用 GET 方法传递参数
源码路径：**范例**\518\

将上述实例代码文件另存为文件 hello.py，然后通过如下命令修改文件权限为 755。

```
chmod 755 hello.py
```

在浏览器中访问之后的执行效果如图 19-2 所示。

图 19-2 执行效果

19.2 使用 Tornado 框架

扫码看视频：使用 Tornado 框架

Tornado 是 FriendFeed 使用的可扩展的非阻塞式 Web 服务器及其相关工具的开源版本。这个 Web 框架看起来有些像 web.py 或者 Google 的 webapp。不过，为了能有效利用非阻塞式服务器环境，这个 Web 框架还包含了一些有用的工具和优化措施。本节将详细讲解在 Python 程序中使用 Tornado 框架的知识。

19.2.1　Tornado 框架介绍

Tornado 是一种目前比较流行的、强大的、可扩展的 Python 的 Web 非阻塞式开源服务器框架，也是一个异步的网络库，能够帮助开发者快速简单地编写出高速运行的 Web 应用程序。

Tornado 基于 Bret Taylor 和其他人员为 FriendFeed 所开发的网络服务框架，当 FriendFeed 被 Facebook 收购后得以开源。Tornado 在设计之初就考虑到了性能因素，旨在解决 C10K 问题，这样的设计使得其成为一个拥有非常高性能的框架。此外，它还拥有处理安全性、用户验证、社交网络以及与外部服务（如数据库和网站 API）进行异步交互的工具。

自从 2009 年第一个版本发布以来，Tornado 已经获得了很多社区的支持，并且在一系列不同的场合得到应用。除了 FriendFeed 和 Facebook 外，还有很多公司在生产上转向 Tornado，其中包括 Quora、Turntable.fm、Bit.ly、Hipmunk 以及 MyYearbook 等。

Tornado 框架的主要特点如下所示。

- 非阻塞式服务器。
- 运行速度快。
- 并发打开数千个连接。
- 支持 WebSocket 连接。

在现实应用中，通常将 Tornado 库分为如下所示的 4 部分。

- tornado.Web：创建 Web 应用程序的 Web 框架。
- HTTPServer 和 AsyncHTTPClient：HTTP 服务器与异步客户端。
- IOLoop 和 IOStream：异步网络功能库。
- tornado.gen：协程库。

19.2.2　Python 和 Tornado 框架

在 Python 程序中使用 Tornado 框架之前，首先需要搭建 Tornado 框架环境。可以通过 pip 或者 easy_install 命令进行安装。其中“pip”安装命令如下所示。

```
pip install tornado
```

“easy_install”安装命令如下所示。

```
easy_install tornado
```

在控制台界面使用“easy_install”命令的安装界面如图 19-3 所示。

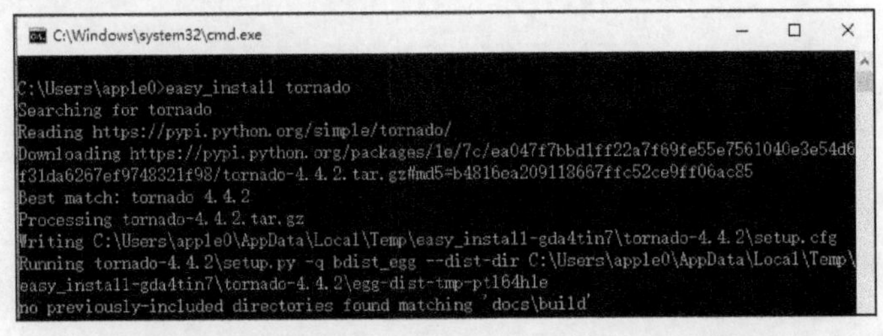

图 19-3　使用“easy_install”命令安装 Tornado 框架

在 Tornado 框架中，是通过继承类 tornado.Web.RequestHandler 来编写 Web 服务器端程序的，并编写 get()、post()业务方法，以实现对客户端指定 URL 的 GET 请求和 POST 请求的回应。然后启动框架中提供的服务器以等待客户端连接，处理相关数据并返回请求信息。

下面的实例代码演示了使用 Python 语言编写一个基本 Tornado 框架程序的过程。

实例 19-2　编写一个基本 Tornado 框架程序

源码路径　daima\19\19-2

实例文件 app.py 的具体实现代码如下所示。

```
import tornado.ioloop         #导入Tornado框架中的相关模块
import tornado.web            #导入Tornado框架中的相关模块
#定义子类MainHandler
class MainHandler(tornado.web.RequestHandler):
    def get(self):            #定义请求业务函数get()
        self.write("Hello, world")  #显示文本

def make_app():                  #定义应用配置函数
    return tornado.web.Application([
        (r"/", MainHandler), #定义URL映射列表
    ])

if __name__ == "__main__":
    app = make_app()             #调用配置函数
    app.listen(8888)    #设置监听服务器8888端口
    tornado.ioloop.IOLoop.current().start()
    #启动服务器
```

拓展范例及视频二维码

范例 **519**：简单的表单实例，GET 方法

源码路径：**范例**\519\

范例 **520**：使用 POST 方法传递数据

源码路径：**范例**\520\

在上述实例代码中，首先导入 Tornado 框架的相关模块，然后自定义 URL 的响应业务方法（GET、POST 等）。接下来，实例化 Tornado 模块中提供的 Application 类，并传 URL 映射列表及有关参数，最后启动服务器即可。在命令提示符下的对应子目录中执行以下命令。

```
python app.py
```

如果没有语法错误，服务器就已经启动并等待客户端连接了。在服务器运行以后，在浏览器地址栏中输入 http://localhost:8888，就可以访问服务器，并看到默认主页页面。在浏览器中的执行效果如图 19-4 所示。

图 19-4　执行效果

通过上述实例可以看出，使用 Tornado 框架编写服务器端程序的代码结构是非常清晰的。其基本工作就是编写相关的业务处理类，并将它们映射到某一特定的 URL，Tornado 框架服务器收到对应的请求后进行调用。一般来说，如果是比较简单的网站项目，可以把所有的代码放入同一个模块之中。但为了维护方便，可以按照功能将其划分到不同的模块中，其一般模块结构（目录结构）如下所示。

```
proj\
    manage.py                  #服务器启动入口
    settings.py                #服务器配置文件
    url.py                     #服务器URL配置文件
    handler\
              login.py         #相关URL业务请求处理类
    db\                        #数据库操作模块目录
    static\                    #静态文件存放目录
              js\              #JS文件存放目录
              css\             #CSS样式表文件目录
              img\             #图片资源文件目录
    templates\                 #网页模板文件目录
```

19.2.3 获取请求参数

在 Python 程序中，客户端经常需要获取如下 3 类参数。

- URL 中的参数。
- GET 中的参数。
- POST 中的参数。

（1）获取 URL 中的参数。

在 Tornado 框架中，要想获取 URL 中包含的参数，需要在 URL 定义中定义获取参数，并在对应的业务方法中给出相应的参数名进行获取。在 Tornado 框架的 URL 定义字符串中，使用正则表达式来匹配 URL 及 URL 中的参数，比如以下代码。

```
(r"uid/([0-9]+)",UserHdl)
```

上述形式的 URL 字符串定义可以接受形如“uid/”后跟一位或多位数字的客户端 URL 请求。针对上面的 URL 定义，可以以如下方式定义 get()方法。

```
    def get (self,uid):
        pass
```

此时，当发来匹配的 URL 请求时，会截取与正则表达式匹配的部分，传递给 get()方法，这样可以把数据传递给 uid 变量，以在方法 get()中得到使用。

下面的实例代码演示了在 GET 方法中获取 URL 中参数的过程。

实例 19-3 在 GET 方法中获取 URL 中参数

源码路径 daima\19\19-3

实例文件 can.py 的具体实现代码如下所示。

```
import tornado.ioloop                              #导入Tornado框架中的相关模块
import tornado.web                                 #导入Tornado框架中的相关模块
class zi(tornado.web.RequestHandler): #定义子类zi
    def get(self,uid):                      #获取URL参数
        self.write('你好，你的UID号是：%s!' % uid)
        #显示UID，来源于下面的正则表达式

app = tornado.web.Application([ #使用正则表达式获取参数
    (r'/([0-9]+)',zi),
    ],debug=True)

if __name__ == '__main__':
    app.listen(8888)    #设置监听服务器8888端口
    tornado.ioloop.IOLoop.instance().start()
    #启动服务器
```

拓展范例及视频二维码

范例 521：通过 POST 方法提交数据

源码路径：**范例**\521\

范例 522：通过 CGI 传递 checkbox 数据

源码路径：**范例**\522\

在上述实例代码中，使用正则表达式定义了 URL 字符串，使用 get()方法获取了 URL 参数中的 uid。在浏览器中的执行效果如图 19-5 所示。

图 19-5 执行效果

（2）获取 GET 和 POST 中的参数。

在 Tornado 框架中，要想获取 GET 或 POST 中的请求参数，只需要调用从类 RequestHandler 中继承来的 get_ argument()方法即可。方法 get_argument()的语法格式如下所示。

```
get_argument('name', default='',strip=False)
```

- ❑ name：请求中的参数名称。
- ❑ default：当没有获取参数时指定一个默认值。
- ❑ strip：指定是否对获取的参数进行两头去空格处理。

下面的实例代码演示了获取 POST 中参数的过程。

实例 19-4 获取 POST 中的参数

源码路径 daima\19\19-4

实例文件 po.py 的具体实现代码如下所示。

```
import tornado.ioloop              #导入Tornado框架中的相关模块
import tornado.web                 #导入Tornado框架中的相关模块
html_txt = """                     #变量html_txt初始化赋值
<!DOCTYPE html>                    #下面是一段普通的HTML代码
<html>
    <body>
        <h2>收到GET请求</h2>
        <form method='post'>
        <input type='text' name='name'
        placeholder= '请输入你的姓名' />
        <input type='submit' value='发送POST请求' />
        </form>
    </body>
</html>
"""
class zi(tornado.web.RequestHandler):  #定义子类zi
    def get(self):        #定义方法get()处理get请求
```

拓展范例及视频二维码

范例 523：通过 CGI 动态传递数据

源码路径：**范例**\523\

范例 524：通过 CGI 传递 Radio 数据

源码路径：**范例**\524\

```
        self.write(html_txt)        #处理为页面内容
    def post(self):                 #定义方法post()处理post请求
        name = self.get_argument('name',default='匿名',strip=True) #获取上面表单中的姓名name
        self.write("你的姓名是:%s" % name)      #显示姓名
app = tornado.web.Application([              #实例化Application对象
    (r'/get',zi),
    ],debug=True)

if __name__ == '__main__':
    app.listen(8888)                         #设置监听服务器8888端口
    tornado.ioloop.IOLoop.instance().start() #启动服务器
```

在上述实例代码中，当服务器收到 GET 请求时，返回一个带有表单的页面内容。当用户填写自己的姓名并单击“发送 POST 请求”按钮时，将用户输入的姓名以 POST 参数形式发送到服务器端。最后在服务器端调用方法 get_argument()来获取输出请求。在浏览器中输入“http://localhost:8888/get”后的执行效果如图 19-6 所示。

在表单中输入姓名“浪潮软件”，然后单击“发送 POST 请求”按钮后的执行效果如图 19-7 所示。

图 19-6　执行效果

图 19-7　执行效果

19.2.4　使用 cookie

cookie（有时也用其复数形式 cookies），指某些网站为了辨别用户身份、进行会话跟踪而存储在用户本地终端上的数据（通常经过加密）。在现实应用中，服务器可以利用 cookie 包含信息的任意性来筛选并经常性维护这些信息，以判断在 HTTP 传输中的状态。cookie 最典型的应用是判定注册用户是否已经登录网站，用户可能会得到提示，是否在下一次进入此网站时保留用户信息以便简化登录手续，这些都是 cookie 的功能。另一个重要应用场合是“购物车”之类的处理。用户可能会在一段时间内在同一家网站的不同页面中选择不同的商品，这些信息都会写入 cookie，以便在最后付款时提取信息。

在 Tornado 框架中提供了直接操纵一般 cookie 和安全的 cookie 的方法。安全的 cookie 就是指存储在客户端的 cookie 是经过加密的，客户端只能查看到加密后的数据。在 Tornado 框架中，使用一般 cookie 和安全 cookie 的常用方法的语法格式如下所示。

- set_cookie('name',value)：设置 cookie。
- get_cookie('name')：获取 cookie 值。
- set_secure_cookie ('name',value)：设置安全 cookie 值。
- get_secure_cookie('name')：获取安全 cookie 值。
- clear_cookie('name')：清除名为 name 的 cookie 值。
- clear_all_cookies()：清除所有 cookie。

下面的实例代码演示了在不同页面设置与获取 cookie 值的过程。

实例 19-5　在不同页面设置与获取 cookie 值

源码路径　daima\19\19-5

实例文件 co.py 的具体实现代码如下所示。

```
import tornado.ioloop          #导入Tornado框架中的相关模块
import tornado.web             #导入Tornado框架中的相关模块
import tornado.escape          #导入Tornado框架中的相关模块
```

```
#定义处理类aaaa,用于设置cookie的值
class aaaa(tornado.web.RequestHandler):
    def get(self):              #处理get请求
        #URL编码处理
        self.set_cookie('odn_cookie',tornado.escape.
        url_escape("未加密COOKIE串"))
        #设置普通cookie
        self.set_secure_cookie('scr_cookie',"加密
        SCURE_COOKIE串")
        #设置加密cookie
        self.write("<a href='/shcook'>查看设置的
        COOKIE</a>")
#定义处理类shcookHdl,用于获取cookie的值
class shcookHdl(tornado.web.RequestHandler):
    def get(self):              #处理get请求
        #获取普通cookie
        odn_cookie = tornado.escape.url_unescape(self.get_cookie('odn_cookie'))
        #进行URL解码
        scr_cookie = self.get_secure_cookie('scr_cookie').decode('utf-8')
        #获取加密cookie
        self.write("普通COOKIE:%s,<br/>安全COOKIE:%s" % (odn_cookie,scr_cookie))

app = tornado.web.Application([
    (r'/sscook',aaaa),
    (r'/shcook',shcookHdl),
    ],cookie_secret='abcddddkdk##$$34323sdDsdfdsf#23')
if __name__ == '__main__':
    app.listen(8888)                          #设置监听服务器8888端口
    tornado.ioloop.IOLoop.instance().start()  #启动服务器
```

拓展范例及视频二维码

范例 **525**：通过 CGI 传递 Textarea 数据
源码路径：**范例**\525\

范例 **526**：通过 CGI 传递下拉数据
源码路径：**范例**\526\

在上述实例代码中定义了两个类，分别用于设置 cookie 的值和获取 cookie 的值。当在浏览器中输入“http://localhost:8888/sscook”时开始设置 cookie，执行效果如图 19-8 所示。

当单击页面中的“查看设置的 COOKIE”链接时，会访问“shcook”，显示出刚刚设置的 cookie 值。执行效果如图 19-9 所示。

图 19-8　执行效果

图 19-9　执行效果

19.2.5　URL 转向

所谓 URL 转向，是通过服务器的特殊设置，将访问当前域名的用户引导到你指定的另一个 URL 页面。在 Tornado 框架可以实现 URL 转向的功能，这需要借助于如下两个方法来实现

- redirect(url)：在业务逻辑中转向 URL。
- RedirectHandler：实现某个 URL 的直接转向。

使用类 RedirectHandler 的语法格式如下所示。

```
(r'/aaa', tornado.Web.RedirectHandler, dict (url='/abc'))
```

下面的实例代码演示了实现两种 URL 转向功能的过程。

实例 19-6　**实现两种 URL 转向功能**
源码路径　daima\19\19-6

实例文件 zh.py 的具体实现代码如下所示。

```
import tornado.ioloop              #导入Tornado框架中的相关模块
import tornado.web                 #导入Tornado框架中的相关模块
#定义类DistA, 作为转向的目标URL请求处理程序
class DistA(tornado.web.RequestHandler):
    def get(self):                 #获取get请求
```

```
        self.write("被转向的目标页面！")#显示输出一个字符串
#定义转向处理器类SrcA
class SrcA(tornado.web.RequestHandler):
    def get(self):                    #获取get请求
        self.redirect('/dist')
    #业务逻辑转向，指向一个URL

app = tornado.web.Application([
    (r'/dist',DistA),                 #指向DistA类
    (r'/src',SrcA),                   #指向SrcA类
    (r'/rdrt',tornado.web.RedirectHandler,
    {'url':'/src'})   #定义一个直接转向URL
    ])

if __name__ == '__main__':
    app.listen(8888)                  #设置监听服务器8888端口
    tornado.ioloop.IOLoop.instance().start()                   #启动服务器
```

拓展范例及视频二维码

范例 527：在 Cookie 中设置两个值
源码路径：**范例**\527\

范例 528：通过 CGI 检索 cookie 信息
源码路径：**范例**\528\

在上述实例代码中定义了两个类，其中类 DistA 作为转向的目标 URL 请求处理程序，类 SrcA 是转向处理程序。当访问指向这个业务类时，会转向‘/dist’网址。最后，在类 Application 中定义一个直接转向，只要访问‘/rdrt’就会直接转向‘/src’。在执行后，如果试图访问‘/rdrt’的 URL，会转向‘/src’，再最终转向‘/dist’。也就是说，无论是访问‘/rdrt’，还是访问‘/src’，最终的执行效果都如图 19-10 所示。

图 19-10 执行效果

19.2.6 使用静态资源文件

大多数 Web 应用程序都有一组对所有用户一视同仁的文件，这些文件在应用程序运行时是不会发生变化的。这些可以是用于网站装饰的媒体文件（如图片）、用于描述如何在屏幕上绘制网页的 CSS 样式表、能够被浏览器下载和执行的 JavaScript 代码、不含动态内容的 HTML 页面等。这些不发生变化的文件称为静态资源文件。

Tornado 框架支持在网站页面中直接使用静态的资源文件，如图片、JavaScript 脚本、CSS 等。当需要用到静态文件资源时，需要在初始化 Application 类时提供“static_path”参数。下面的实例代码演示了使用图片静态资源文件的过程。

实例 19-7　使用图片静态资源文件
源码路径　daima\19\19-7

实例文件 tu.py 的具体实现代码如下所示。

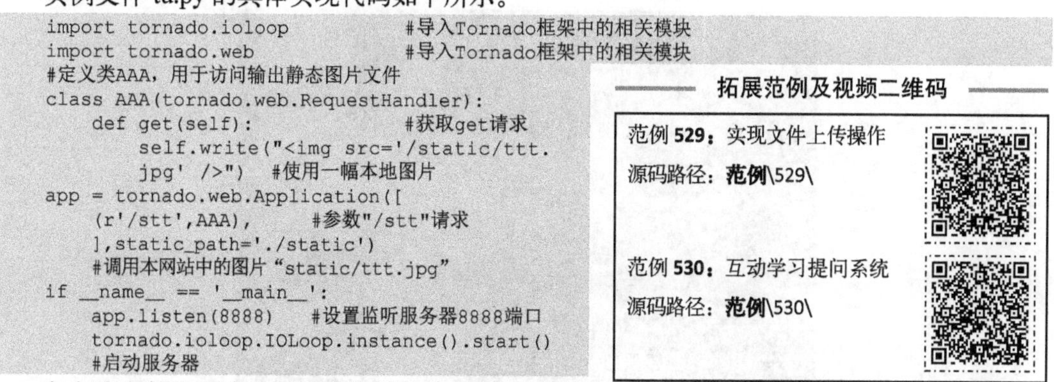

```
import tornado.ioloop              #导入Tornado框架中的相关模块
import tornado.web                 #导入Tornado框架中的相关模块
#定义类AAA，用于访问输出静态图片文件
class AAA(tornado.web.RequestHandler):
    def get(self):                 #获取get请求
        self.write("<img src='/static/ttt.
        jpg' />")  #使用一幅本地图片
app = tornado.web.Application([
    (r'/stt',AAA),      #参数"/stt"请求
    ],static_path='./static')
    #调用本网站中的图片“static/ttt.jpg”
if __name__ == '__main__':
    app.listen(8888)    #设置监听服务器8888端口
    tornado.ioloop.IOLoop.instance().start()
    #启动服务器
```

拓展范例及视频二维码

范例 529：实现文件上传操作
源码路径：**范例**\529\

范例 530：互动学习提问系统
源码路径：**范例**\530\

在上述实例代码中，通过参数“/stt”请求返回的 HTML 代码中是一个 img 标签，并调用本网站中的图片“static/ttt.jpg”。在初始化类 Application 时提供了 static_path 参数，以指明静态资源的目录。最终的执行效果如图 19-11 所示。

图 19-11　执行效果

19.3　使用 Django 框架

扫码看视频：使用 Django 框架

Django 是由 Python 语言开发的一个免费的开源网站框架，可以用于快速搭建高性能并优雅的网站。本节将详细讲解使用 Django 框架开发 Web 程序的知识。

19.3.1　搭建 Django 环境

在当今技术环境下，有多种安装 Django 框架的方法。下面对这些安装方法按难易程度进行排序，其中越靠前的越简单。

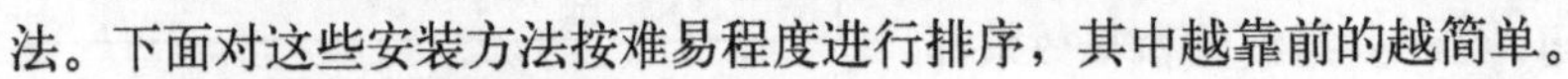

- Python 包管理器。
- 操作系统包管理器。
- 官方发布的压缩包。
- 源码库。

最简单的下载和安装方式是使用 Python 包管理工具，建议读者使用这种安装方式。例如可以使用 Setuptools 中的 easy_install 或 pip。目前在所有的操作系统平台上都可使用这两个工具。对于 Windows 用户来说，在使用 Setuptools 时需要将 easy_install.exe 文件存放在 Python 安装目录下的 Scripts 文件夹中。此时只须在 DOS 命令行窗口中使用一条命令就可以安装 Django。其中可以使用如下“easy_install”命令进行安装。

```
easy_install django
```

也可以使用如下“pip”命令进行安装。

```
pip install django
```

本书使用的 Django 版本是 1.10.4，控制台安装界面如图 19-12 所示。

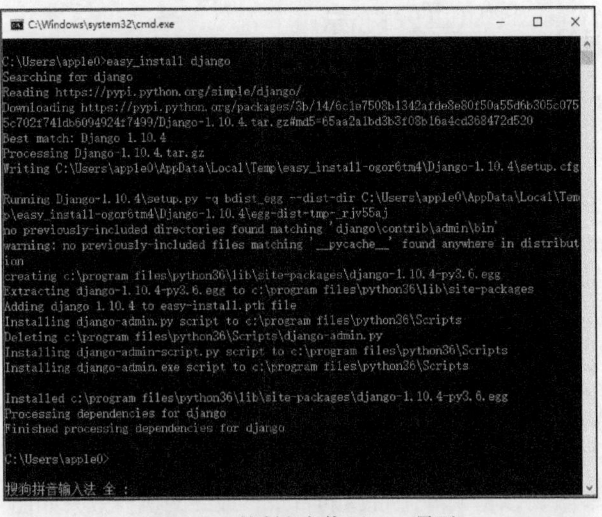

图 19-12　控制台安装 Django 界面

19.3.2 常用的 Django 命令

接下来将要讲解一些 Django 框架中常用的基本的命令，读者需要打开 Linux 操作系统或 Mac OS 的 Terminal（终端）并直接在终端中输入这些命令（不是 Python 的 shell 中）。如果读者使用的是 Windows 系统，则在 CMD 控制台中输入操作命令。

（1）新建一个 Django 工程。

```
django-admin.py startproject project-name
```

“project-name”表示项目名字。在 Windows 系统中需要使用如下命令创建项目。

```
django-admin startproject project-name
```

（2）新建 app（应用程序）。

```
python manage.py startapp app-name
```

或者

```
django-admin.py startapp app-name
```

通常一个项目有多个 app。当然，通用的 app 也可以在多个项目中使用。

（3）同步数据库。

```
python manage.py syncdb
```

注意，在 Django 1.7.1 及以上的版本中需要用以下命令。

```
python manage.py makemigrations
python manage.py migrate
```

这种方法可以创建表，当在 models.py 中新增类时，运行它就可以自动在数据库中创建表，不用手动创建。

（4）使用开发服务器。

开发服务器（即在开发时使用的服务器），在修改代码后会自动重启，这会方便程序的调试和开发。但是由于性能问题，建议只用来测试，不要用在生产环境中。

```
python manage.py runserver
#当提示端口被占用的时候，可以用其他端口
python manage.py runserver 8001
python manage.py runserver 9999
（当然也可以终止占用端口的进程）
#监听所有可用的IP（计算机可能有一个或多个内网IP，一个或多个外网IP，即有多个IP地址）
python manage.py runserver 0.0.0.0:8000
#如果在外网或者局域网计算机上可以用其他计算机查看开发服务器
#访问对应的IP与端口，比如 http://172.16.20.*:8000
```

（5）清空数据库。

```
python manage.py flush
```

此命令会询问是 yes 还是 no，选择 yes 会把数据全部清空掉，只留下空表。

（6）创建超级管理员。

```
python manage.py createsuperuser
# 按照提示输入用户名和对应的密码就好了，邮箱可以留空，用户名和密码必填
# 修改用户密码可以用：
python manage.py changepassword username
```

（7）导出数据，导入数据。

```
python manage.py dumpdata appname > appname.json
python manage.py loaddata appname.json
```

（8）Django 项目环境终端。

```
python manage.py shell
```

如果安装了 bpython 或 ipython，会自动调用它们的界面，推荐安装 bpython。这个命令和直接运行 Python 或 bpython 进入 shell 的区别是：可以在这个 shell 里面调用当前项目的 models.py 中的 API。

（9）数据库命令行。

```
python manage.py dbshell
```

Django 会自动进入在 settings.py 中设置的数据库，如果是 MySQL 或 PostgreSQL，会要求输入数据库用户密码。在这个终端可以执行数据库的 SQL 语句。如果对 SQL 比较熟悉，可能喜欢这种方式。

19.3.3　第一个 Django 工程

下面的实例代码演示了创建并运行第一个 Django 项目的过程。

实例 19-8　创建并运行第一个 Django 项目
源码路径　daima\19\19-8

（1）在 CMD 控制台中定位到“H”盘，然后通过如下命令创建一个 mysite 目录作为项目。

```
django-admin startproject mysite
```

创建成功后会看到如下所示的目录样式。

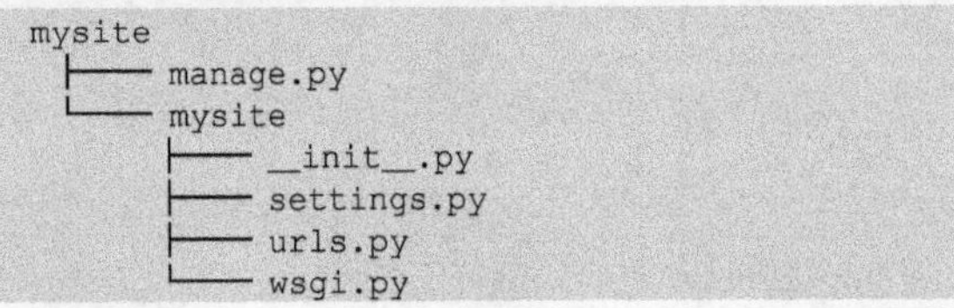

```
mysite
├── manage.py
└── mysite
    ├── __init__.py
    ├── settings.py
    ├── urls.py
    └── wsgi.py
```

拓展范例及视频二维码

范例 **531**：在网页中进行加减运算
源码路径：**范例**\531\

范例 **532**：通过 URL 实现加法运算
源码路径：**范例**\532\

也就是说，在“H”盘中新建了一个 mysite 目录，其中还有一个 mysite 子目录。这个子目录 mysite 中是一些项目的设置 settings.py 文件，总的 urls 配置文件 urls.py，以及部署服务器时用到的 wsgi.py 文件，还有文件__init__.py（它是 Python 包的目录结构必需的，与调用有关）。

- mysite：项目的容器，保存整个项目。
- manage.py：一个实用的命令行工具，可让你以各种方式与该 Django 项目进行交互。
- mysite/__init__.py：一个空文件，告诉 Python 该目录是一个 Python 包。
- mysite/settings.py：该 Django 项目的设置/配置。
- mysite/urls.py：该 Django 项目的 URL 声明，一份由 Django 驱动的网站“目录”。
- mysite/wsgi.py：一个 WSGI 兼容的 Web 服务器的入口，以便运行你的项目。

（2）在 CMD 控制台中定位到 mysite 目录下（注意，不是 mysite 中的 mysite 目录），然后通过如下命令新建一个应用（app），名称叫 learn。

```
H:\mysite>python manage.py startapp learn
```

此时可以看到在主 mysite 目录中多出了一个 learn 文件夹，在里面有如下所示的文件。

```
learn/
├── __init__.py
├── admin.py
├── apps.py
├── models.py
├── tests.py
└── views.py
```

（3）为了将新定义的 app 添加到 settings.py 文件的 INSTALLED_APPS 中，需要对文件 mysite/mysite/settings.py 进行如下修改。

```
INSTALLED_APPS = [
    'django.contrib.admin',
    'django.contrib.auth',
    'django.contrib.contenttypes',
    'django.contrib.sessions',
    'django.contrib.messages',
    'django.contrib.staticfiles',
    'learn',
]
```

这一步的目的是将新建的程序“learn”添加到 INSTALLED_APPS 中。如果不这样做，django 就不能自动找到 app 中的模板文件（app-name/templates/下的文件）和静态文件（app-name/static/中的文件）。

（4）定义视图函数，用于显示访问页面时的内容。在 learn 目录中打开文件 views.py，然后进行如下所示的修改。

```
#coding:utf-8
from django.http import HttpResponse
def index(request):
    return HttpResponse(u"欢迎光临，浪潮软件欢迎您！")
```

对上述代码的具体说明如下所示。

- 第 1 行：声明编码格式为 utf-8，因为我们在代码中用到了中文。如果不声明，就会报错。
- 第 2 行：引入 HttpResponse，用来向网页返回内容。就像 Python 中的 print 函数一样，只不过 HttpResponse 是把内容显示到网页上。
- 第 3～4 行：定义一个 index()函数，第一个参数必须是 request，与网页发来的请求有关。在 request 变量里面包含 get/post 的内容、用户浏览器和系统等信息。函数 index()返回一个 HttpResponse 对象，它可以经过一些处理，最终显示几个字到网页上。

现在问题来了，用户应该访问什么网址才能看到刚才写的这个函数呢？怎么让网址和函数关联起来呢？接下来，需要定义和视图函数相关的 URL 网址。

（5）定义视图函数相关的 URL 网址，对文件 mysite/mysite/urls.py 进行如下所示的修改。

```
from django.conf.urls import url
from django.contrib import admin
from learn import views as learn_views        #新修改的
urlpatterns = [
    url(r'^$', learn_views.index),            #新修改的
    url(r'^admin/', admin.site.urls),
]
```

（6）在终端上运行如下命令进行测试：

```
python manage.py runserver
```

测试成功后显示如图 19-13 所示的界面效果。

在浏览器中的执行效果如图 19-14 所示。

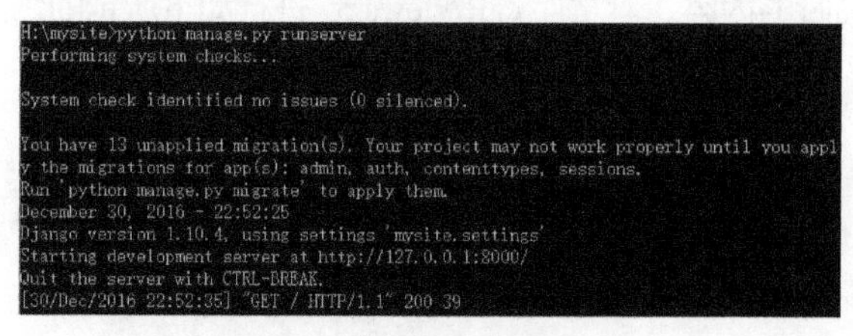

图 19-13　控制台中的执行效果

图 19-14　浏览器中的执行效果

19.3.4　在 URL 中传递参数

和前面学习的 Tornado 框架一样，使用 Django 框架也可以实现对 URL 参数的处理。下面的实例代码演示了使用 Django 框架实现参数相加功能的过程。

实例 19-9　实现参数相加功能

源码路径　daima\19\19-9

（1）在 CMD 控制台中定位到"H"盘，然后通过如下命令创建一个"zqxt_views"目录作为项目。

```
django-admin startproject zqxt_views
```

也就是说，在"H"盘中新建了一个 zqxt_views 目录，其中还有一个 zqxt_views 子目录。这个子目录中是一些项目的设置 settings.py 文件，总的 urls 配置文件 urls.py，以及部署服务器时用到的 wsgi.py 文件，还有文件__init__.py（它是 Python 包的目录结构必需的，与调用有关）。

（2）在 CMD 控制台中定位到 zqxt_views 目录下（注意，不是 zqxt_views 中的 zqxt_views 目录），然后通过如下命令新建一个应用（app），名称叫 calc。

```
cd zqxt_views
python manage.py startapp calc
```

此时自动生成目录的结构大致如下所示。

```
zqxt_views/
├── calc
│   ├── __init__.py
│   ├── admin.py
│   ├── apps.py
│   ├── models.py
│   ├── tests.py
│   └── views.py
├── manage.py
└── zqxt_views
    ├── __init__.py
    ├── settings.py
    ├── urls.py
    └── wsgi.py
```

拓展范例及视频二维码

范例 **533**：使用模板显示网页内容
源码路径：**范例**\533\

范例 **534**：使用模板高级操作功能
源码路径：**范例**\534\

（3）为了将新定义的 app 添加到 settings.py 文件的 INSTALLED_APPS 中，需要对文件 zqxt_views/zqxt_views/settings.py 进行如下修改。

```
INSTALLED_APPS = [
    'django.contrib.admin',
    'django.contrib.auth',
    'django.contrib.contenttypes',
    'django.contrib.sessions',
    'django.contrib.messages',
    'django.contrib.staticfiles',
    'calc',
]
```

这一步的目的是将新建的程序“calc”添加到 INSTALLED_APPS 中，如果不这样做，django 就不能自动找到 app 中的模板文件（app-name/templates/下的文件）和静态文件（app-name/static/中的文件）。

（4）定义视图函数，用于显示访问页面时的内容。对文件 calc/views.py 进行如下所示的修改。

```
from django.shortcuts import render
from django.http import HttpResponse

def add(request):
    a = request.GET['a']
    b = request.GET['b']
    c = int(a)+int(b)
    return HttpResponse(str(c))
```

在上述代码中，request.GET 类似于一个字典，当没有为传递的 a 设置值时，a 的默认值为 0。

（5）定义视图函数相关的 URL 网址，添加一个网址来对应刚才新建的视图函数。对文件 zqxt_views/zqxt_views/urls.py 进行如下所示的修改。

```
from django.conf.urls import url
from django.contrib import admin
from learn import views as learn_views     #新修改的

urlpatterns = [
    url(r'^$', learn_views.index),         #新修改的
    url(r'^admin/', admin.site.urls),
]
```

（6）在终端上运行如下命令进行测试。

```
python manage.py runserver
```

在浏览器中输入“http://localhost:8000/add/”后的执行效果如图 19-15 所示。

如果在 URL 中输入数字参数，例如在浏览器中输入“http://localhost:8000/add/ ?a=4&b=5”，执行后会显示这两个数字（4 和 5）的和。执行效果如图 19-16 所示。

在 Python 程序中，也可以采用“/add/3/4/”这样的方式对 URL 中的参数进行求和处理。这时需要修改文件 calc/views.py 的代码，在里面新定义一个求和函数 add2()。具体代码如下所示。

```
def add2(request, a, b):
```

```
    c = int(a) + int(b)
    return HttpResponse(str(c))
```

```
MultiValueDictKeyError at /add/
"'a'"
       Request Method: GET
          Request URL: http://localhost:8000/add/
       Django Version: 1.10.4
       Exception Type: MultiValueDictKeyError
      Exception Value: "'a'"
   Exception Location: C:\Program Files\Python36\lib\site-packages\django-1.10.4-py3.6.egg\django\utils\datastructures.py in __getitem__, line 85
    Python Executable: C:\Program Files\Python36\python.exe
       Python Version: 3.6.0
          Python Path: ['H:\\zqxt_views',
                        'C:\\Program Files\\Python36\\python36.zip',
                        'C:\\Program Files\\Python36\\DLLs',
                        'C:\\Program Files\\Python36\\lib',
                        'C:\\Program Files\\Python36',
                        'C:\\Program Files\\Python36\\lib\\site-packages',
                        'C:\\Program Files\\Python36\\lib\\site-packages\\flask-0.12-py3.6.egg',
                        'C:\\Program Files\\Python36\\lib\\site-packages\\click-6.6-py3.6.egg',
                        'C:\\Program Files\\Python36\\lib\\site-packages\\itsdangerous-0.24-py3.6.egg',
                        'C:\\Program Files\\Python36\\lib\\site-packages\\jinja2-2.8.1-py3.6.egg',
                        'C:\\Program Files\\Python36\\lib\\site-packages\\werkzeug-0.11.13-py3.6.egg',
                        'C:\\Program '
                        'Files\\Python36\\lib\\site-packages\\markupsafe-0.23-py3.6-win-amd64.egg',
                        'C:\\Program '
                        'Files\\Python36\\lib\\site-packages\\tornado-4.4.2-py3.6-win-amd64.egg',
                        'C:\\Program Files\\Python36\\lib\\site-packages\\django-1.10.4-py3.6.egg']
          Server time: Sat, 31 Dec 2016 12:05:23 +0800
```

图 19-15 执行效果

接着修改文件 zqxt_views/urls.py 的代码，再添加一个新的 URL。具体代码如下所示。

```
url(r'^add/(\d+)/(\d+)/$', calc_views.add2, name='add2'),
```

此时可以看到网址中多了“\d+”，正则表达式中的“\d”代表一个数字，“+”代表一个或多个前面的字符，写在一起的“\d+”就表示一个或多个数字，用括号括起来的意思是另存为一个子组（更多知识参见 Python 正则表达式）。每一个子组将作为一个参数，被文件 views.py 中的对应视图函数接收。此时，输入如下网址执行后，就可以看到同样的执行效果。

图 19-16 执行效果

```
http://localhost:8000/add/?add/4/5/
```

19.3.5 使用模板

在 Django 框架中，模板是一个文本，用于分离文档的表现形式和具体内容。为了方便开发者进行开发，Django 框架提供了很多模板标签，具体说明如下所示。

（1）autoescape：控制当前自动转义的行为，有 on 和 off 两个选项，例如以下代码。

```
{% autoescape on %}
    {{ body }}
{% endautoescape %}
```

（2）block：定义一个子模板可以覆盖的块。

（3）comment：注释，例如{% comment %}和{% endcomment %}之间的内容被视为注释。

（4）csrf_token：一个防止 CSRF 攻击（跨站点请求伪造）的标签。

（5）cycle：循环给出的字符串或者变量，可以混用。例如以下代码。

```
{% for o in some_list %}
    <tr class="{% cycle 'row1' rowvalue2 'row3' %}">
        ...
    </tr>
{% endfor %}
```

值得注意的是，这里变量的值默认不是自动转义的，要么相信变量，要么使用强制转义的方法。例如以下代码。

```
{% for o in some_list %}
    <tr class="{% filter force_escape %}{% cycle rowvalue1 rowvalue2 %}{% endfilter %}">
        ...
    </tr>
{% endfor %}
```

在某些情况下，可能想在循环外部引用循环中的下一个值，这时需要用 as 给 cycle 标签设置一个名字，这个名字代表的是当前循环的值。但是在 cycle 标签里面，可以用这个变量来获得循环中的下一个值。例如以下代码。

```
<tr>
    <td class="{% cycle 'row1' 'row2' as rowcolors %}">...</td>
    <td class="{{ rowcolors }}">...</td>
</tr>
<tr>
    <td class="{% cycle rowcolors %}">...</td>
    <td class="{{ rowcolors }}">...</td>
</tr>
```

对应的渲染结果如下所示。

```
<tr>
    <td class="row1">...</td>
    <td class="row1">...</td>
</tr>
<tr>
    <td class="row2">...</td>
    <td class="row2">...</td>
</tr>
```

但是一旦定义了 cycle 标签，默认就会使用循环中的第一个值。当你仅仅想定义一个循环而不想输出循环的值时（比如在父模板定义变量以方便继承），可以用 cycle 的 silent 参数（必须保证 silent 是 cycle 的最后一个参数），并且 silent 也具有继承的特点。尽管下面第 2 行中的 cycle 没有 silent 参数，但是因为 rowcolors 是前面定义的且包含 silent 参数，所以第 2 个 cycle 也具有 silent 循环的特点。

```
{% cycle 'row1' 'row2' as rowcolors silent %}
{% cycle rowcolors %}
```

（6）debug：输出所有的调试信息，包括当前上下文和导入的模块。

（7）extends：表示当前模板继承了一个父模板，接受一个包含父模板名字的变量或者字符串常量。

（8）filter：通过可用的过滤器过滤内容，过滤器之间还可以相互（调用）。例如以下代码。

```
{% filter force_escape|lower %}
    This text will be HTML-escaped, and will appear in all lowercase.
{% endfilter %}
```

（9）firstof：返回列表中第一个可用（非 False）的变量或者字符串，注意，firstof 中的变量不是自动转义的。例如以下代码。

```
{% firstof var1 var2 var3 "fallback value" %}
```

（10）for：for 循环，可以在后面加入 reversed 参数遍历逆序的列表。例如以下代码。

```
{% for obj in list reversed %}
```

还可以根据列表的数据来写 for 语句，例如下面是对于字典类型数据的 for 循环。

```
{% for key, value in data.items %}
    {{ key }}: {{ value }}
{% endfor %}
```

另外，在 for 循环中还有一系列有用的变量，具体说明如表 19-1 所示。

表 19-1　for 循环中的变量

变　量	描　述
forloop.counter	当前循环的索引，从 1 开始
forloop.counter0	当前循环的索引，从 0 开始
forloop.revcounter	当前循环的索引（从后面算起），从 1 开始
forloop.revcounter0	当前循环的索引（从后面算起），从 0 开始
forloop.first	如果这是第一次循环，返回真
forloop.last	如果这是最后一次循环，返回真
forloop.parentloop	如果是嵌套循环，指的是外一层循环

（11）for...empty：如果 for 循环中的参数列表为空，则执行 empty 里面的内容。例如下面的代码

```
<ul>
{% for athlete in athlete_list %}
    <li>{{ athlete.name }}</li>
{% empty %}
    <li>Sorry, no athlete in this list!</li>
{% endfor %}
</ul>
```

（12）if：这是一个条件语句，例如下面的代码。

```
{% if athlete_list %}
    Number of athletes: {{ athlete_list|length }}
{% elif athlete_in_locker_room_list %}
    Athletes should be out of the locker room soon!
{% else %}
    No athletes.
{% endif %}
```

（13）布尔操作符：在 if 标签中只可以使用 and、or 和 not 三个布尔操作符，以及==、!=、<、>、<=、>=、in、not in 等操作符。在 if 标签里面，通过这些操作符可以开发出复杂的表达式。

（14）ifchanged：检测一个值在循环的最后有没有改变。这个标签是在循环里面使用的，有如下所示的两种用法。

- 当没有接受参数时，比较的是 ifchange 标签里面的内容相比以前是否有变化，当有变化时标签生效。
- 当接受一个或一个以上的参数时，如果有一个或者以上的参数发生变化，标签生效。

在 ifchanged 中可以有 else 标签。例如下面的代码。

```
{% for match in matches %}
    <div style="background-color:
        {% ifchanged match.ballot_id %}
            {% cycle "red" "blue" %}
        {% else %}
            grey
        {% endifchanged %}
    ">{{ match }}</div>
{% endfor %}
```

（15）ifequal：仅当两个参数相等时输出块中的内容，可以配合 else 输出。例如下面的代码。

```
{% ifequal user.username "adrian" %}
    ...
{% endifequal %}
```

（16）ifnotequal：功能和用法与 ifequal 标签类似。

（17）include：用于加载一个模板并用当前上下文（include 该模板的模板的上下文）渲染它，接受一个变量或者字符串参数，也可以在 include 中传递一些参数进来。例如下面的代码。

```
{% include "name_snippet.html" with person="Jane" greeting="Hello" %}
```

如果只想接受传递的参数，不接受当前模板的上下文，可以使用 only 参数。例如：

```
{% include "name_snippet.html" with greeting="Hi" only %}
```

（18）load：加载一个自定义的模板标签集合。

（19）now：显示当前的时间日期，接受格式化字符串的参数。例如下面的代码。

```
It is {% now "jS F Y H:i" %}
```

在现实中已经定义好了一些格式化字符串参数，具体如下所示：

- DATE_FORMAT（月日年）；
- DATETIME_FORMAT（月日年时）；
- SHORT_DATE_FORMAT（月/日/年）；
- SHORT_DATETIME_FORMAT（月/日/年/时）。

（20）regroup：通过共同的属性对一个列表的相似对象重新分组，假如存在如下一个 cities 列表。

```
cities = [
    {'name': 'Mumbai', 'population': '19,000,000', 'country': 'India'},
    {'name': 'Calcutta', 'population': '15,000,000', 'country': 'India'},
    {'name': 'New York', 'population': '20,000,000', 'country': 'USA'},
    {'name': 'Chicago', 'population': '7,000,000', 'country': 'USA'},
```

```
    {'name': 'Tokyo', 'population': '33,000,000', 'country': 'Japan'},
]
```

如果想按照 country 属性来重新分组，目的是得到下面的分组结果。

```
India
Mumbai: 19,000,000
Calcutta: 15,000,000
USA
New York: 20,000,000
Chicago: 7,000,000
Japan
Tokyo: 33,000,000
```

则可以通过如下代码实现上述要求的分组功能。

```
{% regroup cities by country as country_list %}
<ul>
{% for country in country_list %}
    <li>{{ country.grouper }}
    <ul>
        {% for item in country.list %}
          <li>{{ item.name }}: {{ item.population }}</li>
        {% endfor %}
    </ul>
    </li>
{% endfor %}
</ul>
```

值得注意的是，regroup 并不会重新排序，所以必须确保 cities 在 regroup 之前已经按 country 排好序。否则，将得不到预期想要的结果。如果不确定 cities 在 regroup 之前已经按 country 排好序，可以用 dictsort 进行过滤器排序。例如下面的代码

```
{% regroup cities|dictsort:"country" by country as country_list %}
```

（21）spaceless：移除 html 标签之间的空格，需要注意的是标签之间的空格，标签与内容之间的空格不会被删除。例如下面的代码

```
{% spaceless %}
    <p>
        <a href="foo/">Foo</a>
    </p>
{% endspaceless %}
```

运行结果如下。

```
<p><a href="foo/">Foo</a></p>
```

（22）ssi：在页面上输出给定文件的内容。例如下面的代码。

```
{% ssi /home/html/ljworld.com/includes/right_generic.html %}
```

使用参数 parsed 可以使得输入的内容作为一个模板，从而可以使用当前模板的上下文。例如下面的代码。

```
{% ssi /home/html/ljworld.com/includes/right_generic.html parsed %}
```

（23）url：返回一个绝对路径的引用（没有域名的 url），接受的第一个参数是一个视图函数的名字，然后从 urls 配置文件里面找到那个视图函数对应的 url。

（24）widthratio：计算给定值与最大值的比率，然后把这个比率与一个常数相乘，返回最终的结果。例如下面的代码。

```
<img src="bar.gif" height="10" width="{% widthratio this_value max_value 100 %}" />
```

（25）with：用更简单的变量名缓存复杂的变量名，例如下面的代码。

```
{% with total=business.employees.count %}
    {{ total }} employee{{ total|pluralize }}
{% endwith %}
```

下面的实例代码演示了在 Django 框架中使用模板的过程。

实例 19-10　在 Django 框架中使用模板

源码路径　daima\19\19-10

（1）分别创建一个名为“zqxt_tmpl”的项目和一个名称为“learn”的应用。

（2）将“learn”应用加入到 settings.INSTALLED_APPS 中。具体实现代码如下所示。

```
INSTALLED_APPS = (
    'django.contrib.admin',
    'django.contrib.auth',
    'django.contrib.contenttypes',
    'django.contrib.sessions',
    'django.contrib.messages',
    'django.contrib.staticfiles',
    'learn',
)
```

拓展范例及视频二维码

范例 **535**：Django 自定义 Field
源码路径：**范例**\535\

范例 **536**：数据库中数据的查询操作
源码路径：**范例**\536\

（3）打开文件 learn/views.py 编写一个首页的视图。具体实现代码如下所示。

```
from django.shortcuts import render
def home(request):
    return render(request, 'home.html')
```

（4）在 learn 目录下新建一个 templates 文件夹用于保存模板文件，然后在里面新建一个 home.html 文件作为模板。文件 home.html 的具体实现代码如下所示。

```
<!DOCTYPE html>
<html>
<head>
    <title>欢迎光临</title>
</head>
<body>
欢迎选择浪潮产品！
</body>
</html>
```

（5）为了将视图函数对应到网址，对文件 zqxt_tmpl/urls.py 的代码进行如下所示的修改。

```
from django.conf.urls import include, url
from django.contrib import admin
from learn import views as learn_views
urlpatterns = [
    url(r'^$', learn_views.home, name='home'),
    url(r'^admin/', admin.site.urls),
]
```

（6）输入如下命令启动服务器。

```
python manage.py runserver
```

执行后将显示模板的内容，执行效果如图 19-17 所示。

图 19-17 执行效果

19.3.6 使用表单

在动态 Web 应用中，表单是实现动态网页效果的核心。下面的实例代码演示了在 Django 框架中使用表单计算数字之和的过程。

实例 19-11 使用表单计算数字之和
源码路径 daima\19\19-11

（1）新建一个名为“zqxt_form2”的项目，然后进入“zqxt_form2”文件夹中，并新建一个名为“tools”的 app。

```
django-admin startproject zqxt_form2
python manage.py startapp tools
```

（2）在“tools”文件夹中新建文件 forms.py。具体实现代码如下所示。

```
from django import forms
class AddForm(forms.Form):
    a = forms.IntegerField()
    b = forms.IntegerField()
```

（3）编写视图文件 views.py，实现两个数字的求和操作。具体实现代码如下所示。

```
#coding:utf-8
from django.shortcuts import render
```

```
from django.http import HttpResponse
#引入创建的表单类
from .forms import AddForm
def index(request):
    if request.method == 'POST':# 当提交表单时
        form = AddForm(request.POST)
    #form 包含提交的数据
        if form.is_valid():# 如果提交的数据合法
            a = form.cleaned_data['a']
            b = form.cleaned_data['b']
            return HttpResponse(str(int(a) +
            int(b)))
    else:# 当正常访问时
        form = AddForm()
    return render(request, 'index.html', {'form': form})
```

拓展范例及视频二维码

范例 **537**：后台管理系统配置操作

源码路径：**范例**\537\

范例 **538**：静态文件配置操作

源码路径：**范例**\538\

（4）编写模板文件 index.html，实现一个简单的表单效果。具体实现代码如下所示。

```
<form method='post'>
{% csrf_token %}
{{ form }}
<input type="submit" value="提交">
</form>
```

（5）在文件 urls.py 中设置将视图函数对应到网址。具体实现代码如下所示。

```
from django.conf.urls import include, url
from django.contrib import admin
from tools import views as tools_views
urlpatterns = [
    url(r'^$', tools_views.index, name='home'),
    url(r'^admin/', admin.site.urls),
]
```

在浏览器中运行后会显示一个表单效果，在表单中可以输入两个数字。执行效果如图 19-18 所示。

单击“提交”按钮后会计算这两个数字的和，并显示求和结果。执行效果如图 19-19 所示。

图 19-18　表单效果

图 19-19　显示求和结果

19.3.7　实现基本的数据库操作

在动态 Web 应用中，数据库技术永远是核心技术中的核心技术。Django 模型是与数据库相关的，与数据库相关的代码一般保存在文件 models.py 中。Django 框架支持 SQLite3、MySQL 和 PostgreSQL 等数据库工具，开发者只需要在文件 settings.py 中进行配置即可，不用修改文件 models.py 中的代码。下面的实例代码演示了在 Django 框架中创建 SQLite3 数据库信息的过程。

实例 19-12　创建 SQLite3 数据库信息

源码路径　daima\19\19-12

（1）新建一个名为“learn_models”的项目，然后进入“learn_models”文件夹中，并新建一个名为“people”的 app。

```
django-admin startproject learn_models # 新建一个项目
cd learn_models # 进入到该项目的文件夹
django-admin startapp people # 新建一个 people 应用（app）
```

（2）将新建的应用（people）添加到文件 settings.py 中的 INSTALLED_APPS 中，也就是告诉 Django 有这么一个应用。

```
INSTALLED_APPS = (
    'django.contrib.admin',
```

```
        'django.contrib.auth',
        'django.contrib.contenttypes',
        'django.contrib.sessions',
        'django.contrib.messages',
        'django.contrib.staticfiles',
        'people',
    )
```

拓展范例及视频二维码

范例 539：实现数据库数据导入操作
源码路径：范例\539\

范例 540：实现多数据库联用操作
源码路径：范例\540\

（3）打开文件 people/models.py，新建一个继承自类 models.Model 的子类 Person，此类中有 name 和 age 这两个字段。具体实现代码如下所示。

```
from django.db import models
class Person(models.Model):
    name = models.CharField(max_length=30)
    age = models.IntegerField()
    def __str__(self):
        return self.name
```

在上述代码中，name 和 age 这两个字段中不能有双下划线“__”，这是双下划线因为在 Django QuerySet API 中有特殊含义（用于关系，包含，不区分大小写，以什么开头或结尾，日期的大于、小于，正则表达式等）。另外，也不能有 Python 中的关键字。所以说 name 是合法的，student_name 也是合法的，但是 student__name 不合法，try、class 和 continue 也不合法，因为它们是 Python 的关键字。

（4）开始同步数据库操作，在此使用默认数据库 SQLite3，无须进行额外配置。具体命令如下所示。

```
# 进入 manage.py 所在的那个文件夹并输入这个命令
python manage.py makemigrations
python manage.py migrate
```

通过上述命令可以创建一个数据库表，当在前面的文件 models.py 中新增类 Person 时，运行上述命令后就可以自动在数据库中创建对应数据库表，不用开发者手动创建。在 CMD 控制台中运行后，会发现 Django 生成了一系列的表，也生成了上面刚刚新建的表 people_person。CMD 运行界面如图 19-20 所示。

```
mac:learn_models tu$ python manage.py syncdb
Creating tables ...
Creating table django_admin_log
Creating table auth_permission
Creating table auth_group_permissions
Creating table auth_group
Creating table auth_user_groups
Creating table auth_user_user_permissions
Creating table auth_user
Creating table django_content_type
Creating table django_session
Creating table people_person
```

图 19-20 CMD 命令运行界面

（5）在 CMD 控制台中，输入命令进行测试。整个测试过程如下所示。

```
$ python manage.py shell
>>>from people.models import Person
>>>Person.objects.create(name="haoren", age=24)
<Person: haoren>
>>>Person.objects.get(name="haoren")
<Person: haoren>
```

19.3.8 使用 Django 后台系统开发博客系统

在动态 Web 应用中，后台管理系统十分重要，网站管理员通过后台实现对整个网站的管理。Django 框架的功能十分强大，为开发者提供了现成的 admin 后台管理系统，程序员只需要编写很少的代码就可以实现功能强大的后台管理系统。下面的实例代码演示了使用 Django 框架开发博客系统的过程。

实例 19-13　开发个人博客系统
源码路径　daima\19\19-13

（1）新建一个名为“zqxt_admin”的项目，然后进入“zqxt_admin”文件夹中，并新建一个名为“blog”的 app。

```
django-admin startproject zqxt_admin
cd zqxt_admin
# 创建 blog 这个 app
python manage.py startapp blog
```

（2）修改“blog”文件夹中的文件 models.py。具体实现代码如下所示。

```
from __future__ import unicode_literals
from django.db import models
from django.utils.encoding import python_2_unicode_compatible
@python_2_unicode_compatible
class Article(models.Model):
    title = models.CharField('标题', max_length=256)
    content = models.TextField('内容')
    pub_date = models.DateTimeField('发表时间', auto_now_add=True, editable=True)
    update_time = models.DateTimeField('更新时间', auto_now=True, null=True)
    def __str__(self):
        return self.title
class Person(models.Model):
    first_name = models.CharField(max_ length=50)
    last_name = models.CharField(max_ length=50)
    def my_property(self):
        return self.first_name + ' ' + self.
        last_name
    my_property.short_description = "Full name of
    the person"
    full_name = property(my_property)
```

拓展范例及视频二维码

范例 **541**：综合范例演练 1
源码路径：**范例**\541\

范例 **542**：综合范例演练 2
源码路径：**范例**\542\

（3）将“blog”加入到 settings.py 文件中的 INSTALLED_APPS 中。具体实现代码如下所示。

```
INSTALLED_APPS = (
    'django.contrib.admin',
    'django.contrib.auth',
    'django.contrib.contenttypes',
    'django.contrib.sessions',
    'django.contrib.messages',
    'django.contrib.staticfiles',
    'blog',
)
```

（4）通过如下所示的命令同步所有的数据库表。

```
# 进入包含有 manage.py 的文件夹
python manage.py makemigrations
python manage.py migrate
```

（5）进入文件夹“blog”中，修改里面的文件 admin.py（如果没有新建一个）。具体实现代码如下所示。

```
from django.contrib import admin
from .models import Article, Person
class ArticleAdmin(admin.ModelAdmin):
    list_display = ('title', 'pub_date', 'update_time',)
class PersonAdmin(admin.ModelAdmin):
    list_display = ('full_name',)
admin.site.register(Article, ArticleAdmin)
admin.site.register(Person, PersonAdmin)
```

输入下面的命令启动服务器。

```
python manage.py runserver
```

然后，在浏览器中输入“http://localhost:8000/admin”会显示一个用户登录表单界面，如图 19-21 所示。

可以创建一个超级管理员用户，在 CMD 控制台中，使用命令进入包含 manage.py 的文件夹“zqxt_admin”中。接下来，输入如下命令创建一个超级账号，根据提示分别输入账号、邮箱地址和密码。

```
python manage.py createsuperuser
```

此时可以使用超级账号登录后台管理系统。登录成功后的界面如图 19-22 所示。

管理员可以修改、删除或添加账号信息，如图 19-23 所示。

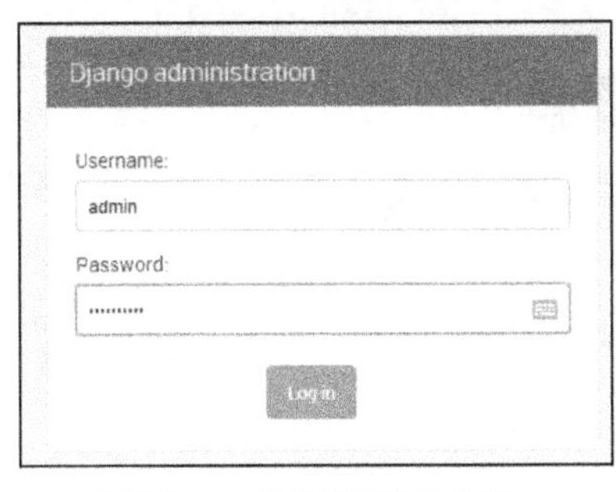

Django administration
Username:
admin
Password:
Log in

图 19-21 用户登录表单界面

Django administration
Site administration
AUTHENTICATION AND AUTHORIZATION
Groups
Users
BLOG
Articles
Persons
Add
Change
Recent actions
My actions
admin
tu

图 19-22 登录成功后的界面

Django administration
Change user
Username:
admin
Password:
Personal info
First name:
Last name:
Email address:
guanxi@126.com

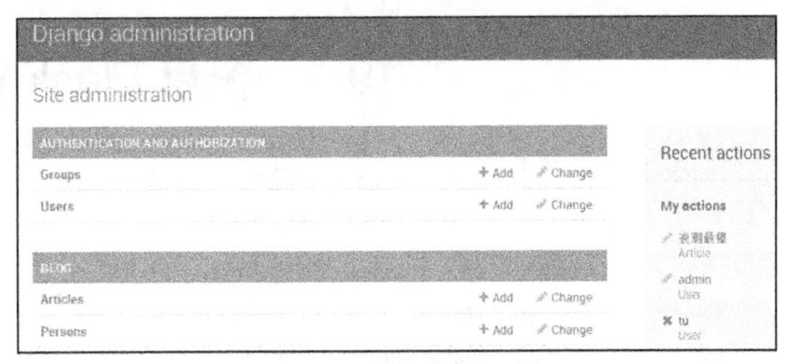

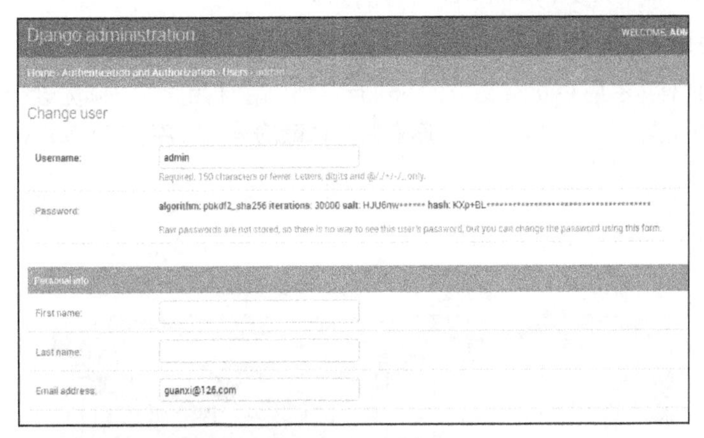

图 19-23 账号管理

也可以对系统内已经发布的博客信息进行管理和维护，如图 19-24 所示。

Django administration
Select article to change
Action:
Go
标题
发表时间
更新时间
Python 教程
Dec. 23, 2015, 10:24 p.m.
Jan. 2, 2017, 12:47 p.m.
Dec. 23, 2015, 10:44 p.m.

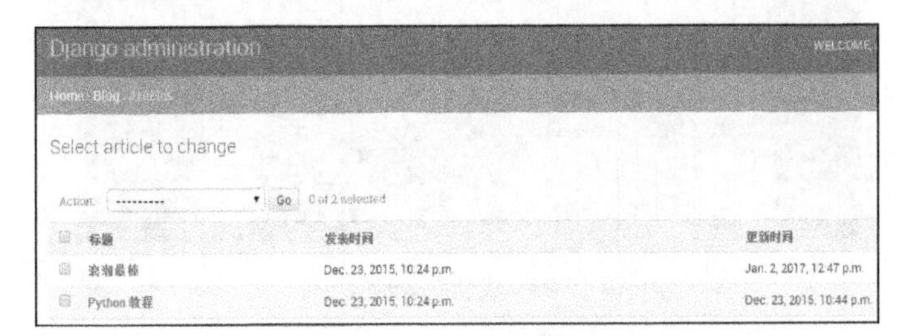

图 19-24 博客信息管理

也可以直接修改用户账号信息的密码，如图 19-25 所示。

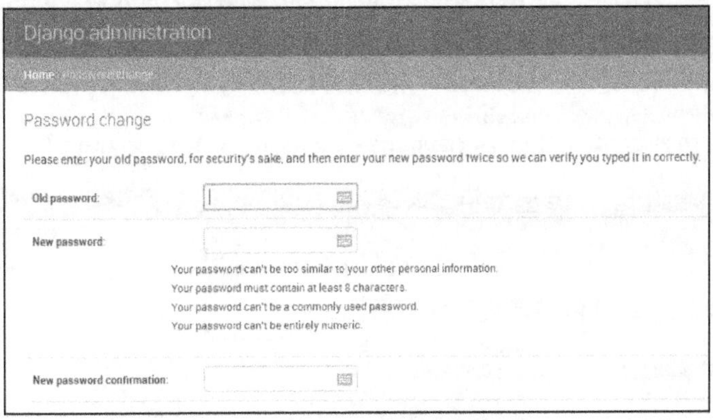

Django administration
Home
Password change
Please enter your old password, for security's sake, and then enter your new password twice so we can verify you typed it in correctly.
Old password:
New password:
Your password can't be too similar to your other personal information.
Your password must contain at least 8 characters.
Your password can't be a commonly used password.
Your password can't be entirely numeric.
New password confirmation:

图 19-25 修改用户账号信息的密码

19.4　使用 Flask 框架

Flask 是一个免费的 Web 框架，也是一个年轻充满活力的微框架，有着众多的拥护者，文档齐全，社区活跃度高。Flask 的设计目标是实现一个 WSGI 的微框架，其核心代码保持简单性和可扩展性，很容易学习。本节将详细讲解使用 Flask 框架开发 Python Web 程序的知识。

扫码看视频：使用 Flask 框架

19.4.1　开始使用 Flask 框架

因为 Flask 框架并不是 Python 语言的标准库，所以在使用之前必须先进行安装。可以使用 pip 命令实现快速安装，因为它会自动帮你安装其依赖的第三方库。在 CMD 控制台的命令提示符下使用如下命令进行安装。

```
pip install flask
```

成功安装时的界面如图 19-26 所示。

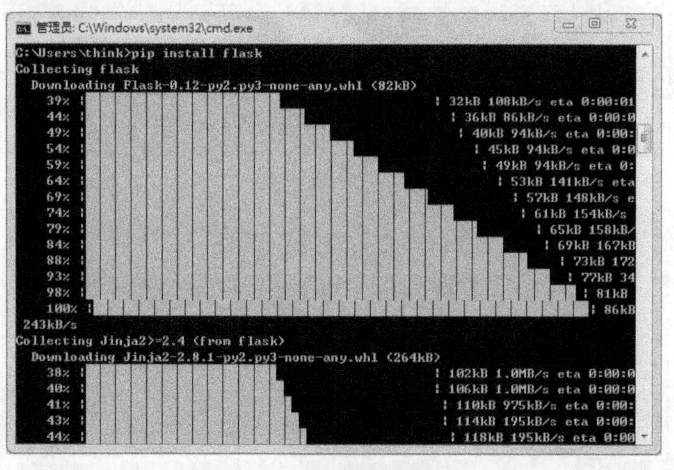

图 19-26　成功安装时的界面

在安装 Flask 框架后，可以在交互式环境下使用 import flask 语句进行验证。如果没有错误提示，则说明成功安装 Flask 框架。另外，也可以通过手动下载的方式进行手动安装，必须先下载安装 Flask 依赖的两个外部库，即 Werkzeug 和 Jinja2，分别解压后进入对应的目录，在命令提示符下使用 python setup.py install 来安装它们。Flask 依赖外部库的下载地址可到网上搜索。

然后，在下面的下载地址下载 Flask。下载后再使用 python setup.py install 命令来安装它。

```
http://pypi.python.org/packages/source/F/Flask/Flask-0.10.1.tar.gz
```

下面的实例代码演示了使用 Flask 框架开发一个简单 Web 程序的过程。

实例 19-14　使用 Flask 框架开发一个简单 Web 程序

源码路径　daima\19\19-14

实例文件 flask1.py 的具体实现代码如下所示。

```
import flask                       #导入flask模块
app = flask.Flask(__name__)        #实例化类Flask
@app.route('/')                    #装饰器操作，实现URL地址
def helo():                        #定义业务处理函数helo()
    return '你好，这是第一个Flask程序！'
```

```
if __name__ == '__main__':
    app.run()                     #运行程序
```

在上述实例代码中首先导入了 Flask 框架，然后实例化主类并自定义只返回一串字符的函数 helo()。接着使用@app.route('/')装饰器将 URL 和函数 helo()联系起来，使得服务器在收到对应的 URL 请求时，调用这个函数，返回这个函数生产的数据。

执行后会显示一行提醒语句，如图 19-27 所示。这表示 Web 服务器已经正常启动和运行了，它的默认服务器端口为 5000，IP 地址为 127.0.0.1。

拓展范例及视频二维码

范例 **543**：使用模板实现高级功能

源码路径：**范例**\543\

范例 **544**：使用表单实现高级功能

源码路径：**范例**\544\

```
Python 3.4.4rc1 (v3.4.4rc1:04f3f725896c, Dec  6 2015, 17:06:10) [MSC v.1600 64 b
it (AMD64)] on win32
Type "copyright", "credits" or "license()" for more information.
>>>
===================== RESTART: E:\daim\19-14\flask1.py =====================
 * Running on http://127.0.0.1:5000/ (Press CTRL+C to quit)
127.0.0.1 - - [04/Jan/2017 12:59:18] "GET / HTTP/1.1" 200 -
```

图 19-27　显示服务器正常运行

在浏览器中输入网址“http://127.0.0.1:5000/”后，便可以测试上述 Web 程序，执行效果如图 19-28 所示。通过按下键盘中的 Ctrl+C 组合键可以退出当前的服务器。

图 19-28　执行效果

当服务器收到浏览器发出的访问请求后，服务器还会显示出相关信息，如图 19-29 所示。其中显示了访问该服务器的客户端地址、访问的时间、请求的方法以及表示访问结果的状态码。

```
===================== RESTART: E:\daim\19-14\flask1.py ====
 * Running on http://127.0.0.1:5000/ (Press CTRL+C to quit)
127.0.0.1 - - [04/Jan/2017 12:59:18] "GET / HTTP/1.1" 200 -
127.0.0.1 - - [04/Jan/2017 13:08:41] "GET / HTTP/1.1" 200 -
```

图 19-29　服务器显示相关信息

在上述实例代码中，方法 run()的功能是启动一个服务器，在调用时可以通过参数来设置服务器。常用的主要参数如下所示。

- host：服务的 IP 地址，默认为 None。
- port：服务的端口，默认为 None。
- debug：是否开启调试模式，默认为 None。

19.4.2　传递 URL 参数

在 Flask 框架中，通过使用方法 route()可以将一个普通函数与特定的 URL 关联起来。当服务器收到这个 URL 请求时，会调用方法 route()返回对应的内容。Flask 框架中的一个函数可以由多个 URL 装饰器来装饰，实现多个 URL 请求由一个函数产生的内容响应。下面的实例演示了将不同的 URL 映射到同一个函数的过程。

实例 19-15　**将不同的 URL 映射到同一个函数**

源码路径　daima\19\19-15

实例文件 flask2.py 的具体实现代码如下所示。

```
import flask                          #导入flask模块
app = flask.Flask(__name__)    #实例化类
@app.route('/')    #装饰器操作，实现URL地址映射
@app.route('/aaa') #装饰器操作，实现第2个URL地址映射
def helo():
    return '你好，这是一个Flask程序！'
if __name__ == '__main__':
    app.run()                          #运行程序
```

拓展范例及视频二维码

范例 **545**：综合数据库操作实例
源码路径：**范例**\545\

范例 **546**：使用户登录验证系统
源码路径：**范例**\546\

执行本实例后，无论是在浏览器中输入“http://127.0.0.1:5000/”，还是输入“http://127. 0.0.1:5000/aaa”，在服务器端都将这两个 URL 请求映射到同一个函数 helo()，所以输入两个 URL 地址后的效果一样。执行效果如图 19-30 所示。

图 19-30　执行效果

在现实应用中，实现 HTTP 请求传递最常用的两种方法是“GET”和“POST”。在 Flask 框架中，URL 装饰器的默认方法为“GET”，通过使用 Flask 中 URL 装饰器的参数“方法类型”，可以让同一个 URL 的两种请求方法都映射在同一个函数。

在默认情况下，当通过浏览器传递参数相关数据或参数时，都是通过 GET 或 POST 请求中包含参数来实现的。其实通过 URL 也可以传递参数，此时直接将数据放入到 URL 中，然后在服务器端获取传递的数据。

在 Flask 框架中，获取的 URL 参数需要在 URL 装饰器和业务函数中分别进行定义或处理。有如下两种形式的 URL 变量规则（URL 装饰器中的 URL 字符串写法）。

```
/hello/<name>        #例如获取URL"/hello/wang"中的参数"wang"并赋予name变量
/hello/<int: id>     #例如获取URL"/hello/5"中的参数"5"，并自动转换为整数5给id变量
```

要想获取和处理 URL 中传递来的参数，需要在对应业务函数的参数列表中列出变量名。具体语法格式如下所示。

```
@app.route("/hello/<name>")
    def get_url_param (name):
    pass
```

这样在列表中列出变量名后，就可以在业务函数 get_url_param()中引用这个变量值，并可以进一步使用从 URL 中传递过来的参数。

下面的实例演示了使用 get 请求获取 URL 参数的过程。

实例 19-16　使用 get 请求获取 URL 参数

源码路径　daima\19\19-16

实例文件 flask3.py 的具体实现代码如下所示。

```
import flask             #导入flask模块
html_txt = """           #初始化变量html_txt，作为GET请求的页面
<!DOCTYPE html>
<html>
    <body>
        <h2>如果收到了GET请求</h2>
        <form method='post'> #设置请求方法是"post"
        <input type='submit' value='按下我发送
        POST请求' />
        </form>
    </body>
</html>
"""
app = flask.Flask(__name__)  #实例化类Flask
#URL映射，不管是'GET'方法还是'POST'方法，都
#映射到helo()函数
@app.route('/aaa',methods=['GET','POST'])
def helo():                      #定义业务处理函数helo()
```

拓展范例及视频二维码

范例 **547**：参数的 URL 装饰器实例
源码路径：**范例**\547\

范例 **548**：获取 POST 请求参数
源码路径：**范例**\548\

```
    if flask.request.method == 'GET':      #如果接收到的请求是GET
        return html_txt                    #返回html_txt的页面内容
    else:                                  #否则，接收到的请求是POST
        return '我司已经收到POST请求！'
if __name__ == '__main__':
    app.run()                              #运行程序
```

本实例演示了使用参数“方法类型”的 URL 装饰器实例的过程。在上述实例代码中，预先定义了 GET 请求要返回的页面内容字符串 html_txt，在函数 helo()的装饰器中提供了参数 methods 为“GET”和“POST”字符串列表，表示对于 URL 为“/aaa”的请求，不管是‘GET’方法还是‘POST’方法，都映射到 helo()函数。在函数 helo()内部使用 flask.request.method 来判断收到的请求方法是“GET”还是“POST”，然后分别返回不同的内容。

执行本实例，在浏览器中输入“http://127.0.0.1:5000/aaa”后的效果如图 19-31 所示。单击“按下我发送 POST 请求”按钮后的效果如图 19-32 所示。

图 19-31　执行效果

图 19-32　单击“按下我发送 POST 请求”按钮后的效果

19.4.3　使用 session 和 cookie

通过本书前面内容的学习可知，通过使用 cookie 和 session 可以存储客户端和服务器端的交互状态。其中 cookie 能够运行在客户端并存储交互状态，而 session 能够在服务器端存储交互状态。在 Flask 框架中提供了上述两种常用交互状态的存储方式，其中 session 存储方式与其他 Web 框架有一些不同。Flask 框架中的 session 使用了密钥签名的方式进行了加密。也就是说，虽然用户可以查看你的 cookie，但是如果没有密钥就无法修改它，并且只保存在客户端。

在 Flask 框架中，可以通过如下代码获取 cookie。

```
flask. request.cookies.get('name ')
```

在 Flask 框架中，可以使用 make_response 对象设置 cookie，例如下面的代码。

```
resp = make_response (content)                #content返回页面内容
resp.set_cookie ('username', 'the username')  #设置名为username的cookie
```

下面的实例演示了使用 cookie 跟踪用户的过程。

实例 19-17　使用 cookie 跟踪用户

源码路径　daima\19\19-17

实例文件 flask4.py 的具体实现代码如下所示。

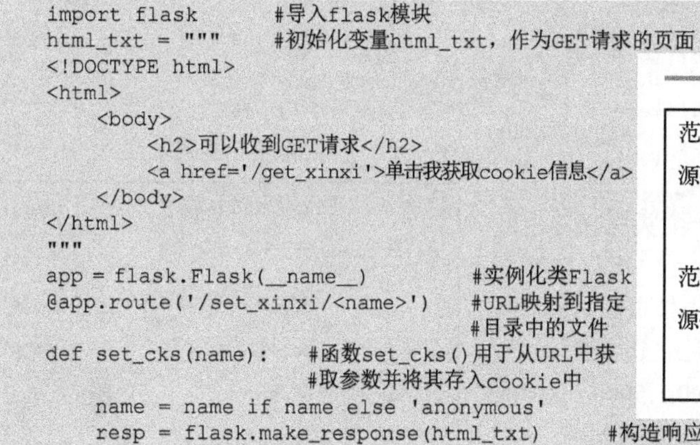

```
import flask          #导入flask模块
html_txt = """        #初始化变量html_txt，作为GET请求的页面
<!DOCTYPE html>
<html>
    <body>
        <h2>可以收到GET请求</h2>
        <a href='/get_xinxi'>单击我获取cookie信息</a>
    </body>
</html>
"""
app = flask.Flask(__name__)              #实例化类Flask
@app.route('/set_xinxi/<name>')          #URL映射到指定
                                         #目录中的文件
def set_cks(name):       #函数set_cks()用于从URL中获
                         #取参数并将其存入cookie中
    name = name if name else 'anonymous'
    resp = flask.make_response(html_txt)        #构造响应对象
    resp.set_cookie('name',name)                #设置cookie
```

拓展范例及视频二维码

范例 549：使用 session 跟踪用户
源码路径：**范例**\549\

范例 550：用户信息和头像处理
源码路径：**范例**\550\

```
    return resp
@app.route('/get_xinxi')
def get_cks():                              #函数get_cks()用于从cookie中读取数据并显示在页面中
    name = flask.request.cookies.get('name') #获取cookie信息
    return '获取的cookie信息是:' + name       #显示获取到的cookie信息
if __name__ == '__main__':
    app.run(debug=True)
```

在上述实例代码中，首先定义了两个功能函数。其中，第一个功能函数用于从 URL 中获取参数并将其存入 cookie 中；第二个功能函数用于从 cookie 中读取数据并显示在页面中。

当在浏览器中使用“http://127.0.0.1:5000/set_xinxi/langchao”浏览时，表示设置了名为 name（langchao）的 cookie 信息，执行效果如图 19-33 所示。当单击“单击我获取 cookie 信息”链接后来到“/get_xinxi”时，会在新页面中显示在 cookie 中保存的 name 名称“langchao”的信息，效果如图 19-34 所示。

图 19-33　执行效果

图 19-34　单击“单击我获取 cookie 信息”链接后的效果

19.4.4　文件上传

在 Flask 框架中实现文件上传系统的方法非常简单，与传递 GET 或 POST 参数十分相似。在 Flask 框架实现文件上传系统的基本流程如下所示。

（1）将在客户端上传的文件保存在 flask.request.files 对象中。

（2）使用 flask.request.files 对象获取上传的文件名和文件对象。

（3）调用文件对象中的方法 save()将文件保存到指定的目录中。

下面的实例演示了在 Flask 框架中实现文件上传系统的过程。

实例 19-18　在 Flask 框架中实现文件上传系统

源码路径　daima\19\19-18

实例文件 flask5.py 的具体实现代码如下所示。

```
import flask                        #导入flask模块
app = flask.Flask(__name__)         #实例化类Flask
#URL映射操作，设置处理GET请求和POST请求的方式
@app.route('/upload',methods=['GET','POST'])
def upload():                        #定义文件上传函数upload()
    if flask.request.method == 'GET':    #如果是GET请求
        return flask.render_template('upload.html')   #返回上传页面
    else:                            #如果是POST请求
        file = flask.request.files['file']           #获取文件对象
        if file:                                     #如果文件不为空
            file.save(file.filename)                 #保存上传的文件
            return '上传成功！'      #显示提示信息
if __name__ == '__main__':
    app.run(debug=True)
```

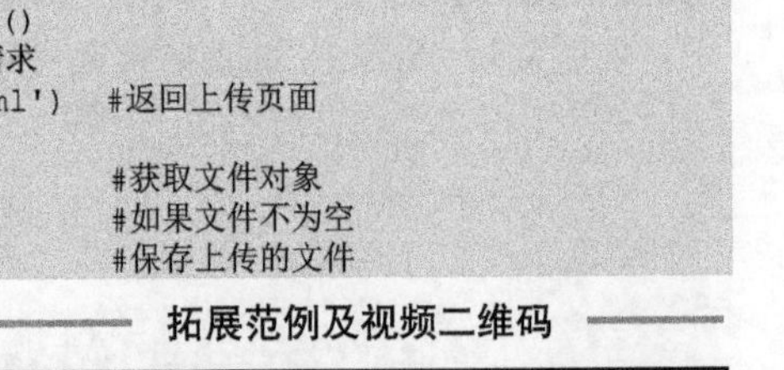

在上述实例代码中，只定义了一个实现文件上传功能的函数 upload()，它能够同时处理 GET 请求和 POST 请求。其中将 GET 请求返回上传页面，当获得 POST 请求时获取上传的文件，并保存到当前的目录下。

当在浏览器中使用“http://127.0.0.1:5000/upload”运行时，显示一个文件上传表单界面，效果如图 19-35

拓展范例及视频二维码

范例 **551**：使用单元测试技术
源码路径：**范例**\551\

范例 **552**：复杂的数据库操作
源码路径：**范例**\552\

所示。单击“浏览”按钮可以选择一个要上传的文件，单击“上传”按钮后会上传这个文件，并显示上传成功提示。执行效果如图 19-36 所示。

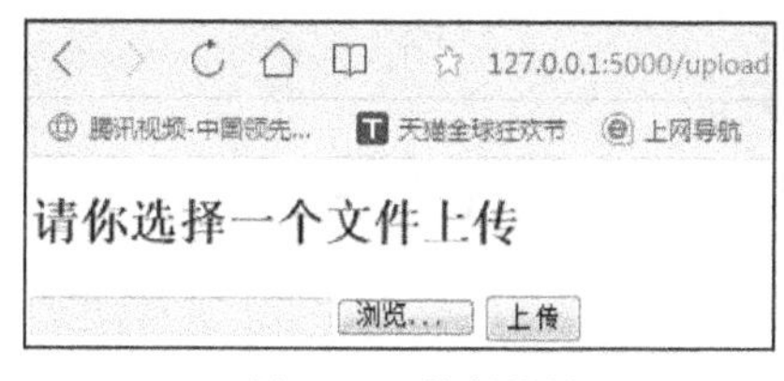

图 19-35 执行效果

图 19-36 显示上传成功的提示

19.5 技术解惑

19.5.1 “客户端/服务器”开发模式

因为 Web 应用程序开发是现实中最常见的软件开发类型，整个开发过程涵盖的知识非常广，所以在本节首先针对常见的 Web 开发模式进行简要介绍，为读者进入后续章节的学习打下坚实的基础。在本书前面的网络开发章节中，曾经讲解了客户端/服务器编程模型的基本知识，客户端/服务器编程模型其实就是客户端/服务器开发模式。Web 应用遵循前面反复提到的客户端/服务器架构。这里说的 Web 客户端是浏览器，即允许用户在万维网上查询文档的应用程序。另一边是 Web 服务器端，指的是运行在信息提供商的主机上的进程。这些服务器等待客户端及其文档请求，进行相应的处理，并返回相关的数据。正如大多数客户端/服务器系统中的服务器端一样，Web 服务器端“永远”运行。用户运行 Web 客户端程序（如浏览器），连接因特网上任意位置的 Web 服务器来获取数据。

客户端可以向 Web 服务器端发出各种不同的请求，这些请求可能包括一个用于查看网页的需求，或者提交一个包含待处理数据的表单。Web 服务器端首先处理请求，然后以特定的格式（HTML 等）返回给客户端浏览。

Web 客户端和服务器端交互需要用到特定的“语言”，即 Web 交互需要用到的标准协议，这称为 HTTP（HyperText Transfer Protocol，超文本传输）。HTTP 是 TCP/IP 的上层协议，这意味着 HTTP 协议依靠 TCP/IP 来进行低层的交流工作。它的职责不是发送或者传递消息（TCP/IP 协议处理这些），而是通过发送、接收 HTTP 消息来处理客户端的请求。HTTP 属于无状态协议，因为其不跟踪从一个客户端到另一个客户端的请求信息，这一点很像现在使用的客户端/服务器架构。服务器持续运行，但是客户端的活动以单个事件划分，一旦完成一个客户请求，这个服务事件就停止了。客户端可以随时发送新的请求，但是会把新的请求视为独立的服务请求。由于每个请求缺乏上下文，因此你可能注意到有些 URL 中含有很长的变量和值，这些将作为请求的一部分，以提供一些状态信息。另一种方式是使用“cookie”，即保存在客户端的客户状态信息。

19.5.2 Python Web 客户端开发是大势所趋

在现实应用中，浏览器只是众多 Web 客户端的一种，任何一个向 Web 服务器端发送请求来获得数据的应用程序都可以称为“客户端”。当然，也可以创建并使用其他的客户端以在互联网中检索和浏览数据。从市场需求方面来看，创建其他客户端的主要原因如下。

- 浏览器的能力有限，浏览器主要用于浏览网页内容并同其他 Web 站点交互。
- 客户端程序可以完成更多的工作，不仅可以下载数据，还可以存储、操作数据，甚至可以将其传送到另外一个地方或者传给另外一个应用。

在 Python 程序中，可以使用 urllib 模块下载或者访问 Web 中的信息（例如使用 urllib.urlopen() 或者 urllib.urlretrieve()）。整个实现过程非常简单，开发者所要做的只是为程序提供一个有效的 Web 地址而已。

19.5.3　注意 Python 3 的变化

从 Python 3 开始，已经将 urllib2、urlparse 和 robotparser 并入到了 urllib 模块中，并且修改了 urllib 模块，其中包含如下 5 个子模块。

- urllib.error。
- urllib.parse。
- urllib.request。
- urllib.response。
- urllib.robotparser。

19.6　课后练习

（1）编写一个程序，使用 Tornado 实现文件上传。

（2）编写一个程序，在 Django 框架中使用 Ajax 技术。

第 20 章

使用 Pygame 开发游戏

（视频讲解：59min）

Pygame 是跨平台 Python 模块，专为电子游戏设计。Pygame 包含的图像和声音建立在 SDL 的基础上，它允许实时电子游戏研发而无须被低级语言（如机器语言和汇编语言）束缚。基于这样一个设想，所有需要的游戏功能和理念（主要是图像方面）都完全简化为游戏逻辑本身，所有的资源结构都可以由高级语言提供，例如 Python 语言。本章将详细讲解在 Python 语言中使用 Pygame 开发游戏的知识。

20.1　安装 Pygame

扫码看视频：安装 Pygame

在 Pygame 官方网站下载 Pygame，如图 20-1 所示。

由图 20-1 可知，在 Windows 系统下，Pygame 的最新版本只能支持 Python 3.2。因为本书是基于 Python 3.6 编写的，所以官方的安装包不能满足我们的需求。幸运的是，开发者可以登录一个网站来下载编译好的 Python 扩展库，在上面有适应于 Python 3.6 的 Pygame。具体可在网站搜索 pythonlibs，如图 20-2 所示。

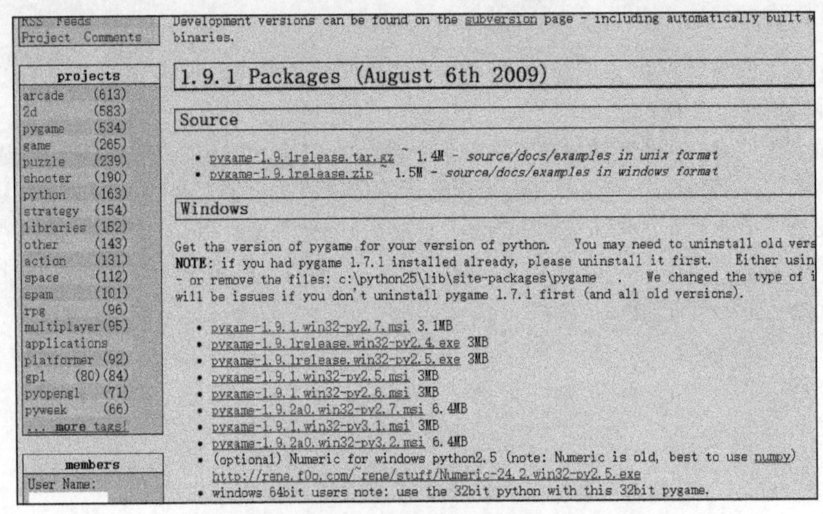

图 20-1　Pygame 官方网站

图 20-2　适应于 Python 3.6 的 Pygame

因为笔者的系统是 64 位 Windows 系统，所以单击 pygame-1.9.2-cp36-cp36m-win_amd64.whl 链接下载。下载完成后得到一个名为 pygame-1.9.2-cp36-cp36m-win_amd64.whl 的文件。当进行本地安装时，需要打开一个 CMD 控制台，然后切换到该下载文件所在的文件夹，并使用如下 pip 命令来运行安装。

```
python -m pip install --user pygame-1.9.2-cp36-cp36m-win_amd64.whl
```

注意：如果使用的是 Python 的低级版本，并且 Pygame 官网提供了某个 Python 版本的下载文件，就可以直接使用如下 pip 命令或 easy_install 命令进行安装。

```
pip install pygame
easy_install pygame
```

20.2 Pygame 开发基础

成功安装 Pygame 框架后，接下来就可以使用 Python 语言开发 2D 游戏项目了。本节将简要介绍使用 Pygame 开发游戏的基本知识。

扫码看视频：Pygame 开发基础

20.2.1 Pygame 框架中的模块

在 Pygame 框架中有很多模块，其中最常用模块的具体说明如表 20-1 所示。

表 20-1 Pygame 框架中的常用模块

模 块 名	功 能
pygame.cdrom	访问光驱
pygame.cursors	加载光标
pygame.display	访问显示设备
pygame.draw	绘制形状、线和点
pygame.event	管理事件
pygame.font	使用字体
pygame.image	加载和存储图片
pygame.joystick	使用游戏手柄或者类似的东西
pygame.key	读取键盘按键
pygame.mixer	声音
pygame.mouse	鼠标
pygame.movie	播放视频
pygame.music	播放音频
pygame.overlay	访问高级视频叠加
pygame.rect	管理矩形区域
pygame.sndarray	操作声音数据
pygame.sprite	操作移动图像
pygame.surface	管理图像和屏幕
pygame.surfarray	管理点阵图像数据
pygame.time	管理时间和帧信息
pygame.transform	缩放和移动图像

下面的实例代码演示了开发第一个 Pygame 程序的过程。

实例 20-1 开发第一个 Pygame 程序

源码路径 daima\20\20-1

实例文件 123.py 的具体实现代码如下所示。

```
background_image_filename = 'bg.jpg'
  #设置图像文件名称
mouse_image_filename = 'ship.bmp'
import pygame               #导入pygame库
from pygame.locals import * #导入常用的函数和常量
from sys import exit #从sys模块导入函数exit()用于退出程序
pygame.init()         #初始化pygame,为使用硬件做准备
screen = pygame.display.set_mode((640, 480), 0, 32)
#创建一个窗口
pygame.display.set_caption("Hello, World!")
#设置窗口标题
#下面两行代码加载并转换图像
```

拓展范例及视频二维码

范例 553：Pygame 版的 hello world 程序

源码路径：**范例**\553\

范例 554：绘制矩形

源码路径：**范例**\554\

```
    background = pygame.image.load(background_ image_filename).convert()
    mouse_cursor = pygame.image.load(mouse_image_filename).convert_alpha()
    while True:                        #游戏主循环
        for event in pygame.event.get():
            if event.type == QUIT:              #接收到退出事件后退出程序
                exit()
        screen.blit(background, (0,0))         #将背景图画上去
        x, y = pygame.mouse.get_pos()          #获得鼠标位置
        #下面两行代码计算光标左上角的位置
        x-= mouse_cursor.get_width() / 2
        y-= mouse_cursor.get_height() / 2
        screen.blit(mouse_cursor, (x, y))      #绘制光标
        #把光标画上去
        pygame.display.update()                #刷新画面
```

对上述实例代码的具体说明如下所示。

（1）set_mode 函数：会返回一个 Surface 对象，代表了在桌面上出现的那个窗口。在 3 个参数中，第 1 个参数为元组，代表分辨率（必需）；第 2 个是一个标志位，具体含义如表 20-2 所示，如果不用什么特性，就指定 0；第 3 个为色深。

表 **20-2**　各个标志位的具体含义

标志位	含义
FULLSCREEN	创建一个全屏窗口
DOUBLEBUF	创建一个“双缓冲”窗口，建议和 HWSURFACE 或者 OPENGL 同时使用
HWSURFACE	创建一个硬件加速的窗口，必须和 FULLSCREEN 同时使用
OPENGL	创建一个 OPENGL 渲染的窗口
RESIZABLE	创建一个可以改变大小的窗口
NOFRAME	创建一个没有边框的窗口

（2）convert 函数：将图像数据都转化为 Surface 对象，每次加载完图像以后就应该做这件事。

（3）convert_alpha 函数：和 convert 函数相比，它保留了 Alpha 通道信息(可以简单理解为透明的部分)，这样移动的光标才可以是不规则的形状。

（4）游戏的主循环是一个无限循环，直到用户跳出。在这个主循环里做的事情就是不停地画背景和更新光标位置，虽然背景是不动的，但是需要每次都画它。否则，鼠标覆盖过的位置就不能恢复正常了。

（5）blit 函数：第 1 个参数为一个 Surface 对象，第 2 个参数为光标左上角的位置。画完以后一定记得用 update 函数更新一下，否则画面一片漆黑。

执行后的效果如图 20-3 所示。

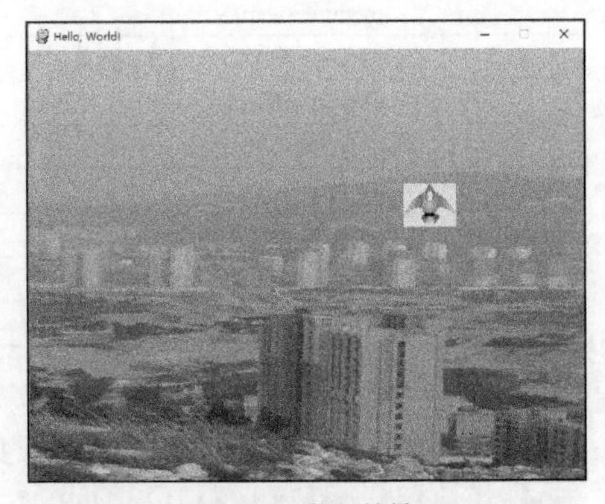

图 20-3　执行效果

20.2.2　事件操作

事件是一个操作，通常来说，Pygame 会接受用户的各种操作（比如按键盘，移动鼠标等）。这些操作会产生对应的事件，例如按键盘事件，移动鼠标事件。事件在软件开发中非常重要，Pygame 把一系列的事件存放一个队列里，并逐个进行处理。

1. 事件检索

在实例 20-1 中，使用函数 pygame.event.get()处理了所有的事件，这好像打开大门让所有的人进来。如果使用 pygame.event.wait()函数，Pygame 就会等到发生一个事件后才继续下去。而

一旦调用方法 pygame.event.poll()，就会根据当前的情形返回一个真实的事件。表 20-3 列出了 Pygame 中常用的事件。

表 20-3 Pygame 中常用的事件

事　件	产 生 途 径	参　数
QUIT	用户按下关闭按钮	none
ACTIVEEVENT	激活或者隐藏 Pygame	gain、state
KEYDOWN	按下键	unicode、key、mod
KEYUP	放开键	key、mod
MOUSEMOTION	鼠标移动	pos、rel、buttons
MOUSEBUTTONDOWN	按下鼠标键	pos、button
MOUSEBUTTONUP	放开鼠标键	pos、button
JOYAXISMOTION	游戏手柄（Joystick 或 pad）移动	joy、axis、value
JOYBALLMOTION	游戏球（Joy ball）移动	joy、axis、value
JOYHATMOTION	游戏手柄（Joystick）移动	joy、axis、value
JOYBUTTONDOWN	游戏手柄按下	joy、button
JOYBUTTONUP	游戏手柄放开	joy、button
VIDEORESIZE	Pygame 窗口缩放	size、w、h
VIDEOEXPOSE	Pygame 窗口部分公开（expose）	none
USEREVENT	触发一个用户事件	code

2. 处理鼠标事件

在 Pygame 框架中，MOUSEMOTION 事件会在鼠标动作的时候发生，它有如下所示的 3 个参数。

- buttons：一个含有 3 个数字的元组，3 个值分别代表左键、中键和右键，1 就表示按下。
- pos：位置。
- rel：代表现在距离上次产生鼠标事件时的距离。

和 MOUSEMOTION 类似，常用的鼠标事件还有 MOUSEBUTTONDOWN 和 MOUSEBUTTONUP 两个。在很多时候，开发者只需要知道鼠标按下就可以不用上面那个比较强大（也比较复杂）的事件了。这两个事件的参数如下所示。

- button：这个值代表操作哪个按键。
- pos：位置。

3. 处理键盘事件

在 Pygame 框架中，键盘和游戏手柄的事件比较类似，处理键盘的事件为 KEYDOWN 和 KEYUP。KEYDOWN 和 KEYUP 事件的参数描述如下所示。

- key：按下或者放开的键值，是一个数字，因为很少有人可以记住，所以在 Pygame 中可以使用 K_xxx 来表示，比如字母 a 就是 K_a，还有 K_SPACE 和 K_RETURN 等。
- mod：包含了组合键信息，如果 mod & KMOD_CTRL 是真，表示用户同时按下了 Ctrl 键。类似的还有 KMOD_SHIFT 和 KMOD_ALT。
- unicode：代表了按下键对应的 Unicode 值。

下面的实例代码演示了在 Pygame 框架中处理键盘事件的过程。

实例 20-2　处理键盘事件

源码路径　daima\20\20-2

实例文件 shi.py 的具体实现代码如下所示。

```
background_image_filename = 'bg.jpg'    #设置图像文件名称
import pygame                           #导入pygame库
```

```
from pygame.locals import *                    #导入常用的函数和常量
from sys import exit                           #从sys模块导入函数exit()用于退出程序

pygame.init()                                  #初始化pygame，为使用硬件做准备
screen = pygame.display.set_mode((640, 480), 0, 32)  #创建一个窗口
#下面1行代码加载并转换图像
background = pygame.image.load(background_image_filename).convert()
x, y = 0, 0                                    #设置x和y的初始值作为初始位置
move_x, move_y = 0, 0                          #设置横向和纵向两个方向的移动距离
while True:                                    #游戏主循环
    for event in pygame.event.get():
         if event.type == QUIT:                #接收到退出事件后退出程序
            exit()
         if event.type == KEYDOWN:             #如果按下键
            if event.key == K_LEFT:   #如果按下的是左方向键，把x坐标减一
                 move_x = -1
            elif event.key == K_RIGHT: #如果按下的是右方向键，把x坐标加一
                 move_x = 1
            elif event.key == K_UP:    #如果按下的是上方向键，把y坐标减一
                 move_y = -1
            elif event.key == K_DOWN:
            #如果按下的是下方向键，把y坐标加一
                 move_y = 1
         elif event.type == KEYUP:
         #如果按键放开，不会移动
            move_x = 0
            move_y = 0
         #下面两行计算出新的坐标
         x+= move_x
         y+= move_y
         screen.fill((0,0,0))
         screen.blit(background, (x,y))
         #在新的位置上画图
         pygame.display.update()
```

拓展范例及视频二维码

范例 **555**：绘制圆形
源码路径：**范例**\555\

范例 **556**：绘制直线
源码路径：**范例**\556\

执行后的效果如图 20-4 所示。此处读者需要注意编码的问题，一定要确保系统和程序文件编码的一致性，否则将会出现中文乱码，本书后面的类似实例也是如此。

图 20-4　执行效果

4. 事件过滤

在现实应用中，并不是所有的事件都是需要处理的，就好像不是所有登门造访的人都是我们欢迎的一样，有时可能是来讨债的。比如，俄罗斯方块就可能无视你的鼠标操作，在游戏场景切换的时候按什么键都是徒劳的。开发者应该有一个方法来过滤掉一些不感兴趣的事件（当然，可以不处理这些没兴趣的事件，但最好的方法还是让它们根本不进入到我们的事件队列），这时需要使用 pygame.event.set_blocked（事件名）来完成。如果有好多事件需要过滤，可以传递一个专用列表来实现，比如 pygame.event.set_blocked ([KEYDOWN, KEYUP])。如果设置参数 None，那么所有的事件又打开了。与之相对应的是，使用 pygame.event.set_allowed()函数来设定允许的事件。

5. 产生事件

通常玩家做什么，Pygame 框架只需要产生对应的事件即可。但是有的时候需要模拟出一些有用的事件，比如在录像回放时需要把用户的操作再重现一遍。为了产生事件，必须先创建一个事件，然后再传递它。

```
my_event = pygame.event.Event(KEYDOWN, key=K_SPACE, mod=0, unicode=u' ')
#也可以像下面这样写
my_event = pygame.event.Event(KEYDOWN, {"key":K_SPACE, "mod":0, "unicode":u' '})
```

```
pygame.event.post(my_event)
my_event = pygame.event.Event(KEYDOWN, key=K_SPACE, mod=0, unicode=u' ')
```

甚至可以产生一个完全自定义的全新事件。

```
CATONKEYBOARD = USEREVENT+1
my_event = pygame.event.Event(CATONKEYBOARD, message="Bad cat!")
pygame.event.post(my_event)
#然后获得它
for event in pygame.event.get():
     if event.type == CATONKEYBOARD:
          print event.message
```

20.2.3 显示模式设置

游戏界面通常是一款游戏吸引玩家最直接最诱人的因素，虽说烂画面高游戏度的作品也有，但优秀的画面无疑是一张过硬的通行证，可以让你的作品争取到更多的机会。例如通过下面的代码，设置了游戏界面不是以全屏模式显示。

```
screen = pygame.display.set_mode((640, 480), 0, 32)
```

当把第 2 个参数设置为 FULLSCREEN 时，就能得到一个全屏窗口。

```
screen = pygame.display.set_mode((640, 480), FULLSCREEN, 32)
```

在全屏显示模式下，显卡可能就切换了一种模式，可以用如下代码获得当前机器支持的显示模式。

```
>>> import pygame
>>> pygame.init()
>>> pygame.display.list_modes()
```

下面的实例代码演示了在全屏显示模式和非全屏模式之间进行转换的过程。

实例 20-3 全屏模式和非全屏模式转换
源码路径 daima\20\20-3

实例文件 qie.py 的主要实现代码如下所示。

```
Fullscreen = False            #设置默认不是全屏
while True:                   #游戏主循环
    for event in pygame.event.get():
         if event.type == QUIT:
    #接收到退出事件后退出程序
              exit()
    if event.type == KEYDOWN:
         if event.key == K_f:  #设置快捷键是f
              Fullscreen = not Fullscreen
              if Fullscreen:
         #按下f键后，在全屏和原始窗口之间进行切换
                   screen = pygame.display.
set_mode((640, 480), FULLSCREEN, 32) #全屏显示
              else:
                   screen = pygame.display.set_mode((640, 480), 0, 32)    #非全屏显示
    screen.blit(background, (0,0))
    pygame.display.update()    #刷新画面
```

拓展范例及视频二维码

范例 557：飞驰的汽车动画
源码路径：**范例**\557\

范例 558：设置小车的运动速率
源码路径：**范例**\558\

执行后默认显示为非全屏模式窗口，按下 f 键后显示模式会在非全屏和全屏之间进行切换。

20.2.4 字体处理

在 Pygame 模块中可以直接调用系统字体，或者可以直接使用 TTF 字体。为了使用字体，需要先创建一个 Font 对象。对于系统自带的字体来说，可以使用如下代码创建一个 Font 对象。

```
my_font = pygame.font.SysFont("arial", 16)
```

在上述代码中，第一个参数是字体名，第二个参数表示大小。一般来说，“Arial”字体在很多系统都是存在的，如果找不到，就会使用一个默认字体，这个默认字体和每个操作系统相关。也可以使用 pygame.font.get_fonts()函数来获得当前系统中所有可用的字体。

另外，还可以通过如下代码使用 TTF。

```
my_font = pygame.font.Font("my_font.ttf", 16)
```

在上述代码中使用了一个叫作“my_font.ttf”的字体，通过上述方法可以把字体文件随游戏一起分发，避免用户机器上没有需要的字体。一旦创建了一个 font 对象，就可以通过如下代码使用 render 方法来写字，并且可以显示到屏幕中。

```
text_surface = my_font.render("Pygame is cool!", True, (0,0,0), (255, 255, 255))
```

在上述代码中，第一个参数是写的文字；第二个参数是个布尔值，它控制是否开启抗锯齿功能，如果设置为 True 字体会比较平滑，不过相应的速度会有一点点影响；第三个参数是字体的颜色；第四个是背景色，如果你想没有背景色（也就是透明），那么可以不加第四个参数。

下面的实例代码演示了在游戏窗口中显示指定样式文字的过程。

实例 20-4　显示指定样式的文字

源码路径　daima\20\20-4

实例文件 zi.py 的主要实现代码如下所示。

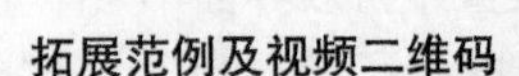

范例 **559**：可变尺寸的显示

源码路径：**范例**\559\

范例 **560**：控制小车的运动轨迹

源码路径：**范例**\560\

```
pygame.init()      #初始化pygame,为使用硬件做准备
#下一行代码创建一个窗口
screen = pygame.display.set_mode((640, 480), 0, 32)
font = pygame.font.SysFont("宋体", 40) #设置字体和大小
#设置文本内容和颜色
text_surface = font.render(u"你好", True, (0, 0, 255))
x = 0                              #设置显示文本的水平坐标
y = (480 - text_surface.get_height())/2
#设置显示文本的垂直坐标
background = pygame.image.load("bg.jpg").convert()
#加载并转换图像
while True:                        #游戏主循环
    for event in pygame.event.get():
        if event.type == QUIT:   #接收到退出事件后退出程序
            exit()
    screen.blit(background, (0, 0))   #将背景图画上去
    x -= 12                           #设置文字滚动速率，如果文字滚动太快，可以尝试更改这个数字
    if x < -text_surface.get_width():
        x = 640 - text_surface.get_width()
    screen.blit(text_surface, (x, y))
    pygame.display.update()
```

执行后的效果如图 20-5 所示。

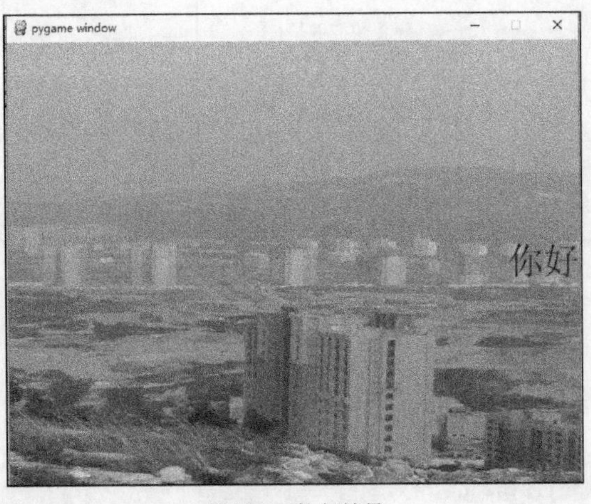

图 20-5　执行效果

20.2.5　像素和颜色处理

在 Pygame 模块中，可以很方便地实现对颜色和像素的处理。下面的实例代码演示了实现一个三原色颜色滑动条效果的过程。

实例 20-5 实现一个三原色颜色滑动条效果

源码路径 daima\20\20-5

实例文件 xi.py 的主要实现代码如下所示。

```
def create_scales(height):
#下面3行代码用于创建指定大小的图像对象实例，分别表示红、
#绿、蓝3块区域
    red_scale_surface = pygame.surface.Surface
    ((640, height))
    green_scale_surface = pygame.surface.Surface
    ((640, height))
    blue_scale_surface = pygame.surface.Surface
    ((640, height))
    for x in range(640):
#遍历操作，保证能容纳0～255种颜色
        c = int((x/640.)*255.)
        red = (c, 0, 0)        #红色颜色初始值
        green = (0, c, 0)      #绿色颜色初始值
        blue = (0, 0, c)       #蓝色颜色初始值
        line_rect = Rect(x, 0, 1, height)                        #绘制矩形区域表示滑动条
        pygame.draw.rect(red_scale_surface, red, line_rect)      #绘制红色矩形区域
        pygame.draw.rect(green_scale_surface, green, line_rect)  #绘制绿色矩形区域
        pygame.draw.rect(blue_scale_surface, blue, line_rect)    #绘制蓝色矩形区域
    return red_scale_surface, green_scale_surface, blue_scale_surface
red_scale, green_scale, blue_scale = create_scales(80)
color = [127, 127, 127]                     #程序运行后的颜色初始值
while True:                                 #游戏主循环
    for event in pygame.event.get():
        if event.type == QUIT:              #接收到退出事件后退出程序
            exit()
    screen.fill((0, 0, 0))                  #使用纯颜色填充Surface对象
    screen.blit(red_scale, (0, 00))         #将红色绘制在图像上
    screen.blit(green_scale, (0, 80))       #将绿色绘制在图像上
    screen.blit(blue_scale, (0, 160))       #将蓝色绘制在图像上
    x, y = pygame.mouse.get_pos()           #获得鼠标位置
    if pygame.mouse.get_pressed()[0]:       #如果获得所有按下的键值，会得到一个元组
        for component in range(3):          #遍历元组
            if y > component*80 and y < (component+1)*80:
                color[component] = int((x/639.)*255.)
        pygame.display.set_caption("PyGame Color Test - "+str(tuple(color))) #窗体中标题的文字
    for component in range(3):
        pos = ( int((color[component]/255.)*639), component*80+40 )
        pygame.draw.circle(screen, (255, 255, 255), pos, 20)         #绘制滑动条中的圆形
    pygame.draw.rect(screen, tuple(color), (0, 240, 640, 240))       #获取绘制的矩形区域
    pygame.display.update()                                          #刷新画面
```

拓展范例及视频二维码

范例 561：实现颜色混合处理
源码路径：**范例**\561\

范例 562：实现字体及字符显示
源码路径：**范例**\562\

执行后的效果如图 20-6 所示。

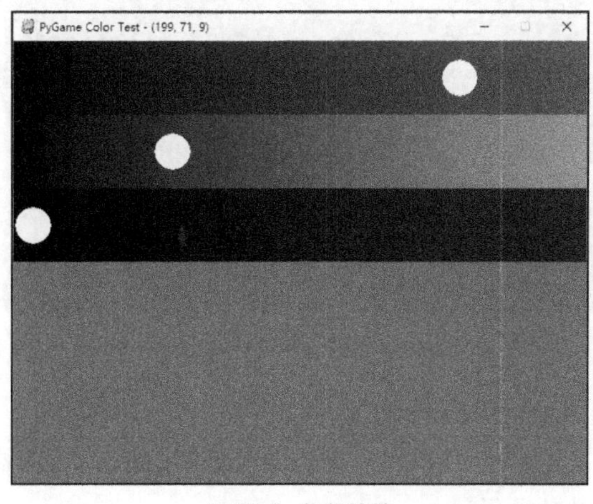

图 20-6 执行效果

20.2.6　使用 Surface 绘制图像

在游戏开发过程中，通常将绘制好的图像作为资源封装到游戏中。对 2D 游戏来说，图像可能就是一些背景和角色等，而 3D 游戏则往往是大量的贴图。在目前市面中有很多存储图像的方式(也就是有很多图片格式)，比如 JPEG、PNG 等，其中 Pygame 框架支持的格式有：JPEG、PNG、GIF、BMP、PCX、TGA、TIF、LBM、PBM 和 XPM。

在 Pygame 框架中，使用 pygame.image.load()函数加载图像，设置一个图像文件名，然后就可以设置一个 Surface 对象。尽管读入的图像格式各不相同，但是 Surface 对象隐藏了这些不同。开发者可以对一个 Surface 对象进行涂画、变形、复制等各种操作。事实上，屏幕也只是一个 Surface 对象，例如函数 pygame.display.set_mode()就返回了一个屏幕 Surface 对象。下面的实例代码演示了随机在屏幕上绘制点的过程。

实例 20-6　随机在屏幕上绘制点

源码路径　daima\20\20-6

实例文件 hui.py 的主要实现代码如下所示。

```
from random import randint        #导入随机绘制模块
pygame.init()           #初始化pygame,为使用硬件做准备
#下面一行用于创建一个窗口
screen = pygame.display.set_mode((640, 480), 0, 32)
while True:          #游戏主循环
    for event in pygame.event.get():
        if event.type == QUIT:
    #接收到退出事件后退出程序
            exit()
    #绘制随机点
    rand_col = (randint(0, 255), randint(0, 255),
    randint(0, 255))
    #screen.lock()
    for _ in range(100):          #遍历操作
        rand_pos = (randint(0, 639), randint(0, 479))
        screen.set_at(rand_pos, rand_col) #绘制一个点
    #screen.unlock()
    pygame.display.update()       #刷新画面
```

拓展范例及视频二维码

范例 **563**：播放声音片段 wav 文件

源码路径：**范例**\563\

范例 **564**：播放 3 种格式的音乐文件

源码路径：**范例**\564\

执行后的效果如图 20-7 所示。

图 20-7　执行效果

20.2.7　使用 pygame.draw 绘图函数

在 Pygame 框架中，使用 pygame.draw 模块中的内置函数可以在屏幕中绘制各种图形。其中常用的内置函数如表 20-4 所示。

表 20-4 pygame.draw 模块中的内置函数

函 数	作 用
rect	绘制矩形
polygon	绘制多边形（3 条及 3 条以上的边）
circle	绘制圆
ellipse	绘制椭圆
arc	绘制圆弧
line	绘制线
lines	绘制一系列的线
aaline	绘制一根平滑的线
aalines	绘制一系列平滑的线

下面的实例代码演示了随机在屏幕中绘制各种多边形的过程。

实例 20-7 在屏幕中绘制各种多边形

源码路径 daima\20\20-7

实例文件 tu.py 的主要代码如下所示。

拓展范例及视频二维码

范例 565：播放两段声音文件
源码路径：**范例**\565\

范例 566：绘制一个游戏精灵
源码路径：**范例**\566\

```
points = []                    #定义变量points的初始值
while True:                    #游戏主循环
    for event in pygame.event.get():
        if event.type == QUIT:
            exit()     #接收到退出事件后退出程序
        if event.type == KEYDOWN:
            #按任意键可以清屏并把点恢复到原始状态
            points = []
            screen.fill((255,255,255))
        if event.type == MOUSEBUTTONDOWN:
            screen.fill((255,255,255))
            #画随机矩形
            rc = (randint(0,255), randint(0,255), randint(0,255))
            rp = (randint(0,639), randint(0,479))
            rs = (639-randint(rp[0], 639), 479-randint(rp[1], 479))
            pygame.draw.rect(screen, rc, Rect(rp, rs))
            #画随机圆形
            rc = (randint(0,255), randint(0,255), randint(0,255))
            rp = (randint(0,639), randint(0,479))
            rr = randint(1, 200)
            pygame.draw.circle(screen, rc, rp, rr)
            #获得当前鼠标的单击位置
            x, y = pygame.mouse.get_pos()
            points.append((x, y))
            #根据单击位置画弧线
            angle = (x/639.)*pi*2.
            pygame.draw.arc(screen, (0,0,0), (0,0,639,479), 0, angle, 3)
            #根据单击位置画椭圆
            pygame.draw.ellipse(screen, (0, 255, 0), (0, 0, x, y))
            #从左上角和右下角画两根线连接到单击位置
            pygame.draw.line(screen, (0, 0, 255), (0, 0), (x, y))
            pygame.draw.line(screen, (255, 0, 0), (640, 480), (x, y))
            #画单击轨迹图
            if len(points) > 1:
                  pygame.draw.lines(screen, (155, 155, 0), False, points, 2)
            #和轨迹图基本一样，只不过是闭合的，因为会覆盖，所以这里注释掉了
            #if len(points) >= 3:
            #    pygame.draw.polygon(screen, (0, 155, 155), points, 2)
            #把每个点画明显一点
            for p in points:
                  pygame.draw.circle(screen, (155, 155, 155), p, 3)
    pygame.display.update()
```

运行上述代码程序，在窗口中单击鼠标左键就会绘制图形，按下键盘中的任意键可以重新

开始。执行后的效果如图 20-8 所示。

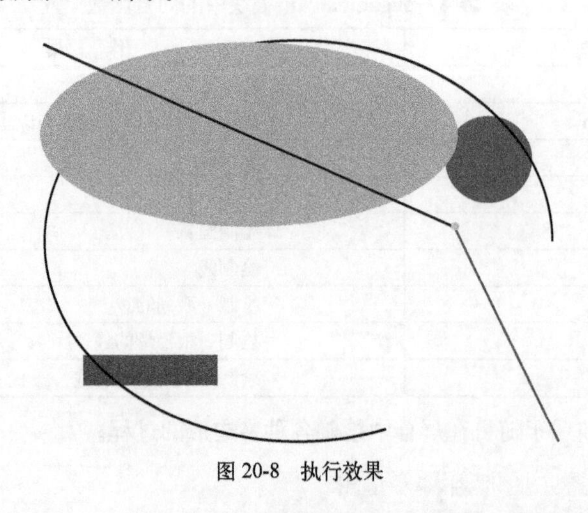

图 20-8　执行效果

20.3　开发一个俄罗斯方块游戏

俄罗斯方块是一款风靡全球的电视游戏机和掌上游戏机游戏，这款游戏最初是由 Alex Pajitnov 制作的，它看似简单但变化无穷，令人上瘾。本节将介绍使用“Python+Pygame”开发一个简单俄罗斯方块游戏的方法，并详细介绍其具体的实现流程。

实例 20-8　俄罗斯方块游戏

源码路径　daima\20\20-8

20.3.1　规划图形

在本游戏项目中，主要用到了如下 4 类图形。

- ❑ 边框：由 10×20 个空格组成，方块就落在这里面。
- ❑ 盒子：组成方块的小方块，是组成方块的基本单元。
- ❑ 方块：从边框顶部掉下的东西，游戏者可以翻转和改变位置。每个方块由 4 个盒子组成。
- ❑ 形状：不同类型的方块，这里形状的名字分别称为 T、S、Z、J、L、I 和 O。在本实例中预先规划了如图 20-9 所示的 7 种形状。

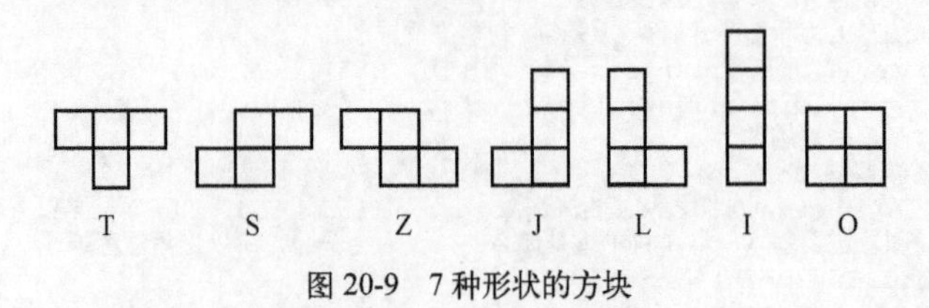

图 20-9　7 种形状的方块

除了准备上述 4 种图形外，还需要用到如下所示的两个术语。

(1) 模板：用一个列表存放形状被翻转后的所有可能样式。所有可能的样式全部存放在变量里面，变量名字如 S_SHAPE_TEMPLATE 或 J_SHAPE_TEMPLATE。

（2）着陆（碰撞）：当一个方块到达边框的底部或接触到其他盒子时，我们称这个方块着陆了，此时另一个新的方块就会出现并开始下落。

20.3.2 具体实现

本俄罗斯方块游戏的实现文件是 els.py，具体实现流程如下所示。

（1）首先使用 import 语句引入 Python 的内置库和游戏库 Pygame，然后定义一些项目用到的变量，并进行初始化工作。具体实现代码如下所示。

```
import random, time, pygame, sys
from pygame.locals import *
FPS = 25
WINDOWWIDTH = 640
WINDOWHEIGHT = 480
BOXSIZE = 20
BOARDWIDTH = 10
BOARDHEIGHT = 20
BLANK = '.'
MOVESIDEWAYSFREQ = 0.15
MOVEDOWNFREQ = 0.1
XMARGIN = int((WINDOWWIDTH - BOARDWIDTH * BOXSIZE) / 2)
TOPMARGIN = WINDOWHEIGHT - (BOARDHEIGHT * BOXSIZE) - 5
#   R   G   B
WHITE    = (255, 255, 255)
GRAY     = (185, 185, 185)
BLACK    = ( 0,  0,  0)
RED      = (155,  0,  0)
LIGHTRED  = (175, 20, 20)
GREEN    = ( 0, 155,  0)
LIGHTGREEN = ( 20, 175, 20)
BLUE    = ( 0,  0, 155)
LIGHTBLUE  = ( 20, 20, 175)
YELLOW   = (155, 155,  0)
LIGHTYELLOW = (175, 175, 20)
BORDERCOLOR = BLUE
BGCOLOR = BLACK
TEXTCOLOR = WHITE
TEXTSHADOWCOLOR = GRAY
COLORS   = (  BLUE,   GREEN,   RED,   YELLOW)
LIGHTCOLORS = (LIGHTBLUE, LIGHTGREEN, LIGHTRED, LIGHTYELLOW)
assert len(COLORS) == len(LIGHTCOLORS) # each color must have light color
TEMPLATEWIDTH = 5
TEMPLATEHEIGHT = 5
```

拓展范例及视频二维码

范例 **567**：另外一个俄罗斯方块游戏

源码路径：**范例**\567\

范例 **568**：简单的飞机发射子弹游戏

源码路径：**范例**\568\

在上述实例代码中，BOXSIZE、BOARDWIDTH 和 BOARDHEIGHT 的功能是建立游戏与屏幕像素点之间的联系。请看下面的两个变量。

```
MOVESIDEWAYSFREQ = 0.15
MOVEDOWNFREQ = 0.1
```

通过使用上述两个变量，每当游戏玩家按下键盘中的左键或右键，下降的方块相应地向左或右移一个方块。另外，游戏玩家也可以一直按下左方向键或右方向键让方块保持移动。MOVESIDEWAYSFREQ 这个固定值表示如果一直按下左方向键或右方向键，那么方块每 0.15s 才会继续移动一次。而 MOVEDOWNFREQ 这个固定值与上面的 MOVESIDEWAYSFREQ 一样，功能是当游戏玩家一直按下下方向键时，表示方块下落的频率。

再看下面的两个变量，它们表示游戏界面的高度和宽度。

```
XMARGIN = int((WINDOWWIDTH - BOARDWIDTH * BOXSIZE) / 2)
TOPMARGIN = WINDOWHEIGHT - (BOARDHEIGHT * BOXSIZE) - 5
```

要想理解上述两个变量的含义，通过图 20-10 所示的游戏界面会一目了然。

剩余的变量都是和颜色定义相关的，其中读者需要注意的是 COLORS 和 LIGHTCOLORS 这两个变量。其中 COLORS 是组成方块的小方块的颜色，而 LIGHTCOLORS 是围绕在小方块周围的颜色，是为了强调轮廓而设计的。

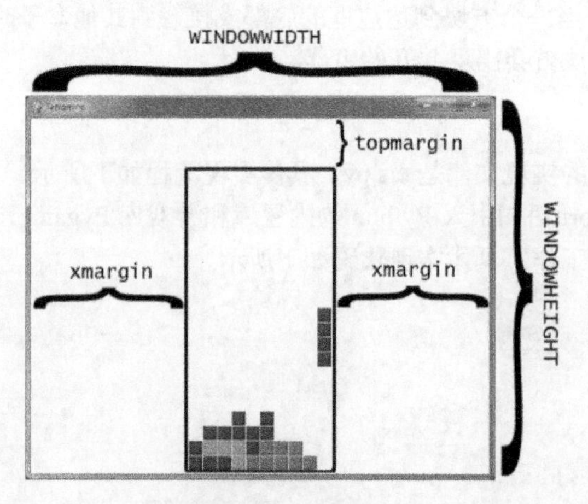

图 20-10　游戏界面

（2）开始定义方块形状，分别定义了 T、S、Z、J、L、I 和 O 共计 7 种方块形状。具体实现代码如下所示。

```
S_SHAPE_TEMPLATE = [['.....',
                     '.....',
                     '..OO.',
                     '.OO..',
                     '.....'],
                    ['.....',
                     '..O..',
                     '..OO.',
                     '...O.',
                     '.....']]

Z_SHAPE_TEMPLATE = [['.....',
                     '.....',
                     '.OO..',
                     '..OO.',
                     '.....'],
                    ['.....',
                     '..O..',
                     '.OO..',
                     '.O...',
                     '.....']]

I_SHAPE_TEMPLATE = [['..O..',
                     '..O..',
                     '..O..',
                     '..O..',
                     '.....'],
                    ['.....',
                     '.....',
                     'OOOO.',
                     '.....',
                     '.....']]

O_SHAPE_TEMPLATE = [['.....',
                     '.....',
                     '.OO..',
                     '.OO..',
                     '.....']]

J_SHAPE_TEMPLATE = [['.....',
                     '.O...',
                     '.OOO.',
                     '.....',
                     '.....'],
```

```
                         ['.....',
                          '..OO.',
                          '..O..',
                          '..O..',
                          '.....'],
                         ['.....',
                          '.....',
                          '.OOO.',
                          '...O.',
                          '.....'],
                         ['.....',
                          '..O..',
                          '..O..',
                          '.OO..',
                          '.....']]

L_SHAPE_TEMPLATE = [['.....',
                          '...O.',
                          '.OOO.',
                          '.....',
                          '.....'],
                         ['.....',
                          '..O..',
                          '..O..',
                          '..OO.',
                          '.....'],
                         ['.....',
                          '.....',
                          '.OOO.',
                          '.O...',
                          '.....'],
                         ['.....',
                          '.OO..',
                          '..O..',
                          '..O..',
                          '.....']]

T_SHAPE_TEMPLATE = [['.....',
                          '..O..',
                          '.OOO.',
                          '.....',
                          '.....'],
                         ['.....',
                          '..O..',
                          '..OO.',
                          '..O..',
                          '.....'],
                         ['.....',
                          '.....',
                          '.OOO.',
                          '..O..',
                          '.....'],
                         ['.....',
                          '..O..',
                          '.OO..',
                          '..O..',
                          '.....']]
```

在定义每个方块时，必须知道每个类型的方块有多少种形状。在上述代码中，在列表中嵌入了含有字符串的列表来构成这个模板，一个方块类型的模板包含了这个方块可能变换的所有形状。比如“I”形状的模板代码如下所示。

```
I_SHAPE_TEMPLATE = [['..O..',
                          '..O..',
                          '..O..',
                          '..O..',
                          '.....'],
```

```
                ['.....',
                 '.....',
                 'OOOO.',
                 '.....',
                 '.....']]
```

在定义每种方块形状的模板之前，通过如下两行代码表示组成形状的行和列。

```
TEMPLATEWIDTH = 5
TEMPLATEHEIGHT = 5
```

方块形状的行和列的具体结构如图 20-11 所示。

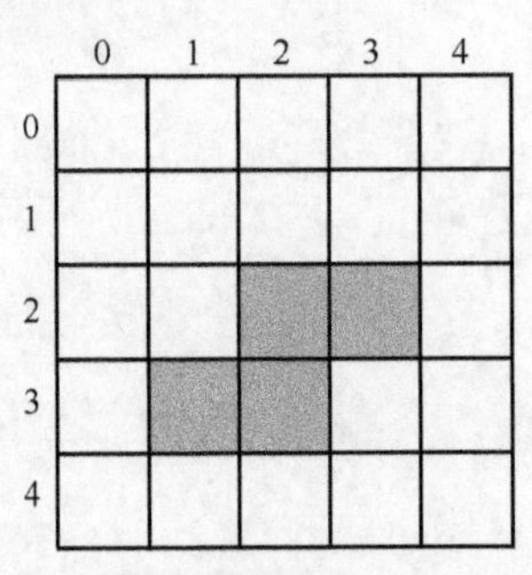

图 20-11　方块形状的行和列的具体结构

（3）定义字典变量 PIECES 来存储所有的不同形状的模板，因为每个类型的方块又有它所有的变换形状，所以就意味着 PIECES 变量包含了每个类型的方块和所有的变换形状。该变量存放游戏中用到的形状的数据结构。具体实现代码如下所示。

```
PIECES = {'S': S_SHAPE_TEMPLATE,
          'Z': Z_SHAPE_TEMPLATE,
          'J': J_SHAPE_TEMPLATE,
          'L': L_SHAPE_TEMPLATE,
          'I': I_SHAPE_TEMPLATE,
          'O': O_SHAPE_TEMPLATE,
          'T': T_SHAPE_TEMPLATE}
```

（4）编写主函数 main()，其主要功能是创建一些全局变量并且在游戏开始之前显示一个开始画面。具体实现代码如下所示。

```
def main():
   global FPSCLOCK, DISPLAYSURF, BASICFONT, BIGFONT
   pygame.init()
   FPSCLOCK = pygame.time.Clock()
   DISPLAYSURF = pygame.display.set_mode((WINDOWWIDTH, WINDOWHEIGHT))
   BASICFONT = pygame.font.Font('freesansbold.ttf', 18)
   BIGFONT = pygame.font.Font('freesansbold.ttf', 100)
   pygame.display.set_caption('Tetromino')

   #showTextScreen('Tetromino')
   while True: # game loop
      #if random.randint(0, 1) == 0:
            #pygame.mixer.music.load('tetrisb.mid')
      #else:
            #pygame.mixer.music.load('tetrisc.mid')
      #pygame.mixer.music.play(-1, 0.0)
      runGame()
      #pygame.mixer.music.stop()
      showTextScreen('Game Over')
```

上述代码中的 runGame()函数是核心，在循环中首先简单地随机决定采用哪个背景音乐。然后调用 runGame()函数运行游戏。当游戏失败时，runGame()就会返回 main()函数，这时会停止背景音乐和显示游戏失败的画面。当游戏玩家按下一个键时，函数 showTextScreen()会显示游戏失败，游戏循环会再次开始，然后继续下一次游戏。

（5）编写函数 runGame()启动运行游戏。具体实现流程如下所示。

- 在游戏的开始设置在运行过程中用到的几个变量。具体实现代码如下所示。

```
def runGame():
    # setup variables for the start of the game
    board = getBlankBoard()
    lastMoveDownTime = time.time()
    lastMoveSidewaysTime = time.time()
    lastFallTime = time.time()
    movingDown = False # note: there is no movingUp variable
    movingLeft = False
    movingRight = False
    score = 0
    level, fallFreq = calculateLevelAndFallFreq(score)

    fallingPiece = getNewPiece()
    nextPiece = getNewPiece()
```

- 在游戏开始和方块掉落之前需要初始化一些和游戏开始相关的变量。把变量 fallingPiece 的值设置为当前掉落的变量，把变量 nextPiece 设置为游戏玩家可以在屏幕 NEXT 区域看见的下一个方块。具体实现代码如下所示。

```
while True: # game loop
     if fallingPiece == None:
             # No falling piece in play, so start a new piece at the top
             fallingPiece = nextPiece
             nextPiece = getNewPiece()
             lastFallTime = time.time() # reset lastFallTime

             if not isValidPosition(board, fallingPiece):
                     return # can't fit a new piece on the board, so game over

    checkForQuit()
```

上述代码包含了当方块往底部掉落时的所有代码。在方块着陆后把变量 fallingPiece 设置成 None。这意味着应该把 nextPiece 变量中的下一个方块赋值给 fallingPiece 变量，然后又会把一个随机的方块赋值给 nextPiece 变量。也把变量 lastFallTime 赋值成当前时间，这样就可以通过变量 fallFreq 控制方块下落的频率。来自函数 getNewPiece()的方块只有一部分放置在方框区域中，但是如果这是一个非法的位置，比如此时游戏方框已经填满（isValidPosition()函数返回 False），那么就知道方框已经满了，这说明游戏玩家输掉了游戏。当这些发生时，runGame()函数就会返回。

- 如果游戏玩家按下 P 键，游戏就会暂停。我们应该隐藏掉游戏界面以防止游戏者作弊（否则游戏者会看着画面思考怎么处理方块），用 DISPLAYSURF.fill(BGCOLOR)就可以实现这个效果。具体实现代码如下所示。

```
        for event in pygame.event.get(): # event handling loop
             if event.type == KEYUP:
                    if (event.key == K_p):
                           # Pausing the game
                           DISPLAYSURF.fill(BGCOLOR)
                           #pygame.mixer.music.stop()
                           showTextScreen('Paused') # pause until a key press
                           #pygame.mixer.music.play(-1, 0.0)
                           lastFallTime = time.time()
                           lastMoveDownTime = time.time()
                           lastMoveSidewaysTime = time.time()
```

- 按下方向键会把 movingLeft、movingRight 和 movingDown 变量设置为 False，这说明游戏玩家不再想要在此方向上移动方块。后面的代码会基于 moving 变量处理一些事情。在此需要注意，上方向键和 W 键是用来翻转方块，而不是移动方块，这就是没有 movingUp 变量的原因。具体实现代码如下所示。

```
        elif (event.key == K_LEFT or event.key == K_a):
              movingLeft = False
        elif (event.key == K_RIGHT or event.key == K_d):
              movingRight = False
        elif (event.key == K_DOWN or event.key == K_s):
              movingDown = False
```

```
    elif event.type == KEYDOWN:
        # moving the piece sideways
        if (event.key == K_LEFT or event.key == K_a) and isValidPosition(board,
        fallingPiece, adjX=-1):
        fallingPiece['x'] -= 1
        movingLeft = True
        movingRight = False
        lastMoveSidewaysTime = time.time()
    elif (event.key == K_RIGHT or event.key == K_d) and isValidPosition(board,
    fallingPiece, adjX=1):
        fallingPiece['x'] += 1
        movingRight = True
        movingLeft = False
        lastMoveSidewaysTime = time.time()
```

- 如果按下上方向键或 W 键，就会翻转方块。下面的代码做的就是将存储在 fallingPiece 字典中的‘rotation’键的键值加 1。但是，如果增加的“rotation”键值大于所有当前类型方块的形状的数目（此变量存储在 len(PIECES[fallingPiece['shape']])变量中），那么它翻转到最初的形状。具体实现代码如下所示。

```
    # rotating the piece (if there is room to rotate)
    elif (event.key == K_UP or event.key == K_w):
        fallingPiece['rotation'] = (fallingPiece['rotation'] + 1) % len(PIECES
        [fallingPiece['shape']])
        if not isValidPosition(board, fallingPiece):
            fallingPiece['rotation'] = (fallingPiece['rotation'] - 1) % len(PIECES
            [fallingPiece['shape']])
    elif (event.key == K_q): # rotate the other direction
        fallingPiece['rotation'] = (fallingPiece['rotation'] - 1) % len(PIECES
        [fallingPiece['shape']])
        if not isValidPosition(board, fallingPiece):
            fallingPiece['rotation'] = (fallingPiece['rotation'] + 1) % len(PIECES
            [fallingPiece['shape']])
```

- 如果按下下方向键，游戏玩家此时希望方块下降的比平常快。fallingPiece['y'] += 1 使方块下落一个格子（前提是这是一个有效的下落），把 movingDown 设置为 True，把 lastMoveDownTime 变量也设置为当前时间。当下方向键一直按下时，以后将会检查这个变量以保证方块以一个比平常快的速率下降。具体实现代码如下所示。

```
    # making the piece fall faster with the down key
    elif (event.key == K_DOWN or event.key == K_s):
        movingDown = True
        if isValidPosition(board, fallingPiece, adjY=1):
            fallingPiece['y'] += 1
        lastMoveDownTime = time.time()
```

- 当游戏玩家按下空格键时，方块将会迅速下落并着陆。程序首先需要找出它着陆需要下降多少个格子。其中有关 moving 的 3 个变量都要设置为 False（保证程序后面部分的代码知道游戏玩家已经停止按下所有的方向键）。具体实现代码如下所示。

```
    # move the current piece all the way down
    elif event.key == K_SPACE:
        movingDown = False
        movingLeft = False
        movingRight = False
        for i in range(1, BOARDHEIGHT):
            if not isValidPosition(board, fallingPiece, adjY=i):
                break
        fallingPiece['y'] += i - 1
```

- 如果用户按住按键超过 0.15s，那么表达式“(movingLeft or movingRight) and time.time() - lastMoveSidewaysTime > MOVESIDEWAYSFREQ:”返回 True。这样就可以使方块向左或向右移动一个格子。这种做法是很有用的，因为如果用户重复按下方向键让方块移动多个格子是很烦人的。好的做法是，用户可以按住方向键让方块保持移动，直到松开键为止。最后别忘了更新 lastMoveSidewaysTime 变量。具体实现代码如下所示。

```
        # handle moving the piece because of user input
        if (movingLeft or movingRight) and time.time() - lastMoveSidewaysTime > MOVESIDEWAYSFREQ:
            if movingLeft and isValidPosition(board, fallingPiece, adjX=-1):
                fallingPiece['x'] -= 1
            elif movingRight and isValidPosition(board, fallingPiece, adjX=1):
                fallingPiece['x'] += 1
            lastMoveSidewaysTime = time.time()
        if movingDown and time.time() - lastMoveDownTime > MOVEDOWNFREQ and isValidPosition(board,
        fallingPiece, adjY=1):
            fallingPiece['y'] += 1
            lastMoveDownTime = time.time()
        # let the piece fall if it is time to fall
        if time.time() - lastFallTime > fallFreq:
            # see if the piece has landed
            if not isValidPosition(board, fallingPiece, adjY=1):
                    # falling piece has landed, set it on the board
                    addToBoard(board, fallingPiece)
                    score += removeCompleteLines(board)
                    level, fallFreq = calculateLevelAndFallFreq(score)
                    fallingPiece = None
            else:
                    # piece did not land, just move the piece down
                    fallingPiece['y'] += 1
                    lastFallTime = time.time()
```

❑ 开始在屏幕中绘制前面所有定义的图形。具体实现代码如下所示。

```
        DISPLAYSURF.fill(BGCOLOR)
        drawBoard(board)
        drawStatus(score, level)
        drawNextPiece(nextPiece)
        if fallingPiece != None:
            drawPiece(fallingPiece)
        pygame.display.update()
        FPSCLOCK.tick(FPS)
```

到此为止，整个实例介绍完毕，执行后的效果如图 20-12 所示。

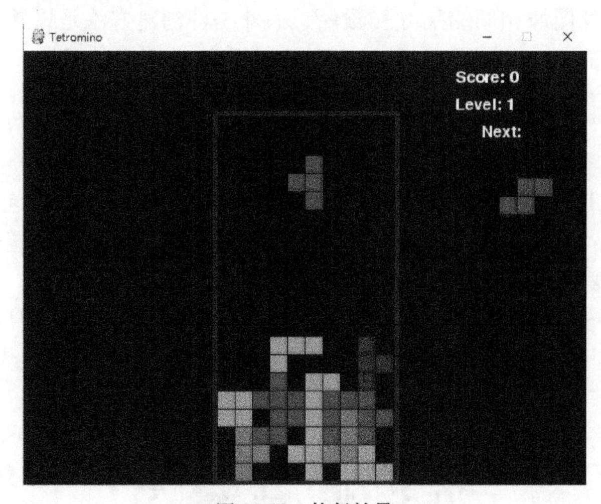

图 20-12　执行效果

20.4　技术解惑

20.4.1　电脑游戏开发的必备知识

电脑游戏总是倾向于图像化的，游戏开发者会花费大力气在图像效果处理上，提升图像效果是游戏开发永恒的话题。如果凑近显示器，就能看到图像由一个一个点构成，这些点就是像素。一个分辨率是 1280×1024 的显示器，有 1 310 720 个像素，这些像素可以显示上百万种颜色。

（1）色彩。

在现实应用中，可以用红黄蓝混合出所有的颜色（光学三原色），计算机屏幕上的三原色是红绿蓝（RGB）。稍有点经验的图像设计者应该看到 R、G、B 分量的数值就能想象出大概的颜色。

（2）颜色缩放。

“缩放颜色”的准确意义是把颜色变亮或者变暗。一般来说，把颜色的 R、G、B 分量乘以一个小于 1 的正小数，颜色看起来就会变暗了（记住，R、G、B 分量都是整数，所以可能需要取整）。开发者可以很容易写一个缩放颜色函数出来。如果乘以一个大于 1 的数，颜色就会变亮。不过同样要记住，每个数值最大是 255，所以一旦超过，就要把它归为 255。使用 Python 语言的内置函数 min()，可以方便地实现这个功能。如果乘的数字偏大，颜色很容易就变成纯白色，失去原来的色调。而且 R、G、B 分量也不可能是负数，所以谨慎选择缩放系数。

（3）颜色的混合。

很多时候还需要混合颜色，比如，当一个僵尸在路过一个火山熔岩坑时，它会由绿色变成橙红色，再变为正常的绿色，这个过程必须表现得很平滑，这时候就需要混合颜色。在现实中通常使用一种叫作“线性插值”（linear interpolation）的方法来做这件事情。为了找到两种颜色的中间色，需要将这第二种颜色与第一种颜色的差乘以一个 0～1 之间的小数，然后再加上第一种颜色就行了。如果这个数为 0，结果就完全是第一种颜色；如果这个数是 1，结果就只剩下第二种颜色；如果这个数是 0～1 之间的小数，则会皆有两者的特色。

20.4.2　如何创建 Surface 对象

在 Pygame 框架中，创建 Surface 对象最简单的方法就是前面说的 pygame.image.load()函数，这个 Surface 对象有和图像相同的尺寸和颜色。另外一种创建方法是设置指定尺寸创建一个空的 Surface。下面的代码语句创建了一个 256×256 像素的 Surface 对象。

```
bland_surface = pygame.Surface((256, 256))
```

如果不指定尺寸，就创建一个和屏幕一样大小的尺寸。另外，还有两个参数可选。其中第一个参数是 flags，它有如下两个取值。

- HWSURFACE：在显存中创建图像，不过最好不设定，Pygame 可以自己进行优化。
- SRCALPHA：有 Alpha 通道的 Surface，如果需要透明，就要设置这个选项。在使用这个选项时需要设置第二个参数为 32。

第二个参数是 depth，和 pygame.display.set_mode()函数中的一样，可以不设定，Pygame 会自动置它的值和 display 一致。不过，如果使用了 SRCALPHA，就需要设置为 32。例如下面的代码。

```
bland_alpha_surface = pygame.Surface((256, 256), flags=SRCALPHA, depth=32)
```

20.5　课后练习

（1）编写一个 2048 游戏，要求使用 Pygame 实现。

（2）编写一个最简单的发射子弹游戏，要求使用 Pygame 实现。

（3）编写一个太空飞机大战游戏，要求使用 Pygame 实现。

第 21 章

使用 Pillow 库处理图形

（视频讲解：74min）

Pillow 是 Python Imaging Library 的简称，是 Python 语言中最为常用的图像处理库。Pillow 库提供了对 Python 3 的支持，为 Python 3 解释器提供了图像处理的功能。通过使用 Pillow 库，可以方便地使用 Python 程序对图片进行处理，例如常见的尺寸、格式、色彩、旋转等处理。本章将详细讲解在 Python 语言中使用 Pillow 库处理图像的知识。

21.1　安装 Pillow 库

扫码看视频：安装 Pillow 库

Pillow 库是 Python 开发者最为常用的图像处理库，它提供了广泛的文件格式支持、强大的图像处理能力，主要包括图像存储、图像显示、格式转换以及基本的图像处理操作等。安装 Pillow 库的方法与安装 Python 其他第三方库的方法相同，也可以到 Python 官方网站下载 Pillow 库的压缩包。

解压下载到的文件后，在命令提示符下进入下载目录，然后运行如下命令即可安装。

```
python setup.py install
```

如果计算机可以联网，可以运行如下"pip"命令自动从互联网中下载并安装。

```
pip install pillow
```

联网的计算机也可以通过如下"easy_install"命令进行安装。

```
easy_install Pillow
```

例如，在 Windows 系统中成功安装后的界面如图 21-1 所示。

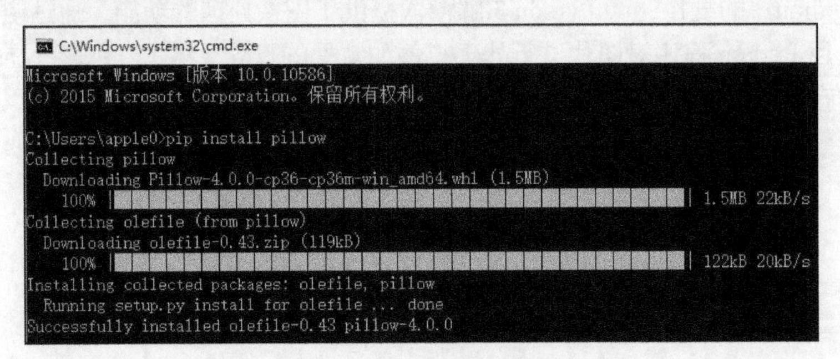

图 21-1　成功安装后的界面

21.2　使用 Image 模块

扫码看视频：使用 Image 模块

在 Pillow 库中，最为常用的内置模块是 Image，开发者可以通过多种方法创建 Image 实例。本节将详细讲解使用 Pillow 内置模块 Image 处理图像的知识。

21.2.1　打开和新建

在 Pillow 库中，通过使用 Image 模块，可以从文件中加载图像，或者处理其他图像，或者从 scratch 中创建图像。在对图像进行处理时，首先需要打开要处理的图片。在 Image 模块中，使用函数 open()打开一幅图片，执行后返回 Image 类的实例。当文件不存在时，会引发 IOError 错误。使用函数 open()的语法格式如下所示。

```
open ( fp, mode)
```

- fp：要打开的图片文件的路径。
- mode：可选参数，表示打开文件的方式，通常使用默认值 r。

在 Image 模块中，可以使用函数 new()新建图像。具体语法格式如下所示。

```
new (mode, size, color=0)
```

- mode：图片模式，具体取值如表 21-1 所示。

- size：表示图片尺寸，是使用宽和高两个元素构成的元组。
- color：默认颜色（黑）。

表 21-1 Pillow 库支持的常用图片模式信息

mode（模式）	bands（通道）	说 明
“1”	1	数字 1，表示黑白二值图像，每个像素用 0 或 1 共 1 位二进制代码表示
“L”	1	灰度图，每个像素用 8 位二进制代码表示
“P”	1	索引图，每个像素用 8 位二进制代码表示
“RGB”	3	24 位真彩图，每个像素用 3 字节的二进制代码表示
“RGBA”	4	“RGB”+透明通道表示，每个像素用 4 字节的二进制代码表示
“CMYK”	4	印刷模式图像，每个像素用 4 字节的二进制代码表示
“YCbCr”	3	彩色视频颜色隔离模式，每个像素用 3 字节的二进制代码表示
“LAB”	3	Lab 颜色空间，每个像素用 3 字节的二进制代码表示
“HSV”	3	每个像素用 3 字节的二进制代码表示
“I”	1	使用整数形式表示像素，每个像素用 4 字节的二进制代码表示
“F”	1	使用浮点数形式表示像素，每个像素用 4 字节的二进制代码表示

下面的实例代码演示了使用 Image 模块打开一幅图片的过程。

实例 21-1 使用 Image 模块打开一幅图片

源码路径 daima\21\21-1

实例文件 dakai.py 的具体实现代码如下所示。

```
from PIL import Image                #导入Image模块
im = Image.open("IMG_1.jpg")         #打开指定的图片
print(im.format, im.size, im.mode)
    #显示图片的属性信息
im.show()                            #显示打开的这幅图片
```

拓展范例及视频二维码

范例 569：将图片转成 jpg 格式
源码路径：范例\569\

范例 570：创建图片缩略图
源码路径：范例\570\

在上述实例代码中，使用函数 open()打开了当前目录中的图片文件 IMG_1.jpg，然后显示了这幅图片的属性信息，最后使用函数 show()显示这幅图片。其中 format 属性标识了图像来源，如果图像不从文件读取它的值，则 format 的值是 None。属性 size 是一个二元 tuple，包含 width 和 height（宽度和高度，单位都是 px）。属性 mode 定义了图像 bands 的数量和名称，以及像素类型和深度。如果文件打开错误，返回 IOError 错误。执行后将显示图片 IMG_1.jpg 的属性并打开这幅图片，执行效果如图 21-2 所示。

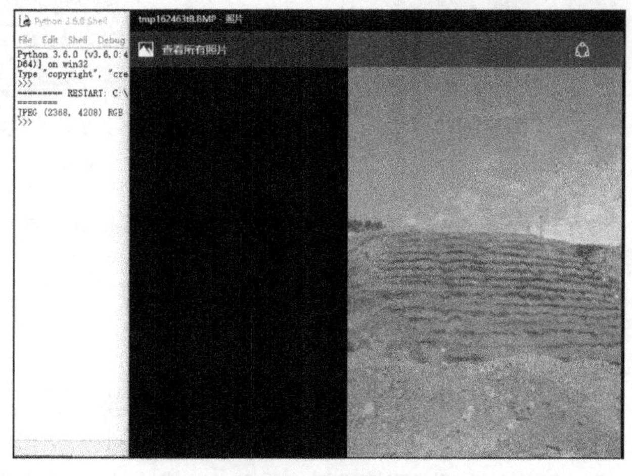

图 21-2 执行效果

21.2.2　混合

（1）透明度混合处理。

在 Pillow 库的 Image 模块中，可以使用函数 blend()实现透明度混合处理。具体语法格式如下所示。

```
blend (im1, im2, alpha)
```

- ❑ im1：参与混合的图片 1。
- ❑ im2：参与混合的图片 2。
- ❑ alpha：混合透明度，取值是 0～1。

通过使用函数 blend()，可以将 im1 和 im2 这两幅图片（尺寸相同）以一定的透明度进行混合处理。具体混合过程如下：

```
(im1 ×(1- alpha) + im2×alpha)
```

当混合透明度 alpha 取值为 0 时，显示 im1 原图。当混合透明度 alpha 取值为 1 时，显示 im2 原图片。下面的实例代码演示了使用 Image 模块实现图片透明度混合的过程。

实例 21-2　使用 Image 模块实现图片透明度混合

源码路径　daima\21\21-2

实例文件 hun.py 的具体实现代码如下所示。

```
from PIL import Image                  #导入Image模块
imga = Image.open('IMG_1.jpg')   #打开指定的图片1
imgb = Image.open('IMG_2.jpg')   #打开指定的图片2
Image.blend(imga,imgb,0.3).show()  #混合两幅图片
```

原始图片 IMG_1.jpg 和 IMG_2.jpg 的效果如图 21-3 所示。

执行后将实现混合处理，执行后的效果如图 21-4 所示。

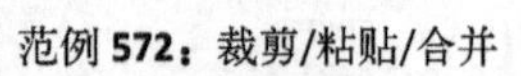

范例 571：确定图片属性

源码路径：范例\571\

范例 572：裁剪/粘贴/合并图片

源码路径：范例\572\

IMG_1.jpg
a)

IMG_2.jpg
b)

图 21-3　原图效果

图 21-4　执行效果

（2）遮罩混合处理。

在 Pillow 库的 Image 模块中，可以使用函数 composite()实现遮罩混合处理。具体语法格式如下所示。

```
composite (im1, im2, mask)
```

- ❑ im1：将要混合处理的图片 1。
- ❑ im2：将要混合处理的图片 2。
- ❑ mask：混合遮罩模式，可以是“1”“L”或“RGBA”等模式。

函数 composite()的功能是使用 mask 来混合图片 im1 和图片 im2，并且要求 mask、im1 和 im2 三幅图片的尺寸相同。下面的实例代码演示了使用 Image 模块实现图片遮罩混合处理的过程。

实例 21-3 使用 Image 模块实现图片遮罩混合

源码路径 daima\21\21-3

实例文件 zhe.py 的具体实现代码如下所示。

```
from PIL import Image                  #导入Image模块
imga = Image.open('IMG_1.jpg')         #打开指定的图片1
imgb = Image.open('IMG_2.jpg')         #打开指定的图片2
mask = Image.open('IMG_3.jpg')         #打开指定的图片3
Image.composite(imga,imgb,mask).show()
#实现3幅图片的遮罩混合
```

原始图片 IMG_1.jpg、IMG_2.jpg 和 IMG_3.jpg 的效果如图 21-5 所示。

执行后将实现遮罩混合处理，执行后的效果如图 21-6 所示。

拓展范例及视频二维码

范例 **573**：打开指定的图片

源码路径：**范例**\573\

范例 **574**：实现图片的缩放处理

源码路径：**范例**\574\

IMG_1.jpg
a)

IMG_2.jpg
b)

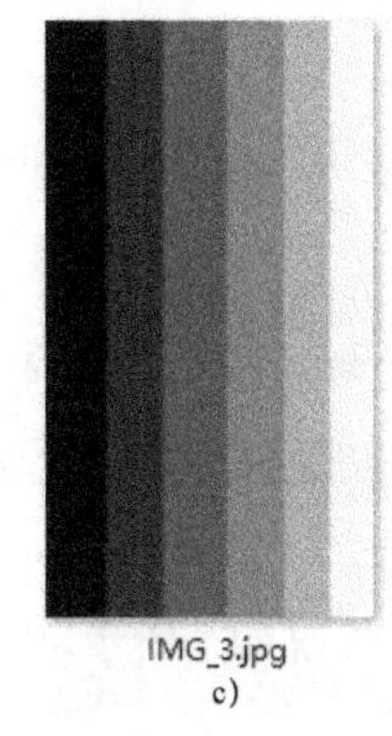
IMG_3.jpg
c)

图 21-5 原图效果

图 21-6 执行效果

21.2.3 复制和缩放

（1）复制图像。

在 Pillow 库的 Image 模块中，可以使用函数 Image.copy()复制指定的图片，这可以用于在处理或粘贴时需要持有源图片。

（2）缩放像素。

在 Pillow 库的 Image 模块中，可以使用函数 eval()实现像素缩放处理，能够使用函数 fun()计算输入图片的每个像素并返回。使用函数 eval()的语法格式如下所示。

```
eval(image, fun)
```

- ❑ image：输入的图片。
- ❑ fun：给输入图片的每个像素应用此函数，fun()函数只允许接收一个整型参数。如果一个图片含有多个通道，则每个通道都会应用这个函数。

下面的实例代码演示了使用 Image 模块缩放指定图片像素的过程。

实例 21-4 使用 Image 模块缩放指定图片的像素

源码路径 daima\21\21-4

实例文件 suo.py 的具体实现代码如下所示。

```
from PIL import Image                  #导入Image模块
def div2(v):                           #定义函数div2()计算待处理像素
    return v//2                        #设置缩放为一半
imga = Image.open('IMG_1.jpg')         #打开指定的图片
Image.eval(imga,div2).show()           #显示缩放后的图片
```

在上述代码中首先定义了一个用于计算待处理像素的函数 div2()，然后打开一幅指定的输入

图片 IMG_1.jpg，最后调用 eval()函数实现像素缩放处理后并输出。执行后的效果如图 21-7 所示。

图 21-7　执行效果

拓展范例及视频二维码

范例 **575**：实现图片模糊处理
源码路径：**范例**\575\

范例 **576**：调整图片的显示大小
源码路径：**范例**\576\

（3）缩放图像。

在 Pillow 库的 Image 模块中，可以使用函数 thumbnail()原生地缩放指定的图像。具体语法格式如下所示。

```
Image.thumbnail(size, resample=3)
```

下面的实例代码演示了使用 Image 模块缩放指定图片的过程。

实例 21-5　使用 Image 模块缩放指定的图片

源码路径　daima\21\21-5

实例文件 suo1.py 的具体实现代码如下所示。

```
from PIL import Image                      #导入Image模块
imga = Image.open('IMG_1.jpg')             #打开指定的图片
print('图像格式：',imga.format)            #显示图像格式
print('图像模式：',imga.mode)              #显示图像模式
print('图像尺寸：',imga.size)              #显示图像尺寸
imgb = imga.copy()                         #复制打开的图片
imgb.thumbnail((224,168))  #缩放为指定的大小（224,168）
imgb.show()                                #显示缩放后的图片
```

拓展范例及视频二维码

范例 **577**：显示图片轮廓
源码路径：**范例**\577\

范例 **578**：在图片中显示指定文字
源码路径：**范例**\578\

在上述代码中分别获取显示了指定图像“IMG_1.jpg”的格式、模式和尺寸，然后使用函数 copy()复制图像，并对其进行缩放。执行后的效果如图 21-8 所示。

```
=======
图像格式：  JPEG
图像模式：  RGB
图像尺寸：  (600, 1066)
>>> |
```

图 21-8　执行效果

21.2.4　粘贴和裁剪

（1）粘贴。

在 Pillow 库的 Image 模块中，函数 paste()的功能是粘贴源图像或像素至该图像中。具体语

法格式如下所示。

```
Image.paste (im, box=None, mask=None)
```

- im：源图或像素值。
- box：粘贴区域。
- mask：遮罩。

参数 box 可以分为以下 3 种情况。

- （xl，yl）：将源图像左上角对齐（xl，yl）点，其余超出被粘贴图像的区域被抛弃。
- （xl，yl，x2，y2）：源图像与此区域必须一致。
- None：源图像与被粘贴的图像大小必须一致。

（2）裁剪图像。

在 Pillow 库的 Image 模块中，函数 crop()的功能是剪切图片中 box 所指定的区域。具体语法格式如下所示。

```
Image.crop(box=None)
```

参数“box”是一个四元组，分别定义了剪切区域的左、上、右、下 4 个坐标。

下面的实例代码演示了使用 Image 模块对指定图片实现剪切和粘贴功能的过程。

实例 21-6　对指定图片实现剪切和粘贴操作

源码路径　daima\21\21-6

实例文件 jian.py 的主要实现代码如下所示。

```
print('图像通道列表：',imga.getbands())  #显示图像通道列表
imgb = imga.copy()                      #复制图片
imgc = imga.copy()                      #复制图片
region = imgb.crop((5,5,120,120))       #剪切指定区域的图片
imgc.paste(region,(230,230))            #粘贴图片
imgc.show()                             #显示粘贴后的图像效果
```

执行后的效果如图 21-9 所示，图中圈出的区域便是剪切并粘贴后的区域。

图 21-9　执行效果

拓展范例及视频二维码

范例 **579**：调整图片的锐度

源码路径：**范例**\579\

范例 **580**：旋转指定的图片

源码路径：**范例**\580\

21.2.5　格式转换

（1）convert()。

在 Pillow 库的 Image 模块中，函数 convert()的功能是返回模式转换后的图像实例。目前支持的模式有“L”“RGB”“CMYK”，参数 matrix 只支持“L”和“RGB”两种模式。具体语法格式如下所示。

```
Image.convert(mode=None, matrix=None, dither=None, palette=0, colors=256)
```

- mode：转换文件为此模式。
- matrix：转换使用的矩阵（4 或 16 元素的浮点数元组）。
- dither：取值为 None 且转为黑白图时非 0（1～255）像素均为白，也可以设置此参数为 FLOYDSTEINBERG。

（2）transpose()。

在 Pillow 库的 Image 模块中，函数 transpose()的功能是实现图像格式的转换。具体语法格式如下所示。

```
Image.transpose(method)
```

转换图像后，返回转换后的图像，“method”的取值有以下几个。

- PIL.Image.FLIP_LEFT_RIGHT：左右镜像。
- PIL.Image.FLIP_TOP_BOTTOM：上下镜像。
- PIL.Image.ROTATE_90：旋转 90°。
- PIL.Image.ROTATE_180：旋转 180°。
- PIL.Image.ROTATE_270：旋转 270°。
- PIL.Image.TRANSPOSE：颠倒顺序。

下面的实例代码演示了使用 Image 模块对指定图片格式进行转换的过程。

实例 21-7　对指定图片格式进行转换操作

源码路径　daima\21\21-7

实例文件 zhuan.py 的具体实现代码如下所示。

```
from PIL import Image
#设置要操作的指定图片
imga = Image.open('IMG_1.jpg')
imgb = imga.copy()
#第1段代码，下面的代码会创建一幅新图像
img_output = Image.new('RGB',(448,168))
img_output.paste(imgb,(0,0))
img_output.show()
b = imgb.convert('CMYK')          #转换为CMYK格式的图像
img_output.paste(b,(224,0))    #粘贴转换后的图像
img_output.show()
#第2段代码，下面的代码会得到一幅左右镜像的图像
flip = b.transpose(Image.FLIP_LEFT_RIGHT)
img_output.paste(flip,(224,0)) #粘贴镜像的图像
img_output.show()
#第3段代码，下面的代码将图像转换为灰度图
b = imgb.convert('L')
img_output.paste(b,(224,0))    #粘贴灰度图
img_output.show()              #显示图片
```

拓展范例及视频二维码

范例 **581**：生成随机验证码

源码路径：**范例**\581\

范例 **582**：实现图片滤波处理

源码路径：**范例**\582\

执行后的效果如图 21-10 所示。

第 1 段代码中粘贴后的图像

a)

第 1 段代码中转换为 CMYK 格式并粘贴后的图像

b)

第 2 段代码中粘贴的左右镜像图像

c)

第 3 段代码中粘贴的灰度图像

d)

图 21-10　执行效果

21.2.6　重设和旋转

（1）重设。

在 Pillow 库的 Image 模块中，可以使用函数 resize()来重新设置指定图像的大小。函数 resize()

的语法格式如下所示。

```
Image.resize (size, resample=0)
```

（2）旋转。

在 Pillow 库的 Image 模块中，可以使用函数 rotate()来旋转处理指定的图像。函数 rotate()的语法格式如下所示。

```
Image.rotate (angle, resample=0, expand=0)
```

- angle：表示旋转角度，使用逆时针方式。
- expand：展开可选的扩展标志。如果为 TRUE，则扩大输出图像，使其足够大，以容纳整个旋转图像。如果是 FALSE，则省略，使输出图像和输入图像的大小相同。

下面的实例代码演示了使用 Image 模块旋转指定图片的过程。

实例 21-8　使用 Image 模块旋转指定的图片

源码路径　daima\21\21-8

实例文件 xuan.py 的具体实现代码如下所示。

```
from PIL import Image                          #导入Image模块
imga = Image.open('IMG_1.jpg')                 #打开指定的图片
imgb = imga.copy()                             #复制打开的图片
img_output = Image.new('RGB',(448,168)) #创建一个新的图像区域
b = imgb.rotate(45)                            #旋转45°
img_output.paste(b,(224,0))                    #粘贴矩形区域
img_output.show()                              #输出显示图片
```

执行后的效果如图 21-11 所示。

图 21-11　执行效果

拓展范例及视频二维码

范例 **583**：剪切/粘贴/合并操作

源码路径：**范例**\583\

范例 **584**：使用 ImageFont 添加文字

源码路径：**范例**\584\

21.2.7　分离和合并

（1）分离。

在 Pillow 库的 Image 模块中，使用函数 split()可以将图片分割为多个通道列表。使用函数 split()的语法格式如下所示。

```
Image.split()
```

（2）合并。

在 Pillow 库的 Image 模块中，使用函数 merge()可以将一个通道的图像合并到更多通道的图像中。使用函数 merge()的语法格式如下所示。

```
PIL.Image.merge(mode, bands)
```

- mode：输出图像的模式。
- bands：波段通道，一个序列包含单个带图通道。

下面的实例代码演示了使用 Image 模块对指定图片分别实现合并和分离操作的过程。

实例 21-9　对指定图片分别实现合并和分离操作

源码路径　daima\21\21-9

实例文件 he.py 的主要实现代码如下所示。

```
#第1段
chnls = imgb.split()            #分离图像通道
b = Image.merge('RGB',chnls[::-1])
    #合并R与B互换后的通道
img_output.paste(b,(224,0))     #粘贴合并后的图像
img_output.show()               #显示处理结果
#第2段
from PIL import ImageFilter
b = imgb.filter(ImageFilter.GaussianBlur)
    #处理R通道中的每一个像素
img_output.paste(b,(224,0))     #合并R通道后的图像
img_output.show()
```

拓展范例及视频二维码

范例 585：获取每个通道的最大值和最小值
源码路径：范例\585\

范例 586：获取图像中每个通道的像素个数
源码路径：范例\586\

执行后的效果如图 21-12 所示。

第 1 段：先分离后合并

a)

第 2 段：合并 R 通道后的图像

b)

图 21-12　执行效果

21.2.8　滤镜

在 Pillow 库的 Image 模块中，使用函数 filter()可以对指定的图片使用滤镜效果，在 Pillow 库中可以用的滤镜保存在 ImageFilter 模块中。使用函数 filter()的语法格式如下所示。

```
Image.filter( filter)
```

通过使用函数 filter()，可以使用给定的滤镜过滤指定的图像，参数“filter”表示滤镜内核。下面的实例代码演示了使用 Image 模块对指定图片实现滤镜模糊操作的过程。

实例 21-10　对指定图片实现滤镜模糊操作

源码路径　daima\21\21-10

实例文件 guo.py 的主要实现代码如下所示。

```
from PIL import ImageFilter      #导入ImageFilter模块
#使用函数filter()实现滤镜效果
b = imgb.filter(ImageFilter.GaussianBlur)
img_output.paste(b,(224,0))      #粘贴指定大小的区域
img_output.show()                #显示图片
```

执行后的效果如图 21-13 所示。

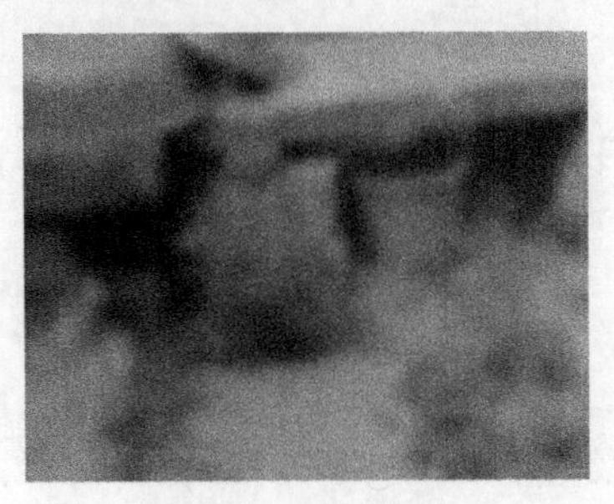

图 21-13　执行效果

拓展范例及视频二维码

范例 587：对指定图片进行解析处理
源码路径：范例\587\

范例 588：显示五种不同图像的对比度
源码路径：范例\588\

21.2.9　其他内置函数

在 Pillow 库的 Image 模块中，还有很多其他重要的内置函数和属性。其中有如下 3 个最为

常用的属性。

- ❑ Image.format：源图像格式。
- ❑ Image.mode：图像模式字符串。
- ❑ Image.size：图像尺寸。

在 Pillow 库的 Image 模块中，其他常用的内置函数如下所示。

- ❑ Image.getbands()：获取图像每个通道的名称列表，例如 RGB 图像返回['R'，'G'，'B']。
- ❑ Image.getextrema()：获取图像最大、最小像素的值。
- ❑ Image.getpixel (xy)：获取像素点值。
- ❑ Image. histogram (mask=None, extrema=None)：获取图像直方图，返回像素计数的列表。
- ❑ Image.point (function)：使用函数修改图像的每个像素。
- ❑ Image.putalpha (alpha)：添加或替换图像的 alpha 层。
- ❑ Image.putdata (data, scale=l.0, offset=0.0)：将序列像素值复制到图片上，与使用 scale 与 offset 参数时的计算方式是：pixel=value*scale+offset。
- ❑ Image.save(fp, format=None, **params)：保存图片。
- ❑ Image.show(title=None, command=None)：显示图片。
- ❑ Image.transform(size, method, data=None, resample=0, fill=l)：变换图像。
- ❑ Image.verify()：校验文件是否损坏。
- ❑ Image.close()：关闭文件。

下面的实例代码演示了使用 Image 模块中其他内置函数的过程。

实例 21-11 使用 Image 模块中的其他内置函数

源码路径 daima\21\21-11

实例文件 qi.py 的具体实现代码如下所示。

```
from PIL import Image    #导入Image模块
imga = Image.open('IMG_1.jpg')  #打开指定的图片
print('图像格式：',imga.format)  #显示图像格式
print('图像模式：',imga.mode)    #显示图像模式
print('图像尺寸：',imga.size)    #显示图像尺寸
print('图像通道列表：',imga.getbands())
#显示图像通道列表
print('统计直方图列表：',imga.histogram())
#显示统计直方图列表
```

执行后的效果如图 21-14 所示。

拓展范例及视频二维码

范例 589：绘制两条灰色的对角线
源码路径：**范例**\589\

范例 590：绘制指定颜色的弧线
源码路径：**范例**\590\

```
Python 3.6.0 Shell
File  Edit  Shell  Debug  Options  Window  Help
==========
图像格式： JPEG
图像模式： RGB
图像尺寸： (600, 1066)
图像通道列表： ('R', 'G', 'B')
统计直方图列表： [162, 85, 153, 302, 452, 552, 590, 689, 767, 896, 1040, 1214
, 1266, 1486, 1618, 1802, 1810, 1887, 2076, 2054, 2142, 2216, 2260, 2350, 240
9, 2374, 2566, 2510, 2590, 2607, 2617, 2613, 2677, 2606, 2647, 2815, 2809, 28
56, 2834, 2853, 2864, 3011, 3072, 3136, 3169, 3249, 3200, 3338, 3353, 3389, 3
496, 3512, 3580, 3751, 3710, 3737, 3779, 3809, 3891, 3916, 4014, 4094, 4028,
4090, 4101, 3917, 4158, 4108, 3974, 3903, 4109, 4011, 4006, 3876, 3959, 4006,
3924, 3889, 3902, 3977, 3822, 3887, 3829, 3925, 3816, 3802, 3706, 3788, 3829,
3703, 3608, 3555, 3526, 3513, 3506, 3471, 3384, 3354, 3380, 3307, 3286, 3229,
3290, 3299, 3162, 3142, 3107, 3009, 2998, 3110, 3075, 3126, 3196, 3149, 3331,
3239, 3369, 3412, 3637, 3829, 3935, 3975, 4113, 4361, 4402, 4533, 4590, 4574,
4432, 4503, 4316, 4255, 4104, 4004, 3865, 3802, 3633, 3583, 3499, 3360, 3302,
3412, 3231, 3365, 3156, 3091, 3124, 3070, 2912, 3077, 2977, 2894, 2806, 2857,
2823, 2895, 2906, 2920, 2980, 2996, 3033, 3096, 3062, 3058, 3087, 3027, 3076,
3094, 2995, 3032, 3020, 2996, 2951, 3048, 3039, 3020, 3067, 3019, 3059, 3059,
3067, 3016, 3023, 3057, 3150, 3022, 3013, 2819, 2736, 2760, 2542, 2392, 2264,
Ln: 10  Col: 4
```

图 21-14　执行效果

21.3　使用 ImageChops 模块

在 Pillow 库的内置模块 ImageChops 中包含了多个用于实现图片合成的函数。这些合成功能是通过计算通道中像素值的方式来实现的，其主要用于制作特效、合成图片等操作。本节将详细讲解使用 ImageChops 模块的知识。

扫码看视频：使用 ImageChops 模块

21.3.1　常用的内置函数

在模块 ImageChops 中，常用的内置函数如下所示。

（1）相加函数 add()，功能是对两张图片进行算术加法运算。具体语法格式如下所示。

```
ImageChops.add(image1, image2, scale=1.0, offset=0)
```

在合成后图像中的每个像素值，是两幅图像对应像素值依据下面的公式进行计算得到的。

```
out= ((image1+image2)/scale+offset)
```

（2）减法函数 subtract()，功能是对两张图片进行算术减法运算。具体语法格式如下所示。

```
ImageChops.subtract(image1, image2, scale=1.0, offset=0)
```

在合成后图像中的每个像素值，是两幅图像对应像素值依据下面的公式进行计算得到的。

```
out= ((image1 - image2)/scale+offset)
```

（3）变暗函数 darker()，功能是比较两个图片的像素，取两张图片中对应像素的较小值，所以合成时两幅图像中对应位置的暗部分得到保留，而去除亮部分。具体语法格式如下所示。

```
ImageChops.darker(image1, image2)
```

像素的计算公式如下所示。

```
out = min (image1, image2)
```

（4）变亮函数 lighter()，与变暗函数 darker()相反，功能是比较两个图片（逐像素比较），返回一幅新的图片，这幅新的图片是将两张图片中较亮的部分叠加得到的。也即是说，在某一点上，两张图中哪个的值大（亮）则取之。具体语法格式如下所示。

```
ImageChops.lighter (image1, image2)
```

函数 lighter()与函数 darker()的功能相反，计算后得到的图像是两幅图像对应位置的亮部分。像素值的计算公式如下所示。

```
out=max (image1, image2)
```

（5）叠加函数 multiply()，功能是将两张图片互相叠加。如果用纯黑色与某图片进行叠加操作，就会得到一幅纯黑色的图片。如果用纯白色与图片作叠加，则图片不受影响。具体语法格式如下所示。

```
ImageChops.multiply (image1, image2 )
```

合成的图像的效果类似两张图片在透明的描图纸上叠放在一起观看的效果。其对应像素值的计算公式如下所示。

```
out=image1*image2/MAX
```

（6）屏幕函数 screen()，功能是先反色后叠加，实现合成图像的效果，就像将两张幻灯片用两台投影机同时投影到一个屏幕上的效果。具体语法格式如下所示。

```
ImageChops.screen(image1, image2)
```

其对应像素值的计算公式如下所示。

```
out = MAX -((MAX - image1) * (MAX - image2) / MAX)
```

（7）反色函数 invert()，类似于集合操作中的求补集，最大值为 Max，每个像素做减法，取出反色。在反色时将用 255 减去一幅图像的每个像素值，从而得到原来图像的反相。也就是说，其表现为“底片”性质的图像。具体语法格式如下所示。

```
ImageChops.invert (image)
```

像素值的计算公式如下所示。

```
out=MAX - image
```

（8）比较函数 difference()，可以逐像素做减法操作，计算出绝对值。函数 difference()能够得到两幅图像的对应像素值相减后的图像，对应像素值相同的，则为黑色。函数 difference()通常用来找出图像之间的差异。具体语法格式如下所示。

```
ImageChops.difference (image1, image2)
```

像素值的计算公式如下所示。

```
out=abs (image1 - image2)
```

（9）灰度填充函数 constant()，功能是用所给的灰度等级来填充各像素，用来生成给定的灰度值图像。具体语法格式如下所示。

```
ImageChops.constant (image,value)
```

21.3.2 实现图片合成

下面的实例代码演示了使用 ImageChops 模块实现图片合成的过程。

实例 21-12 使用 ImageChops 模块实现图片合成

源码路径 daima\21\21-12

实例文件 hecheng.py 的具体实现代码如下所示。

```
from PIL import Image            #导入Image模块
from PIL import ImageChops       #导入ImageChops模块
imga = Image.open('IMG_1.jpg')      #打开图片1
imgb = Image.open('IMG_2.jpg')      #打开图片2
ImageChops.add(imga,imgb,1,0).show()
#对两张图片进行算术加法运算
ImageChops.subtract(imga,imgb,1,0).show()
#对两张图片进行算术减法运算
ImageChops.darker(imga,imgb).show()
#使用变暗函数darker()
ImageChops.lighter(imga,imgb).show()
#使用变亮函数lighter()
ImageChops.multiply(imga,imgb).show()
#将两张图片互相叠加
ImageChops.screen(imga,imgb).show()    #实现反色后叠加
ImageChops.invert(imga).show()         #使用反色函数invert()
ImageChops.difference(imga,imga).show() #使用比较函数difference()
```

拓展范例及视频二维码

范例 **591**：绘制图像、点和线

源码路径：**范例**\591\

范例 **592**：绘制图像轮廓和直方图

源码路径：**范例**\592\

执行后的部分效果如图 21-15 a～d 所示。实例 21-12 分别实现了相加、相减、变暗、变亮、叠加、屏幕、反相和比较操作。经过最后的比较操作产生的图像为纯黑色，这是因为比较的是同一幅图片。为节省本书篇幅，图 21-5 只展示了 4 种操作，具体效果请读者亲自调试程序运行查看。

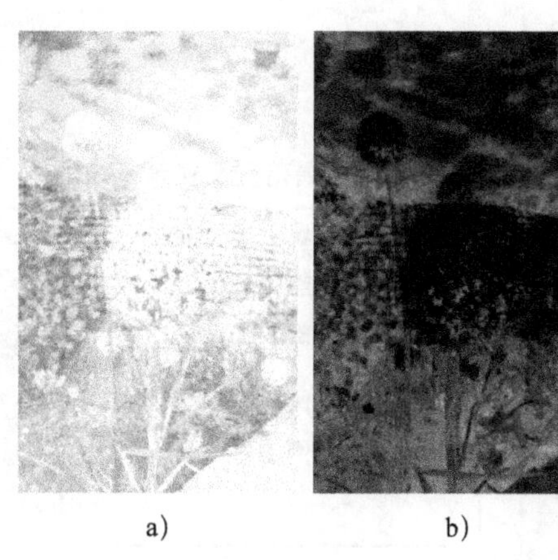

a)　　b)　　c)　　d)

图 21-15　执行效果

21.4　使用 ImageEnhance 模块

扫码看视频：使用 ImageEnhance 模块

在 Pillow 库的内置模块 ImageEnhance 中包含了多个用于增强图像效果的函数，主要用来调整图像的色彩、对比度、亮度和清晰度等，感觉上和调整电视机的显示参数一样。本节将详细讲解使用 ImageEnhance 模块的知识。

21.4.1　常用的内置函数

在模块 ImageEnhance 中，所有的图片增强对象都实现了一个通用接口。这个接口只包含如下一个方法。

```
enhance(factor)
```

方法 enhance()会返回一个增强的 Image 对象，参数 factor 是一个大于 0 的浮点数，1 表示返回原始图片。

当在 Python 程序中使用模块 ImageEnhance 增强图像效果时，需要首先创建对应的增强调整器，然后调用调整器输出函数，根据指定的增强系数（小于 1 表示减弱，大于 1 表示增强，等于 1 表示原图不变）进行调整，最后输出调整后的图像。

在模块 ImageEnhance 中，常用的内置函数如下所示。

- ImageEnhance.Color(image)：功能是调整图像色彩平衡，相当于彩色电视机的色彩调整，实现了上边提到的接口的 enhance 方法。
- ImageEnhance.Contrast(image)：功能是调整图像对比度，相当于彩色电视机的对比度调整。
- ImageEnhance.Brightness(image)：功能是调整图像亮度。
- ImageEnhance.Sharpness(image)：功能是调整图像清晰度，用于锐化/钝化图片。锐化操作的 factor 是 0～2 之间的一个浮点数。当 factor=0 时，返回一个模糊的图片对象；当 factor=2 时，返回一个锐化的图片对象；当 factor=1 时，返回原始图片对象。

21.4.2　实现图像增强处理

下面的实例代码演示了使用 ImageEnhance 模块实现图像增强处理的过程。

实例 21-13　使用 ImageEnhance 模块实现图像增强处理

源码路径　daima\21\21-13

实例文件 zeng.py 的主要实现代码如下所示。

```
w,h = imga.size      #定义变量w和h的初始值
img_output = Image.new('RGB',(2*w,h)) #创建图像区域
img_output.paste(imga,(0,0))    #将创建的部分粘贴图片
nhc = ImageEnhance.Color(imga) #调整图像色彩平衡
nhb = ImageEnhance.Brightness(imga) #调整图像亮度
for nh in [nhc,nhb]:   #使用内嵌循环输出调整后的图像
    for ratio in [0.6,1.8]:  #减弱和增强两个系数
        b = nh.enhance(ratio)    #增强处理
        img_output.paste(b,(w,0)) #粘贴修改后的图像
        img_output.show()        #显示对比的图像
```

执行后的效果如图 21-16 a～b 所示，其中分别实现色彩减弱、色彩增强、亮度减弱和亮度增强效果。

拓展范例及视频二维码

范例 **593**：实现交互式标注功能

源码路径：**范例**\593\

范例 **594**：图像平均处理函数

源码路径：**范例**\594\

a）色彩减弱　　b）色彩增强

c）亮度减弱　　d）亮度增强

图 21-16　执行效果

21.5　使用 ImageFilter 模块

在 Pillow 库中，内置模块 ImageFilter 实现了滤镜功能，可以用来创建图像特效，或以此效果作为媒介实现进一步处理。本节将详细讲解使用 ImageFilter 模块的知识。

扫码看视频：使用 ImageFilter 模块

21.5.1　常用的内置函数

在模块 ImageFilter 中，提供了一些预定义的滤镜和自定义滤镜函数。其中最为常用的预定义滤镜如下所示。

- BLUR：模糊滤镜。
- CONTOUR：轮廓。
- DETAIL：细节。
- EMBOSS：浮雕。
- FIND_EDGES：查找边缘。
- SHARPEN：锐化。
- SMOOTH：光滑。
- EDGE_ENHANCE：边缘增强。
- EDGE_ENHANCE_MORE：边缘更多增强。

在模块 ImageFilter 中，常用的自定义滤镜函数如下所示。

- ImageFilter.GaussianBlur(radius=2)：高斯模糊。
- ImageFilter.UnsharpMask(radius=2, percent=150, threshold=3)：USM 锐化。
- ImageFilter.MedianFilter(size=3)：中值滤波。
- ImageFilter.MinFilter(size=3)：最小值滤波。
- ImageFilter.ModeFilter(size=3)：模式滤波。

上述滤镜函数的使用方法十分简单，通过把滤镜实例作为参数提供给本章前面介绍的 Image 模块中的方法 filter()，就可以返回具有滤镜特效的图像。

21.5.2　实现滤镜处理

下面的实例代码演示了使用 ImageFilter 模块对指定图片实现滤镜特效的过程。

实例 21-14　对指定图片实现滤镜特效

源码路径　daima\21\21-14

实例文件 lv.py 的具体实现代码如下所示。

```
from PIL import Image
from PIL import ImageFilter                    #导入模块ImageFilter
imga = Image.open('IMG_2.jpg')                 #打开指定的图像
w,h = imga.size                                #图像的宽和高
img_output = Image.new('RGB',(2*w,h))          #新建指定大小的图像
img_output.paste(imga,(0,0))                   #粘贴原始图像
fltrs = []                                     #创建列表存储滤镜
fltrs.append(ImageFilter.EDGE_ENHANCE)         #边缘强化滤镜
fltrs.append(ImageFilter.FIND_EDGES)           #查找边缘滤镜
fltrs.append(ImageFilter.GaussianBlur(4))
#高斯模糊滤镜

for fltr in fltrs:                 #遍历上述3种滤镜
    r = imga.filter(fltr)          #使用滤镜
    img_output.paste(r,(w,0))      #粘贴图像
    img_output.show()              #显示对比的图像
```

在上述实例代码中创建了滤镜列表，然后用 for 循环遍历并输出对比效果图。执行后的效果如图 21-17 a～c 所示，其中分别实现了边缘增强、查找边缘和高斯模糊效果。

拓展范例及视频二维码

范例 595：将图片转成 JPG 格式
源码路径：**范例**\595\

范例 596：在图片上添加多类元素
源码路径：**范例**\596\

a）边缘增强

b）查找边缘

c）高斯模糊

图 21-17　执行效果

21.6　使用 ImageDraw 模块

在 Pillow 库中，内置模块 ImageDraw 实现了绘图功能。可以通过创建图片的方式来绘制 2D 图像；还可以在原有的图片上进行绘图，以达到修饰图片或对图片进行注释的目的。本节将详细讲解使用 ImageDraw 模块的知识。

扫码看视频：使用 ImageDraw 模块

21.6.1　常用的内置函数

在模块 Python 程序中，使用 ImageDraw 模块绘图时需要首先创建一个 ImageDraw.Draw 对象，并且提供指向文件的参数。然后引用创建的 Draw 对象方法

进行绘图。最后保存或直接输出绘制的图像。

```
drawObject = ImageDraw.Draw(blank)
```

在模块 Python 程序中，通过常用的内置函数可以绘制以下内容。

❑ 绘制直线。

```
drawObject.line([x1,y1,x2,y2] ,options)
```

表示以（x1,y1）为起始点，以（x2,y2）为终止点画一条直线。[x1,y1,x2,y2]也可以写为(x1,y1,x2,y2)、[(x1,y1),(x2,y2)]等。把 options 选项设置为 fill 用于指定线条颜色。

❑ 绘制圆弧。

```
drawObject.arc([x1, y1, x2, y2], startAngle, endAngle, options)
```

在左上角坐标为（x1,y1），右下角坐标为（x2,y2）的矩形区域内，满圆 O 内，以 startAngle 为起始角度，以 endAngle 为终止角度，截取圆 O 的一部分圆弧并画出来。如果[x1,y1,x2,y2]区域不是正方形，则在该区域内的最大椭圆中根据角度截取片段。参数 options 设置圆弧线的颜色，具体方法同 drawObject.line。

注意：[x1,y1,x2,y2]规定矩形框的水平中位线为 0° 角，角度按顺时针方向变大（与数学坐标系中规定的方向相反）。

❑ 绘制椭圆。

```
drawObject.ellipse([x1,y1,x2,y2], options)
```

用法同 arc 类似，用于画圆（或者椭圆）。把 options 选项设置为 fill 表示将圆（或者椭圆）用指定颜色填满，设置为 outline 表示只规定圆的颜色。

❑ 绘制弦。

```
drawObject.chord([x1, y1, x2, y2], startAngle, endAngle, options)
```

具体用法与 arc 相同，用来画圆中从 startAngle 到 endAngle 的弦。把 options 设置为 fill 表示将弦与圆弧之间空间用指定颜色填满，设置为 outline 表示只规定弦线的颜色。

❑ 绘制扇形。

```
drawObject.pieslice([x1,y1,x2,y2], startAngle, endAngle, options)
```

用法与 ellipse 相同，用于画起止角度间的扇形区域。把 options 选项设置为 fill 表示将扇形区域用指定颜色填满，设置为 outline 表示只用指定颜色描出区域轮廓。

❑ 绘制多边形。

```
drawObject.polygon([x1,y1,x2,y2, …],options)
```

根据坐标画多边形，Python 会根据第一个参量中的（x、y）坐标对，连接出整个图形。把 options 选项设置为 fill 表示将多边形区域用指定颜色填满，设置为 outline 表示只用指定颜色描出区域轮廓。

❑ 绘制矩形。

```
drawObject.rectangle([x1,y1,x2,y2],options)
```

在指定的区域内画一个矩形，（x1,y1）表示矩形左上角的坐标，（x2,y2）表示矩形右下角的坐标。把 options 选项设置为 fill 表示将矩形区域用指定颜色填满，设置为 outline 表示只用指定颜色描出区域轮廓。

❑ 绘制文字。

```
drawObject.text(position, string, options)
```

在图像内添加文字。其中参数 position 是一个二元组，用于指定文字左上角的坐标；string 表示要写入的文字内容；options 选项可以为 fill 或者 font（只能选择其中之一作为选项的值，不能两个同时存在）。要想改变字体颜色，参阅本章后面讲解的 ImageFont 模块。其中使用 fill 指定字的颜色，for 指定字体与字的尺寸，font 必须为 lmageFont 中指定的 font 类型。具体用法见 lmageFont、Truelype()。

❑ 绘制点。

```
point (xy, fill=None)
```

❑ 绘制字符串。

```
text (xy, text, fill=Noner, font=None, anchor=None)
```

❑ 设置默认填充颜色。

```
setfill( fill)
```

21.6.2 绘制二维图像

下面的实例代码演示了使用 ImageDraw 模块绘制二维图像的过程。

实例 21-15 使用 ImageDraw 模块绘制二维图像

源码路径 daima\21\21-15

实例文件 huier.py 的主要实现代码如下所示。

```
a = Image.new('RGB',(200,200),'white')
#新建一幅白色背景的图像
drw = ImageDraw.Draw(a)                    #创建绘图对象
drw.rectangle((50,50,150,150),outline='red')
#绘制矩形
drw.text((60,60),'First Draw...',fill='green')
#绘制文本
a.show()                          #显示创建的二维图像
```

在上述实例代码中，在新建的图像中分别使用 ImageDraw 对象中的方法 rectangle()和 text()，绘制了一个矩形和一个字符串。执行后的效果如图 21-18 所示。

拓展范例及视频二维码

范例 597：绘制简单的线条

源码路径：范例\597\

范例 598：绘制红色的线条

源码路径：范例\598\

First Draw...

图 21-18 执行效果

21.7 使用 ImageFont 模块

在 Pillow 库中，内置模块 ImageFont 的功能是实现对字体和字型的处理。下面的实例代码演示了使用 ImageFont 模块绘制二维图像的过程。

扫码看视频：使用 ImageFont 模块

实例 21-16 使用 ImageFont 模块绘制二维图像

源码路径 daima\21\21-16

实例文件 zi.py 的主要实现代码如下所示。

```
ft = ImageFont.truetype("C:\\WINDOWS\\Fonts\\SIMYOU.TTF", 20)        #设置本地字体目录
draw.text((30,30), u"Python图像处理库PIL",font = ft, fill = 'red') #设置指定文本、字体和颜色
ft = ImageFont.truetype("C:\\WINDOWS\\Fonts\\SIMYOU.TTF", 40)        #设置本地字体目录
draw.text((30,100), u"Python图像处理库PIL",font = ft, fill = 'green') #设置指定文本、字体和颜色
ft = ImageFont.truetype("C:\\WINDOWS\\Fonts\\SIMYOU.TTF", 60)        #设置本地字体目录
draw.text((30,200), u"Python图像处理库PIL",font = ft, fill = 'blue')  #设置指定文本、字体和颜色
ft = ImageFont.truetype("C:\\WINDOWS\\Fonts\\SIMLI.TTF", 40)         #设置本地字体目录
draw.text((30,300), u"Python图像处理库PIL",font = ft, fill = 'red') #设置指定文本、字体和颜色
ft = ImageFont.truetype("C:\\WINDOWS\\Fonts\\STXINGKA.TTF", 40)      #设置本地字体目录
draw.text((30,400), u"Python图像处理库PIL",font = ft, fill = 'yellow') #设置指定文本、字体和颜色
im02.show()
```

执行后的效果如图 21-19 所示。

图 21-19　执行效果

—— 拓展范例及视频二维码 ——

范例 **599**：绘制圆
源码路径：**范例**\599\

范例 **600**：绘制多边形
源码路径：**范例**\600\

21.8 技术解惑

21.8.1 详细剖析 ImageFont 模块的内置函数

在 ImageFont 模块中，比较常用的内置函数如下所示。

- load()：从指定的文件中加载一种字体，该函数返回对应的字体对象。如果该函数运行失败，那么将产生 IOError 异常。具体语法格式如下所示。

```
ImageFont.load(file)
```

- load_path()：和函数 load()一样，但是如果没有指定当前路径，就会从文件 sys.path 开始查找指定的字体文件。具体语法格式如下所示。

```
ImageFont.load_path(file)
```

- truetype()：有两种定义格式。第 1 种格式的功能是加载一个 TrueType 或者 OpenType 字体文件，并且创建一个字体对象。这个函数从指定的文件加载一个字体对象，并且为指定大小的字体创建字体对象。在 Windows 系统中，如果指定的文件不存在，加载器就会顺便看看 Windows 的字体目录下它是否存在。在使用这个函数时需要用到 _imagingft 服务。第 1 种格式的具体语法格式如下所示。

```
ImageFont.truetype(file,size)
```

第 2 种格式的功能是，加载一种 TrueType 或者 OpenType 字体文件，并且使用指定的编码方式创建一个字体对象。通常的编码方式有“unic”（Unicode）、“symb”（Microsoft Symbol）、“ADOB”（Adobe Standard）、“ADBE”（Adobe Expert）和“armn”（Apple Roman）。第 2 种格式的具体语法格式如下所示。

```
ImageFont.truetype(file,size, encoding=value)
```

- load_default()：功能是加载一种默认的字体。

```
ImageFont.load_default()
```

除了上述内置函数之外，Font 对象还必须实现下面的方法，以便供 ImageDraw 层使用。

- getsize()：返回给定文本的宽度和高度，返回值是一个二元组。具体语法格式如下所示。

```
font.getsize(text)
```

- getmask()：功能是为给定的文本返回一个位图。这个位图是 PIL 内部内存的实例（为 Image.core 接口模块定义）。如果字体使用了抗锯齿效果，位图的模式为“L”，且其最大值为 255。否则，它的模式为“1”。具体语法格式如下所示。

```
font.getmask(text,mode= " ")
```

可选参数 mode 用于为一些显卡驱动指定自己喜欢的模式。如果为空，渲染器可能会返回任意模式。

21.8.2　必须掌握并深入理解的几个概念

在学习 Pillow 库处理技术之前，需要先掌握几个和图像处理相关的概念。这些概念有助于加深读者对 Pillow 库的理解。

- pixel（像素）：中文全称为图像元素。像素仅仅只是分辨率的单位，而不是画质。从定义上来看，像素是指基本原色素及其灰度的基本编码。像素是构成数码影像的基本单元，通常以像素每英寸（pixels per inch，PPI）为单位来表示影像分辨率的大小。
- size（尺寸）：图片的大小，由两个元素的元组构成，形式为（水平像素数，垂直像素数）。
- coordinate（坐标）：以左上角为（0，0）的坐标系统，形式为（x，y）。
- angle（角度）：以 x 轴正方向为起点，逆时针方向为正，反之为负，单位为度（degree）。
- bounding box（边界框）：用来表示一个图像区域，形式为（x0，y0，xl，yl），以左上角的坐标（x0，y0）为起点，以右下角的坐标（xl，yl）为终点，但不包含 xl 所在列和 yl 所在行的区域。
- band（通道）：独立的颜色通道，它们具有相同的维数和深度。如在 RGB 模式下每幅图片由 3 个通道（RGB）叠加而成。
- mode（模式）：图片的模式，Pillow 库支持的常用模式信息如表 21-1 所示。

21.9　课后练习

（1）编写一个程序，能够旋转指定的图片并保存，要求使用 Pillow 库实现。

（2）编写一个程序，能够将指定的 JPEG 图片转换为 PNG 图片并保存，要求使用 Pillow 库实现。

（3）编写一个程序，能够在指定的图片中添加文字水印并保存，要求使用 Pillow 库实现。

第 22 章

使用 Matplotlib 实现数据挖掘

（视频讲解：70min）

Matplotlib 是 Python 语言中最著名的数据可视化工具包，通过使用 Matplotlib，可以非常方便地实现和数据统计相关的图形，例如折线图、散点图、直方图等。正因为 Matplotlib 在绘图领域的强大功能，所以在 Python 数据挖掘编程方面它得到了重用。本章将详细讲解在 Python 语言中使用 Matplotlib 绘制统计图的知识，为读者步入本书后面知识的学习打下基础。

22.1　数据可视化

扫码看视频：数据可视化

数据可视化是指通过可视化的方式来探索数据，与当今比较热门的数据挖掘工作紧密相关，而数据挖掘指的是使用代码来探索数据集的规律和关联。在数据挖掘领域中，用一行代码就能实现的小型数字列表来表示数据集，也可以使用数吉字节的数据来表示数据集。

以引人注目的简洁方式呈现数据，可以让浏览者明白其中的含义，发现数据集中原本未意识到的规律和意义。

因为 Python 语言十分高效，所以它可以很容易地在计算机上快速地探索由数百万个数据点组成的数据集。数据点并非必须是数字，其实 Python 语言也可以对非数字数据进行分析。例如，在基因研究、天气研究、经济分析等众多领域，人们都使用 Python 来完成数据密集型工作。数据科学家使用 Python 编写了一系列令人印象深刻的可视化和分析工具，其中很多也可供开发人员使用。其中最流行的工具之一便是本章的重点 Matplotlib，这是一个数学绘图库，使用它可以制作出简单的图表，如折线图和散点图。然后，将基于随机漫步概念生成一个更有趣的数据集——根据一系列随机决策生成的图表。

在 Python 程序中还可以使用 Pygal 包，此包能够生成适合在数字设备上显示的图表。通过使用 Pygal 包，可以在用户与图表交互时突出元素并调整元素的大小，还可以轻松地调整整个图表的尺寸，使其适合在微型智能手表或巨型显示器上显示。可以使用如下“pip”命令安装 Pygal 包，具体安装过程如图 22-1 所示。

```
pip install pygal
```

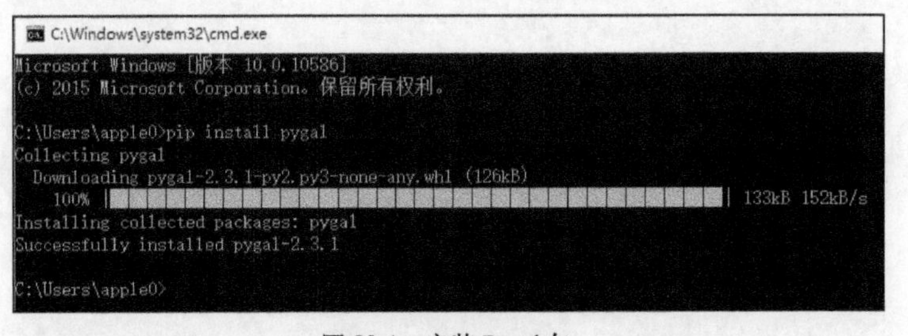

图 22-1　安装 Pygal 包

22.2　搭建 Matplotlib 环境

扫码看视频：搭建 Matplotlib 环境

在 Python 程序中使用 Matplotlib 之前，首先需要确保安装了它。在 Windows 系统中安装 Matplotlib 之前，首先需要确保已经安装了 Visual Studio .NET。在安装了 Visual Studio .NET 后，就可以安装 Matplotlib。其中最简单的安装方式是使用如下“pip”命令或“easy_install”命令。

```
easy_install matplotlib
pip install matplotlib
```

虽然上述两种安装方式比较简单，但是并不能保证安装的 Matplotlib 适合当今最新版本的

Python。例如，笔者在写作本书时使用的是 Python 3.6，而当时使用上述两个命令只能自动安装 matplotlib 1.7，并不支持 Python 3.6。在这个时候，建议读者登录 Python 官方网站，如图 22-2 所示。在这个页面中查找与你使用的 Python 版本匹配的 wheel 文件（扩展名为“.whl”的文件）。例如，如果使用的是 64 位的 Python 3.6，则需要下载 matplotlib- 2.0.0rc2-cp36-cp36m-win_amd64.whl。

```
matplotlib-2.0.0rc2-cp27-cp27m-manylinux1_x86_64.whl (md5)
matplotlib-2.0.0rc2-cp27-cp27m-win32.whl (md5)
matplotlib-2.0.0rc2-cp27-cp27m-win_amd64.whl (md5)
matplotlib-2.0.0rc2-cp27-cp27mu-manylinux1_x86_64.whl (md5)
matplotlib-2.0.0rc2-cp34-cp34m-macosx_10_6_intel.macosx_10_9_intel.macosx_10_9_x86_64.macosx_10_10_intel.macosx_
matplotlib-2.0.0rc2-cp34-cp34m-manylinux1_x86_64.whl (md5)
matplotlib-2.0.0rc2-cp34-cp34m-win32.whl (md5)
matplotlib-2.0.0rc2-cp34-cp34m-win_amd64.whl (md5)
matplotlib-2.0.0rc2-cp35-cp35m-macosx_10_6_intel.macosx_10_9_intel.macosx_10_9_x86_64.macosx_10_10_intel.macosx_
matplotlib-2.0.0rc2-cp35-cp35m-manylinux1_x86_64.whl (md5)
matplotlib-2.0.0rc2-cp35-cp35m-win32.whl (md5)
matplotlib-2.0.0rc2-cp35-cp35m-win_amd64.whl (md5)
matplotlib-2.0.0rc2-cp36-cp36m-win32.whl (md5)
matplotlib-2.0.0rc2-cp36-cp36m-win_amd64.whl (md5)
matplotlib-2.0.0rc2.tar.gz (md5, pgp)
```

图 22-2 登录 Python 官方网站

注意：如果登录 Python 官方网站找不到适合自己的 matplotlib，还可以尝试登录 lfd.uci.edu 网站，如图 22-3 所示。这个网站发布安装程序的时间通常比 matplotlib 官网要早一段时间。

```
Matplotlib, a 2D plotting library.
  Requires numpy, dateutil, pytz, pyparsing, cycler, setuptools
  ffmpeg, mencoder, avconv, or imagemagick.
  matplotlib‑1.5.3‑cp27‑cp27m‑win32.whl
  matplotlib‑1.5.3‑cp27‑cp27m‑win_amd64.whl
  matplotlib‑1.5.3‑cp34‑cp34m‑win32.whl
  matplotlib‑1.5.3‑cp34‑cp34m‑win_amd64.whl
  matplotlib‑1.5.3‑cp35‑cp35m‑win32.whl
  matplotlib‑1.5.3‑cp35‑cp35m‑win_amd64.whl
  matplotlib‑1.5.3‑cp36‑cp36m‑win32.whl
  matplotlib‑1.5.3‑cp36‑cp36m‑win_amd64.whl
  matplotlib‑1.5.3.chm
  matplotlib‑2.0.0rc2‑cp27‑cp27m‑win32.whl
  matplotlib‑2.0.0rc2‑cp27‑cp27m‑win_amd64.whl
  matplotlib‑2.0.0rc2‑cp34‑cp34m‑win32.whl
  matplotlib‑2.0.0rc2‑cp34‑cp34m‑win_amd64.whl
  matplotlib‑2.0.0rc2‑cp35‑cp35m‑win32.whl
  matplotlib‑2.0.0rc2‑cp35‑cp35m‑win_amd64.whl
  matplotlib‑2.0.0rc2‑cp36‑cp36m‑win32.whl
  matplotlib‑2.0.0rc2‑cp36‑cp36m‑win_amd64.whl
  matplotlib‑2.0.0rc2.chm
  matplotlib‑2.x‑windows‑link‑libraries.zip
  matplotlib_tests‑1.5.3‑py2.py3‑none‑any.whl
  matplotlib_tests‑2.0.0rc2‑py2.py3‑none‑any.whl
```

图 22-3 登录 lfd.uci.edu 网站

笔者当时下载得到的文件是 matplotlib-2.0.0rc2-cp36-cp36m-win_amd64.whl，将这个文件保存在“H:\matp”目录下。接下来，需要打开一个命令窗口，并切换到该项目所在文件夹“H:\matp”，再使用如下所示的“pip”命令来安装 matplotlib。

```
python -m pip install --user matplotlib-2.0.0rc2-cp36-cp36m-win_amd64.whl
```

具体安装过程如图 22-4 所示。

```
C:\Windows\system32\cmd.exe
C:\Users\apple0>h:

H:\>cd matp

H:\matp>python -m pip install --user matplotlib-2.0.0rc2-cp36-cp36m-win_amd64.whl
Processing h:\matp\matplotlib-2.0.0rc2-cp36-cp36m-win_amd64.whl
Collecting pytz (from matplotlib==2.0.0rc2)
  Downloading pytz-2016.10-py2.py3-none-any.whl (483kB)
    100% |████████████████████████████████| 491kB 34kB/s
Collecting six>=1.10 (from matplotlib==2.0.0rc2)
  Downloading six-1.10.0-py2.py3-none-any.whl
Collecting numpy>=1.7.1 (from matplotlib==2.0.0rc2)
  Downloading numpy-1.11.3.zip (4.7MB)
    100% |████████████████████████████████| 4.7MB 28kB/s
Collecting pyparsing!=2.0.4,!=2.1.2,!=2.1.6,>=1.5.6 (from matplotlib==2.0.0rc2)
  Downloading pyparsing-2.1.10-py2.py3-none-any.whl (56kB)
    100% |████████████████████████████████| 61kB 65kB/s
Collecting cycler>=0.10 (from matplotlib==2.0.0rc2)
  Downloading cycler-0.10.0-py2.py3-none-any.whl
Collecting python-dateutil (from matplotlib==2.0.0rc2)
  Downloading python_dateutil-2.6.0-py2.py3-none-any.whl (194kB)
    100% |████████████████████████████████| 194kB 63kB/s
Installing collected packages: pytz, six, numpy, pyparsing, cycler, python-dateutil, matplotlib
  Running setup.py install for numpy ... done
Successfully installed cycler-0.10.0 matplotlib-2.0.0rc2 numpy-1.11.3 pyparsing-2.1.10 python-dateutil-2.6.0 pytz-2016.1
0 six-1.10.0

H:\matp>

搜狗拼音输入法 全 :
```

图 22-4　在 Windows 系统中安装 matplotlib

22.3　初级绘图

在使用 Matplotlib 绘制图形时，其中有两个最为常用的场景。一个是画点，一个是画线。本节将详细讲解使用 Matplotlib 实现初级绘制的知识。

扫码看视频：初级绘图

22.3.1　绘制点

假设你有一堆的数据样本，想要找出其中的异常值，那么最直观的方法，就是将它们画成散点图。下面的实例代码演示了使用 Matplotlib 绘制散点图的过程。

实例 22-1　使用 Matplotlib 绘制散点图

源码路径　daima\22\22-1

实例文件 dian.py 的具体实现代码如下所示。

```
import matplotlib.pyplot as plt
#导入pyplot包，并缩写为plt
#定义两个点的x集合和y集合
x=[1,2]
y=[2,4]
plt.scatter(x,y)            #绘制散点图
plt.show()                  #展示绘画框
```

在上述实例代码中绘制了拥有两个点的散点图，向函数 scatter()传递了两个分别包含 x 值和 y 值的列表。执行效果如图 22-5 所示。

拓展范例及视频二维码

范例 601：正确完整地显示中文

源码路径：**范例**\601\

范例 602：显示中文的解决方案

源码路径：**范例**\602\

在上述实例中，可以进一步调整一下坐标轴的样式，例如可以加上如下所示的代码。

```
#[]里的4个参数分别表示x轴起始点，x轴结束点，y轴起始点，y轴结束点
plt.axis([0,10,0,10])
```

22.3.2　绘制折线

在使用 Matplotlib 绘制线形图时，其中最简单的是绘制折线图。在下面的实例代码中，使用 Matplotlib 绘制了一个简单的折线图，并对折线样式进行了定制，这样可以实现复杂数据的可视化效果。

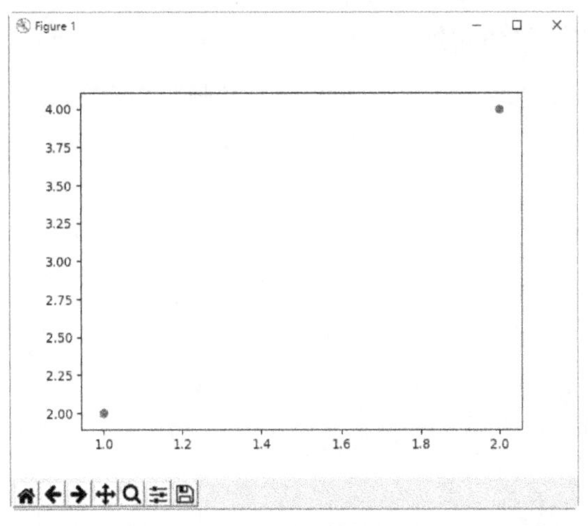

图 22-5 执行效果

实例 22-2 使用 Matplotlib 绘制折线

源码路径 daima\22\22-2

实例文件 zhe.py 的具体实现代码如下所示。

```
import matplotlib.pyplot as plt
squares = [1, 4, 9, 16, 25]
plt.plot(squares)
plt.show()
```

在上述实例代码中，使用平方数序列 1、4、9、16 和 25 来绘制一个折线图。在具体实现时，只须向 matplotlib 提供这些平方数序列就能完成绘制工作。具体实现过程如下。

（1）导入模块 pyplot，并给它指定别名 plt，以免反复输入 pyplot。在模块 pyplot 中包含很多用于生成图表的函数。

（2）创建一个列表，在其中存储前述平方数。

（3）将创建的列表传递给函数 plot()，这个函数会根据这些数字绘制出有意义的图形。

（4）通过函数 plt.show()打开 Matplotlib 查看器，并显示绘制的图形。

执行效果如图 22-6 所示。

拓展范例及视频二维码

范例 **603**：绘制一系列的点

源码路径：**范例**\603\

范例 **604**：用点连成曲线

源码路径：**范例**\604\

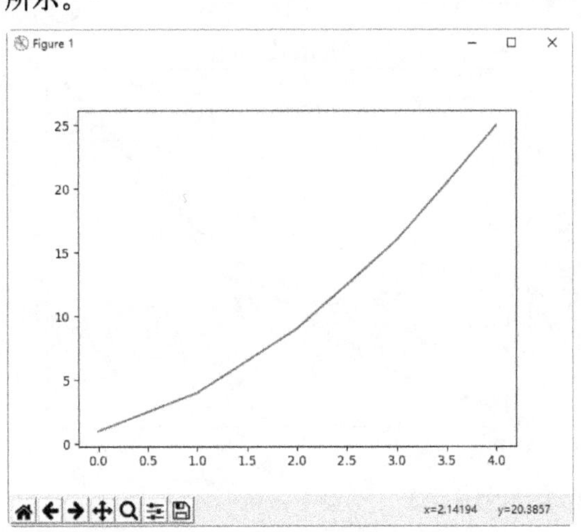

图 22-6 执行效果

22.3.3　设置标签文字和线条粗细

实例 22-2 的执行效果不够完美，开发者可以对绘制的线条样式进行灵活设置。例如，可以设置线条的粗细、实现数据准确性校正等操作。下面的实例代码演示了使用 matplotlib 绘制指定样式折线图的过程。

实例 22-3　使用 matplotlib 绘制指定样式折线图

源码路径　daima\22\22-3

实例文件 she.py 的具体实现代码如下所示。

```
import matplotlib.pyplot as plt     #导入模块
input_values = [1, 2, 3, 4, 5]
squares = [1, 4, 9, 16, 25]
plt.plot(input_values, squares, linewidth=5)
#设置图表标题，并在坐标轴上添加标签
plt.title("Numbers", fontsize=24)
plt.xlabel("Value", fontsize=14)
plt.ylabel("ARG Value", fontsize=14)
#设置单位刻度的大小
plt.tick_params(axis='both', labelsize=14)
plt.show()
```

拓展范例及视频二维码

范例 **605**：绘制一个折线图

源码路径：**范例**\605\

范例 **606**：实现绘画框的拆分

源码路径：**范例**\606\

这里，注意以下细节。

- 第 4 行代码中的“linewidth=5”：设置线条的粗细。
- 第 4 行代码中的函数 plot()：当向函数 plot()提供一系列数字时，它会假设第一个数据点对应的 x 坐标值为 0，但是实际上这里的第一个点对应的 x 值为 1。为改变这种默认行为，可以给函数 plot()同时提供输入值和输出值，这样函数 plot()就可以正确地绘制数据。因为同时提供了输入值和输出值，所以无须对输出值的生成方式进行假设，就可以确保最终绘制出的图形是正确的。
- 第 6 行代码中的函数 title()：设置图表的标题。
- 第 6～8 行中的参数 fontsize：设置图表中的文字大小。
- 第 7 行中的函数 xlabel()和第 8 行中的函数 ylabel()：分别设置 x 轴的标题和 y 轴的标题。
- 第 10 行中的函数 tick_params()：设置刻度样式，其中指定的实参将影响 x 轴和 y 轴上的刻度（axis='both'），并将刻度标记的字体大小设置为 14(labelsize=14)。

执行效果如图 22-7 所示。

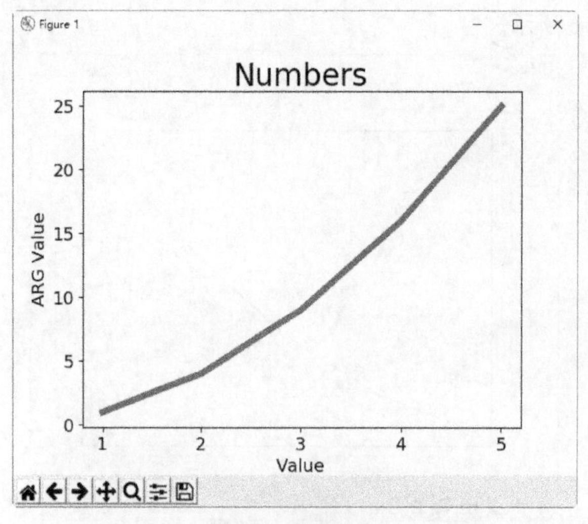

图 22-7　执行效果

22.4 高级绘图

在本章前面使用 Matplotlib 绘制图形时，绘制的大多数图形比较简单。例如，实例 22-1 中绘制的散点图效果比较单一，其实可以继续使用 Matplotlib 对绘制的散点图的样式（例如自定义它的样式和颜色）进行处理，实现高级绘图功能。本节将详细讲解使用 Matplotlib 实现高级绘制的知识。

扫码看视频：高级绘图

22.4.1 自定义散点图样式

在现实应用中，经常需要绘制散点图并设置各个数据点的样式。例如，可能想以一种颜色显示较小的值，而用另一种颜色显示较大的值。当绘制大型数据集时，还需要对每个点都设置同样的样式，再使用不同的样式选项重新绘制某些点，这样可以突出显示它们的效果。在 Matplotlib 库中，可以使用函数 scatter()绘制单个点，通过传递 x 点和 y 点坐标的方式在指定的位置绘制一个点。

下面的实例代码演示了使用 Matplotlib 绘制指定样式散点图效果的过程。

实例 22-4　使用 Matplotlib 绘制指定样式散点图

源码路径　daima\22\22-4

实例文件 dianyang.py 的具体实现代码如下所示。

```
import matplotlib.pyplot as plt
from pylab import *
mpl.rcParams['font.sans-serif'] = ['SimHei']   #指定默认字体
mpl.rcParams['axes.unicode_minus'] = False     #解决保存图像时负号'-'显示为方块的问题
x_values = list(range(1, 1001))
y_values = [x**2 for x in x_values]
plt.scatter(x_values, y_values, c=(0, 0, 0.8), edgecolor='none', s=40)
#设置图表标题，并设置坐标轴标签
plt.title("大中华区销售统计表", fontsize=24)
plt.xlabel("节点", fontsize=14)
plt.ylabel("销售数据", fontsize=14)
#设置刻度大小
plt.tick_params(axis='both', which='major',
labelsize=14)
#设置每个坐标轴的取值范围
plt.axis([0, 110, 0, 1100])
plt.show()
```

拓展范例及视频二维码

范例 607：同时绘制多幅图表

源码路径：**范例**\607\

范例 608：将绘制的图保存为 PDF 文件

源码路径：**范例**\608\

注意代码中的以下细节。

- 第 2、3、4 行代码：导入字体库，设置中文字体，并解决负号“-”显示为方块的问题。
- 第 5 行和第 6 行代码：使用 Python 循环实现自动计算数据功能，首先创建一个包含 x 值的列表，其中包含数字 1～1000。接下来创建一个生成 y 值的列表解析，它能够遍历 x 值（for x in x_values），计算其平方值（x**2），并将结果存储到列表 y_values 中。
- 第 7 行代码：将输入列表和输出列表传递给函数 scatter()。另外，因为 Matplotlib 允许给散列点图中的各个点设置一个颜色，默认为蓝色点和黑色轮廓。所以当在散列点图中包含的数据点不多时效果会很好。但是当需要绘制很多个点时，这些黑色的轮廓可能会连在一起，此时需要删除数据点的轮廓。所以在本行代码中，在调用函数 scatter()时传递了实参 edgecolor='none'。为了修改数据点的颜色，在此向函数 scatter()传递参数 c，并将其设置为要使用的颜色的名称“red”。

注意：颜色映射（Colormap）是一系列颜色，它们从起始颜色渐变到结束颜色。在可视化视图模型中，颜色映射用于突出数据的规律，例如可能需要用较浅的颜色来显示较小的值，并使用较深的颜色来显示较大的值。在模块 pyplot 中内置了一组颜色映射，要想使用这些颜色映射，需要告诉 pyplot 应该如何设置数据集中每个点的颜色。

- 第 16 行代码：因为这个数据集较大，所以将点设置得较小，在本行代码中使用函数 axis()指定了每个坐标轴的取值范围。函数 axis()要求提供 4 个值：*x* 和 *y* 坐标轴的最小值和最大值。此处将 *x* 坐标轴的取值范围设置为 0～110，并将 *y* 坐标轴的取值范围设置为 0～1100。
- 第 17 行（最后一行）代码：使用函数 plt.show()显示绘制的图形。当然，也可以让程序自动将图表保存到一个文件中，此时只须将对 plt.show()函数的调用替换为对 plt.savefig()函数的调用即可。

```
plt.savefig (' plot.png' , bbox_inches='tight' )
```

在上述代码中，第 1 个实参用于指定要以什么样的文件名保存图表，这个文件将存储到当前实例文件 dianyang.py 所在的目录中。第 2 个实参用于指定将图表多余的空白区域裁剪掉。如果要保留图表周围多余的空白区域，可省略这个实参。

执行效果如图 22-8 所示。

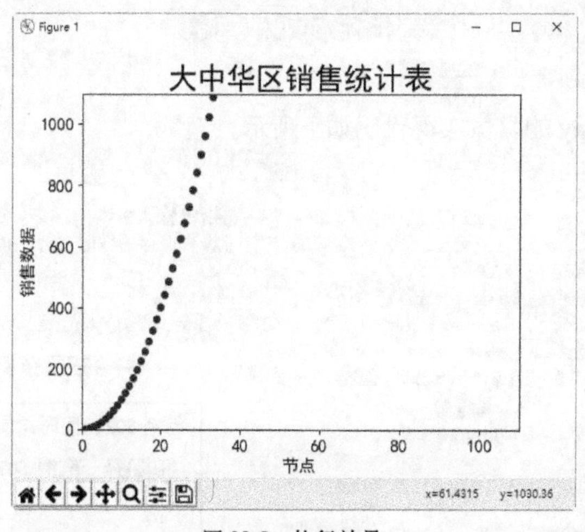

图 22-8　执行效果

22.4.2　绘制柱状图

在现实应用中，柱状图经常用于数据统计领域。在 Python 程序中，使用 Matplotlib 可以很容易绘制一个柱状图。例如，只须使用下面的 3 行代码就可以绘制一个柱状图。

```
import matplotlib.pyplot as plt
plt.bar(left = 0,height = 1)
plt.show()
```

在上述代码中，首先使用 import 导入 matplotlib.pyplot，然后直接调用其 bar()函数绘柱状图，最后用 show()函数显示图像。其中在函数 bar()中存在如下两个参数。

- left：柱形的左边缘的位置，如果指定为 1，那么当前柱形的左边缘的 x 值就是 1.0。
- height：柱形的高度，也就是 *y* 轴的值。

执行上述代码后会绘制一个柱状图，如图 22-9 所示。

虽然通过上述代码绘制了一个柱状图，但是现实效果不够直观。在绘制函数 bar()中，参数 left 和 height 除了可以使用单独的值（此时是一个柱形）外，还可以使用元组来替换（此时代表多个矩形）。下面的实例代码演示了使用 Matplotlib 绘制多个柱状图效果的过程。

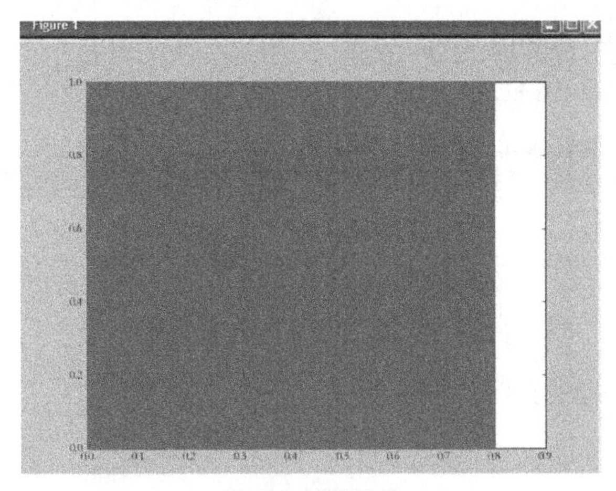

图 22-9 执行效果

实例 22-5 使用 Matplotlib 绘制多个柱状图

源码路径 daima\22\22-5

实例文件 zhu.py 的具体实现代码如下所示。

```
import matplotlib.pyplot as plt      #导入模块
plt.bar(left = (0,1),height = (1,0.5)) #绘制两个柱形图
plt.show()                           #显示绘制的图
```

执行效果如图 22-10 所示。

在上述实例代码中，left = (0,1)的意思是总共有两个矩形，其中第一个矩形的左边缘为 0，第二个矩形的左边缘为 1。参数 height 的含义也类似。当然，此时有的读者可能觉得这两个矩形“太宽”了，不够美观。此时可以通过指定函数 bar()中的 width 参数来设置它们的宽度。通过下面的代码设置柱状图的宽度，执行效果如图 22-11 所示。

```
import matplotlib.pyplot as plt
plt.bar(left = (0,1),height = (1,0.5),width = 0.35)
plt.show()
```

拓展范例及视频二维码

范例 **609**：图和轴标题以及轴坐标限度

源码路径：**范例**\609\

范例 **610**：在一个坐标系上绘制多个图

源码路径：**范例**\610\

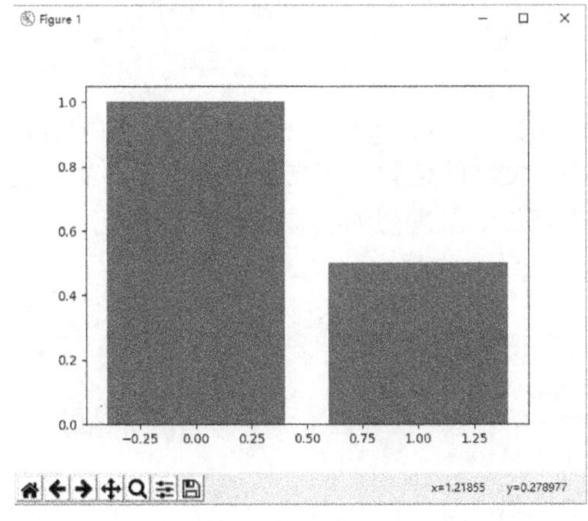

图 22-10 执行效果

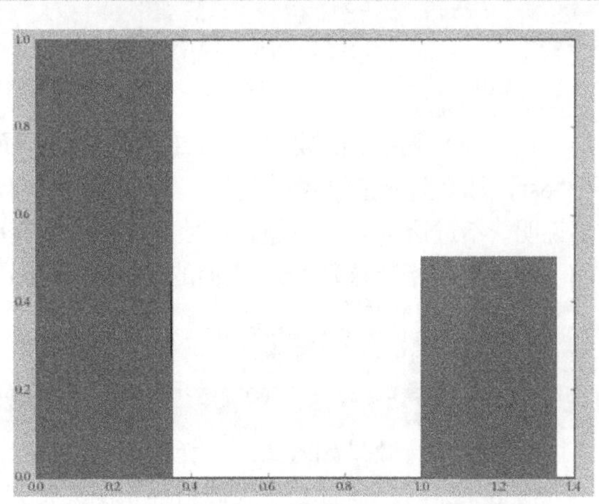

图 22-11 设置柱状图宽度

这时可能有的读者会问：需要标明 x 和 y 轴的说明信息，比如使用 x 轴表示性别，使用 y 轴表示人数。下面的实例代码演示了使用 Matplotlib 绘制有说明信息的柱状图的过程。

实例 22-6　绘制有说明信息的柱状图

源码路径　daima\22\22-6

实例文件 shuo.py 的具体实现代码如下所示。

```
import matplotlib.pyplot as plt
from pylab import *
mpl.rcParams['font.sans-serif'] = ['SimHei']    #指定默认字体
mpl.rcParams['axes.unicode_minus'] = False      #解决保存图像时负号'-'显示为方块的问题
plt.xlabel(u'性别')     #x轴的说明信息
plt.ylabel(u'人数')     #y轴的说明信息
plt.bar(left = (0,1),height = (1,0.5),width = 0.35)
plt.show()
```

上述代码执行后的效果如图 22-12 所示。

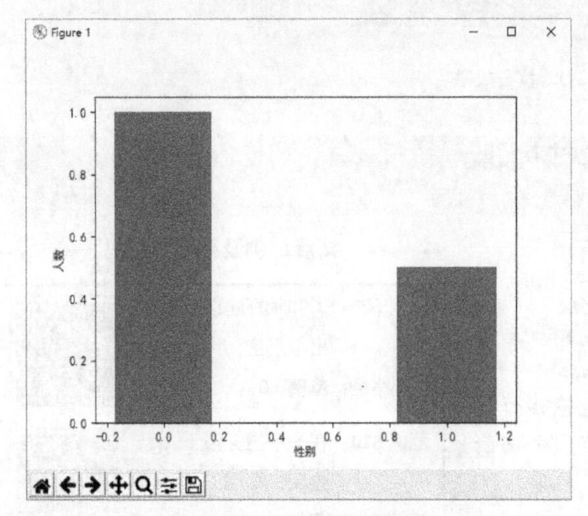

图 22-12　执行效果

拓展范例及视频二维码

范例 611：绘制多个直方图
源码路径：**范例**\611\

范例 612：自定义直方图 bin 的宽度
源码路径：**范例**\612\

注意：在 Python 2.7 中使用中文时一定要用字符"u"，Python 3.0 以上则不用。

接下来，可以对 x 轴上的每个 bar 进行说明，例如，设置第一个柱状图是"男"，第二个柱状图是"女"。此时可以通过如下代码实现。

```
plt.xlabel(u'性别')
plt.ylabel(u'人数')
plt.xticks((0,1),(u'男',u'女'))
plt.bar(left = (0,1),height = (1,0.5),width = 0.35)
plt.show()
```

在上述代码中，函数 plt.xticks()的用法和前面使用的 left 和 height 的用法差不多。如果有几个 bar，那么就对应几维的元组，其中第一个参数表示文字的位置，第二个参数表示具体的文字说明。不过这里有个问题，有时指定的位置有些"偏移"，最理想的状态应该在每个矩形的中间。通过直接指定函数 bar()里面的 align="center"就可以让文字居中。

```
plt.xlabel(u'性别')
plt.ylabel(u'人数')
plt.xticks((0,1),(u'男',u'女'))
plt.bar(left = (0,1),height = (1,0.5),width = 0.35,align="center")
plt.show()
```

此时的执行效果如图 22-13 所示。

接下来，可以通过如下代码给柱状图表加入一个标题。

```
plt.title(u"性别比例分析")
```

为了使整个程序显得更加科学合理，接下来可以通过如下代码设置一个图例。

```
plt.xlabel(u'性别')
plt.ylabel(u'人数')
plt.title(u"性别比例分析")
```

```
plt.xticks((0,1),(u'男',u'女'))
rect = plt.bar(left = (0,1),height = (1,0.5),width = 0.35,align="center")
plt.legend((rect,),(u"图例",))
plt.show()
```

在上述代码中用到了函数 legend()，里面的参数必须是元组。即使只有一个图例也必须是元组，否则无法正确显示。此时的执行效果如图 22-14 所示。

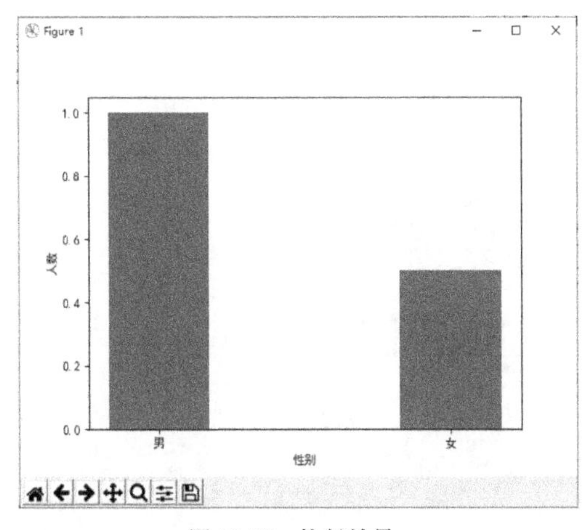

图 22-13　执行效果

图 22-14　执行效果

接下来还可以在每个矩形的上面标注对应的 y 值，此时需要使用如下通用的方法实现。

```
def autolabel(rects):
    for rect in rects:
        height = rect.get_height()
        plt.text(rect.get_x()+rect.get_width()/2., 1.03*height, '%s' % float(height))
```

在上述实例代码中，其中 plt.text 有 3 个参数，分别是 x 坐标、y 坐标和要显示的文字。调用函数 autolabel()的具体实现代码如下所示。

```
autolabel(rect)
```

为了避免绘制的矩形柱状图紧靠着顶部，最好能够空出一段距离，此时可以通过函数 bar()的属性参数 yerr 来设置。一旦设置了这个参数，对应的矩形上面就会有一条竖。当把 yerr 这个值设置得很小时，上面的空白就自动空出来了。

```
rect = plt.bar(left = (0,1),height = (1,0.5),width = 0.35,align="center",yerr=0.0001)
```

到此为止，一个比较美观的柱状图绘制完毕，将代码整理并保存在实例 22-7 中。

实例 22-7　绘制一个比较完美的柱状图

源码路径　daima\22\22-7

实例文件 xinxi.py 的具体实现代码如下所示。

```
import matplotlib.pyplot as plt
from pylab import *
mpl.rcParams['font.sans-serif'] = ['SimHei']   #指定默认字体
mpl.rcParams['axes.unicode_minus'] = False     #解决保存图像时负号'-'显示为方块的问题
def autolabel(rects):
    for rect in rects:
        height = rect.get_height()
        plt.text(rect.get_x()+rect.get_width()/2.,
        1.03*height, '%s' % float(height))
plt.xlabel(u'性别')
plt.ylabel(u'人数')
plt.title(u"性别比例分析")
plt.xticks((0,1),(u'男',u'女'))
#绘制柱形图
rect = plt.bar(left = (0,1),height = (1,0.5),width =
0.35,align="center",yerr=0.0001)
plt.legend((rect,),(u"图例",))
```

拓展范例及视频二维码

范例 613：从记事本中读取数据并绘图
源码路径：**范例**\613\

范例 614：写入数据到文本文件
源码路径：**范例**\614\

```
    autolabel(rect)
    plt.show()
```

上述代码执行后的效果如图 22-15 所示。

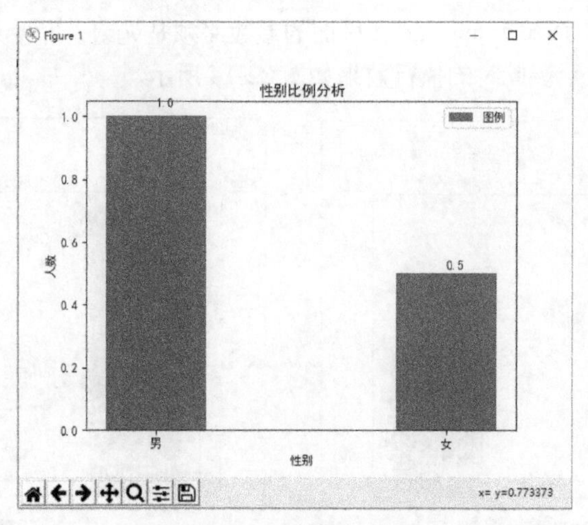

图 22-15　执行效果

22.4.3　绘制多幅子图

在 Matplotlib 绘图系统中，可以显式地控制图像、子图和坐标轴。Matplotlib 中的“图像”指的是用户界面看到的整个窗口内容。在图像里面有“子图”，子图的位置是由坐标网格确定的。而“坐标轴”却不受此限制，坐标轴可以放在图像的任意位置。当调用 plot()函数的时候，Matplotlib 调用 gca()函数以及 gcf()函数来获取当前的坐标轴和图像。如果无法获取图像，则会调用 figure()函数来创建一个。从严格意义上来说，是使用 subplot(1,1,1) 创建一幅只有一个子图的图像。

在 Matplotlib 绘图系统中，“图像”就是 GUI 里以“Figure #”为标题的那些窗口。图像编号从 1 开始，与 MATLAB 的风格一致，而与 Python 从 0 开始编号的风格不同。表 22-1 中的参数是图像的属性。

表 22-1　图像的属性

参　数	默 认 值	描　述
num	1	图像的数量
figsize	figure.figsize	图像的长和宽（英寸）
dpi	figure.dpi	分辨率（点/英寸）
facecolor	figure.facecolor	绘图区域的背景颜色
edgecolor	figure.edgecolor	绘图区域边缘的颜色
frameon	True	是否绘制图像边缘

在图形界面中可以单击右上角的“x”按钮来关闭窗口（OS X 系统是左上角）。在 Matplotlib 也提供了名为 close()的函数来关闭这个窗口。函数 close()的具体行为取决于提供的参数。

- 不传递参数：关闭当前窗口。
- 传递窗口编号或窗口实例（instance）作为参数：关闭指定的窗口。
- all：关闭所有窗口。

和其他对象一样，开发者可以使用 setp 或者 set_something 这样的方法来设置图像的属性。

下面的实例代码演示了让一个折线图和一个散点图同时出现在同一个绘画框中的过程。

实例 22-8 让一个折线图和一个散点图同时出现在同一个绘画框中

源码路径 daima\22\22-8

实例文件 lia.py 的具体实现代码如下所示。

```
import matplotlib.pyplot as plt #将绘画框进行对象化
fig=plt.figure()
p1=fig.add_subplot(211)    #将p1定义为绘画框的子图，211表示将绘画框划分为2行1列，最后的1表示第一幅图
x=[1,2,3,4,5,6,7,8]
y=[2,1,3,5,2,6,12,7]
p1.plot(x,y)
p2=fig.add_subplot(212)    #将p2定义为绘画框的子图，212表示将绘画框划分为2行1列，最后的2表示第二幅图
a=[1,2]
b=[2,4]
p2.scatter(a,b)
plt.show()
```

上述代码执行后的效果如图 22-16 所示。

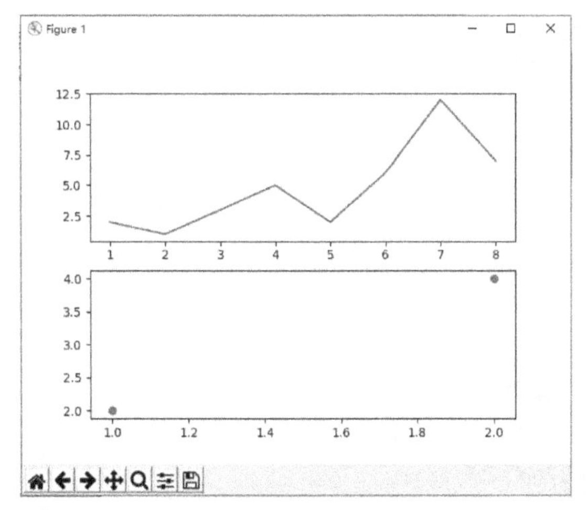

图 22-16 执行效果

拓展范例及视频二维码

范例 615：绘制指定样式的条形图

源码路径：**范例**\615\

范例 616：绘制灰度图

源码路径：**范例**\616\

在 Python 程序中，如果需要同时绘制多幅图表，可以给 figure 传递一个整数参数指定图表的序号。如果所指定序号的绘图对象已经存在，将不会创建新的对象，而只是让它成为当前绘图对象。例如下面的演示代码。

```
fig1 = pl.figure(1)
pl.subplot(211)
```

在上述代码中，代码“subplot(211)”把绘图区域等分为 2 行 1 列，共两个区域，然后在区域 1（上区域）中创建一个轴对象。代码“pl.subplot(212)”在区域 2（下区域）创建一个轴对象。

当绘图对象中有多个轴的时候，可以通过工具栏中的 Configure Subplots 按钮，交互式地调节各个轴之间的间距和轴与边框之间的距离。如果希望在程序中调节，可以调用 subplots_adjust()函数，此函数有 left、right、bottom、top、wspace 和 hspace 等几个关键字参数，这些参数的值都是 0～1 之间的小数，它们是以绘图区域的宽高为 1 进行归一之后的坐标或者长度。例如下面的演示代码。

```
pl.subplots_adjust(left=0.08, right=0.95, wspace=0.25, hspace=0.45)
```

下面的实例代码演示了在一个坐标系中绘制两个折线图的过程。

实例 22-9 在一个坐标系中绘制两个折线图

源码路径 daima\22\22-9

实例文件 liazhe.py 的具体实现代码如下所示。

```
import numpy as np
import pylab as pl
x1 = [1, 2, 3, 4, 5]# Make x, y arrays for each graph
y1 = [1, 4, 9, 16, 25]
x2 = [1, 2, 4, 6, 8]
y2 = [2, 4, 8, 12, 16]
pl.plot(x1, y1, 'r')# use pylab to plot x and y
pl.plot(x2, y2, 'g')
pl.title('Plot of y vs. x')# give plot a title
pl.xlabel('x axis')# make axis labels
pl.ylabel('y axis')
pl.xlim(0.0, 9.0)# set axis limits
pl.ylim(0.0, 30.)
pl.show()# show the plot on the screen
```

拓展范例及视频二维码

范例 617：绘制简单的饼状图
源码路径：**范例**\617\

范例 618：绘制简单的星场图
源码路径：**范例**\618\

上述代码执行后的效果如图 22-17 所示。

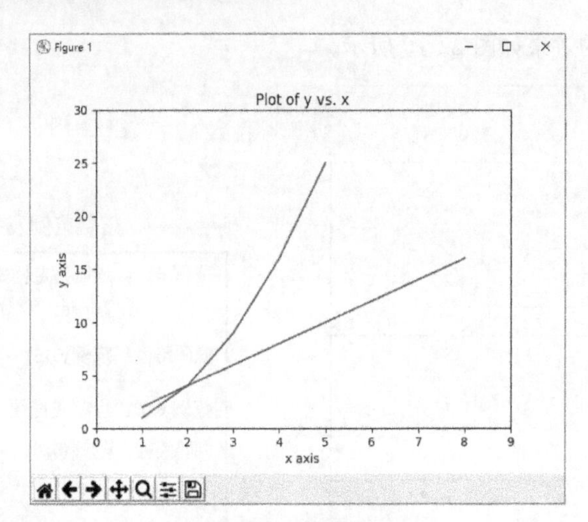

图 22-17　执行效果

22.4.4　绘制曲线

在 Python 程序中，绘制曲线最简单的方式是使用数学中的正弦函数或余弦函数。下面的实例代码演示了使用正弦函数和余弦函数绘制曲线的过程。

实例 22-10　使用正弦函数和余弦函数绘制曲线

源码路径　daima\22\22-10

实例文件 qu.py 的具体实现代码如下所示。

```
from pylab import *
X = np.linspace(-np.pi, np.pi, 256,endpoint=True)
C,S = np.cos(X), np.sin(X)
plot(X,C)
plot(X,S)
show()
```

拓展范例及视频二维码

范例 619：绘制简单的网格图
源码路径：**范例**\619\

范例 620：绘制多重网格图
源码路径：**范例**\620\

执行后的效果如图 22-18 所示。

在上述实例中，展示的是使用的 Matplotlib 默认配置的效果。其实开发者可以调整大多数的默认配置，例如图片大小和分辨率（dpi）、线宽、颜色、风格、坐标轴以及网格的属性、文字与字体属性等。但是，Matplotlib 的默认配置在大多数情况下已经做得足够好，开发人员可能只在很少的情况下才会想更改这些默认配置。下面的实例代码展示了使用 Matplotlib 的默认配置和自定义绘图样式的过程。

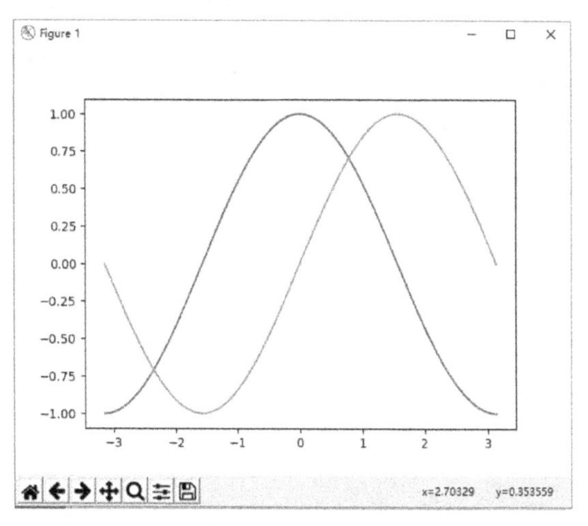

图 22-18 执行效果

实例 22-11 使用自定义样式绘制曲线

源码路径 daima\22\22-11

实例文件 zi.py 的具体实现代码如下所示。

```
#导入 matplotlib 的所有内容（nympy 可以用 np 这个名字来使用）
from pylab import *
#创建一个 8 * 6 点（point）的图，并设置分辨率为 80
figure(figsize=(8,6), dpi=80)
#创建一个新的 1 * 1 的子图，接下来的图样绘制在其中的第 1 块（也是唯一的一块）中
subplot(1,1,1)
X = np.linspace(-np.pi, np.pi, 256,endpoint=True)
C,S = np.cos(X), np.sin(X)
#绘制余弦曲线，使用蓝色的、连续的、宽度为 1 （像素）的线条
plot(X, C, color="blue", linewidth=1.0, linestyle="-")
#绘制正弦曲线，使用绿色的、连续的、宽度为 1 （像素）的线条
plot(X, S, color="green", linewidth=1.0, linestyle="-")
#设置横轴的上下限
xlim(-4.0,4.0)
#设置横轴记号
xticks(np.linspace(-4,4,9,endpoint=True))
#设置纵轴的上下限
ylim(-1.0,1.0)
#设置纵轴记号
yticks(np.linspace(-1,1,5,endpoint=True))
#以分辨率 72 来保存图片
#savefig("exercice_2.png",dpi=72)
#在屏幕上显示
show()
```

拓展范例及视频二维码

范例 **621**：绘制简单的极轴图
源码路径：**范例**\621\

范例 **622**：绘制三维效果图
源码路径：**范例**\622\

上述实例代码中的配置与默认配置完全相同，可以在交互模式中修改其中的值来观察效果。执行后的效果如图 22-19 所示。

在绘制曲线时可以改变线条的颜色和粗细，例如以蓝色和红色分别表示余弦和正弦函数，然后将线条变粗一点，接着在水平方向拉伸整个图。

```
...
figure(figsize=(10,6), dpi=80)
plot(X, C, color="blue", linewidth=2.5, linestyle="-")
plot(X, S, color="red",  linewidth=2.5, linestyle="-")
...
```

此时的执行效果如图 22-20 所示。

在绘制曲线时也可以设置图片的边界。例如，因为下面的代码中设置的当前图片的边界不合理，所以有些地方会看得不是很清楚。

```
...
xlim(X.min()*1.1, X.max()*1.1)
ylim(C.min()*1.1, C.max()*1.1)
...
```

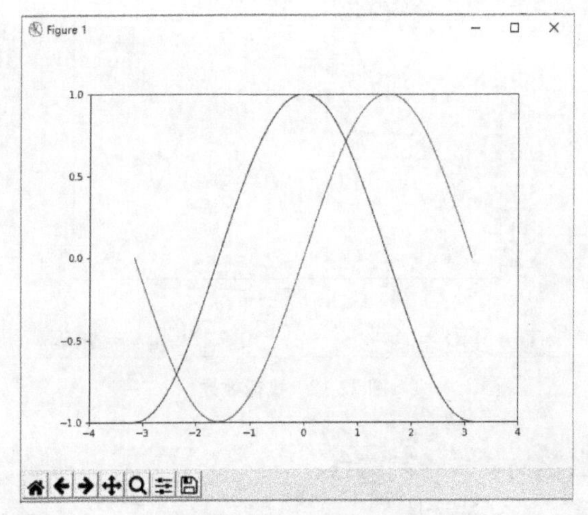

图 22-19　执行效果

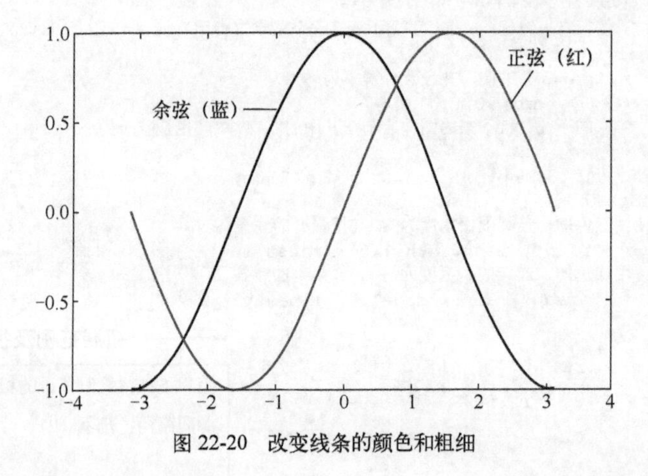

图 22-20　改变线条的颜色和粗细

要实现更好的设置，代码如下所示。

```
xmin ,xmax = X.min(), X.max()
ymin, ymax = Y.min(), Y.max()
dx = (xmax - xmin) * 0.2
dy = (ymax - ymin) * 0.2
xlim(xmin - dx, xmax + dx)
ylim(ymin - dy, ymax + dy)
```

此时的执行效果如图 22-21 所示。

在绘制曲线时需要设置正确的刻度记号，例如在使用正弦和余弦函数的时候，通常希望知道函数在 $\pm\pi$ 和 $\pm\pi/2$ 的值。这样看来，当前的设置就不那么理想了，所以可以对代码进行如下更改。

```
...
xticks( [-np.pi, -np.pi/2, 0, np.pi/2, np.pi])
yticks([-1, 0, +1])
...
```

此时的执行效果如图 22-22 所示。

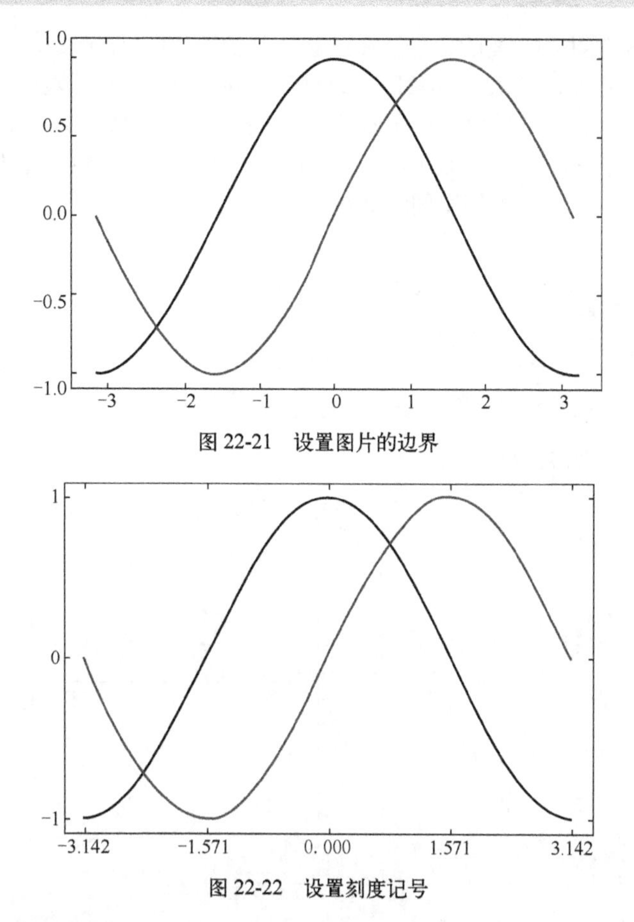

图 22-21 设置图片的边界

图 22-22 设置刻度记号

在绘制曲线时需要设置记号的标签，当前的标签不大符合预期。例如，可以把 3.142 当作 π，但这毕竟不够精确。当设置记号的时候，可以同时设置记号的标签。在下面的代码中使用了 LaTeX（LATEX，音译“拉泰赫”，是一种基于 TEX 的排版系统）。

```
...
xticks([-np.pi, -np.pi/2, 0, np.pi/2, np.pi],
        [r'$-\pi$', r'$-\pi/2$', r'$0$', r'$+\pi/2$', r'$+\pi$'])

yticks([-1, 0, +1],
        [r'$-1$', r'$0$', r'$+1$'])
...
```

此时的执行效果如图 22-23 所示。

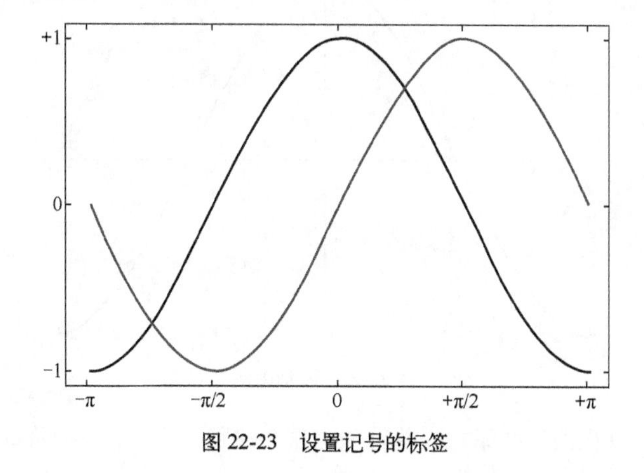

图 22-23 设置记号的标签

在绘图时，坐标轴线和上面的记号连在一起就形成了脊柱（Spines，一条线段上有一系列的凸起，效果很像脊柱骨），在绘制曲线时可以移动脊柱。脊柱记录了数据区域的范围，可以放在任意位置，不过至今为止，都把它放在图的四边。实际上，每幅图有四条（上、下、左、右）脊柱，为了将脊柱放在图的中间，必须将其中的两条（上和右）脊柱设置为无色，然后调整剩下的两条脊柱到合适的位置（数据空间的 0 点）。

```
...
ax = gca()
ax.spines['right'].set_color('none')
ax.spines['top'].set_color('none')
ax.xaxis.set_ticks_position('bottom')
ax.spines['bottom'].set_position(('data',0))
ax.yaxis.set_ticks_position('left')
ax.spines['left'].set_position(('data',0))
...
```

此时的执行效果如图 22-24 所示。

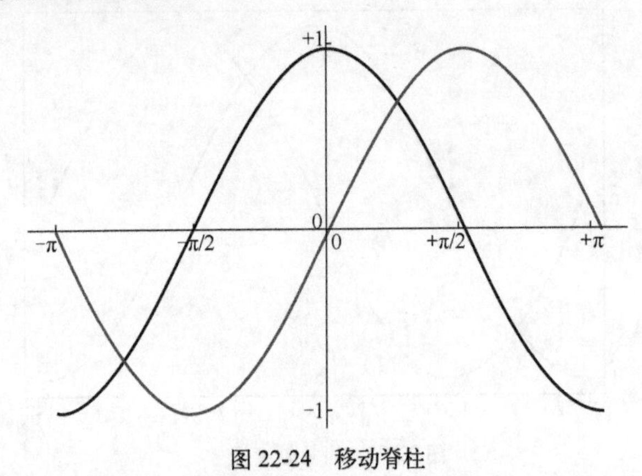

图 22-24　移动脊柱

在绘制曲线时可以添加图例，例如，可以在图的左上角添加一个图例。此时只需要在 plot()函数中以“键/值”对的形式增加一个参数即可。

```
...
plot(X, C, color="blue", linewidth=2.5, linestyle="-", label="cosine")
plot(X, S, color="red",  linewidth=2.5, linestyle="-", label="sine")

legend(loc='upper left')
...
```

此时的执行效果如图 22-25 所示。

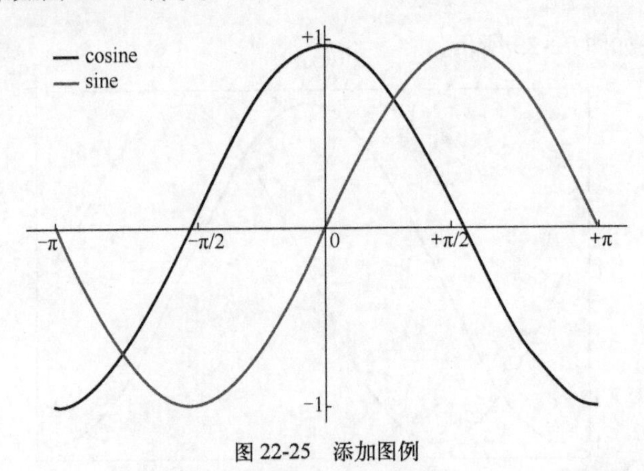

图 22-25　添加图例

在绘制曲线时可以在曲线中添加一些特殊点作为注释，例如，我们希望在 2π/3 的位置给两条函数曲线加上一个注释。此时首先需要在对应的函数图像位置上画一个点。然后向横轴引一条垂线，以虚线做标记。最后，写上标签。

```
...
t = 2*np.pi/3
plot([t,t],[0,np.cos(t)], color ='blue', linewidth=2.5, linestyle="--")
scatter([t,],[np.cos(t),], 50, color ='blue')

annotate(r'$\sin(\frac{2\pi}{3})=\frac{\sqrt{3}}{2}$',
         xy=(t, np.sin(t)), xycoords='data',
         xytext=(+10, +30), textcoords='offset points', fontsize=16,
         arrowprops=dict(arrowstyle="->", connectionstyle="arc3,rad=.2"))
plot([t,t],[0,np.sin(t)], color ='red', linewidth=2.5, linestyle="--")
scatter([t,],[np.sin(t),], 50, color ='red')
annotate(r'$\cos(\frac{2\pi}{3})=-\frac{1}{2}$',
         xy=(t, np.cos(t)), xycoords='data',
         xytext=(-90, -50), textcoords='offset points', fontsize=16,
         arrowprops=dict(arrowstyle="->", connectionstyle="arc3,rad=.2"))
...
```

此时的执行效果如图 22-26 所示。

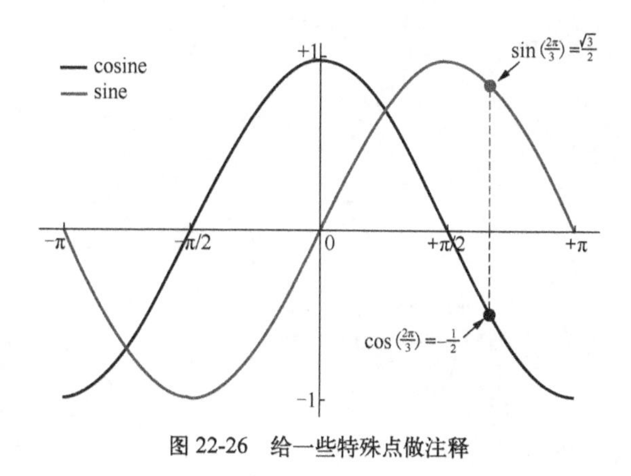

图 22-26　给一些特殊点做注释

22.5　绘制随机漫步图

扫码看视频：绘制随机漫步图

随机漫步（random walk）是一种数学统计模型，它由一连串轨迹组成。其中每一次都是随机的，它能用来表示不规则的变动形式。气体或液体中分子活动的轨迹等可作为随机漫步的模型。在 1903 年由卡尔·皮尔逊首次提出随机漫步这一概念，目前它已经广泛应用于生态学、经济学、心理学、计算科学、物理学、化学和生物学等领域，用来说明这些领域内观察到的行为和过程，因而是记录随机活动的基本模型。

22.5.1　在 Python 程序中生成随机漫步数据

在 Python 程序中生成随机漫步数据后，可以使用 Matplotlib 以灵活方便的方式将这些数据展现出来。随机漫步的行走路径很有自己的特色，每次的行走动作都完全是随机的，没有任何明确的方向，漫步结果是由一系列随机决策决定的。例如，漂浮在水滴上的花粉因不断受到水分子的挤压而在水面上移动。水滴中的分子运动是随机的，因此花粉在水面上的运动路径犹如随机漫步。

为了在 Python 程序中模拟随机漫步的过程，在下面的实例中创建一个名为 RandomA 的类，此类可以随机地选择前进方向。类 RandomA 需要用到 3 个属性，其中一个是存储随机漫步次数的变量，其他两个是列表（分别用于存储随机漫步经过的每个点的 x 坐标和 y 坐标）。

实例 22-12 编写一个随机漫步类

源码路径 daima\22\22-12

实例文件 random_walk.py 的具体实现代码如下所示。

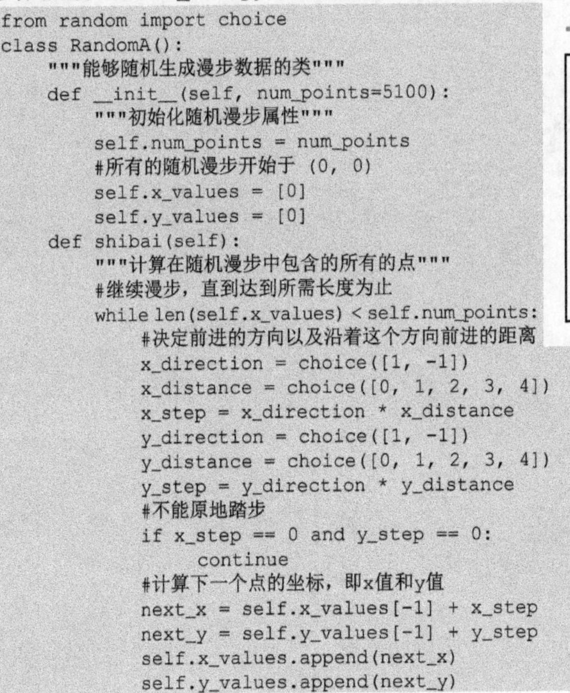

```
from random import choice
class RandomA():
    """能够随机生成漫步数据的类"""
    def __init__(self, num_points=5100):
        """初始化随机漫步属性"""
        self.num_points = num_points
        #所有的随机漫步开始于 (0, 0)
        self.x_values = [0]
        self.y_values = [0]
    def shibai(self):
        """计算在随机漫步中包含的所有的点"""
        #继续漫步，直到达到所需长度为止
        while len(self.x_values) < self.num_points:
            #决定前进的方向以及沿着这个方向前进的距离
            x_direction = choice([1, -1])
            x_distance = choice([0, 1, 2, 3, 4])
            x_step = x_direction * x_distance
            y_direction = choice([1, -1])
            y_distance = choice([0, 1, 2, 3, 4])
            y_step = y_direction * y_distance
            #不能原地踏步
            if x_step == 0 and y_step == 0:
                continue
            #计算下一个点的坐标，即x值和y值
            next_x = self.x_values[-1] + x_step
            next_y = self.y_values[-1] + y_step
            self.x_values.append(next_x)
            self.y_values.append(next_y)
```

拓展范例及视频二维码

范例 623：绘制简单的热状图
源码路径：**范例**\623\

范例 624：带有刻度的三维图
源码路径：**范例**\624\

在上述代码中，类 RandomA 包含两个函数__init__()和 shibai()，其中后者用于计算随机漫步经过的所有点。

(1) 函数__init__()：实现初始化处理。

- 为了能够做出随机决策，首先将所有可能的选择都存储在一个列表中。在每次做出具体决策时，通过“from random import choice”代码使用函数 choice()来决定使用哪种选择。
- 接下来将随机漫步包含的默认点数设置为 5100，这个数值能够确保足以生成有趣的模式，同时也能够确保快速地模拟随机漫步。
- 然后，在第 8 行和第 9 行代码中创建了两个用于存储 x 值和 y 值的列表，并设置每次漫步都从点（0，0）开始出发。

(2) 函数 shibai()：功能是生成漫步包含的点，并决定每次漫步的方向。

- 第 13 行：使用 while 语句建立一个循环，这个循环可以不断运行，直到漫步包含所需数量的点为止。这个函数的主要功能是告知 Python 应该如何模拟 4 种漫步决定：向右走还是向左走？沿指定的方向走多远？向上走还是向下走？沿选定的方向走多远？
- 第 15 行：使用 choice([1, -1])给 x_direction 设置一个值，在漫步时要么设置为表示向右走的 1，要么设置为表示向左走的-1。
- 第 16 行：使用 choice([0, 1, 2, 3, 4])随机地选择 0～4 的一个整数，告诉 Python 沿指定的方向走的距离（x_distance）。通过包含 0，不但可以沿两条轴进行移动，而且可以沿

着 y 轴进行移动。

- 第 17 行到第 20 行：将移动方向乘以移动距离，以确定沿 x 轴移动的距离。如果 x_step 为正，则向右移动；如果为负，则向左移动；如果为 0，则垂直移动。如果 y_step 为正，则向上移动；如果为负，则向下移动；如果为 0，则水平移动。
- 第 22 行和第 23 行：开始执行下一次循环。如果 x_step 和 y_step 都为 0，则原地踏步，在程序中必须杜绝这种原地踏步的情况发生。
- 第 25 行到第 28 行：为了获取漫步中下一个点的 x 值，将 x_step 与 x_values 中的最后一个值相加，对 y 值进行相同的处理。获得下一个点的 x 值和 y 值之后，将它们分别附加到列表 x_values 和 y_values 的末尾。

22.5.2 在 Python 程序中绘制随机漫步图

在实例 22-12 中，已经创建了一个名为 RandomA 的类。在下面的实例代码中，将借助于 Matplotlib 将类 RandomA 中生成的漫步数据绘制出来，最终生成一个随机漫步图。

实例 22-13 绘制随机漫步图

源码路径 daima\22\22-13

实例文件 yun.py 的具体实现代码如下所示。

```
import matplotlib.pyplot as plt
from random_walk import RandomA
#只要当前程序是活动的，就要不断模拟随机漫步过程
while True:
    #创建一个随机漫步实例，将包含的点都绘制出来
    rw = RandomA(51000)
    rw.shibai()
    #设置绘图窗口的尺寸
    plt.figure(dpi=128, figsize=(10, 6))
    point_numbers = list(range(rw.num_points))
    plt.scatter(rw.x_values, rw.y_values, c=point_
numbers, cmap=plt.cm.Blues, edgecolors=
'none', s=1)
    #用特别的样式（红色、绿色和粗点）突出起点和终点
    plt.scatter(0, 0, c='green', edgecolors='none', s=100)
    plt.scatter(rw.x_values[-1], rw.y_values[-1], c='red', edgecolors='none', s=100)
    #隐藏坐标轴
    plt.axes().get_xaxis().set_visible(False)
    plt.axes().get_yaxis().set_visible(False)
    plt.show()
    keep_running = input("哥，还继续漫步吗？ (y/n): ")
    if keep_running == 'n':
        break
```

拓展范例及视频二维码

范例 625：绘制向量流线图
源码路径：范例\625\

范例 626：绘制航天飞行图
源码路径：范例\626\

注意代码中如何实现以下操作。

（1）分别导入模块 pyplot 和前面编写的类 RandomA。

（2）创建一个 RandomA 实例，并将其存储到 rw 中。

（3）设置点的数目。

（4）调用函数 shibai()。

（5）使用函数 figure()设置图表的宽度、高度、分辨率。

（6）使用颜色映射来指出漫步中各点的先后顺序，并删除每个点的黑色轮廓，这样可以让它们的颜色显示更加明显。为了根据漫步中各点的先后顺序进行着色，需要传递参数 c，并将其设置为一个列表，其中包含各点的先后顺序。由于这些点是按顺序绘制的，因此给参数 c 指定的列表只需包含数字 1～51000 即可。使用函数 range()生成一个数字列表，其中包含的数字个数与漫步包含的点数相同。接下来，将这个列表存储在 point_numbers 中，以便后面使用它来设置每个漫步点的颜色。

(7) 将随机漫步包含的 x 和 y 值传递给函数 scatter()，并选择了合适的点尺寸。将参数 c 设置为在第 10 行中创建的 point_numbers，用于设置使用颜色映射 Blues，并传递实参 edgecolors='none' 删除每个点周围的轮廓。

(8) 在绘制随机漫步图后重新绘制起点和终点，目的是突出显示随机漫步过程中的起点和终点。在程序中让起点和终点变得更大，并用不同的颜色显示。为了实现突出显示的功能，使用绿色绘制点（0,0），设置这个点比其他的点都粗大（设置 s=100）。在突出显示终点时，在漫步包含的最后一个坐标的 x 值和 y 值的位置绘制一个点，并设置它的颜色是红色，并将其粗大值 s 设置为 100。

(9) 隐藏图表中的坐标轴，使用函数 plt.axes()将每条坐标轴的可见性都设置为 False。

(10) 模拟多次随机漫步功能，因为每次随机漫步都不同，要想在不多次运行程序的情况下使用前面的代码实现模拟多次随机漫步的功能，最简单的办法是将这些代码放在一个 while 循环中。这样通过本实例模拟一次随机漫步后，在 Matplotlib 查看器中可以浏览漫步结果。接下来，可以在不关闭查看器的情况下暂停程序的执行，并选择是否要再模拟一次随机漫步。如果输入 y 则可以模拟多次随机漫步。这些随机漫步都在起点附近进行，大多数沿着特定方向偏离起点，漫步点分布不均匀。要结束程序的运行，只须输入 n 即可。

本实例最终执行后的效果如图 22-27 所示。

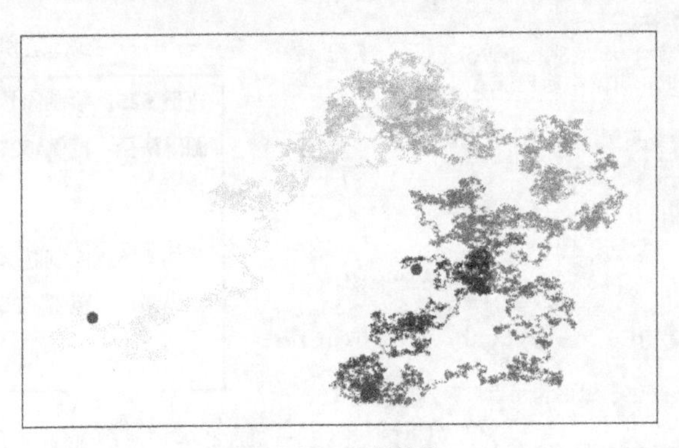

图 22-27　执行效果

22.6　绘制其他样式的图

通过学习本章前面的内容，读者已经初步掌握了使用 Matplotlib 绘制图表的知识。在现实应用中，开发者还可以使用 Matplotlib 绘制出其他样式的图表。本节将简要介绍使用 Matplotlib 绘制其他样式的图的知识。

扫码看视频：绘制其他样式的图表

22.6.1　绘制三维图

下面的实例代码演示了使用 pyplot 包和 Matplotlib 绘制三维图的过程。

实例 22-14　使用 pyplot 包和 Matplotlib 绘制三维图

源码路径　daima\22\22-14

实例文件 3d.py 的具体实现代码如下所示。

```
#导入pyplot包，并简写为plt
import matplotlib.pyplot as plt #导入3D包
from mpl_toolkits.mplot3d import Axes3D #将绘画框进行对象化
fig = plt.figure() #将绘画框划分为1个子图，并指定为3D图
ax = fig.add_subplot(111, projection='3d') #定义X、Y、Z三条坐标轴的数据集
X = [1, 1, 2, 2]
Y = [3, 4, 4, 3]
Z = [1, 100, 1, 1] #用函数填满由4个点组成的三角形空间
ax.plot_trisurf(X, Y, Z)
plt.show()
```

执行后的效果如图 22-28 所示。

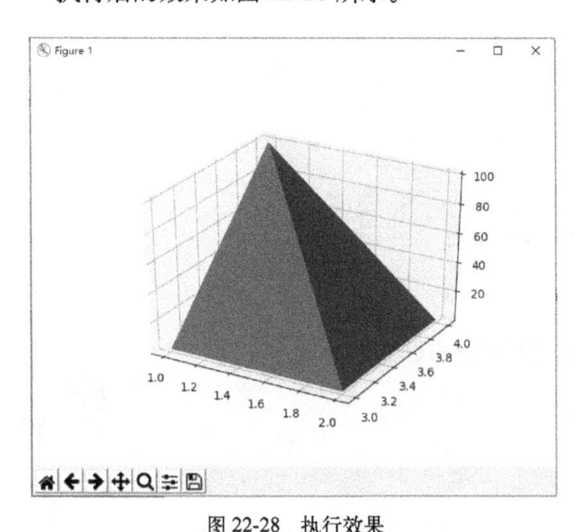

图 22-28　执行效果

拓展范例及视频二维码

范例 **627**：绘制有刻度的柱状图

源码路径：**范例**\627\

范例 **628**：绘制带表格的柱状图

源码路径：**范例**\628\

22.6.2　绘制波浪图

下面的实例代码演示了使用 Matplotlib 绘制波浪图的过程。

实例 22-15　使用 Matplotlib 绘制波浪图

源码路径　daima\22\22-15

实例文件 bo.py 的具体实现代码如下所示。

```
import numpy as np
import matplotlib.pyplot as plt

n = 256
X = np.linspace(-np.pi,np.pi,n,endpoint=True)
Y = np.sin(2*X)

plt.axes([0.025,0.025,0.95,0.95])

plt.plot (X, Y+1, color='blue', alpha=1.00)
plt.fill_between(X, 1, Y+1, color='blue', alpha=.25)

plt.plot (X, Y-1, color='blue', alpha=1.00)
plt.fill_between(X, -1, Y-1, (Y-1) > -1, color='blue', alpha=.25)
plt.fill_between(X, -1, Y-1, (Y-1) < -1, color='red',  alpha=.25)

plt.xlim(-np.pi,np.pi), plt.xticks([])
plt.ylim(-2.5,2.5), plt.yticks([])
# savefig('plot_ex.png',dpi=48)
plt.show()
```

拓展范例及视频二维码

范例 **629**：绘制散射效果图

源码路径：**范例**\629\

范例 **630**：绘制柱状图和曲线图

源码路径：**范例**\630\

执行后的效果如图 22-29 所示。

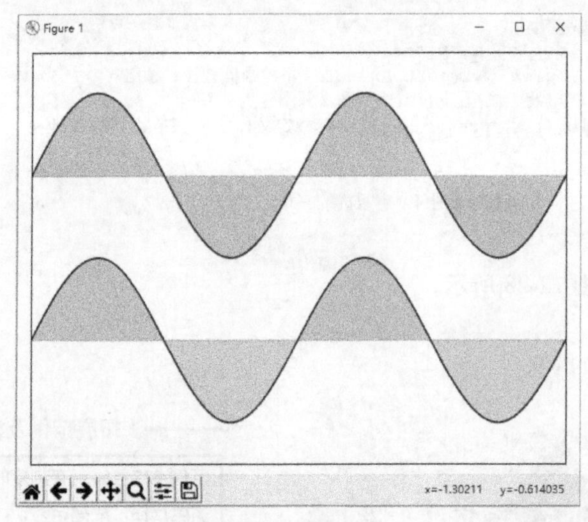

图 22-29　执行效果

22.6.3　绘制散点图

下面的实例代码演示了使用 Matplotlib 绘制散点图的过程。

实例 22-16　使用 Matplotlib 绘制散点图

源码路径　daima\22\22-16

实例文件 san.py 的具体实现代码如下所示。

```
from pylab import *
n = 1024
X = np.random.normal(0,1,n)
Y = np.random.normal(0,1,n)
scatter(X,Y)
show()
```

执行后的效果如图 22-30 所示。

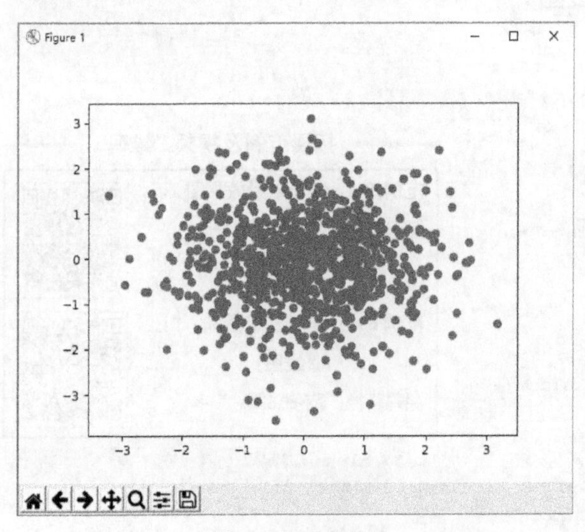

图 22-30　执行效果

拓展范例及视频二维码

范例 **631**：绘制填充曲线和多边形

源码路径：**范例**\631\

范例 **632**：绘制类似股票曲线图

源码路径：**范例**\632\

22.6.4　绘制等高线图

下面的实例代码演示了使用 Matplotlib 绘制等高线图的过程。

实例 22-17 使用 Matplotlib 绘制等高线图

源码路径 daima\22\22-17

实例文件 deng.py 的具体实现代码如下所示。

```
from pylab import *

def f(x,y): return (1-x/2+x**5+y**3)*np.exp
(-x**2-y**2)

n = 256
x = np.linspace(-3,3,n)
y = np.linspace(-3,3,n)
X,Y = np.meshgrid(x,y)

contourf(X, Y, f(X,Y), 8, alpha=.75, cmap='jet')
C = contour(X, Y, f(X,Y), 8, colors='black',
linewidth=.5)
show()
```

拓展范例及视频二维码

范例 633：绘制多个曲线图
源码路径：**范例**\633\

范例 634：绘制极点坐标图
源码路径：**范例**\634\

执行后的效果如图 22-31 所示。

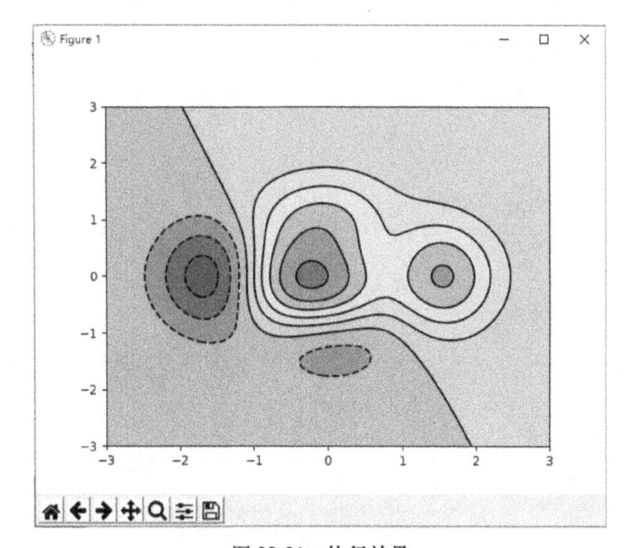

图 22-31 执行效果

22.6.5 绘制饼状图

下面的实例代码演示了使用 Matplotlib 绘制饼状图的过程。

实例 22-18 使用 Matplotlib 绘制饼状图

源码路径 daima\22\22-18

实例文件 bing.py 的具体实现代码如下所示。

```
import matplotlib.pyplot as plt
labels = 'Frogs', 'Hogs', 'Dogs', 'Logs'
sizes = [15, 30, 45, 10]
colors = ['yellowgreen', 'gold', 'lightskyblue',
'lightcoral']
explode = (0, 0.1, 0, 0)
#只分离出第2个切片(即 'Hogs')
plt.pie(sizes, explode=explode, labels=labels,
colors=colors,
    autopct='%1.1f%%', shadow=True, startangle=90)
#把宽高比设置为相等的值，这样可以像绘制图一样绘制饼状图
plt.axis('equal')
fig = plt.figure()
```

拓展范例及视频二维码

范例 635：数学运算测试举例
源码路径：**范例**\635\

范例 636：绘制 XKCD 图
源码路径：**范例**\636\

```
ax = fig.gca()
import numpy as np
ax.pie(np.random.random(4), explode=explode, labels=labels, colors=colors,
        autopct='%1.1f%%', shadow=True, startangle=90,
        radius=0.25, center=(0, 0), frame=True)
ax.pie(np.random.random(4), explode=explode, labels=labels, colors=colors,
        autopct='%1.1f%%', shadow=True, startangle=90,
        radius=0.25, center=(1, 1), frame=True)
ax.pie(np.random.random(4), explode=explode, labels=labels, colors=colors,
        autopct='%1.1f%%', shadow=True, startangle=90,
        radius=0.25, center=(0, 1), frame=True)
ax.pie(np.random.random(4), explode=explode, labels=labels, colors=colors,
        autopct='%1.1f%%', shadow=True, startangle=90,
        radius=0.25, center=(1, 0), frame=True)
ax.set_xticks([0, 1])
ax.set_yticks([0, 1])
ax.set_xticklabels(["Sunny", "Cloudy"])
ax.set_yticklabels(["Dry", "Rainy"])
ax.set_xlim((-0.5, 1.5))
ax.set_ylim((-0.5, 1.5))
#把宽高比设置为相等的值，这种可以像绘制图一样绘制饼状图
ax.set_aspect('equal')
plt.show()
```

执行后的效果如图 22-32 所示。

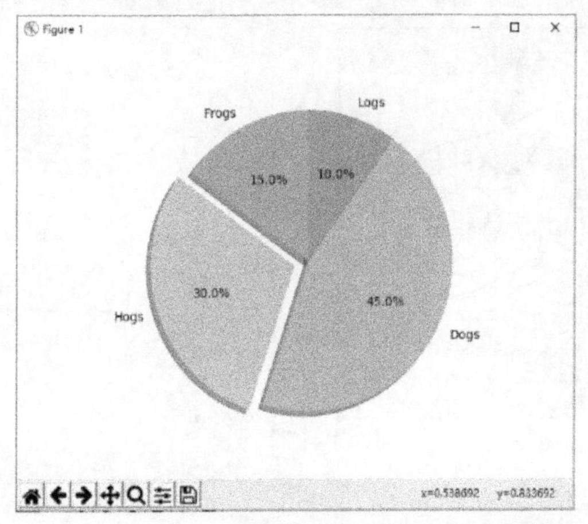

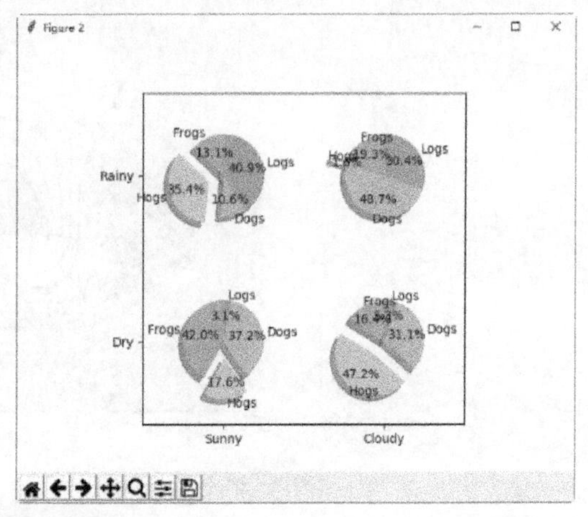

图 22-32　执行效果

22.7　技术解惑

22.7.1　充分利用官方资源

在 Matplotlib 官网提供了众多的图表示例，只要单击某个效果图表上面的“Source code”链接，就可以获得对应的源码。如图 22-33 所示，感兴趣的读者可以登录官网 matplotlib 查看 screenshots.html 页面，下载并学习官方提供的实例源码。

22.7.2　如何实现子图

在现实应用中，有时需要在一个绘画框里同时展现多个子图，这时就需要对绘画框的区域进行划分。开发者可以用子图来将图样（Plot）放在均匀的坐标网格中。当使用 subplot()函数的时候，需要指明网格的行、列数量，以及希望将图样放在哪一个网格区域中。此外，gridspec 的功能更强大，也可以选择用它来实现这个功能。图 22-34 a～d 演示了现实中 4 种常用的子图样式。

图 22-33 官网提供的演示实例

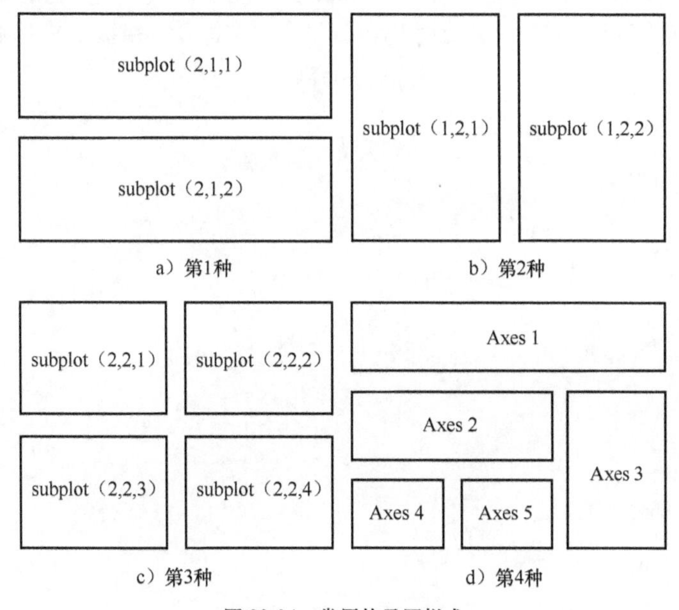

图 22-34 常用的子图样式

22.8 课后练习

（1）编写一个程序，能够同时绘制直线、条形区域和矩形区域，要求使用 Matplotlib 实现。

（2）编写一个程序，能够随机绘制散点图，要求使用 Matplotlib 实现。

（3）编写一个程序，能够绘制两个极坐标图，要求使用 Matplotlib 实现。

（4）编写一个程序，能够绘制两个等高线图，要求使用 Matplotlib 实现。

第23章

大数据实战——抓取数据并分析

（视频讲解：36min）

“大数据”的目的是将海量的数据转换为生产力，上一章已经讲解了爬虫抓取数据的知识。在网络中利用爬虫技术抓取到上百万甚至上亿条数据后，这些数据究竟有什么作用呢？可以通过大数据技术对这些海量的数据进行抽象和分析，从而得到转换为生产力的资源。本章将通过一个综合实例的实现过程，详细讲解使用 Python 语言抓取海量网络数据并对抓取的数据进行分析的过程。

23.1 爬虫抓取

本章的整个实例分为两部分，其中“Zhihu-Spider---爬虫”文件夹保存了实现爬虫功能的代码，“ZhihuAnalyse---分析”文件夹保存了实现大数据分析的代码。接下来将讲解爬虫抓取部分功能的实现过程，其中主要涉及如下所示的 3 个文件。

扫码看视频：爬虫抓取

- check_redis.py。
- login.py。
- get_user.py。

下面将详细讲解上述 3 个文件的具体实现过程。

23.1.1 检测“Redis”的状态

首先看文件 check_redis.py，因为本实例用到了“Redis”模块，为了提高程序的健壮性，所以编写此文件来检测“Redis”的状态。文件 check_redis.py 的具体实现代码如下所示。

```
importredis
redis_con = redis.Redis(host='redis', port=6379, db=0)
print("user_queue length:"+str(redis_con.llen('user_queue')))
print("already_get_user length:"+str(redis_con.hlen("already_get_user")))
```

23.1.2 账号模拟登录

编写文件 login.py，通过 cookie 实现模拟账户登录功能。在具体实现时，可以进入首页查看 http 状态码来验证是否登录。其中状态码 200 表示已经登录，状态码 304 表示被重定向，所以就是没有登录。因为账号登录功能十分重要，所以专门作为一个包封装了在 login 里面，方便整体调用。文件 login.py 的具体实现流程如下所示。

（1）编写 header 部分，最好将这里的 Connection 设置设为 close，否则可能会发生“max reitreve exceed”错误。发生此错误的原因在于普通的连接仍然存活，但是又没有关闭。header 部分的具体实现代码如下所示。

```
headers = {
    "User-Agent": "Mozilla/5.0 (Windows NT 10.0; Win64; x64) AppleWebKit/537.36 (KHTML,
    like Gecko) Chrome/
    53.0.2785.143 Safari/537.36",
    "Accept": "text/html,application/xhtml+xml,application/xml;q=0.9,image/webp,*/*;q=0.8",
    "Host": "www.zhihu.com",
    "Referer": "https://www.zhihu.com/",
    "Origin": "https://www.zhihu.com/",
    "Upgrade-Insecure-Requests": "1",
    "Content-Type": "application/x-www-form-urlencoded; charset=UTF-8",
    "Pragma": "no-cache",
    "Accept-Encoding": "gzip, deflate, br",
    'Connection': 'close'
}
```

（2）开始实现构造函数初始化处理，使用登录的 cookie 加载指定的抓取页面，并获取文件 config.ini 中的配置信息。具体实现代码如下所示。

```
def __init__(self, session):
    if not session:
        requests.adapters.DEFAULT_RETRIES = 5
        self.session = requests.Session()
        self.session.cookies = cookielib.LWPCookieJar(filename='cookie')
        self.session.keep_alive = False
```

```
            try:
                self.session.cookies.load(ignore_discard=True)
            except:
                print('Cookie 未能加载')
            finally:
                pass
        else:
            self.__session = session
        # 获取配置
        self.config = configparser.ConfigParser()
        self.config.read("config.ini")
```

（3）编写函数 check_login()验证用户是否登录。具体实现代码如下所示。

```
defcheck_login(self):
    check_url = 'https://www.zhihu.com/settings/profile'
    try:
        login_check = self. __session.get(check_url, headers=self.headers, timeout=35)
        except Exception as err:
            print(traceback.print_exc())
            print(err)
            print("验证登录失败，请检查网络")
            sys.exit()
        print("验证登录的http status code为：" + str(login_check.status_code))
        ifint(login_check.status_code) == 200:
            return True
        else:
            return False
```

（4）编写函数 get_captcha()来获取验证码，当登录次数太多时可能会要求输入验证码。进入首页查看 http 状态码来验证是否登录，200 为已经登录，一般 304 就表示被重定向，所以就是没有登录。具体实现代码如下所示。

```
def get_captcha(self):
    t = str(time.time() * 1000)
    captcha_url = 'http://www.zhihu.com/captcha.gif?r=' + t + "&type=login"
    r = self.__session.get(captcha_url, headers=self.headers, timeout=35)
    with open('captcha.jpg', 'wb') as f:
        f.write(r.content)
        f.close()
        #用pillow 的 Image 显示验证码
        #如果没有安装 pillow，就从源代码所在的目录找到验证码，然后手动输入
    '''try:
        im = Image.open('captcha.jpg')
        im.show()
        im.close()
    except:'''
    print(u'请到 %s 目录找到captcha.jpg 手动输入' % os.path.abspath('captcha.jpg'))
    captcha = input("请输入验证码\n>")
    return captcha
```

（5）编写函数 get_xsrf()获取 xsrf，为什么要获取 xsrf 呢？因为 xsrf 是一种防止跨站攻击的手段。在获取到 xsrf 之后把 xsrf 存入 cookie 当中，并且在调用 API 的时候带上 xsrf 作为头部，否则，会返回 403 错误。具体实现代码如下所示。

```
def get_xsrf(self):
    index_url = 'http://www.zhihu.com'
    #获取登录时需要用到的_xsrf
    try:
       index_page = self.__session.get(index_url, headers=self.headers, timeout=35)
    except:
       print('获取知乎页面失败，请检查网络连接')
       sys.exit()
    html = index_page.text
    #这里的_xsrf 返回的是一个列表
    BS = BeautifulSoup(html, 'html.parser')
    xsrf_input = BS.find(attrs={'name': '_xsrf'})
    pattern = r'value=\"(.*?)\"'
```

```
        print(xsrf_input)
        self.__xsrf = re.findall(pattern, str(xsrf_input))
        return self.__xsrf[0]
```

（6）编写函数 do_login()模拟登录，这是整个文件的核心功能。在函数中用到了 requests 库，可以非常方便地把信息保存到 session 中。本函数全部使用单例模式，统一使用同一个 requests.session 对象完成访问功能，保持登录状态的一致性。具体实现代码如下所示。

```
    def do_login(self):
        try:
            #模拟登录
            ifself.check_login():
                print('您已经登录')
                return
            else:
                ifself.config.get("zhihu_account", "username") and self.config.get("zhihu_
                account", "password"):
                    self.username = self.config.get("zhihu_account", "username")
                    self.password = self.config.get("zhihu_account", "password")
                else:
                    self.username = input('请输入你的用户名\n>  ')
                    self.password = input("请输入你的密码\n>  ")
        except Exception as err:
            print(traceback.print_exc())
            print(err)
            sys.exit()
        ifre.match(r"^1\d{10}$", self.username):
            print("手机登录\n")
            post_url = 'http://www.zhihu.com/login/phone_num'
            postdata = {
                '_xsrf': self.get_xsrf(),
                'password': self.password,
                'remember_me': 'true',
                'phone_num': self.username,
            }
        else:
            print("邮箱登录\n")
            post_url = 'http://www.zhihu.com/login/email'
            postdata = {
                '_xsrf': self.get_xsrf(),
                'password': self.password,
                'remember_me': 'true',
                'email': self.username,
            }
        try:
            login_page = self.__session.post(post_url, postdata, headers=self.headers, timeout=35)
            login_text = json.loads(login_page.text.encode('latin-1').decode('unicode-escape'))
            print(postdata)
            print(login_text)
            #需要输入验证码 r = 0表示登录成功
            iflogin_text['r'] == 1:
                sys.exit()
        except:
            postdata['captcha'] = self.get_captcha()
            login_page = self.__session.post(post_url, postdata, headers=self.headers, timeout=35)
            print(json.loads(login_page.text.encode('latin-1').decode('unicode-escape')))
        #保存登录cookie
        self.__session.cookies.save()
```

23.1.3 实现具体抓取功能

编写文件 get_user.py 实现具体的爬虫功能，将抓取到的数据保存到 MySQL 数据库中，数据库名为“zhihu_data”，表名是“user”，如图 23-1 所示。

文件 get_user.py 的具体实现流程如下所示。

（1）编写构造函数__init__()，分别实现初始化 MySQL 连接、redis 连接，验证登录，生成全局的 session 对象，导入系统配置和开启多线程等功能。具体实现代码如下所示。

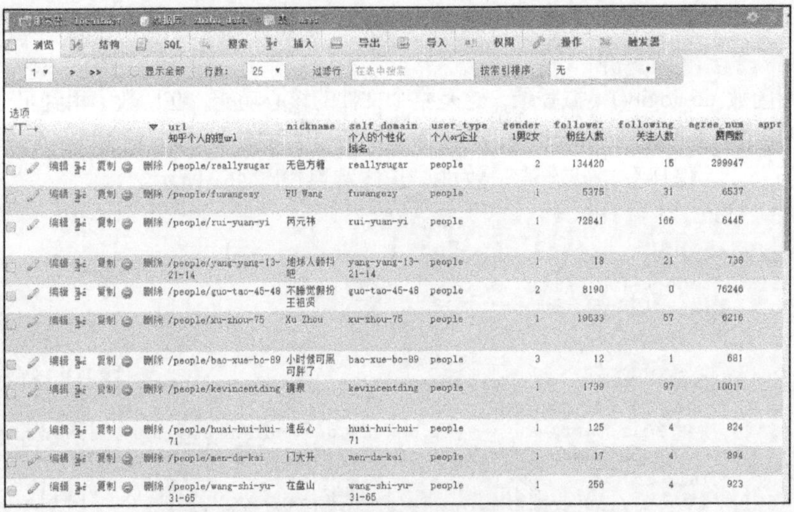
浏览 结构 SQL 搜索 插入 导出 导入 权限 操作 触发器
显示全部 行数: 25 过滤行: 在表中搜索 按索引排序: 无
选项
url 知乎个人的短url
nickname
self_domain 个人的个性化域名
user_type 个人or企业
gender 1男2女
follower 粉丝人数
following 关注人数
agree_num 赞同数
appr
编辑 复制 删除 /people/reallysugar 无色方糖 reallysugar people 2 134420 15 299947
编辑 复制 删除 /people/fuwangezy FU Wang fuwangezy people 1 5375 31 6537
编辑 复制 删除 /people/rui-yuan-yi 芮元祎 rui-yuan-yi people 1 72841 166 6445
编辑 复制 删除 /people/yang-yang-13-21-14 地球人额抖吧 yang-yang-13-21-14 people 1 18 21 738
编辑 复制 删除 /people/guo-tao-45-48 不睡觉假扮王祖贤 guo-tao-45-48 people 2 8190 0 76246
编辑 复制 删除 /people/xu-zhou-75 Xu Zhou xu-zhou-75 people 1 19533 57 6216
编辑 复制 删除 /people/bao-xue-bo-89 小时候可黑可胖了 bao-xue-bo-89 people 3 12 1 681
编辑 复制 删除 /people/kevincentding 鐫泉 kevincentding people 1 1739 97 10017
编辑 复制 删除 /people/huai-hui-hui-71 淮岳心 huai-hui-hui-71 people 1 125 4 824
编辑 复制 删除 /people/men-da-kai 门大开 men-da-kai people 1 17 4 894
编辑 复制 删除 /people/wang-shi-yu-31-65 在盘山 wang-shi-yu-31-65 people 1 256 4 923

图 23-1 把抓取到的数据保存在 MySQL 数据库中

```
def __init__(self, threadID=1, name=''):
    #多线程
    print("线程" + str(threadID) + "初始化")
    threading.Thread.__init__(self)
    self.threadID = threadID
    self.name = name
    try:
        print("线程" + str(threadID) + "初始化成功")
    except Exception as err:
        print(err)
        print("线程" + str(threadID) + "开启失败")
    self.threadLock = threading.Lock()
    #获取配置
    self.config = configparser.ConfigParser()
    self.config.read("config.ini")
    #初始化session
    requests.adapters.DEFAULT_RETRIES = 5
    self.session = requests.Session()
    self.session.cookies = cookielib.LWPCookieJar(filename='cookie')
    self.session.keep_alive = False
    try:
        self.session.cookies.load(ignore_discard=True)
    except:
        print('Cookie 未能加载')
    finally:
        pass
    #创建login对象
    lo = Login(self.session)
    lo.do_login()
    #初始化redis连接
    try:
        redis_host = self.config.get("redis", "host")
        redis_port = self.config.get("redis", "port")
        self.redis_con = redis.Redis(host=redis_host, port=redis_port, db=0)
        #刷新redis库
        #self.redis_con.flushdb()
    except:
        print("请安装redis或检查redis连接配置")
        sys.exit()
    #初始化数据库连接
    try:
        db_host = self.config.get("db", "host")
        db_port = int(self.config.get("db", "port"))
        db_user = self.config.get("db", "user")
```

```
            db_pass = self.config.get("db", "password")
            db_db = self.config.get("db", "db")
            db_charset = self.config.get("db", "charset")
            self.db = pymysql.connect(host=db_host, port=db_port, user=db_user, passwd=
           db_pass, db=db_db, charset=db_charset)
            self.db_cursor = self.db.cursor()
        except:
            print("请检查数据库配置")
            sys.exit()
        #初始化系统设置
        self.max_queue_len = int(self.config.get("sys", "max_queue_len"))
```

（2）编写函数 add_wait_user()，将 URL 加入待抓取用户队列中，先用 redis 判断是否已抓取过。如果获取页面出错，则将其移出 redis。具体实现代码如下所示。

```
def add_wait_user(self, name_url):
    #判断是否已抓取
    self.threadLock.acquire()
    if not self.redis_con.hexists('already_get_user', name_url):
        self.counter += 1
        print(name_url + " 加入队列")
        self.redis_con.hset('already_get_user', name_url, 1)
        self.redis_con.lpush('user_queue', name_url)
        print("添加用户 " + name_url + "到队列")
    self.threadLock.release()
#如果获取页面出错，移出redis
defdel_already_user(self, name_url):
    self.threadLock.acquire()
    if not self.redis_con.hexists('already_get_user', name_url):
        self.counter -= 1
        self.redis_con.hdel('already_get_user', name_url)
    self.threadLock.release()
```

（3）编写函数 add_wait_user()，实现将用户加入 redis 的操作，在数据库插入出错时调用 del_already_user()函数删除插入出错的用户。具体实现代码如下所示。

```
#加入待抓取用户队列中，先用redis判断是否已抓取过
def add_wait_user(self, name_url):
    #判断是否已抓取
    self.threadLock.acquire()
    if not self.redis_con.hexists('already_get_user', name_url):
        self.counter += 1
        print(name_url + " 加入队列")
        self.redis_con.hset('already_get_user', name_url, 1)
        self.redis_con.lpush('user_queue', name_url)
        print("添加用户 " + name_url + "到队列")
    self.threadLock.release()
#如果获取页面出错，移出redis
defdel_already_user(self, name_url):
    self.threadLock.acquire()
    if not self.redis_con.hexists('already_get_user', name_url):
        self.counter -= 1
        self.redis_con.hdel('already_get_user', name_url)
    self.threadLock.release()
```

（4）编写函数 get_all_follower()，获取用户 hash_id，请求粉丝接口数据，并获取粉丝信息。接下来，编写函数 get_all_following()，获取当前关注者的列表信息。通过调用“知乎”的 API，获取所有的关注用户列表和粉丝用户列表，并且递归获取用户信息。在此需要注意的是，务必在头部带上“xsrf”信息，否则会抛出 403 错误信息。具体实现代码如下所示。

```
    #分析粉丝页面，获取用户的所有粉丝用户
    #@paramfollower_pageget_follower_page()中获取到的页面，这里获取用户hash_id，请求粉丝接口数据，获取粉
丝信息
    defget_all_follower(self, name_url):
        follower_page = self.get_follower_page(name_url)
        #判断是否获取到页面
        if not follower_page:
            return
```

```
        BS = BeautifulSoup(follower_page, 'html.parser')
        #获取粉丝数量
        follower_num = int(BS.find('span', text='关注者').find_parent().find('strong').get_text())
        #获取用户的hash_id
        hash_id = \
          json.loads(BS.select("#zh-profile-follows-list")[0].select(".zh-general-list")[0].
          get('data-init'))[
              'params'][
              'hash_id']
        #获取粉丝列表
        self.get_xsrf(follower_page)  # 获取xsrf
        post_url = 'https://www.zhihu.com/node/ProfileFollowersListV2'
        #开始获取所有的粉丝math.ceil(follower_num/20)*20
        for i in range(0, math.ceil(follower_num / 20) * 20, 20):
            post_data = {
                'method': 'next',
                'params': json.dumps({"offset": i, "order_by": "created", "hash_id": hash_id})
            }
            try:
                j = self.session.post(post_url, params=post_data, headers=self.headers,
                timeout=35).text.encode(
                    'latin-1').decode(
                    'unicode-escape')
                pattern = re.compile(r"class=\"zm-item-link-avatar\"[^\"]*\"([^\"]*)", re.DOTALL)
                j = pattern.findall(j)
                for user in j:
                    user = user.replace('\\', '')
                    self.add_wait_user(user)  # 保存到redis中
            except Exception as err:
                print("获取正在关注失败")
                print(err)
                traceback.print_exc()
                pass
    #获取当前关注者列表
    defget_all_following(self, name_url):
        following_page = self.get_following_page(name_url)
        #判断是否获取到页面
        if not following_page:
            return
        BS = BeautifulSoup(following_page, 'html.parser')
        #获取关注者数量
        following_num = int(BS.find('span', text='关注了').find_parent().find('strong').get_text())
        #获取用户的hash_id
        hash_id = \
          json.loads(BS.select("#zh-profile-follows-list")[0].select(".zh-general-list")[0].
          get('data-init'))[
              'params'][
              'hash_id']
        #获取关注者列表
        self.get_xsrf(following_page)  #获取xsrf
        post_url = 'https://www.zhihu.com/node/ProfileFolloweesListV2'
        #开始获取所有的关注者 math.ceil(following_num/20)*20
        fori in range(0, math.ceil(following_num / 20) * 20, 20):
            post_data = {
                'method': 'next',
                'params': json.dumps({"offset": i, "order_by": "created", "hash_id": hash_id})
            }
            try:
                j = self.session.post(post_url, params=post_data, headers=self.headers,
                timeout=35).text.encode(
                    'latin-1').decode(
                    'unicode-escape')
                pattern = re.compile(r"class=\"zm-item-link-avatar\"[^\"]*\"([^\"]*)", re.DOTALL)
                j = pattern.findall(j)
                for user in j:
```

```
                user = user.replace('\\', '')
                self.add_wait_user(user)  # 保存到redis中
        except Exception as err:
            print("获取正在关注失败")
            print(err)
            traceback.print_exc()
            pass
```

（5）编写函数 get_user_info()分析 about 页面，获取会员用户的详细资料。在用户的 about 页面中分析页面元素，利用正则表达式和 BeautifulSoup 分析并抓取页面的数据。通常使用“REPLACE INTO” SQL 语句，而不使用“INSERT INTO”语句，这样做的好处是可以防止数据重复问题。具体实现代码如下所示。

```
    defget_user_info(self, name_url):
        about_page = self.get_user_page(name_url)
        #判断是否获取到页面
        if not about_page:
            print("获取用户详情页面失败，跳过，name_url: " + name_url)
            return
        self.get_xsrf(about_page)
        BS = BeautifulSoup(about_page, 'html.parser')
        #获取页面的具体数据
        try:
            nickname = BS.find("a", class_="name").get_text() if BS.find("a", class_="name") else ''
            user_type = name_url[1:name_url.index('/', 1)]
            self_domain = name_url[name_url.index('/', 1) + 1:]
            gender = 2 if BS.find("i", class_="icon icon-profile-female") else (1 if BS.find("i",
            class_="icon icon-profile-male") else 3)
            follower_num = int(BS.find('span', text='关注者').find_parent().find('strong').
            get_text())
            following_num = int(BS.find('span', text='关注了').find_parent().find('strong').
            get_text())
            agree_num = int(re.findall(r'<strong>(.*)</strong>.*赞同', about_page)[0])
            appreciate_num = int(re.findall(r'<strong>(.*)</strong>.*感谢', about_page)[0])
            star_num = int(re.findall(r'<strong>(.*)</strong>.*收藏', about_page)[0])
            share_num = int(re.findall(r'<strong>(.*)</strong>.*分享', about_page)[0])
            browse_num = int(BS.find_all("span", class_="zg-gray-normal")[2].find("strong").
            get_text())
            trade = BS.find("span", class_="business item").get('title') if BS.find("span",
                                                        class_="business item") else ''
            company = BS.find("span", class_="employment item").get('title') if BS.find("span",
                                                       class_="employment item") else ''
            school = BS.find("span", class_="education item").get('title') if BS.find("span",
                                                        class_="education item") else ''
            major = BS.find("span", class_="education-extra item").get('title') if BS.find("span",
                                                   class_="education-extra item") else ''
            job = BS.find("span", class_="position item").get_text() if BS.find("span",
            class_="position item") else ''
            location = BS.find("span", class_="location item").get('title') if BS.find("span",
            class_="location item") else ''
            description = BS.find("div", class_="bio ellipsis").get('title') if BS.find("div",
            class_="bio ellipsis") else ''
            ask_num = int(BS.find_all("a", class_='item')[1].find("span").get_text()) if \
                BS.find_all("a", class_='item')[
                    1] elseint(0)
            answer_num = int(BS.find_all("a", class_='item')[2].find("span").get_text()) if \
                BS.find_all("a", class_='item')[
                    2] elseint(0)
            article_num = int(BS.find_all("a", class_='item')[3].find("span").get_text()) if \
                BS.find_all("a", class_='item')[3] else int(0)
            collect_num = int(BS.find_all("a", class_='item')[4].find("span").get_text()) if \
                BS.find_all("a", class_='item')[4] else int(0)
            public_edit_num = int(BS.find_all("a", class_='item')[5].find("span").get_text()) if \
                BS.find_all("a", class_='item')[5] else int(0)
```

```
        replace_data = \
            (pymysql.escape_string(name_url), nickname, self_domain, user_type,
            gender, follower_num, following_num, agree_num, appreciate_num, star_num,
            share_num, browse_num,trade, company, school, major, job, location, pymysql.
            escape_string(description),
            ask_num, answer_num, article_num, collect_num, public_edit_num)
        replace_sql = '''REPLACE INTO
                          user(url,nickname,self_domain,user_type,
                          gender, follower,following,agree_num,appreciate_num,star_num,
                          share_num,browse_num,
                          trade,company,school,major,job,location,description,
                          ask_num,answer_num,article_num,collect_num,public_edit_num)
                          VALUES(%s,%s,%s,%s,
                          %s,%s,%s,%s,%s,%s,%s,%s,
                          %s,%s,%s,%s,%s,%s,%s,
                          %s,%s,%s,%s,%s)'''
        try:
            print("获取到数据：")
            print(replace_data)
            self.db_cursor.execute(replace_sql, replace_data)
            self.db.commit()
        except Exception as err:
            print("插入数据库出错")
            print("获取到数据：")
            print(replace_data)
            print("插入语句：" + self.db_cursor._last_executed)
            self.db.rollback()
            print(err)
            traceback.print_exc()
    except Exception as err:
        print("获取数据出错，跳过用户")
        self.redis_con.hdel("already_get_user", name_url)
        self.del_already_user(name_url)
        print(err)
        traceback.print_exc()
        pass
```

(6) 编写函数 entrance()，开始抓取用户，这是整个抓取程序的入口。具体实现代码如下所示。

```
def entrance(self):
    while 1:
        ifint(self.redis_con.llen("user_queue")) < 1:
            self.get_index_page_user()
        else:
            #出队列，获取用户name_urlredis，取出的是byte，要编码成utf-8码
            name_url = str(self.redis_con.rpop("user_queue").decode('utf-8'))
            print("正在处理name_url：" + name_url)
            self.get_user_info(name_url)
            ifint(self.redis_con.llen("user_queue")) <= int(self.max_queue_len):
                self.get_all_follower(name_url)
                self.get_all_following(name_url)
        self.session.cookies.save()
def run(self):
    print(self.name + " is running")
    self.entrance()
```

23.2　大数据分析

本项目的大数据分析是基于 Flask Web 框架实现的，利用 MySQL 数据库中保存的海量数据，进行分类统计分析。主要涉及如下所示的 4 个文件。

扫码看视频：大数据分析

- fix_data.py：实现数据验证，确保被分析数据对象的合法性。
- output.py：对 Web 中的 JSON 数据传输功能进行封装。
- index.html：大数据分析结果显示模板，分析结果就是在这个模板中以图文样式展示在用户面前的。
- analyse.py：实现大数据分析的核心功能，根据现实需求热度和关键词敏感度进行归类，分析不同类型的数据。

大数据分析的结果以 Web 页面呈现出来，如图 23-2 所示。

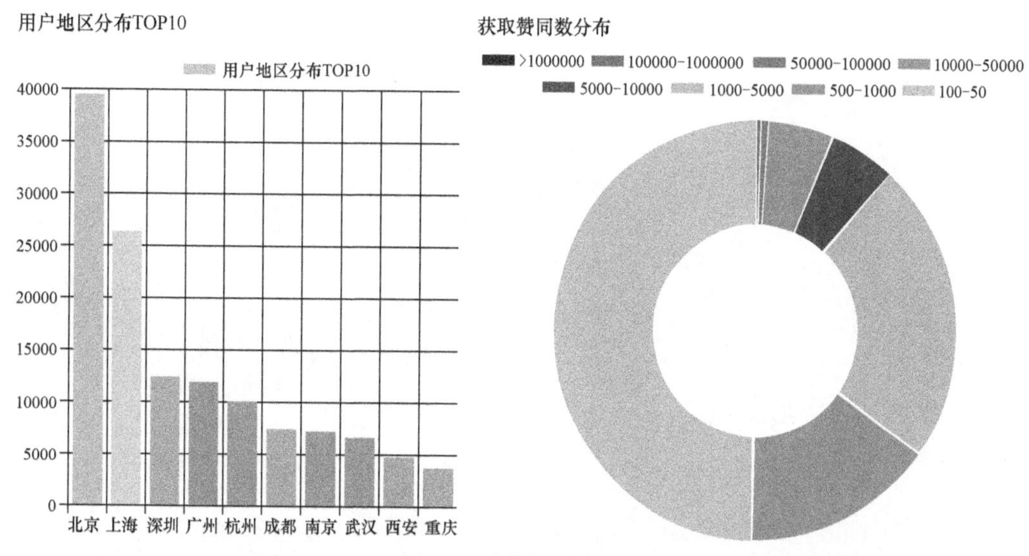

图 23-2 大数据分析界面